해커스
전기기사·산업기사
필기 전기자기학
한권완성

이론+최신기출+핵심노트

오우진

약력
경희대학교 공과대학 기계공학과 졸업
현 | 해커스자격증 전기기사·산업기사·기능사 강의
현 | 국가직무능력표준(NCS) 전기설비운영부문 개발위원
　　(2016년, 2019년)
현 | 한양E&S 기술진단팀 부장
　　(전기설비 점검 및 진단, 계전기 시험 및 점검)
현 | ㈜이선이엔지 연구개발팀 부장
　　(전기안전 장비 및 교재 개발업무)
현 | ㈜이레전력기술 기술부장
　　(전기진단 및 안전관리 업무)
현 | 한국전기기술인협회, 한전 배전직군 직업능력향상 강의
현 | 전기기술인협회, 한국폴리텍대학, 대덕대학교 등 컨소시엄 교육
　　(수배전 관련)
현 | 수도공업고등학교 전기설비실무 강의
전 | NCS 기반 국가기술자격 실기시험 평가방법 개발위원
　　(참여분야: 전기기사 및 전기산업기사 실기시험)
전 | 한국전기학원 전기 강의 및 교재 개발
전 | 한국전기기술인협회 컨소시엄 교재 개발 참여

저서
해커스 전기기사·산업기사 필기 전기자기학 한권완성 이론 + 최신기출 + 핵심노트
해커스 전기기사 필기 제어공학 한권완성 이론 + 최신기출 + 핵심노트
해커스 전기기사·산업기사 필기 회로이론 한권완성 이론 + 최신기출 + 핵심노트
해커스 전기기능사 필기 한권완성 기본이론 + 핵심요약 + 기출문제
참!쉬움 3개년 전기기사·산업기사 기출문제집 필기, 성안당
참!쉬움 1. 전기자기학, 성안당
참!쉬움 4. 회로이론, 성안당
참!쉬움 5. 제어공학, 성안당
참!쉬움 전기기사 확실한 30일 완성, 성안당
참!쉬움 전기기사·산업기사 실기, 성안당
참!쉬움 전기산업기사 확실한 30일 완성, 성안당

서문

전기기사·산업기사 필기 합격으로 직행하는 한 권의 기적!
해커스 전기기사·산업기사 필기 전기자기학 한권완성
이론 + 최신기출 + 핵심노트

우리나라는 현대사회에 들어오면서 빠르게 산업화가 진행되고 눈부신 발전을 이룩하였는데, 그러한 원동력이 되어준 어떠한 힘, 에너지가 있다면 그것은 바로 전기라 생각합니다. 이러한 전기는 우리의 생활을 좀 더 편리하고 윤택하게 만들어주지만, 관리를 잘못하면 무서운 재앙으로 변할 수 있습니다. 따라서 전기를 안전하게 사용하기 위해서는 이에 관련된 지식을 습득해야 하며, 그 지식을 습득할 수 있는 방법이 바로 전기기사·산업기사 자격시험(이하 자격증)이라고 볼 수 있습니다.

현재 전기에 관련된 산업체에 입사하기 위해서는 자격증이 필수가 되고 전기설비를 관리하는 업무를 수행하기 위해서도 반드시 자격증이 있어야 가능하며, 전기사업법 시행규칙 제45조에서도 '전기안전관리자 선임 자격에 자격증을 소지한 자'라고 명시되어 있습니다. 이처럼 자격증은 전기인들에게는 필수이지만 자격증 취득이 어려워 전기인의 길을 포기하시는 분들이 많습니다.

이에 최단기간 내에 효과적으로 자격증을 취득할 수 있도록 본서를 출간하게 되었습니다.

본서가 전기를 입문하는 분들에게 조금이나마 도움이 되었으면 합니다. 『해커스 전기기사·산업기사 필기 전기자기학 한권완성 이론 + 최신기출 + 핵심노트』는 다음과 같은 특징으로 구성되어 있습니다.

첫째. 본서를 완독하면 충분히 합격할 수 있도록 이론과 문제를 유기적으로 구성하였습니다.
둘째. 이론적 배경을 꼼꼼히 수록하여 교재만으로도 학습이 가능하도록 구성하였습니다.
셋째. 문제응용력을 높일 수 있도록 단원별 출제예상문제를 엄선하여 구성하였습니다.
넷째. 실전에 효과적으로 대비할 수 있도록 기출문제를 최대한 원문 그대로 수록하였습니다.

더불어 자격증 시험 전문 사이트 해커스자격증(pass.Hackers.com)에서 교재 학습 중 궁금한 점을 나누고 다양한 무료 학습자료를 함께 이용하여 학습 효과를 극대화할 수 있습니다.

이 책을 통해 합격의 영광이 함께하길 바라며, 또한 여러분의 앞날을 밝힐 수 있는 밑거름이 되기를 바랍니다. 앞으로도 더 좋은 도서를 만들기 위해 항상 연구하고 노력하겠습니다.

오우진

CONTENTS

이 책의 구성과 특징 8p
시험소개 10p
출제기준 12p

Chapter 01 | 벡터

01 개요 18
02 스칼라량과 벡터량 18
03 벡터의 가감법 20
04 벡터의 곱 24
05 미분 연산자 26
06 벡터의 발산 27
07 벡터의 회전 27
08 스토크스의 정리와 발산의 정리 28
09 참고 자료 28
핵심 요점정리 30
출제예상문제 31

Chapter 02 | 진공 중의 정전계

01 정전계의 기초 사항 38
02 쿨롱의 법칙 40
03 전계의 세기 40
04 전속과 전속밀도 41
05 가우스의 법칙 43
06 각 도체에 따른 전계의 세기 45
07 전위와 전위경도 48
08 도체 내·외부 전계 및 전위 51
09 전기력선 방정식 53
10 전기 쌍극자 55
11 전기 이중층 56
12 포아송과 라플라스 방정식 57
13 대전 도체면에 작용하는 정전응력 58
핵심 요점정리 59
출제예상문제 62

Chapter 03 | 정전용량

01 정전용량	100
02 도체에 따른 정전용량	100
03 도체계의 정전용량	103
04 콘덴서의 접속	106
05 정전에너지와 힘	107
핵심 요점정리	108
출제예상문제	110

Chapter 05 | 전기 영상법

01 전기 영상법	172
02 접지된 도체 평면과 점전하	172
03 접지된 도체구와 점전하	174
04 접지된 도체 평면과 선전하	176
05 유전체와 점전하	177
06 평등 전계 내의 유전체구	178
핵심 요점정리	179
출제예상문제	180

Chapter 04 | 유전체

01 유전체	132
02 전기 분극	133
03 경계조건	135
04 패러데이 관	138
05 유전체에 작용하는 힘	138
06 유전체의 특수현상	139
핵심 요점정리	141
출제예상문제	143

Chapter 06 | 전류

01 전류와 전류밀도	190
02 전기저항과 옴의 법칙	191
03 저항의 온도계수	193
04 저항의 접속법	194
05 줄열과 전력	195
06 저항과 정전용량	196
07 열전현상	197
핵심 요점정리	199
출제예상문제	200

CONTENTS

Chapter 07 | 진공 중의 정자계

01 자기현상	216
02 정전계와 정자계	217
03 자계에 의한 힘(회전력)	219
핵심 요점정리	220
출제예상문제	221

Chapter 09 | 자성체와 자기회로

01 히스테리시스 곡선	272
02 자화의 세기	273
03 자성체 경계면의 조건	276
04 자화에 필요한 에너지	277
05 자기회로	277
핵심 요점정리	279
출제예상문제	281

Chapter 08 | 전류의 자기현상

01 전류의 자기현상	230
02 암페어의 법칙	230
03 비오-사바르(Biot-Savart) 법칙	234
04 자계 중의 전류에 작용력	238
05 평행도체 전류 사이에 작용력	239
06 로렌쯔의 힘	240
핵심 요점정리	242
출제예상문제	245

Chapter 10 | 전자유도법칙

01 패러데이의 전자유도법칙	304
02 전자유도에 의한 기전력	306
03 전자계 특수현상	307
핵심 요점정리	311
출제예상문제	312

Chapter 11 | 인덕턴스

01 자기 인덕턴스	328
02 상호 인덕턴스와 결합계수	330
03 자기 인덕턴스의 계산 예	332
04 인덕턴스 접속법	335
핵심 요점정리	337
출제예상문제	339

Chapter 12 | 전자계

01 변위전류	356
02 맥스웰 전자방정식	359
03 평면파와 전자계의 성질	361
04 포인팅 정리	363
05 벡터 포텐셜	364
핵심 요점정리	366
출제예상문제	368

부록 | 기출문제(CBT)

2025년 제3회 전기기사	388
2025년 제2회 전기기사	394
2025년 제1회 전기기사	399
2024년 제3회 전기기사	405
2024년 제2회 전기기사	411
2024년 제1회 전기기사	417
2023년 제3회 전기기사	423
2023년 제2회 전기기사	429
2023년 제1회 전기기사	434
2025년 제3회 전기산업기사	439
2025년 제2회 전기산업기사	444
2025년 제1회 전기산업기사	450
2024년 제3회 전기산업기사	456
2024년 제2회 전기산업기사	461
2024년 제1회 전기산업기사	466
2023년 제3회 전기산업기사	472
2023년 제2회 전기산업기사	478
2023년 제1회 전기산업기사	483

무료 특강·학습 콘텐츠 제공
pass.Hackers.com

이 책의 구성과 특징

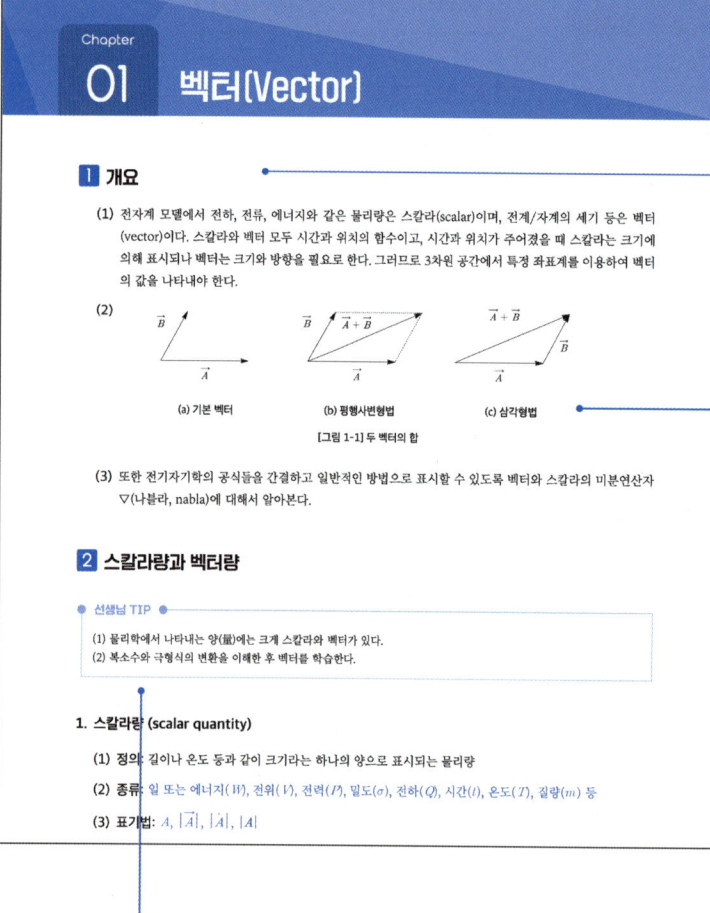

체계적인 이론 학습

시험에 자주 출제되는 핵심 이론을 체계적으로 정리하여, 복잡한 개념도 쉽고 명확하게 이해할 수 있습니다.

시각 자료

다양한 그림과 사진 등을 수록하여 이를 통해 복잡하고 낯선 이론도 한 눈에 쉽게 이해할 수 있습니다.

선생님 TIP & 색자

'선생님 TIP'을 수록하여 이론 학습을 보충하고, 중요한 내용은 색자로 표시하여 효율적인 학습이 가능합니다.

해커스 전기기사·산업기사 필기 전기자기학 한권완성
이론 + 최신기출 + 핵심노트

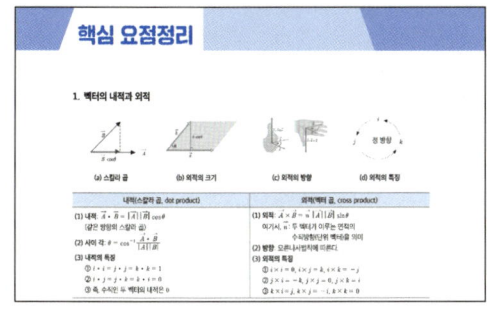

핵심 요점정리

매 단원마다 핵심 내용을 담은 요점정리를 수록하여, 학습한 내용을 바로 정리하고 암기할 수 있습니다.

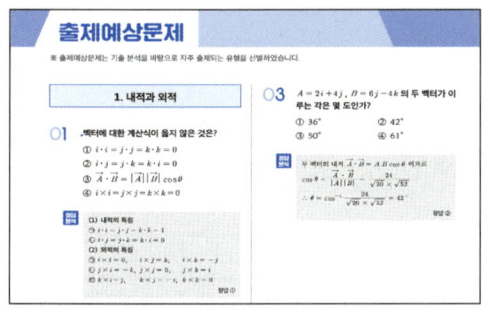

출제예상문제

출제예상문제를 통해 최신 출제경향을 익히고, 학습한 이론이 어떻게 출제되는지 확인할 수 있습니다.

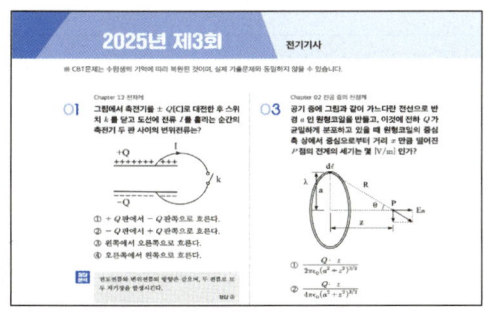

최신 3개년 기출문제

최근 3개년(2025~2023) 기출문제를 통해 최신 출제 경향을 파악하고, 실전 감각을 기를 수 있습니다.

※ CBT문제는 수험생의 기억에 따라 복원한 것이며, 실제 기출문제와 동일하지 않을 수 있습니다.

➕ 추가 학습 자료로 학습 실력 업그레이드!

언제 어디서나 핵심이론을 복습하고,
시험 직전 최종 점검까지 할 수 있는
'시험장에 꼭 가져가야 할 핵심노트'

시험 소개

■ 전기기사 · 산업기사란?

국가기술자격으로, 전기설비의 설계 · 감리 · 시공 · 운전 · 유지관리 전 과정에서 안전과 법규 준수, 효율적 운영을 담당하는 전문인력입니다.

■ 응시자격

전기기사	자격증, 경력	전기산업기사 자격증 + 실무경력 1년
		전기기능사 자격증 + 실무경력 3년
		실무경력 4년
	관련학과 졸업	4년제 대졸 또는 졸업 예정인 자
		3년제 대졸 + 실무경력 1년
		2년제 대졸 + 실무경력 2년
전기산업기사	자격증, 경력	전기기능사 자격증 + 실무경력 1년
		실무경력 2년
	관련학과 졸업	실무경력 2년

■ 검정방법

전기기사	필기	객관식 4지 택일형, 과목당 20문항(과목당 30분)
	실기	필답형(2시간 30분)
전기산업기사	필기	객관식 4지 택일형, 과목당 20문항(과목당 30분)
	실기	필답형(2시간)

■ 합격기준

필기	100점을 만점으로 하여 과목당 40점 이상, 전과목 평균 60점이상
실기	100점을 만점으로 하여 60점이상

해커스 전기기사·산업기사 필기 전기자기학 한권완성
이론 + 최신기출 + 핵심노트

■ 시험 과목

구분	전기기사	전기산업기사
전기자기학	○	○
전력공학	○	○
전기기기	○	○
회로이론&제어공학	○	회로이론만 응시
전기설비기술기준	○	○

■ 필기 최근 6년간 검정현황

과목	구분	2025	2024	2023	2022	2021	2020
전기기사	응시자	44,084	57,417	51,630	52,187	60,500	56,376
	합격자	13,656	15,045	11,477	11,611	13,365	15,970
	합격률	31.1%	26.2%	22.2%	22.2%	22.1%	28.3%
전기산업기사	응시자	22,623	31,584	29,955	31,121	37,892	34,534
	합격자	5,214	6,189	5,577	6,692	6,991	8,706
	합격률	23.0%	19.6%	18.6%	21.5%	18.4%	25.2%

※ 2025년 검정현황은 1회, 2회 데이터만 집계

더 많은 내용이 알고 싶다면?

- 시험일정 및 자격증에 대한 더 자세한 사항은 해커스자격증(pass.Hackers.com) 또는 Q-net(www.Q-net.or.kr)에서 확인할 수 있습니다.
- 모바일의 경우 QR코드로 접속이 가능합니다.

모바일 해커스자격증
(pass.Hackers.com)
바로가기 ▶

출제기준

※ 전기자기학 출제기준은 12p에서 확인 가능합니다.
※ 한국산업인력공단에 공시된 출제기준으로, 「해커스 전기기사·산업기사 필기 전기자기학 한권완성 이론 + 최신기출 + 핵심노트」 교재의 전체 내용은 모두 아래 출제기준에 근거하여 제작되었습니다.

과목명	주요항목	세부항목	
전기자기학 (20문제)	1. 진공 중의 정전계	(1) 정전기 및 정전유도 (2) 전계 (3) 전기력선 (4) 전하	(5) 전위 (6) 가우스의 정리 (7) 전기쌍극자
	2. 진공 중의 도체계	(1) 도체계의 전하 및 전위분포 (2) 전위계수, 용량계수 및 유도계수 (3) 도체계의 정전에너지	(4) 정전용량 (5) 도체 간에 작용하는 정전력 (6) 정전차폐
	3. 유전체	(1) 분극도와 전계 (2) 전속밀도 (3) 유전체 내의 전계 (4) 경계조건	(5) 정전용량 (6) 전계의 에너지 (7) 유전체 사이의 힘 (8) 유전체의 특수현상
	4. 전계의 특수 해법 및 전류	(1) 전기영상법 (2) 정전계의 2차원 문제 (3) 전류에 관련된 제현상 (4) 저항률 및 도전율	
	5. 자계	(1) 자석 및 자기유도 (2) 자계 및 자위 (3) 자기쌍극자 (4) 자계와 전류 사이의 힘 (5) 분포전류에 의한 자계	
	6. 자성체와 자기회로	(1) 자화의 세기 (2) 자속밀도 및 자속 (3) 투자율과 자화율 (4) 경계면의 조건 (5) 감자력과 자기차폐	(6) 자계의 에너지 (7) 강자성체의 자화 (8) 자기회로 (9) 영구자석
	7. 전자유도 및 인덕턴스	(1) 전자유도 현상 (2) 자기 및 상호유도작용 (3) 자계에너지와 전자유도 (4) 도체의 운동에 의한 기전력 (5) 전류에 작용하는 힘	(6) 전자유도에 의한 전계 (7) 도체 내의 전류 분포 (8) 전류에 의한 자계에너지 (9) 인덕턴스
	8. 전자계	(1) 변위전류 (2) 맥스웰의 방정식 (3) 전자파 및 평면파 (4) 경계조건	(5) 전자계에서의 전압 (6) 전자와 하전입자의 운동 (7) 방전현상

과목명	주요항목	세부항목
전력공학 (20문제)	1. 발·변전 일반	(1) 수력발전 (2) 화력발전 (3) 원자력 발전 (4) 신재생에너지발전 (5) 변전방식 및 변전설비 (6) 소내전원설비 및 보호계전방식
	2. 송·배전선로의 전기적 특성	(1) 선로정수 (2) 전력원선도 (3) 코로나 현상 (4) 단거리 송전선로의 특성 (5) 중거리 송전선로의 특성 (6) 장거리 송전선로의 특성 (7) 분포정전용량의 영향 (8) 가공전선로 및 지중전선로
	3. 송·배전방식과 그 설비 및 운용	(1) 송전방식 (2) 배전방식 (3) 중성점접지방식 (4) 전력계통의 구성 및 운용 (5) 고장계산과 대책
	4. 계통보호방식 및 설비	(1) 이상전압과 그 방호 (2) 전력계통의 운용과 보호 (3) 전력계통의 안정도 (4) 차단보호방식
	5. 옥내배선	(1) 저압 옥내배선 (2) 고압 옥내배선 (3) 수전설비 (4) 동력설비
	6. 배전반 및 제어기기의 종류와 특성	(1) 배전반의 종류와 배전반 운용 (2) 전력제어와 그 특성 (3) 보호계전기 및 보호계전방식 (4) 조상설비 (5) 전압조정 (6) 원격조작 및 원격제어
	7. 개폐기류의 종류와 특성	(1) 개폐기 (2) 차단기 (3) 퓨즈 (4) 기타 개폐장치

출제기준

과목명	주요항목	세부항목	
전기기기 (20문제)	1. 직류기	(1) 직류발전기의 구조 및 원리 (2) 전기자 권선법 (3) 정류 (4) 직류발전기의 종류와 그 특성 및 운전 (5) 직류발전기의 병렬운전 (6) 직류전동기의 구조 및 원리 (7) 직류전동기의 종류와 특성 (8) 직류전동기의 기동, 제동 및 속도제어 (9) 직류기의 손실, 효율, 온도상승 및 정격 (10) 직류기의 시험	
	2. 동기기	(1) 동기발전기의 구조 및 원리 (2) 전기자 권선법 (3) 동기발전기의 특성 (4) 단락현상 (5) 여자장치와 전압조정 (6) 동기발전기의 병렬운전	(7) 동기전동기 특성 및 용도 (8) 동기조상기 (9) 동기기의 손실, 효율, 온도상승 및 정격 (10) 특수 동기기
	3. 전력변환기	(1) 정류용 반도체 소자 (2) 정류회로의 특성 (3) 제어정류기	
	4. 변압기	(1) 변압기의 구조 및 원리 (2) 변압기의 등가회로 (3) 전압강하 및 전압변동률 (4) 변압기의 3상 결선 (5) 상수의 변환 (6) 변압기의 병렬운전	(7) 변압기의 종류 및 그 특성 (8) 변압기의 손실, 효율, 온도상승 및 정격 (9) 변압기의 시험 및 보수 (10) 계기용변성기 (11) 특수변압기
	5. 유도전동기	(1) 유도전동기의 구조 및 원리 (2) 유도전동기의 등가회로 및 특성 (3) 유도전동기의 기동 및 제동 (4) 유도전동기제어 (5) 특수 농형유도전동기	(6) 특수유도기 (7) 단상유도전동기 (8) 유도전동기의 시험 (9) 원선도
	6. 교류정류자기	(1) 교류정류자기의 종류, 구조 및 원리 (2) 단상직권 정류자 전동기 (3) 단상반발 전동기 (4) 단상분권 전동기	(5) 3상 직권 정류자 전동기 (6) 3상 분권 정류자 전동기 (7) 정류자형 주파수 변환기
	7. 제어용 기기 및 보호기기	(1) 제어기기의 종류 (2) 제어기기의 구조 및 원리 (3) 제어기기의 특성 및 시험 (4) 보호기기의 종류	(5) 보호기기의 구조 및 원리 (6) 보호기기의 특성 및 시험 (7) 제어장치 및 보호장치

과목명	주요항목	세부항목	
회로이론 및 제어공학 (20문제)	1. 회로이론	(1) 전기회로의 기초 (2) 직류회로 (3) 교류회로 (4) 비정현파교류 (5) 다상교류 (6) 대칭좌표법	(7) 4단자 및 2단자 (8) 분포정수회로 (9) 라플라스변환 (10) 회로의 전달 함수 (11) 과도현상
	2. 제어공학	(1) 자동제어계의 요소 및 구성 (2) 블록선도와 신호흐름 선도 (3) 상태공간해석 (4) 정상오차와 주파수응답 (5) 안정도판별법 (6) 근궤적과 자동제어의 보상 (7) 샘플값제어 (8) 시퀀스제어	
전기설비 기술기준 (20문제)	전기설비기술기준 및 한국전기설비규정		
	1. 총칙	(1) 기술기준 총칙 및 KEC 총칙에 관한 사항 (2) 일반사항 (3) 전선 (4) 전로의 절연 (5) 접지시스템 (6) 피뢰시스템	
	2. 저압전기설비	(1) 통칙 (2) 안전을 위한 보호 (3) 전선로 (4) 배선 및 조명설비 (5) 특수설비	
	3. 고압, 특고압 전기설비	(1) 통칙 (2) 안전을 위한 보호 (3) 접지설비 (4) 전선로	(5) 기계, 기구 시설 및 옥내배선 (6) 발전소, 변전소, 개폐소 등의 전기 설비 (7) 전력보안통신설비
	4. 전기철도설비	(1) 통칙 (2) 전기철도의 전기방식 (3) 전기철도의 변전방식 (4) 전기철도의 전차선로	(5) 전기철도의 전기철도차량 설비 (6) 전기철도의 설비를 위한 보호 (7) 전기철도의 안전을 위한 보호
	5. 분산형 전원설비	(1) 통칙 (2) 전기저장장치 (3) 태양광발전설비	(4) 풍력발전설비 (5) 연료전지설비

해커스자격증
pass.Hackers.com

해커스 **전기기사·산업기사 필기** 전기자기학 한권완성 이론 + 최신기출 + 핵심노트

벡터 (Vector)

1. 개요
2. 스칼라량과 벡터량
3. 벡터의 가감법(加減法)
4. 벡터의 곱
5. 미분 연산자
6. 벡터의 발산 (divergence)
7. 벡터의 회전 (rotation, curl)
8. 스토크스의 정리와 발산의 정리
9. 참고 자료

핵심 요점정리

출제예상문제

Chapter 01 벡터(Vector)

1 개요

(1) 전자계 모델에서 전하, 전류, 에너지와 같은 물리량은 스칼라(scalar)이며, 전계/자계의 세기 등은 벡터(vector)이다. 스칼라와 벡터 모두 시간과 위치의 함수이고, 시간과 위치가 주어졌을 때 스칼라는 크기에 의해 표시되나 벡터는 크기와 방향을 필요로 한다. 그러므로 3차원 공간에서 특정 좌표계를 이용하여 벡터의 값을 나타내야 한다.

(2) 좌표계는 일반적으로 직각좌표계, 원통좌표계, 구좌표계로 구분된다. 주어진 벡터를 이러한 좌표계에서 어떻게 해석하는지, 그리고 한 좌표계에서 다른 좌표계로 어떻게 변환시키는지 알아야 한다. 하지만 본문에서는 좌표 해석이 복잡한 원통좌표계나 구좌표계에 대한 내용보단 대부분 직각좌표계를 중심으로 해석하고, 벡터함수의 가감승법에 대해 주로 다룰 것이다.

(3) 또한 전기자기학의 공식들을 간결하고 일반적인 방법으로 표시할 수 있도록 벡터와 스칼라의 미분연산자 ∇(나블라, nabla)에 대해서 알아본다.

2 스칼라량과 벡터량

> **선생님 TIP**
> (1) 물리학에서 나타내는 양(量)에는 크게 스칼라와 벡터가 있다.
> (2) 복소수와 극형식의 변환을 이해한 후 벡터를 학습한다.

1. 스칼라량 (scalar quantity)

(1) 정의: 길이나 온도 등과 같이 크기라는 하나의 양으로 표시되는 물리량

(2) 종류: 일 또는 에너지(W), 전위(V), 전력(P), 밀도(σ), 전하(Q), 시간(t), 온도(T), 질량(m) 등

(3) 표기법: A, $|\vec{A}|$, $|\dot{A}|$, $|\boldsymbol{A}|$

2. 벡터량 (vector quantity)

(1) 정의: 힘과 속도와 같이 크기와 방향 등으로 2개 이상의 양으로 표시되는 물리량을 말하며, 벡터에 부(-)의 값이 있다면 그것은 방향이 반대임을 의미한다.

(2) 종류: 힘(F), 속도(v), 가속도(a), 전계의 세기(E), 자계의 세기(H), 전류(I) 등

(3) 표기법: $\vec{A}$, $\dot{A}$, $\boldsymbol{A}$(볼딕체 문자)

3. 벡터의 종류

(1) 기본벡터 (fundamental vector)

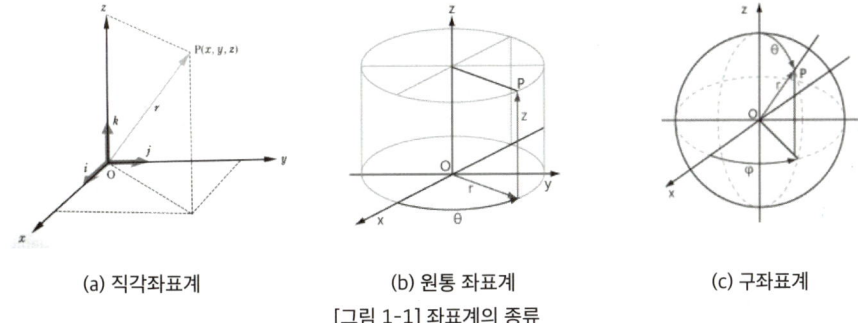

(a) 직각좌표계 (b) 원통 좌표계 (c) 구좌표계

[그림 1-1] 좌표계의 종류

① **직각 좌표계(rectangular coordinate system)**

3개의 직각으로 교차하는 축을 사용하며 흔히 x, y, z의 세 개의 방향을 순서대로 적용하는데 이들 간에는 오른 나사계의 원칙이 성립된다. 즉, x축에서 y축으로 오른손으로 감았을 때 엄지손가락의 방향이 z축이 된다.

㉠ 벡터 성분 (component)

ⓐ 각 방향 성분을 $\vec{a_x}$, $\vec{a_y}$, $\vec{a_z}$ 로 표시하고 간단히 i, j, k 로도 나타낸다.

ⓑ x, y, z 방향의 각 벡터의 크기를 의미한다.

㉡ 벡터의 크기 (벡터와 스칼라의 관계)

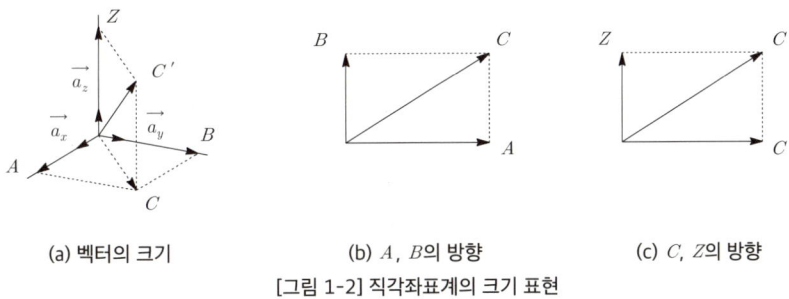

(a) 벡터의 크기 (b) A, B의 방향 (c) C, Z의 방향

[그림 1-2] 직각좌표계의 크기 표현

ⓐ 각 성분(i, j, k) 크기의 제곱의 합에 제곱근(root)을 취한 값

ⓑ $|\vec{C}| = C = \sqrt{A^2 + B^2}$ 또한 $C^2 = A^2 + B^2$

ⓒ $|\vec{C'}| = C' = \sqrt{C^2 + Z^2} = \sqrt{A^2 + B^2 + Z^2}$

ⓓ 즉, 벡터 성분 $\vec{C} = A\vec{a_x} + B\vec{a_y} + C\vec{a_z}$ 의 스칼라 성분은

$|\vec{C'}| = \sqrt{A^2 + B^2 + Z^2}$ ································· [식 1-1]

② **원통 좌표계**: 각 방향 성분을 $\vec{a_r}$, $\vec{a_\theta}$, $\vec{a_z}$ 로 표시

③ **구 좌표계**: 각 방향 성분을 $\vec{a_r}$, $\vec{a_\theta}$, $\vec{a_\phi}$ 로 표시

(2) 단위벡터(unit vector)
   ① 정의
      ㉠ 기본벡터를 포함하고 있으며 크기가 1이고 방향만을 제시하는 벡터
      ㉡ 단위벡터는 $\vec{a}$ 또는 $\vec{r_0}$ 로 표현한다.
   ② 단위벡터의 크기
      ㉠ '벡터=스칼라×방향'에서 방향이 단위벡터가 되므로 단위벡터의 크기는
      ㉡ 단위벡터: $\vec{r_0} = \dfrac{\vec{r}\,(벡터)}{r\,(스칼라)}$ ·· [식 1-2]

(3) 법선벡터와 접선벡터
   ① 법선벡터 (normal vector)
      ㉠ 폐곡면에 대하여 수직방향인 성분
      ㉡ $\vec{n} = \cos\theta$
   ② 접선벡터 (tangent vector)
      ㉠ 폐곡면과 접하는 방향
      ㉡ $\vec{t} = \sin\theta$

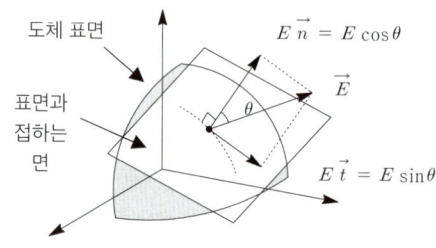

[그림 1-3] 법선과 접선벡터

✅ 확인 예제

1. 벡터 $\vec{r} = 3a_x + 4a_y + 5a_z$ 의 단위벡터를 구하여라.

   해설
   - 벡터: $\vec{r} = 3a_x + 4a_y + 5a_z$
   - 스칼라: $r = \sqrt{3^2 + 4^2 + 5^2}$

   정답 $\vec{r_0} = \dfrac{\vec{r}}{r} = \dfrac{3a_x + 4a_y + 5a_z}{\sqrt{3^2 + 4^2 + 5^2}}$

● **선생님 TIP** ●

법선벡터 $\vec{n}$
전계의 세기 E의 방향은 도체 표면에서 수직으로 발산하기 때문에 $E\vec{n}$ 로 표현을 한다.

3 벡터의 가감법(加減法)

(1) 벡터의 합성방법에는 [그림 1-4]의 평행사변형법과 삼각형법이 있다.

(2) **평행사변형법**: 두 벡터 $\vec{A}$와 $\vec{B}$의 시점을 일치시킨 다음 두 벡터를 양변으로 하는 평행사변형법을 그리고 두 벡터의 시점에서 나머지 꼭지점으로 향하는 벡터를 그리면 이것이 두 벡터 $\vec{A}$와 $\vec{B}$의 합성치가 된다.

(3) 벡터 $\vec{A}$의 종점에서 벡터 $\vec{B}$를 평행이동 시켜서 $\vec{A}$의 종점에 연결시킨 다음 삼각형을 그리면 나머지 한 변이 두 벡터의 합성벡터가 되는 삼각형법이 있다.

1. 두 벡터의 합

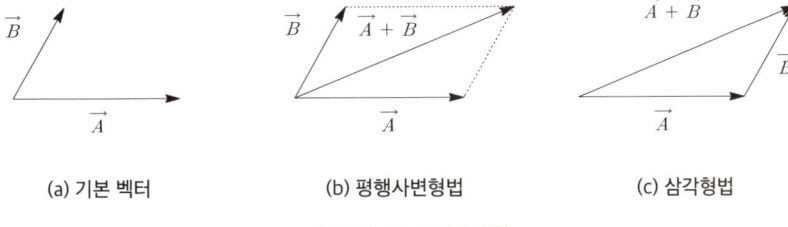

(a) 기본 벡터　　(b) 평행사변형법　　(c) 삼각형법

[그림 1-4] 두 벡터의 합

(1) 대수학적 방법
① 좌표상에서 벡터 합과 차의 동일한 벡터 성분의 크기만을 더하고 빼주면 된다.
② **벡터의 합과 차**
　㉠ $\vec{A} = A_x i + A_y j + A_z k$, $\vec{B} = B_x i + B_y j + B_z k$
　㉡ $\vec{A} \pm \vec{B} = (A_x \pm B_x) i + (A_y \pm B_y) j + (A_z \pm B_z) k$ ·················· [식 1-3]
③ 벡터의 가감법은 교환법칙 및 결합법칙이 성립된다.
　㉠ **교환법칙:** $\vec{A} + \vec{B} = \vec{B} + \vec{A}$ ·················· [식 1-4]
　㉡ **결합법칙:** $(\vec{A} + \vec{B}) + \vec{C} = \vec{A} + (\vec{B} + \vec{C})$ ·················· [식 1-5]

(2) 합성 벡터의 크기

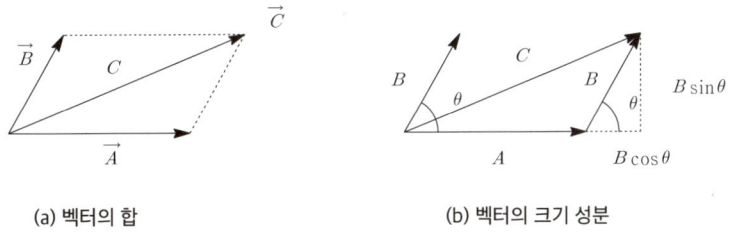

(a) 벡터의 합　　(b) 벡터의 크기 성분

[그림 1-5] 합성 벡터의 크기

① **피타고라스의 정리:** $|\vec{C}|^2 = C^2 = (A + B\cos\theta)^2 + (B\sin\theta)^2$
② $C^2 = A^2 + B^2\cos^2\theta + 2AB\cos\theta + B^2\sin^2\theta$
　　$= A^2 + B^2(\cos^2\theta + \sin^2\theta) + 2AB\cos\theta$ (여기서, $\cos^2\theta + \sin^2\theta = 1$)
　　$= A^2 + B^2 + 2AB\cos\theta$
③ $C = |\vec{A} + \vec{B}| = \sqrt{A^2 + B^2 + 2AB\cos\theta}$ ·················· [식 1-6]

2. 두 벡터의 차

(1) 두 벡터 차의 합성

① 두 벡터의 차라는 것은 한 개의 벡터성분을 반대로 돌려 새롭게 만들어진 벡터성분을 다른 벡터성분과 더하면서 구할 수 있다.

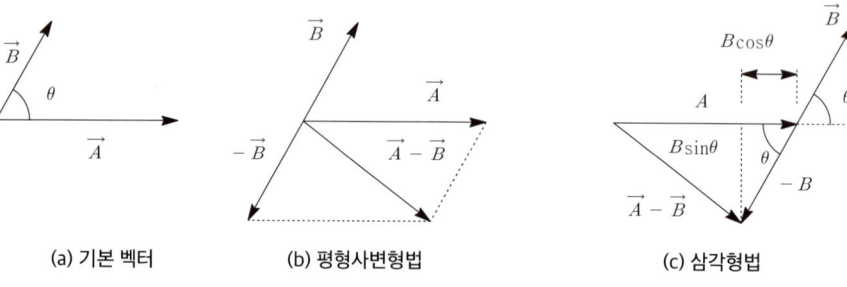

(a) 기본 벡터　　(b) 평형사변형법　　(c) 삼각형법

[그림 1-6] 두 벡터의 차

② 즉, $\vec{C} = \vec{A} - \vec{B} = \vec{A} + (-\vec{B})$ 와 같이 연산한다.

③ $|\vec{C}|^2 = C^2 = (A - B\cos\theta)^2 + (B\sin\theta)^2$
$= A^2 + B^2\cos^2\theta - 2AB\cos\theta + B^2\sin^2\theta$
$= A^2 + B^2(\cos^2\theta + \sin^2\theta) - 2AB\cos\theta$
$= A^2 + B^2 - 2AB\cos\theta$

④ $C = |\vec{A} - \vec{B}| = \sqrt{A^2 + B^2 - 2AB\cos\theta}$ ·················· [식 1-7]

🔍 확인 예제

2. $\vec{A} = 2a_x + 3a_y - 5a_z$, $\vec{B} = 3a_x + 2a_y + 2a_z$ 일 때 다음을 구해보자.

(1) $\vec{A} + \vec{B}$

(2) $\vec{A} - \vec{B}$

[해설] (1) $\vec{A} + \vec{B} = (2a_x + 3a_y - 5a_z) + (3a_x + 2a_y + 2a_z) = 5a_x + 5a_y - 3a_z$

(2) $\vec{A} - \vec{B} = (2a_x + 3a_y - 5a_z) - (3a_x + 2a_y + 2a_z) = -a_x + a_y - 7a_z$

[정답] (1) $5a_x + 5a_y - 3a_z$
(2) $-a_x + a_y - 7a_z$

확인 예제

3. $\vec{A} = 220\angle 0$, $\vec{B} = 220\angle -120$, $\vec{C} = 220\angle -240$ 일 때 물음에 답해보자.

(1) $\vec{A}$, $\vec{B}$, $\vec{C}$ 를 복소수로 표현해보자.

(2) $\vec{A} + \vec{B} + \vec{C}$ 를 구해보자.

(3) $\vec{A} - \vec{B}$ 를 구해보자.

(4) $\vec{A} + \vec{B} - \vec{C}$ 를 구해보자.

해설 (1) 복소수 변환 [그림 1-7] 참조

① $A = 220\angle 0 = 220$

② $\vec{B} = 220\angle -120 = 220\angle 240$
$= -220\cos 60 + j220\sin 60$
$= -110 + j100\sqrt{3}$

③ $\vec{C} = 220\angle -240 = 220\angle 120$
$= -220\cos 60 - j220\sin 60$
$= -110 - j100\sqrt{3}$

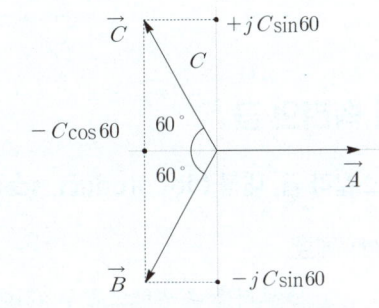

[그림 1-7] 정지 벡터도

(2) $\vec{A} + \vec{B} + \vec{C}$ 를 구해보자.

① $\vec{A} + \vec{B} + \vec{C} = 220 + (-110 + j110\sqrt{3}) + (-110 - j110\sqrt{3}) = 0$

② 또는 [그림 1-9]와 같이 $\vec{A}$와 $\vec{B}$를 더하면 $\vec{C}$와 크기는 같고 방향이 반대방향이므로 $\vec{A} + \vec{B} + \vec{C}$의 값은 0이 된다.

(3) $\vec{A} - \vec{B}$ 를 구해보자.

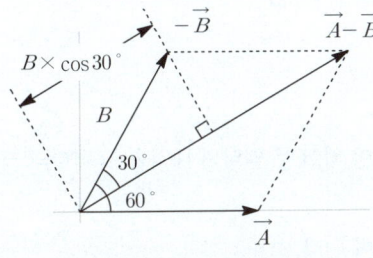

[그림 1-8] $\vec{A} - \vec{B}$

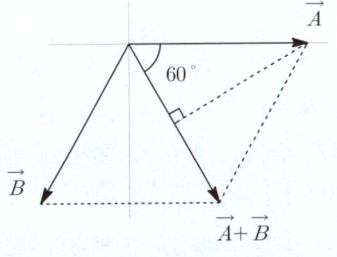

[그림 1-9] $\vec{A} + \vec{B}$

① 삼각함수에 의한 방법([그림 1-8] 이용)

∘ $\vec{A} - \vec{B} = \vec{A} + (-\vec{B}) = B\times\cos 30° \times 2 \angle 30° = 220\times\dfrac{\sqrt{3}}{2}\times 2 \angle 30°$
$= 220\sqrt{3} \angle 30° = 381 \angle 30°$

② 복소수 연산에 의한 방법

∘ $\vec{A} - \vec{B} = 220 - (-110 - j110\sqrt{3}) = 330 + j110\sqrt{3}$
$= \sqrt{330^2 + (110\sqrt{3})^2} \angle \tan^{-1}\dfrac{110\sqrt{3}}{330} = 381\angle 30°$

(4) $\vec{A} + \vec{B} - \vec{C}$ 를 구해보자.

① 삼각함수에 의한 방법([그림 1-9]이용)
- $\vec{A} + \vec{B} = A \times \cos 60° \times 2 \angle -60° = 220 \times \dfrac{1}{2} \times 2 \angle -60°$
$= 220 \angle -60° = -\vec{C}$
- 따라서 $\vec{A} + \vec{B} - \vec{C} = (\vec{A} + \vec{B}) - \vec{C} = -\vec{C} - \vec{C} = -2\vec{C}$

② 복소수 연산에 의한 방법
- $\vec{A} + \vec{B} - \vec{C} = 220 + (-110 - j110\sqrt{3}) - (-110 + j110\sqrt{3})$
$= 220 - j220\sqrt{3} = 440 \angle -60° = -2\vec{C}$

4 벡터의 곱

1. 스칼라 곱, 내적 (dot product, scalar product)

(1) 개요

① $\vec{B}$ 벡터를 $\vec{A}$ 방향으로 투영하여 두 벡터의 크기를 곱한 것을 두 벡터의 내적이라 한다.

② 내적은 $\vec{A} \cdot \vec{B}$ ($\vec{A}$ dot $\vec{B}$)로 표시되며 그 결과 값은 스칼라가 되므로 내적을 스칼라 곱이라고도 한다.

$\vec{A} \cdot \vec{B} = |\vec{A}||\vec{B}|\cos\theta$ ·················· [식 1-8]

$\theta = \cos^{-1}\dfrac{\vec{A} \cdot \vec{B}}{|A||B|}$ ·················· [식 1-9]

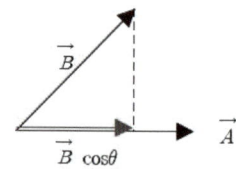

[그림 1-10] 스칼라 곱

(2) 내적의 특징

① 내적은 [식 1-8]에서와 같이 $\cos\theta$에 비례한다.

② 따라서 두 벡터가 이루는 각이 0°일 경우 $\cos 0° = 1$이 되어 두 벡터의 내적은 두 벡터의 크기를 그대로 곱해주면 된다. ($\vec{A} \cdot \vec{B} = |\vec{A}||\vec{B}|$)
만약, $\vec{A}$와 $\vec{B}$의 크기가 1일 경우 두 벡터의 내적은 1이 된다.

③ 두 벡터가 이루는 각이 90°일 경우 $\cos 90° = 0$이 되므로 두 벡터의 내적은 항상 0이 된다. 즉, 두 벡터가 수직($\vec{A} \perp \vec{B}$)일 경우에는 내적은 0이 된다.

$i \cdot i = j \cdot j = k \cdot k = 1$ ·················· [식 1-10]

$i \cdot j = j \cdot k = k \cdot i = 0$ ·················· [식 1-11]

확인 예제

4. $\vec{A} = a_1 i + a_2 j + a_3 k$, $\vec{B} = b_1 i + b_2 j + b_3 k$ 일 때 두 벡터의 내적을 구하여라.

해설) $\vec{A} \cdot \vec{B} = (a_1 i + a_2 j + a_3 k) \cdot (b_1 i + b_2 j + b_3 k) = a_1 b_1 + a_2 b_2 + a_3 b_3$

정답) $a_1 b_1 + a_2 b_2 + a_3 b_3$

2. 벡터 곱, 외적 (cross product, vector product, outer product)

(1) 개요

① 두 벡터 $\vec{A}$와 $\vec{B}$를 벡터 곱(외적)하면 새로운 벡터 $\vec{C}$가 생긴다. 두 벡터의 벡터 곱을 외적이라 하며 A cross B로 읽으며 $\vec{A} \times \vec{B}$로 표기한다.

② $\vec{A} \times \vec{B}$에 의해서 발생한 새로운 벡터 $\vec{C}$의 크기는 [그림 1-11]과 같이 두 벡터가 이루는 평행사변형의 면적과 같은 크기를 갖는다.

③ 방향은 벡터 $\vec{A}$ 쪽에서 벡터 $\vec{B}$의 방향으로 오른나사를 회전시킬 때 오른나사의 진행방향이 새로운 벡터의 방향이 된다. [식 1-12]에 두 벡터 곱의 크기를 표현했고 $\vec{a_n}$는 새로운 벡터의 방향으로 전진한다는 의미이며 이를 단위면 벡터라 한다.

④ $\vec{B} \times \vec{A}$에 의해서 발생한 새로운 벡터의 크기는 $\vec{A} \times \vec{B}$와 같으나 방향은 벡터 $\vec{B}$ 쪽에서 벡터 $\vec{A}$의 방향으로 오른나사를 회전시킬 때 오른나사의 진행방향이 되므로 $\vec{A} \times \vec{B}$와는 반대 방향이 된다. 즉, 외적은 교환법칙이 성립되지 않는다.

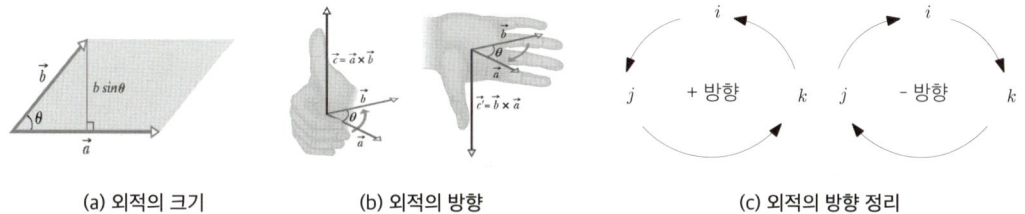

(a) 외적의 크기   (b) 외적의 방향   (c) 외적의 방향 정리

[그림 1-11] 두 벡터의 외적

$$\vec{A} \times \vec{B} = \vec{n}\,|\vec{A}||\vec{B}|\sin\theta \quad \text{[식 1-12]}$$

$$\vec{A} \times \vec{B} \neq \vec{B} \times \vec{A} \quad \text{[식 1-13]}$$

$$\vec{A} \times \vec{B} = -\vec{B} \times \vec{A} \quad \text{[식 1-14]}$$

(2) 외적의 특징

① 외적은 [식 1-12]에서와 같이 $\sin\theta$에 비례한다.

② 따라서 같은 방향의 두 벡터 곱은 $\theta = 0°$이므로 두 벡터의 외적은 0이 된다.

③ 그리고 수직한 두 벡터 곱은 $\vec{A} \times \vec{B} = i \times j = \vec{a_n}\sin 90° = \vec{a_n} = k$이 되는데 이는 크기가 1인 두 벡터 곱은 크기가 1이고 k방향으로 진행한다는 의미이다. 이를 정리하면 [식 1-15]와 같고 [그림 1-11](c)와 같은 규칙이 생긴다.

$$i \times i = 0 \quad i \times j = k \quad i \times k = -j$$
$$j \times i = -k \quad j \times j = 0 \quad j \times k = i \quad \text{[식 1-15]}$$
$$k \times i = j \quad k \times j = -i \quad k \times k = 0$$

(3) 벡터곱의 예

① 플레밍의 왼손 법칙: $F = (\vec{I} \times \vec{B})\ell = IB\ell\sin\theta\,[\text{N}]$ [식 1-16]

② 플레밍의 오른손 법칙: $e = (\vec{v} \times \vec{B})\ell = vB\ell\sin\theta\,[\text{V}]$ [식 1-17]

5. $\vec{A} = a_1 i + a_2 j + a_3 k$, $\vec{B} = b_1 i + b_2 j + b_3 k$ 일 때 두 벡터의 외적을 구하여라.

해설 ① $\vec{A} \times \vec{B} = (a_1 i + a_2 j + a_3 k) \times (b_1 i + b_2 j + b_3 k)$
$= (a_1 i \times b_1 i) + (a_1 i \times b_2 j) + (a_1 i \times b_3 k) + (a_2 j \times b_1 i) + (a_2 j \times b_2 j)$
$\quad + (a_2 j \times b_3 k) + (a_3 k \times b_1 i) + (a_3 k \times b_2 j) + (a_3 k \times b_3 k)$
$= 0 + a_1 b_2 k - a_1 b_3 j - a_2 b_1 k + 0 + a_2 b_3 i + a_3 b_1 j - a_3 b_2 i + 0$
$= (a_2 b_3 - a_3 b_2) i - (a_1 b_3 - a_3 b_1) j + (a_1 b_2 - a_2 b_1) k$

② $\vec{A} \times \vec{B} = \det \begin{vmatrix} i & j & k \\ a_1 & a_2 & a_3 \\ b_1 & b_2 & b_3 \end{vmatrix} = i \begin{vmatrix} a_2 & a_3 \\ b_2 & b_3 \end{vmatrix} - j \begin{vmatrix} a_1 & a_3 \\ b_1 & b_3 \end{vmatrix} + k \begin{vmatrix} a_1 & a_2 \\ b_1 & b_2 \end{vmatrix}$
$= i(a_2 b_3 - a_3 b_2) - j(a_1 b_3 - a_3 b_1) + k(a_1 b_2 - a_2 b_1)$

5 미분 연산자

1. 미분

$$\frac{d}{dt}(\vec{A} \pm \vec{B}) = \frac{d}{dt}\vec{A} \pm \frac{d}{dt}\vec{B} \quad \cdots\cdots\cdots [\text{식 1-18}]$$

$$\frac{d}{dt}(\vec{A} \cdot \vec{B}) = \frac{d\vec{A}}{dt} \cdot \vec{B} + \vec{A} \cdot \frac{d\vec{B}}{dt} \quad \cdots\cdots\cdots [\text{식 1-19}]$$

$$\frac{d}{dt}(\vec{A} \times \vec{B}) = \frac{d\vec{A}}{dt} \times \vec{B} + \vec{A} \times \frac{d\vec{B}}{dt} \quad \cdots\cdots\cdots [\text{식 1-20}]$$

2. 편미분

벡터 $\vec{A}(x, y, z)$를 세 변수 x, y, z의 함수라 하면 y, z는 상수(변하지 않는 값)이고 x만 변수로 취급하여 x에 대해서 미분하는 일을 이 함수를 x로 편미분한다고 한다. x에 대해서 편미분하는 것을 $\frac{\partial \vec{A}}{\partial t}$로 표현한다.

3. 미분 연산자

∇를 미분 연산자 또는 해밀톤(Hamilton)의 연산자라고 하며, 나블라(nabla) 또는 델(del)이라 부른다.

$$\nabla = \frac{\partial}{\partial x} i + \frac{\partial}{\partial y} j + \frac{\partial}{\partial z} k \quad \cdots\cdots\cdots [\text{식 1-21}]$$

4. 스칼라의 기울기 (gradient)

스칼라 함수를 벡터의 미분 연산자로 미분한 결과는 각 벡터성분 x, y, z 방향의 거리에 대한 변화율을 나타내므로, 이를 기울기(gradient: 경도)라 한다.

$$grad\ \phi = \nabla \phi = (\frac{\partial}{\partial x} i + \frac{\partial}{\partial y} j + \frac{\partial}{\partial z} k)\phi = \frac{\partial \phi}{\partial x} i + \frac{\partial \phi}{\partial y} j + \frac{\partial \phi}{\partial z} k \quad \cdots\cdots\cdots [\text{식 1-22}]$$

6 벡터의 발산 (divergence)

벡터 미분학에서 발산(發散) 또는 다이버전스(divergence)는 벡터장이 정의된 공간의 한 점에서 장이 퍼져 나오는지, 아니면 모여서 없어지는지의 정도를 측정하는 연산자이며 아래와 같이 계산된다.

$$div \vec{A} = \nabla \cdot \vec{A} = (\frac{\partial}{\partial x}i + \frac{\partial}{\partial y}j + \frac{\partial}{\partial z}k) \cdot (A_x i + A_y j + A_z k)$$

$$= \frac{\partial A_x}{\partial x} + \frac{\partial A_y}{\partial y} + \frac{\partial A_z}{\partial z} \quad \cdots \cdots [식\ 1\text{-}23]$$

∇^2는 라플라스 연산자 또는 라플라시안(laplacian)이라 하며, 공간 전하 분포에 의한 전위를 계산하는 데 사용되며 아래와 같이 계산된다.

$$\nabla^2 = \nabla \cdot \nabla = (\frac{\partial}{\partial x}i + \frac{\partial}{\partial y}j + \frac{\partial}{\partial z}k) \cdot (\frac{\partial}{\partial x}i + \frac{\partial}{\partial y}j + \frac{\partial}{\partial z}k)$$

$$= \frac{\partial^2}{\partial x^2} + \frac{\partial^2}{\partial y^2} + \frac{\partial^2}{\partial z^2} \quad \cdots \cdots [식\ 1\text{-}24]$$

$$div\ grad\ \phi = \nabla \cdot \nabla \phi = \nabla^2 \phi = \frac{\partial^2 \phi}{\partial x^2} + \frac{\partial^2 \phi}{\partial y^2} + \frac{\partial^2 \phi}{\partial z^2} \quad \cdots \cdots [식\ 1\text{-}25]$$

확인 예제

6. 전위함수 $V = x^2 + y^2$ 일 때 $\nabla^2 V$를 구하여라.

[해설]

(1) $\frac{\partial^2}{\partial x^2}(x^2 + y^2) = \frac{\partial}{\partial x}2x = 2$ (여기서, $\frac{\partial}{\partial x}x^2 = 2x$, $\frac{\partial}{\partial x}y^2 = 0$)

(2) $\frac{\partial^2}{\partial y^2}(x^2 + y^2) = \frac{\partial}{\partial y}2y = 2$ (여기서, $\frac{\partial}{\partial y}x^2 = 0$, $\frac{\partial}{\partial x}y^2 = 2y$)

$\nabla^2 V = \left(\frac{\partial^2}{\partial x^2} + \frac{\partial^2}{\partial y^2} + \frac{\partial^2}{\partial z^2}\right)(x^2 + y^2) = 2 + 2 = 4$

[정답] 4

7 벡터의 회전 (rotation, curl)

벡터 $\vec{A}$가 회전의 의미를 갖는 벡터량이고, 벡터의 회전은 회전하는 자기력선에 대한 전류를 계산할 때 사용되며 아래와 같이 계산된다.

$$rot\ \vec{A} = \nabla \times \vec{A} = (\frac{\partial}{\partial x}i + \frac{\partial}{\partial y}j + \frac{\partial}{\partial z}k) \times (A_x i + A_y j + A_z k) = \begin{vmatrix} i & j & k \\ \frac{\partial}{\partial x} & \frac{\partial}{\partial y} & \frac{\partial}{\partial z} \\ A_x & A_y & A_z \end{vmatrix}$$

$$= i\left(\frac{\partial A_z}{\partial y} - \frac{\partial A_y}{\partial z}\right) - j\left(\frac{\partial A_z}{\partial x} - \frac{\partial A_x}{\partial z}\right) + k\left(\frac{\partial A_y}{\partial x} - \frac{\partial A_x}{\partial y}\right) \quad \cdots \cdots [식\ 1\text{-}26]$$

8 스토크스의 정리와 발산의 정리

(1) 선적분과 면적적분, 체적적분의 관계를 정리한 식으로, 스토크스(Stokes)의 정리는 선적분과 면적적분의 변환에 사용된다.

(2) 가우스의 발산의 정리 또는 선속정리는 면적적분과 체적적분을 변환하는 데 사용된다.

① 스토크스의 정리: $\oint_c \vec{A}\, d\ell = \int_s rot\, \vec{A}\, dv$

② 발산의 정리: $\oint_s \vec{A} \vec{n}\, ds = \int_v div\, \vec{A}\, dv$

(3) 발산의 정리는 2장의 가우스 법칙 미분형을 유도할 때 이용되며, 스토크스의 정리는 8장의 앙페르 법칙 미분형과 10장의 페러데이 법칙 미분형을 유도할 때 각각 사용된다. 이렇게 유도된 미분형 공식들은 12장 맥스웰 방정식에서 그대로 활용된다.

9 참고 자료

Some Useful Vector Identities (벡터 공식)
$A \cdot B \times C = B \cdot C \times A = C \cdot A \times B$
$A \times (B \times C) = B(A \cdot C) - C(A \cdot B)$
$\nabla(\Psi V) = \Psi \nabla V + V \nabla \Psi$
$\nabla \cdot (\Psi A) = \Psi \nabla \cdot A + A \cdot \nabla \Psi$
$\nabla \cdot (A \times B) = B \cdot (\nabla \times A) - A \cdot (\nabla \times B)$
$\nabla \cdot \nabla V = \nabla^2 V$
$\nabla \times \nabla \times A = \nabla(\nabla \cdot A) - \nabla^2 A$
$\nabla \times \nabla V = 0$
$\nabla \cdot (\nabla \times A) = 0$
$\int_V \nabla \cdot A\, dv = \oint_S A \cdot ds$ (*Divergence theorem*)
$\int_S \nabla \times A \cdot ds = \oint_C A \cdot d\ell$ (*Stokes's thetorem*)

Gradient, Divergence, Curl, and Laplacian Operations (기울기, 발산, 회전 공식)

I. Cylindrical Coordinates (r, ϕ, z) (원통좌표계)
- r축의 단위 벡터: a_r
- ϕ축의 단위 벡터: a_ϕ
- z축의 단위 벡터: a_z

$$grad\, V = \nabla V = \left(\frac{\partial}{\partial r}a_r + \frac{1}{r}\frac{\partial}{\partial \phi}a_\phi + \frac{\partial}{\partial z}a_z\right)V = \frac{\partial V}{\partial r}a_r + \frac{\partial V}{r\partial \phi}a_\phi + \frac{\partial V}{\partial z}a_z$$

$$div\, \vec{E} = \nabla \cdot \vec{E} = \frac{1}{r}\frac{\partial}{\partial r}(rE_r) + \frac{\partial E_\phi}{r\partial \phi} + \frac{\partial E_z}{\partial z}$$

$$rot\, \vec{H} = \begin{vmatrix} a_r & a_\phi r & a_z \\ \frac{\partial}{\partial r} & \frac{\partial}{\partial \phi} & \frac{\partial}{\partial z} \\ H_r & rH_\phi & H_z \end{vmatrix} = a_r\left(\frac{\partial H_z}{r\partial \phi} - \frac{\partial H_\phi}{\partial z}\right) + a_\phi\left(\frac{\partial H_r}{\partial z} - \frac{\partial H_z}{\partial r}\right) + a_z\frac{1}{r}\left[\frac{\partial}{\partial r}(rH_\phi) - \frac{\partial H_r}{\partial \phi}\right]$$

$$\nabla^2 \cdot V = \frac{1}{r}\frac{\partial}{\partial r}\left(r\frac{\partial V}{\partial r}\right) + \frac{1}{r^2}\frac{\partial^2 V}{\partial \phi^2} + \frac{\partial^2 V}{\partial z^2}$$

II. Spherical Coordinates (R, θ, ϕ) (구좌표계)
- R축의 단위 벡터: a_R
- θ축의 단위 벡터: a_θ
- ϕ축의 단위 벡터: a_ϕ

$$\nabla V = \frac{\partial V}{\partial x}a_R + \frac{\partial V}{R\partial \theta}a_\theta + \frac{1}{R\sin\theta}\frac{\partial V}{\partial \phi}a_\phi$$

$$\nabla \cdot \vec{E} = \frac{1}{R^2}\frac{\partial}{\partial R}(R^2 H_R) + \frac{1}{R\sin\theta}\frac{\partial}{\partial \theta}(H_\theta \sin\theta) + \frac{1}{R\sin\theta}\frac{\partial H_\phi}{\partial \phi}$$

$$\nabla \times \vec{H} = \frac{1}{R^2\sin\theta}\begin{vmatrix} a_R & Ra_\theta & R\sin\theta\, a_\phi \\ \frac{\partial}{\partial R} & \frac{\partial}{\partial \theta} & \frac{\partial}{\partial \phi} \\ H_R & RH_\theta & (R\sin\theta)H_\theta \end{vmatrix} = a_R\frac{1}{R\sin\theta}\left[\frac{\partial}{\partial \theta}(H_\phi \sin\theta) - \frac{\partial H_\theta}{\partial \phi}\right]$$
$$+ \frac{1}{R}a_\theta\left[\frac{1}{\sin\theta}\frac{\partial H_R}{\partial \phi} - \frac{\partial}{\partial R}(RH_\phi)\right]$$
$$+ \frac{1}{R}a_\phi\left[\frac{\partial}{\partial R}(RH_\theta) - \frac{\partial H_R}{\partial \theta}\right]$$

$$\nabla^2 V = \frac{1}{R^2}\frac{\partial}{\partial R}\left(R^2\frac{\partial V}{\partial R}\right) + \frac{1}{R^2\sin\theta}\frac{\partial}{\partial \theta}\left(\sin\theta\frac{\partial V}{\partial \theta}\right) + \frac{1}{R^2\sin^2\theta}\frac{\partial^2 V}{\partial \phi^2}$$

핵심 요점정리

1. 벡터의 내적과 외적

(a) 스칼라 곱 (b) 외적의 크기 (c) 외적의 방향 (d) 외적의 특징

내적(스칼라 곱, dot product)	외적(벡터 곱, cross product)
(1) 내적: $\vec{A} \cdot \vec{B} = \|\vec{A}\|\|\vec{B}\|\cos\theta$ (같은 방향의 스칼라 곱) (2) 사이 각: $\theta = \cos^{-1}\dfrac{\vec{A}\cdot\vec{B}}{\|\vec{A}\|\|\vec{B}\|}$ (3) 내적의 특징 ① $i \cdot i = j \cdot j = k \cdot k = 1$ ② $i \cdot j = j \cdot k = k \cdot i = 0$ ③ 즉, 수직인 두 벡터의 내적은 0	(1) 외적: $\vec{A} \times \vec{B} = \vec{n}\,\|\vec{A}\|\|\vec{B}\|\sin\theta$ 여기서, $\vec{n}$: 두 벡터가 이루는 면적의 수직방향(단위 벡터)을 의미 (2) 방향: 오른나사법칙에 따른다. (3) 외적의 특징 ① $i \times i = 0,\ i \times j = k,\ i \times k = -j$ ② $j \times i = -k,\ j \times j = 0,\ j \times k = i$ ③ $k \times i = j,\ k \times j = -i,\ k \times k = 0$

2. 미분 연산자

(1) 편미분 연산자(nabla): $\nabla = \dfrac{\partial}{\partial x}i + \dfrac{\partial}{\partial y}j + \dfrac{\partial}{\partial z}k$ (여기서, ∂ : 라운드)

(2) $grad\ A = \nabla A = \left(\dfrac{\partial}{\partial x}i + \dfrac{\partial}{\partial y}j + \dfrac{\partial}{\partial z}k\right)A = \dfrac{\partial A}{\partial x}i + \dfrac{\partial A}{\partial y}j + \dfrac{\partial A}{\partial z}k$

3. 벡터의 발산(divergence)과 회전(rotation, curl)

(1) 벡터의 발산: $div\ \vec{A} = \nabla \cdot \vec{A} = \left(\dfrac{\partial}{\partial x}i + \dfrac{\partial}{\partial y}j + \dfrac{\partial}{\partial z}k\right) \cdot (A_x i + A_y j + A_z k)$

$= \dfrac{\partial A_x}{\partial x} + \dfrac{\partial A_y}{\partial y} + \dfrac{\partial A_z}{\partial z}$

(2) $rot\ \vec{A} = \nabla \times \vec{A} = \left(\dfrac{\partial}{\partial x}i + \dfrac{\partial}{\partial y}j + \dfrac{\partial}{\partial z}k\right) \times (A_x i + A_y j + A_z k) = \begin{vmatrix} i & j & k \\ \dfrac{\partial}{\partial x} & \dfrac{\partial}{\partial y} & \dfrac{\partial}{\partial z} \\ A_x & A_y & A_z \end{vmatrix}$

$= i\left(\dfrac{\partial A_z}{\partial y} - \dfrac{\partial A_y}{\partial z}\right) - j\left(\dfrac{\partial A_z}{\partial x} - \dfrac{\partial A_x}{\partial z}\right) + k\left(\dfrac{\partial A_y}{\partial x} - \dfrac{\partial A_x}{\partial y}\right)$

출제예상문제

※ 출제예상문제는 기출 분석을 바탕으로 자주 출제되는 유형을 선별하였습니다.

1. 내적과 외적

01 벡터에 대한 계산식이 옳지 않은 것은?

① $i \cdot i = j \cdot j = k \cdot k = 0$
② $i \cdot j = j \cdot k = k \cdot i = 0$
③ $\vec{A} \cdot \vec{B} = |\vec{A}||\vec{B}|\cos\theta$
④ $i \times i = j \times j = k \times k = 0$

정답분석
(1) 내적의 특징
㉠ $i \cdot i = j \cdot j = k \cdot k = 1$
㉡ $i \cdot j = j \cdot k = k \cdot i = 0$
(2) 외적의 특징
㉠ $i \times i = 0, \quad i \times j = k, \quad i \times k = -j$
㉡ $j \times i = -k, \quad j \times j = 0, \quad j \times k = i$
㉢ $k \times i = j, \quad k \times j = -i, \quad k \times k = 0$

정답 ①

02 $A = -i7 - j, B = -i3 - j4$ 의 두 벡터가 이루는 각은 몇 도인가?

① 30°   ② 45°
③ 60°   ④ 90°

정답분석
두 벡터가 이루는 사이 각은 내적에 의해서 구할 수 있다. 내적 $\vec{A} \cdot \vec{B} = AB\cos\theta$ 에서 사이 각은 $\theta = \cos^{-1}\dfrac{\vec{A} \cdot \vec{B}}{AB}$ 이 된다.
㉠ $\vec{A} \cdot \vec{B} = (-i7-j) \cdot (-i3-j4)$
$= 21 + 4 = 25$
㉡ $A = \sqrt{7^2 + 1^2} = \sqrt{50} = \sqrt{5^2 \times 2} = 5\sqrt{2}$
㉢ $B = \sqrt{3^2 + 4^2} = 5$
∴ $\theta = \cos^{-1}\dfrac{\vec{A} \cdot \vec{B}}{AB}$
$= \cos^{-1}\dfrac{25}{25\sqrt{2}} = 45°$

정답 ②

03 $A = 2i + 4j, B = 6j - 4k$ 의 두 벡터가 이루는 각은 몇 도인가?

① 36°   ② 42°
③ 50°   ④ 61°

정답분석
두 벡터의 내적 $\vec{A} \cdot \vec{B} = AB\cos\theta$ 이므로
$\cos\theta = \dfrac{\vec{A} \cdot \vec{B}}{|A||B|} = \dfrac{24}{\sqrt{20} \times \sqrt{52}}$
∴ $\theta = \cos^{-1}\dfrac{24}{\sqrt{20} \times \sqrt{52}} = 42°$

정답 ②

04 벡터 $\vec{A} = i - j + 3k, \vec{B} = i + ak$ 일 때 벡터 $\vec{A}$ 와 벡터 $\vec{B}$ 가 수직이 되기 위한 a 의 값은? (단 i, j, k 는 x, y, z 방향의 기본벡터이다)

① -2 ② $-\dfrac{1}{3}$
③ 0 ④ $\dfrac{1}{2}$

정답분석
㉠ 수직인 두 벡터($\vec{A} \perp \vec{B}$)의 내적은 0 이다.
㉡ 내적: $\vec{A} \cdot \vec{B} = (i - j + 3k) \cdot (i + ak)$
$= 1 + 3a = 0$
∴ ㉡을 정리하면 a를 구할 수 있다.
$3a = -1 \rightarrow a = -\dfrac{1}{3}$

정답 ②

05

벡터 $\vec{A} = A_x i + 2j$, $\vec{B} = 3i - 3j - k$ 가 서로 직교하려면 A_x의 값은?

① 0
② 2
③ $\frac{1}{2}$
④ -2

㉠ 수직인 두 벡터($\vec{A} \perp \vec{B}$)의 내적은 0 이다.
㉡ $\vec{A} \cdot \vec{B} = (A_x i + 2j) \cdot (3i - 3j - k)$
    $= 3A_x - 6 = 0$
∴ ㉡을 정리하면 A_x를 구할 수 있다.
    $3A_x = 6 \rightarrow A_x = 2$

정답 ②

06

$\vec{A} = i + 4j + 3k$ 와 $\vec{B} = 4i + 2j - 4k$의 두 벡터는 서로 어떤 관계에 있는가?

① 평행
② 면적
③ 접근
④ 수직

㉠ 두 벡터의 내적
$\vec{A} \cdot \vec{B} = (i + 4j + 3k) \cdot (4i + 2j - 4k)$
    $= (1 \times 4) + (4 \times 2) + (3 \times -4)$
    $= 4 + 8 - 12 = 0$
㉡ 두 벡터의 내적이 0이 되기 위해서는 두 벡터가 수직 상태여야만 한다. ($\vec{A} \perp \vec{B}$)

정답 ④

07

$A = 2i - 5j + 3k$일 때, $k \times A$를 구하면?

① $-5i + 2j$
② $5iz - 2j$
③ $-5i - 2j$
④ $5i + 2j$

k와 A의 두 벡터의 외적은 다음과 같다.
$k \times A = k \times (2i - 5j + 3k) = 2j + 5i$
여기서, $k \times i = j$, $k \times j = -i$, $k \times k = 0$

정답 ④

08

$A = 10a_x - 10a_y + 5a_z$, $B = 4a_x - 2a_y + 5a_z$ 는 어떤 평행사변형의 두 변을 표시하는 벡터일 때 이 평행사변형의 면적의 크기는? (단, 좌표는 직각좌표이다)

① $5\sqrt{3}$
② $7\sqrt{19}$
③ $10\sqrt{29}$
④ $4\sqrt{7}$

㉠ 두 벡터가 이루는 평행사변형의 면적은 외적의 크기를 말한다.
㉡ $\vec{A} \times \vec{B} = \begin{vmatrix} a_x & a_y & a_z \\ 10 & -10 & 5 \\ 4 & -2 & 5 \end{vmatrix}$

$= a_x \begin{vmatrix} -10 & 5 \\ -2 & 5 \end{vmatrix} - a_y \begin{vmatrix} 10 & 5 \\ 4 & 5 \end{vmatrix}$
$+ a_z \begin{vmatrix} 10 & -10 \\ 4 & -2 \end{vmatrix}$
$= (-50 + 10)a_x - (50 - 20)a_y$
$+ (-20 + 40)a_z$
$= -40a_x - 30a_y + 20a_z$

∴ $|\vec{A} \times \vec{B}| = \sqrt{(-40)^2 + (-30)^2 + 20^2}$
$= \sqrt{2900} = \sqrt{29 \times 10^2} = 10\sqrt{29}$

정답 ③

09

$\vec{A} = 2i - 6j - 3k$와 $\vec{B} = 4i + 3j - k$의 두 벡터에 수직한 단위 벡터는?

① $\pm(\frac{3}{7}i - \frac{2}{7}j + \frac{6}{7}k)$
② $\pm(\frac{3}{7}i + \frac{2}{7}j - \frac{6}{7}k)$
③ $\pm(\frac{3}{7}i - \frac{2}{7}j - \frac{6}{7}k)$
④ $\pm(\frac{3}{7}i + \frac{2}{7}j + \frac{6}{7}k)$

두 벡터에 수직한 방향은 외적의 방향을 나타낸다.
㉠ $\vec{A} \times \vec{B} = \begin{vmatrix} i & j & k \\ 2 & -6 & -3 \\ 4 & 3 & -1 \end{vmatrix}$

$= i\begin{vmatrix} -6 & -3 \\ 3 & -1 \end{vmatrix} - j\begin{vmatrix} 2 & -3 \\ 4 & -1 \end{vmatrix} + k\begin{vmatrix} 2 & -6 \\ 4 & 3 \end{vmatrix}$
$= 15i - 10j + 30k$
$= 5(3i - 2j + 6k)$

㉡ $|\vec{A} \times \vec{B}| = 5\sqrt{3^2 + 2^2 + 6^2} = 5 \times 7$

∴ 수직한 단위 벡터
$\vec{r_0} = \frac{\vec{r}}{r} = \frac{5(3i - 2j + 6k)}{5 \times 7}$
$= \frac{3}{7}i - \frac{2}{7}j + \frac{6}{7}k$

정답 ①

2. 스칼라의 기울기(gradient)

10 점(1, 0, 3)에서 $F = xyz^2$의 기울기를 구하면 다음의 어느 것이 되는가?

① $3k$ ② $j \times 3k$
③ $9j$ ④ $6k$

정답분석

$$\text{grad } F = \nabla F$$
$$= \left(\frac{\partial}{\partial x}i + \frac{\partial}{\partial y}j + \frac{\partial}{\partial z}k\right)xyz^2$$
$$= \frac{\partial}{\partial x}xyz^2 i + \frac{\partial}{\partial y}xyz^2 j + \frac{\partial}{\partial z}xyz^2 k$$
$$= yz^2 i + xz^2 j + 2xyz k \begin{vmatrix} x=1 \\ y=0 \\ z=3 \end{vmatrix} = 9j$$

정답 ③

11 $V(x,y,z) = 3x^2y - y^3z^2$ 에 대하여 $\text{grad } V$의 점(1, -2, -1)에서의 값을 구하면?

① $12i + 9j + 16k$
② $12i - 9j + 16k$
③ $-12i - 9j - 16k$
④ $-12i + 9j - 16k$

정답분석

$$\text{grad } V = \nabla V$$
$$= \left(\frac{\partial V}{\partial x}i + \frac{\partial V}{\partial y}j + \frac{\partial V}{\partial z}k\right)$$
$$= \frac{\partial}{\partial x}(3x^2y - y^3z^2)i$$
$$+ \frac{\partial}{\partial y}(3x^2y - y^3z^2)j$$
$$+ \frac{\partial}{\partial z}(3x^2y - y^3z^2)k$$
$$= 6xy i + 3x^2 j - 3y^2z^2 j$$
$$- 2y^3z k \begin{vmatrix} x=1 \\ y=-2 \\ z=-1 \end{vmatrix}$$
$$= -12i - 9j - 16k$$

정답 ③

3. 벡터의 발산(divergence)

12 위치함수로 주어지는 벡터량이 $E(xyz) = iE_x + jE_y + kE_z$이다. 나블라($\nabla$)와의 내적 $\nabla \cdot E$와 같은 의미를 갖는 것은?

① $\dfrac{\partial E_x}{\partial x} + \dfrac{\partial E_y}{\partial y} + \dfrac{\partial E_z}{\partial z}$

② $i\dfrac{\partial}{\partial x} + j\dfrac{\partial}{\partial y} + k\dfrac{\partial}{\partial z}$

③ $i\dfrac{\partial E_x}{\partial x} + j\dfrac{\partial E_y}{\partial y} + k\dfrac{\partial E_z}{\partial z}$

④ $\dfrac{\partial E}{\partial x} + \dfrac{\partial E}{\partial y} + \dfrac{\partial E}{\partial z}$

정답분석

벡터의 내적은 같은 방향의 크기 성분의 곱으로 계산할 수 있다.

$$\nabla \cdot E = \left(i\frac{\partial}{\partial x} + j\frac{\partial}{\partial y} + k\frac{\partial}{\partial z}\right) \cdot$$
$$(iE_x + jE_y + kE_z)$$
$$= \frac{\partial E_x}{\partial x} + \frac{\partial E_y}{\partial y} + \frac{\partial E_z}{\partial z}$$

(참고: 내적은 같은 방향의 스칼라 곱)

정답 ①

13 $\vec{r} = xi + yj + zk$에서 $\text{div } \vec{r}$의 값은?

① 0   ② 1
③ 2   ④ 3

정답분석

$$\text{div } \vec{r} = \nabla \cdot \vec{r}$$
$$= \left(\frac{\partial}{\partial x}i + \frac{\partial}{\partial y}j + \frac{\partial}{\partial z}k\right)$$
$$\cdot (xi + yj + zk)$$
$$= \frac{\partial x}{\partial x} + \frac{\partial y}{\partial y} + \frac{\partial z}{\partial z} = 1+1+1 = 3$$

정답 ④

14 전계 $\vec{E} = i3x^2 + j2xy^2 + kx^2yz$일 때, $div\,\vec{E}$는 얼마인가?

① $-i6x + jxy + kx^2y$
② $i6x + j6xy + kx^2y$
③ $-6x - 6xy - x^2y$
④ $6x + 4xy + x^2y$

정답분석

$div\,\vec{E} = \nabla \cdot \vec{E}$
$= (\frac{\partial}{\partial x}i + \frac{\partial}{\partial y}j + \frac{\partial}{\partial z}k)$
$\quad \cdot (3x^2 i + 2xy^2 j + x^2yz k)$
$= \frac{\partial}{\partial x}3x^2 + \frac{\partial}{\partial y}2xy^2 + \frac{\partial}{\partial z}x^2yz$
$= 6x + 4xy + x^2y$

정답 ④

15 $f = xyz$, $\vec{A} = xi + yj + zk$일 때, 점$(1, 1, 1)$에서의 $div\,(fA)$는?

① 3   ② 4
③ 5   ④ 6

정답분석

$div(fA) = \frac{\partial}{\partial x}x^2yz + \frac{\partial}{\partial y}xy^2z + \frac{\partial}{\partial z}xyz^2$
$= 2xyz + 2xyz + 2xyz \begin{cases} x=1 \\ y=1 \\ z=1 \end{cases} = 6$

정답 ④

pass.Hackers.com

해커스자격증
pass.Hackers.com

해커스 **전기기사·산업기사 필기** 전기자기학 한권완성 이론 + 최신기출 + 핵심노트

진공 중의 정전계
(Static electric fields)

1. 정전계의 기초 사항
2. 쿨롱의 법칙
3. 전계의 세기
4. 전속과 전속밀도
5. 가우스의 법칙
6. 각 도체에 따른 전계의 세기
7. 전위와 전위경도
8. 도체 내·외부 전계 및 전위
9. 전기력선 방정식
10. 전기 쌍극자
11. 전기 이중층
12. 포아송과 라플라스 방정식
13. 대전 도체면에 작용하는 정전응력

핵심 요점정리

출제예상문제

Chapter 02 진공 중의 정전계(Static electric fields)

1 정전계의 기초 사항

1. 물질과 전기

화학적 방법으로는 더 이상 나눌 수 없는 물질의 기본단위 입자로 양(+)전기를 가진 원자핵(atomic nucleus)과 그 주위를 일정한 궤도를 따라 돌고 있는 음(-) 전기를 가진 전자(electron)로 구성된다.

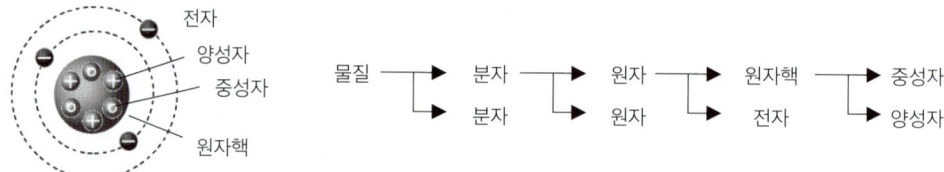

[그림 2-1] 물질과 전기

(1) 전자 1개가 가지는 전하량: $e = -1.602 \times 10^{-19}$ [C]

(2) 전자 1개의 질량: $m = 9.10955 \times 10^{-31}$ [kg]

(3) 양자 1개의 질량: $m = 1.67261 \times 10^{-27}$ [kg] (전자의 약 1840 배)

2. 전자의 속도

(1) 전자가 이동해서 한 일: $W = eV$ [J] ·· [식 2-1]

(2) 전자의 운동에너지: $W = \dfrac{1}{2}mv^2$ [J] ·· [식 2-2]

여기서, m [kg]: 전자의 질량, v [m/s]: 전자의 이동 속도, V [V]: 전위차, e [C]: 전자 1개가 가지는 전하량

(3) 에너지 보존법칙 상 [식 2-1]과 [식 2-2]가 같으므로 전자의 이동 속도는

$$v = \sqrt{\dfrac{2eV}{m}} \propto \sqrt{V} \text{ [m/s]}$$ ·· [식 2-3]

3. 대전과 대전체(electrified body, 帶電體)

(1) 물질은 보통의 경우 전기적으로 중성상태, 즉 (+)전하량과 (-)전하량이 같은 상태에 있다.

(2) 여기에 외부 힘에 의해 전하량의 평형이 깨지면 물체는 (-) 혹은 (+)전기를 띠게 되는데 이렇게 전기를 띠게 되는 현상을 대전이라 하고 대전된 물체를 대전체라 한다.

4. 유전율(permittivity, 誘電率)

(1) 두 고립전하 사이에 존재하는 물리적인 힘(쿨롱 힘)과, 전기장 속으로 유전체를 삽입시키는데 따른 전기장의 특성변화(전기변위)에 관한 수식에 나타나는 보편적인 전기상수로서 유전율을 사용한다.

(2) 즉, 유전율이란 부도체의 전기적인 특성을 나타내는 값이다. 쉽게 말해 전계 내에 물체를 놓았을 때 얼마나 잘 전하가 유기되는가, 즉 양측으로 (+)와 (-)전하가 어느 정도 분리되어(분극현상) 잘 반응하느냐의 정도이다.

① 유전율: $\epsilon = \epsilon_0 \times \epsilon_s \, [\text{F/m}]$ (ϵ_0: 진공의 유전율, ϵ_s 또는 ϵ_r: 비유전율)

② $\epsilon_0 = 8.855 \times 10^{-12} \, [\text{F/m}]$

③ 진공의 비유전율은 1이며, 유전체의 종류에 따라 비유전율 값은 다르다.

물질	비유전율	물질	비유전율	물질	비유전율
진공	1	물	80.7	베클라이트	4.5~5.5
수소	1.000264	파라핀	2.1~2.5	운모	5.5~6.6
산소	1.000547	고무	2.0~3.5	유리	5.4~9.9
공기	1.000587	유황	3.6~4.2	금강석	16.5
변압기유	2.2~2.4	지류	2.0~2.6	장석자기	6~7
에틸알코올	25.8	에보나이트	2.8	염화티탄	15~5000

[표 2-1] 비유전율 표

5. 투자율(magnetic permeability, 透磁率)

(1) 자성체가 자기장의 영향을 받아 자화할 때에 생기는 자속밀도 B와 진공 중에서 나타나는 자계의 세기 H의 비($B = \mu H$)를 말한다.

(2) 즉, 자성체가 자계에 의해 자화되는 정도를 나타내는 전기상수이다.

① $\mu = \mu_0 \times \mu_s \, [\text{H/m}]$ (μ_0: 진공의 투자율, μ_s 또는 M_r: 비투자율)

② $\mu_0 = 4\pi \times 10^{-7} \, [\text{H/m}]$

③ 진공의 비투자율은 1이며, 자성체의 종류에 따라 비투자율 값은 다르다.

● **선생님 TIP** ●

공학용계산기(fx-570ES PULS) 활용법

 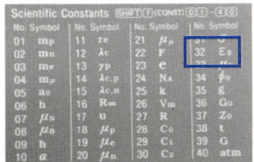

진공의 유전율이나 투자율을 입력할 때에는 그림과 같이 상수(Constant) 기능을 이용하면 편리하다.
사용법: ① shift를 누른 다음 7키를 누른다.
② 화면창에 Constant라고 표시되면 32을 눌러 ϵ_0을 선택한다.
③ ϵ_0이 입력된 상태에서 =키를 누르면 8.854×10^{-12}이 입력된 것을 알 수 있다.

2 쿨롱의 법칙(coulomb's law)

1. 정의

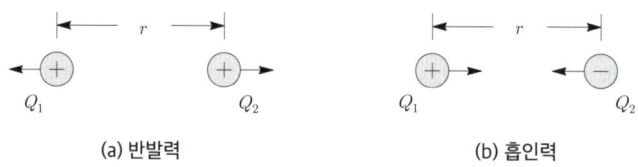

[그림 2-2] 쿨롱의 법칙

(1) 대전된 두 도체 사이에 작용하는 힘은 두 점전하 곱에 비례하고 거리 2승에 반비례하며 그 힘의 방향은 두 점전하를 연결하는 직선의 방향이다.

(2) 이것을 쿨롱의 법칙이라 하며, 전기력(電氣力)이라고 한다.

2. 쿨롱의 힘(전기력, electric force)

(1) 전기력의 크기(스칼라)

① $F = k \cdot \dfrac{Q_1 Q_2}{r^2} = \dfrac{1}{4\pi\epsilon_0} \cdot \dfrac{Q_1 Q_2}{r^2} = 9 \times 10^9 \cdot \dfrac{Q_1 Q_2}{r^2}$ [N] ·················· [식 2-4]

② $F > 0$: 반발력(척력), $F < 0$: 흡인력(인력)

(2) 전기력(벡터)

① 전기력(힘)은 벡터이므로 힘의 크기와 방향을 가지고 있다.

② $\vec{F} = F \cdot \vec{r_0} = \dfrac{Q_1 Q_2}{4\pi\epsilon_0 r^2} \cdot \dfrac{\vec{r}}{r} = \dfrac{(Q_1 Q_2)\vec{r}}{4\pi\epsilon_0 r^3}$ [N] ·················· [식 2-5]

여기서, $\vec{r_0}$: 단위벡터, $\vec{r}$: 변위(거리) 벡터, r: 변위(거리)의 크기(스칼라)

3 전계의 세기(intensity of electric field)

1. 정의

(1) 전계의 세기 E는 전계가 있는 곳에서 매우 작은 정지되어 있는 단위 시험 전하(+1 [C])에 작용하는 전기력으로 정의한다.

(2) [그림 2-3]과 같이 정전하는 발산, 부전하는 흡입하는 힘이 발생한다.

2. 전계의 세기

(1) 정의식: $E = \lim\limits_{\triangle Q \to 0} \dfrac{\triangle F}{\triangle Q} = \dfrac{Q}{4\pi\epsilon_0 r^2}$ [N/C] ·················· [식 2-6]

(2) 단위: $[\text{N/C}] = \dfrac{[\text{N} \times \text{m}]}{[\text{C} \times \text{m}]} = \dfrac{[\text{J}]}{[\text{C}]} \cdot \dfrac{1}{[\text{m}]} = [\text{V/m}]$ 로 표시한다.

(3) 벡터로 표시: $\vec{E} = \dfrac{Q}{4\pi\epsilon_0 r^2} \cdot \vec{r_0} = \dfrac{Q}{4\pi\epsilon_0 r^2} \cdot \dfrac{\vec{r}}{r}$ [V/m] ·· [식 2-7]

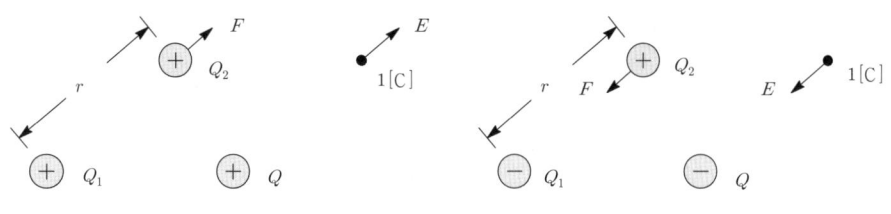

(a) 정전하의 전계의 방향   (b) 부전하의 전계의 방향

[그림 2-3] 전계의 세기

3. 평등 전계 $E[\text{V/m}]$ 내에 전하(q) 또는 전자(e)가 놓여있을 때 작용하는 전기력

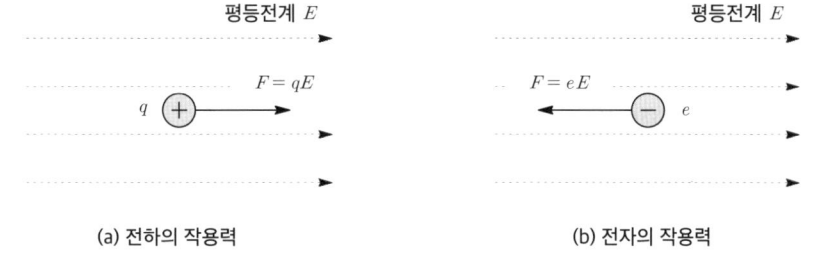

(a) 전하의 작용력   (b) 전자의 작용력

[그림 2-4] 전계 내 전기력

(1) 전하가 받아지는 전기력: $F = qE$ [N] ·· [식 2-8]

(2) 전자가 받아지는 전기력: $F = eE = -qE$ [N] ··· [식 2-9]

(3) 여기서, $-$는 전계와 반대방향을 의미한다.

4 전속과 전속밀도

1. 전속(電屬)의 정의

(1) 전하 $Q[\text{C}]$로부터 발산되어 나가는 전기력선의 총 수는 $\dfrac{Q}{\epsilon}$ [개]로 1[C]의 전하에서 무수히 많은 전기력선이 발생하고, 주위 매질(유전율)에 영향을 받는 불편함이 있다.

(2) 따라서 주위 매질(유전율)에 관계없이 1[C]의 전하에서는 1개의 전속이 발산하는 것으로 편리하게 사용한다.

(3) 전속(dielectric flux: ϕ)은 유전속이라 한다.

2. 전속과 전하의 관계

(1) 전속(ϕ)과 전하(Q)의 크기는 같다. 단, 전속은 벡터, 전하는 스칼라가 된다.

(2) 전속밀도와 전하밀도의 관계

① 전속밀도: $\vec{D} = 3i + 4j + 5k \, [\text{C/m}^2]$

② 전하밀도: $\rho_s = \sigma = |\vec{D}| = \sqrt{3^2 + 4^2 + 5^2} \, [\text{C/m}^2]$

3. 전속밀도(dielectric flux density: D)

(1) 단위면적($1 \, [\text{m}^2]$)을 지나는 전속을 전속밀도(dielectric flux density)라 하고, 기호로 $D[\text{C/m}^2]$로 사용한다.

(2) 도체 구(점전하)에서의 전속밀도는 다음과 같다.

① $D = \dfrac{\phi}{S_\mp} = \dfrac{Q}{4\pi r^2}[\text{C/m}^2]$ ·· [식 2-10]

② $D = \epsilon_0 E \, [\text{C/m}^2]$ ·· [식 2-11]

4. 전하밀도(charge density)

(1) 전하밀도의 종류

구분	전하밀도	총 전하량
체적 전하밀도	$\rho_v = \rho = \dfrac{Q}{v} \, [\text{C/m}^3]$	$Q = \rho v = \displaystyle\int_v \rho \, dv$
면 전하밀도	$\rho_s = \sigma = \dfrac{Q}{s} \, [\text{C/m}^2]$	$Q = \sigma s = \displaystyle\int_s \sigma \, ds$
선 전하밀도	$\rho_\ell = \lambda = \dfrac{Q}{\ell} \, [\text{C/m}]$	$Q = \lambda \ell = \displaystyle\int_\ell \lambda \, d\ell$

[표 2-2] 전하밀도

(2) 전하의 특징

① 전하는 도체표면에만 분포한다.

② 전하는 곡률이 큰 곳(뾰족한 곳 또는 곡률반경이 작은 곳)으로 모이려는 특성을 지니고 있다.

구분		
곡률	작다	크다
곡률반경 r	크다	작다
전하밀도 ρ	작다	크다
전계의 세기	작다	크다

[표 2-3] 전하의 특징

5 가우스의 법칙

> **선생님 TIP**
> 가우스의 법칙을 설명하기 전에 평면각과 입체각에 대해 먼저 설명이 필요하다.

1. 평면각(plane angle)

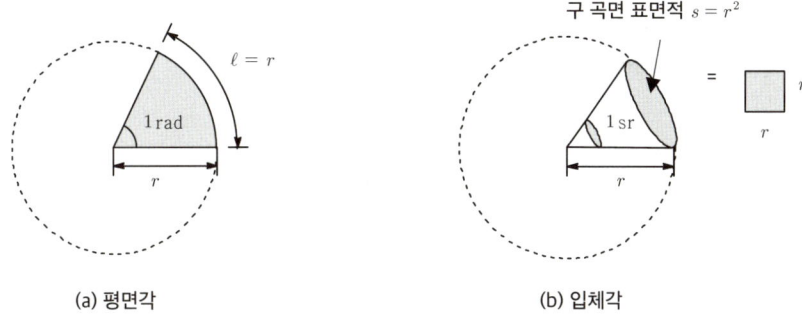

(a) 평면각   (b) 입체각

[그림 2-5] 평면각과 입체각

(1) 평면각의 단위는 radian(라디안)을 사용하고 [rad]로 표기한다.

(2) 1[rad]은 원주 상에서 그 반경과 같은 길이의 호를 끊어서 얻은 2개의 반경 사이에 낀(평면)각을 말한다.

(3) 일반 각도 [deg]와 [rad]의 관계

   ① **평면각 정의 식**: $\theta = \dfrac{\ell}{r}$ [rad] ·· [식 2-12]

   ② 원의 원주 길이가 $\ell = 2\pi r$ 이므로, $360° = \dfrac{2\pi r}{r} = 2\pi$ [rad]이 된다.

   ③ 따라서 π [rad] $= 180°$, 2π [rad] $= 360°$, $\dfrac{\pi}{2}$ [rad] $= 90°$ 가 된다.

2. 입체각(solid angle)

(1) 입체각의 단위는 steradian(스테레디안)을 사용하고 [sr]로 표기한다.

(2) 1[sr, steradian]은 구의 중심을 정점으로 한 구 표면에서 그 구의 반경을 한 변으로 하는 정사각형 면적(r^2)과 같은 표면적을 갖는 공간적인 각을 말한다.

(3) 입체각의 크기

   ① **입체각 정의 식**: $\omega = \dfrac{s}{r^2}$ [sr] ·· [식 2-13]

   ② **구의 미소 면적**: $ds = r^2 \sin\theta \, d\theta \, d\phi$ [m²] ························· [식 2-14]

   ③ **구의 미소 입체각**: $d\omega = \dfrac{ds}{r^2} = \sin\theta \, d\theta \, d\phi$ [sr] ············· [식 2-15]

(4) 구와 원뿔의 입체각

① 구: $\omega = \int d\omega = \int \dfrac{ds}{r^2} = \int_0^{2\pi} \int_0^{\pi} \dfrac{r^2 \sin\theta \; d\theta \; d\phi}{r^2}$

$= \dfrac{s}{r^2} = \dfrac{4\pi r^2}{r^2} = 4\pi \; [\mathrm{sr}]$ ··· [식 2-16]

② 원뿔: $\omega = \int d\omega = \int \dfrac{ds}{r^2} = \int_0^{2\pi} \int_0^{\theta} \sin\theta \; d\theta \; d\phi = \int_0^{2\pi} [-\cos\theta]_0^{\theta} d\phi$

$= \int_0^{2\pi} 1 - \cos\theta \; d\phi = 2\pi(1 - \cos\theta)$ ·· [식 2-17]

3. 가우스의 법칙(Gauss's law)

(1) 정의

① 임의의 폐곡면을 관통하여 밖으로 나가는 전력선의 총 수는 폐곡면 내부에 있는 총 전하량의 $1/\epsilon_0$ 배와 같다. 이를 가우스의 정리라고 한다.

② 전계의 밀도성분은 전계의 세기를 말하며, 이를 전기력선으로 가정했다.

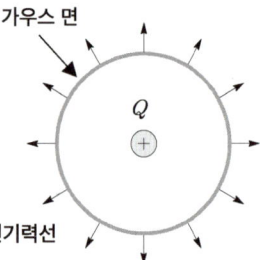

[그림 2-6] 가우스의 법칙

(2) 가우스의 법칙

① 정의 식: $N = \int_s E \vec{n} \; ds = \dfrac{\sum Q}{\epsilon_0}$

··· [식 2-18]

② 전기력선의 총 수: $N = \dfrac{Q}{\epsilon_0}$ [개] ··· [식 2-19]

③ 전속선의 총 수: $N = Q$ [개] ·· [식 2-20]

(3) 가우스의 법칙 미분형

$\int_s E \vec{n} \; ds = \dfrac{Q}{\epsilon_0} = \int_v \dfrac{\rho}{\epsilon_0} dv$ 좌항에 발산의 정리를 사용하여 정리하면

$\int div \vec{E} \; dv = \int_v \dfrac{\rho}{\epsilon_0} dv$ 양변의 체적끼리 지워주면 다음과 같다.

$div \vec{E} = \dfrac{\rho}{\epsilon_0}$ 또는 $div \vec{D} = \rho$ ·· [식 2-21]

4. 전기력선(electric field lines)의 특징

(1) 개요

① 전하에 의해 발생되는 전계는 힘이 존재하지만 눈으로는 확인할 수 없다.

② 따라서 공간상에 존재하는 전계의 세기와 방향을 가상적으로 나타낸 선을 전기력선이라 하며 전기력선의 크기는 전계의 세기와 같다고 정의한다.

(2) 전기력선의 특징

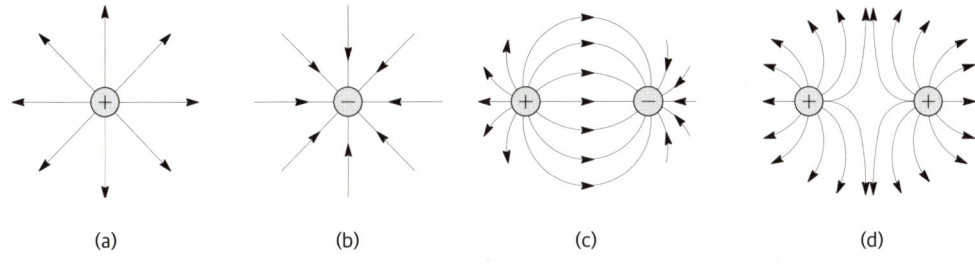

[그림 2-7] 전기력선의 특징

① 전기력선의 방향은 그 점의 전계의 방향과 같으며 전기력선의 밀도는 그 점에서 전계의 세기와 같다.
② 전기력선은 정전하(+)에서 시작하여 부전하(-)에서 끝난다.
③ 전하가 없는 곳에서는 전기력선의 발생, 소멸이 없다. 즉, 연속적이다.
④ 단위 전하($1[C]$)에서는 $1/\epsilon_0$ [개]의 전기력선이 출입한다.
⑤ 전기력선은 전위가 낮아지는 방향으로 향한다.
⑥ 전기력선은 그 자신만으로 폐곡선을 만들지 않는다.
⑦ 전계가 0이 아닌 곳에서는 2개의 전기력선은 교차하지 않는다.
⑧ 전기력선은 등전위면과 직교한다.
⑨ 도체 내부에는 전기력선이 존재하지 않는다.

6 각 도체에 따른 전계의 세기

1. 무한장 원주형 대전체의 전계의 세기

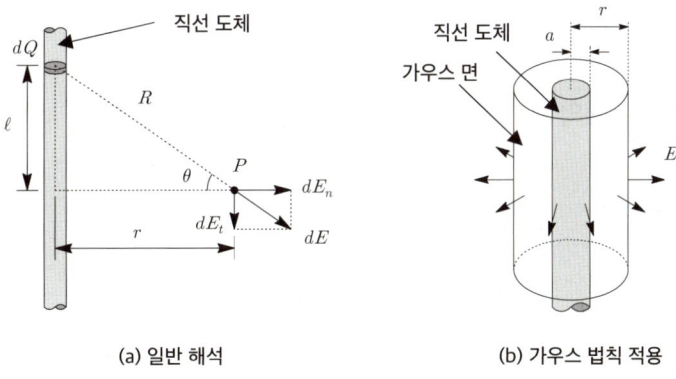

(a) 일반 해석   (b) 가우스 법칙 적용

[그림 2-8] 무한장 원주형 대전체

(1) [그림 2-8](a)와 같이 P점에서의 전계의 세기

① 미소전하 dQ에 의한 미소 전계의 세기

$$dE_n = dE\cos\theta = \frac{dQ}{4\pi\epsilon_0 R^2}\cos\theta = \frac{\lambda\, d\ell}{4\pi\epsilon_0 R^2}\cos\theta$$

② 미소길이 $d\ell$을 $d\theta$로 치환

$$\tan\theta = \frac{\ell}{r} \Rightarrow r\tan\theta = \ell : \text{양변을 } \theta\text{에 대해서 미분하면}$$

$$r\sec^2\theta = \frac{d\ell}{d\theta} : \sec\theta = \frac{1}{\cos\theta} = \frac{R}{r} \Rightarrow \sec^2\theta = \frac{R^2}{r^2}\left(\text{여기서 }\cos\theta = \frac{r}{R}\right)$$

$$r\frac{R^2}{r^2} = \frac{d\ell}{d\theta} \Rightarrow \frac{R^2}{r}d\theta = d\ell : \text{여기서 구해진 } d\ell\text{을 ①식에 대입하자.}$$

③ $$dE_n = \frac{\lambda\, d\ell}{4\pi\epsilon_0 R^2}\cos\theta = \frac{\lambda \frac{R^2}{r} d\theta}{4\pi\epsilon_0 R^2}\cos\theta = \frac{\lambda}{4\pi\epsilon_0 r}\cos\theta\, d\theta$$

④ 전체 전계의 세기를 구하기 위해 적분실시(적분구간: -90°~90°)

$$E_n = \int_{-90°}^{90°}\frac{\lambda}{4\pi\epsilon_0 r}\cos\theta\, d\theta = \frac{\lambda}{4\pi\epsilon_0 r}\int_{-90°}^{90°}\cos\theta\, d\theta$$

$$= \frac{\lambda}{4\pi\epsilon_0 r}[\sin\theta]_{-90°}^{90°} = \frac{\lambda}{4\pi\epsilon_0 r}(\sin 90 - \sin(-90)) = \frac{\lambda}{2\pi\epsilon_0 r}\,[\text{V/m}]$$

$$\therefore E_n = \frac{\lambda}{2\pi\epsilon_0 r}\,[\text{V/m}] \quad\cdots\cdots\cdots\cdots\cdots\cdots\cdots\cdots\cdots\cdots\cdots\cdots\cdots\cdots [\text{식 2-22}]$$

(2) [그림 2-8](b)와 같이 가우스 법칙에 의한 전계의 세기

$$\int_s \vec{E}\vec{n}\,ds = E\times 2\pi r\ell = \frac{Q}{\epsilon_0} : \lambda = \frac{Q}{\ell}\text{ 이므로 } Q = \lambda\ell\text{ 로 대입하면}$$

$$\therefore E_n = \frac{\lambda}{2\pi\epsilon_0 r}\,[\text{V/m}] \quad\cdots\cdots\cdots\cdots\cdots\cdots\cdots\cdots\cdots\cdots\cdots\cdots\cdots\cdots [\text{식 2-23}]$$

2. 평판 전하분포에서의 전계의 세기

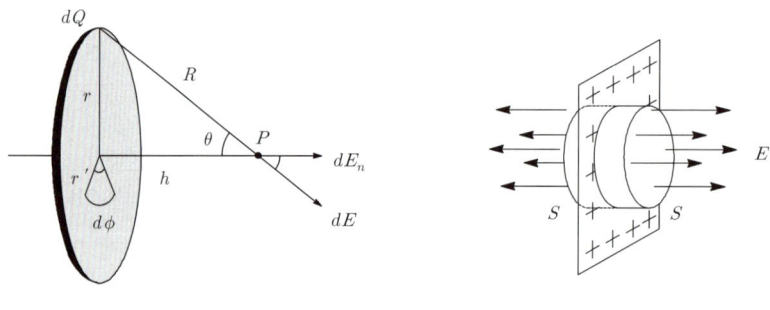

(a) 일반 해석　　　　　(b) 가우스 법칙에 적용

[그림 2-9] 평판 전하 분포

(1) [그림 2-9](a)와 같이 유한 면도체에 대한 전계의 세기
   ① 미소전하 dQ에 의한 미소 전계의 세기
   $$dE_n = dE\cos\theta = \frac{dQ}{4\pi\epsilon_0 R^2}\cos\theta = \frac{\sigma\,ds}{4\pi\epsilon_0 R^2}\cos\theta = \frac{\sigma\,d\omega}{4\pi\epsilon_0}$$
   ② 전체 전계를 구하면
   $$E_n = \int dE_n = \frac{\sigma\,\omega}{4\pi\epsilon_0} = \frac{\sigma}{4\pi\epsilon_o}\times 2\pi(1-\cos\theta) = \frac{\sigma}{2\epsilon_0}(1-\cos\theta)\,[\text{V/m}]$$
   $$\therefore E_n = \frac{\sigma}{2\epsilon_0}(1-\frac{h}{\sqrt{r^2+h^2}}) \quad \cdots\cdots\cdots\cdots\cdots\cdots\cdots\cdots\cdots\cdots\cdots\cdots\cdots\cdots\cdots\cdots\cdots\text{[식 2-24]}$$

(2) 무한 면도체일 때의 전계의 세기
   ① 무한 면도체 조건: [식 2-24]에서 $r = \infty$ 이 되어야 한다.
   ② 따라서 무한 면도체의 전계의 세기는
   $$\therefore E_n = \frac{\sigma}{2\epsilon_0}(1-\frac{h}{\infty}) = \frac{\sigma}{2\epsilon_0}\,[\text{V/m}] \quad \cdots\cdots\cdots\cdots\cdots\cdots\cdots\cdots\cdots\cdots\cdots\cdots\cdots\text{[식 2-25]}$$

(3) [그림 2-9](b)와 같이 가우스의 법칙에 의한 전계의 세기
   ① 전기력선은 면에서 수직으로 나와 평행하게 발산한다.
   ② 지금 면에 수직한 원통을 가우스의 폐곡면으로 취하고 가우스의 법칙을 적용하면 전기력선은 원통의 상하면을 통하여 나가므로 가우스의 폐곡면은 2개가 만들어 진다($ds = 2S$).
   ③ $\int_s E\vec{n}\,ds = E2S = \frac{Q}{\epsilon_0}$ 에서 $Q = \sigma S$ 이므로
   $$\therefore E = \frac{\sigma}{2\epsilon_0}\,[\text{V/m}] \quad \cdots\cdots\cdots\cdots\cdots\cdots\cdots\cdots\cdots\cdots\cdots\cdots\cdots\cdots\cdots\cdots\cdots\cdots\cdots\text{[식 2-26]}$$

3. 평행판 도체의 전계의 세기

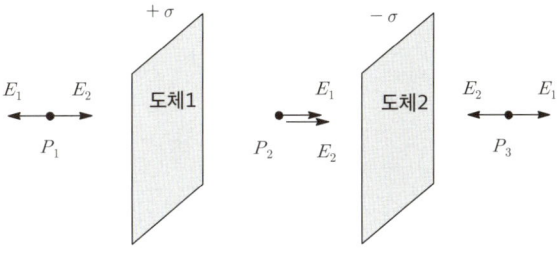

[그림 2-10] 평행판 도체

(1) 개요
   ① 전계의 세기의 방향은 $+\sigma$에 의한 전계(E_1)는 발산, $-\sigma$에 의한 전계(E_2)는 도체로 흡인하는 방향이 된다.
   ② 무한 면도체로 전계의 세기($E = \frac{\sigma}{2\epsilon_0}$)는 거리에 관계없이 크기가 일정하다.
   ③ 따라서 [그림 2-10]에서 P_1, P_2, P_3에서의 전계의 크기는 모두 같다.

(2) 평행판 내/외부에서의 전계의 세기

① 외부(P_1, P_3): $E = 0$ ·· [식 2-27]

② 내부(P_2): $E = \dfrac{\sigma}{2\epsilon_0} \times 2 = \dfrac{\sigma}{\epsilon_0}$ [V/m] ························· [식 2-28]

4. 도체구 표면에서의 전계의 세기

(1) 반지름 a [m] 의 도체구 표면에서의 전계의 세기: $E = \dfrac{Q}{4\pi\epsilon_0 a^2} = \dfrac{Q}{s\,\epsilon_0}$

(2) 가우스의 법칙을 적용하면 $N = \displaystyle\int_s \vec{E}\vec{n}\,ds = \dfrac{Q}{\epsilon_0} = \dfrac{\sigma s}{\epsilon_0}$ 이므로

$\therefore E = \dfrac{\sigma}{\epsilon_0}$ [V/m] ·· [식 2-29]

5. 환원 코일 도체에서의 전계의 세기

(1) 미소전하 dQ에 의한 미소 전계의 세기

$dE_n = dE\cos\theta = \dfrac{dQ}{4\pi\epsilon_0 R^2}\cos\theta$

(2) 전체 전계의 세기

$E_n = \displaystyle\int dE_n = \dfrac{Q}{4\pi\epsilon_0 R^2}\cos\theta = \dfrac{Q}{4\pi\epsilon_0 R^2} \times \dfrac{z}{R}$

$= \dfrac{Qz}{4\pi\epsilon_0 R^3} = \dfrac{Qz}{4\pi\epsilon_0 (a^2+z^2)^{3/2}}$

$= \dfrac{\lambda\,\ell\,z}{4\pi\epsilon_0 (a^2+z^2)^{3/2}} = \dfrac{\lambda\,2\pi z\,a}{4\pi\epsilon_0 (a^2+z^2)^{3/2}}$

$= \dfrac{\lambda\,z\,a}{2\epsilon_0 (a^2+z^2)^{3/2}}$ [V/m] ································· [식 2-30]

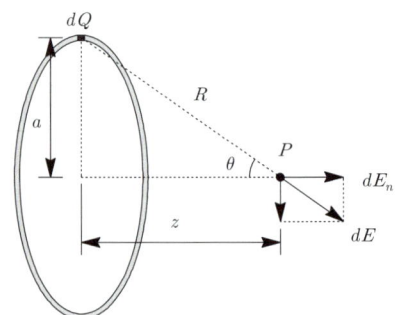

[그림 2-11] 환원 도체

7 전위와 전위경도

1. 전위와 전위경도

(1) 전위(전기적인 위치에너지)

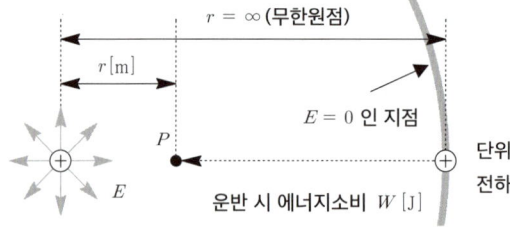

[그림 2-12] 전위의 정의

① 위치에너지 개념에서 정의된다.
② 전위란, 정전계에서 단위 전하(1[C])를 전계와 반대 방향으로 무한 원점에서 P점까지 운반하는데 필요한 일 또는 소비되는 에너지를 말한다.
③ 정의 식: $V = -\int_{\infty}^{P} E\,dr\,[\text{V}]$ ....[식 2-31]

(2) 전위차(전압)
① 단위 전하가 a에서 b 점까지 운반될 때 소비되는 에너지
② 정의 식: $V_{ab} = V_a - V_b = -\int_{b}^{a} E\,dr = \dfrac{W}{Q}\,[\text{J/c} = \text{V}]$ ....[식 2-32]

(3) 전위경도(gradient)
① 전위경도란 전위와 전계의 세기 관계를 미분형으로 나타낸 것을 말한다.
$V = -\int E\,dr$ 에서 $E = -\dfrac{dV}{dr} = -\nabla V = -\text{grad}\,V\,[\text{V/m}]$
② 정의 식: $E = -\text{grad}\,V = -\nabla V\,[\text{V/m}]$ ....[식 2-33]

2. 각 도체에 따른 전위와 전위차

(1) 도체구의 전위와 전위차
① 전계의 세기: $E = \dfrac{Q}{4\pi\epsilon_0 r^2}\,[\text{V/m}]$

② [그림 2-12]의 P점에서의 전위는 다음과 같다.
$$V = -\int_{\infty}^{P} E\,dr = -\int_{\infty}^{r} \dfrac{Q}{4\pi\epsilon_0 r^2}\,dr$$
$$= -\dfrac{Q}{4\pi\epsilon_0}\int_{\infty}^{r} r^{-2}\,dr = -\dfrac{Q}{4\pi\epsilon_0}\left[-r^{-1}\right]_{\infty}^{r}$$
$$= \dfrac{Q}{4\pi\epsilon_0}\left(\dfrac{1}{r} - \dfrac{1}{\infty}\right) = \dfrac{Q}{4\pi\epsilon_0 r}\,[\text{V}]$$ ....[식 2-34]

③ 전위차
$$V_{ab} = -\int_{b}^{a} E\,dr = -\int_{b}^{a} \dfrac{Q}{4\pi\epsilon_0 r^2}\,dr$$
$$= \dfrac{Q}{4\pi\epsilon_0}\left[\dfrac{1}{r}\right]_{b}^{a} = \dfrac{Q}{4\pi\epsilon_0}\left(\dfrac{1}{a} - \dfrac{1}{b}\right)\,[\text{V}]$$ ....[식 2-35]

(2) 동심 도체구의 전위

① 진공 중에 반경 $a\,[\mathrm{m}]$ 인 도체구 A 와 내·외 반경이 b, $c\,[\mathrm{m}]$ 인 도체구 B 를 동심으로 놓고 도체구 A 에 $Q\,[\mathrm{C}]$ 의 전하를 대전시키고, 도체구 B 에는 $0\,[\mathrm{C}]$ 으로 했을 때 도체구 A 의 전위는 다음과 같다.

② 동심 도체구의 전위

$$\begin{aligned}V &= -\int_{\infty}^{c}\frac{Q}{4\pi\epsilon_0 r^2}\,dr - \int_{b}^{a}\frac{Q}{4\pi\epsilon_0 r^2}\,dr \\ &= \frac{Q}{4\pi\epsilon_0}\left[\frac{1}{r}\right]_{\infty}^{c} + \frac{Q}{4\pi\epsilon_0}\left[\frac{1}{r}\right]_{b}^{a} \\ &= \frac{Q}{4\pi\epsilon_0}\left(\frac{1}{c}-\frac{1}{\infty}\right) + \frac{Q}{4\pi\epsilon_0}\left(\frac{1}{a}-\frac{1}{b}\right) \\ &= \frac{Q}{4\pi\epsilon_0}\left(\frac{1}{a}-\frac{1}{b}+\frac{1}{c}\right)\,[\mathrm{V}] \end{aligned}$$ ......[식 2-36]

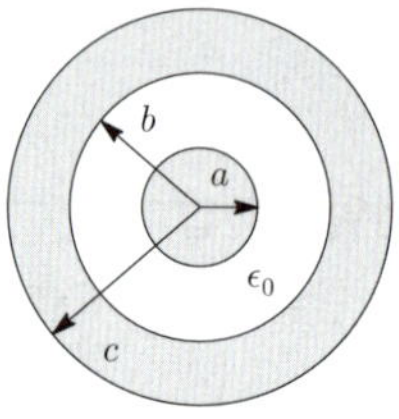

[그림 2-13] 동심 도체구

(3) 무한장 원주형 대전체의 전위와 전위차

① 전계의 세기: $E = \dfrac{\lambda}{2\pi\epsilon_0 r}\,[\mathrm{V/m}]$

② 전위

$$\begin{aligned}V &= -\int_{\infty}^{r} E\,dr = -\int_{\infty}^{r}\frac{\lambda}{2\pi\epsilon_o r}\,dr \\ &= \frac{\lambda}{2\pi\epsilon_0}\int_{r}^{\infty}\frac{1}{r}\,dr = \frac{\lambda}{2\pi\epsilon_0}\left[\ln r\right]_{r}^{\infty} \\ &= \frac{\lambda}{2\pi\epsilon_0}(\ln\infty - \ln r) = \infty \end{aligned}$$ ......[식 2-37]

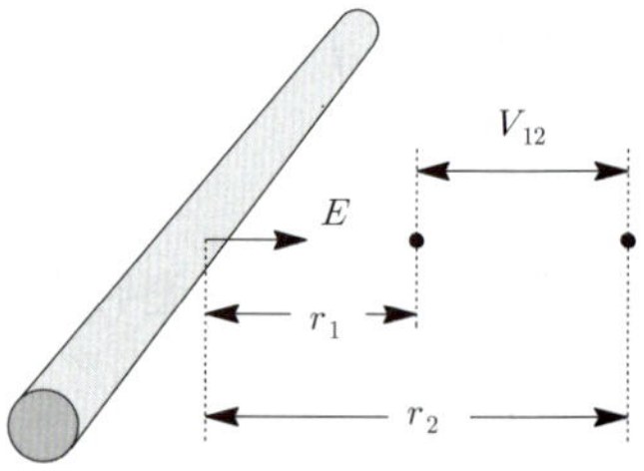

[그림 2-14] 무한 직선 도체

③ 전위차 ($r_1 < r_2$ 인 경우)

$$V_{12} = -\int_{r_2}^{r_1}\frac{\lambda}{2\pi\epsilon_0 r}\,dr = -\frac{\lambda}{2\pi\epsilon_0}\left[\ln r\right]_{r_2}^{r_1} = -\frac{\lambda}{2\pi\epsilon_0}(\ln r_1 - \ln r_2)$$

$$= \frac{\lambda}{2\pi\epsilon_0}\ln\frac{r_2}{r_1}\,[\mathrm{V}]$$ ......[식 2-38]

8 도체 내·외부 전계 및 전위

1. 구(球) 대전체

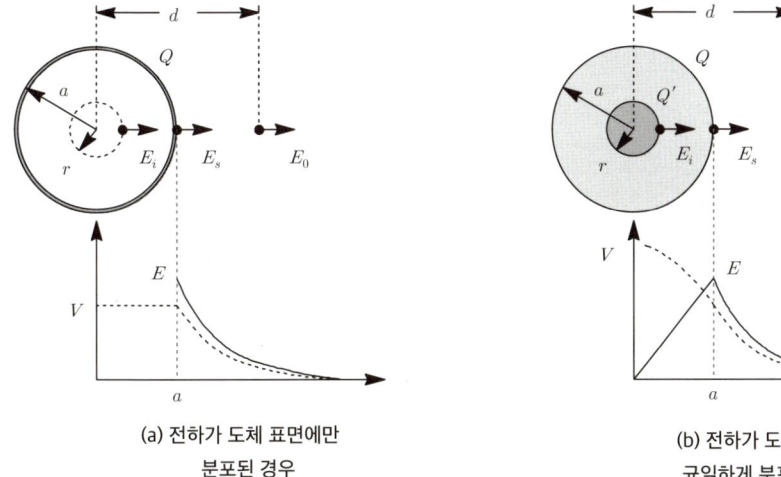

(a) 전하가 도체 표면에만 분포된 경우

(b) 전하가 도체 내부에 균일하게 분포된 경우

여기서, Q: 도체의 총 전하량
Q': 반지름 r 을 갖는 구체적의 전하량

[그림 2-15] 도체 내·외부 전계 및 전위

(1) 전하가 도체 표면에만 분포된 경우
  ① 전계의 세기

외부	표면	내부
$E_e = \dfrac{Q}{4\pi\epsilon_0 d^2}$	$E_s = \dfrac{Q}{4\pi\epsilon_0 a^2}$	$E_i = 0$

[표 2-4] 내·외부 전계의 세기

  ② 전위
  ㉠ 전위는 $V = -\int_{\infty}^{P} E\,dr$ 이고 도체 내부 전계는 0 이므로 도체 내부에서 전위의 변화는 없다.
  ㉡ 따라서 [그림 2-15](b)와 같이 도체 내부 전위는 표면전위와 같다.

(2) 전하가 도체 내부에 균일하게 분포된 경우
  ① 전계의 세기

외부	표면	내부
$E_e = \dfrac{Q}{4\pi\epsilon_0 d^2}$	$E_s = \dfrac{Q}{4\pi\epsilon_0 a^2}$	$E_i = \dfrac{rQ}{4\pi\epsilon_0 a^3}$

[표 2-5] 내·외부 전계의 세기

② 내부 전계의 세기 증명 과정
㉠ 도체 내부에 전하가 균일하게 분포되었다면 도체 내부에도 전계가 존재할 것이고, 이는 전하량 크기에 비례하게 된다.
㉡ 또한 도체 내 임의의 구 체적이 갖는 전하량은 전하밀도가 일정하므로 구 체적의 크기에 따라 결정된다($Q = \rho v \propto v = \frac{4\pi r^3}{3}$ [m^3]).
㉢ [그림 2-15](b)와 같이 총 전하량 Q와 내부 임의의 거리 r을 갖는 구체적의 전하량 Q'의 관계는 다음과 같다.

$$Q : Q' = \frac{4\pi a^3}{3} : \frac{4\pi r^3}{3}$$ 이므로 이를 정리하면

$$Q' = \frac{r^3}{a^3} Q \quad \cdots\cdots [\text{식 2-39}]$$

㉣ 도체 내부 전계의 세기

$$E = \frac{Q'}{4\pi \epsilon_0 r^2} = \frac{rQ}{4\pi \epsilon_0 a^3} \text{ [V/m]} \quad \cdots\cdots [\text{식 2-40}]$$

③ **전위**: 도체 내부에도 전계가 존재하므로 [그림 2-15](b)와 같이 도체 중심으로 들어갈수록 전위는 증가한다.

2. 무한장 원주형 직선 대전체

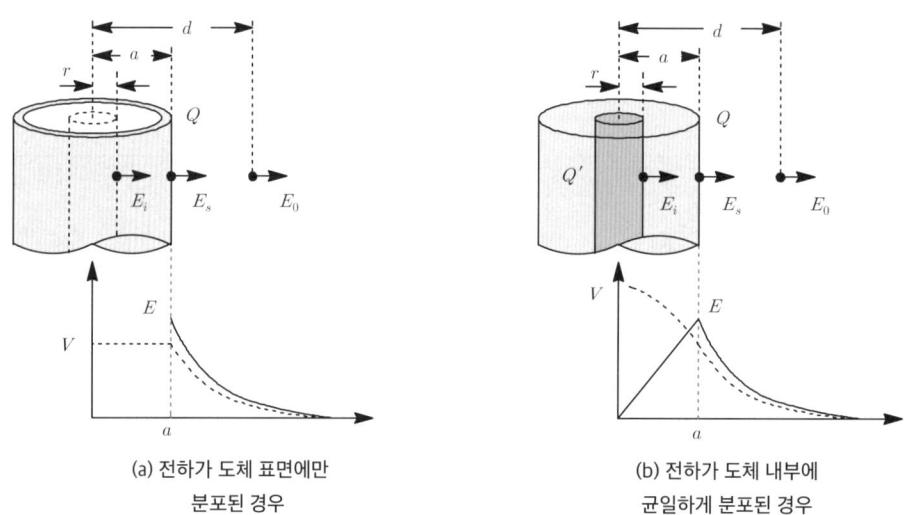

(a) 전하가 도체 표면에만 분포된 경우

(b) 전하가 도체 내부에 균일하게 분포된 경우

여기서, Q: 도체의 총 전하량
Q': 반지름 r을 갖는 원통 체적의 전하량

[그림 2-16] 도체 내·외부 전계 및 전위

(1) 전하가 도체 표면에만 분포된 경우

① 전계의 세기

외부	표면	내부
$E_e = \dfrac{\lambda}{2\pi\epsilon_0 d}$	$E_s = \dfrac{\lambda}{2\pi\epsilon_0 a}$	$E_i = 0$

[표 2-6] 내·외부 전계의 세기

② 전위

㉠ 전위는 $V = -\int_{\infty}^{P} E\, dr$ 이고 도체 내부 전계는 0 이므로 도체 내부에서 전위의 변화는 없다.

㉡ 따라서 [그림 2-15](b)와 같이 도체 내부 전위는 표면 전위와 같다.

(2) 전하가 도체 내부에 균일하게 분포된 경우

① 전계의 세기

외부	표면	내부
$E_e = \dfrac{\lambda}{2\pi\epsilon_0 d}$	$E_s = \dfrac{\lambda}{2\pi\epsilon_0 a}$	$E_i = \dfrac{r\lambda}{2\pi\epsilon_0 a^2}$

[표 2-7] 내·외부 전계의 세기

② 내부 전계의 세기 증명 과정

㉠ [그림 2-15](b)와 같이 총 전하량 Q 와 내부 임의의 거리 r 을 갖는 원통체적의 전하량 Q' 의 관계는 다음과 같다.

$Q : Q' = \rho\pi a^2 \ell : \rho\pi r^2 \ell$ 에서 이를 정리하면

$$Q' = \dfrac{r^2}{a^2} Q \text{ 또는 } \lambda' = \dfrac{r^2}{a^2} \lambda \quad \cdots\cdots\cdots\cdots [\text{식 2-41}]$$

㉡ 도체 내부 전계의 세기

$$E = \dfrac{\lambda'}{2\pi\epsilon_0 r} = \dfrac{r\lambda}{2\pi\epsilon_0 a^2} \text{ [V/m]} \quad \cdots\cdots\cdots\cdots [\text{식 2-42}]$$

③ **전위**: 도체 내부에도 전계가 존재하므로 [그림 2-16](b)와 같이 도체 중심으로 들어갈수록 전위는 증가한다.

9 전기력선 방정식

1. 개요

일반적으로 전기력선을 수식적으로 구하는 것은 복잡한 과정이나, 전기력선의 미분 방정식을 이용하면 쉽게 구할 수 있다.

2. 전기력선 방정식

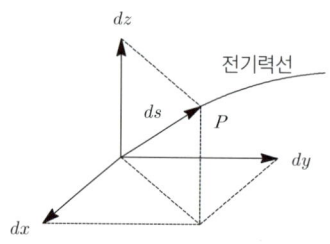

[그림 2-17] 전기력선 방정식

(1) 공간상의 전계 $\vec{E}$ 는 x, y, z 성분($\vec{E} = iE_x + jE_y + kE_z$)으로 각각 분해할 수 있다.

(2) 전기력선상의 미소면적 ds 에 대한 좌표의 각 성분을 dx, dy, dz 라 하면 ds 의 방향성분 비는 $E_x : E_y : E_z$ 이므로 이 식을 정리하면 다음과 같다.

$E_x : E_y : E_z = dx : dy : dz$ 이므로

$$\frac{dx}{E_x} = \frac{dy}{E_y} = \frac{dz}{E_z} \quad \cdots\cdots\cdots\cdots\cdots [식 2\text{-}43]$$

확인 예제

1. $\vec{E} = xi + yj$ 의 전기력선 방정식을 구하면?

[해설] $\frac{dx}{E_x} = \frac{dy}{E_y}$ 이므로 $\frac{dx}{x} = \frac{dy}{y}$ (양변에 적분을 취하면)

$\int \frac{1}{x} \cdot dx = \int \frac{1}{y} \cdot dy \;\Rightarrow\; \ln x + C_1 = \ln y + C_2$

$\ln x - \ln y = C_2 - C_1 \;\Rightarrow\; \ln \frac{x}{y} = C \,(C = \ln k$ 로 취하면$)$

$\ln \frac{x}{y} = \ln k$

$\therefore \frac{x}{y} = k \;\Rightarrow\; y = \frac{1}{k}x = Ax$ 또는 $x = ky = By$

[정답] $y = \frac{1}{k}x = Ax$ 또는 $x = ky = By$

2. $\vec{E} = xi + yj$ 의 전기력선 방정식을 구하면?

[해설] $\frac{dx}{E_x} = \frac{dy}{E_y}$ 이므로 $\frac{dx}{x} = \frac{dy}{-y} \;\Rightarrow\; \ln x + C_1 = -\ln y + C_2$

$\ln x + \ln y = C_2 - C_1 \;\Rightarrow\; \ln xy = \ln k \;\Rightarrow\; \ln xy = \ln k$

$\therefore xy = k \;\Rightarrow\; y = \frac{k}{x}$ 또는 $x = \frac{k}{y}$

[정답] $y = \frac{k}{x}$ 또는 $x = \frac{k}{y}$

10 전기 쌍극자(electric dipole)

1. 개요

(1) 물질은 (-)전하를 띤 전자와 (+)를 띤 핵이 평형을 이루고 전기적으로 중성을 이루고 있다.

(2) 그러나 총 (-)전하와 총 (+)전하의 위치가 일치하지 않을 경우나, (-)전하를 띤 물질과 (+)전하를 띤 물질이 일정한 거리를 두고 떨어져 있는 상태를 전기쌍극자라고 하고

(3) 한 쌍의 점전하가 미소거리 δ[m] 만큼 떨어져 있을 때 $M = Q\delta$[C·m] 를 전기 쌍극자모멘트(electric dipole moment)라 한다.

2. 전기 쌍극자 전위

(1) 전기 쌍극자의 전계의 세기를 구하려면 [그림 2-18]과 같이 E_1와 E_2의 합 벡터를 구해야만 되지만 $+Q$와 $-Q$가 아주 미소한 거리가 되므로 합 벡터를 구하기 어려움이 따른다.

(2) P점에서의 전위를 구한 다음 전위경도($E = -\,grad\,V$)로 전계의 세기를 구할 수 있다.

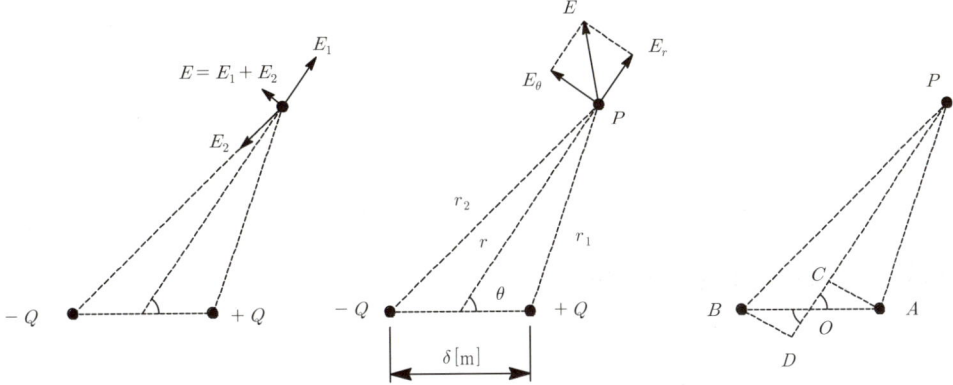

[그림 2-18] 전기 쌍극자

① $\overline{OA} = \overline{OB} = \dfrac{\delta}{2}$ 이고 $\overline{OC} = \overline{OD} = \dfrac{\delta}{2}\cos\theta$ 가 된다.

② $r_1 = \overline{AP} = \overline{CP} = \overline{OP-OC} = r - \dfrac{\delta}{2}\cos\theta$

③ $r_2 = \overline{BP} = \overline{DP} = \overline{OP+OC} = r + \dfrac{\delta}{2}\cos\theta$

④ $V_{12} = V_1 - V_2 = \dfrac{Q}{4\pi\epsilon_0}\left(\dfrac{1}{r_1} - \dfrac{1}{r_2}\right) = \dfrac{Q}{4\pi\epsilon_0}\left(\dfrac{r_2 - r_1}{r_1 r_2}\right)$

$\qquad = \dfrac{Q}{4\pi\epsilon_0}\left(\dfrac{\delta\cos\theta}{r^2 - \left(\dfrac{\delta}{2}cos\theta\right)^2}\right)$ 에서 $\left(\dfrac{\delta}{2}\cos\theta\right)^2 \fallingdotseq 0$ 이므로

$$V_{12} = \dfrac{Q\cdot\delta\cos\theta}{4\pi\epsilon_0 r^2} = \dfrac{M\cos\theta}{4\pi\epsilon_0 r^2}\ [\text{V}] \qquad\qquad\qquad\qquad\text{[식 2-44]}$$

3. 전계의 세기

P점의 극좌표가 (r, θ)로 주어졌기 때문에 구좌표계의 편미분을 이용한다.

(1) $\vec{E} = -\,grad\,V = -\nabla V$

$= -\left[\left(a_r \dfrac{\partial}{\partial r} + a_\theta \dfrac{1}{r}\dfrac{\partial}{\partial \theta} + a_\phi \dfrac{1}{r\sin\theta}\dfrac{\partial}{\partial \phi}\right)\left(\dfrac{M\cos\theta}{4\pi\epsilon_0 r^2}\right)\right]$

$= -\left(a_r \dfrac{M\cos\theta}{4\pi\epsilon_0}\dfrac{\partial}{\partial r}\dfrac{1}{r^2} + a_\theta \dfrac{M}{4\pi\epsilon_0 r^3}\dfrac{\partial}{\partial \theta}\cos\theta\right)$

$= a_r \dfrac{2M\cos\theta}{4\pi\epsilon_0 r^3} + a_\theta \dfrac{M\sin\theta}{4\pi\epsilon_0 r^3}$

$= \dfrac{M}{4\pi\epsilon_0 r^3}(a_r 2\cos\theta + a_\theta \sin\theta)$ ··· [식 2-45]

(2) $|\vec{E}| = \dfrac{M}{4\pi\epsilon_0 r^3}\sqrt{(2\cos\theta)^2 + (\sin\theta)^2} = \dfrac{M}{4\pi\epsilon_0 r^3}\sqrt{4\cos^2\theta + \sin^2\theta}$

$= \dfrac{M}{4\pi\epsilon_0 r^3}\sqrt{4\cos^2\theta + (1-\cos^2\theta)}$

$= \dfrac{M}{4\pi\epsilon_0 r^3}\sqrt{1+3\cos^2\theta}$ ·· [식 2-46]

(3) 전계의 방향: $\tan\phi = \dfrac{E_\theta}{E_r} = \dfrac{1}{2}\tan\theta$ ··· [식 2-47]

11 전기 이중층 (electric double layer)

1. 개요

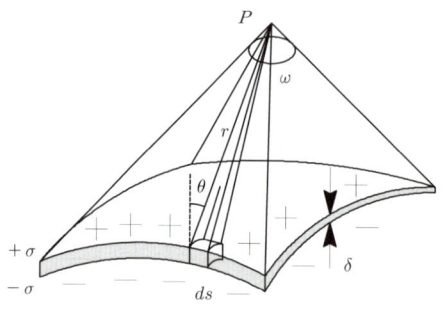

[그림 2-19] 전기 이중층

(1) [그림 2-19]와 같이 극이 얇은 판의 양 면에 정(+), 부(-)의 전하가 분포되어 있는 것을 전기 이중층이라 하고,

(2) 한 극판의 전하밀도를 $\sigma\,[\mathrm{C/m^2}]$, 극판 사이를 $\delta\,[\mathrm{m}]$ 라 하면 $M = P = \sigma\delta\,[\mathrm{C/m}]$ 를 전기 이중층 모멘트라 한다.

2. 이중층 전위

(1) 전기 이중층의 표면 전하 밀도를 $\pm\sigma\,[\text{C}/\text{m}^2]$, 미소면적 $ds\,[\text{m}^2]$에 의한 점 P의 전위를 dV라 하면 ds 부분의 전하는 $\sigma\,ds\,[\text{C}]$이고,

(2) 미소 거리 $\delta\,[\text{m}]$의 두께로 되어 전기 쌍극자로 볼 수 있으므로 점 P점의 전위 dV는 다음과 같다.

$$dV = \frac{\sigma\,\delta\,ds\cos\theta}{4\pi\epsilon_0 r^2} = \frac{\sigma\,\delta}{4\pi\epsilon_0}\times\frac{ds}{r^2}\cos\theta = \frac{P}{4\pi\epsilon_0}d\omega$$

$$V = \int dV = \frac{P\omega}{4\pi\epsilon_0} = \frac{P}{2\epsilon_0}(1-\cos\theta)\,[\text{V}] \quad\quad\quad\quad\quad\quad\quad\quad\quad\quad\quad\quad\quad\quad\quad\quad\quad\quad\quad\text{[식 2-48]}$$

12 포아송과 라플라스 방정식

1. 개요
가우스의 법칙을 발산의 정리와 전위경도를 대입하여 정리한 식을 포아송의 방정식이라 한다.

2. 포아송의 방정식과 라플라스 방정식

(1) 관련 공식

① 전위경도: $E = -\,grad\,V = -\,\nabla V$

② 가우스 법칙의 미분형: $div\,D = \rho$ 에서 $div\,E = \dfrac{\rho}{\epsilon_0}$

③ 위 두식을 정리하면 포아송의 방정식을 만들 수 있다.

$$div\,E = div\,grad\,V = -\,\nabla\cdot(\nabla V) = \frac{\rho}{\epsilon_0}\quad\text{이므로}$$

(2) 포아송의 방정식

① **포아송의 방정식**: $\nabla^2 V = -\dfrac{\rho}{\epsilon_0}$ ·· [식 2-49]

② **라플라시안**: $\nabla^2 = \nabla\cdot\nabla = \left(\dfrac{\partial^2}{\partial x^2}+\dfrac{\partial^2}{\partial y^2}+\dfrac{\partial^2}{\partial z^2}\right)$ ·· [식 2-50]

(3) 라플라스 방정식

① 전하가 존재하지 않으면 공간 전하밀도 $\rho = 0$이 되므로

② **라플라스 방정식**: $\nabla^2 V = 0$ ·· [식 2-51]

③ 라플라스 방정식을 만족하기 위해서는 전위함수 V가 1차 방정식이여야만 한다.

13 대전 도체면에 작용하는 정전응력(靜電應力)

1. 개요

[그림 2-20]과 같은 양 극판에 $\pm\sigma[\text{C/m}^2]$의 전하를 대전시키면 $+\sigma$의 정전하로부터 [식 2-52]와 같은 전계가 작용하고, 이 전계 내에 $-\sigma$를 위치시키면 두 전하 사이에는 흡인력이 작용하게 되는데, 이를 정전응력이라 한다.

2. 정전응력

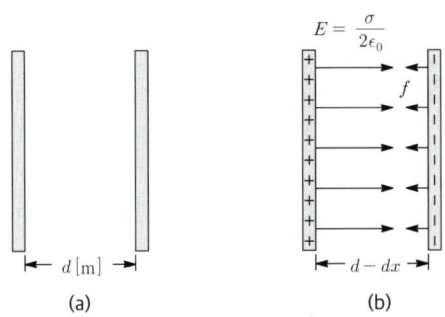

[그림 2-20] 전기 이중층

(1) $+\sigma$ 로부터 발생된 전계의 세기: $E = \dfrac{\sigma}{2\epsilon_0}\,[\text{V/m}]$ ········· [식 2-52]

(2) $-\sigma$ 에서 작용하는 힘

: $dF = QE = (\sigma\,ds)E = \dfrac{\sigma^2}{2\epsilon_0}\,ds\,[\text{N}]$ ········· [식 2-53]

(3) 대전 도체 표면의 단위면적당 받아지는 정전응력은 다음과 같다.

: $f = \dfrac{\sigma^2}{2\epsilon_0} = \dfrac{D^2}{2\epsilon_0} = \dfrac{1}{2}ED = \dfrac{1}{2}\epsilon_0 E^2\,[\text{N/m}^2]$ ········· [식 2-54]

여기서, 전하밀도 $\sigma = |D| = \epsilon_0|E|$, D: 전속밀도$[\text{C/m}^2]$

핵심 요점정리

1. 점전하 관련 공식(쿨롱의 법칙)

(1) 두 전하 사이에 작용하는 힘: $F = \dfrac{Q_1 Q_2}{4\pi\epsilon_0 r^2} = 9 \times 10^9 \cdot \dfrac{Q_1 Q_2}{r^2} = QE\,[\text{N}]$

(2) 전계의 세기: $E = \lim\limits_{\triangle Q \to 0} \dfrac{\triangle F}{\triangle Q} = \dfrac{Q}{4\pi\epsilon_0 r^2}\,[\text{V/m}]$

(3) 전위: $V = \dfrac{Q}{4\pi\epsilon_0 r} = rE\,[\text{V}]$

(4) 전속밀도: $D = \dfrac{\phi}{S_7} = \dfrac{Q}{4\pi r^2} = \epsilon_0 E\,[\text{C/m}^2]$

2. 가우스의 법칙

(1) 정의: 임의의 폐곡면을 관통하여 밖으로 나가는 전력선의 총 수는 폐곡면 내부에 있는 전하의 $1/\epsilon_0$ 배와 같다. 이를 가우스의 정리라고 한다.

(2) 정의식: $N = Es = \dfrac{Q}{\epsilon_0}$

(3) 전력선의 총 수: $N = \dfrac{Q}{\epsilon_0}\,[\text{개}]$

(4) 전속선의 총 수: $N = Q\,[\text{개}]$

(5) 가우스 법칙의 적분형: $\oint_s \vec{E}\,\vec{n}\,ds = \dfrac{Q}{\epsilon_0}$

(6) 가우스 법칙의 미분형: $\text{div}\,\vec{D} = \rho$

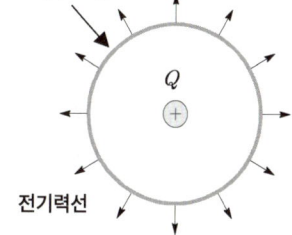

3. 전기력선(electric field lines)의 특징

(1) 전기력선의 방향은 그 점의 전계의 방향과 같으며 전기력선의 밀도는 그 점에서 전계의 세기와 같다.

(2) 전기력선은 정전하(+)에서 시작하여 부전하(-)에서 끝난다.

(3) 전하가 없는 곳에서는 전기력선의 발생, 소멸이 없다. 즉, 연속적이다.

(4) 단위 전하($1\,[\text{C}]$)에서는 $1/\epsilon_0\,[\text{개}]$의 전기력선이 출입한다.

(5) 전기력선은 전위가 낮아지는 방향으로 향한다.

(6) 전기력선은 그 자신만으로는 폐곡선을 만들지 않는다.

(7) 전계가 0 이 아닌 곳에서는 2 개의 전기력선은 교차하지 않는다.

(8) 전기력선은 등전위면과 직교한다.

(9) 도체 내부에는 전기력선이 존재하지 않는다.

4. 각 도체에 따른 전계의 세기

구분	전계의 세기
구도체	① 전계의 세기: $E = \dfrac{Q}{4\pi\epsilon_0 r^2}$ [V/m] ② 도체 표면에서의 전계의 세기 : $E = \dfrac{Q}{4\pi\epsilon_0 r^2} = \dfrac{\sigma s}{s\epsilon_0} = \dfrac{\sigma}{\epsilon_0}$ [V/m]
무한장 원주형 직선 도체	① 전계의 세기: $E = \dfrac{\lambda}{2\pi\epsilon_0 r} \propto \dfrac{1}{r}$ [V/m] ② 구도체와 직선도체는 공식과 계산문제가 출제되고 나머지는 공식 찾기만 출제된다.
평행 왕복 도체	① $+\lambda$에 의한 E_1은 발산하고, $-\lambda$에 의한 E_2는 도체 측으로 들어가게 된다. ② $E = E_1 + E_2 = \dfrac{\lambda}{2\pi\epsilon_0 r} + \dfrac{\lambda}{2\pi\epsilon_0 (d-r)}$ $= \dfrac{\lambda}{2\pi\epsilon_0}\left(\dfrac{1}{r} + \dfrac{1}{d-r}\right)$ [V/m]
면도체	① 유한 면도체 : $E = \dfrac{\sigma}{2\epsilon_0}(1-\cos\theta) = \dfrac{\sigma}{2\epsilon_0}\left(1 - \dfrac{a}{\sqrt{r^2+a^2}}\right)$ ② 무한 면도체: $\lim\limits_{a \to \infty} E = \dfrac{\sigma}{2\epsilon_0}$ [V/m] ㉠ 거리에 관계없이 일정한 전계를 갖는다. ㉡ 이러한 전계를 평등전계라 한다.
평행판 도체	① 무한 면도체 2개를 대치한 것으로 해석한다. ② 무한 면도체의 전계는 거리에 관계없이 항상 일정한 크기 $(E_1 = E_2 = \dfrac{\sigma}{2\epsilon_0})$를 갖는다. ③ 외부 전계: $E = E_1 - E_2 = 0$ ④ 내부 전계: $E = E_1 + E_2 = \dfrac{\sigma}{\epsilon_0}$ [V/m]
환원 도체	$E = \dfrac{\lambda z a}{2\epsilon_0 (a^2+z^2)^{3/2}}$ $= \dfrac{Qz}{4\pi\epsilon_0 (a^2+z^2)^{3/2}}$ [V/m] 여기서, $Q = \lambda \ell = \lambda \times 2\pi a$ [C]

5. 전위와 전위경도

(1) 전위와 전위차 정의식(여기서, - 는 전계의 세기와 반대 방향을 의미한다)

구분	전위	전위차
일반 식	$V = -\int_{\infty}^{P} E \, dr \, [\text{V}]$	$V = -\int_{a}^{b} E \, dr \, [\text{V}]$
평등 전계의 경우	-	$V = Ed \, [\text{V}]$

(2) 전하가 운반될 때 소비되는 에너지: $W = QV [\text{J}]$

(3) 전위경도: $E = -\text{grad}\, V = -\nabla V = -\left(i\dfrac{\partial}{\partial x} + j\dfrac{\partial}{\partial y} + k\dfrac{\partial}{\partial z}\right)V \, [\text{V/m}]$

6. 각 도체에 따른 전위와 전위차

(1) 구도체와 동심 구도체

① 구도체의 전위: $V = -\int_{\infty}^{P} E \, dr = -\int_{\infty}^{r} \dfrac{Q}{4\pi\epsilon_0 r^2} \, dr = \dfrac{Q}{4\pi\epsilon_0 r} \, [\text{V}]$

② 구도체의 전위차: $V_{ab} = -\int_{b}^{a} E \, dr = -\int_{b}^{a} \dfrac{Q}{4\pi\epsilon_0 r^2} \, dr = \dfrac{Q}{4\pi\epsilon_0}\left(\dfrac{1}{a} - \dfrac{1}{b}\right) [\text{V}]$

③ 동심 구도체의 전위차: $V = \dfrac{Q}{4\pi\epsilon_0}\left(\dfrac{1}{a} - \dfrac{1}{b} + \dfrac{1}{c}\right) [\text{V}]$

(2) 무한장 직선도체

① 전계의 세기: $E = \dfrac{\lambda}{2\pi\epsilon_0 r} = 18 \times 10^9 \times \dfrac{\lambda}{r} \, [\text{V/m}]$

② 전위: $V = -\int_{\infty}^{r} E \, dr = -\int_{\infty}^{r} \dfrac{\lambda}{2\pi\epsilon_0 r} \, dr = \infty$

③ 전위차: $V_{12} = -\int_{r_1}^{r_2} \dfrac{\lambda}{2\pi\epsilon_0 r} \, dr = \dfrac{\lambda}{2\pi\epsilon_0} \ln \dfrac{r_2}{r_1} \, [\text{V}]$ (단, $r_1 < r_2$ 인 경우)

7. 전기쌍극자

(1) 전기쌍극자 모멘트: $M = Q\delta \, [\text{C} \cdot \text{m}]$

(2) 전기쌍극자의 전위: $V = \dfrac{M\cos\theta}{4\pi\epsilon_0 r^2} \, [\text{V}]$

(3) 전계의 세기

① $\vec{E} = \dfrac{M}{4\pi\epsilon_0 r^3}(a_r 2\cos\theta + a_\theta \sin\theta) \, [\text{V/m}]$

② $|\vec{E}| = \dfrac{M}{4\pi\epsilon_0 r^3}\sqrt{1 + 3\cos^2\theta} \, [\text{V/m}]$

③ $\theta = 0$ 일 때 최대, $\theta = 90°$ 일 때 최소

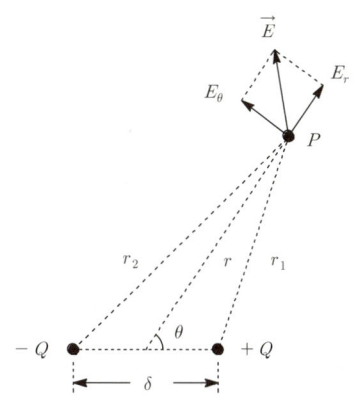

출제예상문제

※ 출제예상문제는 기출 분석을 바탕으로 자주 출제되는 유형을 선별하였습니다.

1. 정전계의 기초사항

01 10^4[eV]의 전자속도는 10^2[eV]의 전자속도의 몇 배인가?

① 10　　② 100
③ 1000　④ 10000

정답분석 전자의 운동속도 $v = \sqrt{\dfrac{2eV}{m}}$ [m/s] 이므로 $\sqrt{eV}$ 에 비례한다. 따라서 eV 가 100배 차이가 나면 전자속도는 10배가 된다.
(여기서, e : 전자 1개의 전하량, V : 전위차, m : 전자 질량)

정답 ①

02 M. K. S 단위로 나타낸 진공에 대한 유전율은?

① 8.855×10^{-12} [F/m]
② 8.855×10^{-10} [N/m]
③ 8.855×10^{-12} [N/m]
④ 8.855×10^{-10} [F/m]

정답분석 ㉠ 쿨롱 상수: $\dfrac{1}{4\pi\epsilon_0} = 9 \times 10^9$
㉡ 진공의 유전율
$\epsilon_0 = \dfrac{1}{36\pi \times 10^9} \fallingdotseq 8.855 \times 10^{-12}$ [F/m]

정답 ①

2. 쿨롱의 법칙

03 +10[nC]의 점전하로부터 100[mm] 떨어진 거리에 +100[pC]의 점전하가 놓인 경우, 이 전하에 작용하는 힘의 크기는 몇 [nN]인가?

① 100　② 200
③ 300　④ 900

정답분석 두 전하 사이에 작용하는 힘 (쿨롱의 법칙)
$F = \dfrac{Q_1 Q_2}{4\pi\epsilon_0 r^2} = 9 \times 10^9 \times \dfrac{Q_1 Q_2}{r^2}$
$= 9 \times 10^9 \times \dfrac{10 \times 10^{-9} \times 100 \times 10^{-12}}{(0.1)^2}$
$= 900 \times 10^{-9} = 900$ [nN]
여기서, 1 [nN, 나노 뉴턴] = 10^{-9}[N]
1 [N] = 10^9[nN]

정답 ④

04 크기가 같은 두개의 점전하가 진공 중에서 1[m] 떨어져 있다. 이 두 전하 사이에 작용하는 힘이 1[kg]일 때의 전하는 몇 [C]인가?

① 3.3×10^{-5}　② 3.3×10^{-6}
③ 3.3×10^{-9}　④ 3.3×10^{-12}

정답분석 ㉠ 두 전하 사이에 작용하는 힘(쿨롱의 법칙)
$F = \dfrac{Q_1 Q_2}{4\pi\epsilon_0 r^2} = 9 \times 10^9 \times \dfrac{Q^2}{r^2}$
여기서, $Q_1 = Q_2 = Q$ 인 경우
㉡ 전하량=전기량
$Q = \sqrt{F \times 4\pi\epsilon_0 r^2} = \sqrt{\dfrac{F r^2}{9 \times 10^9}}$
$= \sqrt{\dfrac{9.8 \times 1^2}{9 \times 10^9}} = 0.33 \times 10^{-4}$
$= 3.3 \times 10^{-5}$ [C]
여기서, 1 [kg] = 9.8 [N]

정답 ①

05

진공 중 1[C]의 전하에 대한 정의로 옳은 것은? (단, Q_1, Q_2는 전하이며, F는 작용력이다.)

① $Q_1 = Q_2$, 거리 1[m], 작용력 $F = 9 \times 10^9$[N] 일 때이다.
② $Q_1 < Q_2$, 거리 1[m], 작용력 $F = 6 \times 10^9$[N] 일 때이다.
③ $Q_1 = Q_2$, 거리 1[m], 작용력 $F = 1$[N] 일 때이다.
④ $Q_1 > Q_2$, 거리 1[m], 작용력 $F = 1$[N] 일 때이다.

정답분석

두 전하 사이에 작용하는 힘(쿨롱의 법칙)
$$F = \frac{Q_1 Q_2}{4\pi\epsilon_0 r^2} = 9 \times 10^9 \times \frac{Q^2}{r^2}$$
$$= 9 \times 10^9 \times \frac{1^2}{1^2} = 9 \times 10^9 [N]$$

정답 ①

07

그림과 같이 $Q_A = 4 \times 10^{-6}$[C], $Q_B = 2 \times 10^{-6}$[C], $Q_C = 5 \times 10^{-6}$[C]의 전하를 가진 작은 도체구 A, B, C가 진공 중에서 일직선상에 놓여질 때 B구에 작용하는 힘은 몇 [N]인가?

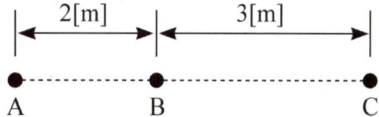

① 1.8×10^{-2} ② 1.0×10^{-2}
③ 0.8×10^{-2} ④ 2.8×10^{-2}

정답분석

B 점에 작용한 힘은 A, B 사이에 작용하는 힘 F_{AB}와 B, C 사이에 작용하는 힘 F_{CB} 중 큰 힘에서 작은 힘을 빼면 된다.

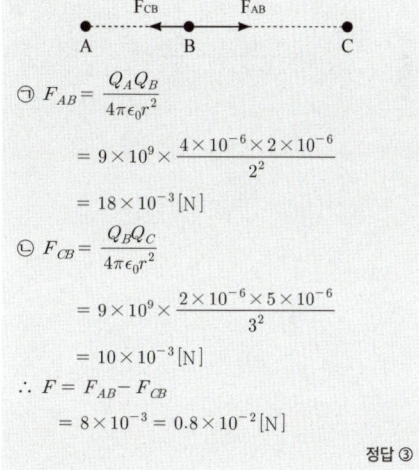

㉠ $F_{AB} = \dfrac{Q_A Q_B}{4\pi\epsilon_0 r^2}$
$= 9 \times 10^9 \times \dfrac{4 \times 10^{-6} \times 2 \times 10^{-6}}{2^2}$
$= 18 \times 10^{-3}$[N]

㉡ $F_{CB} = \dfrac{Q_B Q_C}{4\pi\epsilon_0 r^2}$
$= 9 \times 10^9 \times \dfrac{2 \times 10^{-6} \times 5 \times 10^{-6}}{3^2}$
$= 10 \times 10^{-3}$[N]

$\therefore F = F_{AB} - F_{CB}$
$= 8 \times 10^{-3} = 0.8 \times 10^{-2}$[N]

정답 ③

06

전하 Q_1, Q_2 간의 작용력이 F_1이고 이 근처에 전하 Q_3를 놓았을 경우의 Q_1과 Q_2 간의 전기력을 F_2라 하면 F_1과 F_2의 관계는 어떻게 되는가?

① $F_1 > F_2$
② $F_1 = F_2$
③ $F_1 < F_2$
④ Q_2의 크기에 따라 다르다.

정답분석

쿨롱의 법칙은 두 전하사이에 작용하는 힘(전기력)이다. 따라서 F_1과 F_2 모두 Q_1과 Q_2 사이의 작용하는 힘을 물어보았으므로 두 힘은 같다.

정답 ②

08

진공 중에 한변이 a[m]인 정삼각형의 꼭지점에 각각 서로 같은 점전하 $+Q$[C]이 있을 때 그 각 전하에 작용하는 힘 F는 몇 [N]인가?

① $F = \dfrac{Q^2}{4\pi\epsilon_0 a^2}$ ② $F = \dfrac{Q^2}{2\pi\epsilon_0 a^2}$

③ $F = \dfrac{\sqrt{2}\,Q^2}{4\pi\epsilon_0 a^2}$ ④ $F = \dfrac{\sqrt{3}\,Q^2}{4\pi\epsilon_0 a^2}$

정답분석

A점에 작용하는 힘

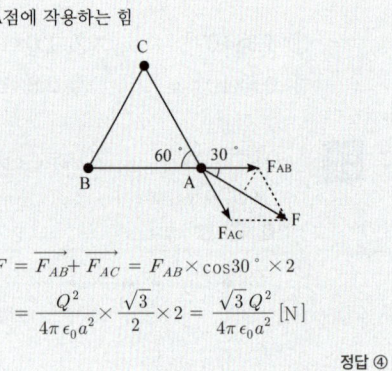

$F = \overrightarrow{F_{AB}} + \overrightarrow{F_{AC}} = F_{AB} \times \cos 30° \times 2$

$= \dfrac{Q^2}{4\pi\epsilon_0 a^2} \times \dfrac{\sqrt{3}}{2} \times 2 = \dfrac{\sqrt{3}\,Q^2}{4\pi\epsilon_0 a^2}$ [N]

정답 ④

09

점(0, 1)[m]되는 곳에 -2×10^{-9}[C]의 점전하가 있다. 점(2, 0)[m]에 있는 10^{-8}[C]에 작용하는 힘은 몇 [N]인가?

① $\left(-\dfrac{36}{5\sqrt{5}}\overrightarrow{a_x} + \dfrac{18}{5\sqrt{5}}\overrightarrow{a_y}\right)10^{-8}$

② $\left(-\dfrac{18}{5\sqrt{5}}\overrightarrow{a_x} + \dfrac{36}{5\sqrt{5}}\overrightarrow{a_y}\right)10^{-8}$

③ $\left(-\dfrac{36}{3\sqrt{5}}\overrightarrow{a_x} + \dfrac{18}{3\sqrt{5}}\overrightarrow{a_y}\right)10^{-8}$

④ $\left(\dfrac{36}{5\sqrt{5}}\overrightarrow{a_x} - \dfrac{18}{5\sqrt{5}}\overrightarrow{a_y}\right)10^{-8}$

정답분석

극성이 다른 두 전하 사이에는 흡인력이 작용하므로 10^{-8}[C]에서 작용하는 힘의 방향은 아래와 같이 점 (0, 1) 측으로 향한다.

(0, 1) $\overrightarrow{F}$ (2, 0)
−Q   +Q

㉠ 변위벡터

$\vec{r} = (0-2)a_x + (1-.)a_y = -2a_x + a_y$ [m]

㉡ 단위벡터

$\vec{r_0} = \dfrac{\vec{r}}{r} = \dfrac{-2a_x + a_y}{\sqrt{2^2+1^2}} = \dfrac{-2a_x + a_y}{\sqrt{5}}$

㉢ 두 전하 사이에 작용하는 힘 (전기력)

$F = \dfrac{Q_1 Q_2}{4\pi\epsilon_0 r^2} = 9 \times 10^9 \times \dfrac{2 \times 10^{-9} \times 10^{-8}}{(\sqrt{5})^2}$

$= \dfrac{18}{5} \times 10^{-8}$ [N]

$\therefore \vec{F} = F\,\vec{r_0} = \left(-\dfrac{36}{5\sqrt{5}}\overrightarrow{a_x} + \dfrac{18}{5\sqrt{5}}\overrightarrow{a_y}\right)10^{-8}$

정답 ①

10 점 P(1, 2, 3)[m]와 Q(2, 0, 5)[m]에 각각 4×10^{-5}[C]과 -2×10^{-4}[C]의 점전하가 있을 때 점 P에 작용하는 힘은 몇 [N]인가?

① $\dfrac{8}{3}(i - 2j + 2k)$ ② $\dfrac{8}{3}(-i - 2j + 2k)$

③ $\dfrac{3}{8}(i + 2j + 2k)$ ④ $\dfrac{3}{8}(2i + j - 2k)$

 정답분석

극성이 다른 두 전하 사이에는 흡인력이 작용하므로 -2×10^{-4}[C]에서 작용하는 힘의 방향은 아래와 같이 점 Q측으로 향한다.

```
P(1, 2, 3)      F       Q(2, 0, 5)
   +Q        ───►          -Q
```

㉠ 변위벡터
$$\vec{r} = (2-1)i + (0-2)j + (5-3)k$$
$$= i - 2j + 2k$$

㉡ 단위벡터
$$\vec{r_0} = \dfrac{\vec{r}}{r} = \dfrac{i - 2j + 2k}{\sqrt{1^2 + 2^2 + 2^2}}$$
$$= \dfrac{1}{3}(i - 2j + 2k)$$

㉢ 두 전하 사이에 작용하는 힘 (전기력)
$$F = \dfrac{Q_1 Q_2}{4\pi\epsilon_0 r^2} = 9 \times 10^9 \times \dfrac{Q_1 Q_2}{r^2}$$
$$= 9 \times 10^9 \times \dfrac{4 \times 10^{-5} \times 2 \times 10^{-4}}{3^2}$$
$$= 8\,[\text{N}]$$

$$\therefore \vec{F} = F\,\vec{r_0} = \dfrac{8}{3}(i - 2j + 2k)$$

정답 ①

11 쿨롱의 법칙을 이용한 것이 아닌 것은?

① 정전 고압 전압계
② 고압 집진기
③ 콘덴서 스피커
④ 콘덴서 마이크로 폰

 정답확인

정답 ④

3. 전계의 세기

12 진공 중에 놓인 1[Mc]의 점전하에서 3[m]되는 점의 전계는 몇 [V/m]인가?

① 10 ② 100
③ 1000 ④ 10000

 정답분석

점전하에 의한 전계의 세기
$$E = \dfrac{Q}{4\pi\epsilon_0 r^2} = 9 \times 10^9 \times \dfrac{Q}{r^2}$$
$$= 9 \times 10^9 \times \dfrac{1 \times 10^{-6}}{(3)^2} = -1 \times 10^3\,[\text{V/m}]$$

정답 ③

13 전계의 세기가 E인 균일한 전계 내에 있는 전자가 받는 힘은? (단, 전자의 전하량은 그 크기가 e이다)

① 크기는 eE^2, 전계와 같은 방향
② 크기는 $e^2 E$, 전계와 반대 방향
③ 크기는 eE, 전계와 같은 방향
④ 크기는 eE, 전계와 반대 방향

 정답분석

전계 내에서 전하가 받는 힘 $F = qE\,[\text{N}]$에서 전자의 전기량 $q = e = -1.602 \times 10^{-19}$[C]이므로 $F = eE\,[\text{N}]$이고, 전자는 (-)전하량을 가지므로 전계와 반대 방향으로 힘을 받는다.

정답 ④

14 점 전하 0.5[C]이 전계 $E = 3i + 5j + 8k$ [V/m] 중에서 속도 $v = 4i + 2j + 3k$ [m/s]로 이동할 때 받는 힘은 몇 [N]인가?

① 4.95　　② 7.45
③ 9.95　　④ 13.7

 정답분석

㉠ 전계의 세기(스칼라)
　: $E = \sqrt{3^2 + 5^2 + 8^2} = 9.9$ [V/m]
㉡ 전계 내에서 전하가 받는 힘(전기력)
　: $F = QE = 0.5 \times 9.9 = 4.95$ [N]

정답 ①

16 전하 e [C], 질량 m [kg]인 전자가 전계 E [V/m] 내에 놓여 있을 때 최초에 정지하고 있었다면 t 초 후에 전자의 속도[m/s]는?

① $\dfrac{meE}{t}$　　② $\dfrac{me}{E}t$
③ $\dfrac{mE}{e}t$　　④ $\dfrac{Ee}{m}t$

 정답분석

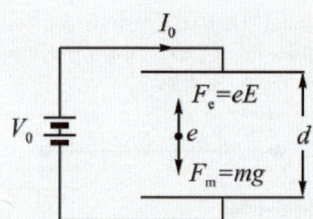

① 전자의 전자력: $F_e = eE$ [N]
② 중력의 힘: $F_m = mg = m\dfrac{v}{t}$ [N]
③ 전자가 정지하기 위한 조건
　: $F_e = F_m \rightarrow m\dfrac{v}{t} = eE$
∴ 전자의 속도: $v = \dfrac{eE}{m} t$ [m/s]

여기서, 가속도 $g = \dfrac{v}{t}$, v: 속도, t: 시간

정답 ④

15 질량 $m = 10^{-10}$ [kg]이고 전하량 $q = 10^{-8}$ [C]인 전하가 전기장에 의해 가속되어 운동하고 있다. 이때 가속도 $a = 10^2 i + 10^3 j$ [m/sec²]라 하면 전기장의 세기 E는 몇 [V/m]인가?

① $E = 10^4 i + 10^5 j$
② $E = i + 10 j$
③ $E = 10^{-2} i + 10^{-7} j$
④ $E = 10^{-6} i + 10^{-5} j$

 정답분석

㉠ 전기력: $F = qE = ma$ [N]
　(여기서, $F = ma$: 뉴턴의 제2법칙)
㉡ 전계 내에서 전하가 받는 힘(전기력)
　$E = \dfrac{m}{q} \times a = \dfrac{10^{-10}}{10^{-8}}(10^2 i + 10^3 j)$
　$= i + 10 j$ [V/m]

정답 ②

17 어떤 물체에 $E_1 = -3i + 4j - 5k$ 와 $E_2 = 6i + 3j - 2k$ 의 힘이 작용하고 있다. 이 물체에 E_3 을 가하였을 때 세 힘이 영이 되기 위한 E_3 은?

① $E_3 = -3i - 7j + 7k$
② $E_3 = 3i + 7j - 7k$
③ $E_3 = 3i - j - 7k$
④ $E_3 = 3i - j + 3k$

 정답분석

㉠ 세 힘의 합이 0 ($E_1 + E_2 + E_3 = 0$)
　이므로 $E_3 = -(E_1 + E_2)$가 된다.
㉡ $E_3 = -(E_1 + E_2)$
　　 $= -(3i - 7j + 7k)$
　　 $= -3i - 7j + 7k$

정답 ①

18 한 변의 길이가 a[m]인 정육각형의 각 정점에 각각 Q[C]전하를 놓았을 때 정6각형 중심 0의 전계의 세기는 몇 [V/m]인가?

① 0
② $\dfrac{Q}{2\pi\epsilon_0 a}$
③ $\dfrac{Q}{4\pi\epsilon_0 a}$
④ $\dfrac{Q}{8\pi\epsilon_0 a}$

정답분석

㉠ 정육각형 중심에서의 전계의 세기

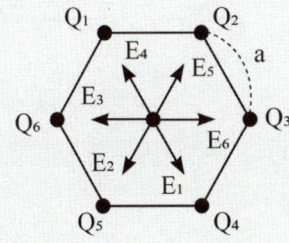

㉡ 그림과 같이 서로 마주보는 점전하는 크기와 떨어진 거리가 같다. (예: Q_1, Q_4 관계)
㉢ 대칭 전하에 의한 전계의 크기는 같고 방향은 반대가 되므로 육각형 중심에서 전계의 세기는 0이 된다.

정답 ①

19 점전하 $+2Q$[C]이 $X=0$, $Y=1$의 점에 놓여있고, $-Q$[C]의 전하가 $X=0$, $Y=-1$의 점에 위치할 때 전계의 세기가 0이 되는 점은?

① $-Q$ 쪽으로 5.83
  [$X=0$, $Y=-5.83$]
② $+2Q$ 쪽으로 5.83
  [$X=0$, $Y=-5.83$]
③ $-Q$ 쪽으로 0.17
  [$X=0$, $Y=-0.17$]
④ $+2Q$ 쪽으로 0.17
  [$X=0$, $T=0.17$]

정답분석

㉠ 전계의 세기가 0이 되는 점은 각각의 전하로부터 작용하는 전계의 세기는 같고, 작용 방향이 서로 반대인 곳에서 전계가 0이 된다.
㉡ 같은 극성의 전하인 경우 작은 전하 안측에 전계 0점이 존재하게 된다.
㉢ 다른 극성의 전하인 경우 작은 전하 바깥측에 전계 0점이 존재하게 된다.
㉣ 문제에서 두 전하의 극성이 다르기 때문에 그림과 같이 $-Q$ 바깥측에 전계 0점이 존재하게 된다.

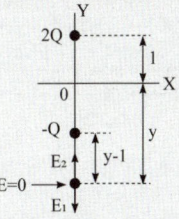

㉤ 전계의 세기가 0이 되려면 $E_1 = E_2$이 되어야 하므로 아래와 같이 정리할 수 있다.

$$\frac{2Q}{4\pi\epsilon_0(y+1)^2} = \frac{Q}{4\pi\epsilon_0(y-1)^2}$$
$$2Q(y-1)^2 = Q(y+1)^2$$
$$\sqrt{2}\,(y-1) = (y+1)$$
$$y\sqrt{2} - \sqrt{2} = y+1$$
$$y(\sqrt{2}-1) = \sqrt{2}+1$$
$$\therefore y = \frac{\sqrt{2}+1}{\sqrt{2}-1} = 5.83$$

정답 ①

20 그림과 같이 $q_1 = 6 \times 10^{-8}[C]$, $q_2 = -12 \times 10^{-8}[C]$의 두 전하가 서로 100[cm] 떨어져 있을 때 전계 세기가 0이 되는 점은?

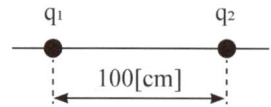

① q_1과 q_2의 연장선상 q_1으로부터 왼쪽으로 약 24.1[m]지점이다.
② q_1과 q_2의 연장선상 q_1으로부터 오른쪽으로 약 14.1[m]지점이다.
③ q_1과 q_2의 연장선상 q_1으로부터 왼쪽으로 약 2.41[m]지점이다.
④ q_1과 q_2의 연장선상 q_1으로부터 오른쪽으로 약 1.41[m]지점이다.

㉠ 전계의 세기 0점은 그림과 같이 작은 전하(q_1) 바깥쪽에 존재한다.

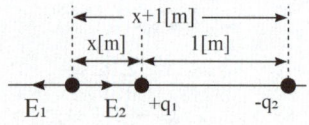

㉡ q_1으로 x[m] 떨어진 점에서 전계의 세기가 0이 되려면 $E_1 = E_2$ 이므로
㉢ $\dfrac{6 \times 10^{-8}}{4\pi\epsilon_0 x^2} = \dfrac{12 \times 10^{-8}}{4\pi\epsilon_0 (x+1)^2}$
$(x+1)^2 = 2x^2$
$x + 1 = x\sqrt{2}$
$x(\sqrt{2} - 1) = 1$
∴ $x = \dfrac{1}{\sqrt{2}-1} = 2.41$ [m]
(q_1의 왼쪽으로 2.41 [m] 지점)

정답 ③

21 절연내력 3000[kV/m]인 공기 중에 놓여진 직경 1[m]의 구도체에 줄 수 있는 최대전하는 몇 [C]인가?

① 6.75×10^4 ② 6.75×10^{-6}
③ 8.33×10^{-5} ④ 8.33×10^{-6}

㉠ 절연내력이란 절연체가 견딜 수 있는 최대 전계의 세기를 의미한다.
㉡ 절연내력 $E = \dfrac{Q}{4\pi\epsilon_0 r^2} = 9 \times 10^9 \times \dfrac{Q}{r^2}$
에서 최대전하는 다음과 같다.
∴ $Q = 4\pi\epsilon_0 r^2 E$
$= \dfrac{0.5^2 \times 3000 \times 10^3}{9 \times 10^9} = 8.33 \times 10^{-5}[C]$
여기서, r: 구도체 반경 [m]

정답 ③

22 코로나 방전이 3×10^6[V/m]에서 일어난다고 하면 반지름 10[cm]인 도체구에 저축할 수 있는 최대 전하량은 몇 [C]인가?

① 0.33×10^{-5} ② 0.72×10^{-6}
③ 0.33×10^{-7} ④ 0.98×10^{-8}

㉠ 코로나 방전
 절연체의 절연내력보다 전계의 세기가 더 강하여 도체 절연이 파괴되어 공기 중으로 전계가 방전되는 현상
㉡ 코로나 방전이 발생되는 전계의 세기
$E = \dfrac{Q}{4\pi\epsilon_0 r^2} = 9 \times 10^9 \times \dfrac{Q}{r^2}$ [V/m]
∴ 도체 구에 저축할 수 있는 최대 전하량
 (이 이상의 전하량에서 코로나 방전 발생)
$Q = 4\pi\epsilon_0 r^2 E = \dfrac{r^2 E}{9 \times 10^9}$
$= \dfrac{0.1^2 \times 3 \times 10^6}{9 \times 10^9} = 0.33 \times 10^{-5}[C]$

정답 ①

23 진공 중에서 원점의 점전하 0.3[μC]에 의한 점 (1, -2, 2)[m]의 x성분 전계는 몇 [V/m]인가?

① 300 ② -200
③ 200 ④ 100

정답분석

㉠ 변위벡터
$$\vec{r} = (1-0)a_x + (-2-0)a_y + (2-0)a_z$$
$$= a_x - 2a_y + 2a_z \text{[m]}$$

㉡ 단위벡터
$$\vec{r_0} = \frac{\vec{r}}{r} = \frac{a_x - 2a_y + 2a_z}{\sqrt{1^2+2^2+2^2}}$$
$$= \frac{a_x - 2a_y + 2a_z}{3}$$

㉢ 전계의 세기 크기 (스칼라)
$$E = \frac{Q}{4\pi\epsilon_0 r^2} = 9\times 10^9 \times \frac{Q}{r^2}$$
$$= 9\times 10^9 \times \frac{0.3\times 10^{-6}}{3^2} = 300 \text{[V/m]}$$

㉣ $\vec{E} = E\vec{r_0} = 100(a_x - 2a_y + 2a_z)$
$$= 100a_x - 200a_y + 200a_z \text{[V/m]}$$

∴ x성분의 전계: $E_x = 100\text{[V/m]}$

정답 ④

24 진공 내의 점(3, 0, 0)[m]에 4×10^{-9}[C]의 전하가 있다. 이때에 점(6, 4, 0)[m]인 전계의 세기 및 전계 방향을 표시하는 단위벡터는?

① $\frac{36}{25}, \frac{1}{5}(3i+4j)$

② $\frac{36}{125}, \frac{1}{5}(3i+4j)$

③ $\frac{36}{25}, \frac{1}{5}(i+j)$

④ $\frac{36}{125}, \frac{1}{5}(i+j)$

정답분석

㉠ 변위벡터
$$\vec{r} = (6-3)i + (4-0)j = 3i+4j \text{[m]}$$

㉡ 단위벡터
$$\vec{r_0} = \frac{\vec{r}}{r} = \frac{3i+4j}{\sqrt{3^2+4^2}} = \frac{1}{5}(3i+4j)$$

㉢ 전계의 세기(스칼라)
$$E = \frac{Q}{4\pi\epsilon_0 r^2} = 9\times 10^9 \times \frac{Q}{r^2}$$
$$= 9\times 10^9 \times \frac{4\times 10^{-9}}{5^2} = \frac{36}{25} \text{[V/m]}$$

정답 ①

25 자유공간 중에서 점(x_1, y_1, z_1)에 Q[C]인 점 전하가 있을 때 점(x, y, z)의 전계의 세기는 얼마인가?

① $E = \frac{Q[(x-x_1)a_x + (y-y_1)a_y + (z-z_1)a_z]}{4\pi\epsilon_0[(x-x_1)^2+(y-y_1)^2+(z-z_1)^2]^{3/2}}$

② $E = \frac{Q[(x_1-x)a_x + (y_1-y)a_y + (z_1-z)a_z]}{4\pi\epsilon_0[(x_1-x)^2+(y_1-y)^2+(z_1-z)^2]^{2/3}}$

③ $E = \frac{Q^2[(x-x_1)a_x + (y-y_1)a_y + (z-z_1)a_z]}{4\pi\epsilon_0[(x_1-x)+(y_1-y)^2+(z_1-z)^2]^{3/2}}$

④ $E = \frac{Q^2[(x_1-x)a_x + (y_1-y)a_y + (z_1-z)a_z]}{4\pi\epsilon_0[(x-x_1)^2+(y-y_1)^2+(z-z_1)^2]^{2/3}}$

정답분석

㉠ 변위(거리) 벡터
$$\vec{r} = (x-x_1)a_x + (y-y_1)a_y + (z-z_1)a_z$$

㉡ 변위(거리)
$$r = \sqrt{(x-x_1)^2+(y-y_1)^2+(z-z_1)^2}$$
$$= [(x-x_1)^2+(y-y_1)^2+(z-z_1)^2]^{1/2}$$

∴ 전계의 세기(벡터)
$$\vec{E} = E\vec{r_0} = \frac{Q}{4\pi\epsilon_0 r^2} \times \frac{\vec{r}}{r} = \frac{Q\vec{r}}{4\pi\epsilon_0 r^3}$$
$$= \frac{Q[(x-x_1)a_x + (y-y_1)a_y + (z-z_1)a_z]}{4\pi\epsilon_0[(x-x_1)^2+(y-y_1)^2+(z-z_1)^2]^{3/2}}$$

여기서, $\vec{r_0}$: 단위벡터

정답 ①

4. 전속과 전속밀도

26 진공 중에 놓인 반지름 1[m]의 도체구에 전하 Q[C]가 있다면 그 표면에 있어서의 전속밀도 D는 몇 [C/m²]인가?

① Q
② $\dfrac{Q}{\pi}$
③ $\dfrac{Q}{2\pi}$
④ $\dfrac{Q}{4\pi}$

전속밀도
$D = \dfrac{전속(\phi)}{면적(S)} = \dfrac{Q}{4\pi r^2} = \dfrac{Q}{4\pi}$ [C/m²]
여기서, 전속과 전하의 크기는 같다. ($\phi = Q$)

정답 ④

27 진공 중에 놓여있는 2×10³[C]의 정전하로부터 1[m] 떨어진 점 A와 2[m] 떨어진 점 B에서의 전속밀도 D_A, D_B는 각각 몇 [C/m²]인가?

① $D_A = 159, D_B = 40$
② $D_A = 0.4, D_B = 16$
③ $D_A = 40, D_B = 159$
④ $D_A = 16, D_B = 0.4$

전속밀도 $D = \dfrac{Q}{4\pi r^2}$ 에서

㉠ $D_A = \dfrac{2 \times 10^3}{4\pi \times 1} = 159$ [C/m²]

㉡ $D_B = \dfrac{2 \times 10^3}{4\pi \times 2^2} = 40$ [C/m²]

정답 ①

28 표면 전하밀도 σ [C/m²]로 대전된 도체 내부의 전속밀도는 몇 [C/m²]인가?

① σ
② $\epsilon_0 E$
③ $\dfrac{\sigma}{\epsilon_0}$
④ 0

전하는 도체표면에만 분포하므로 도체 내부에는 전하가 존재하지 않는다. 따라서 도체 내부의 전속밀도도 0이 된다.

정답 ④

29 중공도체의 중공부에 전하를 놓지 않으면 외부에서 준 전하는 외부표면에만 분포한다. 이때 도체 내의 전계는 몇 [V/m]가 되는가?

① 0
② 4π
③ $\dfrac{1}{4\pi\epsilon_0}$
④ ∞

전하는 도체표면에만 분포하므로 도체 내부에는 전하가 존재하지 않는다. 따라서 도체 내부 전계도 0이 된다.

정답 ①

30 대전된 도체의 특징이 아닌 것은?

① 도체에 인가된 전하는 도체 표면에만 분포한다.
② 가우스법칙에 의해 내부에는 전하가 존재한다.
③ 전계는 도체 표면에 수직인 방향으로 진행된다.
④ 도체 표면에서의 전하밀도는 곡률이 클수록 높다.

도체 내부에 전하는 존재하지 않고, 도체 표면에만 분포한다.

정답 ②

31 대전도체 표면전하밀도는 도체표면의 모양에 따라 어떻게 분포하는가?

① 표면전하밀도는 표면의 모양과 무관하다.
② 표면전하밀도는 평면일 때 가장 크다.
③ 표면전하밀도는 뾰족할수록 커진다.
④ 표면전하밀도는 곡률이 크면 작아진다.

 전하는 도체표면에만 분포하고, 전하밀도는 곡률이 큰 곳(곡률반경이 작은 곳)이 높다.

정답 ③

32 표면전하밀도 $\rho_s > 0$ 인 도체 표면상의 한 점의 전속밀도 $D = 4a_x - 5a_y + 2a_z \, [C/m^2]$ 일 때 ρ_s 는 몇 $[C/m^2]$ 인가?

① $2\sqrt{3}$ ② $2\sqrt{5}$
③ $3\sqrt{3}$ ④ $3\sqrt{5}$

 전속밀도와 전하밀도는 크기는 같다. 단, 전속은 벡터, 전하는 스칼라의 관계가 된다.
∴ 전하밀도
$\rho_s = |D| = \sqrt{4^2 + (-5)^2 + 2^2}$
$= 3\sqrt{5} \, [C/m^2]$

정답 ④

33 자유공간 중에서 점 $P(5, -2, 4)$가 도체면상에 있으며 이 점에서 전계 $\vec{E} = 6\vec{a_x} - 2\vec{a_y} + 3\vec{a_z} \, [V/m]$ 이다. 점 P 에서 면전하밀도 $\rho_s \, [C/m^2]$ 는?

① $-2\epsilon_0$ ② $3\epsilon_0$
③ $6\epsilon_0$ ④ $7\epsilon_0$

 전속밀도와 전하밀도는 크기는 같다. 단, 전속은 벡터, 전하는 스칼라의 관계가 된다.
∴ 전하밀도
$\rho_s = |D| = \epsilon_0 |\vec{E}|$
$= \epsilon_0 \times \sqrt{6^2 + 2^2 + 3^2} = 7\epsilon_0 \, [C/m^2]$

정답 ④

34 지구의 표면에 있어서 대지로 향하여 $E = 300 \, [V/m]$의 전계가 있다고 가정하면 지표면의 전하밀도는 몇 $[C/m^2]$인가?

① 1.65×10^{-12} ② -1.65×10^{-9}
③ 2.65×10^{-12} ④ -2.65×10^{-9}

 ㉠ 전하밀도: $\rho_s = |D| = \epsilon_0 |\vec{E}|$
$= 8.855 \times 10^{-12} \times 300$
$= 2.65 \times 10^{-9} \, [C/m^2]$
㉡ 전계가 대지 표면으로 향한다는 것은 대지 표면의 전하밀도가 부(−)극성이 되는 것을 의미한다.

정답 ④

5. 가우스의 법칙

35 전기력선 밀도를 이용하여 주로 대칭 정전계의 세기를 구하기 위하여 이용되는 법칙은?

① 페러데이의 법칙
② 가우스의 법칙
③ 쿨롱의 법칙
④ 톰슨의 법칙

 가우스의 법칙은 임의의 폐곡면을 관통하여 밖으로 나가는 전력선의 총수는 폐곡면 내부에 있는 총 전하량(Q)의 $1/\epsilon_0$ 배와 같다는 법칙으로 정전계의 세기를 구할 때 사용된다.

정답 ②

36 폐곡면을 통하는 전속과 폐곡면 내부의 전하와의 상관관계를 나타내는 법칙은?

① 가우스(Gauss)의 법칙
② 쿨롱(Coulomb)의 법칙
③ 포아송(Poisson)의 법칙
④ 라플라스(Laplace)의 법칙

 가우스의 법칙은 임의의 폐곡면을 관통하여 밖으로 나가는 전력선의 총 수는 폐곡면 내부에 있는 총 전하량(Q)의 $1/\epsilon_0$ 배와 같다는 법칙으로 정전계의 세기를 구할 때 사용된다.

정답 ①

37 폐곡면을 통하여 나가는 전력선의 총 수는 그 내부에 있는 점전하의 대수 합의 몇 배와 같은가?

① $\dfrac{1}{4\pi\epsilon_0}$ ② $\dfrac{1}{2\pi\epsilon_0}$
③ $\dfrac{1}{\pi\epsilon_0}\delta$ ④ $\dfrac{1}{\epsilon_0}$

 ㉠ 진공 중에서 전기력선 수: $N = \dfrac{Q}{\epsilon_0}$
㉡ 진공 중에서 전속선 수: $N = Q$
∴ 전기력선은 점전하의 $\dfrac{1}{\epsilon_0}$ 배이다.

정답 ④

38 점(0, 0), (3, 0), (0, 4)[m]에 각각 5×10^{-8}[C], 4×10^{-8}[C], -6×10^{-8}[C]의 점전하가 있을 때 점(0, 0)을 중심으로 한 반지름 5[m]의 구면을 통과하는 전기력선 수는?

① 540π ② 1080π
③ 2160π ④ 5400π

 ㉠ 폐곡면 내부 총 전하량
$Q = (5+4-6)\times 10^{-8} = 3\times 10^{-8}$[C]
㉡ 진공의 유전율
$\epsilon_0 = 8.855\times 10^{-12} = \dfrac{1}{36\pi\times 10^9}$ [F/m]
∴ 전기력선 수
$N = \dfrac{Q}{\epsilon_0} = \dfrac{3\times 10^{-8}}{\dfrac{1}{36\pi\times 10^9}} = 1080\pi$

정답 ②

39 10[cm³]의 체적에 3[μC/cm³]의 체적 전하 분포가 있을 때 이 체적 전체에서 발산하는 전속은?

① 3×10^5[C] ② 3×10^6[C]
③ 3×10^{-5}[C] ④ 3×10^{-6}[C]

정답분석
전속=전하량
$Q = \rho v = 3\,[\mu C/cm^3] \times 10\,[cm^3]$
$= 30\,[\mu C] = 30 \times 10^{-6}\,[C]$

정답 ③

40 $div\,E = \dfrac{\rho}{\epsilon_0}$ 와 의미가 같은 식은?

① $\oint_s E\,ds = \dfrac{Q}{\epsilon_0}$
② $E = -\,grad\,V$
③ $div \cdot grad\,V = -\dfrac{\rho}{\epsilon_0}$
④ $div \cdot grad\,V = 0$

정답분석
㉠ 가우스 정리의 미분형: $div\,D = \rho$
 (여기서, 전속밀도 $D = \epsilon_0 E$)
㉡ 가우스 정리의 적분형: $\oint_s E\,ds = \dfrac{Q}{\epsilon_0}$

정답 ①

41 원점에 점전하 Q[C]이 있을 때 원점을 제외한 모든 점에서 $\nabla \cdot D$ 의 값은?

① ∞ ② 0
③ 1 ④ ϵ_0

정답분석
전하가 없는 곳에서는 전기력선 또는 전속선의 발산 ($\nabla \cdot D = div\,D$)은 없다.

정답 ②

42 모든 장소에서 $\nabla \cdot D = 0$, $\nabla \times \dfrac{D}{\epsilon} = 0$ 과 같은 관계가 성립하면 D는 어떤 성질을 가져야 하는가?

① x 의 함수 ② y 의 함수
③ z 의 함수 ④ 상수

정답확인
정답 ④

43
전속밀도 $D = 3xi + 2yj + zk$ [C/m²]를 발생하는 전하분포에서 1[mm³] 내의 전하는 몇 [nC]인가?

① 2
② 4
③ 6
④ 8

 정답분석

㉠ 가우스 법칙의 미분형 $div\, D = \rho$ 에 의해 전하량을 구할 수 있다.
㉡ 체적 전하밀도
$div\, D = \nabla \cdot D$
$= \left(\frac{\partial}{\partial x}i + \frac{\partial}{\partial y}j + \frac{\partial}{\partial z}k \right) \cdot (3xi + 2yj + zk)$
$= \frac{\partial}{\partial x}3x + \frac{\partial}{\partial y}2y + \frac{\partial}{\partial z}z$
$= (3+2+1) = 6$ [C/m³]
$= 6 \times 10^{-9}$ [C/mm³] $= 6$ [nC/mm³]
∴ 전하량: $Q = \rho v = 6 \times 1 = 6$ [nC]

정답 ③

44
정전계의 설명으로 가장 적합한 것은?

① 전계 에너지가 항상 ∞인 전기장을 의미한다.
② 전계 에너지가 항상 0인 전기장을 의미한다.
③ 전계 에너지가 최소로 되는 전하 분포의 전계를 의미한다.
④ 전계 에너지가 최대로 되는 전하 분포의 전계를 의미한다.

 정답분석

전계 내의 전하는 그 자신의 에너지가 최소가 되는 가장 안정된 전하 분포를 가지는 정전계를 형성하려고 한다. 이것을 톰슨의 정리라고 한다.

정답 ③

45
전기력선의 일반적인 성질로서 틀린 것은?

① 전기력선의 접선방향은 그 점의 전계의 방향과 일치한다.
② 전기력선은 전위가 높은 점에서 낮은 점으로 향한다.
③ 전기력선 밀도는 전계의 세기와 무관하다.
④ 두 개의 전기력선은 교차하지 않으며, 그 자신만으로 폐곡선이 되는 일은 없다.

 정답분석

전기력선의 성질(특징)
㉠ 전기력선의 정전하(+)에서 시작하여 부전하(-)에서 소멸된다.
㉡ 전기력선의 접선방향 = 전계방향
㉢ 전기력선의 밀도 = 전계세기
㉣ 전기력선끼리는 서로 교차하지 않는다.
㉤ 전기력선은 도체표면에 수직으로 발생한다.
㉥ Q [C] 에서 $\frac{Q}{\epsilon_0}$ 개의 전기력선이 발생한다.
㉦ 전기력선은 그 자신만으로 폐곡선을 이룰 수 없다. (전기력선은 발산의 성질을 지님)
㉧ 전기력선은 전위가 높은 점에서 낮은 점으로 향한다.
㉨ 전하는 도체 표면에만 분포하므로 도체 내부에는 전하도 전계도 없다.

정답 ③

46
전기력선의 성질에 관한 설명으로 틀린 것은?

① 전기력선의 방향은 그 점의 전계의 방향과 같다.
② 전기력선은 도체내부에 존재하지 않는다.
③ 전기력선은 그 자신만으로 폐곡선이 된다.
④ 전계가 0이 아닌 곳에서는 전력선은 도체 표면에 수직으로 만난다.

 정답확인

정답 ③

47 정전계내에 있는 도체표면에서 전계의 방향은 어떻게 되는가?

① 임의 방향
② 표면과 접선방향
③ 표면과 45°방향
④ 표면과 수직방향

 전기력선은 도체표면에서 수직 법선 방향으로 발생한다.

정답 ④

49 시간적으로 변화하지 않는 보존적(Conservative)인 전계가 비회전성(非回轉性)이라는 의미를 나타낸 식은 다음 중 어느 것인가?

① $\nabla E = 0$
② $\nabla \cdot E = 0$
③ $\nabla \times E = 0$
④ $\nabla 2E = 0$

 전계의 보존성 $\oint_c E\, d\ell = 0$ 이므로,
∴ $rot\, E = \nabla \times E = 0$ (전계의 비회전성)

정답 ③

48 자유공간 중에서 점 P(2, -4, 5)가 도체면상에 있으며 이 점에서 전계 $E = 3a_x - 6a_y + 2a_z$ [V/m]이다. 도체면에 법선성분 E_n 및 접선성분 E_t 의 크기는 몇 [V/m]인가?

① $E_n = 3,\ E_t = -6$
② $E_n = 7,\ E_t = 0$
③ $E_n = 2,\ E_t = 3$
④ $E_n = -6,\ E_t = 0$

㉠ 전계는 도체 면으로부터 수직(법선)방향으로 발산하므로 전계의 접선성분은 0이 된다.
㉡ 전계의 접선성분의 크기: $E_t = 0$
㉢ 전계의 법선성분의 크기
$$E_n = \sqrt{3^2 + (-6)^2 + 2^2}$$
$$= \sqrt{49} = 7\,[V/m]$$

정답 ②

50 높은 전압이나 낙뢰를 맞는 자동차 안에 있는 승객이 안전한 이유가 아닌 것은?

① 도전성 용기 내부의 장은 외부 전하나 자장이 정지 상태에서 영(zero)이다.
② 도전성 내부 벽에는 음(-) 전하가 이동하여 외부에 같은 크기의 양(+) 전하를 준다.
③ 도전성인 용기라도 속빈 경우에 그 내부에는 전기장이 존재하지 않는다.
④ 표면의 도전성 코팅이나 프레임 사이에 도체의 연결이 필요 없기 때문이다.

㉠ 차량의 타이어가 비전도체이므로 낙뢰를 맞아도 차량에 전류가 흐르지는 않는다.
따라서 자장에 대한 영향은 없다.
㉡ 낙뢰에 의해 충전된 전하로 인한 정전유도는 도체 외부 표면에만 존재하게 되므로 내부에는 전계가 존재하지 않는다.

정답 ④

6. 각 도체에 따른 전계의 세기

51 무한장 직선도체에 선밀도 $\lambda\,[\mathrm{C/m}]$ 의 전하가 분포되어 있는 경우 이 직선도체를 축으로 하는 반경 $r\,[\mathrm{m}]$ 의 원통면상의 전계는 몇 $[\mathrm{V/m}]$ 인가?

① $\dfrac{\lambda}{2\pi\epsilon_0 r^2}$ ② $\dfrac{\lambda}{2\pi\epsilon_0 r}$

③ $\dfrac{\lambda}{4\pi\epsilon_0 r}$ ④ $\dfrac{\lambda}{\pi\epsilon_0 r}$

무한장 직선도체에 의한 전계의 세기
$$E = \frac{\lambda}{2\pi\epsilon_0 r} = 18\times 10^9 \times \frac{\lambda}{r}\,[\mathrm{V/m}]$$

정답 ②

52 거리 $r\,[\mathrm{m}]$ 에 반비례하는 전계의 세기를 나타내는 대전체는?

① 점전하 ② 구전하
③ 전기쌍극자 ④ 선전하

거리와 관련된 문제
㉠ 무한장 직선도체(선전하)의 전계의 세기
$$E = \frac{\lambda}{2\pi\epsilon_0 r} \propto \frac{1}{r}$$
㉡ 무한평면도체에서의 전계의 세기
$$E = \frac{\sigma}{2\epsilon_0} \propto \text{거리와 관계없다.}$$
㉢ 전기 쌍극자의 전위
$$V = \frac{M\cos\theta}{4\pi\epsilon_0 r^2} \propto \frac{1}{r^2}$$
㉣ 전기 쌍극자의 전계의 세기
$$E = \frac{M}{4\pi\epsilon_0 r^3}\sqrt{1+3\cos^2\theta} \propto \frac{1}{r^3}$$

정답 ④

53 자유공간 중에 $x = 2,\ z = 4$ 인 무한장 직선상에 $\rho_L[\mathrm{C/m}]$ 인 균일한 선전하가 있다. 점 $(0,\,0,\,4)$ 의 전계 $E[\mathrm{V/m}]$ 는?

① $E = \dfrac{-\rho_L}{4\pi\epsilon_0} a_x\,[\mathrm{V/m}]$

② $E = \dfrac{\rho_L}{4\pi\epsilon_0} a_x\,[\mathrm{V/m}]$

③ $E = \dfrac{-\rho_L}{2\pi\epsilon_0} a_x\,[\mathrm{V/m}]$

④ $E = \dfrac{\rho_L}{2\pi\epsilon_0} a_x\,[\mathrm{V/m}]$

무한장 직선도체의 전계의 세기 $E = \dfrac{\rho_L}{2\pi\epsilon_0 r}$ 에서 점 $(0, 0, 4)$ 까지의 거리는 아래 그림과 같이 $r = 2\,[\mathrm{m}]$ 이고, 방향은 $-a_x$ 가 된다.

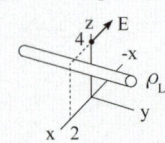

∴ 전계의 세기: $E = \dfrac{-\rho_L}{4\pi\epsilon_0} a_x\,[\mathrm{V/m}]$

정답 ①

54 진공 중에 서로 평행인 무한 길이 두 직선 도선 A, B가 $d\,[\mathrm{m}]$ 떨어져 있다. A, B의 선전하 밀도를 각각 $\lambda_1\,[\mathrm{C/m}]$, $\lambda_2\,[\mathrm{C/m}]$라 할 때, A로부터 $\dfrac{d}{3}\,[\mathrm{m}]$인 점의 전계의 세기가 0이였다면 λ_1과 λ_2의 관계는?

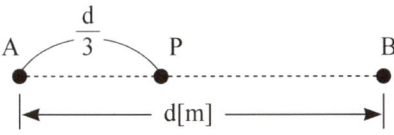

① $\lambda_2 = \dfrac{1}{2}\lambda_1$ ② $\lambda_2 = 2\lambda_1$

③ $\lambda_2 = 3\lambda_1$ ④ $\lambda_2 = 9\lambda_1$

 정답분석

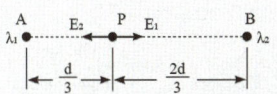

㉠ A도체에 의한 전계의 세기: $E_1 = \dfrac{\lambda_1}{2\pi\epsilon_0 r_1}$

㉡ B도체에 의한 전계의 세기: $E_2 = \dfrac{\lambda_2}{2\pi\epsilon_0 r_2}$

㉢ $r_1 = \dfrac{d}{3}$, $r_2 = \dfrac{2d}{3}$이고 P점에서 전계가 0이 되려면 $E_1 = E_2$가 되어야 한다.

$\dfrac{\lambda_1}{2\pi\epsilon_0 r_1} = \dfrac{\lambda_2}{2\pi\epsilon_0 r_2} \rightarrow r_2\lambda_1 = r_1\lambda_2$

∴ $2\lambda_1 = \lambda_2$

정답 ②

55 진공 중에 선전하 밀도 $+\lambda\,[\mathrm{C/m}]$의 무한장 직선전하 A와 $-\lambda\,[\mathrm{C/m}]$의 무한장 직선전하 B가 $d\,[\mathrm{m}]$의 거리에 평행으로 놓여 있을 때 A에서 거리 $\dfrac{d}{3}\,[\mathrm{m}]$되는 점의 전계의 크기는 몇 $[\mathrm{V/m}]$인가?

① $\dfrac{3\lambda}{4\pi\epsilon_0 d}$ ② $\dfrac{9\lambda}{4\pi\epsilon_0 d}$

③ $\dfrac{3\lambda}{8\pi\epsilon_0 d}$ ④ $\dfrac{9\lambda}{8\pi\epsilon_0 d}$

 정답분석

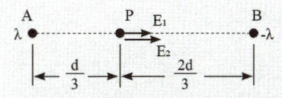

㉠ A도체에 의한 전계의 세기
: $E_1 = \dfrac{\lambda}{2\pi\epsilon_0 r_1} = \dfrac{3\lambda}{2\pi\epsilon_0 d} = \dfrac{6\lambda}{4\pi\epsilon_0 d}$

㉡ B도체에 의한 전계의 세기
: $E_2 = \dfrac{\lambda}{2\pi\epsilon_0 r_2} = \dfrac{3\lambda}{4\pi\epsilon_0 d}$

∴ $E_P = E_1 + E_2 = \dfrac{9\lambda}{4\pi\epsilon_0 d}$

정답 ②

56 그림과 같이 반지름 $a\,[\mathrm{m}]$의 반원에 선전하가 주어졌을 때 중심 0에서의 전계의 세기는 E는 몇 $[\mathrm{V/m}]$인가? (단, 선전하 밀도는 $\lambda\,[\mathrm{C/m}]$이다.)

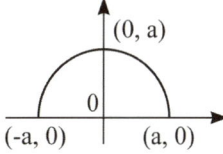

① $-i\dfrac{\lambda}{2\pi\epsilon_0 a}$ ② $-j\dfrac{\lambda}{2\pi\epsilon_0 a}$

③ $-i\dfrac{\lambda}{4\pi\epsilon_0 a^2}$ ④ $-j\dfrac{\lambda}{4\pi\epsilon_0 a^2}$

 정답분석

$E = \int dE$

$= \displaystyle\int_0^\pi \dfrac{\lambda}{4\pi\epsilon_0 r^2}[-\cos\theta a_x - \sin\theta a_y]\,r\,d\theta$

$= \dfrac{\lambda}{4\pi\epsilon_0 r}(-\sin\theta a_x + \cos\theta a_y)\Big|_0^\pi$

$= \dfrac{-\lambda}{2\pi\epsilon_0 r}a_y$

정답 ②

57 진공 중에 밀도가 25×10^{-9} [C/m] 인 무한히 긴 선전하가 Z축상에 있을 때 $(3, 4, 0)$[m]의 전계의 세기는?

① $24i + 36j$ [V/m]
② $32i + 26j$ [V/m]
③ $42i + 86j$ [V/m]
④ $54i + 72j$ [V/m]

정답분석

㉠ 거리벡터
$\vec{r} = (3-0)i + (4-0)j + (0-0)k$
$= 3i + 4j$ [m]

㉡ 단위벡터
$\vec{r_0} = \dfrac{\vec{r}}{r} = \dfrac{3i+4j}{\sqrt{3^2+4^2}} = \dfrac{3i+4j}{5}$

㉢ 전계의 세기 (스칼라)
$E = \dfrac{\lambda}{2\pi\epsilon_0 r} = 18 \times 10^9 \times \dfrac{25 \times 10^{-9}}{5}$
$= 90$ [V/m]

$\therefore \vec{E} = E\vec{r_0} = 90 \times (\dfrac{3i+4j}{5})$
$= 54i + 72j$ [V/m]

정답 ④

58 중심이 원점에 있고 $Z=0$ 인 평면에서 반경 r [m] 인 원판에 ρ_s [C/m²]의 면전하밀도가 진공 내에 있을 때 원판의 중심 축상 $Z=h$ 점에서의 전계는?

① $\dfrac{\rho_s}{2\epsilon_0}(1 - \dfrac{h}{\sqrt{r^2+h^2}})\ a_z$

② $\dfrac{\rho_s}{2\epsilon_0}(1 - \dfrac{r}{\sqrt{r^2+h^2}})\ a_z$

③ $\dfrac{\rho_s}{4\epsilon_0}(1 - \dfrac{h}{\sqrt{r^2+h^2}})\ a_z$

④ $\dfrac{\rho_s}{4\epsilon_0}(1 - \dfrac{r}{\sqrt{r^2+h^2}})\ a_z$

정답분석

면도체의 전계의 세기

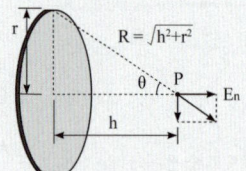

㉠ 유한 면도체
$E = \dfrac{\rho_s}{2\epsilon_0}(1 - \cos\theta)$
$= \dfrac{\rho_s}{2\epsilon_0}\left(1 - \dfrac{h}{\sqrt{r^2+h^2}}\right)$

㉡ 무한 면도체 ($r = \infty$)
$E = \dfrac{\rho_s}{2\epsilon_0}$

정답 ①

59 무한히 넓은 두 장의 평면판 도체를 간격 $d[\text{m}]$로 평행하게 배치하고 각각의 평면판에 면전하밀도 $\pm\sigma[\text{C/m}^2]$로 분포되어 있는 경우 전기력선은 수직으로 나와 평행하게 발산한다. 이 평면판 내부의 전계세기는 몇 $[\text{V/m}]$인가?

① $\dfrac{\sigma}{\varepsilon_0}$ ② $\dfrac{\sigma}{2\varepsilon_0}$

③ $\dfrac{\sigma}{2\pi\varepsilon_0}$ ④ $\dfrac{\sigma}{4\pi\varepsilon_0}$

평행판 도체에 의한 전계의 세기
㉠ 평행판 외부: $E_o = 0$
㉡ 평행판 내부: $E_i = \dfrac{\sigma}{\varepsilon_0}$

정답 ①

60 전하밀도 $\rho_s[\text{C/m}^2]$인 무한판상 전하분포에 의한 임의 점의 전장에 대하여 틀린 것은?

① 전장은 판에 수직방향으로만 존재한다.
② 전장의 세기는 전하밀도 ρ_s에 비례한다.
③ 전장의 세기는 거리 r에 반비례한다.
④ 전장의 세기는 매질에 따라 변한다.

무한 평판의 전계의 세기는 $E = \dfrac{\rho_s}{\epsilon_0}[\text{V/m}]$이므로 거리와 무관하다.

정답 ③

61 진공 중에서 대전도체의 표면전하밀도가 $\sigma[\text{C/m}^2]$이라면 표면 전계는?

① $E = \dfrac{\sigma}{\epsilon_0}$ ② $E = \dfrac{\sigma}{2\epsilon_0}$

③ $E = \dfrac{\sigma}{2\pi\epsilon_0}$ ④ $E = \dfrac{\sigma}{4\pi r^2}$

도체 표면의 전계의 세기: $E = \dfrac{\sigma}{\epsilon_0}[\text{V/m}]$

정답 ①

62 그림과 같이 반지름 $a[\text{m}]$인 원형 도선에 전하가 선밀도 $\lambda[\text{C/m}]$로 균일하게 분포되어 있다. 그 중심에 수직한 Z축 상의 한 점 P의 전계의 세기는?

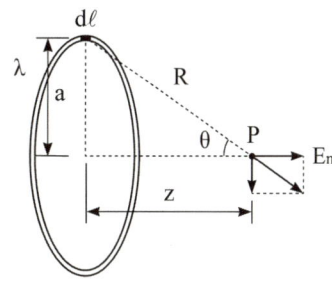

① $\dfrac{\lambda z a}{2\epsilon_0(a^2+z^2)^{\frac{3}{2}}}$ ② $\dfrac{\lambda z a}{2\pi\epsilon_0(a^2+z^2)^{\frac{3}{2}}}$

③ $\dfrac{\lambda z a}{4\pi\epsilon_0(a^2+z^2)^{\frac{3}{2}}}$ ④ $\dfrac{\lambda z a}{4\epsilon_0(a^2+z^2)^{\frac{3}{2}}}$

환원도체에 의한 전계의 세기
$$E = \dfrac{\lambda z a}{2\epsilon_0(a^2+z^2)^{3/2}} = \dfrac{Qz}{4\pi\epsilon_0(a^2+z^2)^{3/2}}$$

정답 ①

63 공기 중에 그림과 같이 가느다란 전선으로 반경 a 인 원형코일을 만들고, 이것에 전하 Q 가 균일하게 분포하고 있을 때 원형코일의 중심축 상에서 중심으로부터 거리 x 만큼 떨어진 P점의 전계의 세기는 몇 [V/m] 인가?

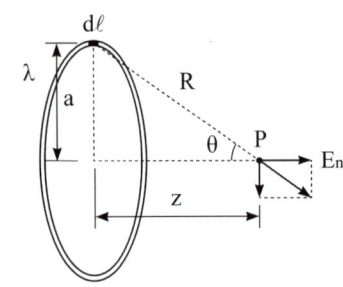

① $\dfrac{Q \cdot z}{2\pi\epsilon_0 (a^2+z^2)^{3/2}}$ ② $\dfrac{Q \cdot z}{4\pi\epsilon_0 (a^2+z^2)^{3/2}}$

③ $\dfrac{Q \cdot z}{2\pi\epsilon_0 (a^2+z^2)}$ ④ $\dfrac{Q \cdot z}{4\pi\epsilon_0 (a^2+z^2)^{1/2}}$

정답분석 환원도체에 의한 전계의 세기
$$E = \frac{\lambda\, z\, a}{2\,\epsilon_0 (a^2+z^2)^{3/2}} = \frac{Q\,z}{4\pi\,\epsilon_0 (a^2+z^2)^{3/2}}$$

정답 ②

7. 전위와 전위경도

64 기전력 1[V]의 정의는?

① 1[C]의 전기량이 이동할 때 1[J]의 일을 하는 두점간의 전위차
② 1[A]의 전류가 이동할 때 1[J]의 일을 하는 두점간의 전위차
③ 2[C]의 전기량이 이동할 때 1[J]의 일을 하는 두점간의 전위차
④ 2[A]의 전류가 이동할 때 1[J]의 일을 하는 두점간의 전위차

정답분석
㉠ 기전력(전위차)의 정의
1[C]의 단위전하(unit charge)가 특정 a점에서 b점까지 운반될 때 소비되는 에너지로 a와 b지점의 전위의 차를 말한다.
㉡ 전위차의 정의식
$$V = \frac{W}{Q}\ [\text{J/C} = \text{V}]$$
∴ 1[C]의 전기량이 이동할 때 1[J]의 일을 하는 두점간의 전위차는 1[V]가 된다.

정답 ①

65 전계의 단위가 아닌 것은?

① [N/C]   ② [V/m]
③ $[\text{C/J} \cdot \dfrac{1}{\text{m}}]$ ④ [A·Ω/m]

정답분석
㉠ 쿨롱의 힘과 전계의 세기 관계
$$F = QE \rightarrow E = \frac{F}{Q}\ [\text{N/C}]$$
㉡ 전위와 전계의 세기 관계
$$V = rE \rightarrow E = \frac{V}{r}\ [\text{V/m} = \text{A}\cdot\Omega/\text{m}]$$
㉢ 전속밀도와 전계의 세기 관계
$$D = \epsilon_0 E \rightarrow E = \frac{D}{\epsilon_0}\ [\frac{\text{C/m}^2}{\text{F/m}} = \text{C/F}\cdot\text{m}]$$

정답 ③

66 정전계와 반대방향으로 전하를 2[m] 이동시키는데 240[J]의 에너지가 소모되었다. 이 두 점 사이의 전위차가 60[V]이면 전하의 전기량은?

① 1[C]　　② 2[C]
③ 4[C]　　④ 8[C]

㉠ 전하를 운반시키는데 필요한 에너지
　: $W = QV$ [V]
㉡ 전기량: $Q = \dfrac{W}{V} = \dfrac{240}{60} = 4$ [C]

정답 ③

67 평등 전계 내에서 5[C]의 전하를 30[cm] 이동시키는 데 120[J]의 일이 소요되었다. 전계의 세기는 몇 [V/m]인가?

① 24　　② 36
③ 80　　④ 160

㉠ 전하를 운반시키는데 필요한 에너지
　: $W = QV$ [V]
㉡ 전위차: $V = \dfrac{W}{Q} = \dfrac{120}{5} = 24$ [V]
∴ 전계의 세기: $E = \dfrac{V}{r} = \dfrac{24}{0.3} = 80$ [V/m]

정답 ③

68 등전위면을 따라 전하 Q[C]를 운반하는데 필요한 일은?

① 전하의 크기에 따라 변한다.
② 전위의 크기에 따라 변한다.
③ 등전위면과 전기력선에 의하여 결정된다.
④ 항상 0 이다.

등전위면은 전위차가 없으므로($V=0$) 전하는 이동하지 않는다.
$W = QV = 0$ [J]

정답 ④

69 진공 중에 전하량 Q[C] 인 점전하가 있다. 그림과 같이 Q를 둘러싸는 경로 C_1이 둘러싸지 않은 폐곡선 C_2가 있다. 지금 $+1$[C]의 전하를 화살표 방향으로 경로 C_1을 따라 일주시킬 때 요하는 일을 W_1, 경로 C_2를 일주시키는데 요하는 일을 W_2라고 할 때 옳은 것은?

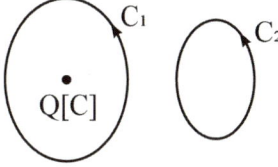

① $W_1 < W_2$　　② $W_2 < W_1$
③ $W_1 \neq 0,\ W_2 = 0$　　④ $W_1 = W_2 = 0$

㉠ 전계의 비회전성: $\oint E\, dl = 0$
㉡ 폐 경로는 등전위 면을 형성하므로 운반할 때 요하는 일은 0이 된다.

정답 ④

70 50[V/m]의 평등 전계 중의 80[V]되는 A점에서 전계 방향으로 80[cm] 떨어진 B점의 전위는 몇 [V]인가?

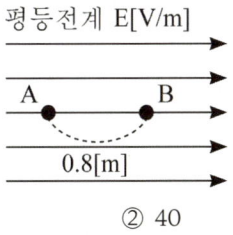

① 20　　② 40
③ 60　　④ 80

㉠ A, B 사이의 전위차
$V_{AB} = E \cdot d = 50 \times 0.8 = 40$ [V]
㉡ 전계는 전위가 높은 점에서 낮은 점으로 향하므로 V_A에서 A, B사이의 전위차를 뺀 전위가 V_B가 된다.
∴ $V_B = V_A - V_{AB} = 80 - 40 = 40$ [V]

정답 ②

71 전위가 V_A 인 A 점에서 $Q[C]$ 의 전하를 전계와 반대 방향으로 $\ell[m]$ 이동시킨 점 P의 전위 $[V]$는? (단, 전계 E는 일정하다고 가정한다)

① $V_P = V_A - E\ell$
② $V_P = V_A + E\ell$
③ $V_P = V_A - EQ$
④ $V_P = V_A + EQ$

정답분석 전계는 전위가 높은 점에서 낮은 점으로 향하므로 P점의 전위는 A점의 전위 V_A에 ℓ 만큼 이동한 지점의 전위차($V = E\ell$)만큼 증가하게 된다.
∴ $V_P = V_A + E\ell$

정답 ②

72 반지름이 $a[m]$ 되는 구도체에 $Q[C]$ 의 전하가 주어졌을 때, 이 구의 중심에서 $5a[m]$ 되는 점의 전위는 몇 $[V]$ 인가?

① $\dfrac{Q}{4\pi\epsilon_0 a}$ ② $\dfrac{Q}{4\pi\epsilon_0 a^2}$
③ $\dfrac{Q}{20\pi\epsilon_0 a}$ ④ $\dfrac{Q}{20\pi\epsilon_0 a^2}$

정답분석 전위 $V = \dfrac{Q}{4\pi\epsilon_0 r}$ 에서 거리 $r = 5a$ 이므로
∴ $V = \dfrac{Q}{4\pi\epsilon_0 \times 5a} = \dfrac{Q}{20\pi\epsilon_0 a}$ $[V]$

정답 ③

73 그림과 같이 AB=BC=1[m]일 때 A와 B에 동일한 +1[μC]이 있는 경우 C점의 전위는 몇 [V]인가?

① 6.25×10^3 ② 8.75×10^3
③ 12.5×10^3 ④ 13.5×10^3

정답분석
㉠ A점에 위치한 전하에 의한 C점의 전위
: $V_A = \dfrac{Q}{4\pi\epsilon_0 r_1} = 9\times10^9 \times \dfrac{10^{-6}}{2}$
$= 4.5\times10^3 [V]$
㉡ B점에 위치한 전하에 의한 C점의 전위
: $V_B = \dfrac{Q}{4\pi\epsilon_0 r_2} = 9\times10^9 \times \dfrac{10^{-6}}{1}$
$= 9\times10^3 [V]$
∴ C점의 전위
: $V_C = V_A + V_B = 13.5\times10^3 [V]$

정답 ④

74 원점에 전하 0.4[Mc]이 있을 때 두 점(4, 0, 0)[m] 와 (0, 3, 0)[m]간의 전위차는 몇 [V]인가?

① 300 ② 150
③ 100 ④ 30

정답분석
㉠ (4, 0, 0) 지점의 전위: $V_1 = \dfrac{Q}{4\pi\epsilon_0 r_1}$
㉡ (0, 3, 0) 지점의 전위: $V_2 = \dfrac{Q}{4\pi\epsilon_0 r_2}$

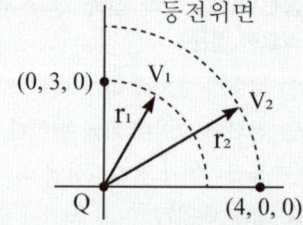

∴ $V_{12} = V_1 - V_2 = \dfrac{Q}{4\pi\epsilon_0}\left(\dfrac{1}{r_1} - \dfrac{1}{r_2}\right)$
$= 9\times10^9 \times 0.4\times10^{-6} \times \left(\dfrac{1}{3} - \dfrac{1}{4}\right)$
$= 300 [V]$

정답 ①

75 공기의 절연내력은 30[kV/cm]이다. 공기 중에 고립되어 있는 직경 40[cm]인 도체구에 걸어줄 수 있는 전위의 최대치는 몇 [kV]인가?

① 6
② 15
③ 600
④ 1,200

정답분석 공기의 절연내력이란 공기가 견딜 수 있는 최대 전계 강도를 말한다. 따라서 전위의 최대치는
∴ $V = rE = 20\,[\text{cm}] \times 30\,[\text{kV/cm}] = 600\,[\text{V}]$
여기서, 거리 r 은 반경을 말한다.

정답 ③

76 반지름 $r=1\,[\text{m}]$ 인 도체구의 표면 전하밀도가 $\dfrac{10^{-8}}{9\pi}\,[\text{C/m}^2]$ 이 되도록 하는 도체구의 전위는 몇 [V] 인가?

① 10
② 20
③ 40
④ 80

정답분석
㉠ 구도체 표면에서 전계의 세기
: $E = \dfrac{\sigma}{\epsilon_0}\,[\text{V/m}]$
㉡ 전위차
: $V = rE = 1 \times \dfrac{\sigma}{\epsilon_0} = \dfrac{\frac{10^{-8}}{9\pi}}{\frac{1}{36\pi \times 10^9}}$
$= 40\,[\text{V}]$

정답 ③

77 점전하에 의한 전계내의 한 점 P 에서 전위의 기울기가 $180\,[\text{V/m}]$ 전위가 $900\,[\text{V}]$ 일 때 이 점전하의 크기는 몇 $[\mu\text{C}]$ 인가?

① 0.1
② 0.5
③ 0.8
④ 1.0

정답분석
㉠ $V = rE$ 에서 $r = \dfrac{V}{E} = \dfrac{900}{180} = 5\,[\text{m}]$
㉡ 전위차 $V = \dfrac{Q}{4\pi\epsilon_0 r}\,[\text{V}]$ 에서 전하량은
∴ $Q = 4\pi\epsilon_0 rV = \dfrac{rV}{9 \times 10^9}$
$= \dfrac{5 \times 900}{9 \times 10^9} = 0.5 \times 10^{-6} = 0.5\,[\mu\text{C}]$

정답 ②

78 면전하 밀도가 $\rho_s\,[\text{C/m}^2]$ 인 평면으로부터 $r\,[\text{m}]$ 떨어진 점에서의 전위는 몇 [V] 인가?

① $V = \dfrac{1}{2\pi\epsilon_0} \displaystyle\int\int \dfrac{\rho_s}{r} ds$
② $V = \dfrac{1}{2\pi\epsilon_0 r^2} \displaystyle\int\int \rho_s ds$
③ $V = \dfrac{1}{4\pi\epsilon_0 r^2} \displaystyle\int\int \rho_s ds$
④ $V = \dfrac{1}{4\pi\epsilon_0} \displaystyle\int\int \dfrac{\rho_s}{r} ds$

정답분석
㉠ 면 전하 밀도: $\rho_s = \dfrac{Q}{s}\,[\text{C/m}^2]$
㉡ 전하량: $Q = \rho_s s = \displaystyle\int_s \rho_s\,ds$
∴ 구도체의 전위
: $V = \dfrac{Q}{4\pi\epsilon_0 r} = \displaystyle\int_s \dfrac{\rho_s}{4\pi\epsilon_0 r}\,ds$
$= \dfrac{1}{4\pi\epsilon_0} \displaystyle\int\int \dfrac{\rho_s}{r}\,ds$

정답 ④

79

한변의 길이가 a[m]인 정 4각형 A, B, C, D의 각 정점에 각각 Q[C]의 전하를 놓을 때 정 4각형의 중심 O의 전위는 몇 [V]인가?

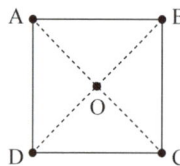

① $\dfrac{3Q}{4\pi\epsilon_0 a}$ ② $\dfrac{3Q}{\pi\epsilon_0 a}$

③ $\dfrac{\sqrt{2}\,Q}{\pi\epsilon_0 a}$ ④ $\dfrac{2Q}{\pi\epsilon_0 a^2}$

㉠ D점의 점전로부터 O점까지의 거리
$$\overline{DO} = \dfrac{\overline{DB}}{2} = \dfrac{\sqrt{a^2+a^2}}{2} = \dfrac{a\sqrt{2}}{2}\ [\text{m}]$$

㉡ 전위는 스칼라이므로 방향을 고려할 필요 없이 각각의 전위를 더하면 된다. 따라서 점전하 1개 전위의 4배가 된다.

㉢ 점전하 1개의 전위
$$V = \dfrac{Q}{4\pi\epsilon_0 r} \times 4 = \dfrac{Q}{\pi\epsilon_0 \dfrac{\sqrt{2}}{2} a} = \dfrac{2Q}{\sqrt{2}\,\pi\epsilon_0 a}$$
$$= \dfrac{2Q}{\sqrt{2}\,\pi\epsilon_0 a} \times \dfrac{\sqrt{2}}{\sqrt{2}} = \dfrac{\sqrt{2}\,Q}{\pi\epsilon_0 a}\ [\text{V}]$$

정답 ③

80

두 동심구에서 내부도체의 반지름이 a, 외부도체의 안 반지름이 b, 외부도체의 외반지름이 c 일 때, 내부 도체에만 전하 Q[C]을 주었을 때 내부도체의 전위는?

① $\dfrac{Q}{2\pi\epsilon_0 a}\left(\dfrac{1}{a} + \dfrac{1}{b}\right)$

② $\dfrac{Q}{4\pi\epsilon_0}\left(\dfrac{1}{a} - \dfrac{1}{b}\right)$

③ $\dfrac{Q}{4\pi\epsilon_0 c}\left(\dfrac{1}{a} - \dfrac{1}{b} - \dfrac{1}{c}\right)$

④ $\dfrac{Q}{4\pi\epsilon_0}\left(\dfrac{1}{a} - \dfrac{1}{b} + \dfrac{1}{c}\right)$

전위는 스칼라이므로 $V = V_{ab} + V_c$ 으로 계산할 수 있다.

$$V = -\int_{\infty}^{c}\dfrac{Q}{4\pi\epsilon_0 r^2}dr - \int_{b}^{a}\dfrac{Q}{4\pi\epsilon_0 r^2}dr$$
$$= \dfrac{Q}{4\pi\epsilon_0 c} + \dfrac{Q}{4\pi\epsilon_0}\left(\dfrac{1}{a} - \dfrac{1}{b}\right)$$
$$= \dfrac{Q}{4\pi\epsilon_0}\left(\dfrac{1}{a} - \dfrac{1}{b} + \dfrac{1}{c}\right)\ [\text{V}]$$

정답 ④

81 그림과 같은 동심구 도체에서 도체 1의 전하가 $Q_1 = 4\pi\epsilon_0$ [C], 도체 2의 전하가 $Q_2 = 0$ [C] 일 때 도체 1의 전위는 몇 [V]인가? (단, a=10[cm], b=15[cm], c=20 [cm]라 함)

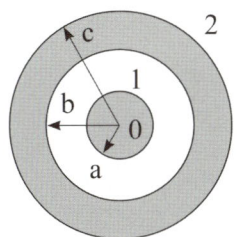

① $\dfrac{1}{12}$ ② $\dfrac{13}{60}$

③ $\dfrac{25}{3}$ ④ $\dfrac{65}{3}$

 동심 구도체의 전위

$V = \dfrac{Q}{4\pi\epsilon_0}\left(\dfrac{1}{a} - \dfrac{1}{b} + \dfrac{1}{c}\right)$

$= \dfrac{4\pi\epsilon_0}{4\pi\epsilon_0}\left(\dfrac{1}{0.1} - \dfrac{1}{0.15} + \dfrac{1}{0.2}\right)$

$= \left(\dfrac{3}{0.3} - \dfrac{2}{0.3} + \dfrac{1.5}{0.3}\right) = \dfrac{2.5}{0.3} = \dfrac{25}{3}$ [V]

정답 ③

82 그림과 같이 공기 중 2개의 동심 구도체에서 내구(A)에만 전하 Q를 주고 외부(B)를 접지하였을 때 내구(A)의 전위는?

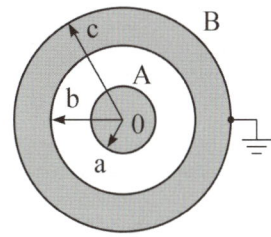

① $\dfrac{Q}{4\pi\epsilon_0}\left(\dfrac{1}{a} - \dfrac{1}{b} + \dfrac{1}{c}\right)$

② $\dfrac{Q}{4\pi\epsilon_0}\left(\dfrac{1}{a} - \dfrac{1}{b}\right)$

③ $\dfrac{Q}{4\pi\epsilon_0 c}\left(\dfrac{1}{c}\right)$

④ 0

 $V = -\displaystyle\int_b^a \dfrac{Q}{4\pi\epsilon_0 r^2}\,dr = \dfrac{Q}{4\pi\epsilon_0}\left(\dfrac{1}{a} - \dfrac{1}{b}\right)$

정답 ②

83 무한장 선전하와 무한평면 전하에서 r[m] 떨어진 점의 전위는 각각 얼마인가? (단, ρ_L은 선전하밀도, ρ_s는 평면 전하밀도이다)

① $\dfrac{\lambda}{2\pi r^2}$ ② $\dfrac{\lambda}{2\pi r}$
③ ∞ ④ 0

정답분석
무한장 직선도체에서의 전위와 전위차
㉠ 전계의 세기: $E = \dfrac{\lambda}{2\pi\epsilon_0 r}$ [V/m]
㉡ 전위: $V = \infty$ [V]
㉢ 전위차 : $V_{12} = \dfrac{\lambda}{2\pi\epsilon_0}\ln\dfrac{r_1}{r_2}$ [V]
여기서, $r_1 < r_2$

정답 ③

84 무한장 선전하와 무한평면 전하에서 r[m] 떨어진 점의 전위는 각각 얼마인가? (단, ρ_L은 선전하밀도, ρ_s는 평면 전하밀도이다)

① 무한직선: $\dfrac{\rho_L}{2\pi\epsilon_0}$, 무한평면도체: $\dfrac{\rho_s}{\epsilon}$
② 무한직선: $\dfrac{\rho_L}{4\pi\epsilon_0 r}$, 무한평면도체: $\dfrac{\rho_s}{2\pi\epsilon_0}$
③ 무한직선: $\dfrac{\rho_L}{\epsilon}$, 무한평면도체: ∞
④ 무한직선: ∞, 무한평면도체: ∞

정답분석
무한장 선전하, 무한평면 전하의 전하량은 무한대이므로 이들의 전위도 ∞가 된다.

정답 ④

85 진공 중에서 무한장 직선도체에 선전하밀도 $\rho_L = 2\pi \times 10^{-3}$ [C/m]가 균일하게 분포된 경우 직선도체에서 2와 4[m] 떨어진 두 점 사이의 전위차는?

① $\dfrac{10^{-3}}{\pi\epsilon_0}\ln 2$ ② $\dfrac{10^{-3}}{\epsilon_0}\ln 2$
③ $\dfrac{1}{\pi\epsilon_0}\ln 2$ ④ $\dfrac{1}{\epsilon_0}\ln 2$

정답분석
무한 직선전하의 전위차
$V_{12} = \dfrac{\rho_L}{2\pi\epsilon}\ln\dfrac{r_2}{r_1} = \dfrac{2\pi \times 10^{-3}}{2\pi\epsilon_0}\ln\dfrac{4}{2}$
$= \dfrac{10^{-3}}{\epsilon_0}\ln 2$ [V]

정답 ②

86 반지름 a[m] 인 무한히 긴 원통형 도선 A, B가 중심 사이의 거리 d[m]로 평행하게 배치되어 있다. 도선 A, B에 각각 단위 길이마다 $+Q$ [C/m], $-Q$[C/m]의 전하를 줄 때 두 도선 사이의 전위차는 몇 [V]인가?

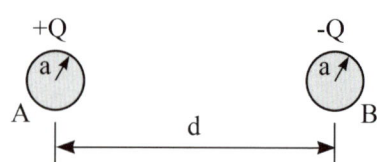

① $\dfrac{Q}{2\pi\epsilon_0}\ln\dfrac{d-a}{a}$ ② $\dfrac{Q}{2\pi\epsilon_0}\ln\dfrac{a}{d-a}$
③ $\dfrac{Q}{\pi\epsilon_0}\ln\dfrac{d-a}{a}$ ④ $\dfrac{Q}{\pi\epsilon_0}\ln\dfrac{a}{d-a}$

정답분석
㉠ 도체 A로부터 x[m] 떨어진 곳에서 전계를 보면 그림과 같이 E_1, E_2가 동일 방향이므로 합력이 된다.

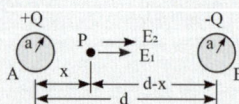

㉡ P점에서의 전계
$E = E_1 + E_2 = \dfrac{Q}{2\pi\epsilon_0}\left(\dfrac{1}{x} + \dfrac{1}{d-x}\right)$
∴ 도선 사이의 전위
$V = -\int_{d-a}^{a} \dfrac{Q}{2\pi\epsilon_0}\left(\dfrac{1}{x} + \dfrac{1}{d-x}\right) dx$
$= \dfrac{Q}{\pi\epsilon_0}\ln\dfrac{d-a}{a}$ [V]

정답 ③

87 간격 $d\,[\mathrm{m}]$ 로 평행한 무한히 넓은 2개의 도체판에 각각 단위면적마다 $+\sigma\,[\mathrm{C/m^2}]$, $-\sigma\,[\mathrm{C/m^2}]$ 의 전하가 대전되어 있을 때 두 도체 간의 전위차는 몇 $[\mathrm{V}]$ 인가?

① 0
② ∞
③ $\dfrac{\sigma}{\epsilon_0} d$
④ $\dfrac{\sigma}{2\epsilon_0} d$

 평행판 도체
㉠ 평행판 사이 전계: $E = \dfrac{\sigma}{\epsilon_0}\,[\mathrm{V/m}]$
㉡ 전위차: $V = Ed = \dfrac{\sigma}{\epsilon_0} d\,[\mathrm{V}]$

정답 ③

88 등전위면(equipotential surface)에 대한 설명으로 옳은 것은?

① 전기력선은 등전위면과 평행하게 지나간다.
② 전하를 갖고 등전위면에 따라 이동하면 일이 생긴다.
③ 다른 전위의 등전위면은 서로 교차한다.
④ 점전하가 만드는 전계의 등전위면은 동심 구면이다.

 등전위면의 특징
㉠ 전기력선은 등전위면과 수직으로 발생하고, 높은 등전위에서 낮은 등전위로 향한다.
㉡ 등전위면에는 전위차가 없으므로 전하는 이동하지 않는다. 즉, 일은 0이다.
㉢ 서로 다른 등전위면은 교차하지 않는다.
㉣ 점전하는 구의 형태로 등전위를 형성하고, 선전하는 원통의 형태로 등전위를 만든다.

정답 ④

89 그림과 같은 등전위면에서 전계의 방향은?

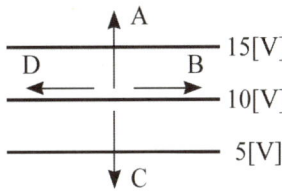

① A
② B
③ C
④ D

 전계는 높은 전위에서 낮은 전위 방향으로 향하고, 등전위면에 수직으로 발생한다.

정답 ③

90 P점에서 같은 거리에 있는 4개의 점의 전위를 측정하였더니 그림과 같이 나타났다고 하면 P점의 전위는 약 몇 [V] 정도 되는가?

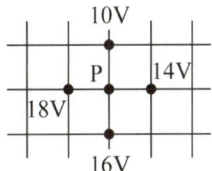

① 12.3
② 14.5
③ 16.9
④ 18.2

 라플라스 근사법에 의한 전위
$V_P = \dfrac{1}{4}(10 + 18 + 16 + 14) = 14.5\,[\mathrm{V}]$

정답 ②

91 그림과 같은 정방향관 단면의 격자점 ⑥의 전위를 반복법으로 구하면 약 몇 [V] 가 되는가?

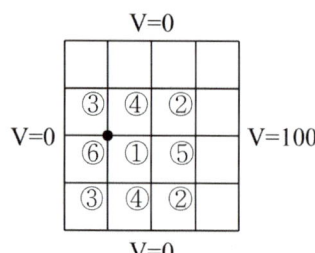

① 6.3
② 9.4
③ 18.8
④ 53.2

정답분석 라플라스 근사법에 의한 전위를 구하면
① 점의 전위: $V_1 = \dfrac{100+0+0+0}{4} = 25$
③ 점의 전위: $V_3 = \dfrac{25+0+0+0}{4} = 6.25$
∴ ⑥점의 전위
$V_6 = \dfrac{25+6.25+6.25+0}{4} = 9.375 \, [\text{V}]$

정답 ②

92 전계 E 와 전위 V 와의 관계, 즉 $E = -\,grad\,V$ 에 관한 설명으로 옳지 않은 것은?

① 전계의 전기력선은 연속적이다.
② 전계의 방향은 전위가 감소하는 방향으로 향한다.
③ 전계는 전위가 일정한 면에 수직이다.
④ 전계의 전기력선은 폐곡면이 이루어지지 않는다.

정답분석 $E = -\,grad\,V$ 의 의미
㉠ 전계의 세기는 전위의 기울기와 같고, 방향은 전위의 감소 방향이다.
② 전계의 방향은 등전위면에서 수직으로 발산한다.
③ 전계의 비회전성을 나타낸다. 즉, 전계의 전기력선은 폐곡면을 이룰 수 없다.
∴ $rot\,E = 0$: 전계는 비연속적이다.

정답 ①

93 다음 설명 중 영전위로 볼 수 없는 것은?
① 가상 음전하가 존재하는 무한원점
② 전지의 음극
③ 지구의 대지
④ 전계 내의 대전도체

정답확인

정답 ④

94 다전위 분포가 $V = 6x + 3\,[\text{V}]$ 로 주어졌을 때 점 $(12, \ 0)\,[\text{m}]$ 에서의 전계의 크기는 몇 $[\text{V/m}]$ 이며 그 방향은 어떻게 되는가?

① $6a_x$
② $-6a_x$
③ $3a_x$
④ $-3a_x$

정답분석 전계의 세기
$E = -\,grad\,V = -\nabla V$
$= -\left(\dfrac{\partial V}{\partial x}i + \dfrac{\partial V}{\partial y}j + \dfrac{\partial V}{\partial z}k\right)$
$= -6a_x\,[\text{V/m}]$

정답 ②

95 전위함수가 $V = 2x + 5yz + 3$ 일 때 점 $(2, 1, 0)$ 에서의 전계의 세기는?
① $-i2 - j5 - k3$
② $i + j2 + k3$
③ $-i2 - k5$
④ $i4 + k3$

정답분석 전계의 세기
$E = -\,grad\,V = -\nabla V$
$= -\left(\dfrac{\partial V}{\partial x}i + \dfrac{\partial V}{\partial y}j + \dfrac{\partial V}{\partial z}k\right)$
$= -(2i + 5zj + 5yk)\,\begin{vmatrix}x=2\\y=1\\z=0\end{vmatrix}$
$= -2i - 5k\,[\text{V/m}]$

정답 ③

96 $V = x^2 \,[\text{V}]$ 로 주어지는 전위 분포일 때 $x = 20\,[\text{cm}]$ 인 점의 전계는?

① $+x$ 방향으로 $40\,[\text{V/m}]$
① $-x$ 방향으로 $40\,[\text{V/m}]$
③ $+x$ 방향으로 $0.4\,[\text{V/m}]$
④ $-x$ 방향으로 $0.4\,[\text{V/m}]$

 전계의 세기
$$E = -grad\,V = -\nabla V$$
$$= -\left(\frac{\partial V}{\partial x}i + \frac{\partial V}{\partial y}j + \frac{\partial V}{\partial z}k\right)$$
$$= -(2i + 5zj + 5yk)\Big|\begin{matrix}x=2\\y=1\\z=0\end{matrix}$$
$$= -2x\,a_x = -0.4\,a_x\,[\text{V/m}]$$

정답 ④

97 $Q = 0.15\,[\text{C}]$ 으로 대전하고 있는 큰 도체구에 그 반경이 큰 구의 $\frac{1}{2}$ 의 작은 도체구를 접촉했다가 떼면, 작은 도체구가 얻는 전하 [C]는 얼마인가?

① 0.01   ② 0.05
③ 0.1   ④ 0.2

 ㉠ 두 도체를 접촉하기 전의 전하량은
$Q_1 = 0.15\,[\text{C}]$, $Q_2 = 0\,[\text{C}]$ 에서 두 도체를 접촉하면 전위가 같아질 때까지 전하가 이동하지만 전체 전하량은 일정하므로
$Q = Q_{1x} + Q_{2x} = 0.15\,[\text{C}]$ 이 된다.
(여기서, Q_{1x}: 등전위 후 도체1의 전하량, Q_{2x}: 등전위 후 도체2의 전하량)
㉡ 두 도체를 접촉했다 떼면 전위가 같아지므로(등전위가 되므로) $V_1 = V_2$ 에서
$$\frac{Q_{1x}}{4\pi\epsilon_0 r} = \frac{Q_{2x}}{4\pi\epsilon_0 \frac{r}{2}}$$ 이므로
$Q_{1x} = 2Q_{2x}$ 가 된다.
㉢ 위 ㉠식 $Q_{2x} = 0.15 - Q_{1x}$ 에서
㉡식 $Q_{1x} = 2Q_{2x}$ 을 대입하면
$Q_{2x} = 0.15 - Q_{1x} = 0.15 - 2Q_{2x}$ 이므로
$3Q_{2x} = 0.15$ 에서 $Q_{2x} = 0.05\,[\text{C}]$ 이 된다.
∴ $Q_{2x} = \frac{0.15}{3} = 0.05\,[\text{C}]$

정답 ②

8. 도체 내외부 전계 및 전위

98 대전 도체 내부의 전위에 대한 설명으로 옳은 것은?

① 내부에는 전기력선이 없으므로 전위는 무한대의 값을 갖는다.
② 내부의 전위와 표면전위는 같다. 즉 도체는 등전위이다.
③ 내부의 전위는 항상 대지전위와 같다.
④ 내부에는 전계가 없으므로 0 전위이다.

 도체표면은 등전위면이고 도체 내부전위는 표면전위와 같다.

정답 ②

99 진공 중에 있는 구도체에 일정 전하를 대전시켰을 때 정전에너지는?

① 도체 내에만 존재한다.
② 도체 표면에만 존재한다.
③ 도체 내외에 모두 존재한다.
④ 도체 표면과 외부공간에 존재한다.

 전하는 도체 표면에만 분포하므로 내부에는 존재하지 않는다. 따라서 전계는 도체 표면에서 외부 공간으로 발산하므로 정전에너지는 도체 표면과 외부 공간에 존재하게 된다.

정답 ④

100 반경 a 이고 Q의 전하를 갖는 절연된 도체구가 있다. 구의 중심에서 거리 r에 따라 변하는 전위 V와 전계의 세기 E를 그림으로 표시하면?

①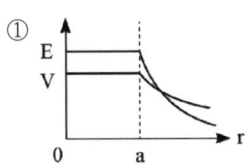

②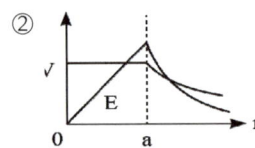

③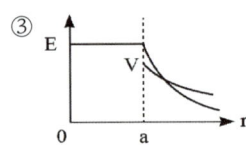

④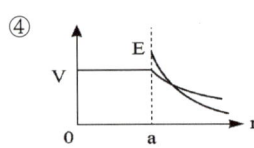

정답분석

도체 내외부 전계·전위 특징
㉠ 도체 내부 전계는 0이다.
㉡ 도체 표면은 등전위면이고, 표면전위는 내부 전위와 같다.

정답 ④

101 반지름 r_1인 가상구 표면에 $+Q$의 전하가 균일하게 분포되어 있는 경우, 가상구 내의 전위 분포에 대한 설명으로 옳은 것은?

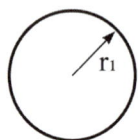

① $V = \dfrac{Q}{4\pi\epsilon_0 r_1}$ 로 반지름에 반비례하여 감소한다.

② $V = \dfrac{Q}{4\pi\epsilon_0 r_1}$ 로 일정하다. 즉 도체는 등전위이다.

③ $V = \dfrac{Q}{4\pi\epsilon_0 r_1^2}$ 로 반지름에 반비례하여 감소한다.

④ $V = \dfrac{Q}{4\pi\epsilon_0 r_1^2}$ 로 일정하다.

정답분석

도체표면은 등전위면이고 도체 내부전위는 표면전위와 같다.

정답 ②

102 진공 중에 선전하밀도 $\rho\,[\text{C}/\text{m}]$, 반경이 $a\,[\text{m}]$인 아주 긴 직선 원통 전하가 있다. 원통 중심축으로부터 $\dfrac{a}{2}\,[\text{m}]$인 거리에 있는 점의 전계의 세기는?

① $\dfrac{\rho}{4\pi\epsilon_0\,a}$ ② $\dfrac{\rho}{2\pi\epsilon_0\,a}$

③ $\dfrac{\rho}{\pi\epsilon_0\,a^2}$ ④ $\dfrac{\rho}{8\pi\epsilon_0\,a}$

정답분석

전하가 도체 내부에 균일하게 분포된 경우
㉠ 도체 외부 전계: $E = \dfrac{\lambda}{2\pi\epsilon_0 d}\,[\text{V}/\text{m}]$
㉡ 도체 내부 전계: $E = \dfrac{r\,\lambda}{2\pi\epsilon_0 a^2}\,[\text{V}/\text{m}]$
∴ 도체 내부 거리 $r = \dfrac{a}{2}$ 이므로
$E = \dfrac{\lambda}{4\pi\epsilon_0 a} = \dfrac{\rho}{4\pi\epsilon_0 a}\,[\text{V}/\text{m}]$

정답 ①

9. 전기력선 방정식

103 도체표면에서 전계 $E = E_x a_x + E_y a_y + E_z a_z$ [V/m] 이고 도체면과 법선방향인 미소 길이 $dL = dx a_x + dy a_y + dz a_z$ [m] 일 때 성립되는 식은?

① $E_x dx = E_y dy$ ② $E_y dz = E_z dy$
③ $E_x dy = E_y dz$ ④ $E_y dy = E_z dz$

 정답 분석

전기력선 방정식 $\dfrac{dx}{E_x} = \dfrac{dy}{E_y} = \dfrac{dz}{E_z}$ 에서
$E_y dz = E_z dy$ 관계가 성립한다.

정답 ②

104 $E = \dfrac{3x}{x^2+y^2} i + \dfrac{3y}{x^2+y^2} j$ [V/m] 일 때 점(4, 3, 0)를 지나는 전기력선의 방정식을 나타낸 것은 어느 것인가?

① $xy = \dfrac{4}{3}$ ② $xy = \dfrac{3}{4}$
③ $x = \dfrac{4}{3} y$ ④ $x = \dfrac{3}{4} y$

 정답 분석

전기력선의 방정식 $\dfrac{dx}{E_x} = \dfrac{dy}{E_y}$ 에서
$E_x = \dfrac{3x}{x^2+y^2}$, $E_y = \dfrac{3y}{x^2+y^2}$ 대입하면
$\dfrac{dx}{\frac{3x}{x^2+y^2}} = \dfrac{dy}{\frac{3y}{x^2+y^2}}$ 에서 양변을 적분하면
$\int \dfrac{dx}{x} = \int \dfrac{dy}{y}$ 이 된다. 적분하여 정리하면
$\ln x + C_1 = \ln y + C_2$ 에서
$\dfrac{y}{x} = C$ 이므로 (4, 3, 0)를 대입하면 $\dfrac{y}{x} = \dfrac{3}{4}$ 된다.
$\therefore x = \dfrac{4}{3} y$

정답 ③

105 $V = x^2 + y^2$ [V] 의 전위분포를 갖는 전계의 전기력선의 방정식은?

① $y = \dfrac{A}{x}$ ② $y = A x$
③ $y = A x^2$ ④ $\dfrac{1}{x} - \dfrac{1}{y}$

 정답 분석

㉠ 전계의 세기
: $E = -\nabla V = -\left(\dfrac{\partial V}{\partial x} i + \dfrac{\partial V}{\partial y} j + \dfrac{\partial V}{\partial z} k\right)$
$= -2xi - 2yj$ [V/m]
㉡ 전기력선 방정식 $\dfrac{dx}{E_x} = \dfrac{dy}{E_y}$ 에 의해
$\dfrac{dx}{-2x} = \dfrac{dy}{-2y}$, $\int \dfrac{dx}{x} = \int \dfrac{dy}{y}$,
$\ln x + c_1 = \ln y + c_2$
$\therefore \dfrac{x}{y} = A$, $x = A y$, $y = A x$

정답 ②

106 $E = X a_x - Y a_y$ [V/m] 일 때 점(6, 2) [m] 를 통과하는 전기력선의 방정식은?

① $y = 12 x$ ② $y = \dfrac{12}{x}$
③ $y = \dfrac{1}{12} x$ ④ $y = 12 x^2$

 정답 분석

전기력선의 방정식 $\dfrac{dx}{E_x} = \dfrac{dy}{E_y}$ 에서 $\dfrac{dx}{x} = -\dfrac{dy}{y}$
이 되고, 양변 적분을 통해 정리하면
$\int \dfrac{1}{x} dx = -\int \dfrac{1}{y} dy$
$\ln x + C_1 = -\ln y + C_2$
$\therefore xy = C, xy = 12$

정답 ②

10. 전기 쌍극자

107 크기가 같고 부호가 반대인 두 점전하 $+Q[C]$과 $-Q[C]$이 극히 미소한 거리 $d[m]$ 만큼 떨어졌을 때 전기쌍극자 모멘트는 몇 $[C \cdot m]$ 인가?

① $\frac{1}{2}dQ$ ② dQ
③ $2dQ$ ④ $4dQ$

㉠ 전기쌍극자 모멘트: $M = Q\delta [C \cdot m]$
㉡ 쌍극자 전위: $V = \frac{M\cos\theta}{4\pi\epsilon_0 r^2}[V]$
㉢ 쌍극자 전계 (벡터)
$\vec{E} = \frac{M}{4\pi\epsilon_0 r^3}(\vec{a_r} 2\cos\theta + \vec{a_\theta}\sin\theta)$
㉣ 쌍극자 전계 (스칼라)
$|\vec{E}| = \frac{M}{4\pi\epsilon_0 r^3}\sqrt{1+3\cos^2\theta}\,[V/m]$
㉤ 전계는 $\cos\theta$에 비례하므로 $\theta = 0$일 때 최대가 되고, $\theta = 90°$일 때 최소가 된다.

정답 ②

108 전기 쌍극자로부터 $r[m]$만큼 떨어진 점의 전위 크기 V는 r과 어떤 관계가 있는가?

① $V \propto r$ ② $V \propto \frac{1}{r^3}$
③ $V \propto \frac{1}{r^2}$ ④ $V \propto \frac{1}{r}$

전기쌍극자로 부터 $r[m]$ 떨어진 점의 전위
$V = \frac{M\cos\theta}{4\pi\epsilon_0 r^2}[V]$ 이므로 $V \propto \frac{1}{r^2}$ 이 된다.

정답 ③

109 $Ql = \pm 200\pi\epsilon_0 \times 10^3 [C \cdot m]$ 인 전기 쌍극자에서 l과 r의 사이각이 $\frac{\pi}{3}$ 이고, $r = 1$인 점의 전위 $[V]$는?

① $50\pi \times 10^4$ ② 50×10^3
③ 25×10^3 ④ $5\pi \times 10^4$

$V = \frac{M\cos\theta}{4\pi\epsilon_0 r^2} = \frac{Ql\cos\theta}{4\pi\epsilon_0 r^2}$
$= \frac{200\pi\epsilon_0 \times 10^3 \times \cos 60}{4\pi\epsilon_0 \times 1^2}$
$= 50 \times 10^3 \times 0.5 = 25 \times 10^3 [V]$

정답 ③

110 진공 중에서 전기쌍극자 M, M으로부터 임의의 P점까지의 거리 r, M과 r이 이루는 각을 θ라 하면 P점에서 전계의 r 방향 성분 E_r과 θ 방향성분 E_θ는?

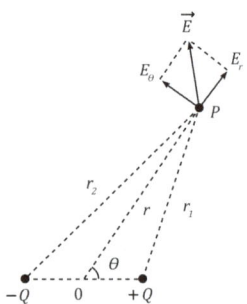

① $E_r = \frac{M}{2\pi\epsilon_0 r^3}\cos\theta$, $E_\theta = \frac{M}{4\pi\epsilon_0 r^3}\sin\theta$

② $E_r = \frac{M}{2\pi\epsilon_0 r^3}\sin\theta$, $E_\theta = \frac{M}{4\pi\epsilon_0 r^3}\cos\theta$

③ $E_r = \frac{M}{4\pi\epsilon_0 r^3}\sin\theta$, $E_\theta = \frac{M}{2\pi\epsilon_0 r^3}\cos\theta$

④ $E_r = \frac{M}{4\pi\epsilon_0 r^3}\sin\theta$, $E_\theta = \frac{M}{4\pi\epsilon_0 r^3}\cos\theta$

전기쌍극자 전계의 세기
$\vec{E} = \frac{M}{4\pi\epsilon_0 r^3}(a_r 2\cos\theta + a_\theta \sin\theta)$
$= a_r \frac{M}{2\pi\epsilon_0 r^3}\cos\theta + a_\theta \frac{M}{4\pi\epsilon_0 r^3}\sin\theta$

정답 ①

111 쌍극자 모멘트가 $M[\text{C}\cdot\text{m}]$ 인 전기 쌍극자에서 점 P의 전계는 $\theta = \dfrac{\pi}{2}$ 일 때 어떻게 되는가? (단, θ는 전기쌍극자의 중심에서 축방향과 점 P를 잇는 선분의 사이각이다)

① 0 ② 최소
③ 최대 ④ $-\infty$

 정답분석

㉠ 쌍극자 전계 (스칼라)
$|\vec{E}| = \dfrac{M}{4\pi\epsilon_0 r^3}\sqrt{1+3\cos^2\theta}\ [\text{V/m}]$

㉡ 전계는 $\cos\theta$ 에 비례하므로 $\theta = 0$ 일 때 최대가 되고, $\theta = 90°$ 일 때 최소가 된다.

정답 ②

11. 전기 이중층

113 반지름 $a[\text{m}]$ 인 원판형 전기 이중층의 중심축상 $x[\text{m}]$의 거리에 있는 점 P(+전하측)의 전위는? (단, 이중층의 세기는 $M[\text{C/m}]$ 이다)

① $\dfrac{M}{2\epsilon_0}\left(1 - \dfrac{x}{\sqrt{x^2+a^2}}\right)$

② $\dfrac{M}{2\epsilon_0}\left(1 - \dfrac{x}{\sqrt{x^2+a^2}}\right)$

③ $\dfrac{M}{\epsilon_0}\left(1 - \dfrac{a}{\sqrt{x^2+a^2}}\right)$

④ $\dfrac{M}{2\epsilon_0}\left(1 - \dfrac{a}{\sqrt{x^2+a^2}}\right)$

 정답분석

㉠ 전기 이중층 모멘트: $P = M = \sigma\delta$
㉡ 전기 이중층 전위
  : $V = \dfrac{P}{2\epsilon_0}(1-\cos\theta)$
    $= \dfrac{P}{2\epsilon_0}\left(1 - \dfrac{x}{\sqrt{a^2+x^2}}\right)[\text{V}]$

정답 ①

112 쌍극자 모멘트가 $M[\text{C}\cdot\text{m}]$ 인 전기 쌍극자에 의한 임의의 점 P의 전계의 크기는 전기 쌍극자의 중심에서 축방향과 점 P를 잇는 선분 사이의 각이 얼마일 때 최대가 되는가?

① 0 ② $\dfrac{\pi}{2}$
③ $\dfrac{\pi}{3}$ ④ $\dfrac{\pi}{4}$

 정답분석

㉠ 쌍극자 전계 (스칼라)
$|\vec{E}| = \dfrac{M}{4\pi\epsilon_0 r^3}\sqrt{1+3\cos^2\theta}\ [\text{V/m}]$

㉡ 전계는 $\cos\theta$ 에 비례하므로 $\theta = 0$ 일 때 최대가 되고, $\theta = 90°$ 일 때 최소가 된다.

정답 ①

12. 푸아송과 라플라스 방정식

114 다음 중 Stokes 정리를 표시하는 일반식은 어느 것인가?

① $\int_c E \, d\ell = \int_s rot \, \vec{E \, n} \, ds$

② $\int_c E \, d\ell = \int_v div \, \vec{E \, n} \, dv$

③ $\int_v rot \, \vec{E \, n} \, dv = \int_s div \, E \, ds$

④ $\int_s E \, ds = \int_v div E \, dv$

 정답분석
㉠ 스토크스의 정리: 선적분과 면적적분 관계
$\int_c E \, d\ell = \int_s rot \, \vec{E \, n} \, ds$
㉡ 가우스 발산(선속) 정리: 면적적분과 체적적분 관계
$\int_s E \, ds = \int_v div E \, dv$

정답 ①

115 $div D = \rho$ 와 가장 관계 깊은 것은?

① Ampere의 주회적분의 법칙
② Faraday의 전자유도 법칙
③ Laplace의 방정식
④ Gauss의 정리

 정답분석
① 암페어의 주회적분법칙의 미분형
 : $rot \, H = i$ (i: 전류밀도)
② 패러데이 전자유도법칙의 미분형
 : $rot \, E = -\frac{\partial B}{\partial t}$ (B: 자속밀도)
③ 라플라스 방정식: $\nabla^2 V = 0$
④ 가우스 정리의 미분형: $div \, D = \rho$ (미분형)

정답 ④

116 다음 중 옳지 않은 것은?

① $V_P = \int_p^\infty E \, d\ell$

② $E = -grad \, V$

③ $grad \, V = \frac{\partial V}{\partial x}i + \frac{\partial V}{\partial y}j + \frac{\partial V}{\partial z}k$

④ $\int E \, ds = Q$

 정답분석
① 전위: $V_p = -\int_\infty^p E d\ell = \int_p^\infty E d\ell$
② 전위경도: $E = -grad \, V = -\nabla V$
$= -(\frac{\partial}{\partial x}i + \frac{\partial}{\partial y}j + \frac{\partial}{\partial z}k)V$
④ 가우스 정리: $div \, D = P$ (미분형)
$\oint_s \vec{E \, n} \, ds = \frac{Q}{\epsilon_0}$ (적분형)

정답 ④

117 Poisson이나 Laplace의 방정식을 유도하는데 관련이 없는 식은?

① $E = -grad \, V$ ② $rot \, E = -\frac{\partial B}{\partial t}$

③ $div \, D = \rho$ ④ $D = \epsilon E$

 정답분석
㉠ 포아송의 방정식은 가우스 법칙에서 유도한 것이고, 이 식은 전하밀도가 0이 아닌 곳에서 전위를 구하고자 할 때 사용한다.
(전하밀도가 0일 때는 라플라스 방정식을 이용하여 전위를 구한다)
㉡ 가우스 법칙 $div \, D = \rho$ 에서
전속밀도 $D = \epsilon_0 E$ 을 대입하면
$div \, E = \frac{\rho}{\epsilon_0}$ 이 된다.
㉢ 위 ㉡식에서 좌항을 정리하면
$div \, E = div(-grad \, V)$
$= -\nabla \cdot (\nabla V) = -\nabla^2 V$
∴ 포아송의 방정식: $\nabla^2 V = -\frac{\rho}{\epsilon_0}$

정답 ②

118 포아송의 방정식 $\nabla^2 V = -\dfrac{\rho}{\epsilon_0}$ 은 어떤 식에서 유도한 것인가?

① $div\ D = \dfrac{\rho}{\epsilon_0}$ ② $div\ D = -\rho$

③ $div\ E = \dfrac{\rho}{\epsilon_0}$ ④ $div\ E = -\dfrac{\rho}{\epsilon_0}$

정답 확인

정답 ③

119 다음 식 중에서 틀린 것은?

① 가우스의 정리: $div\ D = \rho$
② 포아송의 방정식: $\nabla^2 V = \rho$
③ 라플라스의 방정식: $\nabla^2 V = 0$
④ 발산정리: $\int_s A\ ds = \int_v div\ A\ dv$

정답 분석

포아송의 방정식: $\nabla^2 V = -\dfrac{\rho}{\epsilon_0}$

정답 ②

120 정전계에 관한 법칙 중 틀린 것은?

① $grad\ V = \dfrac{\partial V}{\partial x} + \dfrac{\partial V}{\partial y} + \dfrac{\partial V}{\partial z}$

② $div\ E = \dfrac{\rho}{\epsilon_0}$

③ $\int_s A\ ds = \int_v div\ A\ dv$

④ $\nabla^2 V = \dfrac{\rho}{\epsilon}$

정답 분석

포아송의 방정식: $\nabla^2 V = -\dfrac{\rho}{\epsilon_0}$

정답 ④

121 진공 내에서 전위함수가 $V = x^2 + y^2$ 과 같이 주어질 때 점 $(2, 2, 0)[\mathrm{m}]$에서 체적 전하밀도 $\rho\,[\mathrm{C/m^3}]$를 구하면?

① $-4\epsilon_0$ ② $-\dfrac{4}{\epsilon_0}$

③ $-2\epsilon_0$ ④ $-\dfrac{2}{\epsilon_0}$

정답 분석

㉠ 체적 전하 밀도는 포아송의 방정식 $(\nabla^2 V = -\dfrac{\rho}{\epsilon_0})$을 이용하여 구할 수 있다.

㉡ 좌항을 정리하면
$\nabla^2 V = \left(\dfrac{\partial^2}{\partial x^2} + \dfrac{\partial^2}{\partial y^2} + \dfrac{\partial^2}{\partial z^2}\right)V$
$= \dfrac{\partial^2}{\partial x^2}(x^2+y^2) + \dfrac{\partial^2}{\partial y^2}(x^2+y^2)$
$\quad + \dfrac{\partial^2}{\partial z^2}(x^2+y^2)$
$= 2 + 2 + 0 = 4$

㉢ 따라서 $\nabla^2 V = 4 = -\dfrac{\rho}{\epsilon_0}$ 이므로
$\therefore \rho = -4\epsilon_0\,[\mathrm{C/m^3}]$

정답 ①

122 전위함수 $V = 2xy^2 + x^2yz^2$ [V]일 때 점(1, 0, 0) [m] 의 공간전하 밀도[C/m³] 는?

① $4\epsilon_0$
② $-4\epsilon_0$
③ $6\epsilon_0$
④ $-6\epsilon_0$

정답분석

㉠ 체적 전하밀도는 포아송의 방정식
$(\nabla^2 V = -\frac{\rho}{\epsilon_0})$을 이용하여 구할 수 있다.

㉡ 좌항을 정리하면
$$\nabla^2 V = \left(\frac{\partial^2}{\partial x^2} + \frac{\partial^2}{\partial y^2} + \frac{\partial^2}{\partial z^2}\right) V$$
$$= \left(\frac{\partial^2}{\partial x^2} + \frac{\partial^2}{\partial y^2} + \frac{\partial^2}{\partial z^2}\right)(2xy^2 + x^2yz^2)$$
$$= 2yz^2 + 4x + 2x^2y \left|\begin{array}{l}x=1\\y=0\\z=0\end{array}\right.$$
$$= 4$$

㉢ $\nabla^2 V = 4 = -\frac{\rho}{\epsilon_0}$ 이므로
∴ $\rho = -4\epsilon_0$ [C/m³]

정답 ②

124 전위 V 가 단지 x 만의 함수이며 $x=0$ 에서 $V=0$ 이고, $x=d$ 일 때 $V=v_0$ 인 경계조건을 갖는다고 한다. 라플라스 방정식에 의한 V 의 해는?

① $\nabla^2 V$
② $v_0 d$
③ $\frac{v_o}{d} x$
④ $\frac{Q}{4\pi\epsilon_o d}$

정답분석

㉠ 라플라스 방정식($\nabla^2 V = 0$)을 만족하려면 전위함수는 1차 방정식 이하여야 하고, 전위 V가 x 만의 함수이면 아래와 같은 형태가 된다.
$V = ax + b$
여기서, a와 b는 상수이다.

㉡ $x=0$ 에서 $V=0$ 이므로 $b=0$ 임을 알 수 있다.
즉, $V = ax$ 가 된다.

㉢ $x=d$ 인 경우 $V=v_0$ 라고 했으므로
$v_0 = ad$ 가 되어 $a = \frac{v_0}{d}$ 가 된다.

㉣ $a = \frac{v_0}{d}$ 이고 $b=0$ 이므로
∴ $V = ax + b = \frac{v_0}{d} x$

정답 ③

123 공간적 전하분포를 갖는 유전체 중의 전계 E에 있어서, 전하밀도 ρ 와 전하분포 중의 한 점에 대한 전위 V 와의 관계 중 전위를 생각하는 고찰점에 ρ 의 전하분포가 없다면 $\nabla^2 V = 0$ 이 된다는 것은?

① Laplace의 방정식
② Poisson의 방정식
③ Stokes의 정리
④ Thomson의 정리

정답분석

㉠ 라플라스 방정식: $\nabla^2 V = 0$
㉡ 포아송의 방정식: $\nabla^2 V = -\frac{\rho}{\epsilon_0}$

정답 ①

13. 정전응력

125 무한히 넓은 두 장의 도체판을 $d\,[\text{m}]$ 의 간격으로 평행하게 놓은 후, 두 판 사이에 $V\,[\text{V}]$ 의 전압을 가한 경우 도체판의 단위 면적당 작용하는 힘은 몇 $[\text{N}/\text{m}^2]$ 인가?

① $f = \epsilon_0 \dfrac{V^2}{d}\,[\text{N}/\text{m}^2]$

② $f = \dfrac{1}{2}\epsilon_0 d V^2\,[\text{N}/\text{m}^2]$

③ $f = \dfrac{1}{2}\epsilon_0 \left(\dfrac{V}{d}\right)^2\,[\text{N}/\text{m}^2]$

④ $f = \dfrac{1}{2}\dfrac{1}{\epsilon_0}\left(\dfrac{V}{d}\right)^2\,[\text{N}/\text{m}^2]$

정답분석

㉠ 단위 면적당 작용하는 힘(정전응력)

$: f = \dfrac{1}{2}\epsilon_0 E^2 = \dfrac{1}{2}ED = \dfrac{D^2}{2\epsilon_0}$

$= \dfrac{\sigma^2}{2\epsilon_0}\,[\text{N}/\text{m}^2]$

㉡ 전위차: $V = dE\,[\text{V}]$

∴ 정전응력

$: f = \dfrac{1}{2}\epsilon_0 E^2 = \dfrac{1}{2}\epsilon_0\left(\dfrac{V}{d}\right)^2\,[\text{N}/\text{m}^2]$

정답 ③

해커스자격증
pass.Hackers.com

Chapter 03

정전용량
(Electrostatic capacity)

1 정전용량
2 도체에 따른 정전용량
3 도체계의 정전용량
4 콘덴서의 접속
5 정전에너지와 힘

핵심 요점정리

출제예상문제

Chapter 03 정전용량(Electrostatic capacity)

1 정전용량

1. 개요

(1) 정전용량(electrostatic capacity)이란, 도체에 전위차 V를 주었을 때 축적되는 전하량 Q의 관계를 표시한 것으로 전위차와 전하량의 비례상수이다.

(2) 이 비례상수(정전용량)를 C[F : 패럿] 라 하고, 정전용량의 역수를 엘라스턴스(elastance)라 하며, 단위는 다래프(daraf)를 사용한다.

2. 정전용량 정의 식

(1) 도체에 축적되는 총 전기량(전하량): $Q = CV$[C] ·········· [식 3-1]

(2) 정전용량: $C = \dfrac{Q}{V} = \dfrac{전기량}{전위차}$ [F : 패럿] ·········· [식 3-2]

2 도체에 따른 정전용량

1. 도체구의 정전용량

(1) 도체 표면까지의 전위차

$$V = -\int_{\infty}^{a} E\, dr = \dfrac{Q}{4\pi\epsilon_0 a}\ [\text{V}]$$

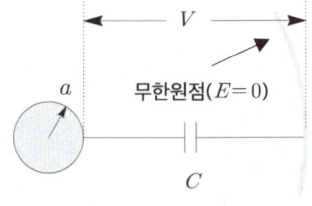

[그림 3-1] 도체구

(2) 정전용량

$$C = \dfrac{Q}{V} = \dfrac{Q}{\dfrac{Q}{4\pi\epsilon_0 a}} = 4\pi\epsilon_0 a = \dfrac{a}{9\times 10^9}[\text{F}] \quad \cdots\cdots [식\ 3\text{-}3]$$

2. 동심 도체구의 정전용량

[그림 3-2]와 같이 A 도체에 전하를 주고 B 도체를 접지를 시켰을 때 동심 도체구의 정전용량은 다음과 같다.

(1) 두 도체 사이의 전위차

$$V = -\int_b^a E\, dr = \frac{Q}{4\pi\epsilon_0}\left(\frac{1}{a}-\frac{1}{b}\right) = \frac{Q(b-a)}{4\pi\epsilon_0 ab}\ [\text{V}]$$

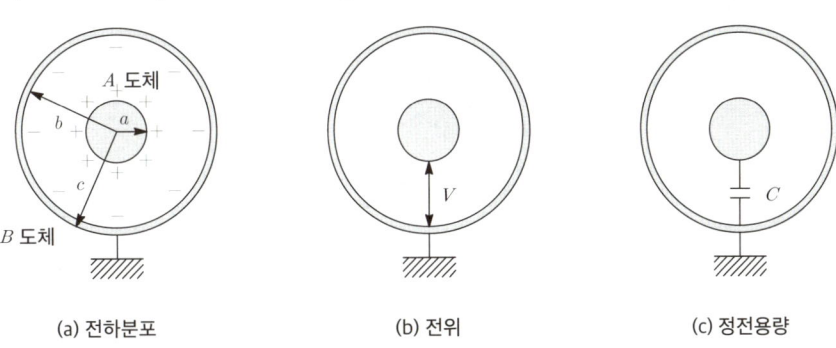

(a) 전하분포   (b) 전위   (c) 정전용량

[그림 3-2] 동심 도체구

(2) 정전용량

① $C = \dfrac{Q}{V} = \dfrac{4\pi\epsilon_0 ab}{b-a} = \dfrac{ab}{9\times 10^9(b-a)}\ [\text{F}]$ ··· [식 3-4]

② a 와 b 의 크기를 n 배 증가시키면 정전용량도 n 배 증가한다.

3. 동축 원통(케이블)의 정전용량

[그림 3-3]과 같이 원통 도체 A 에 전하를 주고 B 도체 표면을 접지시켰을 경우 도체 A 와 도체 B 이의 정전용량은 다음과 같다.

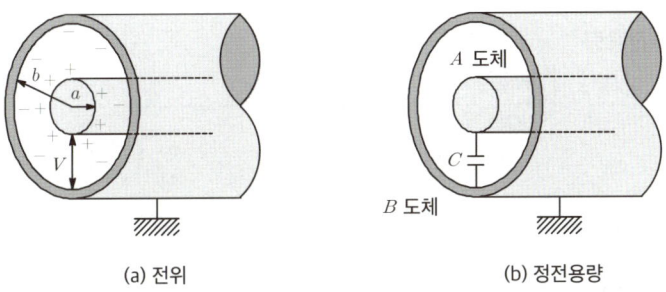

(a) 전위   (b) 정전용량

[그림 3-3] 동축 원통 도체

(1) 두 도체 사이의 전위차

$$V = -\int_b^a E\, dr = -\int_b^a \frac{\lambda}{2\pi\epsilon_0 r}\, dr = \frac{\lambda}{2\pi\epsilon_0}\ln\frac{b}{a}\ [\text{V}]$$

(2) 단위길이당 정전용량

$$C = \frac{Q}{V} = \frac{\lambda \ell}{\frac{\lambda}{2\pi\epsilon_0}\ln\frac{b}{a}} = \frac{2\pi\epsilon_0 \ell}{\ln\frac{b}{a}}\ [\text{F}] = \frac{2\pi\epsilon_0}{\ln\frac{b}{a}}\ [\text{F/m}]\ \cdots\cdots\text{[식 3-5]}$$

4. 평행 왕복도선 사이의 정전용량

[그림 3-4]와 같이 무한장 원주형 도체가 $d\,[\mathrm{m}]$ 간격으로 떨어져 있고 도체 A 에는 λ 를 도체 B 에는 $-\lambda$ 를 주었을 때의 정전용량은 다음과 같다.

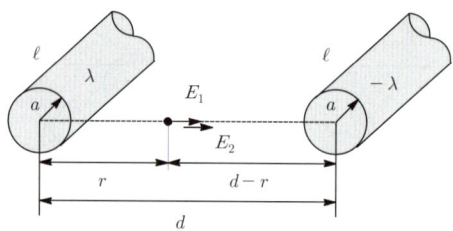

[그림 3-4] 평행 왕복 도선 사이의 정전용량

(1) 도체 간에 작용하는 전계의 세기

$$E = E_1 + E_2 = \frac{\lambda}{2\pi\epsilon_0 r} + \frac{\lambda}{2\pi\epsilon_0 (d-r)}$$

(2) 도체 사이의 전위차(치환적분을 활용)

$$V = -\int_{d-a}^{a} E\,dr = \int_{a}^{d-a} \frac{\lambda}{2\pi\epsilon_0}\left(\frac{1}{r} + \frac{1}{d-r}\right) dr$$

$$= \frac{\lambda}{2\pi\epsilon_0}\left\{\left[\ln r\right]_{a}^{d-a} - \left[\ln d-r\right]_{a}^{d-a}\right\} = \frac{\lambda}{2\pi\epsilon_0}\left(\ln\frac{d-a}{a} - \ln\frac{a}{d-a}\right)$$

$$= \frac{\lambda}{2\pi\epsilon_0}\ln\left(\frac{d-a}{a}\right)^2 = \frac{\lambda}{\pi\epsilon_0}\ln\frac{d-a}{a} \fallingdotseq \frac{\lambda}{\pi\epsilon_0}\ln\frac{d}{a}\,[\mathrm{V}]$$

(3) 단위길이당 정전용량

$$C = \frac{Q}{V} = \frac{\lambda \ell}{\frac{\lambda}{\pi\epsilon_0}\ln\frac{d}{a}} = \frac{\pi\epsilon_0 \ell}{\ln\frac{d}{a}}\,[\mathrm{F}] = \frac{\pi\epsilon_0}{\ln\frac{d}{a}}\,[\mathrm{F/m}] \quad\cdots\cdots\text{[식 3-6]}$$

5. 평행판 도체의 정전용량

(1) 도체 사이의 전위차

$$V = dE = \frac{\sigma d}{\epsilon_0}\,[\mathrm{V}]$$

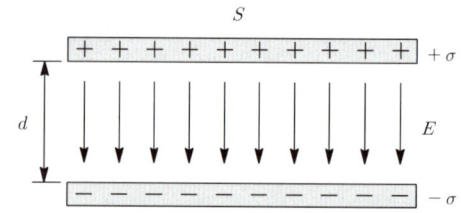

[그림 3-5] 평행판 도체의 정전용량

(2) 정전용량

$$C = \frac{Q}{V} = \frac{\sigma S}{\frac{d\sigma}{\epsilon_0}} = \frac{\epsilon_0 S}{d}\,[\mathrm{F}] \quad\cdots\cdots\text{[식 3-7]}$$

3 도체계의 정전용량

1. 도체계의 성질

(1) 도체가 가까이 있어 하나의 도체계를 형성할 경우의 두 도체는 서로 영향을 받는다.

(2) 따라서 도체계를 취급할 때에는 각 도체를 개별적으로 취급함은 무의미하며 도체계 전체를 동시에 고려하여야 한다. 도체계는 다음과 같은 특징이 있다.
   ① 도체계의 각 도체전하가 정해지면, 각 도체의 전위와 전하는 일의적(一義的)으로 정해진다.
   ② 도체계의 각 도체에 각각 $Q_1, Q_2, \cdots$ 일 때의 전위를 $V_1, V_2, \cdots$ 라 하고, $Q_1', Q_2', \cdots$ 일 때의 전위를 $V_1', V_2', \cdots$ 라 하면, 전하와 전위는 $Q_1 + Q_1', Q_2 + Q_2', V_1 + V_1', V_2 + V_2'$ 가 된다. 이것을 도체계의 전하와 전위 분포에 대한 중첩의 원리(principle of superposition)라고 한다.

2. 전위계수(coefficient of portential)

(1) 두 도체의 전위와 전위계수

[그림 3-6]과 같이 반경 a [m] 를 갖는 작은 도체구 1, 2가 거리 d [m] 만큼 떨어져 있고 각각에 Q_1, Q_2 의 전하를 주면, 각 도체의 전위 V_1, V_2 는 중첩의 원리에 의해서 다음과 같이 나타낸다.

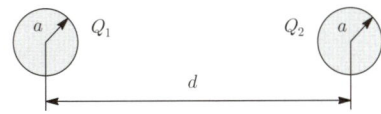

[그림 3-6] 작은 도체구로 형성된 도체계

① $V_1 = V_{11} + V_{12} = \dfrac{Q_1}{4\pi\epsilon_0 a} + \dfrac{Q_2}{4\pi\epsilon_0 d} = P_{11} Q_1 + P_{12} Q_2$

② $V_2 = V_{21} + V_{22} = \dfrac{Q_1}{4\pi\epsilon_0 d} + \dfrac{Q_2}{4\pi\epsilon_0 a} = P_{21} Q_1 + P_{22} Q_2$ ·· [식 3-8]

(2) n 개의 도체계에서의 전위와 전위계수

$V_1 = P_{11} Q_1 + P_{12} Q_2 + P_{13} Q_3 + \ldots + P_{1n} Q_n \,[\text{V}]$

$V_2 = P_{21} Q_1 + P_{22} Q_2 + P_{23} Q_3 + \ldots + P_{2n} Q_n \,[\text{V}]$

$\quad \cdot \qquad\qquad \cdot \qquad\qquad \cdot \qquad\qquad \cdot \qquad\qquad \cdot$

$V_n = P_{n1} Q_1 + P_{n2} Q_2 + P_{n3} Q_3 + \ldots + P_{nn} Q_n \,[\text{V}]$ ·· [식 3-9]

① 여기서, $P_{11}, P_{12}, P_{13}, \cdots, P_{1n}$ 은 도체의 크기나 모양, 상호간의 배치상태 및 주위 공간의 매질에 따라 결정되는 상수로써 전위계수라 하고 단위는 [V/C] 또는 [1/F] 을 사용한다.

② 전위계수는 도체의 대전량이나 전위와는 관계없다.

3. 정전차폐와 전위계수의 특징

(1) [그림 3-7]과 같이 도체 1을 도체 2로 완전히 포위하면 내외공간의 전계를 완전 차단할 수 있어 도체 1과 3 간의 유도계수가 없는 상태가 되는데 이를 정전차폐라 한다.

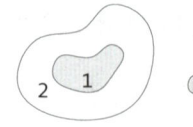

[그림 3-7] 정전차폐

(2) 도체 2가 도체 1을 완전히 포위했을 경우

① $V_1 = V_{11} + V_{12} = \dfrac{Q_1}{4\pi\epsilon_0 a} + \dfrac{Q_2}{4\pi\epsilon_0 d} = P_{11}Q_1 + P_{12}Q_2$

② $V_2 = V_{21} + V_{22} = \dfrac{Q_1}{4\pi\epsilon_0 d} + \dfrac{Q_2}{4\pi\epsilon_0 d} = P_{21}Q_1 + P_{22}Q_2$

③ 따라서, $P_{12} = P_{21} = P_{22}$ 인 것을 알 수 있다.

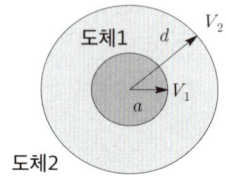

[그림 3-8] $P_{21} = P_{22}$

(3) 도체 1이 도체 2를 완전히 포위했을 경우

① $V_1 = V_{11} + V_{12} = \dfrac{Q_1}{4\pi\epsilon_0 d} + \dfrac{Q_2}{4\pi\epsilon_0 d} = P_{11}Q_1 + P_{12}Q_2$

② $V_2 = V_{21} + V_{22} = \dfrac{Q_1}{4\pi\epsilon_0 d} + \dfrac{Q_2}{4\pi\epsilon_0 a} = P_{21}Q_1 + P_{22}Q_2$

③ 따라서, $P_{11} = P_{12} = P_{21}$ 인 것을 알 수 있다.

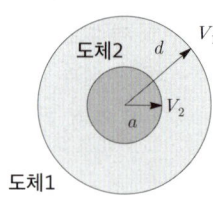

[그림 3-9] $P_{11} = P_{12}$

(4) 전위계수의 특징

① $P_{11} > 0$ 일반적으로 $P_{rr} > 0$

② $P_{11} \geq P_{21}$ 일반적으로 $P_{rr} \geq R_{sr}$

③ $P_{21} \geq 0$ 일반적으로 $P_{sr} \geq 0$

④ $P_{12} = P_{21}$ 일반적으로 $P_{rs} = P_{sr}$

4. 전위계수의 전위차와 정전용량

콘덴서 모델에서 도체 1의 전하량이 Q이면, 도체 2의 전하량은 $-Q$가 되고, 전위계수는 P_{12}와 P_{21}이 같으므로 이 조건을 [식 3-10]에 대입시켜 전위차와 정전용량을 각각 구할 수 있다.

(1) 전위차

$V_{12} = V_1 - V_2 = Q(P_{11} - 2P_{12} + P_{22})$ [V] ·· [식 3-10]

(2) 정전용량

$C = \dfrac{Q}{V_{12}} = \dfrac{1}{P_{11} - 2P_{12} + P_{22}}$ [F] ·· [식 3-11]

5. 용량계수와 유도계수

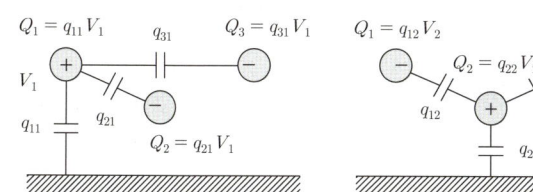 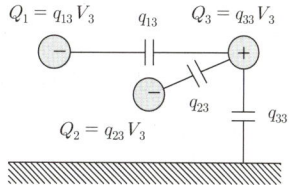

[그림 3-10] 용량계수와 유도계수

(1) 개요

① [식 3-11]을 $Q_1, Q_2, \cdots Q_n$ 에 대해서 풀면 다음 식이 얻어진다.

$$Q_1 = q_{11}V_1 + q_{12}V_2 + q_{13}V_3 + \ldots + q_{1n}V_n \, [\text{F}]$$
$$Q_2 = q_{21}V_1 + q_{22}V_2 + q_{23}V_3 + \ldots + q_{2n}V_n \, [\text{F}]$$
$$\vdots$$
$$Q_n = q_{n1}V_1 + q_{n2}V_2 + q_{n3}V_3 + \ldots + q_{nn}V_n \, [\text{F}] \quad \cdots \text{[식 3-12]}$$

② 여기서 $q_{11}, q_{22}, q_{33}, \cdots, q_{nn}$ 을 용량계수(coefficient of capacity)라 하고, $q_{12}, q_{13}, \cdots, q_{nn}$ 을 유도계수(coefficient of induction)라 한다.

③ 이 계수들도 도체의 크기, 모양, 상호간의 배치상태 및 주위공간의 매질에 의하여 정해지는 상수이고 단위는 모두 [F] 의 단위차원을 사용한다.

(2) 용량계수와 유도계수의 특징

① $q_{11}, q_{22}, \ldots q_{nn} > 0$ 일반적으로 $q_{rr} > 0$
② $q_{12}, q_{13}, \ldots q_{1n} \leq 0$ 일반적으로 $q_{rs} \leq 0$
③ $q_{11} \geq -(q_{21} + q_{31} + \ldots + q_{n1})$
④ $q_{rs} = q_{sr}$

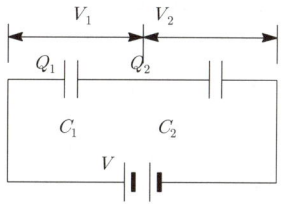

[그림 3-11] 콘덴서의 직렬 접속

4 콘덴서의 접속

1. 직렬 접속

직렬회로의 특징은 전류(전하)는 일정하고 전압은 분배된다.

(1) 합성 정전용량

① $V = V_1 + V_2 = \dfrac{Q_1}{C_1} + \dfrac{Q_2}{C_2}$

　(여기서 $Q_1 = Q_2 = Q$ 이므로)

② $V = Q\left(\dfrac{1}{C_1} + \dfrac{1}{C_2}\right)$

③ $C = \dfrac{Q}{V} = \dfrac{1}{\dfrac{1}{C_1}+\dfrac{1}{C_2}} = \dfrac{C_1 \times C_2}{C_1 + C_2}$ ·················· [식 3-13]

(2) 전압 분배 법칙

① $V_1 = \dfrac{Q_1}{C_1} = \dfrac{Q}{C_1} = \dfrac{CV}{C_1} = \dfrac{V}{C_1} \times \dfrac{C_1 \times C_2}{C_1 + C_2} = \dfrac{C_2}{C_1 + C_2} \times V$ ·················· [식 3-14]

② $V_2 = \dfrac{Q_2}{C_2} = \dfrac{Q}{C_2} = \dfrac{CV}{C_2} = \dfrac{V}{C_2} \times \dfrac{C_1 \times C_2}{C_1 + C_2} = \dfrac{C_1}{C_1 + C_2} \times V$ ·················· [식 3-15]

2. 병렬 접속

병렬회로의 특징은 전류(전하)는 분배되고 전압은 일정하다는 것이다.

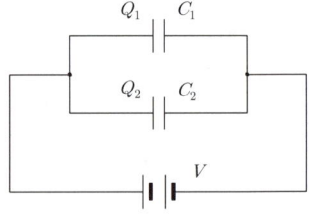

[그림 3-12] 콘덴서의 병렬 접속

(1) 합성 정전용량

① $Q = Q_1 + Q_2 = C_1 V_1 + C_2 V_2$

　(여기서 $V_1 = V_2 = V$ 이므로)

② $Q = V(C_1 + C_2)$

③ $C = \dfrac{Q}{V} = C_1 + C_2$ ·················· [식 3-16]

(2) 전하 분배량

① $Q_1 = C_1 V_1 = C_1 V = C_1 \times \dfrac{Q}{C} = \dfrac{C_1}{C_1 + C_2} \times Q$ ·················· [식 3-17]

② $Q_2 = C_2 V_2 = C_2 V = C_2 \times \dfrac{Q}{C} = \dfrac{C_2}{C_1 + C_2} \times Q$ ·················· [식 3-18]

5 정전에너지와 힘

1. 정전에너지

(1) 개요
  ① 콘덴서에 전하를 축적하기 위해서는 무한원점에서 전하를 운반해야 하며, 이 에너지는 콘덴서가 보유하게 된다.
  ② 이와 같이 전하를 0 에서 Q 까지 충전하기 위한 에너지를 정전에너지(electrostatic energy, W)라 한다.

(2) 정전에너지 유도
  ① 전하가 운반할 때 필요한 에너지: $W = QV\,[\text{J}]$ ····················· [식 3-19]
  ② 콘덴서에 축적된 총 전기량: $Q = CV\,[\text{C}]$ ············· [식 3-20]
  ③ 정전에너지: $W = \int_0^Q dW = \int_0^Q V dq = \int_0^Q \frac{Q}{C} dq = \frac{Q^2}{2C}\,[\text{J}]$

  $$= \frac{Q^2}{2C} = \frac{1}{2}QV = \frac{1}{2}CV^2\,[\text{J}] \quad \cdots\cdots\cdots\cdots\text{[식 3-21]}$$

2. 정전에너지 밀도

평행평판 콘덴서의 정전에너지 밀도를 전계와 전속밀도의 관계식으로 표현하면

$$W = \frac{1}{2}CV^2 = \frac{1}{2} \times \frac{\epsilon_0 S}{d} \times (Ed)^2 = \frac{1}{2}\epsilon_0 E^2 Sd\,[\text{J}] = \frac{1}{2}\epsilon_0 E^2\,[\text{J/m}^3]$$

$$= \frac{1}{2}\epsilon_0 E^2 = \frac{1}{2}ED = \frac{D^2}{2\epsilon_0}\,[\text{J/m}^3] \quad \cdots\cdots\cdots\text{[식 3-22]}$$

3. 정전계의 흡인력

평행평판 콘덴서에는 한쪽에는 (+), 다른 한쪽에는 (-)가 충전되므로 둘 사이에는 흡인력이 작용한다. 이때, [그림 3-13]과 같이 외부에 힘을 가했을 때 $d\,[\text{m}]$ 만큼 극판이 이동하면 이때의 일은 $W = Fd\,[\text{J}]$ 이 된다. 따라서 정전계의 흡인력은
$W = \frac{1}{2}\epsilon_0 E^2 Sd\,[\text{J}]$ 에서

$F = \frac{W}{d} = \frac{1}{2}\epsilon_0 E^2 S\,[\text{N}]$ 이므로

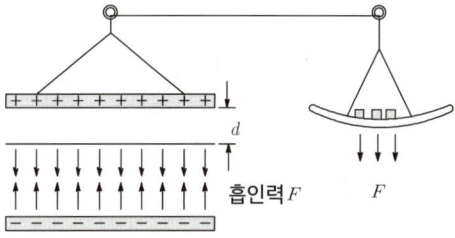

[그림 3-13] 정전계의 흡인력

$$f = \frac{1}{2}\epsilon_0 E^2 = \frac{1}{2}ED = \frac{D^2}{2\epsilon_0}\,[\text{N/m}^2] \quad \cdots\cdots\cdots\text{[식 3-23]}$$

핵심 요점정리

1. 정전용량

① 도체에 전위차 V를 주었을 때 축적되는 전하량 Q의 관계를 표시한 것으로 전위차와 전하량의 비례상수이다.

② **정전용량**: $C = \dfrac{Q}{V} = \dfrac{전기량}{전위차}$ [F : 패럿] ($\dfrac{1}{C} = P$: 엘라스턴스)

2. 도체에 따른 정전용량

구분		전위차	정전용량
구도체		$V = -\int_{\infty}^{a} E\,dr$ $= \dfrac{Q}{4\pi\epsilon_0 a}$ [V]	$C = \dfrac{Q}{V} = \dfrac{Q}{\dfrac{Q}{4\pi\epsilon_0 a}}$ $= 4\pi\epsilon_0 a = \dfrac{a}{9 \times 10^9}$ [F]
동심 도체구		$V = -\int_{b}^{a} E\,dr$ $= \dfrac{Q}{4\pi\epsilon_0}\left(\dfrac{1}{a} - \dfrac{1}{b}\right)$ $= \dfrac{Q(b-a)}{4\pi\epsilon_0 ab}$ [V]	$C = \dfrac{Q}{V} = \dfrac{4\pi\epsilon_0 ab}{b-a}$ $= \dfrac{ab}{9 \times 10^9 (b-a)}$ [F]
동축 케이블		$V = -\int_{b}^{a} E\,dr$ $= -\int_{b}^{a} \dfrac{\lambda}{2\pi\epsilon_0 r} dr$ $= \dfrac{\lambda}{2\pi\epsilon_0} \ln\dfrac{b}{a}$ [V]	$C = \dfrac{Q}{V} = \dfrac{\lambda \ell}{\dfrac{\lambda}{2\pi\epsilon_0} \ln\dfrac{b}{a}}$ $= \dfrac{2\pi\epsilon_0 \ell}{\ln\dfrac{b}{a}}$ [F] $= \dfrac{2\pi\epsilon_0}{\ln\dfrac{b}{a}}$ [F/m]
평행 왕복 도체	(단, $d \gg a$)	$V = -\int_{b}^{a} E\,dr$ $= -\int_{d-a}^{a} \dfrac{\lambda}{\pi\epsilon_0 r} dr$ $= \dfrac{\lambda}{\pi\epsilon_0} \ln\dfrac{d-a}{a}$ $\fallingdotseq \dfrac{\lambda}{\pi\epsilon_0} \ln\dfrac{d}{a}$ [V]	$C = \dfrac{Q}{V} = \dfrac{\lambda \ell}{\dfrac{\lambda}{\pi\epsilon_0} \ln\dfrac{d}{a}}$ $= \dfrac{\pi\epsilon_0 \ell}{\ln\dfrac{d}{a}}$ [F] $= \dfrac{\pi\epsilon_0}{\ln\dfrac{d}{a}}$ [F/m]
평행판 도체		$V = dE = \dfrac{\sigma d}{\epsilon_0}$ [V]	$C = \dfrac{Q}{V} = \dfrac{\sigma S}{\dfrac{d\sigma}{\epsilon_0}} = \dfrac{\epsilon_0 S}{d}$ [F]

3. 콘덴서의 접속

구분	직렬 회로	병렬 회로
회로	(회로도: C_1, C_2 직렬, 전압 V, V_1, V_2, 전하 Q_1, Q_2)	(회로도: C_1, C_2 병렬, 전류 I, I_1, I_2, 전하 Q_1, Q_2, 전압 V)
특징	① 전하가 일정($Q = Q_1 = Q_2$) ② 전압은 분배($V = V_1 + V_2$)	① 전압이 일정($V = V_1 = V_2$) ② 전하가 분배($Q = Q_1 + Q_2$)
합성 용량	① 정전용량이 2개인 경우 : $C_0 = \dfrac{1}{\dfrac{1}{C_1}+\dfrac{1}{C_2}} = \dfrac{C_1 \times C_2}{C_1 + C_2}$ [F] ② 정전용량이 n개인 경우 ㉠ $C_0 = \dfrac{1}{\dfrac{1}{C_1}+\dfrac{1}{C_2}+\cdots+\dfrac{1}{C_n}}$ [F] ㉡ $C_1 = C_2 = \cdots = C_n = C$인 경우 : $C_0 = \dfrac{C}{n}$ [F]	① 정전용량이 2개인 경우 : $C_0 = C_1 + C_2$ [F] ② 정전용량이 n개인 경우 ㉠ $C_0 = C_1 + C_2 + \cdots + C_n$ [F] ㉡ $C_1 = C_2 = \cdots = C_n = C$인 경우 : $C_0 = nC$ [F]
분배 법칙	① $V_1 = \dfrac{C_2}{C_1 + C_2} \times V$ ② $V_2 = \dfrac{C_1}{C_1 + C_2} \times V$	① $Q_1 = \dfrac{C_1}{C_1 + C_2} \times Q$ ② $Q_2 = \dfrac{C_2}{C_1 + C_2} \times Q$

4. 정전용량 관련 식

① 전하가 운반될 때 소비되는 에너지: $W = QV$ [J]

② 콘덴서에 축전된 총 전기량(전하량): $Q = CV$ [C]

③ 콘덴서에 저장된 전기에너지: $W_C = \dfrac{1}{2}CV^2 = \dfrac{1}{2}QV = \dfrac{Q^2}{2C}$ [J]

④ 자유공간 중의 정전에너지: $w_e = \dfrac{1}{2}\epsilon_0 E^2 = \dfrac{1}{2}ED = \dfrac{D^2}{2\epsilon_0}$ [J/m^3]

⑤ 단위 면적당 받아지는 작용력: $f = \dfrac{1}{2}\epsilon_0 E^2 = \dfrac{1}{2}ED = \dfrac{D^2}{2\epsilon_0}$ [N/m^2]

여기서, f를 '맥스웰의 변형력(정전응력)' 또는 '극판을 띄어내는 데 필요한 힘'으로 표현한다.

⑥ 참고 공식: $D = \epsilon_0 E$ [C/m^2], $V = dE$ [V], $W = Fd$ [N · m = J]

출제예상문제

※ 출제예상문제는 기출 분석을 바탕으로 자주 출제되는 유형을 선별하였습니다.

1. 정전용량의 개요

01 Condenser에 대한 설명 중 옳지 않은 것은?

① 콘덴서는 두 도체간 정전용량에 의하여 전하를 축적시키는 장치이다.
② 가능한 한 많은 전하를 축적하기 위하여 도체간의 간격을 작게 한다.
③ 두 도체간의 절연물은 절연을 유지할 뿐이다.
④ 두 도체간의 절연물은 도체간의 절연은 물론 정전용량을 유지하기 위함이다.

정답 ③

02 구도체에 50[μC]의 전하가 있다. 이때의 전위가 10[V]이면 도체의 정전용량은 몇 [μF]인가?

① 3 ② 4
③ 5 ④ 6

정전용량 정의 식
$C = \dfrac{Q}{V} = \dfrac{50 \times 10^{-6}}{10}$
$= 5 \times 10^{-6}[F] = 5[\mu F]$

정답 ③

03 두 도체 A와 B에서 도체 A에는 $+Q[C]$, 도체 B에는 $-Q[C]$의 전하를 줄 때 도체 A, B 간의 전위차를 V_{AB}라 하면 성립되는 식은? (단, 두 도체 사이의 정전용량은 C이다.)

① $Q = \sqrt{C}\,V_{AB}^2$ ② $Q = \sqrt{C}\,V_{AB}$
③ $Q = C^2 V_{AB}$ ④ $Q = CV_{AB}$

콘덴서에 축적되는 총 전기량(전하량)
: $Q = CV_{AB}[C]$

정답 ④

04 유도에 의해서 고립도체에 유기되는 전하는?

① 정, 부동량이며 도체는 등전위이다.
② 정, 부동량이며 도체는 등전위가 아니다.
③ 정전하뿐이며 도체는 등전위이다.
④ 부전하뿐이며 등전위이다.

정답 ①

05 모든 전기장치를 접지 시키는 근본적인 이유는?

① 편의상 대지는 전위가 영상 전위이기 때문이다.
② 대지는 습기가 있기 때문에 전류가 잘 흐르기 때문이다.
③ 영상전하로 생각하여 땅속은 음(-)전하이기 때문이다.
④ 지구의 정전용량이 커서 전위가 거의 일정하기 때문이다.

정답 ④

2. 도체에 따른 정전용량

06 공기 중에 있는 지름 6[cm]의 단일 도체구의 정전용량은 몇 [pF]인가?

① 0.33   ② 3.3
③ 0.67   ④ 6.7

도체구의 정전용량
$$C = 4\pi\epsilon_0 r = \frac{3 \times 10^{-2}}{9 \times 10^9}$$
$$= 3.33 \times 10^{-12}[\text{F}] = 3.3[\text{pF}]$$
여기서, 반지름: $r = 3 \times 10^{-2}[\text{m}]$

정답 ②

07 진공 중에서 1[μF]의 정전용량을 갖는 구의 반지름은 몇 [km]인가?

① 0.9   ② 9
③ 90   ④ 900

도체구의 정전용량 $C = 4\pi\epsilon_0 a$ 에서 반경은
$$a = \frac{C}{4\pi\epsilon_0} = 9 \times 10^9 \times 10^{-6}$$
$$= 9000[\text{m}] = 9[\text{km}]$$

정답 ②

08

그림과 같이 내구에 $+Q[C]$, 외구에 $-Q[C]$의 전하로 대전된 두 개의 동심구도체가 있다. 구 사이가 진공으로 되어 있을 때 동심구 사이의 정전용량 $C[F]$는?

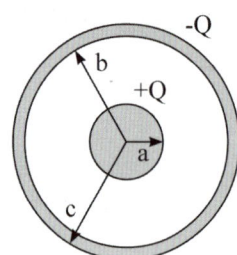

① $\dfrac{2\pi\epsilon_0 ab}{b-a}$ ② $\dfrac{4\pi\epsilon_0 ab}{b-a}$

③ $\dfrac{2\pi\epsilon_0}{\ln\dfrac{b}{a}}$ ④ $\dfrac{4\pi\epsilon_0}{\ln\left(\dfrac{b}{a}\right)}$

정답분석 동심구도체의 정전용량

$$C = \dfrac{4\pi\epsilon_0 ab}{b-a} = \dfrac{ab}{9\times 10^9(b-a)} p[F]$$

정답 ②

09

내구의 반지름 a=10[cm], 외구의 반지름 b=20[cm]인 동심구도체의 정전용량은 약 몇 [pF]인가?

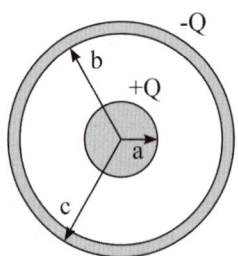

① 16   ② 18
③ 20   ④ 22

정답분석 동심 구도체의 정전용량

$$C = \dfrac{4\pi\epsilon_0 ab}{b-a} = \dfrac{0.1\times 0.2}{9\times 10^9(0.2-0.1)}$$
$$= 22\times 10^{-12}[F] = 22[pF]$$

정답 ④

10

내구의 반지름이 a외구의 내반경이 b인 동심구형 콘덴서의 내구의 반지름과 외구의 내반경을 각각 2a, 2b로 증가시키면 이 동심구형 콘덴서의 정전용량은 몇 배로 되는가?

① 4   ② 3
③ 2   ④ 1

정답분석 동심도체구의 정전용량 $C = \dfrac{4\pi\epsilon_0 ab}{b-a}$ 에서 a, b가 각각 n배로 증가하면 새로운 정전용량

$$C_0 = \dfrac{4\pi\epsilon_0(na\times nb)}{nb-na} = \dfrac{n^2(4\pi\epsilon_0 ab)}{n(b-a)} = nC$$ 가 된다.

∴ a, b를 각각 2배 증가시키면 정전용량도 2배 증가한다.

정답 ③

11

반지름이 10[cm]와 20[cm]인 동심 원통의 길이가 50[cm]일 때 이것의 정전용량은 약 몇 [pF]인가? (단, 내원통에 $+\lambda[C/m]$, 외원통에 $-\lambda[C/m]$인 전하를 준다고 한다)

① 0.56[pF]   ② 34[pF]
③ 40[pF]   ④ 141[pF]

정답분석 동심 원통도체의 정전용량

$$C = \dfrac{2\pi\epsilon_0 l}{\ln\dfrac{b}{a}} = 18\times 10^9 \times \dfrac{l}{\ln\dfrac{b}{a}}$$
$$= \dfrac{1}{18\times 10^9}\times \dfrac{0.5}{\ln\dfrac{0.2}{0.1}} = 40\times 10^{-12}[F]$$
$$= 40[pF]$$

정답 ③

12 그림과 같이 반지름 $r[\text{m}]$, 중심 간격 $x[\text{m}]$ 인 평행 원통도체가 있다. $x \gg r$ 라 할 때 원통도체의 단위길이 당 정전용량은 몇 $[\text{F/m}]$ 인가?

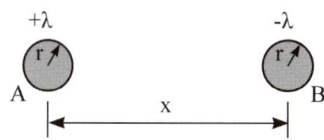

① $\dfrac{2\pi\epsilon_0}{\ln\dfrac{r}{x}}$ ② $\dfrac{2\pi\epsilon_0}{\ln\dfrac{x}{r}}$

③ $\dfrac{\pi\epsilon_0}{\ln\dfrac{r}{x}}$ ④ $\dfrac{\pi\epsilon_0}{\ln\dfrac{x}{r}}$

정답분석 평행 왕복도선 사이의 정전용량

: $C = \dfrac{\pi\epsilon_0}{\ln\dfrac{x}{r}}[\text{F/m}] = \dfrac{\pi\epsilon_0 l}{\ln\dfrac{x}{r}}[\text{F}]$

정답 ④

13 반지름 2[mm]인 원통 단면을 갖는 길이가 극히 긴 두 도선 중심사이가 1[m]이고, 단위 길이 당 $8.94\times10^{-10}[\text{C/m}]$의 전하가 주어지고 두 도선 사이의 전위차가 200[V]인 평형된 배전선의 단위길이 당 정전용량은 몇 $[\text{F/m}]$ 인가?

① 2.23×10^{-6} ② 2.98×10^{-8}
③ 4.47×10^{-12} ④ 8.94×10^{-12}

정답분석 ⊙ 정전용량 정의 식

$C = \dfrac{Q}{V} = \dfrac{\lambda l}{V}[\text{F}] = \dfrac{\lambda}{V}[\text{F/m}]$

$= \dfrac{8.94\times10^{-10}}{200} = 4.47\times10^{-12}[\text{F/m}]$

ⓒ 평행 왕복도체의 정전용량

$C = \dfrac{\pi\epsilon_0}{\ln\dfrac{d}{a}} = \dfrac{\pi\times8.855\times10^{-12}}{\ln\dfrac{1}{2\times10^{-3}}}$

$= 4.47\times10^{-12}[\text{F/m}]$

정답 ③

14 반지름 2[mm]의 두 개의 무한히 긴 원통 도체가 중심 간격 2[m]로 진공 중에 평행하게 놓여 있을 때, 1[km]당의 정전용량은 몇 $[\mu\text{F}]$ 인가?

① $1\times10^{-3}[\mu\text{F}]$ ② $2\times10^{-3}[\mu\text{F}]$
③ $4\times10^{-3}[\mu\text{F}]$ ④ $6\times10^{-3}[\mu\text{F}]$

정답분석 평행 왕복도선 사이의 정전용량

: $C = \dfrac{\pi\epsilon_0}{\ln\dfrac{d}{a}}[\text{F/m}] = \dfrac{\pi\epsilon_0}{\ln\dfrac{d}{a}}\times10^9[\mu\text{F/km}]$

$\therefore C = \dfrac{\pi\epsilon_0}{\ln\dfrac{d}{a}}\times10^9 = \dfrac{\pi\times\dfrac{1}{36\pi\times10^9}}{\ln\dfrac{2}{0.002}}\times10^9$

$= 4\times10^{-3}[\mu\text{F/km}]$

정답 ③

15 평행판 콘덴서의 양극판 면적을 3배로 하고 간격을 $\dfrac{1}{3}$로 하면 정전용량은 처음의 몇 배가 되는가?

① 1 ② 3
③ 6 ④ 9

정답분석 평행판 콘덴서의 정전용량 $C = \dfrac{\epsilon_0 S}{d}[\text{F}]$ 에서 면적을 3배, 간격을 1/3배로 하면 정전용량은 9배로 증가한다.

$\therefore C' = \dfrac{\epsilon_0 3S}{\dfrac{d}{3}} = 9\dfrac{\epsilon_0 S}{d} = 9C[\text{F}]$

정답 ④

16 무한히 넓은 평행판 콘덴서에서 두 평행판 사이의 간격이 d[m]일 때 단위 면적당 두 평행판 사이의 정전용량은 몇 [F/m²]인가?

① $\dfrac{1}{4\pi\epsilon_0 d}$ ② $\dfrac{4\pi\epsilon_0}{d}$

③ $\dfrac{\epsilon_0}{d}$ ④ $\dfrac{\epsilon_0}{d^2}$

 평행판 콘덴서의 정전용량 $C=\dfrac{\epsilon_0 S}{d}$ [F] 에서 단위 면적당 정전용량은 다음과 같다.

$\therefore C' = \dfrac{C}{S} = \dfrac{\epsilon_0}{d}$ [F/m²]

정답 ③

17 정전용량이 5[μF]인 평행판 콘덴서를 20[V]로 충전한 뒤에 극판 거리를 처음의 2배로 하였다. 이때 이 콘덴서의 전압은 몇 [V]가 되겠는가?

① 5 ② 10
③ 20 ④ 40

 ㉠ 콘덴서에 전압을 가하면 양극판에는 $Q=CV$ 만큼의 전하가 축적된다.
㉡ 이때 전원을 제거하고 극판의 간격을 처음의 2배로 하면 정전용량($\downarrow C = \dfrac{\epsilon_0 S}{d\uparrow}$)은 2배 감소한다.
㉢ 콘덴서에 축적된 전하량의 크기는 변하지 않으므로 C가 감소한 만큼 전압의 크기가 상승되게 된다. (일정 $Q = C\downarrow V\uparrow$)
$\therefore V' = 2V = 2 \times 20 = 40$ [V]

정답 ④

18 공기 중에 한변 40[cm]의 정방형 전극을 가진 평행판 콘덴서가 있다. 극판의 간격을 4[mm]로 하고 극판간에 100[V]의 전위차를 주면 축적되는 전하는 몇 [C]이 되는가?

① 3.54×10^{-9} ② 3.54×10^{-8}
③ 6.56×10^{-9} ④ 6.56×10^{-8}

 ㉠ 평행판 콘덴서의 정전용량
$C = \dfrac{\epsilon_0 S}{d} = \dfrac{8.855 \times 10^{-12} \times 0.4^2}{4 \times 10^{-3}}$
$= 3.542 \times 10^{-10}$ [F]
㉡ 콘덴서에 축적되는 총 전하량
$Q = CV = 3.542 \times 10^{-10} \times 100$
$= 3.542 \times 10^{-8}$ [C]

정답 ②

19 평행판 전극의 단위면적당 정전용량이 $C = 200$ [pF/m²] 일 때 두 극판 사이에 전위차 2000 [V] 를 가하면 이 전극판 사이의 전계의 세기는 약 몇 [V/m] 인가?

① 22.6×10^3 ② 45.2×10^3
③ 22.6×10^6 ④ 45.2×10^5

 ㉠ 단위 면적당 정전용량: $C = \dfrac{\epsilon_0}{d}$ [F/m²]
㉡ 평행판 도체 간의 간격
$d = \dfrac{\epsilon_0}{C} = \dfrac{8.855 \times 10^{-12}}{200 \times 10^{-12}} = 0.0442$ [m]
$\therefore$ 전계의 세기
$E = \dfrac{V}{d} = \dfrac{2000}{0.0442} = 45.2 \times 10^3$ [V/m]

정답 ②

20 정전용량 6[μF], 극간거리 2[mm]의 평판 콘덴서에 300[μC]의 전하를 주었을 때 극판 간의 전계는 몇 [V/mm]인가?

① 25   ② 50
③ 150 ④ 200

정답분석

㉠ 전위차: $V = \dfrac{Q}{C} = \dfrac{300 \times 10^{-6}}{6 \times 10^{-6}} = 50 [V]$

㉡ $E = \dfrac{V[V]}{d[mm]} = \dfrac{50}{2} = 25 [V/mm]$

정답 ①

3. 도체계의 정전용량

21 여러 가지 도체의 전하 분포에 있어서 각 도체의 전하를 n배하면 중첩의 원리가 성립하기 위해서는 그 전위는 어떻게 되는가?

① $\dfrac{1}{2}$n배가 된다.   ② n배가 된다.
③ 2n배가 된다.   ④ n2배가 된다.

정답분석

전하가 n배 되면, 전위도 n배 된다.

정답 ②

22 전위계수에 대한 설명 중 틀린 것은?

① 도체 주위의 매질에 따라 정해지는 상수이다.
② 도체의 크기와는 관계가 없다.
③ 전위계수는 도체 상호 간의 배치 상태에 따라 정해지는 상수이다.
④ 전위계수의 단위는 [1/F] 이다.

정답분석

전위계수란, 도체의 크기나 모양, 상호간의 배치상태 및 주위 공간의 매질에 따라 결정되는 상수로서 단위는 [V/C]또는 [1/F]을 사용한다.

정답 ②

23 전위계수의 단위는?

① [1/F]   ② [C]
③ [C/V]   ④ 없다.

정답분석

전위계수는 정전용량의 역수이다.

∴ 전위계수: $P = \dfrac{1}{C} [1/F]$

정답 ①

24 엘라스턴스(elastance)는?

① $\dfrac{1}{\text{전위차} \times \text{전기량}}$
② 전위차 $\times$ 전기량
③ $\dfrac{\text{전위차}}{\text{전기량}}$
④ $\dfrac{\text{전기량}}{\text{전위차}}$

 정답분석
정전용량의 역수를 엘라스턴스라 한다.
$$\therefore \frac{1}{C} = \frac{V}{Q} = \frac{\text{전위차}}{\text{전기량}}$$

정답 ③

25 도체계의 전위계수의 성질로 틀린 것은?

① $P_{rr} \geq P_{rs}$ ② $P_{rr} < 0$
③ $P_{rs} \geq 0$ ④ $P_{rs} = P_{sr}$

 정답분석
전위계수의 성질
$P_{rr} \geq P_{rs} \geq 0, \ P_{rs} = P_{sr}$

정답 ②

26 전위계수에 있어서 $P_{11} = P_{21}$ 의 관계가 의미하는 것은?

① 도체 1과 도체 2가 멀리 떨어져 있다.
② 도체 1과 도체 2가 가까이 있다.
③ 도체 1이 도체 2의 내측에 있다.
④ 도체 2가 도체 1의 내측에 있다.

 정답확인

정답 ④

27 도체계에서 임의의 도체를 일정전위의 도체로 완전 포위하면 내외공간의 전계를 완전 차단할 수 있다. 이것을 무엇이라 하는가?

① 전자차폐   ② 정전차폐
③ 홀(hall)효과   ④ 핀치(pinch)효과

 정답확인

정답 ②

28 Q 와 $-Q$ 로 대전된 두 도체 n 과 r 사이의 전위차를 전위계수로 표시하면?

① $(P_{nn} - 2P_{nr} + P_{rr})Q$
② $(P_{nn} + 2P_{nr} + P_{rr})Q$
③ $(P_{nn} + P_{nr} + P_{rr})Q$
④ $(P_{nn} - P_{nr} + P_{rr})Q$

 정답분석
전위계수에 의한 전위차
㉠ $\begin{cases} V_1 = P_{11}Q_1 + P_{12}Q_2 \\ V_2 = P_{21}Q_1 + P_{22}Q_2 \end{cases}$ 에서 Q_1 은 $+Q$ 를 Q_2 은 $-Q$ 를 대입하고, $P_{12} = P_{21}$ 을 적용한다.
㉡ $\begin{cases} V_1 = P_{11}Q - P_{12}Q \\ V_2 = P_{12}Q - P_{22}Q \end{cases}$ 이 된다.
㉢ 전위차: $V = V_1 - V_2$
$\qquad = (P_{11} - 2P_{12} + P_{22})Q$
㉣ 문제에서 도체 1을 n 으로 도체 2를 r 로 주어졌으므로 전위차는 다음과 같다.
$\therefore V_{nr} = V_n - V_r = (P_{nn} - 2P_{nr} + P_{rr})Q\,[\text{V}]$

정답 ①

29 진공 중에 서로 떨어져 있는 두 도체 A, B가 있을 때 도체 A에만 1[C]의 전하를 주었더니 도체 A와 B의 전위가 3[V], 2[V]이었다. 지금 도체 A, B에 각각 2[C]과 1[C]의 전하를 주면 도체 A의 전위는 몇 [V]인가?

① 6 ② 7
③ 8 ④ 9

정답분석

㉠ 전위계수에 의한 전위
$V_1 = P_{11}Q_1 + P_{12}Q_2$
$V_2 = P_{21}Q_1 + P_{22}Q_2$

㉡ 도체 1에만 1[C]의 전하를 줄 때
($Q_1 = 1[C]$, $Q_2 = 0[C]$)
$V_1 = P_{11} \times 1 + P_{12} \times 0 = 3[V]$
$V_2 = P_{21} \times 1 + P_{22} \times 0 = 2[V]$
→ $P_{11} = 3$, $P_{21} = P_{12} = 2$

㉢ $Q_1 = 2[C]$, $Q_2 = 1[C]$을 줄 때
도체 A 전위
∴ $V_1 = P_{11}Q_1 + P_{12}Q_2$
$= 3 \times 2 + 2 \times 1 = 8[V]$

정답 ③

 30 1[C]의 정전하를 각각 대전시켰을 때 도체 1의 전위는 5[V], 도체 2의 전위는 12[V]로 되는 두 도체가 있다. 도체 1에만 1[C]을 대전하였을 때 도체 2의 전위가 0.5[V]로 된다면 이 두 도체간의 정전용량은 몇 [F]인가?

① 0.02 ② 0.05
③ 0.07 ④ 0.1

정답분석

㉠ 전위계수에 의한 전위
$V_1 = P_{11}Q_1 + P_{12}Q_2$
$V_2 = P_{21}Q_1 + P_{22}Q_2$

㉡ 두 도체에 각각 1[C]의 전하를 줄 때
($Q_1 = Q_2 = 1[C]$)
$V_1 = P_{11} \times 1 + P_{12} \times 1 = 5[V]$
$V_2 = P_{21} \times 1 + P_{22} \times 1 = 12[V]$

㉢ 도체 1에만 1[C]의 전하를 줄 때
도체 2의 전위가 5[V]가 되므로
$V_2 = P_{21} \times 1 + P_{22} \times 0 = 0.5[V]$
→ $P_{12} = P_{21} = 0.5$

㉣ ㉡에서 $P_{12} = P_{21} = 0.5$를 대입하면
$V_1 = P_{11} \times 1 + 0.5 \times 1 = 5[V]$
→ $P_{11} = 4.5$
$V_2 = 0.5 \times 1 + P_{22} \times 1 = 12[V]$
→ $P_{22} = 11.5$

∴ 정전용량 $C = \dfrac{1}{P_{11} - 2P_{12} + P_{22}}$
$= \dfrac{1}{4.5 - 2 \times 0.5 + 11.5}$
$= \dfrac{1}{15} = 0.0666.. \fallingdotseq 0.07[F]$

정답 ③

31 그림과 같이 점 O를 중심으로 $a\,[\mathrm{m}]$ 의 도체구 1과 내반지름 $b\,[\mathrm{m}]$, 외반지름 $c\,[\mathrm{m}]$ 의 도체구 2가 있다. 이 도체계에서 전위계수 $P_{11}\,[1/\mathrm{F}]$ 에 해당되는 것은?

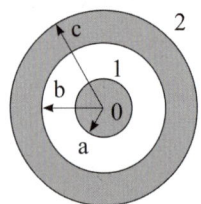

① $\dfrac{1}{4\pi\epsilon_0} \cdot \dfrac{1}{a}$

② $\dfrac{1}{4\pi\epsilon_0}\left(\dfrac{1}{a} - \dfrac{1}{b}\right)$

③ $\dfrac{1}{4\pi\epsilon_0}\left(\dfrac{1}{b} - \dfrac{1}{c}\right)$

④ $\dfrac{1}{4\pi\epsilon_0}\left(\dfrac{1}{a} - \dfrac{1}{b} + \dfrac{1}{c}\right)$

정답분석
㉠ 동심 구도체의 전위
: $V = \dfrac{Q}{4\pi\epsilon_0}\left(\dfrac{1}{a} - \dfrac{1}{b} + \dfrac{1}{c}\right)[\mathrm{V}]$
㉡ 전위계수(정전용량의 역수)
: $P_{11} = \dfrac{V}{Q} = \dfrac{1}{4\pi\epsilon_0}\left(\dfrac{1}{a} - \dfrac{1}{b} + \dfrac{1}{c}\right)[\mathrm{V}]$

정답 ④

32 다음은 도체계에 대한 용량계수와 유도계수의 성질을 나타낸 것이다. 옳지 않은 것은? (단, 첨자가 같은 것은 용량계수이며, 첨자가 다른 것은 유도계수이다)

① $q_{rs} = q_{sr}$
② $q_{rr} > 0$
③ $q_{ss} > q_{rs} > 0$
④ $q_{11} \geq -(q_{21} + q_{31} + ... + q_{n1})$

정답분석
㉠ 용량계수 $q_{11}, q_{22}, ... q_{rr} > 0$, 일반적으로 $q_{rr} > 0$
㉡ 유도계수 $q_{12}, q_{13}, ... q_{rs} \leq 0$, 일반적으로 $q_{rs} \leq 0$
㉢ $q_{11} \geq -(q_{21} + q_{31} + \cdots + q_{n1})$
㉣ 용량계수와 유도계수 모두 단위차원을 [C/V=F]로 사용한다.

정답 ③

33 용량계수와 유도계수의 성질 중 틀린 것은?

① 유도계수는 항상 0이거나 0보다 작다.
② 용량계수는 항상 0보다 크다.
③ $q_{11} \geq -(q_{21} + q_{31} + ... + q_{n1})$
④ 용량계수와 유도계수는 항상 0보다 크다.

정답확인
정답 ④

4. 콘덴서의 접속

34 콘덴서의 성질에 관한 설명 중 적절하지 못한 것은?

① 용량이 같은 콘덴서를 n개 직렬연결하면 내압은 n배, 용량은 $\frac{1}{n}$배가 된다.
② 용량이 같은 콘덴서를 n개 병렬연결하면 내압은 같고, 용량은 n배로 된다.
③ 정전용량이란 도체의 전위를 1[V]로 하는데 필요한 전하량을 말한다.
④ 콘덴서를 직렬 연결할 때 각 콘덴서에 분포되는 전하량은 콘덴서의 크기에 비례한다.

콘덴서 직렬 접속시 각 콘덴서에 분포되는 전하량은 모두 일정하다.

정답 ④

35 정전용량(C_1)과 내압($V_{1\max}$)이 다른 콘덴서에 여러 개 직렬로 연결하고, 그 직렬 회로 양단에 직류 전압을 인가할 때 가장 먼저 절연이 파괴되는 콘덴서는?

① 정전용량이 가장 작은 콘덴서
② 최대 충전 전하량이 가장 작은 콘덴서
③ 내압이 가장 작은 콘덴서
④ 배전 전압이 가장 큰 콘덴서

콘덴서에 축적되는 전하량
: $Q = CV$ [C]

정답 ②

36 콘덴서의 내압(耐壓) 및 정전용량이 각각 1000[V]-2[μF], 700[V]-3[μF], 600[V]-4[μF], 300[V]-8[μF]이다. 이 콘덴서를 직렬로 연결할 때 양단에 인가되는 전압을 상승시키면 제일 먼저 절연이 파괴되는 콘덴서는?

① 1000[V] - 2[μF]
② 700[V] - 3[μF]
③ 600[V] - 4[μF]
④ 300[V] - 8[μF]

최대전하 = 내압×정전용량의 결과 최대전하 값이 작은 것이 먼저 파괴된다.
㉠ $1000 \times 2 = 2000$ [μC]
㉡ $700 \times 3 = 2100$ [μC]
㉢ $600 \times 4 = 2400$ [μC]
㉣ $300 \times 8 = 2400$ [μC]
∴ 2[μF]가 먼저 파괴된다.

정답 ①

37 2[μF], 3[μF], 4[μF]의 콘덴서를 직렬로 연결하고 양단에 가한 전압을 서서히 상승시킬 때 다음 중 옳은 것은? (단, 유전체의 재질 및 두께는 같다)

① 2[μF]의 콘덴서가 제일 먼저 파괴된다.
② 3[μF]의 콘덴서가 제일 먼저 파괴된다.
③ 4[μF]의 콘덴서가 제일 먼저 파괴된다.
④ 세 개의 콘덴서가 동시에 파괴된다.

재질 및 두께가 같으면 절연내력이 같다. 따라서 용량이 가장 작은 2[μF]가 먼저 파괴된다.

정답 ①

38
그림에서 2[μF]에 100[μC]의 전하가 충전되어 있었다면 3[μF]의 양단의 전위차는 몇 [V]인가?

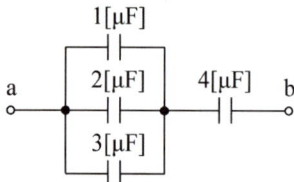

① 50
② 100
③ 200
④ 260

정답분석

㉠ 2[μF]의 전위차(단자전압)
: $V = \dfrac{Q}{C} = \dfrac{100 \times 10^{-6}}{2 \times 10^{-6}} = 50\,[\text{V}]$

㉡ 병렬회로 양단에 걸리는 전위차(단자전압)는 일정하기 때문에 1, 2, 3[μF]에 전위차는 모두 50[V]로 일정하다.

정답 ①

39
그림에서 a, b 간의 합성용량은?

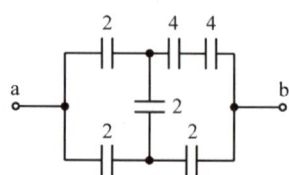

① 2[μF]
② 4[μF]
③ 6[μF]
④ 8[μF]

정답분석

㉠ 직렬로 접속된 2개의 4[μF]의 합성

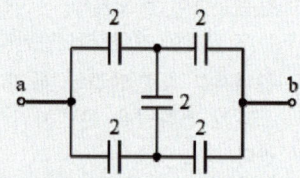

㉡ 휘트스톤 브릿지 평형조건에 의해 위 회로는 아래와 같이 등가 변환할 수 있다.

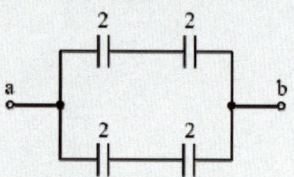

㉢ 직렬로 접속된 2개의 2[μF]의 합성
: $C = \dfrac{2 \times 2}{2 + 2} = 1\,[\mu\text{F}]$

∴ a, b 간의 합성 정전용량
: $C_{ab} = 1 + 1 = 2\,[\mu\text{F}]$

정답 ①

40 그림과 같은 회로에서 a, b 간의 합성용량은 몇 [μF]인가?

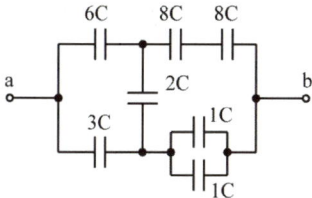

① 2.6[μF] ② 3.6[μF]
③ 4.6[μF] ④ 5.6[μF]

㉠ 직렬로 접속된 2개의 8C 과 병렬로 접속된 2개의 1C 의 합성

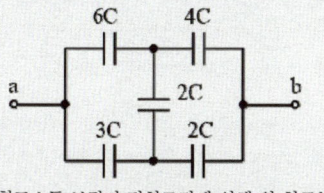

㉡ 휘트스톤 브릿지 평형조건에 의해 위 회로는 아래와 같이 등가 변환할 수 있다.

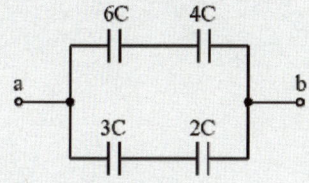

㉢ 6C 과 4C 의 합성 정전용량
: $C_1 = \dfrac{6C \times 4C}{6C + 4C} = 2.4C$

㉣ 3C 과 2C 의 합성 정전용량
: $C_2 = \dfrac{3C \times 2C}{3C + 2C} = 1.2C$

∴ a, b 간의 합성 정전용량
: $C_{ab} = C_1 + C_2 = 2.4C + 1.2C = 3.6C$

정답 ②

41 정전용량 C_1, C_2, C_x 의 3개 캐패시터를 그림과 같이 연결하고 단자 a, b간에 100 [V]의 전압을 가하였다. 지금 C_1 =0.02 [μF], C_2 =0.1[μF]이며 C_1 에 90[V]의 전압이 걸렸을 때 C_x 는 몇 [μF]인가?

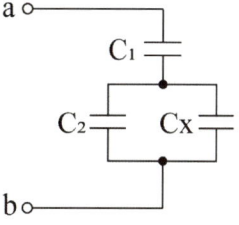

① 0.1   ② 0.04
③ 0.06 ④ 0.08

㉠ 등가변환

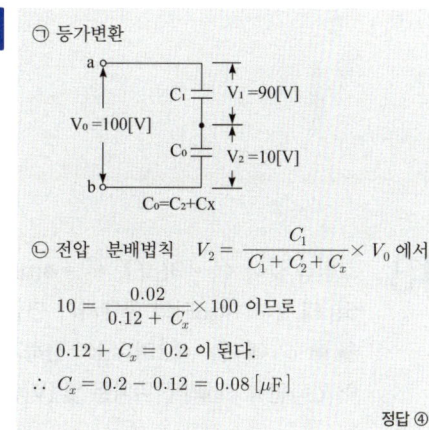

㉡ 전압 분배법칙 $V_2 = \dfrac{C_1}{C_1 + C_2 + C_x} \times V_0$ 에서

$10 = \dfrac{0.02}{0.12 + C_x} \times 100$ 이므로

$0.12 + C_x = 0.2$ 이 된다.

∴ $C_x = 0.2 - 0.12 = 0.08 \,[\mu F]$

정답 ④

42

3개의 콘덴서 $C_1 = 1[\mu F]$, $C_2 = 2[\mu F]$, $C_3 = 3[\mu F]$ 를 직렬 연결하여 $600[V]$의 전압을 가할 때, C_1 양단 사이에 걸리는 전압 약 몇 [V] 인가?

① 55   ② 164
③ 327   ④ 382

㉠ 우선 C_2 와 C_3의 합성 정전용량

$$C_0 = \frac{2 \times 3}{2 + 3} = 1.2[\mu F]$$

㉡ 전압 분배법칙을 통해 C_1 의 단자전압을 구할 수 있다.

$$V_1 = \frac{C_0}{C_1 + C_0} \times V_0$$
$$= \frac{1.2}{1 + 1.2} \times 600 = 327.27[V]$$

정답 ③

43

그림과 같이 $C_1 = 3[\mu F]$, $C_2 = 4[\mu F]$, $C_3 = 5[\mu F]$, $C_4 = 4[\mu F]$의 콘덴서가 연결되어 있을 때 C_1 에 $Q_1 = 120[\mu C]$의 전하가 충전되어 있다면 a, c간의 전위차는 몇 [V]인가?

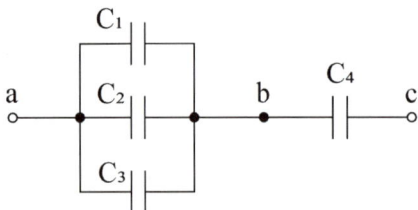

① 72   ② 96
③ 102   ④ 160

㉠ a, b 간 전위차는 C_1 에 걸린 전압과 같으므로

$$V_{ab} = \frac{Q_1}{C_1} = \frac{120}{3} = 40[V]$$

㉡ V_{ab} 에 걸린 전압을 전압분배법칙에 의해 전개를 하면 $V_{ab} = \frac{C_4}{C + C_4} \times V_{ac}$

(여기서 $C = C_1 + C_2 + C_3 = 12[\mu F]$)

$$\therefore V_{ac} = \frac{V_{ab}(C + C_4)}{C_4} = \frac{40(12 + 4)}{4}$$
$$= 160[V]$$

정답 ④

44

내압이 1[kV]이고, 용량이 0.01[μF], 0.02[μF], 0.04[μF]인 3개의 콘덴서를 직렬로 연결하면 전체 내압은 몇 [V]가 되는가?

① 1,750   ② 1,950
③ 3,500   ④ 7,000

㉠ $V = \frac{Q}{C}$ 식에서 직렬접속 시 Q 는 일정하므로 정전용량 C 에 반비례한다. 따라서 용량이 가장 작은 $0.01[\mu F]$ 에 가장 많은 전압이 걸리게 되므로 $0.01[\mu F]$ 에 $1[kV]$ 가 걸리게 된다.

㉡ 합성 정전용량

$$C = \frac{1}{\frac{1}{C_1} + \frac{1}{C_2} + \frac{1}{C_3}}$$
$$= \frac{1}{\frac{1}{0.01} + \frac{1}{0.02} + \frac{1}{0.04}}$$
$$= \frac{1}{100 + 50 + 25} = \frac{1}{175}$$

㉢ $V_1 : V = \frac{1}{C_1} : \frac{1}{C}$ 에서

$1000 : V = 100 : 175$ 이므로

$\therefore$ 전체 내압: $V = \frac{1000 \times 175}{100} = 1750[V]$

정답 ①

45 그림과 같이 n 개의 동일한 콘덴서 C 를 직렬 접속하여 최하단의 한 개와 병렬로 정전용량 C_0 의 정전전압계를 접속하였다. 이 정전전압계의 지시가 V 일 때 측정전압 V_0 는 몇 V 인가?

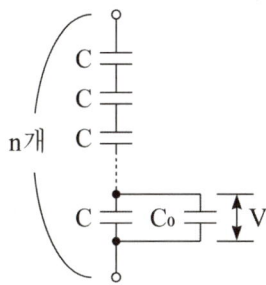

① nV
② $\dfrac{C_0}{C}(n-1)V$
③ $\left[n - \dfrac{C_0}{C}(n-1)\right]V$
④ $\left[n + \dfrac{C_0}{C}(n-1)\right]V$

 정답분석

㉠ 회로의 등가변환

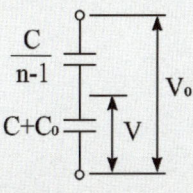

㉡ 전압 분배법칙

$$V = \dfrac{\dfrac{C}{n-1}}{\dfrac{C}{n-1} + C + C_0} \times V_0$$

$$= \dfrac{C}{C + (n-1)(C + C_0)} \times V_0$$

$$= \dfrac{C}{C + nC + nC_0 - C - C_0} \times V_0$$

$$= \dfrac{C}{nC + C_0(n-1)} \times V_0$$

∴ V_0 의 값을 정리하면

$$V_0 = \dfrac{nC + C_0(n-1)}{C} \times V$$

$$= \left[n + \dfrac{C_0}{C}(n-1)\right]V$$

정답 ④

46 반지름이 2[cm], 3[cm] 절연 도체구의 전위를 각각 5[V], 6[V]로 한 후 가는 도선으로 두 도체구를 연결하면 공통 전위는 몇 [V]가 되는가?

① 5.2   ② 5.4
③ 5.6   ④ 5.8

 정답분석

두 도체구를 연결하였을 때의 공통 전위

$$V = \dfrac{Q}{C} = \dfrac{Q_1 + Q_2}{C_1 + C_2} = \dfrac{C_1 V_1 + C_2 V_2}{C_1 + C_2}$$

$$= \dfrac{4\pi\epsilon_0(r_1 V_1 + r_2 V_2)}{4\pi\epsilon_0(r_1 + r_2)} = \dfrac{r_1 V_1 + r_2 V_2}{r_1 + r_2}$$

$$= \dfrac{0.02 \times 5 + 0.03 \times 6}{0.02 + 0.03} = 5.6\,[V]$$

정답 ③

47 반지름이 3[mm], 4[mm]인 2개의 절연 도체구에 각각 5[V], 8[V]가 되도록 충전한 후 가는 도선으로 연결할 때 공통전위는 몇 [V]인가?

① 3.14   ② 4.27
③ 5.56   ④ 6.71

 정답분석

두 도체구를 연결하였을 때의 공통 전위

$$V = \dfrac{r_1 V_1 + r_2 V_2}{r_1 + r_2}$$

$$= \dfrac{0.003 \times 5 + 0.004 \times 8}{0.003 + 0.004} = 6.71\,[V]$$

정답 ④

48 반지름 r₁=2[cm], r₂=3[cm], r₃=4[cm]인 3개의 도체구가 각각 전위 V₁=1800[V], V₂=1200[V], V₃=900[V]로 대전되어 있다. 이 3개의 구를 가는 선으로 연결했을 때의 공통전위는 몇 [V]인가?

① 1,100 ② 1,200
③ 1,300 ④ 1,500

정답분석 세 도체구를 연결하였을 때의 공통 전위

$$V = \frac{r_1 V_1 + r_2 V_2 + r_3 V_3}{r_1 + r_2 + r_3}$$

$$= \frac{0.02 \times 1800 + 0.03 \times 1200 + 0.04 \times 900}{0.02 + 0.03 + 0.04}$$

$$= 1200\,[\text{V}]$$

정답 ②

49 정전용량이 각각 $C_1 = 1\,[\mu\text{F}]$, $C_2 = 2\,[\mu\text{F}]$인 도체에 전하 $Q_1 = -5\,[\mu\text{C}]$, $Q_2 = 2\,[\mu\text{C}]$을 각각 주고 각 도체에 가는 철사로 연결하였을 때 C_1에서 C_2로 이동하는 전하는 몇 $[\mu\text{C}]$인가?

① -4 ② -3.5
③ -3 ④ -1.5

정답분석
㉠ 두 콘덴서가 보유한 총 전하량
$Q = Q_1 + Q_2 = -3\,[\mu\text{C}]$
㉡ C_2측으로 분배되는 전하량
$$Q_2' = \frac{C_2}{C_1 + C_2} \times Q$$
$$= \frac{2}{1+2} \times (-3) = -2\,[\mu\text{C}]$$
∴ C_2에 전하량이 $-2\,[\mu\text{C}]$이 되기 위해서는 C_1으로부터 $-4\,[\mu\text{C}]$이 이동하여야 한다.

정답 ①

5. 정전에너지와 힘

50 면적 $A\,[\text{m}^2]$, 간격 $t\,[\text{m}]$인 평행판 콘덴서에 전하 $Q\,[\text{C}]$을 충전하였을 때 정전용량 $C\,[\text{F}]$와 정전에너지 $W\,[\text{J}]$는?

① $C = \dfrac{\epsilon_0}{t^2}$, $W = \dfrac{tQ^2}{2\epsilon_0 A}$

② $C = \dfrac{2\epsilon_0 A}{t}$, $W = \dfrac{Q^2}{4\epsilon_0 A}$

③ $C = \dfrac{\epsilon_0 A}{t}$, $W = \dfrac{tQ^2}{2\epsilon_0 A}$

④ $C = \dfrac{2\epsilon_0}{t^2}$, $W = \dfrac{Q^2}{\epsilon_0 A}$

정답분석
㉠ 평행판 콘덴서의 정전용량: $C = \dfrac{\epsilon_0 A}{t}$
㉡ 콘덴서에 축적되는 에너지 (정전에너지)
: $W = \dfrac{Q^2}{2C} = \dfrac{tQ^2}{2\epsilon_0 A}$

정답 ③

51 1[μF]의 콘덴서를 30[kV]로 충전하여 200[Ω]의 저항에 연결하면 저항에서 소모되는 에너지는 몇 [J]인가?

① 450 ② 900
③ 1350 ④ 1800

정답분석 저항에서 소모되는 에너지는 콘덴서에 저장된 에너지와 같다.
∴ $W = \dfrac{1}{2} C V^2$
$= \dfrac{1}{2} \times 1 \times 10^{-6} \times (30 \times 10^3)^2 = 450\,[\text{J}]$

정답 ①

52 20[W]의 전구가 2초 동안 한 일의 에너지를 축적할 수 있는 콘덴서의 용량은 몇 [μF]인가? (단, 충전전압은 100[V]이다)

① 4,000 ② 6,000
③ 8,000 ④ 10,000

㉠ 콘덴서에 축적된 에너지: $W = \frac{1}{2}CV^2$ [J]
㉡ 평균 전력: $P = \frac{W}{t}$ [J/sec = W]
∴ 콘덴서 용량
$$C = \frac{2W}{V^2} = \frac{2 \times P \times t}{V^2} = \frac{2 \times 20 \times 2}{100^2}$$
$$= 8 \times 10^{-3} [F] = 8000 [\mu F]$$

정답 ③

53 반지름 a[m]의 비누방울(도체구)에 전하 Q[C]을 주었을 때 전위가 V[V]였다. 이 비누방울의 표면에 작용하는 전기력은 몇 [N]인가?

① $\frac{1}{2}\epsilon_0 \left(\frac{V}{a}\right)^2$ ② $2\pi\epsilon_0 V^2$
③ $\frac{Q^2}{8\pi\epsilon_0 a}$ ④ $4\pi\epsilon_0 \left(\frac{V}{a}\right)^2$

㉠ 콘덴서에 축적된 에너지: $W = \frac{1}{2}CV^2$ [J]
㉡ 도체구의 정전용량: $C = 4\pi\epsilon_0 a$ [F]
㉢ 정전에너지: $W = 2\pi\epsilon_0 a V^2 = \frac{Q^2}{8\pi\epsilon_0 a}$ [J]
∴ 에너지 $W = Fa$ [J = N·m]에서
$$F = \frac{W}{a} = 2\pi\epsilon_0 V^2 = \frac{Q^2}{8\pi\epsilon_0 a^2} \text{ [N]}$$

정답 ②

54 두 개의 도체에서 전위 및 전하가 각각 V_1, Q_1 및 V_2, Q_2일 때, 이 도체계가 갖는 에너지는 얼마인가?

① $\frac{1}{2}(V_1 Q_1 + V_2 Q_2)$
② $\frac{1}{2}(Q_1 + Q_2)(V_1 + V_2)$
③ $V_1 Q_1 + V_2 Q_2$
④ $(V_1 + V_2)(Q_1 + Q_2)$

㉠ 도체가 갖는 에너지
$$W = \frac{1}{2}CV^2 = \frac{1}{2}QV = \frac{Q^2}{2C} \text{ [J]}$$
㉡ 에너지는 스칼라이프로 도체계의 에너지는 모두 더하면 된다.
∴ $W = W_1 + W_2 = \frac{1}{2}(V_1 Q_1 + V_2 Q_2)$ [J]

정답 ①

55 정전용량이 30[μF]와 50[μF]인 두 개의 콘덴서를 직렬로 연결하여 충전시키는데 400[J]의 일이 필요했다면 50[μF]에 저축되는 에너지는 몇 [J]인가?

① 150 ② 180
③ 210 ④ 240

㉠ 직렬 접속 후 합성 정전용량
$$C = \frac{C_1 C_2}{C_1 + C_2} = \frac{30 \times 50}{30 + 50} = \frac{1500}{80} = 18.75 [\mu F]$$
㉡ 합성 후 에너지는 $W = \frac{Q^2}{2C}$ [J]에서
$$Q^2 = 2CW = 2 \times 18.75 \times 10^{-6} \times 400$$
$$= 15000 \times 10^{-6}$$
∴ C_1에 저축되는 에너지
$$W_1 = \frac{Q_1^2}{2C_1} = \frac{Q^2}{2C_1} = \frac{15000 \times 10^{-6}}{2 \times 10^{-6} \times 50} = 150 \text{ [J]}$$

정답 ①

56 그림에서 단자 a, b 간에 전위차 V를 인가할 때 C_1의 에너지는?

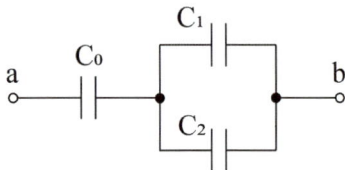

① $\dfrac{C_1^2 V^2}{2}\left[\dfrac{C_1+C_2}{C_0+C_1+C_2}\right]^2$

② $\dfrac{C_1 V^2}{2}\left[\dfrac{C_0}{C_0+C_1+C_2}\right]^2$

③ $\dfrac{C_1 V^2}{2}\left[\dfrac{C_0(C_1+C_2)}{(C_0+C_1+C_2)^2}\right]$

④ $\dfrac{C_1 V^2}{2}\left[\dfrac{C_0^2 C_2}{(C_0+C_1+C_2)}\right]$

㉠ C_1에 걸리는 전위차

$V_1 = \dfrac{C_0}{C_0+(C_1+C_2)} \times V\ [\text{V}]$

㉡ C_1에 저축되는 에너지

$W = \dfrac{1}{2} C_1 V_1^2$
$= \dfrac{1}{2} \times C_1 \times \left[\dfrac{C_0}{C_0+(C_1+C_2)} \times V\right]^2$
$= \dfrac{C_1 V^2}{2}\left[\dfrac{C_0}{C_0+C_1+C_2}\right]^2$

정답 ②

57 누설이 없는 콘덴서의 소모 전력은 얼마인가?

① $\dfrac{1}{2} CV^2$ ② $\dfrac{Q}{\epsilon}$

③ ∞ ④ 0

정답 ④

58 도체의 전계에너지는 도체 전위에 대하여 어떤 상태로 증가하는가?

① 직선 ② 쌍곡선
③ 포물선 ④ 원형곡선

㉠ 전계(정전) 에너지

$W = \dfrac{1}{2}\epsilon_0 E^2 = \dfrac{1}{2} ED = \dfrac{D^2}{2\epsilon_0}\ [\text{J/m}^3]$

㉡ 전위: $V = dE\ [\text{V}]$

㉢ ㉡식을 ㉠식에 대입하여 정리하면

$W = \dfrac{1}{2}\epsilon_0 E^2 = \dfrac{1}{2}\epsilon_0 \left(\dfrac{V}{d}\right)^2 \propto V^2$

∴ 전계에너지는 전위 제곱에 비례하므로 전위 상승에 따라 포물선의 형태로 증가한다.

정답 ③

59 W_1과 W_2의 에너지를 갖는 두 콘덴서를 병렬 연결한 경우의 총 에너지 W와의 관계로 옳은 것은? (단, $W_1 \ne W_2$이다)

① $W_1 + W_2 = W$ ② $W_1 + W_2 > W$
③ $W_1 + W_2 < W$ ④ $W_1 - W_2 = W$

축적된 에너지가 서로 다를 경우 두 도체를 접속하는 순간 에너지가 같아질 때까지(등전위) 전하가 이동하게 되고 이때 에너지가 소비되므로 두 도체를 연결하면 에너지가 줄어들게 된다.

정답 ②

60 대전된 구도체를 반경이 2배가 되는 대전이 안된 구도체에 가는 도선으로 연결할 때 원래의 에너지에 대해 손실된 에너지는 얼마인가? (단, 구도체는 충분히 떨어져 있다)

① $\dfrac{1}{2}$ ② $\dfrac{1}{3}$
③ $\dfrac{2}{3}$ ④ $\dfrac{2}{5}$

정답분석

㉠ 대전된 구도체의 정전에너지: $W_1 = \dfrac{Q^2}{2C_1}$

㉡ 반경이 2배가 되는 대전이 안된 구도체 ($C_2 = 2C_1$)를 가는 도선으로 연결하면 두 도체는 병렬연결($C = C_1 + C_2 = 3C_1$)이 되고 두 도체가 가지는 전하량은 변화가 없다.

㉢ 두 도체를 연결한 후의 정전에너지
: $W_2 = \dfrac{Q^2}{2C} = \dfrac{Q^2}{2(C_1+C_2)} = \dfrac{Q^2}{6C_1}$

㉣ 손실된 에너지
: $W_l = W_1 - W_2 = \dfrac{Q^2}{2C_1} - \dfrac{Q^2}{6C_1} = \dfrac{Q^2}{3C_1}$

∴ 손실비: $\alpha = \dfrac{W_l}{W_1} = \dfrac{\dfrac{Q^2}{3C_1}}{\dfrac{Q^2}{2C_1}} = \dfrac{2}{3}$

정답 ③

61 면적이 0.02[m²], 간격이 0.03[m]이고, 공기로 채워진 평행 평판의 커패시터에 1.0×10⁻⁶[C]의 전하를 충전시킬 때, 두 판 사이에 작용하는 힘의 크기는 약 몇 [N]인가?

① 1.1 ② 1.41
③ 1.89 ④ 2.83

정답분석

㉠ 단위 면적당 작용하는 힘 (정전응력)
$f = \dfrac{1}{2}\epsilon_0 E^2 = \dfrac{1}{2}ED = \dfrac{D^2}{2\epsilon_0} = \dfrac{\sigma^2}{2\epsilon_0}$ [N/m²]

㉡ 면전하 밀도: $\sigma = \dfrac{Q}{S}$ [C/m²]

∴ $F = fS = \dfrac{\sigma^2 S}{2\epsilon_0} = \dfrac{Q^2}{2\epsilon_0 S}$
$= \dfrac{(10^{-6})^2}{2 \times 8.855 \times 10^{-12} \times 0.02} = 2.823$ [N]

정답 ④

62 무한이 넓은 두 장의 도체판을 d[m]의 간격으로 평행하게 놓은 후, 두 판 사이에 V[V]의 전압을 가한 경우 도체판의 단위 면적당 작용하는 힘은 몇 [N/m²]인가?

① $f = \epsilon_0 \dfrac{V^2}{d}$ [N/m²]

② $f = \dfrac{1}{2}\epsilon_0 dV^2$ [N/m²]

③ $f = \dfrac{1}{2}\epsilon_0 \left(\dfrac{V}{d}\right)^2$ [N/m²]

④ $f = \dfrac{1}{2}\dfrac{1}{\epsilon_0}\left(\dfrac{V}{d}\right)^2$ [N/m²]

정답분석

정전응력 (여기서, 전위차: $V = dE$)
$f = \dfrac{1}{2}\epsilon_0 E^2 = \dfrac{1}{2}\epsilon_0\left(\dfrac{V}{d}\right)^2$ [N/m²]

정답 ③

63 대전도체 표면의 전하밀도를 [C/m²]라 할 때 대전도체 표면의 단위면적에 받는 정전응력의 크기[N/m²]와 방향은?

① $\dfrac{\sigma^2}{2\epsilon_0}$, 도체 내부 방향

② $\dfrac{\sigma^2}{2\epsilon_0}$, 도체 외부 방향

③ $\dfrac{\sigma^2}{\epsilon_0}$, 도체 내부 방향

④ $\dfrac{\sigma^2}{\epsilon_0}$, 도체 외부 방향

정답분석

정전응력 $f = \dfrac{\sigma^2}{2\epsilon_0}$ 은 양극판(+극판과 -극판) 사이에서 발생한다. (도체 내부 방향)

정답 ①

64

반지름 2[m]인 구도체에 전하 10×10⁻⁴[C]가 주어질 때 구도체 표면에 작용하는 정전응력은 약 몇 [N/m²]인가?

① 22.4　　② 26.6
③ 30.8　　④ 32.2

정답분석

㉠ 구도체 전계의 세기

$$E = \frac{Q}{4\pi\epsilon_0 r^2} = 9\times 10^9 \times \frac{10\times 10^{-4}}{2^2}$$
$$= 2.25\times 10^6\,[\text{V/m}]$$

㉡ 정전응력

$$f = \frac{1}{2}\epsilon_0 E^2$$
$$= \frac{1}{2}\times 8.855\times 10^{-12}\times (2.25\times 10^6)^2$$
$$= 22.4\,[\text{N/m}^2]$$

정답 ①

pass.Hackers.com

해커스자격증
pass.Hackers.com

Chapter 04

유전체
(Dielectric substance)

1 유전체
2 전기 분극
3 경계조건
4 패러데이 관
5 유전체에 작용하는 힘
6 유전체의 특수현상

핵심 요점정리

출제예상문제

Chapter 04 유전체(Dielectric substance)

1 유전체

1. 비유전율

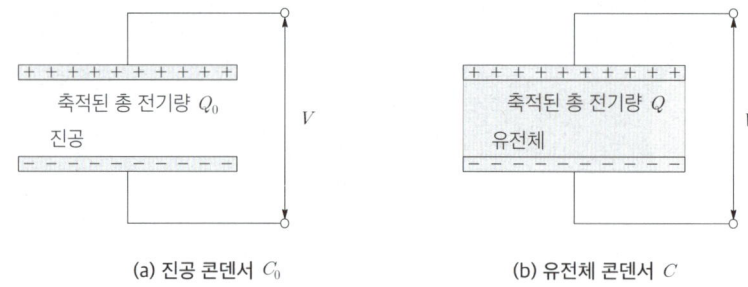

(a) 진공 콘덴서 C_0　　　　　(b) 유전체 콘덴서 C

[그림 4-1] 유전체의 성질

(1) [그림 4-1]과 같이 극판 간격, 단면적, 구조가 모두 동일한 두 콘덴서에 한쪽에는 진공을 다른 한쪽에는 유전체(종이, 기름, 운모 등)를 채워 동일한 전위차 V를 인가했을 경우를 비교하면, 유전체를 채운 콘덴서에 더 많은 전하량이 축적되게 된다($Q > Q_0$).

(2) 이 때 [식 4-1]과 같이 두 콘덴서에 축적된 전하량을 비교하면 항상 1보다 큰 상수가 되는데 이를 비유전율(ϵ_s)이라 하고, 비유전율은 유전체의 종류에 따라 달라지며 유전체의 비유전율은 [표 2-1]에 정리해 놓았다.

① 비유전율: $\dfrac{Q}{Q_0} = \dfrac{CV}{C_0 V} = \dfrac{C}{C_0} = \epsilon_s \, (\epsilon_s > 1)$ ································· [식 4-1]

② 콘덴서에 축적되는 총 전하량: $Q = CV = \epsilon_s C_0 V$ ································· [식 4-2]

(3) [식 4-2]와 같이 진공 콘덴서에 유전체를 삽입하면 정전용량과 축적되는 전하량이 ϵ_s 배만큼 증가한다.

2. 유전체 삽입 시 변화

(1) 개요
① 유전체는 전기적인 절연체를 말하므로 유전체 내에 작용하는 전기력과 전계의 세기 및 전기력선 등은 모두 감소하게 된다.
② 이때, 크기를 비교하면 진공상태에 비해 비유전율(ϵ_s)의 비율만큼 작아진다.

(2) 유전체 내 작용력
① 진공 상태에서의 작용력을 F_0, E_0, N_0 라 하고, 유전체 내의 작용력을 F, E, N라 하면 다음과 같이 정리된다.

㉠ 전기력: $F = \dfrac{F_0}{\epsilon_s} = \dfrac{Q_1 Q_2}{4\pi\epsilon_0 \epsilon_s r^2}$ [N] ··· [식 4-3]

㉡ 전계의 세기: $E = \dfrac{E_0}{\epsilon_s} = \dfrac{Q}{4\pi\epsilon_0 \epsilon_s r^2}$ [V/m] ··· [식 4-4]

㉢ 전기력선의 총 수: $N = \dfrac{N_0}{\epsilon_s} = \dfrac{Q}{\epsilon_0 \epsilon_s}$ ··· [식 4-5]

㉣ 전속선의 총 수: $N = N_0 = Q$ ·· [식 4-6]

② 전기력선은 전계의 힘을 선으로 표현한 것으로 유전체 내에서의 전기력선은 당연히 비유전율의 크기만큼 작아진다. 하지만 전속선(유전속)은 유전율의 크기와 관계없는 상수이므로 항상 일정한 크기를 갖는다.

2 전기 분극

1. 구속전자와 자유전자

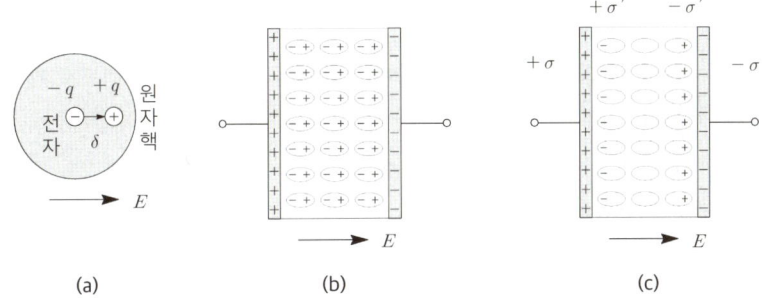

여기서, $\pm \sigma$: 진전하 밀도, $\pm \sigma'$: 분극 전하밀도

[그림 4-2] 전기 분극

(1) 원자핵 주위를 돌고 있는 전자는 원자핵으로부터 인력을 받고 있어 원자핵 주위를 돌며 속박되어 있다. 이러한 전자를 구속전자라 하고, 원자핵에 약하게 속박되어 있는 외곽전자는 특정한 원자에 속박되어 있지 않고 원자 사이를 자유롭게 돌아다닌다. 이러한 전자를 자유전자(free electron)라 한다.

(2) 자유전자를 갖지 않는 절연체는 전기력이 가해지면 [그림 4-2](a)와 같이 구속전자의 변위만 일어나고 이동은 없다. 이와 같이 절연체 중에서도 전기작용이 일어나는 절연체를 유전체(誘電體: dielectric)라 한다.

2. 분극의 세기

(1) 유전체는 많은 원자나 분자로 구성된 전기쌍극자를 가지며 유전체에 전계를 가하면 [그림 4-2](b)와 같이 전기 쌍극자는 재배열하게 된다. 이 경우, 유전체 내에서 이웃한 정부의 전하는 상쇄되나, 유전체의 양단에서는 상쇄되지 않으므로 최외각에 전하가 나타난다.

(2) 이러한 현상을 전기분극(電氣分極: electric polarization)이라 한다. 여기서 분극의 세기 $\vec{P}$ 는 단위면적당 분극전하량의 크기 또는 단위체적당 쌍극자모멘트라 한다. 이를 식으로 나타내면 다음과 같다.

① 분극의 세기: $\vec{P} = \dfrac{Q}{S} = \dfrac{M}{V} [\text{C/m}^2]$ ·· [식 4-7]

(여기서, S: 유전체 면적, V: 유전체 체적, δ: 쌍극자간의 거리)

② 쌍극자 모멘트: $M = Q\delta [\text{C}\cdot\text{m}]$ ·· [식 4-8]

(3) 힘과 밀도의 관계

① 진전하 밀도: $\sigma = |\vec{D}|$ (여기서, $\vec{D}$ 는 벡터, σ 는 스칼라이다)

② 분극전하 밀도: $\sigma' = |\vec{P}|$ (여기서, $\vec{P}$ 는 벡터, σ' 는 스칼라이다)

3. 분극의 종류

(1) 전자분극

유전체에 전계가 가해지면 궤도상의 전자에 작용하여 궤도의 중심이 원자핵의 위치보다 약간 벗어나므로 음양의 전하 쌍을 일으킨다. 이것을 전자분극이라 하며, 비유전율이 1보다 커지는 이유의 하나인데, 전계가 매우 높은 주파수가 되면 분극을 일으키지 않게 되므로 비유전율은 저하한다.

(2) 이온분극

유전분극의 일종으로, 절연물 중의 이온이 전계에 의해 이동하기 때문에 생기므로 가청 주파영역 이하의 주파수에서 볼 수 있다.

(3) 배향분극

쌍극자 분극을 말한다. 분자가 비대칭의 구조로 되어 있는 절연물에 전계가 가해지면 분자 중에서 마주보고 있는 야전하와 음전하가 모두 같은 방향으로 배열한다. 이러한 상태를 배향분극이라 하며, 유전율이 증가하는 원인의 하나이다.

4. 분극의 세기와 전계의 세기의 관계

(1) 개요

① 전속밀도의 크기는 전하량 크기에 비례하고 유전체 종류와 상관없이 항상 일정한 크기를 가진다. 이는 아래와 같이 유전체 내의 전계의 세기가 ϵ_s 배 만큼 작아지기 때문이다.

㉠ 진공 중의 전속밀도: $D_0 = \epsilon E = \epsilon_0 \epsilon_s E = \epsilon_0 E$ (진공의 비유전율 $\epsilon_s = 1$)

㉡ 유전체 내의 전속밀도: $D = \epsilon_0 \epsilon_s E' = \epsilon_0 \epsilon_s \dfrac{E}{\epsilon_s} = \epsilon_0 E$

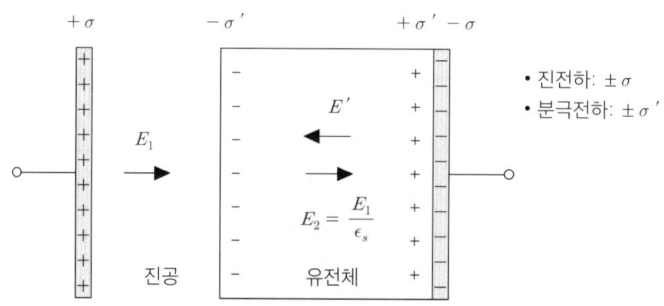

[그림 4-3] 분극의 세기와 전계의 세기의 관계

② 유전체 내의 전계가 ϵ_s 배만큼 작아진 이유는 [그림 4-3]에서와 같이 유전체 내에서 발생한 분극현상에 의해서 작아진 것이다. 아래에서는 유전체에 입사되는 전계의 세기와 분극의 세기의 관계에 대해서 알아본다.

(2) 분극의 세기와 전계의 세기의 관계

① 유전체 내의 전계의 세기

$$E_2 = \frac{E_1}{\epsilon_s} = E_1 - E' = \frac{\sigma}{\epsilon_0} - \frac{\sigma'}{\epsilon_0} = \frac{\sigma - \sigma'}{\epsilon_0}$$

(여기서, σ는 진전하 밀도, σ'는 분극전하 밀도)

② 전속밀도 D의 크기(스칼라)를 진전하 밀도 σ라 하고, 분극의 세기 P의 크기(스칼라)를 분극전하 밀도 σ'라 한다.

③ ①의 식을 벡터로 표현하고 유전체 내의 전계의 세기를 E라 하면,

$\epsilon_0 E = D - P, \ P = D - \epsilon_0 E$

④ 전속밀도 $D = \epsilon_0 \epsilon_s E$를 대입하여 정리하면 아래와 같다.

$$P = \epsilon_0 \epsilon_s E - \epsilon_0 E = D - \epsilon_0 E = D - \frac{D}{\epsilon_s} = D\left(1 - \frac{1}{\epsilon_s}\right) [\text{C/m}^2]$$

⑤ 분극의 세기와 전계의 세기의 관계

$$\therefore P = \chi E = \epsilon_0(\epsilon_s - 1)E = D - \epsilon_0 E = D\left(1 - \frac{1}{\epsilon_s}\right) [\text{C/m}^2] \quad \cdots\cdots\cdots [\text{식 4-9}]$$

⑥ 분극율과 비분극율(전기 감수율)

㉠ 분극율: $\chi = \epsilon_0(\epsilon_s - 1) \ [\text{F/m}]$

㉡ 비분극율: $\chi_{er} = \dfrac{\chi}{\epsilon_0} = \epsilon_s - 1$

3 경계조건

1. 개요

(1) 지금까지는 균일한 매질에서의 전기장에 대해서만 고려했다. 전기장이 두 개의 서로 다른 매질로 이루어진 영역 내에 존재할 때 두 매질의 경계면에서 전기장이 만족해야 할 조건을 경계조건이라 한다.

(2) 경계면의 한쪽에서의 전기장을 알면, 다른 쪽의 전기장을 구하는데 도움이 되며, 경계조건들은 매질을 이루고 있는 종류에 의존된다.

2. 경계조건

(1) 개요

① 서로 다른 유전체 경계면에서 전기력선(E)와 유전속(D)은 굴절한다.

② [그림 4-4] (a)와 같이 입사와 투과되는 전기력선 및 유전속(전속선)은 유전체 경계면에 대하여 수직성분(법선벡터)와 수평성분(접선벡터) 성분으로 분해할 수 있다(여기서, θ_1은 입사각, θ_2는 굴절각이 된다).

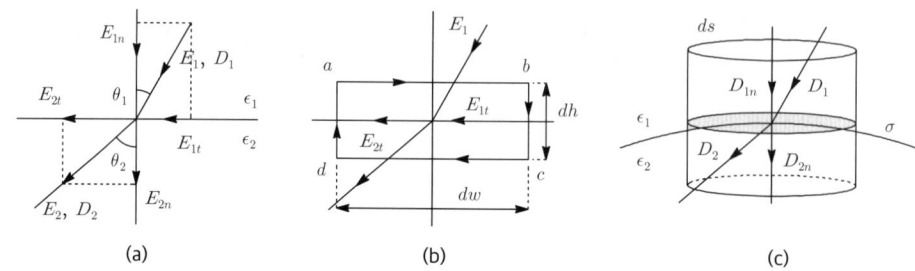

[그림 4-4] 유전체-유전체 경계면

㉠ 전기력선의 분해: $E = E_t + E_n$ .... [식 4-10]

(여기서, $E_t = E\sin\theta$, $E_n = E\cos\theta$ 이 된다)

㉡ 유전속의 분해: $D = D_t + D_n$ .... [식 4-11]

(여기서, $D_t = D\sin\theta$, $D_n = D\cos\theta$ 이 된다)

③ 유전체 1, 2영역에서의 전기력선과 유전속의 관계는 Maxwell의 방정식을 활용하여 정리할 수 있다.

㉠ $\oint E \cdot n\, d\ell = 0$ .... [식 4-12]

㉡ $\oint D \cdot n\, ds = Q$ .... [식 4-13]

(2) 경계면의 접선성분

① 전기력선의 특징

㉠ [그림 4-4](b)와 같이 폐경로 a, b, c, d, a 에 대해서 1주 적분을 하고, $\dfrac{h}{2} \to 0$ 를 하여 경계면에서의 전기력선을 판단할 수 있다.

㉡ $\oint_{abcda} E \cdot d\ell = \int_a^b E \cdot d\ell + \int_b^c E \cdot d\ell + \int_c^d E \cdot d\ell + \int_d^a E \cdot d\ell$

$= E_{1t}\, dw - E_{1n}\dfrac{dh}{2} - E_{2n}\dfrac{dh}{2} - E_{2t}\, dw + E_{2n}\dfrac{dh}{2} + E_{1n}\dfrac{dh}{2}$

$= E_{1t}\, dw - E_{2t}\, dw = 0$

∴ $E_{1t} = E_{2t}$ .... [식 4-14]

㉢ 전기력선의 접선(수평)성분은 경계면의 양쪽에서 같다. 즉, E_t 는 경계에서 변하지 않으며 경계면을 가로질러 연속이다.

② 유전속의 특징

㉠ 유전체가 서로 다른 경계면($\epsilon_1 \neq \epsilon_2$)에서 유전속의 접선성분을 알아보려면

$D_{1t} = D_{2t}$ 으로 가정하고 $D = \epsilon E$을 대입하여 알 수 있다.

㉡ $D_{1t} = D_{2t}$ 는 $\epsilon_1 E_{1t} = \epsilon_2 E_{2t}$ 이고 [식 4-14]에서 $E_{1t} = E_{2t}$ 라고 했으므로 $\epsilon_1 = \epsilon_2$ 라는 의미가 된다. 따라서 $D_{1t} = D_{2t}$ 이 성립되지 않는다는 것을 알 수 있다.

∴ $D_{1t} \neq D_{2t}$ .... [식 4-15]

㉢ 유전속의 접선(수평)성분은 경계면의 양쪽에서 같지 않으며, 경계에서 변화하고 불연속이다.

(3) 경계면의 법선성분
① 유전속의 특징
㉠ [그림 4-4](b)와 같이 작은 원통(Gauss 표면)에서 $dh \to 0$ 일 때 [식 4-11]을 적용하면 다음과 같다.
㉡ $\oint_s D \cdot n\, ds = \int_s D_n\, ds = \int_{\epsilon_1} D_{1n}\, ds - \int_{\epsilon_2} D_{2n}\, ds = \sigma \int ds$

$D_{1n} - D_{2n} = \sigma$ 이 된다.
㉢ 이때, 경계면에 전하가 존재하지 않을 경우에는 $\sigma = 0$ 이므로
$\therefore D_{1n} = D_{2n}$ ·· [식 4-16]
㉣ 유전속의 법선(수직)성분은 경계면 양쪽에서 같다. 즉, 경계에서 변화되지 않으며 연속이다.

② 전기력선의 특징
㉠ 유전체가 서로 다른 경계면($\epsilon_1 \neq \epsilon_2$)에서 전기력선의 접선성분을 알아보려면
[식 4-16]의 $D_{1n} = D_{2n}$ 을 통하여 알 수 있다.
㉡ $D_{1n} = D_{2n}$ 는 $\epsilon_1 E_{1n} = \epsilon_2 E_{2n}$ 이고 $E_{1n} = E_{2n}$ 라고 했으므로 $\epsilon_1 = \epsilon_2$ 라는 의미가 된다. 따라서 $E_{1n} = E_{2n}$이 성립되지 않는다는 것을 알 수 있다. 따라서 $\epsilon_1 \neq \epsilon_2$ 이므로 E_{1n} 과 E_{2n} 는 같을 수 없다.
$\therefore E_{1t} \neq E_{2t}$ ·· [식 4-17]
㉢ 전기력선의 법선(수직)성분은 경계면의 양쪽에서 같지 않으며, 경계에서 변화하고 불연속이다.

(4) 두 종류의 유전체로 구성된 계에서 경계조건의 정리
① 전기력선의 경계조건
㉠ 전기력선의 접선(수평)성분 E_t 는 경계면 양쪽에서 같다(연속적).
$\therefore E_{1t} = E_{2t}\ (E_1 \sin\theta_1 = E_2 \sin\theta_2)$ ·· [식 4-18]
㉡ 전기력선의 법선(수직)성분 E_n 는 경계면 양쪽에서 같지 않다(불연속적).
$\therefore E_{1n} \neq E_{2n}\ (E_1 \cos\theta_1 \neq E_2 \cos\theta_2)$ ······································ [식 4-19]
② 유전속의 경계조건
㉠ 유전속의 접선(수평)성분 D_t 는 경계면 양쪽에서 같지 않다(불연속적).
$\therefore D_{1t} \neq D_{2t}\ (D_1 \sin\theta_1 \neq D_2 \sin\theta_2)$ ······································ [식 4-20]
㉡ 유전속의 법선(수직)성분 D_n 는 경계면 양쪽에서 같다(연속적).
$\therefore D_{1n} = D_{2n}\ (D_1 \cos\theta_1 = D_2 \cos\theta_2)$ ······································ [식 4-21]

3. 전기장의 굴절 (refraction)

(1) 개요

유전속 및 전기력선은 유전율이 다른 면에서 굴절하는데, 이는 [식 4-18]과 [식 4-21]을 통하여 입사각과 굴절각의 관계를 알 수 있다.

(2) 입사각과 굴절각의 관계
① $\dfrac{E_1 \sin\theta_1}{D_1 \cos\theta_1} = \dfrac{E_2 \sin\theta_2}{D_2 \cos\theta_2}$, $\dfrac{E_1 \sin\theta_1}{\epsilon_1 E_1 \cos\theta_1} = \dfrac{E_2 \sin\theta_2}{\epsilon_2 E_2 \cos\theta_2}$, $\dfrac{1}{\epsilon_1} \tan\theta_1 = \dfrac{1}{\epsilon_2} \tan\theta_2$

$\therefore \dfrac{\tan\theta_2}{\tan\theta_1} = \dfrac{\epsilon_2}{\epsilon_1}$ ·· [식 4-22]

② 만약, $\epsilon_1 < \epsilon_2$ 이라면 $\theta_1 < \theta_2$, $D_1 < D_2$, $E_1 > E_2$ 이 된다.
  ㉠ $\theta_1 < \theta_2$: 유전율이 큰 쪽으로 더 크게 굴절한다.
  ㉡ $D_1 < D_2$: 유전속은 유전율이 큰 곳으로 모이려는 특성이 있다.
  ㉢ $E_1 > E_2$: 전기력선은 유전율이 작은 곳으로 모이려는 특성이 있다.

4 패러데이 관

1. 개요

(1) 유전체 중에 있는 대전도체 표면의 미소면적의 둘레에서 발산하는 전속으로 이루어지는 관을 전기력관(tube of electric force)이라 한다.

(2) 이 역관(力菅) 중 특히 미소면적상의 전하가 단위의 값(1[C])인 것을 패러데이관이라 한다.

2. 패러데이관의 특징

(1) 패러데이관 내의 전속수는 일정하다.

(2) 패러데이관 양단에 정·부의 단위 전하가 있다.

(3) 진전하가 없는 점에서 패러데이관은 연속이다.

(4) 패러데이관의 밀도는 전속밀도와 같다.

5 유전체에 작용하는 힘

1. 전계가 경계면에 수직할 때

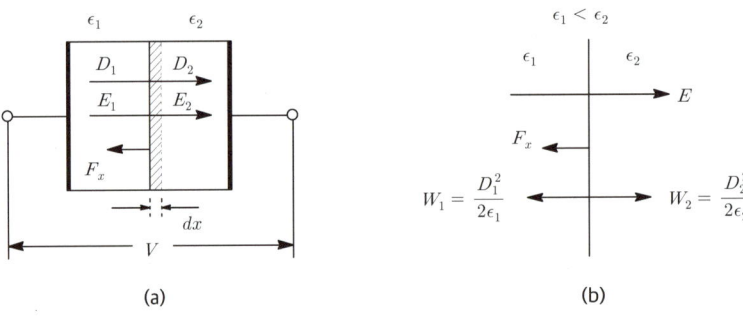

[그림 4-5] 전계가 경계면에 수직인 경우

(1) 서로 다른 유전체에 전계가 수직으로 입사하면 [그림 4-5]와 같이 W_1 은 왼쪽으로 W_2 는 오른쪽으로 작용한다.

① $W_1 = \dfrac{1}{2}\epsilon_1 E_1 = \dfrac{1}{2}E_1 D_1 = \dfrac{D_1^2}{2\epsilon_1}$ [J/m^3] ·· [식 4-23]

② $W_2 = \dfrac{1}{2}\epsilon_2 E_2 = \dfrac{1}{2}E_2 D_2 = \dfrac{D_2^2}{2\epsilon_2}$ [J/m^3] ·· [식 4-24]

(2) 즉, 전계 중의 유전체는 전계방향으로 끌려 변형력을 받는다. 이와 같은 변형력을 맥스웰의 변형력(또는 응력, Maxwell's stress)이라 한다.

(3) 전계가 수직으로 입사하면 전속밀도가 일정($D_1 = D_2$)하므로 $W = \dfrac{D^2}{2\epsilon}$ 으로 판단하면 맥스웰의 변형력의 크기와 방향을 구할 수 있다.

(4) 만약, $\epsilon_1 < \epsilon_2$ 일 때 경계면에 작용한 힘을 구해보면 다음과 같다.

① $F_x = \dfrac{dW}{dx} = \dfrac{d(W_1 - W_2)}{dx} = \dfrac{1}{2}\left(\dfrac{1}{\epsilon_1} - \dfrac{1}{\epsilon_2}\right)D^2 \, [\text{N/m}^2]$ ·· [식 4-25]

② 즉, 맥스웰 변형력은 유전율이 큰 곳에서 작은 곳으로 작용한다.

2. 전계가 경계면에 평행할 때

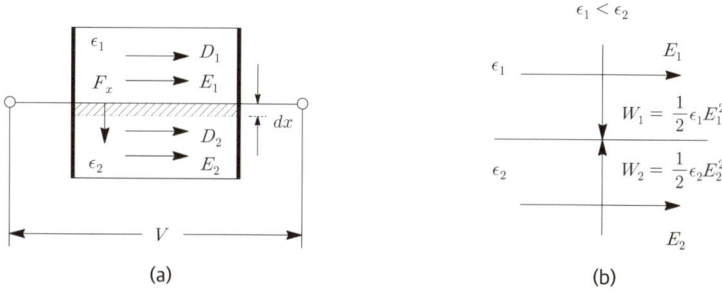

[그림 4-6] 전계가 경계면에 평행할 경우

(1) 전계가 경계면과 수평 진행하면 전계가 일정($E_1 = E_2$)하므로 $W = \dfrac{1}{2}\epsilon E$ 으로 판단하면 맥스웰의 변형력의 크기와 방향을 구할 수 있다.

(2) 만약, $\epsilon_1 < \epsilon_2$ 일 때 경계면에 작용한 힘을 구해보면 다음과 같다.

① $F_x = \dfrac{dW}{dx} = \dfrac{d(W_2 - W_1)}{dx} = \dfrac{1}{2}(\epsilon_2 - \epsilon_1)E^2 \, [\text{N/m}^2]$ ·· [식 4-26]

② 즉, 맥스웰 변형력은 유전율이 큰 곳에서 작은 곳으로 작용한다.

6 유전체의 특수현상

1. 접촉전기

도체와 도체, 유전체와 유전체 또는 유전체와 도체를 서로 접촉시키면, 한편의 전자가 다른 편으로 이동하여 각각, 정, 부로 대전하는 현상이 일어난다. 이때 나타나는 전기를 접촉전기(contact electricity)라고 부른다.

2. 초전효과 또는 Pyro전기

전기석이나 티탄산바륨의 결정을 가열 또는 냉각하면 결정의 한쪽 면에 정전하가, 다른 쪽 면에는 부전하가 발생한다. 이 전하의 극성은 가열할 때와 냉각할 때는 서로 정반대이다. 이런 현상을 초전효과(Pyroelectric effect)라 하며 이때 발생한 전하를 초전기(Pyroelectricity)라 한다.

3. 압전효과(피에조 효과)

(1) 유전체에 압력이나 인장력을 가하면 전기분극이 발생하는 현상
   ① **종효과**: 압력이나 인장력이 분극과 같은 방향으로 진행
   ② **횡효과**: 압력이나 인장력이 분극과 수직 방향으로 진행

(2) 압전효과 발생 시 단면에 나타나는 분극전하를 압전기(piezoelectricity)라 하고 수정, 전기석, 로셸염, 티탄산바륨($BaTiO_3$) 등은 압전효과를 발생시키는 물질이다. 특히 로셸염의 압전효과는 수정의 1000배 정도로 가장 많이 이용된다.

(3) 압전효과는 마이크, 압력측정, 수정 발진기, 초음파 발생기, 일정 주파수 발진에 사용되는 크리스탈 픽업 등 여러 방면에 응용된다.

핵심 요점정리

1. **유전체 삽입 시 변화 (유전율: $\epsilon = \epsilon_0 \epsilon_s \, [\text{F/m}]$)**

    ① 두 전하 사이의 전기력: $F = \dfrac{F_0}{\epsilon_s} = \dfrac{Q_1 Q_2}{4\pi\epsilon_0 \epsilon_s r^2} \, [\text{N}]$ (F_0: 진공에서의 전기력)

    ② 전계의 세기: $E = \dfrac{E_0}{\epsilon_s} = \dfrac{Q}{4\pi\epsilon_0 \epsilon_s r^2} \, [\text{V/m}]$ (E_0: 진공에서의 전계의 세기)

    ③ 전기력선의 총 수: $N = \dfrac{N_0}{\epsilon_s} = \dfrac{Q}{\epsilon_0 \epsilon_s}$ (N_0: 진공에서의 전기력선의 총 수)

    ④ 전속선의 총 수: $N = N_0 = Q$ (N_0: 진공에서의 전속선의 총 수)

    ⑤ 정전용량: $C = \epsilon_s C_0 \, [\text{F}]$ (C_0: 진공콘덴서의 정전용량)

    ⑥ 정전에너지: $w_e = \dfrac{1}{2}\epsilon_0 \epsilon_s E^2 = \dfrac{1}{2} ED = \dfrac{D^2}{2\epsilon_0 \epsilon_s} \, [\text{J/m}^3]$

    ⑦ 정전응력: $f = \dfrac{1}{2}\epsilon_0 \epsilon_s E^2 = \dfrac{1}{2} ED = \dfrac{D^2}{2\epsilon_0 \epsilon_s} \, [\text{N/m}^2]$

2. **분극의 세기**

    (1) 분극의 세기의 정의

    ① 유전체에 전계를 가하면 중성이었던 극성이 분리되어 전기쌍극자 모멘트가 발생하는데 이를 전기 분극 현상이라 한다.

    ② 정의 식: $\vec{P} = \dfrac{Q}{S} = \dfrac{M}{V} \, [\text{C/m}^2]$ 여기서, 쌍극자 모멘트: $M = Q\delta \, [\text{C}\cdot\text{m}]$

    (2) 전기 분극의 종류: 전자분극, 이온분극, 배향분극

    ① 전자분극: 단결정 매질에서 전자운과 핵의 상대적인 변위에 의해 발생한다.

    ② 배향분극: 유전체 내 영구 쌍극자 모멘트를 갖고 있는 분자가 외부 전계에 의하여 배열함으로서 일어나는 분극현상으로, 온도의 영향을 받는다.

    (3) 전계와 분극의 세기의 관계: $P = \chi E = \epsilon_0(\epsilon_s - 1)E = D - \epsilon_0 E = D\left(1 - \dfrac{1}{\epsilon_s}\right)$

    ① 분극률: $\chi = \epsilon_0(\epsilon_s - 1) \, [\text{F/m}]$

    ② 비분극률(전기감수율): $\chi_{er} = \dfrac{\chi}{\epsilon_0} = \epsilon_s - 1$ (비유전율: $\epsilon_s = \dfrac{\chi}{\epsilon_0} + 1$)

3. 경계조건

(1) 개요 (θ_1: 입사각, θ_2: 굴절각)

① 서로 다른 유전체 경계면에서 전기력선(E)과 유전속(D)은 반드시 굴절한다.

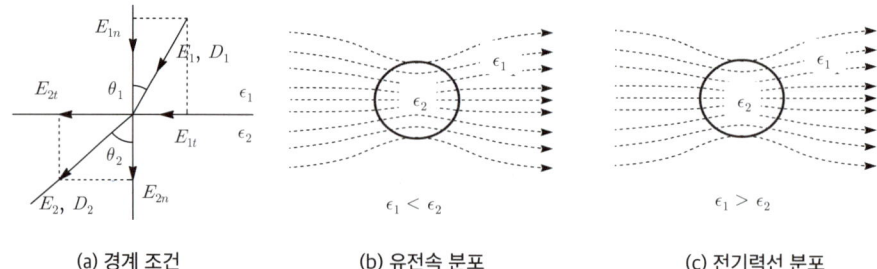

(a) 경계 조건   (b) 유전속 분포   (c) 전기력선 분포

② 단, 수직으로 입사하면 굴절하지 않는다.

③ $\vec{t}$: 접선벡터(경계면과 수평방향), $\vec{n}$: 법선벡터(경계면과 수직방향)

(2) 경계조건

① 전기력선의 접선(수평)성분 E_t 는 경계면 양쪽에서 같다(연속적).

$$\therefore E_{1t} = E_{2t} \ (E_1 \sin\theta_1 = E_2 \sin\theta_2)$$

② 유전속의 법선(수직)성분 D_n 는 경계면 양쪽에서 같다(연속적).

$$\therefore D_{1n} = D_{2n} \ (D_1 \cos\theta_1 = D_2 \cos\theta_2)$$

(3) 전기장의 굴절 (refraction)

① $\dfrac{E_1 \sin\theta_1}{D_1 \cos\theta_1} = \dfrac{E_2 \sin\theta_2}{D_2 \cos\theta_2}$, $\dfrac{E_1 \sin\theta_1}{\epsilon_1 E_1 \cos\theta_1} = \dfrac{E_2 \sin\theta_2}{\epsilon_2 E_2 \cos\theta_2}$ $\therefore \dfrac{\tan\theta_2}{\tan\theta_1} = \dfrac{\epsilon_2}{\epsilon_1}$

② 만약, $\epsilon_1 < \epsilon_2$ 이라면 $\theta_1 < \theta_2$, $D_1 < D_2$, $E_1 > E_2$ 이 된다.

㉠ $\theta_1 < \theta_2$: 유전율이 큰 쪽으로 더 크게 굴절한다.

㉡ $D_1 < D_2$: 유전속은 유전율이 큰 곳으로 모이려는 특성이 있다.

㉢ $E_1 > E_2$: 전기력선은 유전율이 작은 곳으로 모이려는 특성이 있다.

4. 유전체 경계면에 작용하는 힘(정전응력, 맥스웰의 변형력)

(1) 정전응력: $f = \dfrac{1}{2}\epsilon E^2 = \dfrac{1}{2}ED = \dfrac{D^2}{2\epsilon}$ [N/m²]

(2) 경계면에 작용하는 힘

구분	전계가 경계면에 대해 수직으로 입사하는 경우 ($\epsilon_1 > \epsilon_2$의 경우)	전계가 경계면에 대해 수평으로 진행하는 경우 ($\epsilon_1 > \epsilon_2$의 경우)
특징	수직방향에 대해서는 유전속(전속밀도)이 일정하다. ($D_1 = D_2 = D$)	수평방향에 대해서는 전기력선이 일정하다. ($E_1 = E_2 = E$)
정전응력	$\dfrac{1}{2}\left(\dfrac{1}{\epsilon_2} - \dfrac{1}{\epsilon_1}\right)D^2$ [N/m²]	$\dfrac{1}{2}(\epsilon_1 - \epsilon_2)E^2$ [N/m²]
힘의 방향	유전율이 큰 곳에서 작은 곳으로 진행된다($\epsilon_1 \to \epsilon_2$).	유전율이 큰 곳에서 작은 곳으로 진행된다($\epsilon_1 \to \epsilon_2$).

출제예상문제

※ 출제예상문제는 기출 분석을 바탕으로 자주 출제되는 유형을 선별하였습니다.

1. 비유전율

01 평행판 콘덴서의 극판 사이가 진공일 때의 용량을 C_0, 비유전율 ϵ_s 의 유전체를 채웠을 때의 용량을 C 라 할 때 이들의 관계식은?

① $\dfrac{C}{C_0} = \dfrac{1}{\epsilon_0 \epsilon_s}$ ② $\dfrac{C}{C_0} = \dfrac{1}{\epsilon_s}$

③ $\dfrac{C}{C_0} = \epsilon_0 \epsilon_s$ ④ $\dfrac{C}{C_0} = \epsilon_s$

진공 콘덴서 C_0에 유전체를 삽입하면 비유전율 ϵ_s 만큼 용량이 증가한다.
∴ 유전체 콘덴서의 정전용량: $C = \epsilon_s C_0$

정답 ④

02 비유전율 ϵ_s 에 대한 설명으로 옳은 것은?

① 진공의 비유전율은 0이고, 공기의 비유전율은 1이다.
② ϵ_s 는 항상 1보다 작은 값이다.
③ ϵ_s 는 절연물의 종류에 따라 다르다.
④ ϵ_s 의 단위는 [C/m]이다.

① 진공의 비유전율은 1이고, 공기의 비유전율은 1.000587으로 약 1이다.
② 비유전율은 1보다 크고, 유전체 종류에 따라 크기가 다르다.
④ ϵ_s 는 비율 값이므로 단위가 없다.
 (단, 유전율 ϵ 의 단위는 [F/m]이다)

정답 ③

03 다음 유전체 중 비유전율이 가장 큰 것은?

① 공기   ② 운모
③ 파라핀   ④ 티탄산바륨

정답 ④

04 압전기 진동자로 가장 많이 이용되는 재료는?

① 로셸염   ② 실리콘
③ 방해석   ④ 페라이트

정답 ①

05 동심구의 양 도체사이에 절연내력이 30[kV/mm]이고, 비유전율 5인 절연 액체를 넣으면 공기인 경우의 몇 배의 전기량이 축적되는가? (단, 공기의 절연내력은 3[kV/mm]이다)

① 3   ② 5
③ 30   ④ 50

콘덴서에 유전체를 채우면 유전체의 비유전율 ϵ_s 배만큼 용량이 커져, 축적되는 전하량이 ϵ_s 배인 5배로 증가한다.

정답 ②

06
일정 전압이 가해져 있는 콘덴서에 비유전율이 ϵ_s 인 유전체를 채웠을 때 일어나는 현상은?

① 극판의 전계가 ϵ_s 배 된다.

② 극판의 전계가 $\dfrac{1}{\epsilon_s}$ 배 된다.

③ 극판의 전하량이 ϵ_s 배 된다.

④ 극판의 전하량이 $\dfrac{1}{\epsilon_s}$ 배 된다.

정답분석
콘덴서에 유전체를 채우면 유전체의 비유전율 ϵ_s 배만큼 용량이 커져 축적되는 전하량이 ϵ_s 배만큼 증가한다.

정답 ③

08
2×10^{-6} [C] 의 양전하와 2×10^{-6} [C] 의 음전하를 갖는 대전체가 비유전율 2.5의 기름 속에서 5[cm] 거리에 있을 때 이 사이에 작용하는 힘은 몇 [N]인가?

① 반발력 2.304[N]

② 반발력 4.608[N]

③ 흡인력 2.304[N]

④ 흡인력 5.76[N]

정답분석
㉠ 두 전하 사이에 작용하는 힘 (쿨롱의 법칙)
$$F = \dfrac{Q_1 Q_2}{4\pi \epsilon_0 \epsilon_s r^2}$$
$$= 9 \times 10^9 \times \dfrac{2 \times 10^{-6} \times 2 \times 10^{-6}}{2.5 \times 0.05^2}$$
$$= 5.76 \,[N]$$
㉡ 서로 다른 극성의 전하끼리는 흡인력이 발생한다.

정답 ④

07
$\epsilon_s = 10$인 유리 콘덴서와 동일 크기의 $\epsilon_s = 1$인 공기 콘덴서가 있다. 유리 콘덴서에 200[V]의 전압을 가할 때 동일한 전하를 축적하기 위하여 공기 콘덴서에 필요한 전압 [V]은?

① 20   ② 200

③ 400   ④ 2000

정답분석
공기콘덴서에 유리유전체를 삽입하면 비유전율 ϵ_s 배만큼 용량이 증가하여 전하량도 ϵ_s 배 만큼 증가한다. 따라서 공기콘덴서가 유리콘덴서와 동일한 전하를 축적하기 위해서는 ϵ_s 배 만큼 전압을 가해야 하므로 2000[V]가 필요하다. ($Q = CV = \epsilon_s C_0 V$)

정답 ④

09
진공 중에 있는 두 대전체 사이에 작용하는 힘이 1.6×10^{-6} [N]이었다. 이 대전체 사이에 유전체를 넣었더니 작용하는 힘이 2.0×10^{-8} [N]이 되었다면 이 유전체의 비유전율은 얼마인가?

① 40   ② 60

③ 80   ④ 100

정답분석
비유전율
$$\epsilon_s = \dfrac{F_0}{F} = \dfrac{1.6 \times 10^{-6}}{2.0 \times 10^{-8}} = 80$$

정답 ③

10 절연유 ($\epsilon_r = 2.5$) 중의 도체 표면밀도 3.5 [μC/m²]에 대한 전계는 공기 중인 경우의 몇 배가 되는가?

① 2.5 ② 3.5
③ 1.0 ④ 0.4

$E = \dfrac{E_0}{\epsilon_s}$ 이므로 $E = \dfrac{E_0}{2.5} = 0.4 E_0$ 가 된다.
여기서, E_0: 공기 중에서 전계의 세기

정답 ④

11 진공 중에서 어떤 대전체의 전속이 Q 가 있다. 이 대전체를 비유전율 2.2인 유전체 속에 넣었을 경우의 전속은?

① Q ② ϵQ
③ $2.2 Q$ ④ 0

전속수는 유전체와 관계없이 항상 일정하다.

정답 ①

12 진공 중에서 어떤 대전체의 전속이 Q 있다. 이 대전체를 비유전율 10인 유전체 속에 넣었을 경우의 전속은 어떻게 되는가?

① Q ② $10Q$
③ $\dfrac{Q}{10}$ ④ $\dfrac{Q}{\epsilon}$

전속수는 유전체와 관계없이 항상 일정하다.

정답 ①

13 합성수지의 절연체에 5×10^3 [V/m]의 전계를 가했을 때 이때의 전속밀도를 구하면 약 몇 [C/m²]이 되는가? (단, 이 절연체의 비유전율은 10으로 한다)

① 40.28×10^{-6} ② 41.28×10^{-8}
③ 43.52×10^{-4} ④ 44.28×10^{-8}

전속밀도와 전계의 세기 관계
$D = \epsilon_0 \epsilon_s E = 8.855 \times 10^{-12} \times 10 \times 5 \times 10^3$
$= 44.27 \times 10^{-8}$ [C/m²]

정답 ④

14 유전율이 10 인 유전체를 5 [V/m] 인 전계 내에 놓으면 유전체의 표면전하밀도는 몇 [C/m²] 인가? (단, 유전체의 표면과 전계는 직각이다)

① 0.5 [C/m²] ② 1.0 [C/m²]
③ 50 [C/m²] ④ 250 [C/m²]

전속밀도와 전하밀도의 크기는 같으므로
(단, 전속은 벡터, 전하는 스칼라)
∴ $\rho_s = |D| = \epsilon E = 10 \times 5 = 50$ [C/m²]

정답 ③

15 비유전율이 5인 유전체 중의 전하 $Q[C]$에서 발산하는 전기력선 및 전속선의 수는 공기 중인 경우의 각각 몇 배로 되는가?

① 전기력선 1/5배, 전속선 1/5배
② 전기력선 5배, 전속선 5배
③ 전기력선 1/5배, 전속선 1배
④ 전기력선 5배, 전속선 1배

 정답 분석

㉠ 전기력선의 총 수 $N = \dfrac{Q}{\epsilon} = \dfrac{Q}{\epsilon_0 \epsilon_s}$ 이므로 전기력선은 비유전율에 반비례한다.
㉡ 전속선의 총 수는 $N = Q$ 이므로 비유전율과 관계없이 일정하다.

정답 ③

16 전속밀도에 대한 설명으로 가장 옳은 것은?

① 전속은 스칼라양이기 때문에 전속밀도도 스칼라양이다.
② 전속밀도는 전계의 세기의 방향과 반대방향이다.
③ 전속밀도는 유전체 내에 분극의 세기와 같다.
④ 전속밀도는 유전체와 관계없이 크기는 일정하다.

 정답 확인

정답 ④

17 5[C]의 전하가 비유전율 $\epsilon_s = 2.5$ 인 매질 내에 있다고 한다면, 이 전하에서 나오는 전체 전기력선의 수는?

① $\dfrac{5}{\epsilon_0}$ 개   ② $\dfrac{12.5}{\epsilon_0}$ 개
③ $\dfrac{2}{\epsilon_0}$ 개   ④ $\dfrac{1}{2\epsilon_0}$ 개

 정답 분석

전기력선수: $N = \dfrac{Q}{\epsilon_0 \epsilon_s} = \dfrac{5}{2.5\epsilon_0} = \dfrac{2}{\epsilon_0}$ 개

정답 ③

18 절연유($\epsilon_r = 2.5$) 중의 점전하 $16[\mu C]$을 중심으로 하는 구면상에서 $r = 5[m]$, $0 \leq \theta \leq \dfrac{\pi}{2}$, $0 \leq \phi \leq \dfrac{\pi}{2}$ 인 표면을 지나는 전속선은 몇[lines]인가?

① 0.8×10^{-6} ② 1.6×10^{-6}
③ 2×10^{-6} ④ 4×10^{-6}

 정답 분석

㉠ 전속수 $N = \int_s D \, ds = Q$ 에서 전속밀도는 전하밀도와 같다.
㉡ $N = \int_s D \, ds = \int_0^{\frac{\pi}{2}} \int_0^{\frac{\pi}{2}} D r^2 \sin\theta \, d\theta \, d\phi$
$= \int_0^{\frac{\pi}{2}} \int_0^{\frac{\pi}{2}} \dfrac{Q}{4\pi r^2} r^2 \sin\theta \, d\theta \, d\phi$
$= \int_0^{\frac{\pi}{2}} \dfrac{Q}{4\pi} [-\cos\theta]_0^{\frac{\pi}{2}} d\phi$
$= \int_0^{\frac{\pi}{2}} \dfrac{Q}{4\pi} d\phi = \dfrac{Q}{4\pi} [\phi]_0^{\frac{\pi}{2}} = \dfrac{Q}{4\pi} \times \dfrac{\pi}{2}$
$\therefore N = \dfrac{Q}{8} = \dfrac{16}{8} = 2[\mu C]$
$= 2 \times 10^{-6}[C, \text{ lines}]$

정답 ③

19 동축 원통도체내의 원통간의 전계의 세기가 어느 곳에서든지 일정하기 위해서는 원통간에 넣는 유전체의 유전율이 중심으로 부터의 거리 r 과 더불어 어떻게 변화하면 되는가?

① 거리 r 에 비례하도록 하면 된다.
② 거리 r 에 반비례하도록 하면 된다.
③ 거리 r^2 에 비례하도록 하면 된다.
④ 거리 r^2 에 반비례하도록 하면 된다.

 정답 분석

원통도체의 전계와 세기 $E = \dfrac{\lambda}{2\pi \epsilon r}$ [V/m] 식에서 ϵ 과 r 이 반비례하므로 거리 r 이 증가할수록 ϵ 를 감소해주면 일정 전계를 얻을 수 있다.

정답 ②

20 유전율이 ϵ 인 유전체를 넣은 무한장 동축 케이블의 중심 도체에 $q[\text{C/m}]$ 의 전하를 줄 때 중심축에서 $r[\text{m}]$ (내외반경의 중간점)의 전속밀도는 몇 $[\text{C/m}^2]$ 인가?

① $\dfrac{q}{4\pi r^2}$ ② $\dfrac{q}{4\pi\epsilon r^2}$

③ $\dfrac{q}{2\pi r}$ ④ $\dfrac{q}{2\pi\epsilon r}$

 동축케이블 (동심 원통 도체)

㉠ 전계의 세기: $E = \dfrac{q}{2\pi\epsilon r}$ [V/m]

㉡ 전속밀도: $D = \epsilon E = \dfrac{q}{2\pi r}$ [C/m^2]

정답 ③

21 어떤 공간의 비유전율은 2.0이고, 전위 $V(x, y) = \dfrac{1}{x} + 2xy^2$ 이라고 할 때 점 $(\dfrac{1}{2}, 2)$ 에서의 전하밀도 ρ 는 약 몇 $[\text{pC/m}^3]$ 인가?

① -20 ② -40
③ -160 ④ -320

 ㉠ 포아송의 방정식

$\nabla^2 V = \dfrac{\partial^2 V}{\partial x^2} + \dfrac{\partial^2 V}{\partial y^2} + \dfrac{\partial^2 V}{\partial z^2} = -\dfrac{\rho}{\epsilon}$

㉡ 전위함수를 x 에 대해서 미분

$\dfrac{\partial}{\partial x} V = \dfrac{\partial}{\partial x}(x^{-1} + 2xy^2) = -x^{-2} + 2y^2$

$\dfrac{\partial}{\partial x}(-x^{-2} + 2y^2) = 2x^{-3} = 2(\dfrac{1}{2})^{-3}$

$= 2 \times 2^3 = 16$

㉢ 전위함수를 y 에 대해서 미분

$\dfrac{\partial}{\partial y} V = \dfrac{\partial}{\partial y}(x^{-1} + 2xy^2) = 4xy$

$\dfrac{\partial}{\partial y}(4xy) = 4x = 4(\dfrac{1}{2}) = 2$

$\therefore \rho = -\epsilon_0 \epsilon_s \left(\dfrac{\partial^2 V}{\partial x^2} + \dfrac{\partial^2 V}{\partial y^2} + \dfrac{\partial^2 V}{\partial z^2}\right)$

$= -8.854 \times 10^{-12} \times 2 \times (16 + 2)$

$\fallingdotseq -320$ [pC/m^3]

정답 ④

22 지름이 각각 2[cm] 및 4[cm]인 금속구가 비유전율 10인 변압기유 속에 1[m] 떨어져 있다. 각 구의 전위가 동일하게 10[kV]라면 두 금속구 사이에 작용하는 반발력 [N]은?

① 1.2×10^{-6} ② 2.2×10^{-5}
③ 3.2×10^{-8} ④ 4.2×10^{-9}

 두 전하 사이에 작용하는 힘 (쿨롱의 법칙)

$F = \dfrac{Q_1 Q_2}{4\pi\epsilon_0 \epsilon_s r^2} = \dfrac{(4\pi\epsilon_0\epsilon_s r_1 \times 4\pi\epsilon_0\epsilon_s r_2) V^2}{4\pi\epsilon_0\epsilon_s r^2}$

$= \dfrac{4\pi\epsilon_0\epsilon_s r_1 r_2 V^2}{r^2}$

$= \dfrac{10 \times 0.01 \times 0.02 \times 10^8}{9 \times 10^9 \times 1^2} = 2.22 \times 10^{-5}$ [N]

정답 ②

23 평행판 공기 콘덴서의 두 전극판 사이에 전위차계를 접속하고 전지에 의하여 충전하였다. 충전한 상태에서 비유전율 ϵ_s 인 유전체를 콘덴서에 채우면 전위차계의 지시는 어떻게 되는가?

① 불변이다. ② 0이 된다.
③ 감소한다. ④ 증가한다.

 콘덴서에 유전체를 채우면 충전된 전하량에는 변화가 없고, 정전용량이 증가하여 콘덴서 단자전압이 감소하게 된다. ($V = \dfrac{Q}{C}$ [V])

정답 ③

24

반지름이 각각 $a[m]$, $b[m]$, $c[m]$인 독립 도체구가 있다. 이들 도체를 가는 선으로 연결하면 합성 정전용량은 몇 [F]인가?

① $4\pi\epsilon_0(a+b+c)$
② $4\pi\epsilon_0\sqrt{a^2+b^2+c^2}$
③ $12\pi\epsilon_0\sqrt{a^3+b^3+c^3}$
④ $\dfrac{4}{3}\pi\epsilon_0\sqrt{a^2+b^2+c^2}$

정답분석

㉠ 도체구의 정전용량: $C=4\pi\epsilon_0 r\,[F]$
㉡ 도체를 가는 선으로 연결하면 아래와 같이 병렬 접속이 된다.

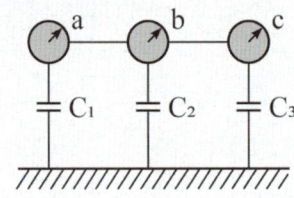

$\therefore C = C_1+C_2+C_3 = 4\pi\epsilon_0(a+b+c)\,[F]$

정답 ①

25

그림과 같이 유전율이 ϵ_1, ϵ_2인 두 유전체 경계면에 중심을 둔 반지름 $a[m]$인 도체구의 정전용량은?

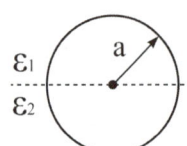

① $4\pi a(\epsilon_1+\epsilon_2)$
② $2\pi a(\epsilon_1+\epsilon_2)$
③ $\dfrac{\epsilon_1+\epsilon_2}{2\pi a}$
④ $\dfrac{\epsilon_1+\epsilon_2}{4\pi a}$

정답분석

㉠ 구도체의 정전용량: $C = 4\pi\epsilon_0 r\,[F]$
㉡ 반구도체의 정전용량: $C = 2\pi\epsilon_0 r\,[F]$
㉢ 그림과 같이 접속하면 병렬접속 상태이므로
$\therefore C = C_1 + C_2 = 2\pi a(\epsilon_1+\epsilon_2)\,[F]$

정답 ②

26

반경 $a[m]$의 도체구와 내외 반경이 각각 $b[m]$ 및 $c[m]$인 도체구가 동심으로 되어 있다. 두 도체구 사이에 비유전율 ϵ_s인 유전체를 채웠을 경우의 정전 용량은 몇 [F]인가?

① $9\times 10^9 \left(\dfrac{bc}{d-b}\right)$
② $\dfrac{1}{9\times 10^9}\left(\dfrac{abc}{a-b+c}\right)$
③ $\dfrac{\epsilon_s}{9\times 10^9}\left(\dfrac{ac}{c-a}\right)$
③ $\dfrac{\epsilon_s}{9\times 10^9}\left(\dfrac{ab}{b-a}\right)$

정답분석

동심 구도체의 정전용량
$C = \dfrac{4\pi\epsilon_0\epsilon_s ab}{b-a} = \dfrac{\epsilon_s}{9\times 10^9}\left(\dfrac{ab}{b-a}\right)[F]$

정답 ④

27

내도체의 반지름이 $\dfrac{1}{4\pi\epsilon}\,[cm]$, 외도체의 반지름이 $\dfrac{1}{\pi\epsilon}\,[cm]$인 동심구 사이를 유전율이 $\epsilon\,[F/m]$인 매질로 채웠을 때 도체 사이의 정전용량은?

① $\dfrac{1}{2}\,[F]$
② $10^{-2}\,[F]$
③ $\dfrac{3}{4}\,[F]$
④ $\dfrac{4}{3}\times 10^{-2}\,[F]$

정답분석

동심구의 정전용량 $C = \dfrac{4\pi\epsilon ab}{b-a}\,[F]$에서
$a = \dfrac{1}{4\pi\epsilon}\times 10^{-2}\,[m]$, $b = \dfrac{1}{\pi\epsilon}\times 10^{-2}\,[m]$을 대입시키면

$\therefore C = \dfrac{4\pi\epsilon\left(\dfrac{1}{4\pi\epsilon}\times 10^{-2}\right)\left(\dfrac{1}{\pi\epsilon}\times 10^{-2}\right)}{\left(\dfrac{1}{\pi\epsilon}\times 10^{-2}\right)-\left(\dfrac{1}{4\pi\epsilon}\times 10^{-2}\right)}$

$= \dfrac{\dfrac{1}{\pi\epsilon}\times 10^{-4}}{\dfrac{3}{4\pi\epsilon}\times 10^{-2}} = \dfrac{4}{3}\times 10^{-2}\,[F]$

정답 ④

28 내외 도체의 반지름이 a, b인 동축선(케이블)의 도체 사이에 유전율이 ϵ인 유전체가 채워져 있는 경우 동축선의 단위 길이당 정전용량은?

① $\epsilon \log_e \dfrac{b}{a}$ 에 비례한다.

② $\dfrac{1}{\epsilon} \log_{10} \dfrac{b}{a}$ 에 비례한다.

③ $\dfrac{\epsilon}{\log_e \dfrac{b}{a}}$ 에 비례한다.

④ $\dfrac{\epsilon b}{a}$ 에 비례한다.

 정답 분석

$$C = \epsilon_s C_0 = \dfrac{2\pi\epsilon_0\epsilon_s}{ln\dfrac{b}{a}} = \dfrac{2\pi\epsilon}{\log_e\dfrac{b}{a}} \ [\text{F/m}] \propto \dfrac{\epsilon}{\log_e\dfrac{b}{a}}$$

정답 ③

29 내원통의 반지름 a[m], 외원통의 반지름 b[m]인 동축원통 콘덴서의 내외 원통사이에 공기를 넣었을 때 정전용량이 C_0이었다. 내외 반지름을 모두 3배로 하고 공기 대신 비유전율 9인 유전체를 넣었을 경우의 정전용량은?

① $\dfrac{C_0}{9}$ ② $\dfrac{C_0}{3}$

③ C_0 ④ $9C_0$

 정답 분석

㉠ 동축원통 콘덴서의 내외 원통 사이에 공기를 넣었을 때의 정전용량: $C_0 = \dfrac{2\pi\epsilon_0 l}{\ln\dfrac{b}{a}}$ [F]

㉡ 내외 반지름을 3배, 공기 대신 비유전율 $\epsilon_s = 9$를 채웠을 때의 정전용량은

∴ $C = \epsilon_s C_0 = \dfrac{2\pi \times 9\epsilon_0 l}{\ln\dfrac{3b}{3a}} = 9C_0$ [F]

정답 ④

30 면적이 $S[\text{m}^2]$이고 극간의 거리가 d[m]인 평행판 콘덴서에 비유전율 ϵ_s의 유전체를 채울 때 정전용량은 몇 [F]인가?

① $\dfrac{2\epsilon_0\epsilon_s S}{d}$ ② $\dfrac{\epsilon_0\epsilon_s}{\pi d}$

③ $\dfrac{\epsilon_0\epsilon_s S}{d}$ ④ $\dfrac{2\pi\epsilon_0\epsilon_s S}{d}$

 정답 분석

평행판의 정전용량: $C = \dfrac{\epsilon_0\epsilon_s S}{d}$ [F]

정답 ③

31 극판의 면적이 4[cm²], 정전용량이 10[pF]인 종이콘덴서를 만들려고 한다. 비유전율 2.5, 두께 0.01[mm]의 종이를 사용하면 종이는 몇 장을 겹쳐야 되겠는가?

① 89장   ② 100장
③ 885장   ④ 8,550장

 정답 분석

㉠ 종이 콘덴서 $C = \dfrac{\epsilon S}{d} = \dfrac{\epsilon_0\epsilon_s S}{d}$ [F] 에서

㉡ 콘덴서 극판의 간격

$d = \dfrac{\epsilon_0\epsilon_s S}{C}$

$= \dfrac{8.855 \times 10^{-12} \times 2.5 \times 4 \times 10^{-4}}{10 \times 10^{-12}}$

$= 8.855 \times 10^{-4}$ [m]

㉢ 종이콘덴서에 들어가는 종이의 수를 알기위해서는 콘덴서 극판의 간격을 종이의 두께 (0.01 [mm] $= 10^{-5}$ [m])로 나누면 되므로

∴ $N = \dfrac{8.855 \times 10^{-4}}{10^{-5}} = 88.55 ≒ 89$

정답 ①

32 대향면적 $S=100[cm^2]$의 평행판 콘덴서가 비유전율 2.1, 절연내력 $1.2\times10^5[V/m]$인 기름 중에 있을 때 축적되는 최대전하는 약 몇 [C]인가?

① 2.23×10^{-6} ② 3.14×10^{-6}
③ 4.28×10^{-6} ④ 6.28×10^{-6}

㉠ 콘덴서 사이의 전위차: $V=d\times E[V]$
㉡ 콘덴서 단면적
$S=100[cm^2]=100\times10^{-4}=10^{-2}[m^2]$
㉢ 전계의 세기
$E=1.2\times10^5[V/cm]=1.2\times10^7[V/m]$
∴ 콘덴서에 축적된 전하량
$Q=CV=\dfrac{\epsilon S}{d}\times d\times E=\epsilon SE=\epsilon_0\epsilon_s SE$
$=8.855\times10^{-12}\times2.1\times10^{-2}\times1.2\times10^7$
$=2.23\times10^{-6}[C]$

정답 ①

33 유전체 내의 정전 에너지 식으로 옳지 않은 것은?

① $\dfrac{1}{2}ED\,[J/m^3]$ ② $\dfrac{1}{2}\dfrac{D^2}{\epsilon}\,[J/m^3]$
③ $\dfrac{1}{2}\epsilon E^2\,[J/m^3]$ ④ $\dfrac{1}{2}\epsilon D^2\,[J/m^3]$

정전에너지(단위 체적당 정전 에너지)
$W=\dfrac{1}{2}\epsilon E^2=\dfrac{1}{2}ED=\dfrac{D^2}{2\epsilon}\,[J/m^3]$

정답 ④

34 비유전율이 2.4인 유전체 내의 전계의 세기 100[mV/m]이다. 유전체에 저축되는 단위 체적 당 정전 에너지는 몇 $[J/m^3]$인가?

① 1.06×10^{-13} ② 1.77×10^{-13}
③ 2.32×10^{-13} ④ 2.32×10^{-11}

정전에너지(단위 체적당 정전 에너지)
$W=\dfrac{1}{2}\epsilon E^2=\dfrac{1}{2}\epsilon_0\epsilon_s E^2$
$=\dfrac{1}{2}\times8.855\times10^{-12}\times2.4\times(100\times10^{-3})^2$
$=1.06\times10^{-13}\,[J/m^3]$

정답 ①

35 커패시터를 제조하는데 A, B, C, D와 같은 4가지 유전 재료가 있다. 커패시터 내에서 단위 체적 당 가장 큰 에너지 밀도를 나타내는 재료로부터 순서대로 나열하면? (단, 유전 재료 A, B, C, D의 비유전율은 각각 $\epsilon_{rA}=8$, $\epsilon_{rB}=10$, $\epsilon_{rC}=2$, $\epsilon_{rD}=4$이다)

① $B>A>D>C$
② $A>B>D>C$
③ $D>A>C>B$
④ $C>D>A>B$

정전에너지 $W=\dfrac{1}{2}\epsilon E^2=\dfrac{1}{2}\epsilon_r\epsilon_0 E^2\,[J/m^3]$
이므로 비유전율에 비례한다.
∴ $\epsilon_{rB}>\epsilon_{rA}>\epsilon_{rD}>\epsilon_{rC}$이므로
$B>A>D>C$가 된다.

정답 ①

36 간격 $d\,[\text{m}]$, 면적 $S\,[\text{m}^2]$의 평행판 커패시터 사이에 유전율 ϵ을 갖는 절연체를 넣고 전극 간에 $V[\text{V}]$의 전압을 가할 때 양 전극판을 떼어내는데 필요한 힘의 크기는 몇 [N]인가?

① $\dfrac{1}{2\epsilon}\left(\dfrac{V^2}{d^2 S}\right)$ ② $\dfrac{1}{2\epsilon}\left(\dfrac{dV^2}{S}\right)$

③ $\dfrac{1}{2}\epsilon\left(\dfrac{V}{d}\right)S$ ④ $\dfrac{1}{2}\epsilon\left(\dfrac{V^2}{d^2}\right)S$

 정답분석

㉠ 단위면적당 작용하는 힘은
$$f = \frac{1}{2}\epsilon E^2 = \frac{1}{2}ED = \frac{D^2}{2\epsilon}\,[\text{N/m}^2]$$ 이므로

㉡ 전극판을 떼어내는데 필요한 힘은
$$F = f \cdot S = \frac{1}{2}\epsilon E^2 S\,[\text{N}]$$ 이 된다.

㉢ 여기에 $E = \dfrac{V}{d}$ 를 대입하면
$$\therefore F = \frac{1}{2}\epsilon\left(\frac{V}{d}\right)^2 S = \frac{1}{2d}\left(\frac{\epsilon S}{d}V^2\right)$$
$$= \frac{1}{2d}CV^2\,[\text{N}]$$

정답 ④

38 면적 $A\,[\text{m}^2]$, 간격 $d\,[\text{m}]$인 평형판 콘덴서의 전극판에 비유전율 ϵ_r인 유전체를 가득히 채웠을 때 전극판 간에 $V[\text{V}]$를 가하면 전극판을 떼어내는데 필요한 힘은 몇 [N]인가?

① $\dfrac{\epsilon_0 \epsilon_r V^2 A}{2d^2}$ ② $\dfrac{\epsilon_0 \epsilon_r V^2 A}{d^2}$

③ $\dfrac{\epsilon_0 \epsilon_r V^2 A}{2\pi d^2}$ ④ $\dfrac{\epsilon_0 \epsilon_r V^2 A}{2d}$

정답분석

㉠ 단위면적당 작용하는 힘은
$$f = \frac{1}{2}\epsilon E^2 = \frac{1}{2}ED = \frac{D^2}{2\epsilon}\,[\text{N/m}^2]$$ 이므로

㉡ 전극판을 떼어내는데 필요한 힘은
$$F = f \cdot A = \frac{1}{2}\epsilon E^2 A\,[\text{N}]$$ 이 된다.

㉢ 여기에 $E = \dfrac{V}{d}$ 를 대입하면
$$\therefore F = \frac{1}{2}\epsilon\left(\frac{V}{d}\right)^2 A = \frac{1}{2d}\frac{\epsilon_0 \epsilon_r A}{d}V^2$$
$$= \frac{\epsilon_0 \epsilon_r V^2 A}{2d^2}\,[\text{N}]$$

정답 ①

37 평판 콘덴서에 어떤 유전체를 넣었을 때 전속밀도가 $2.4 \times 10^{-7}\,[\text{C/m}^2]$이고 단위 체적 중의 에너지가 $5.3 \times 10^{-3}\,[\text{J/m}^3]$이었다. 이 유전체의 유전율은 몇 [F/m] 인가?

① 2.17×10^{-11} ② 5.43×10^{-11}
③ 2.17×10^{-12} ④ 5.43×10^{-12}

 정답분석

정전에너지 $W = \dfrac{D^2}{2\epsilon}\,[\text{J/m}^3]$ 에서 유전율
$$\epsilon = \frac{D^2}{2W} = \frac{(2.4 \times 10^{-7})^2}{2 \times 5.3 \times 10^{-3}}$$
$$= 0.543 \times 10^{-11}\,[\text{F/m}]$$

정답 ④

39 극판 면적이 50[cm²], 간격이 5[cm]인 평행판 콘덴서의 극판간에 유전율 3인 유전체를 넣은 후 극판간에 50[V]의 전위차를 가하면 전극판을 떼어내는데 필요한 힘은 몇 [N]인가?

① -600 ② -750
③ -6000 ④ -7500

정답분석

전극판을 떼어내는데 필요한 힘
$$F = \frac{1}{2}\epsilon E^2 \times S = \frac{1}{2}\epsilon\left(\frac{V}{d}\right)^2 S$$
$$= \frac{1}{2} \times 3 \times \left(\frac{50}{0.05}\right)^2 \times 50 \times 10^{-4} = 7500\,[\text{N}]$$

∴ 전극판을 떼어내는 힘은 흡인력과 반대방향이므로 $-7500\,[\text{N}]$ 이다.

정답 ④

40 유전율 ϵ [F/m] 인 유전체 내에서 반지름 a [m] 인 도체구의 전위가 V [V] 일 때 이 도체구가 가진 에너지는 몇 [J] 인가?

① $4\pi\epsilon a V$ ② $2\pi\epsilon a V$
③ $4\pi\epsilon a V^2$ ④ $2\pi\epsilon a V^2$

 정답분석
㉠ 도체의 축적에너지
$$: W = \frac{1}{2}CV^2 = \frac{1}{2}QV = \frac{Q^2}{2C} \text{ [J]}$$
㉡ 도체구의 정전용량: $C = 4\pi\epsilon a$ [F]
$$\therefore W = 2\pi\epsilon a V^2 = \frac{Q^2}{8\pi\epsilon a} \text{ [J]}$$

정답 ④

41 공기콘덴서를 어느 전압으로 충전한 다음 전극 간에 유전체를 넣어 정전용량을 2배로 하였다면 축적되는 에너지는 어떻게 되는가?

① $\frac{1}{4}$ 배로 된다. ② $\frac{1}{2}$ 배로 된다.
③ $\sqrt{2}$ 배로 된다. ④ 2 배로 된다.

 정답분석
㉠ 콘덴서에 전압을 인가하여 전하를 충전한 다음 전원을 제거한 상태에서 유전체를 삽입한 경우이므로 콘덴서 극판에 충전된 전하량 Q 는 일정한 상태가 된다.
㉡ 콘덴서에 축적되는 에너지 $W_C = \frac{Q^2}{2C}$ [J]이므로 정전용량에 반비례한다.
∴ 정전용량을 2배로 하면 에너지는 $\frac{1}{2}$ 배가 된다.

정답 ②

42 공기콘덴서를 100[V]로 충전한 다음, 극간에 유전체를 넣어 용량을 10배로 하였다. 이때 정전에너지는 몇 배로 되는가?

① $\frac{1}{10}$ 배 ② 10 배
③ $\frac{1}{1000}$ 배 ④ 1000 배

 정답확인

정답 ①

43 극판면적 10 [cm²], 간격 1 [mm] 평행판 콘덴서에 비유전율이 3 인 유전체를 채웠을 때 전압 100 [V] 를 가하면 축적되는 에너지는 약 몇 [J] 인가?

① 1.32×10^{-7} [J] ② 1.32×10^{-9} [J]
③ 2.64×10^{-7} [J] ④ 2.64×10^{-9} [J]

 정답분석
㉠ 평행판 콘덴서의 정전용량
$$: C = \frac{\epsilon_0 \epsilon_s S}{d}$$
$$= \frac{8.855 \times 10^{-12} \times 3 \times 10 \times 10^{-4}}{10^{-3}}$$
$$= 26.57 \times 10^{-12} \text{ [F]}$$
㉡ 콘덴서에 축적되는 에너지
$$: W_C = \frac{1}{2}CV^2$$
$$= \frac{1}{2} \times 26.57 \times 10^{-12} \times 100^2$$
$$= 13.28 \times 10^{-8} \text{ [J]}$$

정답 ①

44 면적 400 [cm²], 판간격 1 [cm] 인 2장의 평행금속판 간에 비유전율 5의 유전체를 채우고, 판간에 10 [kV] 의 전압으로 충전하였다가 10^{-5} [sec] 동안 방전시킬 경우의 평균전력은 몇 [W] 인가?

① 400 ② 637.8
③ 733.6 ④ 885.5

 정답분석
㉠ 콘덴서에 축적된 에너지는 저항을 통해서 방전시킬 때의 전력량과 같다.
$$W = \frac{1}{2}CV^2 = Pt \text{ [J]}$$
㉡ 평행판 콘덴서의 정전용량
$$: C = \frac{\epsilon_0 \epsilon_s S}{d}$$
$$= \frac{8.855 \times 10^{-12} \times 5 \times 400 \times 10^{-4}}{10^{-2}}$$
$$= 17.71 \times 10^{-11} \text{ [F]}$$
∴ 평균전력
$$: P = \frac{1}{2t}CV^2$$
$$= \frac{1}{2 \times 10^{-5}} \times 17.71 \times 10^{-11} \times (10^4)^2$$
$$= 8.855 \times 10^2 \text{ [W]}$$

정답 ④

45 $Q[C]$의 전하를 가진 반지름 $a[m]$의 도체구를 비유전율 ϵ_s인 기름 탱크에서 공기 중으로 꺼내는데 필요할 에너지는 몇 $[J]$인가?

① $\dfrac{Q}{8\pi\epsilon_0 a}(\dfrac{1}{\epsilon_s}-1)$

② $\dfrac{Q^2}{8\pi\epsilon_0 a}(1-\dfrac{1}{\epsilon_s})$

③ $\dfrac{Q^2}{4\pi\epsilon_0 a}(\dfrac{1}{\epsilon_s}-1)$

④ $\dfrac{Q}{8\pi\epsilon_0 a^2}(\dfrac{1}{\epsilon_s}-1)$

정답분석

㉠ 기름 탱크에서 에너지

: $W_1 = \dfrac{Q^2}{2C_1} = \dfrac{Q^2}{8\pi\epsilon_0\epsilon_s a}$ [J]

㉡ 공기 중의 에너지

: $W_2 = \dfrac{Q^2}{2C_2} = \dfrac{Q^2}{8\pi\epsilon_0 a}$ [J]

∴ 공기 중으로 꺼내는데 필요한 에너지

: $W_2 - W_1 = \dfrac{Q^2}{8\pi\epsilon_0 a}(1-\dfrac{1}{\epsilon_s})$ [J]

정답 ②

46 정전용량이 $1[\mu F]$인 공기콘덴서가 있다. 이 콘덴서 판간의 $\dfrac{1}{2}$인 두께를 갖고 비유전율 $\epsilon_r = 2$인 유전체를 그 콘덴서의 한 전극면에 접촉하여 넣을 때 전체의 정전용량은 몇 $[\mu F]$가 되는가?

① $2[\mu F]$　　② $\dfrac{1}{2}[\mu F]$

③ $\dfrac{4}{3}[\mu F]$　　④ $\dfrac{5}{3}[\mu F]$

정답분석

㉠ 초기 공기콘덴서 용량: $C_0 = \dfrac{\epsilon_0 S}{d} = 1[\mu F]$

㉡ 극판과 평행하게 유전체를 넣으면 아래 그림과 같이 공기층과 유전체층 콘덴서가 직렬로 접속된 것으로 해석된다.

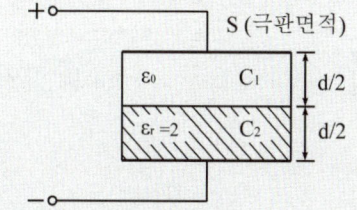

㉢ 공기 부분의 정전용량

$C_1 = \dfrac{\epsilon_0 S}{d/2} = 2\dfrac{\epsilon_0 S}{d} = 2C_0$

㉣ 유전체 부분의 정전용량

$C_2 = \dfrac{\epsilon_r \epsilon_0 S}{d/2} = 2\epsilon_r \dfrac{\epsilon_0 S}{d} = 2\epsilon_r C_0$

∴ C_1과 C_2는 직렬로 접속되어 있으므로

$C = \dfrac{C_1 \times C_2}{C_1 + C_2} = \dfrac{4\epsilon_r C_0^2}{(1+\epsilon_r)2C_0} = \dfrac{2\epsilon_r}{1+\epsilon_r}C_0$

$= \dfrac{2 \times 2}{1+2} \times 1 = \dfrac{4}{3}[\mu F]$

정답 ③

47

정전용량이 C_0 [F]인 평행판 공기콘덴서에 전극간격의 1/2 두께의 유리판을 전극에 평행하게 넣으면 이 때의 정전용량 [F]는? (단, 유리판의 비유전율은 ϵ_s 라 한다)

① $\dfrac{(1+\epsilon_s)C_0}{2\epsilon_s}$ ② $\dfrac{C_0\epsilon_s}{1+\epsilon_s}$

③ $\dfrac{2\epsilon_s C_0}{1+\epsilon_s}$ ④ $\dfrac{3C_0}{1+\dfrac{1}{\epsilon_s}}$

정답분석

㉠ 초기 공기 콘덴서의 정전용량: $C_0 = \dfrac{\epsilon_0 S}{d}$

㉡ 공기 부분의 정전용량

$C_1 = \dfrac{\epsilon_0 S}{d/2} = 2\dfrac{\epsilon_0 S}{d} = 2C_0$

㉢ 유전체 부분의 정전용량

$C_2 = \dfrac{\epsilon_s \epsilon_0 S}{d/2} = 2\epsilon_s \dfrac{\epsilon_0 S}{d} = 2\epsilon_s C_0$

∴ C_1 과 C_2 는 직렬로 접속되어 있으므로

$C = \dfrac{C_1 \times C_2}{C_1 + C_2} = \dfrac{4\epsilon_s C_0^2}{(1+\epsilon_s)2C_0}$

$= \dfrac{2\epsilon_s}{1+\epsilon_s}C_0 [F]$

정답 ③

48

면적 $S[\text{m}^2]$, 간격 $d[\text{m}]$ 인 평행판 Condenser에 그림과 같이 두께 d_1, d_2 [m] 이며 유전율 ϵ_1, ϵ_2 [F/m] 인 두 유전체를 극판간에 평행으로 채웠을 때 정전 용량은 얼마인가?

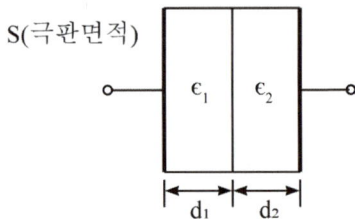

① $\dfrac{S}{\dfrac{d_1}{\epsilon_1}+\dfrac{d_2}{\epsilon_2}}$ ② $\dfrac{S}{\dfrac{d_1}{\epsilon_2}+\dfrac{d_2}{\epsilon_1}}$

③ $\dfrac{\epsilon_1 S}{d_1}+\dfrac{\epsilon_2 S}{d_2}$ ④ $\dfrac{\epsilon_1 \epsilon_2 S}{d}$

정답분석

㉠ 유전율 ϵ_1 의 정전용량: $C_1 = \dfrac{\epsilon_1 S}{d_1}$

㉡ 유전율 ϵ_2 의 정전용량: $C_2 = \dfrac{\epsilon_2 S}{d_2}$

∴ 합성 정전용량

$C = \dfrac{1}{\dfrac{1}{C_1}+\dfrac{1}{C_2}} = \dfrac{1}{\dfrac{d_1}{\epsilon_1 S}+\dfrac{d_2}{\epsilon_2 S}}$

$= \dfrac{1}{\dfrac{1}{S}\left(\dfrac{d_1}{\epsilon_1}+\dfrac{d_2}{\epsilon_2}\right)} = \dfrac{S}{\dfrac{d_1}{\epsilon_1}+\dfrac{d_2}{\epsilon_2}}$

정답 ①

49 그림과 같은 정전용량이 C_0 [F]되는 평행판 공기콘덴서의 판면적의 $\frac{2}{3}$ 되는 공간에 비유전율 ϵ_s 인 유전체를 채우면 공기콘덴서의 정전용량은 몇 [F]인가?

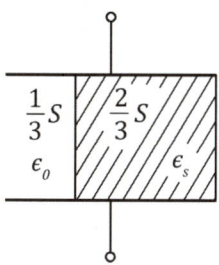

① $\frac{2\epsilon_s}{3} C_0$ ② $\frac{3}{1+2\epsilon_s} C_0$

③ $\frac{1+\epsilon_s}{3} C_0$ ④ $\frac{1+2\epsilon_s}{3} C_0$

정답분석

㉠ 초기 공기콘덴서 용량: $C_0 = \dfrac{\epsilon_0 S}{d}$

㉡ 극판의 면적을 나누어 유전체를 넣으면 공기층과 유전체층 콘덴서가 병렬로 접속된 것으로 해석된다.

㉢ 공기 부분의 정전용량
$$C_1 = \frac{\epsilon_0 S/3}{d} = \frac{1}{3} C_0$$

㉣ 유전체 부분의 정전용량
$$C_2 = \frac{\epsilon_s \epsilon_0 2S/3}{d} = \frac{2}{3} \epsilon_s C_0$$

∴ C_1과 C_2는 병렬로 접속되어 있으므로
$$C = C_1 + C_2 = \frac{C_0}{3} + \frac{2\epsilon_s C_0}{3}$$
$$= \frac{1+2\epsilon_s}{3} C_0 \text{[F]}$$

정답 ④

50 그림과 같이 판의 면적 $\frac{1}{3}S$, 두께 d 와 판면적 $\frac{1}{3}S$, 두께 $\frac{1}{2}d$ 되는 유전체($\epsilon_s = 3$)를 끼웠을 경우의 정전용량은 처음의 몇 배인가?

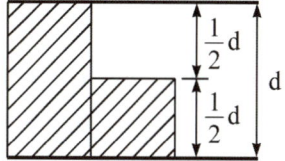

① $\frac{1}{6}$ ② $\frac{5}{6}$

③ $\frac{11}{6}$ ④ $\frac{13}{6}$

정답분석

㉠ 초기 공기 콘덴서의 정전용량: $C_0 = \dfrac{\epsilon_0 S}{d}$

㉡ 유전체 콘덴서 등가회로는 아래와 같다.

㉢ $C_1 = \dfrac{1}{3} \epsilon_s C_0 = C_0$

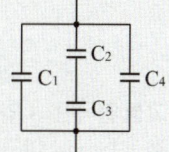

㉣ $C_2 = \dfrac{2}{3} C_0$

㉤ $C_3 = \dfrac{2}{3} \epsilon_s C_0 = 2 C_0$

㉥ $C_4 = \dfrac{1}{3} C_0$

∴ 합성 정전용량
$$C = C_1 + \frac{C_2 \times C_3}{C_2 + C_3} + C_4$$
$$= C_0 + \frac{1}{2} C_0 + \frac{1}{3} C_0 = \frac{11}{6} C_0$$

정답 ③

51 $C_1 = 2[\mu F]$, $C_1 = 4[\mu F]$인 공기 콘덴서를 직렬연결하고 C_1에 $\epsilon_r = 2$인 종이를 채웠을 때 합성용량은 몇 배로 증가하는가?

① 2.5 ② 2
③ 1.5 ④ 1.2

정답 분석

㉠ C_1와 C_2를 직렬 접속 시 합성용량
$$C = \frac{C_1 \times C_2}{C_1 + C_2} = \frac{2 \times 4}{2 + 4} = \frac{4}{3}[\mu F]$$

㉡ C_1에 종이를 채웠을 때의 정전용량
$$C_1' = \epsilon_r C_1 = 2 \times 2 = 4[\mu F]$$

㉢ C_1'와 C_2를 직렬접속 시 합성용량
$$C' = \frac{C_1' \times C_2}{C_1' + C_2} = \frac{4 \times 4}{4 + 4} = 2[\mu F]$$

$$\therefore \frac{C'}{C} = \frac{2}{\frac{4}{3}} = 1.5$$

정답 ③

52 공기 콘덴서의 고정 전극판 A와 가동 전극판 B 간의 간격이 $d = 1[\text{mm}]$이고 전계는 극면 간에서만 균등하다고 하면 정전용량은 몇 $[\mu F]$인가? (단, 전극판의 상대되는 부분의 면적은 $S[\text{m}^2]$라 한다)

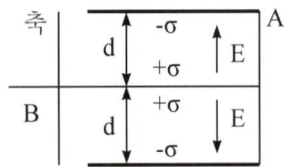

① $\dfrac{S}{9\pi}$ ② $\dfrac{S}{18\pi}$
③ $\dfrac{S}{36\pi}$ ④ $\dfrac{S}{72\pi}$

정답 분석

축 기준으로 각각의 정전용량 $C_0 = \dfrac{\epsilon_0 S}{d}[F]$이고, 두 정전용량은 병렬접속이므로

$$\therefore C = 2C_0 = 2 \times \frac{\epsilon_0 S}{d} = \frac{2S}{36\pi \times 10^9 \times d}$$

$$= \frac{2S}{36\pi \times 10^9 \times 10^{-3}}$$

$$= \frac{S}{18\pi} \times 10^{-6}[F] = \frac{S}{18\pi}[\mu F]$$

정답 ②

53 그림과 같이 평행판 콘덴서 내에 비유전율 12와 18인 두 종류의 유전체를 같은 두께로 두었을 때 A에는 몇 [V]의 전압이 가해지는가?

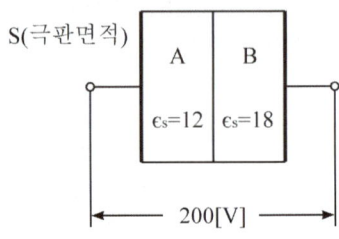

① 40 ② 80
③ 120 ④ 160

정답 분석

전압 분배 법칙
$$V_A = \frac{C_B}{C_A + C_B} \times V = \frac{\epsilon_B}{\epsilon_A + \epsilon_B} \times V$$
$$= \frac{18}{12 + 18} \times 200 = 120[V]$$

여기서, 평행판 콘덴서의 정전용량
$$C = \frac{\epsilon S}{d} = \frac{\epsilon_0 \epsilon_s S}{d}[F]$$

정답 ③

54 평행판 콘덴서의 극간전압을 일정히 하고 간격 $\frac{2}{3}$ 두께이며, 비유전율 10인 유리판을 삽입할 경우 극간의 흡인력은 유리판의 삽입 전보다 어떻게 되는가?

① $\frac{1}{2.5}$ 배로 작아진다.
② $\frac{1}{1.5}$ 배로 작아진다.
③ 2.5 배로 커진다.
④ 1.5 배로 커진다.

㉠ 정전응력(흡인력)
$$f = \frac{1}{2}\epsilon E^2 [\text{N/m}^2] = \frac{1}{2}\epsilon \left(\frac{V}{d}\right)^2 S[\text{N}]$$
$$= \frac{1}{2d}CV^2[\text{N}] \propto C \text{ 이므로}$$
정전흡인력은 정전용량에 비례한다.

㉡ 간격 $\frac{2}{3}$ 의 두께에 비유전율 10인 물질로 채워지면: $C_1 = \frac{3}{2}\epsilon_r C_0 = 15 C_0$

㉢ 나머지 $\frac{1}{3}$ 의 두께에는 공기로 채워져 있으므로: $C_2 = 3 C_0$

㉣ 직렬 합성 정전용량
$$C = \frac{15 C_0 \times 3 C_0}{15 C_0 + 3 C_0} = 2.5 C_0$$

∴ 정전용량이 2.5배 증가하므로 정전흡인력 또한 2.5배 커진다.

정답 ③

2. 전기분극

55 유전분극의 종류가 아닌 것은?
① 전하분극 ② 전자분극
③ 이온분극 ④ 배향분극

정답 ①

56 전기분극이란?
① 도체내의 원자핵의 변위이다.
② 유전체내의 원자의 흐름이다.
③ 유전체내의 속박전하의 변위이다.
④ 도체내의 자유전하의 흐름이다.

정답 ③

57 영구 쌍극자 모멘트를 갖고 있는 분자가 외부 전계에 의하여 배열함으로서 일어나는 전기분극 현상은?
① 전자분극 ② 쌍극자 연면 분극
③ 이온분극 ④ 쌍극자 배향 분극

정답 ④

58 분극 중 온도의 영향을 받는 분극은?
① 전자분극
② 이온분극
③ 배향분극
④ 전자분극과 이온분극

정답 ③

59 유전체 내의 전속밀도에 관한 설명 중 옳은 것은?
① 진전하만이다.
② 분극전하만이다.
③ 겉보기 전하만이다.
④ 진전하와 분극전하이다.

정답 ①

60 다음 중에서 옳지 않은 것은?
① 유전체의 전속밀도는 도체에 준 진전하 밀도와 같다.
② 유전체의 전속밀도는 유전체의 분극전하 밀도와 같다.
③ 유전체의 분극선의 방향은 -분극전하에서 +분극전하로 향하는 방향이다.
④ 유전체의 분극도는 분극전하 밀도와 같다.

분극도=분극전하 밀도=분극의 세기

정답 ②

61 전속밀도에 대한 설명으로 가장 옳은 것은?
① 전속은 스칼라량이기 때문에 전속밀도도 스칼라량이다.
② 전속밀도는 전계의 세기의 방향과 반대 방향이다.
③ 전속밀도는 유전체 내에 분극의 세기와 같다.
④ 전속밀도는 유전체와 관계없이 크기는 일정하다.

① 전속밀도와 전하밀도의 크기는 같다. 단, 전속밀도는 벡터, 전하밀도는 스칼라가 된다.
② 전속밀도는 전계의 세기의 방향과 같은 방향이다.
③ 분극의 세기: $P = D - \epsilon_0 E$
 (여기서, D: 전속밀도, E: 전계의 세기)
④ 전속밀도는 유전체와 관계없이 크기가 일정하다.

정답 ④

62 유전체에서 분극의 세기의 단위는?
① $[C]$
② $[C/m]$
③ $[C/m^2]$
④ $[C/m^3]$

분극의 세기 정의
$$P = \frac{Q}{S} = \frac{Q\ell}{S\ell} = \frac{M}{V} [C/m^2]$$
(여기서, M: 전기 쌍극자 모멘트)

정답 ③

63 전계 $E[V/m]$, 전속밀도 $D[C/m^2]$, 유전율 $\epsilon = \epsilon_0 \epsilon_s [F/m]$, 분극의 세기 $P[C/m^2]$ 사이의 관계는?
① $P = D + \epsilon_0 E$
② $P = D - \epsilon_0 E$
③ $\epsilon_0 P = D + E$
④ $P = D - E$

분극의 세기(분극도)와 전계의 관계
$$P = \epsilon_0(\epsilon_s - 1)E = D - \epsilon_0 E$$
$$= D\left(1 - \frac{1}{\epsilon_s}\right)[C/m^2]$$

정답 ②

64 비유전율 $\epsilon_s = 5$인 등방 유전체의 한 점에서 전계의 세기가 $E = 10^4$ [V/m]일 때 이 점의 분극의 세기는 몇 [C/cm²]인가?

① $\dfrac{10^{-9}}{9\pi}$　　② $\dfrac{10^{-5}}{9\pi}$

③ $\dfrac{5}{36\pi} \times 10^{-9}$　　④ $\dfrac{5}{36\pi} \times 10^{-5}$

 분극의 세기
$P = \epsilon_0(\epsilon_s - 1)E = \dfrac{10^{-9}}{36\pi} \times (5-1) \times 10^4$
$= \dfrac{10^{-5}}{9\pi}$ [C/m²] $= \dfrac{10^{-5}}{9\pi} \times \dfrac{1}{10^4}$ [C/cm²]
$= \dfrac{10^{-9}}{9\pi}$ [C/cm²]

정답 ①

65 비유전율 $\epsilon_s = 2.8$인 유전체에 전속밀도 $D = 3 \times 10^{-7}$ [C/m²]를 인가할 때 분극의 세기 P는 약 몇 [C/m²]인가? (단, 유전체는 등질 및 등방향성이라 한다)

① 1.93×10^{-7}　　② 2.93×10^{-7}
③ 3.50×10^{-7}　　④ 4.07×10^{-7}

 분극의 세기
$P = D\left(1 - \dfrac{1}{\epsilon_s}\right) = 3.0 \times 10^{-7} \times \left(1 - \dfrac{1}{2.8}\right)$
$= 1.93 \times 10^{-7}$ [C/m²]

정답 ①

66 두 평행판 축전기에 채워진 폴리에틸렌의 비유전율이 ϵ_r, 평행판 거리 $d = 1.5$ [mm]일 때, 만일 평행판 내의 전계의 세기가 10 [kV/m]라면 평행판 간 폴리에틸렌 표면에 나타난 분극전하밀도는?

① $\dfrac{\epsilon_r - 1}{18\pi} \times 10^{-5}$ [C/m²]

② $\dfrac{\epsilon_r - 1}{36\pi} \times 10^{-6}$ [C/m²]

③ $\dfrac{\epsilon_r}{18\pi} \times 10^{-5}$ [C/m²]

④ $\dfrac{\epsilon_r - 1}{36\pi} \times 10^{-5}$ [C/m²]

 분극전하밀도(=분극의 세기)
$P = \epsilon_0(\epsilon_r - 1)E = \dfrac{10^{-9}}{36\pi} \times (\epsilon_r - 1) \times 10^4$
$= \dfrac{\epsilon_r - 1}{36\pi} \times 10^{-5}$ [C/m²]
(여기서, 전계의 세기
$E = 10$ [kV/m] $= 10 \times 10^3 = 10^4$ [V/m])

정답 ④

67 평행판 공기콘덴서의 양 극판에 $+\sigma$ [C/m²], $-\sigma$ [C/m²]의 전하가 분포되어 있다. 이 두 전극사이에 유전률 ϵ [F/m]인 유전체를 삽입한 경우의 전계는 몇 [V/m]인가? (단, 유전체의 분극전하밀도를 $+\sigma'$ [C/m²], $-\sigma'$ [C/m²]이라 한다.)

① $\dfrac{\sigma - \sigma'}{\epsilon_0}$　　② $\dfrac{\sigma + \sigma'}{\epsilon_0}$

③ $\dfrac{\sigma}{\epsilon_0} - \dfrac{\sigma'}{\epsilon}$　　④ $\dfrac{\sigma'}{\epsilon_0}$

 ㉠ 분극의 세기
$P = \epsilon_0(\epsilon_s - 1)E = D - \epsilon_0 E = D\left(1 - \dfrac{1}{\epsilon_s}\right)$

㉡ 분극전하밀도(=분극의 세기)
$\sigma' = P = D - \epsilon_0 E = \sigma - \epsilon_0 E$ 에서
$\epsilon_0 E = \sigma - \sigma'$ 이므로
(여기서, 전속밀도 D = 전하밀도 σ)

∴ 전계의 세기: $E = \dfrac{\sigma - \sigma'}{\epsilon_0}$ [V/m]

정답 ①

68 간격에 비해서 충분히 넓은 평행판 콘덴서의 판 사이에 비유전율 ϵ_s인 유전체를 채우고 외부에서 판에 수직 방향으로 전계 E_0를 가할 때 분극 전하에 의한 전계의 세기는 몇 [V/m]인가?

① $\dfrac{\epsilon_s+1}{\epsilon_s}E_0$ ② $\dfrac{\epsilon_s-1}{\epsilon_s}E_0$

③ $\dfrac{\epsilon_s}{\epsilon_s-1}E_0$ ④ $\dfrac{\epsilon_s}{\epsilon_s+1}E_0$

정답분석

㉠ 분극전하밀도
: $\sigma' = P = D\left(1-\dfrac{1}{\epsilon_s}\right) = \epsilon_0 E_0\left(1-\dfrac{1}{\epsilon_s}\right)$

㉡ 분극전하에 의한 전계의 세기
: $E' = \dfrac{\sigma'}{\epsilon_0} = E_0\left(\dfrac{\epsilon_s-1}{\epsilon_s}\right)$

정답 ②

69 비유전율이 10인 유전체를 5[V/m]인 전계 내에 놓으면 유전체의 표면 전하밀도는 몇 [C/m²]인가? (단, 유전체의 표면과 전계는 직각이다)

① $35\,\epsilon_0$ ② $45\,\epsilon_0$
③ $55\,\epsilon_0$ ④ $65\,\epsilon_0$

정답분석

유전체 표면 전하밀도는 분극전하밀도이므로
∴ $P = \epsilon_0(\epsilon_s-1)E = \epsilon_0(10-1)\times 5 = 45\epsilon_0$

정답 ②

70 평등 전계 내에 수직으로 비유전율 $\epsilon_r = 3$인 유전체판을 놓았을 경우 판 내의 전속밀도 $D = 4\times 10^{-8}$ [C/m²]이었다. 이 유전체의 비분극률은?

① 2 ② 3
③ 1×10^{-6} ④ 2×10^{-5}

정답분석

비분극률(=전기감수율)
$\chi_{er} = \dfrac{\chi}{\epsilon_0} = \epsilon_s - 1 = 3-1 = 2$

정답 ①

71 정전용량이 20[μF]인 평행판 축전기에 0.01[C]의 전하량을 충전했을 때 두 평행판 사이에 비유전율 10인 유전체를 채우면 유전체 표면에 발생하는 분극 전하량은 몇 [C]인가?

① -0.009 ② -0.01
③ -0.09 ④ -0.1

정답분석

㉠ 분극전하밀도 $\sigma' = P = \dfrac{Q'}{S}$ [C/m²] 이고,
  전하밀도 $\sigma = D = \dfrac{Q}{S}$ [C/m²]

㉡ 분극전하밀도 $P = D\left(1-\dfrac{1}{\epsilon_s}\right)$ 에서 양변에 면적을 곱해서 분극전하량을 구할 수 있다.

∴ 분극 전하량
$Q' = -Q\left(1-\dfrac{1}{\epsilon_s}\right) = -0.01\left(1-\dfrac{1}{10}\right)$
$\quad = -0.009$ [C]

정답 ①

3. 유전체 경계면의 조건

72 유전체에 대한 경계조건의 설명이 옳지 않은 것은?

① 표면 전하밀도란 구속전하의 표면밀도를 말하는 것이다.
② 완전 유전체 내에서는 자유전자가 존재하지 않는다.
③ 경계면에 외부 전하가 있으면, 유전체의 내부와 외부의 전하는 평형되지 않는다.
④ 특수한 경우를 제외하고 경계면에서 표면 전하밀도는 영(zero)이다.

 유전체 표면 전하밀도란 분극전하 밀도(=분극의 세기)를 말한다.

정답 ①

73 유전율이 각각 다른 두 유전체의 경계면에 전계가 수직으로 입사하였을 때, 옳은 것은?

① 전계는 연속성이다.
② 전속밀도가 달라진다.
③ 유전률이 같아진다.
④ 전력선은 굴절하지 않는다.

 전계가 수직입사하면 전계는 접선 성분이, 전속은 법선성분이 연속적이다.

정답 ④

74 두 종류의 유전율(ϵ_1, ϵ_2)을 가진 유전체 경계면에 진전하가 존재하지 않을 때 성립하는 경계조건을 옳게 나타낸 것은? (단, θ_1 θ_2 는 각각 유전체 경계면의 법선벡터와 E_1, E_2 가 이루는 각이다)

① $E_1 \sin\theta_1 = E_2 \sin\theta_2$
$D_1 \sin\theta_1 = D_2 \sin\theta_2$, $\dfrac{\tan\theta_1}{\tan\theta_2} = \dfrac{\epsilon_2}{\epsilon_1}$

② $E_1 \cos\theta_1 = E_2 \cos\theta_2$
$D_1 \sin\theta_1 = D_2 \sin\theta_2$, $\dfrac{\tan\theta_1}{\tan\theta_2} = \dfrac{\epsilon_2}{\epsilon_1}$

③ $E_1 \sin\theta_1 = E_2 \sin\theta_2$
$D_1 \cos\theta_1 = D_2 \cos\theta_2$, $\dfrac{\tan\theta_1}{\tan\theta_2} = \dfrac{\epsilon_1}{\epsilon_2}$

④ $E_1 \cos\theta_1 = E_2 \cos\theta_2$
$D_1 \cos\theta_1 = D_2 \cos\theta_2$, $\dfrac{\tan\theta_1}{\tan\theta_2} = \dfrac{\epsilon_1}{\epsilon_2}$

유전체 경계조건

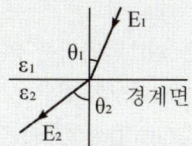

㉠ 전계의 접선성분은 서로 같다. (연속적)
$E_{1t} = E_{2t}$ ($E_1 \sin\theta_1 = E_2 \sin\theta_2$)
㉡ 전속밀도의 법선성분은 서로 같다.
$D_{1n} = D_{2n}$ ($D_1 \cos\theta_1 = D_2 \cos\theta_2$)
㉢ 경계조건: $\dfrac{\epsilon_1}{\epsilon_2} = \dfrac{\tan\theta_1}{\tan\theta_2}$

정답 ③

75 이종의 유전체 사이에 경계면에 전하분포가 없을 때, 경계면 양쪽에 있어 맞는 설명은 다음 중 어느 것인가?

① 전계의 법선성분 및 전속밀도의 접선 성분은 서로 같다.
② 전계의 법선 성분 및 전속밀도의 법선 성분은 서로 같다.
③ 전계의 접선성분 및 전속밀도의 접선 성분은 서로 같다.
④ 전계의 접선성분 및 전속밀도의 법선 성분은 서로 같다.

정답 ④

76 두 유전체의 경계면에서 정전계가 만족하는 것은?

① 전속은 유전율이 작은 유전체로 모인다.
② 두 경계면에서의 전위는 서로 같다.
③ 전속밀도는 접선성분이 같다.
④ 전계는 법선성분이 같다.

정답분석 경계면상의 두 점에서 전위는 동일하다.

정답 ②

77 유전율이 각각 ϵ_1, ϵ_2 인 두 유전체가 접해 있는 경우 $\epsilon_1 > \epsilon_2$ 의 조건을 갖는다면 입사각(θ_1)과 굴절각(θ_2)의 관계는 어떻게 되는가?

① $\theta_1 = \theta_2$
② $\theta_1 > \theta_2$
③ $\theta_1 < \theta_2$
④ θ_1, θ_2 의 크기와는 관계가 없다.

정답 ②

78 유전율이 각각 ϵ_1, ϵ_2 인 두 유전체가 접한 경계면에서 전하가 존재하지 않는다고 할 때 유전율이 ϵ_1 인 유전체에서 유전율이 ϵ_2 인 유전체로 전계 E_1 이 입사각 $\theta_1 = 0°$ 로 입사할 경우 성립되는 식은?

① $E_1 = E_2$
② $E_1 = \epsilon_1 \epsilon_2 E_2$
③ $\dfrac{E_1}{E_2} = \dfrac{\epsilon_1}{\epsilon_2}$
④ $\dfrac{E_2}{E_1} = \dfrac{\epsilon_1}{\epsilon_2}$

정답분석
㉠ 경계면에 대하여 전계가 수직입사 ($\theta_1 = 0$)시 두 경계면에서의 전속밀도는 같다.
㉡ $D_1 = D_2$ 에서 $\epsilon_1 E_1 = \epsilon_2 E_2$ 가 되므로
∴ $\dfrac{E_2}{E_1} = \dfrac{\epsilon_1}{\epsilon_2}$

정답 ④

79 그림과 같이 평행판 콘덴서의 극판 사이에 유전율이 각각 ϵ_1, ϵ_2 인 두 유전체를 반반씩 채우고 극판 사이에 일정한 전압을 걸어줄 때 매질 (1), (2) 내의 전계의 세기 E_1, E_2 사이에 성립하는 관계로 옳은 것은?

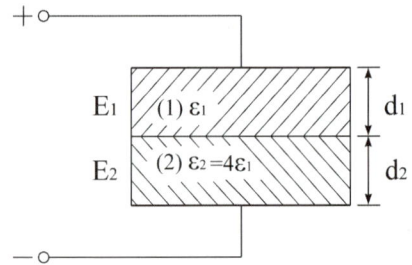

① $E_2 = 4E_1$
② $E_2 = 2E_1$
③ $E_2 = \dfrac{E_1}{4}$
④ $E_2 = E_1$

정답분석 경계면에 수직입사 시 전속밀도는 일정하다.
즉 $D_1 = D_2$ 이므로 $\epsilon_1 E_1 = \epsilon_2 E_2$ 된다.
∴ $E_2 = \dfrac{\epsilon_1}{\epsilon_2} E_1 = \dfrac{\epsilon_1}{4\epsilon_1} E_1 = \dfrac{1}{4} E_1$

정답 ③

80 그림과 같은 유전속의 분포에서 그림과 같을 때 ϵ_1과 ϵ_2의 관계는?

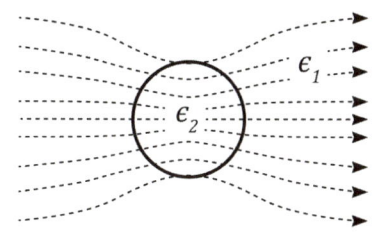

① $\epsilon_1 = \epsilon_2$
② $\epsilon_1 > \epsilon_2$
③ $\epsilon_1 < \epsilon_2$
④ $\epsilon_1 = \epsilon_2 = 0$

정답분석 유전속(전속선)은 유전율이 큰 곳으로 모이므로 $\epsilon_1 < \epsilon_2$ 이 된다.

정답 ③

81 두 유전체의 경계면에 대한 설명 중 옳은 것은?

① 두 유전체의 경계면에 전계가 수직으로 입사하면 두 유전체 내의 전계의 세기는 같다.
② 유전율이 작은 쪽에서 큰 쪽으로 전계가 입사할 때 입사각은 굴절각보다 크다.
③ 경계면에서 정전력은 전계가 경계면에 수직으로 입사할 때 유전율이 큰 쪽에서 작은 쪽으로 작용한다.
④ 유전율이 큰 쪽에서 작은 쪽으로 전계가 경계면에 수직으로 입사할 때 유전율이 작은 쪽의 전계의 세기가 작아진다.

정답분석
㉠ 유전율이 큰 곳에서 전기력선 및 전속선은 입사각 또는 굴절각은 커진다.
㉡ 전기력선은 유전율이 작은 곳으로, 유전속(전속선)은 유전율이 큰 곳으로 모인다.

정답 ③

82 유전율이 각각 $\epsilon_1 = 1$, $\epsilon_2 = \sqrt{3}$ 인 두 유전체가 접해있는 경우, 경계면에서 전기력선의 입사각 $\theta_1 = 45°$ 이었다. 굴절각 θ_2 는 몇 도인가?

① 20°
② 30°
③ 45°
④ 60°

정답분석 유전체의 경계조건 $\dfrac{\epsilon_1}{\epsilon_2} = \dfrac{\tan\theta_1}{\tan\theta_2}$ 에서

$\tan\theta_2 = \tan\theta_1 \dfrac{\epsilon_2}{\epsilon_1} = \tan\theta_1 \dfrac{\epsilon_{s2}}{\epsilon_{s1}}$ 이므로

$\therefore \theta_2 = \tan^{-1}\left(\tan\theta_1 \dfrac{\epsilon_2}{\epsilon_1}\right)$
$= \tan^{-1}\left(\tan 45° \times \dfrac{\sqrt{3}}{1}\right)$
$= \tan^{-1}\sqrt{3} = 60°$

정답 ④

83 매질 1이 나일론(비유전율 $\epsilon_s = 4$)이고, 매질 2는 진공일 때 전속밀도 D가 경계면에서 각각 θ_1, θ_2의 각을 이룰 때 $\theta_2 = 30°$라 하면 θ_1의 값은?

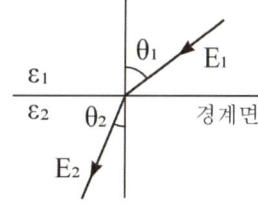

① $\tan^{-1}\dfrac{4}{\sqrt{3}}$
② $\tan^{-1}\dfrac{\sqrt{3}}{4}$
③ $\tan^{-1}\dfrac{\sqrt{3}}{2}$
④ $\tan^{-1}\dfrac{2}{\sqrt{3}}$

정답분석 유전체의 경계조건 $\dfrac{\epsilon_1}{\epsilon_2} = \dfrac{\tan\theta_1}{\tan\theta_2}$ 에서

$\tan\theta_2 = \tan\theta_1 \dfrac{\epsilon_2}{\epsilon_1} = \tan\theta_1 \dfrac{\epsilon_{s2}}{\epsilon_{s1}}$ 이므로

$\therefore \theta_1 = \tan^{-1}\left(\tan\theta_2 \dfrac{\epsilon_{s1}}{\epsilon_{s2}}\right)$
$= \tan^{-1}\left(\tan 30° \times \dfrac{4}{1}\right) = \tan^{-1}\left(\dfrac{4}{\sqrt{3}}\right)$

정답 ①

84 공기 중의 전계 E_1 이 10[kV/cm]이고 입사각이 $\theta_1 = 30°$(법선과 이룬 각)으로 변압기유의 경계면에 닿을 때 굴절각 θ_2 는 몇 도이며, 변압기유의 전계 E_2 는 몇 [V/m]인가? (단, 변압기유의 비유전율은 3이다)

① $60°$, $\dfrac{10^6}{\sqrt{3}}$ [V/m]

② $60°$, $\dfrac{10^3}{\sqrt{3}}$ [V/m]

③ $45°$, $\dfrac{10^6}{\sqrt{3}}$ [V/m]

④ $45°$, $\dfrac{10^4}{\sqrt{3}}$ [V/m]

정답분석

㉠ 유전체의 경계조건 $\dfrac{\epsilon_2}{\epsilon_1} = \dfrac{\tan\theta_2}{\tan\theta_1}$ 에서

$\tan\theta_2 = \tan\theta_1 \dfrac{\epsilon_2}{\epsilon_1} = \tan\theta_1 \dfrac{\epsilon_{s2}}{\epsilon_{s1}}$ 이다.

$\therefore \theta_2 = \tan^{-1}\left(\tan\theta_1 \dfrac{\epsilon_{s2}}{\epsilon_{s1}}\right)$

$= \tan^{-1}(\tan 30° \times 3)$

$= \tan^{-1}\sqrt{3} = 60°$

㉡ 유전체의 경계조건 $E_1 \sin\theta_1 = E_2 \sin\theta_2$ 에서 (여기서 $E_1 = 10\,[\text{kV/cm}] = 10^6\,[\text{V/m}]$)

$\therefore E_2 = E_1 \dfrac{\sin\theta_1}{\sin\theta_2} = 10^6 \times \dfrac{\sin 30°}{\sin 60°}$

$= 10^6 \times \dfrac{1/2}{\sqrt{3}/2} = \dfrac{10^6}{\sqrt{3}}$ [V/m]

정답 ①

85 $X > 0$인 영역에 $\epsilon_{R1} = 3$인 유전체, $X < 0$인 영역에 $\epsilon_{R2} = 5$인 유전체가 있다. 유전율 $\epsilon_2 = \epsilon_0 \epsilon_{R2}$ 인 영역에서 전계 $\vec{E_2} = 20\vec{a_x} + 30\vec{a_y} - 40\vec{a_z}$ [V/m]일 때 유전율 ϵ_1 인 영역에서 전계 $\vec{E_1}$ 는 몇 [V/m]인가?

① $\dfrac{100}{3}\vec{a_x} + 30\vec{a_y} - 40\vec{a_z}$

② $20\vec{a_x} + 90\vec{a_y} - 40\vec{a_z}$

③ $100\vec{a_x} + 10\vec{a_y} - 40\vec{a_z}$

④ $60\vec{a_x} + 30\vec{a_y} - 40\vec{a_z}$

정답분석

㉠ 경계조건에 의해 $D_{1x} = D_{2x}$, $E_{1y} = E_{2y}$, $E_{1z} = E_{2z}$ 이므로

㉡ $D_{1x} = D_{2x}$ 에서 $\epsilon_1 E_{1x} = \epsilon_2 E_{2x}$ 이므로

$E_{1x} = \dfrac{\epsilon_2}{\epsilon_1} E_{2x} = \dfrac{5\epsilon_0}{3\epsilon_0} \times 20 = \dfrac{100}{3}$

㉢ $E_{1y} = E_{2y} = 30$, $E_{1z} = E_{2z} = -40$이다.

$\therefore \vec{E_1} = \dfrac{100}{3}\vec{a_x} + 30\vec{a_y} - 40\vec{a_z}$ [V/m]

정답 ①

86 $X>0$인 영역에 $\epsilon_{R1}=3$인 유전체, $X<0$인 영역에 $\epsilon_{R2}=5$인 유전체가 있다. $X<0$인 영역에서 전계 $\vec{E_2}=20\vec{a_x}+30\vec{a_y}-40\vec{a_z}$ [V/m]일 때 $X>0$인 영역에서의 전속밀도 D_1는 몇 [C/m²]인가?

① $(100\vec{a_x}-90\vec{a_y}-120\vec{a_z})\epsilon_0$
② $(100\vec{a_x}+90\vec{a_y}-120\vec{a_z})\epsilon_0$
③ $(100\vec{a_x}-150\vec{a_y}+200\vec{a_z})\epsilon_0$
④ $(100\vec{a_x}-150\vec{a_y}-200\vec{a_z})\epsilon_0$

 정답분석
㉠ 경계조건에 의해 $D_{1x}=D_{2x}$, $E_{1y}=E_{2y}$
 $E_{1z}=E_{2z}$ 이므로
㉡ $D_{1x}=D_{2x}$ 에서 $\epsilon_1 E_{1x}=\epsilon_2 E_{2x}$ 이므로
 $E_{1x}=\dfrac{\epsilon_2}{\epsilon_1}E_{2x}=\dfrac{5\epsilon_0}{3\epsilon_0}\times 20=\dfrac{100}{3}$
㉢ $E_{1y}=E_{2y}=30$, $E_{1z}=E_{2z}=-40$ 이다.
㉣ $\vec{E_1}=\dfrac{100}{3}\vec{a_x}+30\vec{a_y}-40\vec{a_z}$ [V/m]
∴ $D_1=\epsilon_1 E_1=3\epsilon_0\left(\dfrac{100}{3}\vec{a_x}+30\vec{a_y}-40\vec{a_z}\right)$
$=\epsilon_0(100\vec{a_x}+90\vec{a_y}-120\vec{a_z})$ [C/m²]

정답 ②

4. 페러데이관

87 Faraday관에서 전속선수가 $5Q$개이면 Faraday 관수는?

① $\dfrac{Q}{\epsilon}$ ② $\dfrac{Q}{5}$
③ $\dfrac{5}{Q}$ ④ $5Q$

 정답분석
Faraday관수 = 전속선수 = 전하량 크기[C]

정답 ④

88 패러데이관에 대한 설명 중 틀린 것은?
① 패러데이관 내의 전속선수는 일정하다.
② 진전하가 없는 점에서는 패러데이관은 불연속적이다.
③ 패러데이관의 밀도는 전속밀도와 같다.
④ 단위 전위차당 패러데이관의 보유 에너지는 1/2[J]이다.

 정답분석
패러데이관(Faraday)의 성질
㉠ 패러데이관 내의 전속수는 일정하다.
㉡ 패러데이관 내부에 정, 부의 단위전하가 있다.
㉢ 진전하가 없는 면에서는 패러데이관은 연속이다.
㉣ 패러데이 관의 밀도는 전속밀도와 같다.

정답 ②

89 패러데이관(管)에 대한 설명 중 틀린 것은?
① 패러데이관 내의 전속선 수는 일정하다.
② 진전하가 없는 점에서는 패러데이 관은 불연속적이다.
③ 패러데이관의 밀도는 전속밀도와 같다.
④ 패러데이관 양단에 정(正), 부(負)의 단위 전하가 있다.

정답 ②

5. 유전체에 작용하는 힘

90 유전체에 작용하는 힘과 관련된 사항으로 전계 중의 두 유전체가 경계면에서 받는 변형력을 무엇이라 하는가?
① 쿨롱의 힘   ② 맥스웰의 응력
③ 톰슨의 응력   ④ 볼타의 힘

정답 ②

91 두 유전체의 경계면에 대한 설명 중 옳지 않은 것은?
① 전계가 경계면에 수직으로 입사하면 두 유전체 내의 전계의 세기가 같다.
② 경계면에 작용하는 맥스웰 변형력은 유전율이 큰 쪽에서 적은 쪽으로 끌려가는 힘을 받는다.
③ 유전율이 적은 쪽에서 전계가 입사할 때 입사각은 굴절각보다 작다.
④ 전계나 전속밀도가 경계면에 수직입사하면 굴절하지 않는다.

경계면상에 수직으로 입사하면 전속성분이 일정하다.

정답 ①

92 평행판 사이에 유전율이 ϵ_1, ϵ_2 되는 ($\epsilon_2 < \epsilon_1$) 유전체를 경계면이 판에 평행하게 그림과 같이 채우고 그림의 극성으로 극판 사이에 전압을 걸었을 때 두 유전체 사이에 작용하는 힘은?

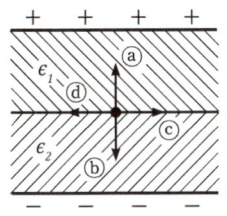

① ⓐ 의 방향 ② ⓑ 의 방향
③ ⓒ 의 방향 ④ ⓓ 의 방향

정답분석
경계면에서 힘은 경계면과 수직방향이고, 유전율이 작은 쪽으로 향한다. 즉 $\epsilon_2 < \epsilon_1$ 이면 유전체면에 작용하는 힘이 ϵ_1 에서 ϵ_2 의 방향으로 작용한다.

정답 ②

93 $\epsilon_1 > \epsilon_2$ 의 유전체 경계면에 전계가 수직으로 입사할 때 경계면에 작용하는 힘과 방향에 대한 설명이 옳은 것은?

① $f = \dfrac{1}{2}\left(\dfrac{1}{\epsilon_2} - \dfrac{1}{\epsilon_1}\right)D^2$ 의 힘이
ϵ_1 에서 ϵ_2 로 작용

② $f = \dfrac{1}{2}\left(\dfrac{1}{\epsilon_1} - \dfrac{1}{\epsilon_2}\right)E^2$ 의 힘이
ϵ_2 에서 ϵ_1 로 작용

③ $f = \dfrac{1}{2}(\epsilon_2 - \epsilon_1)E^2$ 의 힘이
ϵ_1 에서 ϵ_2 로 작용

④ $f = \dfrac{1}{2}(\epsilon_1 - \epsilon_2)D^2$ 의 힘이
ϵ_2 에서 ϵ_1 로 작용

정답분석
㉠ 단위 면적당 작용하는 힘
 : $f = \dfrac{1}{2}\epsilon E^2 = \dfrac{1}{2}DE = \dfrac{D^2}{2\epsilon}$ [N/m²]
㉡ 전계가 수직 입사한다는 조건에 의해 전속밀도의 법선성분이 연속임을 이용할 수 있다.
㉢ $\epsilon_1 > \epsilon_2$ 이면 $\dfrac{1}{\epsilon_1} < \dfrac{1}{\epsilon_2}$ 이므로 $f_2 > f_1$
㉣ 힘의 방향은 유전율이 큰 쪽에서 작은 쪽으로 작용한다. 즉 ϵ_1 에서 ϵ_2 로 향한다.
∴ 경계면에 작용하는 힘
 : $f = f_2 - f_1 = \dfrac{1}{2}\left(\dfrac{1}{\epsilon_2} - \dfrac{1}{\epsilon_1}\right)D^2$ [N/m²]

정답 ①

94 전계 $E[\text{V/m}]$ 가 두 유전체의 경계면에 평행으로 작용하는 경우 경계면 단위 면적당 작용하는 힘은? (단, ϵ_1, ϵ_2 는 두 유전체의 유전율이다)

① $f = \dfrac{1}{2}(\epsilon_1 - \epsilon_2)E^2 \; [\text{N/m}^2]$

② $f = E^2(\epsilon_1 - \epsilon_2) \; [\text{N/m}^2]$

③ $f = \dfrac{1}{2E^2}(\epsilon_1 - \epsilon_2) \; [\text{N/m}^2]$

④ $f = \dfrac{1}{E^2}(\epsilon_1 - \epsilon_2) \; [\text{N/m}^2]$

 정답분석

경계면과 평행인 경우는 전계의 세기가 연속적이다.
즉 $E_1 = E_2 = E$ 이므로 단위면적당 작용하는 힘
$\therefore f = \dfrac{1}{2}(\epsilon_1 - \epsilon_2)E^2 \; [\text{N/m}^2]$

정답 ①

95 평행판 공기콘덴서 극판간에 비유전율 6인 유리판을 일부만 삽입한 경우 내부로 끌리는 힘은 약 몇 [N/m²]인가? (단, 극판 간의 전위경도는 30[kV/cm]이고 유리판의 두께는 판간 두께와 같다)

① 199 ② 223
③ 239 ④ 269

 정답분석

유전체 경계면에서 작용하는 힘은 유전율이 큰 곳에서 작은 곳으로 작용하므로
$\therefore f = \dfrac{1}{2}(\epsilon_2 - \epsilon_1)E^2 = \dfrac{1}{2}\epsilon_0(\epsilon_{s2} - 1)E^2$
$= \dfrac{1}{2} \times 8.855 \times 10^{-12} \times (6 - 1)$
$\quad \times \left(30 \times \dfrac{10^3}{10^{-2}}\right)^2$
$= 199.23 \; [\text{N/m}^2]$

정답 ①

6. 유전체의 특수현상

96 어떤 종류의 결정을 가열하면 한면에 정(正), 반대면에 부(負)의 전기가 나타나 분극을 일으키며 반대로 냉각하면 역(逆)의 분극이 일어나는 것은?

① 파이로(Pyro)전기
② 볼타(Volta)효과
③ 바아크 하우젠(Barkhausen)법칙
④ 압전기(Piezo-electric)의 역효과

 정답확인

정답 ①

97 유전체의 초전효과(Pyroelectric effect)에 대한 설명이 아닌 것은?

① 온도변화에 관계없이 일어난다.
② 자발 분극을 가진 유전체에서 생긴다.
③ 초전효과가 있는 유전체를 공기 중에 놓으면 중화된다.
④ 열에너지를 전기에너지로 변화시키는데 이용된다.

 정답분석

초전효과는 온도변화에 의해 발생된다.

정답 ①

98. 압전기 현상에서 분극이 응력과 같은 방향으로 발생하는 현상을 무슨 효과라 하는가?

① 종효과
② 횡효과
③ 역효과
④ 근접효과

정답분석

압전현상(피에조 효과): 유전체에 압력이나 인장력을 가하면 전기분극이 발생하는 현상
㉠ 종효과: 압력이나 인장력이 분극과 같은 방향으로 진행
㉡ 횡효과: 압력이나 인장력이 분극과 수직 방향으로 진행

정답 ①

99. 압전기 현상에서 분극이 응력에 수직한 방향으로 발생하는 현상을 무슨 효과라 하는가?

① 종효과
② 횡효과
③ 역효과
④ 근접효과

정답확인

정답 ②

100. 압전 효과를 이용하지 않는 것은?

① 수정 발진기
② 마이크로 폰
③ 초음파 발생기
④ 자속계

정답분석

압전효과는 마이크, 압력측정, 수정 발진기, 초음파 발생기, 일정 주파수 발진에 사용되는 크리스탈 픽업 등 여러 방면에 응용된다.

정답 ④

해커스자격증
pass.Hackers.com

Chapter 05

전기 영상법
(Electric Image method)

1. 전기 영상법
2. 접지된 도체 평면과 점전하
3. 접지된 도체구와 점전하
4. 접지된 도체 평면과 선전하
5. 유전체와 점전하
6. 평등 전계 내의 유전체구

핵심 요점정리

출제예상문제

Chapter 05 전기 영상법(Electric Image method)

1 전기 영상법

1. 개요

(1) 전기 영상법은 1848년 로드 켈빈(Lord Kelvin)에 의해 도입되었다.

(2) 지금까지는 전하에 의한 V, E, D 와 ρ_s 를 구하기 위해서는 다소 복잡한 포아송 방정식 또는 라플라스 방정식을 이용하였다.

(3) 이번 장에서는 도체 표면이 등전위면이라는 사실을 이용하여 영상점과 영상전하를 이용하면, 모든 정전기장 문제에 적용하지는 못하지만, 약간 복잡한 문제를 간단히 해석할 수 있다.

2. 영상 시스템

(1) 전하가 접지된 무한한 완전도체 평면의 위쪽에 분포하고 있을 때, 그 전하분포와 그것의 영상전하 사이의 관계에서 도체 평면을 등전위면으로 대체한 문제로 변환하여 문제를 해석한다.

(2) 영상 시스템의 관계는 다음과 같다.

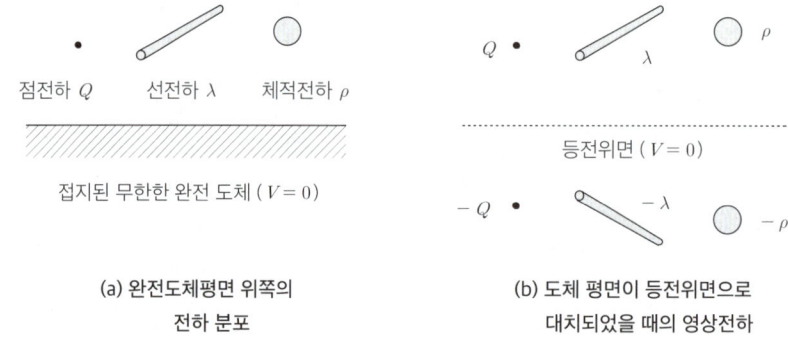

(a) 완전도체평면 위쪽의 전하 분포

(b) 도체 평면이 등전위면으로 대치되었을 때의 영상전하

[그림 5-1] 영상 시스템

2 접지된 도체 평면과 점전하

1. 개요

(1) [그림 5-2]와 같이 접지된 도체 평면에서 $a\,[m]$ 떨어진 곳(P점)에 점전하 $+Q$을 놓았을 경우, $R(x,\,y)$ 점에서의 전위, 전계, 전속밀도의 크기는

(2) 평면도체를 등전위면으로 대치하고 영상점에 영상전하를 위치하여 정전계를 해석해도 같은 결과가 나온다.

2. 영상전하(Image charge)와 전위

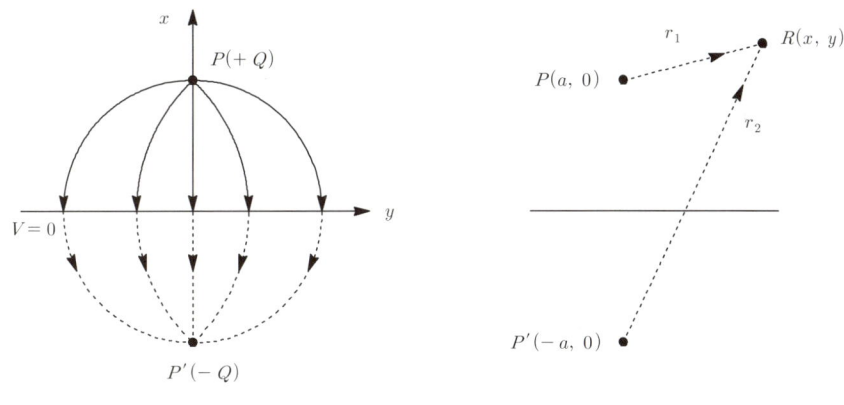

(a) 영상의 위치와 전기력선 분포 (b) R 점의 전위와 전계

[그림 5-2] 접지된 도체 평면 위쪽의 점전하

(1) **영상점(P')의 위치**: 도체 평면을 기준으로 P점에 대하여 대칭인 지점

(2) **영상전하의 크기**: $Q' = -Q[\text{C}]$ .... [식 5-1]

(3) $R(x, y)$ 점의 전위

$$V = V_P + V_{P'} = \frac{Q}{4\pi\epsilon_0 r_1} + \frac{Q'}{4\pi\epsilon_0 r_2} = \frac{Q}{4\pi\epsilon_o}\left(\frac{1}{r_1} - \frac{1}{r_2}\right)$$

$$= \frac{Q}{4\pi\epsilon_0}\left(\frac{1}{\sqrt{(x-a)^2 + y^2}} - \frac{1}{\sqrt{(x+a)^2 + y^2}}\right) [\text{V}]$$ .... [식 5-2]

3. 최대 전계의 세기

(1) $R(x, y)$ 점의 전계의 세기는 x, y 방향의 두 성분이 있으나 평면 도체에서의 전계는 도체면에서 수직(x 방향)으로만 발산하므로

(2) x 방향의 전계의 세기

$$E = -grad\, V = -\nabla V = -\frac{Q}{4\pi\epsilon_0}\frac{\partial}{\partial x}\left(\frac{1}{\sqrt{(x-a)^2 + y^2}} - \frac{1}{\sqrt{(x+a)^2 + y^2}}\right)$$

$$= \frac{Q}{4\pi\epsilon_0}\left[\frac{x-a}{\{(x-a)^2 + y^2\}^{3/2}} - \frac{x+a}{\{(x+a)^2 + y^2\}^{3/2}}\right] [\text{V/m}]$$ .... [식 5-3]

(3) 전계가 최대가 되는 지점은 원점($x=0$, $y=0$)이 되므로

$$E_{\max} = \frac{Q}{4\pi\epsilon_0}\left[\frac{-a}{(a^2)^{3/2}} - \frac{a}{(a^2)^{3/2}}\right]$$

$$= \frac{Q}{4\pi\epsilon_0}\left[-\frac{2a}{a^3}\right] = -\frac{Q}{4\pi\epsilon_0 a^2} [\text{V/m}]$$ .... [식 5-4]

여기서, $(-)$는 전계방향이 x 축의 정방향에 역이 됨을 의미한다.

4. 최대 전하밀도 (도체 표면상의 전하밀도)

$$\sigma = \epsilon_0 E_{\max} = \frac{Q}{2\pi a^2} [\text{C/m}^2]$$ .... [식 5-5]

5. 도체면에 유도된 전하와 점전하 간의 작용력

$$F = \frac{Q \cdot -Q}{4\pi\epsilon_0 (2a)^2} = -\frac{Q^2}{16\pi\epsilon_0 a^2} = -\frac{9\times 10^9}{4} \cdot \frac{Q^2}{a^2} \text{ [N]}$$ ·································· [식 5-6]

여기서, $(-)$는 흡인력을 의미하고, F를 영상력(Image force)이라 한다.

6. 전하가 무한 원점까지 운반될 때 필요한 일

$$W = \int_a^\infty F\, da = \int_a^\infty \frac{Q^2}{16\pi\epsilon_0 a^2}\, da = \frac{Q^2}{16\pi\epsilon_0} \int_a^\infty \frac{1}{a^2}\, da = -\frac{Q^2}{16\pi\epsilon_0} \left[\frac{1}{a}\right]_a^\infty$$

$$= -\frac{Q^2}{16\pi\epsilon_0}\left(\frac{1}{\infty} - \frac{1}{a}\right) = \frac{Q^2}{16\pi\epsilon_0 a} \text{ [J]}$$ ·· [식 5-7]

3 접지된 도체구와 점전하

1. 영상전하의 위치

(1) [그림 5-3]과 같이 반지름 $a\,[\text{m}]$의 접지된 도체구 중심에서 $d\,[\text{m}]$ 떨어진 P점에 점전하 Q가 존재할 때, 구면 상 어느 점이나 전위가 영이 되는 점 P'에 영상전하 Q'를 가상한다.

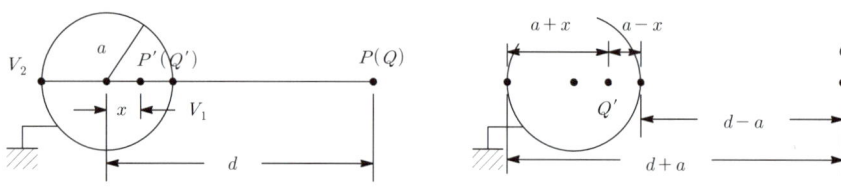

(a) 접지된 도체구와 점전하   (b) 도체 표면에서의 전위

[그림 5-3] 접지된 도체구와 점전하

(2) 도체구는 접지를 하였으므로 도체 표면에서의 전위 V_1과 V_2는 모두 0이 된다. 이를 정리하면 다음과 같다.

① $V_1 = \dfrac{Q}{4\pi\epsilon_0 (d-a)} + \dfrac{Q'}{4\pi\epsilon_0 (a-x)} = 0$

② $V_2 = \dfrac{Q}{4\pi\epsilon_0 (d+a)} + \dfrac{Q'}{4\pi\epsilon_0 (a+x)} = 0$

③ 식 ①에 $(d-a)$를 곱하고, 식 ②에 $(d+a)$를 곱해도 결과는 0이므로
즉, $(d-a)V_1 = (d+a)V_2 = 0$

④ $\dfrac{Q}{4\pi\epsilon_0} + \dfrac{Q'(d-a)}{4\pi\epsilon_0 (a-x)} = \dfrac{Q}{4\pi\epsilon_0} + \dfrac{Q'(d+a)}{4\pi\epsilon_0 (a+x)}$ 이고 $\dfrac{Q'(d-a)}{4\pi\epsilon_0 (a-x)} = \dfrac{Q'(d+a)}{4\pi\epsilon_0 (a+x)}$ 이 된다.

⑤ $\dfrac{d-a}{a-x} = \dfrac{d+a}{a+x}$ 에서 $(d-a)(a+x) = (d+a)(a-x)$ 이 되고

$ad + xd - a^2 - ax = ad - xd + a^2 - ax$

$2xd = 2a^2$ 이 되므로 접지된 도체구 내의 영상점 x는

$$x = \frac{a^2}{d} \text{ [m]}$$ ·· [식 5-8]

2. 영상전하의 크기

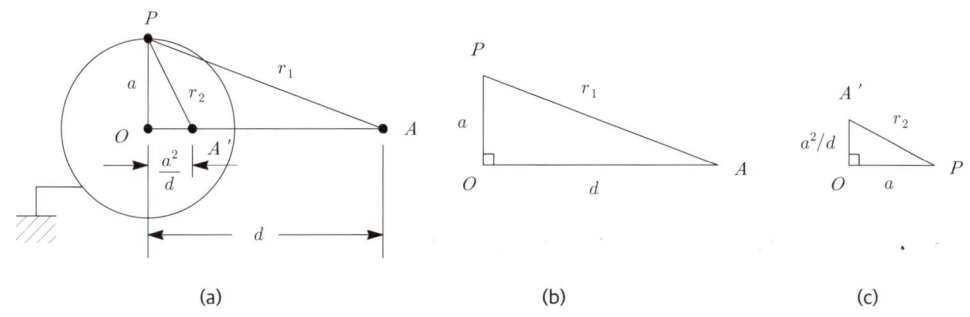

[그림 5-4] 도체 내의 영상전하의 크기

(1) 구면상의 P점의 전위 V_P

$$V_P = \frac{Q}{4\pi\epsilon_0 r_1} + \frac{Q'}{4\pi\epsilon_0 r_2} = 0 \, , \, \frac{Q'}{4\pi\epsilon_0 r_2} = -\frac{Q}{4\pi\epsilon_0 r_1}$$ 를 통해 영상전하 $Q' = -\frac{r_2}{r_1}Q$를 알 수 있다.

(2) 여기서, r_1과 r_2의 관계

[그림 5-4](c)에서 세 변에 $\frac{d}{a}$를 곱해주면 [그림 5-4](b)와 닮은꼴이 되므로 $r_1 = \frac{d}{a}r_2$의 관계를 갖는다.

따라서

(3) 영상전하의 크기: $Q' = -\frac{a}{d}Q$ [C] ··· [식 5-9]

3. 구도체와 점전하 간에 작용하는 힘

(1) 점전하와 영상전하 간의 거리

$$r = d - x = d - \frac{a^2}{d} = \frac{d^2 - a^2}{d} \text{ [m]}$$ ·· [식 5-10]

(2) 영상력(Image force)

$$F = \frac{Q \cdot Q'}{4\pi\epsilon_0 r^2} = \frac{Q \cdot Q'}{4\pi\epsilon_0 \left(\frac{d^2-a^2}{d}\right)^2}$$

$$= \frac{Q\left(-\frac{a}{d}Q\right)}{4\pi\epsilon_0 \left(\frac{d^2-a^2}{d}\right)^2} = -\frac{adQ^2}{4\pi\epsilon_0 (d^2-a^2)^2} \text{ [N]}$$ ·· [식 5-11]

4 접지된 도체 평면과 선전하

1. 개요

(1) 그림 [5-5]와 같이 지면에 평행으로 높이 $h\,[\mathrm{m}]$에 가설된 반지름 $a\,[\mathrm{m}]$인 직선도체가 평행으로 놓여 있는 경우

(2) 영상점(지면에 대한 대칭점)에 영상 선전하($-\lambda\,[\mathrm{C/m}]$)를 대치하여 영상력, 전계, 전위, 정전용량을 구할 수 있다.

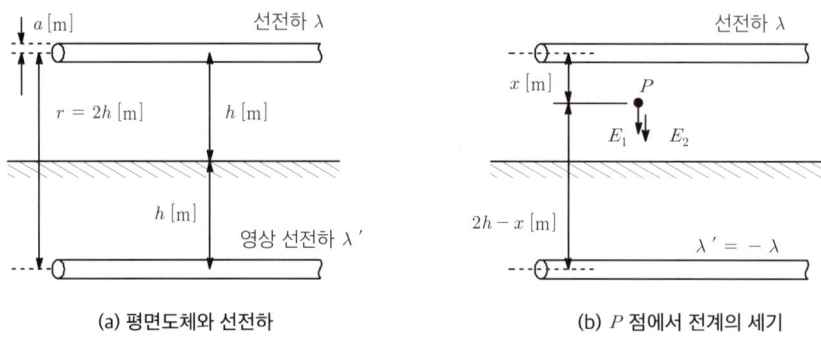

(a) 평면도체와 선전하 (b) P 점에서 전계의 세기

[그림 5-5] 접지된 도체 평면과 선전하

2. 영상법 해석

(1) 영상 선전하: $\lambda' = -\lambda\,[\mathrm{C/m}]$ ·· [식 5-12]

(2) 선전하가 지표면으로부터 받는 힘(영상력)

$$F = QE = \lambda\ell \times \frac{\lambda}{2\pi\epsilon_0 r} \quad (\text{여기서, 선전하 밀도 } \lambda = \frac{Q}{\ell}\,[\mathrm{C/m}])$$

$$= \frac{\lambda^2 \ell}{2\pi\epsilon_0 (2h)}\,[\mathrm{N}] = \frac{\lambda^2}{4\pi\epsilon_0 h}\,[\mathrm{N/m}] \quad\cdots\cdots\text{[식 5-13]}$$

(3) P점에서의 전계의 세기

$$E = E_1 + E_2 = \frac{\lambda}{2\pi\epsilon_0 x} + \frac{\lambda}{2\pi\epsilon_0 (2h-x)}\,[\mathrm{V/m}] \quad\cdots\cdots\text{[식 5-14]}$$

(4) 도체 표면에서의 전위

$$V = -\int_h^a E\,dx = -\int_h^a \frac{\lambda}{2\pi\epsilon_0}\left(\frac{1}{x} + \frac{1}{2h-x}\right)dx$$

$$= \frac{\lambda}{2\pi\epsilon_0}\ln\frac{2h-a}{a}\,[\mathrm{V}] \quad\cdots\cdots\text{[식 5-15]}$$

(5) 도선과 대지 간의 단위길이 당 정전용량

$$C = \frac{\lambda}{V} = \frac{\lambda}{\frac{\lambda}{2\pi\epsilon_0}\ln\frac{2h-a}{a}} = \frac{2\pi\epsilon_0}{\ln\frac{2h-a}{a}} \fallingdotseq \frac{2\pi\epsilon_0}{\ln\frac{2h}{a}}\,[\mathrm{F/m}] \quad\cdots\cdots\text{[식 5-16]}$$

5 유전체와 점전하

1. 개요

(1) [그림 5-6](a)와 같이 서로 다른 유전체가 평면 XX'에 접하고, ϵ_1 내 P점에 점전하 Q가 있는 경우

(2) ϵ_1 내의 전기력선 및 전속선을 구하기 위해 [그림 5-6](b)와 같이 점전하 Q와 대칭인 위치에 있는 Q'을 고려하여 전 공간의 유전율을 ϵ_1으로 한다.

(3) ϵ_2 내의 전기력선 및 전속선을 구하기 위해 [그림 5-6](c)와 같이 점전하 Q의 위치에 있는 Q''을 고려하여 전 공간의 유전율을 ϵ_2으로 한다.

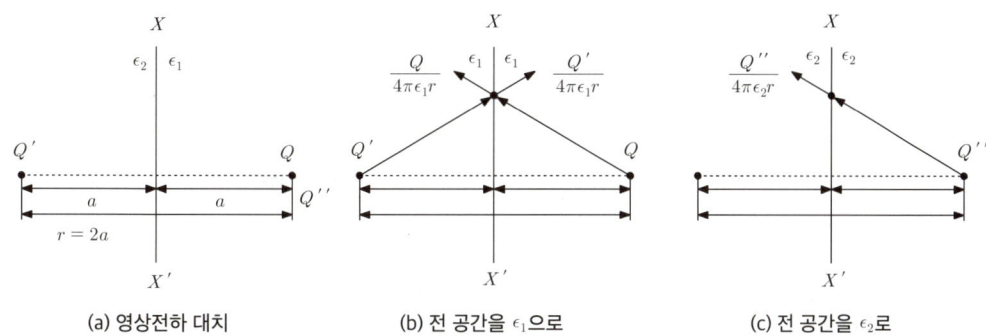

(a) 영상전하 대치   (b) 전 공간을 ϵ_1으로   (c) 전 공간을 ϵ_2로

[그림 5-6] 유전체와 점전하

2. 영상전하와 영상력

(1) 두 유전체의 경계면의 조건을 만족하기 위해서는 다음과 같은 조건이 성립되어야 한다.

① 전기력선의 연속성: $\dfrac{1}{\epsilon_1}(Q+Q') = \dfrac{1}{\epsilon_2}Q''$

② 전속선의 연속성: $Q - Q' = Q''$

(2) 영상전하 Q'과 Q''은 다음과 같이 구해진다.

① $Q' = \dfrac{\epsilon_1 - \epsilon_2}{\epsilon_1 + \epsilon_2}Q\,[\text{C}]$ .... [식 5-17]

② $Q'' = \dfrac{2\epsilon_2}{\epsilon_1 + \epsilon_2}Q\,[\text{C}]$ .... [식 5-18]

(3) 점전하 Q와 ϵ_2 간에 작용하는 힘(영상력)

① 점전하 Q와 영상전하 Q' 간에 작용하는 힘과 같으므로

② $F = \dfrac{QQ'}{4\pi\epsilon_0(2a)^2} = \dfrac{Q^2}{16\pi\epsilon_0 a^2}\dfrac{\epsilon_1 - \epsilon_2}{\epsilon_1 + \epsilon_2}\,[\text{N}]$ .... [식 5-19]

③ $\epsilon_1 > \epsilon_2$이면 반발력, $\epsilon_1 < \epsilon_2$이면 흡인력이 작용한다.

6 평등 전계 내의 유전체구

1. 개요

(1) 고전압이 가해진 유전체 중에 공기의 기포가 있으면 유전체 중의 기포는 절연에 영향을 주어 기포부분을 중심으로 절연이 파괴된다.

(2) 이는 유전체의 유전율이 크면 클수록 절연이 파괴될 확률이 높아진다.

2. 유전체구 내의 전계의 세기

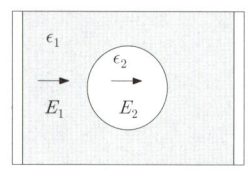
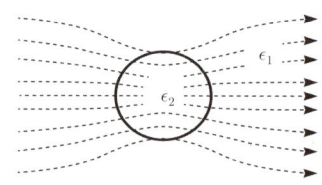

(a) 유전체 내의 기포 발생 　　　　　 (b) 전기력선 분포($\epsilon_1 > \epsilon_2$)

[그림 5-7] 평등 전계 내의 유전체구

(1) [그림 5-7]과 같이 평등 전계 내에 구형기포가 발생한 경우 구형 기포 내의 전계의 세기

$$E_2 = \frac{3\epsilon_1}{2\epsilon_1 + \epsilon_2}E_1 = \frac{3\epsilon_s}{2\epsilon_s + 1}E_1\,[\text{V/m}] \quad \cdots\cdots\cdots\cdots\cdots\cdots\cdots\cdots\cdots\cdots\cdots\cdots\text{[식 5-20]}$$

(2) 기포 내의 전계의 세기는 유전체의 비유전율 ϵ_s에 비례하므로 유전율이 클수록 기포 내의 전계의 세기는 증가하므로 기포 부분을 중심으로 절연이 파괴되어 나간다.

핵심 요점정리

1. 접지된 도체 평면과 점전하

① 영상 전하: $Q' = -Q[\text{C}]$

② 영상력: $F = \dfrac{QQ'}{4\pi\epsilon_0 r^2} = \dfrac{-Q^2}{4\pi\epsilon_0 (2d)^2} = \dfrac{-Q^2}{16\pi\epsilon_0 d^2} = \dfrac{9\times 10^9}{4} \times \dfrac{-Q^2}{d^2} [\text{N}]$

③ 전하가 무한 원점까지 운반될 때 필요한 일: $W = \displaystyle\int_d^\infty F\, d\ell = \dfrac{Q^2}{16\pi\epsilon_0 d}\ [\text{J}]$

2. 접지된 도체구와 점전하

① 영상 전하: $Q' = -\dfrac{a}{d}Q[\text{C}]$

② 구도체 내의 영상점: $x = \dfrac{a^2}{d}[\text{m}]$

3. 접지된 도체 평면과 선전하

① 영상전하: $\lambda' = -\lambda$

② 선전하가 지표면으로부터 받는 힘(영상력, 쿨롱의 힘)

: $F = QE = \lambda \ell \times \dfrac{\lambda}{2\pi\epsilon_0 r} = \dfrac{\lambda^2 \ell}{2\pi\epsilon_0 (2h)}\ [\text{N}] = \dfrac{\lambda^2}{2\pi\epsilon_0 (2h)} = \dfrac{\lambda^2}{4\pi\epsilon_0 h}\ [\text{N/m}]$

③ 도선과 대지간의 정전용량: $C \fallingdotseq \dfrac{2\pi\epsilon_0 \ell}{\ln \dfrac{2h}{a}}\ [\text{F}] = \dfrac{2\pi\epsilon_0}{\ln \dfrac{2h}{a}}\ [\text{F/m}]$

4. 유전체와 점전하 및 선전하

(1) 유전체와 점전하

① 영상 전하: $Q' = \dfrac{\epsilon_1 - \epsilon_2}{\epsilon_1 + \epsilon_2} Q\,[\text{C}]$

② 영상력: $F = \dfrac{QQ'}{4\pi\epsilon_0 (2d)^2} = -\dfrac{Q^2}{16\pi\epsilon_0 d^2} \times \dfrac{\epsilon_2 - \epsilon_1}{\epsilon_2 + \epsilon_1} = -\dfrac{Q^2}{16\pi\epsilon_0 d^2} \times \dfrac{\epsilon_r - 1}{\epsilon_r + 1}$

$= -\dfrac{9 \times 10^9}{4} \times \dfrac{Q^2(\epsilon_r - 1)}{d^2(\epsilon_r + 1)} = -2.25 \times 10^9 \times \dfrac{Q^2(\epsilon_r - 1)}{d^2(\epsilon_r + 1)}\ [\text{N}]$

(2) 유전체와 선전하

① 영상 선전하: $\lambda' = \dfrac{\epsilon_1 - \epsilon_2}{\epsilon_1 + \epsilon_2}\lambda\ [\text{C/m}]$

② 영상력: $F = \lambda E = \dfrac{\lambda \lambda'}{2\pi\epsilon_1 2d} = \dfrac{\lambda^2}{4\pi\epsilon_1 r} \dfrac{\epsilon_1 - \epsilon_2}{\epsilon_1 + \epsilon_2}\ [\text{N/m}]$

출제예상문제

※ 출제예상문제는 기출 분석을 바탕으로 자주 출제되는 유형을 선별하였습니다.

1. 접지된 무한 평면도체와 점전하

01 점전하 $+Q$의 무한평면도체에 대한 영상전하는?

① $+Q$ ② $-Q$
③ $+2Q$ ④ $2Q$

정답 ②

02 접지된 무한 평면도체 전방의 한 점 P에 있는 점전하 $+Q[C]$의 평면도체에 대한 영상전하는?

① 점 P의 대칭점에 있으며 전하는 $-Q[C]$이다.
② 점 P의 대칭점에 있으며 전하는 $-2Q[C]$이다.
③ 평면 도체 상에 있으며 전하는 $-Q[C]$이다.
④ 평면 도체 상에 있으며 전하는 $-2Q[C]$이다.

정답 ①

03 그림과 같이 직교 도체 평면상 P점에 Q가 있을 때 P'점의 영상전하는?

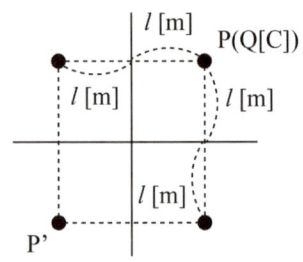

① Q^2 ② Q
③ $-Q$ ④ 0

정답분석 P점과 밑으로 대칭점(영상점)에 $-Q$가, 이 $-Q$로부터 $+Q$가 P'에 나타난다.

정답 ②

04 직교하는 도체평면과 점전하 사이에는 몇 개의 영상전하가 존재하는가?

① 2 ② 3
③ 4 ④ 5

정답분석 직교하는 도체 평면에서는 3개의 영상전하가 나타난다.

정답 ②

05
그림과 같이 공기 중에서 무한평면도체의 표면으로부터 2[m]인 곳에 점전하 4[C]이 있다. 전하가 받는 힘은 몇 [N]인가?

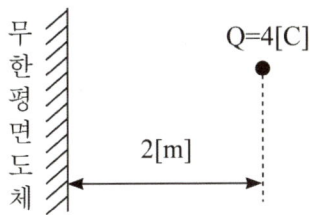

① 3×10^9 ② 9×10^9
③ 1.2×10^{10} ④ 3.6×10^{10}

 전하가 받는 힘(전기력)
$$F = \frac{Q^2}{4\pi\epsilon_0 r^2} = \frac{-Q^2}{4\pi\epsilon_0 (2a)^2}$$
$$= \frac{9 \times 10^9}{4} \times \frac{-Q^2}{a^2} = -\frac{9 \times 10^9}{4} \times \frac{4^2}{2^2}$$
$$= -9 \times 10^9 [N]$$
여기서, '-'는 흡인력을 의미

정답 ②

07
평면도체의 표면에서 a[m]인 거리에 점전하 Q[C]이 있다. 이 전하를 무한 원점까지 운반하는데 요하는 일은 몇 [J]인가?

① $\dfrac{Q^2}{4\pi\epsilon_0 a^2}$ ② $\dfrac{Q^2}{8\pi\epsilon_0 a}$
③ $\dfrac{Q^2}{16\pi\epsilon_0 a}$ ④ $\dfrac{Q^2}{16\pi\epsilon_0 a^2}$

 도체표면과 점전하 사이에 $F = \dfrac{Q^2}{16\pi\epsilon_0 a^2}$ [N] 의 힘이 작용하기 때문에 무한원점까지 점전하를 운반할 때 에너지가 필요하다. $a = r$로 하고, a에서 ∞까지 적분하여 계산한다.
$$\therefore W = \int_a^\infty \frac{Q^2}{16\pi\epsilon_0 r^2}\, dr = \frac{Q^2}{16\pi\epsilon_0}\left(-\frac{1}{r}\right)_a^\infty$$
$$= \frac{Q^2}{16\pi\epsilon_0 a} [J]$$

정답 ③

06
공기 중에서 무한평면 도체 표면 아래의 1[m] 떨어진 곳에 1[C]의 점전하가 있다. 이 전하가 받는 힘의 크기는 몇 [N]인가?

① 9×10^9 ② $\dfrac{9}{2} \times 10^9$
③ $\dfrac{9}{4} \times 10^9$ ④ $\dfrac{9}{10} \times 10^9$

 무한평판과 점전하에 의한 작용력
$$F = \frac{Q \cdot Q'}{4\pi\epsilon_0 r^2} = \frac{-Q^2}{4\pi\epsilon_0 (2a)^2}$$
$$= \frac{9 \times 10^9}{4} \times \frac{-Q^2}{a^2} = -\frac{9}{4} \times 10^9 [N]$$

정답 ③

08 그림과 같은 무한 평면 도체로부터 d[m] 떨어진 점에 $+Q$[C]의 점전하가 있을 때 $\frac{d}{2}$[m] 인 P 점에 있어서의 전계의 세기는 몇 [V/m]인가?

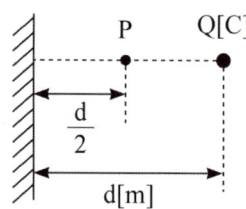

① $\dfrac{Q}{3\pi\epsilon_0 d}$ ② $\dfrac{8Q}{9\pi\epsilon_0 d^2}$

③ $\dfrac{10Q}{9\pi\epsilon_0 d^2}$ ④ $\dfrac{Q}{\pi\epsilon_0 d^2}$

정답분석

영상전하 $Q' = -Q$ 대치하여 해석할 수 있다. 즉, P점의 전계의 세기는 Q에 의한 전계 E_1 과 $-Q$에 의한 E_2의 합벡터로 구할 수 있다.

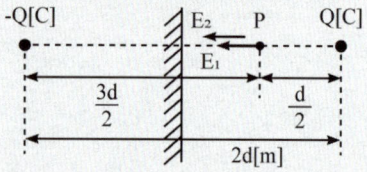

$\therefore E = E_1 + E_2 = \dfrac{Q}{4\pi\epsilon_0 r_1^2} + \dfrac{Q}{4\pi\epsilon_0 r_2^2}$

$= \dfrac{Q}{4\pi\epsilon_0 \left(\dfrac{d}{2}\right)^2} + \dfrac{Q}{4\pi\epsilon_0 \left(\dfrac{3d}{2}\right)^2}$

$= \dfrac{Q}{\pi\epsilon_0 d^2} + \dfrac{Q}{9\pi\epsilon_0 d^2} = \dfrac{10Q}{9\pi\epsilon_0 d^2}$ [V/m]

정답 ③

09 접지된 무한히 넓은 평면도체로부터 a[m] 떨어져 있는 공간에 Q[C]의 점전하가 놓여 있을 때 그림 P점의 전위는 몇 [V]인가?

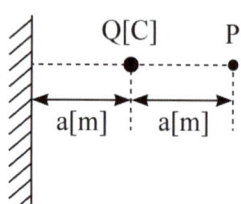

① $\dfrac{Q}{8\pi\epsilon_0 a}$ ② $\dfrac{Q}{6\pi\epsilon_0 a}$

③ $\dfrac{3Q}{4\pi\epsilon_0 a}$ ④ $\dfrac{Q}{2\pi\epsilon_0 a}$

정답분석

영상전하 해석

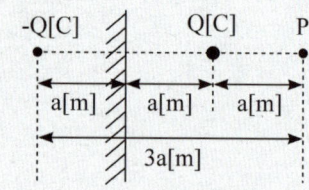

$\therefore V = V_1 + V_2 = \dfrac{Q}{4\pi\epsilon_0 r_1} + \dfrac{-Q}{4\pi\epsilon_0 r_2}$

$= \dfrac{Q}{4\pi\epsilon_0 a} - \dfrac{Q}{4\pi\epsilon_0 3a} = \dfrac{Q}{4\pi\epsilon_0}\left(\dfrac{1}{a} - \dfrac{1}{3a}\right)$

$= \dfrac{Q}{6\pi\epsilon_0 a}$ [V]

정답 ②

10 질량이 10^{-3} [kg] 인 작은 물체가 전하 Q[C]을 가지고 무한 도체 평면 아래 2×10^{-2} [m]에 있다. 전기영상법을 이용하여 정전력이 중력과 같게 되는데 필요한 Q의 값은 얼마인가?

① 약 2.5×10^{-8}
② 약 3.2×10^{-8}
③ 약 4.2×10^{-8}
④ 약 5.0×10^{-8}

 쿨롱의 힘 = 중력의 힘
㉠ 영상법에 의한 쿨롱의 힘
$$F = \frac{Q^2}{4\pi\epsilon_0 (2r)^2}$$
$$= 9 \times 10^9 \times \frac{Q^2}{(2 \times 2 \times 10^{-2})^2} \text{ [N]}$$
㉡ 중력의 힘: $F = mg = 10^{-3} \times 9.8$ [N]
㉢ $F = \frac{9 \times 10^9 \times Q^2}{(4 \times 10^{-2})^2} = 9.8 \times 10^{-3}$ 에서
$$\therefore Q = \sqrt{\frac{9.8 \times 10^{-3} \times (4 \times 10^{-2})^2}{9 \times 10^9}}$$
$$= 4.17 \times 10^{-8} \text{ [C]}$$

정답 ③

11 무한 평면도체로부터 거리 a [m] 인 곳에 점전하 Q[C] 이 있을 때 도체표면에 유도되는 최대 전하밀도는 몇 [C/m²] 인가?

① $-\frac{Q}{2\pi a^2}$
② $\frac{Q}{2\pi\epsilon_0 a^2}$
③ $\frac{Q}{4\pi a^2}$
④ $\frac{Q}{4\pi\epsilon_0 a^2}$

 ㉠ 최대 전하밀도
$$D_m = \sigma_m = \epsilon_0 E_m = \frac{Q}{2\pi a^2} \text{ [C/m}^2\text{]}$$
㉡ 도체 표면에 유도되는 전하는 $-$ 극성을 띤다.

정답 ①

2. 접지된 도체구와 점전하

12 반지름 a [m] 인 접지도체구의 중심에서 d ($d > a$)되는 곳에 점전하 Q가 있다. 구도체에 유기되는 영상전하 및 그 위치(중심에서의 거리)는 각각 얼마인가?

① $+\frac{a}{d}Q$, $\frac{a^2}{d}$
② $-\frac{a}{d}Q$, $\frac{a^2}{d}$
③ $+\frac{d}{a}Q$, $\frac{a^2}{d}$
④ $-\frac{d}{a}Q$, $\frac{d^2}{a}$

 접지된 도체구와 점전하

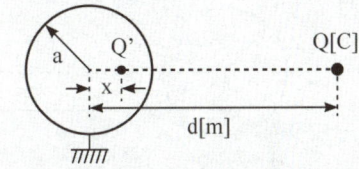

㉠ 영상전하: $Q' = -\frac{a}{d}Q$ [C]
㉡ 구도체 내의 영상점: $x = \frac{a^2}{d}$ [m]

정답 ②

13 반지름 a [m]인 접지구형도체와 점전하가 유전율 ϵ 인 공간에서 각각 원점과 $(d, 0, 0)$인 점에 있다. 구형도체를 제외한 공간의 전계를 구할 수 있도록 구형도체를 영상전하로 대치할 때의 영상점전하의 위치는?

① $\left(-\frac{a^2}{d}, 0, 0\right)$
② $\left(+\frac{a^2}{d}, 0, 0\right)$
③ $\left(0, +\frac{a^2}{d}, 0\right)$
④ $\left(+\frac{d^2}{4a}, 0, 0\right)$

 접지된 도체구와 점전하

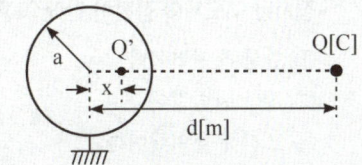

㉠ 영상전하: $Q' = -\frac{a}{d}Q$ [C]
㉡ 구도체 내의 영상점: $x = \frac{a^2}{d}$ [m]

정답 ②

14 점전하와 접지된 유한한 도체구가 존재할 때 점전하에 의한 접지구 도체의 영상전하에 관한 설명 중 틀린 것은?

① 영상전하는 구 도체 내부에 존재한다.
② 영상전하는 점전하와 크기는 같고 부호는 반대이다.
③ 영상전하는 점전하와 도체 중심축을 이은 직선상에 존재한다.
④ 영상전하가 놓인 위치는 도체 중심과 점전하와의 거리에 도체 반지름에 의해 결정된다.

접지구 도체 내부에 영상전하가 유도된다.

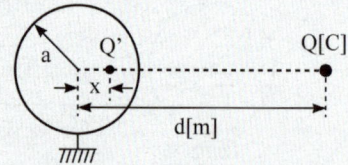

㉠ 영상전하: $Q' = -\dfrac{a}{d}Q\,[C]$
㉡ 구도체 내의 영상점: $x = \dfrac{a^2}{d}\,[m]$

정답 ②

16 반경이 0.01[m]인 구도체를 접지시키고 중심으로부터 0.1[m]의 거리에 10[μC]의 점전하를 놓았다. 구도체에 유도된 총전하량은 몇 [μC]인가?

① 0 ② -1
③ -10 ④ +10

$Q' = -\dfrac{a}{d}Q = -\dfrac{0.01}{0.1} \times 10 \times 10^{-6}$
$= -10^{-6}[C] = -1\,[\mu C]$

정답 ②

15 접지된 구도체와 점전하 간에 작용하는 힘은?

① 항상 흡인력이다.
② 항상 반발력이다.
③ 조건적 흡인력이다.
④ 조건적 반발력이다.

영상전하의 부호가 (−)이므로 흡인력이 작용한다.

정답 ①

17 접지되어 있는 반지름 0.2[m]인 도체구의 중심으로부터 거리가 0.4[m] 떨어진 점 P에 점전하 6×10^{-3}[C]이 있다. 영상전하는 몇 [C]인가?

① -2×10^{-3} ② -3×10^{-3}
③ -4×10^{-3} ④ -6×10^{-3}

$Q' = -\dfrac{a}{d}Q = -\dfrac{0.2}{0.4} \times 6 \times 10^{-3}$
$= -3 \times 10^{-3}[C]$

정답 ②

18 그림과 같이 무한 도체판에 반지름 $a\,[\text{m}]$ 인 반구가 돌출되어 있다. 점 P점에 $Q\,[\text{C}]$ 의 전하가 놓여있을 때 그림 $Q\,[\text{C}]$ 의 전하에 의하여 생기는 영상 전하의 수는?

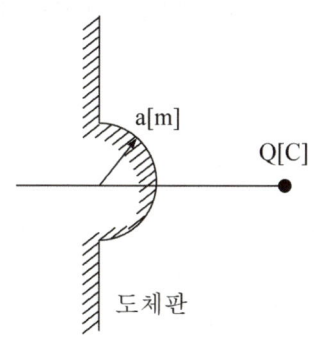

① 0 ② 1
③ 2 ④ 3

정답분석
Q 의 대칭점에 1개, Q 에 의한 반구 내부에 1개, 반구 내부 영상전하에 의한 대칭점에 다시 1개, 따라서 총 3개의 영상전하가 존재한다.

정답 ④

3. 접지된 평면도체와 선전하

19 지면에 평행으로 높이 $h\,[\text{m}]$에 가설된 반지름 $a\,[\text{m}]$인 직선도체가 있다. 대지정전용량은 몇 [F/m]인가? (단, $h \gg a$ 이다)

① $\dfrac{4\pi\epsilon_0}{\log\dfrac{2h}{a}}$ ② $\dfrac{2\pi\epsilon_0}{\log\dfrac{2h}{a}}$

③ $\dfrac{4\pi\epsilon_0}{\log\dfrac{a}{2h}}$ ④ $\dfrac{2\pi\epsilon_0}{\log\dfrac{a}{2h}}$

정답분석
평면도체와 선도체에 의한 전기영상법

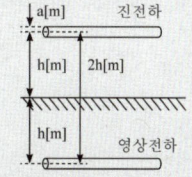

㉠ 영상 선전하밀도: $\lambda' = -\lambda$
㉡ 선전하가 지표면으로부터 받는 힘
$$F = QE = \lambda l \times \dfrac{\lambda}{2\pi\epsilon_0 r} = \dfrac{\lambda^2 l}{2\pi\epsilon_0 (2h)}\,[\text{N}]$$
$$= \dfrac{\lambda^2}{4\pi\epsilon_0 h}\,[\text{N/m}]$$
㉢ 임의의 $x\,[\text{m}]$ 점에서의 전계의 세기
$$E = \dfrac{\lambda}{2\pi\epsilon_0 r} = \dfrac{\lambda}{2\pi\epsilon_0 x} + \dfrac{\lambda}{2\pi\epsilon_0 (2h-x)}\,[\text{V/m}]$$
㉣ 도체 표면에서의 전위차
$$V = -\int_h^a E\,dx$$
$$= -\int_h^a \dfrac{\lambda}{2\pi\epsilon_0}\left(\dfrac{1}{x}+\dfrac{1}{2h-x}\right)dx$$
$$= \dfrac{\lambda}{2\pi\epsilon_0}\ln\dfrac{2h-a}{a}\,[\text{V}]$$
㉤ 도선과 대지 간의 단위길이당 정전용량
$$C = \dfrac{\lambda}{V} = \dfrac{\lambda}{\dfrac{\lambda}{2\pi\epsilon_0}ln\dfrac{2h-a}{a}}$$
$$= \dfrac{2\pi\epsilon_0}{\ln\dfrac{2h-a}{a}} \fallingdotseq \dfrac{2\pi\epsilon_0}{\ln\dfrac{2h}{a}}\,[\text{F/m}]$$

여기서, $\ln = \log_e \fallingdotseq 2.3\log_{10}$

정답 ②

20 무한대 평면도체와 $d[\text{m}]$ 떨어진 평행한 무한장 직선도체에 $\rho[\text{C/m}]$의 전하분포가 주어졌을 때 직선도체의 단위길이당 받는 힘은 몇 [N/m]인가? (단, 공간의 유전율은 ϵ 임)

① 0　　　　② $\dfrac{\rho^2}{\pi\epsilon d}$

③ $\dfrac{\rho^2}{2\pi\epsilon d}$　　④ $\dfrac{\rho^2}{4\pi\epsilon d}$

정답분석 선전하가 지표면으로부터 받는 힘
$$F = QE = \lambda l \times \dfrac{\lambda}{2\pi\epsilon_0 r} = \dfrac{\lambda^2 l}{2\pi\epsilon_0(2d)}\,[\text{N}]$$
$$= \dfrac{\lambda^2}{4\pi\epsilon_0 d}\,[\text{N/m}]$$
∴ 선전하 밀도 λ가 ρ로 주어졌으므로
$$F = \dfrac{\rho^2}{4\pi\epsilon_0 d}\,[\text{N/m}]$$

정답 ④

21 대지면에 높이 $h[\text{m}]$로 평행하게 가설된 매우 긴 선전하가 지표면으로부터 받는 힘 $F[\text{N/m}]$는 $h[\text{m}]$와 어떤 관계에 있는가? (단, 선전하 밀도는 $\lambda[\text{C/m}]$라 한다)

① h^2에 비례한다.
② h^2에 반비례한다.
③ h에 비례한다.
④ h에 반비례한다.

정답분석 선전하가 지표면으로부터 받는 힘
$$F = QE = \lambda l \times \dfrac{\lambda}{2\pi\epsilon_0 r} = \dfrac{\lambda^2 l}{2\pi\epsilon_0(2h)}\,[\text{N}]$$
$$= \dfrac{\lambda^2}{4\pi\epsilon_0 h}\,[\text{N/m}]$$
∴ h에 반비례한다.

정답 ④

22 전류 $+I$와 전하 $+Q$가 무한히 긴 직선상의 도체에 각각 주어졌고, 이들 도체는 진공속에서 각각 투자율과 유전율이 무한대인 물질로 된 무한대 평면과 평행하게 놓여있다. 이 경우 영상법에 의한 영상전류와 영상전하는? (단, 전류는 직류임)

① $-I, -Q$　　② $-I, +Q$
③ $+I, -Q$　　④ $+I, +Q$

정답분석 영상법에 의해 작용하는 힘은 항상 흡인력이 작용한다. 따라서 크기는 같고, 부호가 반대이며, 상호 대칭점에 위치한다. 이때 영상전하는 $-Q$이고 영상전류는 $+I$이다.

정답 ③

4. 기타 전기영상법

23 유전율이 ϵ_1과 ϵ_2인 두 유전체가 경계를 이루어 접하고 있는 경우 유전율이 ϵ_1인 영역에 전하 Q가 존재할 때 이 전하에 작용하는 힘에 대한 설명으로 옳은 것은?

① $\epsilon_1 > \epsilon_2$인 경우 반발력이 작용한다.
② $\epsilon_1 > \epsilon_2$인 경우 흡인력이 작용한다.
③ ϵ_1과 ϵ_2값에 상관없이 반발력이 작용한다.
④ ϵ_1과 ϵ_2값에 상관없이 흡인력이 작용한다.

정답분석
유전체 내의 영상전하
$Q' = -\dfrac{\epsilon_2 - \epsilon_1}{\epsilon_2 + \epsilon_1} Q = \dfrac{\epsilon_1 - \epsilon_2}{\epsilon_1 + \epsilon_2} Q$
∴ $\epsilon_1 > \epsilon_2$인 경우 반발력이,
$\epsilon_1 < \epsilon_2$인 경우 흡인력이 작용한다.

정답 ①

24 무한평면도체의 표면을 가진 비유전율 ϵ_r인 유전체의 표면 전방의 공기 중 $d[\mathrm{m}]$ 지점에 놓인 점전하 $Q[\mathrm{C}]$에 작용하는 힘은 몇 $[\mathrm{N}]$인가?

① $-9 \times 10^9 \times \dfrac{Q^2(\epsilon_r + 1)}{d^2(\epsilon_r - 1)}$

② $-9 \times 10^9 \times \dfrac{Q^2(\epsilon_r - 1)}{d^2(\epsilon_r + 1)}$

③ $-2.25 \times 10^9 \times \dfrac{Q^2(\epsilon_r + 1)}{d^2(\epsilon_r - 1)}$

④ $-2.25 \times 10^9 \times \dfrac{Q^2(\epsilon_r - 1)}{d^2(\epsilon_r + 1)}$

정답분석
유전체와 점전하 사이에 작용하는 힘
$F = \dfrac{Q Q'}{4\pi\epsilon_0 (2d)^2} = -\dfrac{Q^2}{16\pi\epsilon_0 d^2} \times \dfrac{\epsilon_2 - \epsilon_1}{\epsilon_2 + \epsilon_1}$
$= -\dfrac{Q^2}{16\pi\epsilon_0 d^2} \times \dfrac{\epsilon_r - 1}{\epsilon_r + 1}$
$= -\dfrac{9 \times 10^9}{4} \times \dfrac{Q^2(\epsilon_r - 1)}{d^2(\epsilon_r + 1)}$
$= -2.25 \times 10^9 \times \dfrac{Q^2(\epsilon_r - 1)}{d^2(\epsilon_r + 1)} [\mathrm{N}]$

정답 ④

해커스자격증
pass.Hackers.com

전류
(Electric current)

1. 전류와 전류밀도(current density)
2. 전기저항과 옴의 법칙
3. 저항의 온도계수
4. 저항의 접속법
5. 줄열과 전력
6. 저항과 정전용량
7. 열전현상

핵심 요점정리

출제예상문제

Chapter 06 전류(Electric current)

1 전류와 전류밀도(current density)

1. 개요

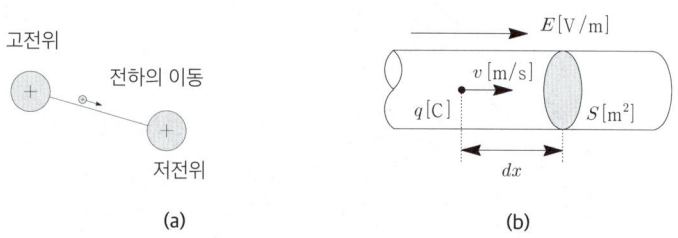

[그림 6-1] 전류의 정의

(1) [그림 6-1](a)와 같이 대전된 두 도체를 가느다란 도체(전선)를 연결하면 두 도체 사이에 전위차가 발생하여 전위가 높은 도체에서 낮은 도체로 전하가 이동하게 되는데, 이 전하의 이동을 전류(current)라 한다.

(2) 전류의 크기는 [그림 6-1](b)와 같이 단면적이 $S[\text{m}^2]$ 인 도체에 직각인 단면을 단위시간에 통과하는 전하량으로 정의한다.

2. 전류의 크기

(1) 일정한 비율로 t 초 동안에 $Q[\text{C}]$ 의 전하가 이동한 경우

  ① 전류: $I = \dfrac{Q}{t} = \dfrac{CV}{t} [\text{C/s} = \text{A}]$ ·········· [식 6-1]

  ② 전하량: $Q = It = CV [\text{A} \cdot \text{s} = \text{C}]$ ·········· [식 6-2]

(2) 이동하는 전하량이 시간적으로 변화하는 경우

  ① 전류: $I = \dfrac{dq}{dt} = C \dfrac{dV}{dt} [\text{C/s} = \text{A}]$ ·········· [식 6-3]

  ② 전하량: $Q = \displaystyle\int dq = \int_{t_1}^{t_2} I \, dt$ ·········· [식 6-4]

3. 전류밀도

(1) 전류의 변형 공식

  ① [그림 6-1](b)와 같이 어느 매질의 단위체적에 n [개]의 전자가 전계 $E[\text{V/m}]$ 의 힘을 받아서 전자 $e[\text{C}]$ 가 속도 $v[\text{m/s}]$ 로 운동하고 있을 때의 전류는 다음과 같다.

  ② $I = \dfrac{dq}{dt} = \rho \dfrac{dv}{dt} = \rho \dfrac{dx}{dt} S = \rho v S = nev S [\text{A}]$ ·········· [식 6-5]

  (여기서, ρ: 체적 전하밀도 $[\text{C/m}^3]$, n: 단위체적당 전자의 개수[개]

  $e = -1.602 \times 10^{-19}$: 전자 1개의 전하량[C], $\rho = ne \, [\text{C/m}^3]$)

(2) 도전율(conductivity)과 전류밀도

① 전하의 이동속도 v 는 하전입자(전하)가 이동하면서 다른 입자와 충돌이 생기므로 직선운동을 할 수 없기 때문에 평균속도로 표현하며, 이를 드리프트 속도(drift velocity)라 한다.

② 이러한 드리프트 속도는 도체에 가해지는 전계 E 에 비례하므로 $v = \mu E$ 의 관계를 가지며, 이때 μ 를 하전입자(전하)가 움직이기 쉬운 정도를 표시하는 양으로 이동도(mobility)라 한다.

③ **전류밀도**: $J = i = \dfrac{I}{S} = nev = ne\mu E = \rho\mu E = \sigma E [\text{A/m}^2]$ ·· [식 6-6]

여기서, $\sigma = \rho\mu = k$: 도전율

4. 전류계의 발산(전류밀도의 연속 방정식)

(1) 전류의 발산(유출)

① 정전계 중에서 임의의 폐곡면 S 로 포위된 체적 V 의 영역에서 폐곡면상의 미소면적 ds 를 통하여 흘러나가는 미소전류 $dI = \vec{J}\vec{n}\,ds$ 가 되고 외부로 유출되는 전 전류는 폐곡면 S 에 대해서 적분하면 된다.

② 외부로 유출되는 전 전류(발산의 정리를 적용)

$$I = \int_s \vec{J}\vec{n}\,ds = \int_v \text{div}\,J\,dv = \int_v \nabla \cdot J\,dv \quad \text{[식 6-7]}$$

(2) 전하량 보존의 법칙 적용

① '전하는 새로 생성되거나 없어지지 않고 항상 처음의 전하량을 유지한다.' 를 전하량 보존의 법칙이라 한다.

② 따라서 폐곡면을 통하여 유출되는 전류는 폐곡면 내 전하량의 감소와 같고, 시간에 대한 상미분을 편미분으로 표현하면 다음과 같다.

$$I = -\frac{dQ}{dt} = -\frac{\partial Q}{\partial t} = -\int_v \frac{\partial \rho}{\partial t}\,dv \quad \text{[식 6-8]}$$

(3) 전류의 연속방정식

① 전하량 보존의 법칙으로부터 유도된 식을 연속방정식이라 한다.

$$\nabla \cdot J = -\frac{\partial \rho}{\partial t} \quad \text{[식 6-9]}$$

② 만약, 도체 내에 정상전류가 흐르는 경우에 전하밀도 ρ 가 시간에 대해 일정하므로 [식 6-10]이 되며, 이는 전류의 새로운 발생이나 소멸이 없는 연속이라는 것을 의미한다.

$$\nabla \cdot J = 0 \quad \text{[식 6-10]}$$

2 전기저항과 옴의 법칙

1. 전기저항과 컨덕턴스

(1) 전기저항은 전류의 흐름을 방해하는 성분으로 도체의 재질, 모양, 온도에 따라 변화한다.

(2) 저항의 역수를 컨덕턴스(conductance, G)라 하고, 단위를 모우[℧, mho] 또는 지멘스[S]로 표현한다. 이러한 컨덕턴스는 병렬 회로망 해석 시 유용하게 사용된다.

(3) 전기저항과 컨덕턴스

① 전기저항: $R = \rho \dfrac{\ell}{S} = \dfrac{\ell}{kS} [\Omega]$ ·· [식 6-11]

② 컨덕턴스: $G = \dfrac{1}{R} = k\dfrac{S}{\ell} = \dfrac{S}{\rho \ell} [1/\Omega]$ ·· [식 6-12]

여기서, ρ: 저항률 또는 고유저항$[\Omega \cdot m]$, k(또는 σ): 도전율$[(\Omega \cdot m)^{-1}]$
S(또는 A): 도체의 단면적$[m^2]$, ℓ: 도체의 길이$[m]$

2. 저항율 또는 고유저항

(1) 고유저항의 기본단위는 $[\Omega \cdot mm^2/m]$ 이므로 $[\Omega \cdot m]$ 의 관계는 다음과 같다.

① 고유저항: $\rho = \dfrac{RS}{\ell} \left[\dfrac{\Omega \cdot m^2}{m} = \Omega \cdot m \right]$ ·· [식 6-13]

② $1 [\Omega \cdot m] = 10^6 [\Omega \cdot mm^2/m]$ ··· [식 6-14]

(2) 전선의 고유저항

① 연동선: $\rho = \dfrac{1}{58} [\Omega \cdot mm^2/m]$ ·· [식 6-15]

② 경동선: $\rho = \dfrac{1}{55} \sim \dfrac{1}{56} [\Omega \cdot mm^2/m]$ ··· [식 6-16]

③ 알루미늄선: $\rho = \dfrac{1}{35} [\Omega \cdot mm^2/m]$ ··· [식 6-17]

3. 옴의 법칙

(1) 1826년 독일학자 옴(Ohm)은 실험을 통해 전위차(전압)와 전류와의 관계를 다음과 같이 설명하였다. 도체에 흐르는 전류는 도체 양단 간의 전위차 V에 비례하고 도체의 저항 $R[\Omega, \mho]$에 반비례한다. 이를 옴의 법칙이라 한다.

(2) 옴의 법칙

① 옴의 법칙: $I = \dfrac{V}{R} = \dfrac{\ell E}{\ell/kS} = kES \; [V/\Omega = A]$ ··· [식 6-18]

② 옴의 법칙의 미분형: $J = i = \dfrac{dI}{dS} = kE [A/m^2]$ ··· [식 6-19]

3 저항의 온도계수

1. 저항의 온도계수

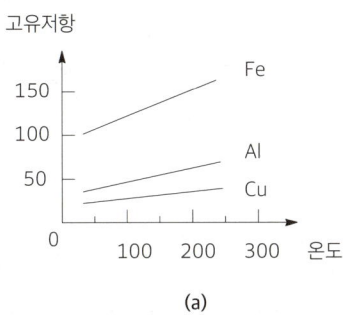
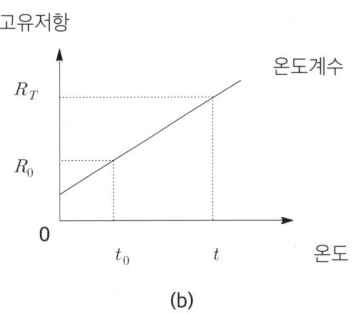

[그림 6-2] 저항의 온도계수

(1) 저항의 온도계수(temperature coefficient of resistance)는 [그림 6-2]와 같이 온도에 따라 변화하는 비율을 나타내는 것으로

(2) 금속에서는 일반적으로 정특성 온도계수(온도 상승에 따라 저항이 증가), 전해액이나 반도체에서는 일반적으로 부특성 온도계수(온도 상승에 따라 저항이 감소)의 특성을 나타낸다.

(3) 온도계수 α 는 초기온도 t_0 에서(여기서, t_0 에서의 저항의 크기는 R_0 이다) 온도가 $1[℃]$ 상승할 때 변화되는 저항의 비율을 의미한다.

2. 온도변화에 따른 금속도체의 저항

재료	고유저항(20℃에서) $\times 10^2 \, [\Omega \cdot mm^2/m]$	고유저항의 온도계수 20℃ 부근에 대하여
은(Ag)	1.62	0.0038
구리(Cu)	1.69	0.00393
경동	1.78	
알루미늄(Al)	2.62	0.0039
금(Au)	2.40	0.0034
백금(Pt)	10.5	0.003
텅스텐(W)	5.48	0.0045
순철(Fe)	10	0.005
주철	75~100	0.0019
규소철	50~60	
니켈(Ni)	6.9	0.006
탄소(C)	3500~7500	-0.0006~0.0012

[표 6-1] 고유저항과 온도계수 표

(1) 구리의 온도계수: $\alpha = \dfrac{1}{234.5 + t_0}$ ·· [식 6-20]

(2) 온도변화에 따른 금속도체의 저항
① 초기온도 t_0 에서의 저항값을 R_0, 변화된 온도 t 에서의 저항값은
② $R_T = R_0 + R_0 \alpha (t-t_0) = R_0 [1+\alpha (t-t_0)]$ ········· [식 6-21]

(3) 합성 온도계수 α_0
① 직렬로 접속된 두 금속 A, B 의 온도계수를 각각 α_1, α_2 라 하고, 주변온도가 t_0 에서 t 로 상승할 때의 저항값으로 합성 온도계수를 유도할 수 있다.
② $R_1 + R_1\alpha_1(t-t_0) + R_2 + R_2\alpha_2(t-t_0) = (R_1+R_2) + (R_1+R_2)\alpha_0(t-t_0)$
$R_1\alpha_1(t-t_0) + R_2\alpha_2(t-t_0) = (R_1+R_2)\alpha_0(t-t_0)$
$R_1\alpha_1 + R_2\alpha_2 = (R_1+R_2)\alpha_0$ 이므로

∴ 합성 온도계수 $\alpha_0 = \dfrac{R_1\alpha_1 + R_2\alpha_2}{R_1+R_2}$ ········· [식 6-22]

여기서, R_1, R_2 : t_0 에서의 금속 저항 크기

4 저항의 접속법

1. 직렬접속

직렬회로의 특징은 전류는 일정하고 전압은 분배된다.

(1) 합성 저항
① $V = V_1 + V_2 = I_1R_1 + I_2R_2$
(여기서 $I_1 = I_2 = I$ 이므로)
② $V = I(R_1+R_2)$
③ $R = \dfrac{V}{I} = \dfrac{I(R_1+R_2)}{I} = R_1 + R_2 [\Omega]$ ········· [식 6-23]

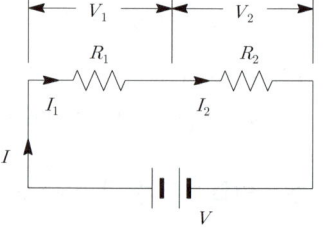

[그림 6-3] 저항의 직렬접속

(2) 전압 분배 법칙
① $V_1 = I_1R_1 = IR_1 = \dfrac{V}{R} \times R_1 = \dfrac{R_1}{R_1+R_2} \times V$ ········· [식 6-24]
② $V_2 = I_2R_2 = IR_2 = \dfrac{V}{R} \times R_2 = \dfrac{R_2}{R_1+R_2} \times V$ ········· [식 6-25]

2. 병렬접속

병렬회로의 특징은 전류(전하)는 분배되고 전압은 일정하다.

(1) 합성 저항과 컨덕턴스
① $I = I_1 + I_2 = \dfrac{V_1}{R_1} + \dfrac{V_2}{R_2}$
(여기서 $V_1 = V_2 = V$ 이므로)
② $I = V\left(\dfrac{1}{R_1} + \dfrac{1}{R_2}\right)$

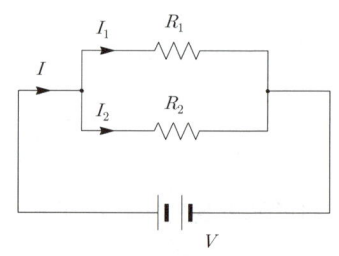

[그림 6-4] 저항의 병렬접속

③ $R = \dfrac{V}{I} = \dfrac{1}{\dfrac{1}{R_1} + \dfrac{1}{R_2}} = \dfrac{R_1 \times R_2}{R_1 + R_2} \, [\Omega]$ ··· [식 6-26]

④ $G = \dfrac{1}{R} = \dfrac{1}{R_1} + \dfrac{1}{R_2} = G_1 + G_2 \, [\mho]$ ··· [식 6-27]

(2) 전류 분배 법칙

① $I_1 = \dfrac{V_1}{R_1} = \dfrac{V}{R_1} = \dfrac{R}{R_1} \times I = \dfrac{R_2}{R_1 + R_2} \times I$ ··· [식 6-28]

$= \dfrac{\dfrac{1}{G_2}}{\dfrac{1}{G_1} + \dfrac{1}{G_2}} \times I = \dfrac{\dfrac{1}{G_2}}{\dfrac{G_1 + G_2}{G_1 \times G_2}} \times I = \dfrac{G_1}{G_1 + G_2} \times I$ ································· [식 6-29]

② $I_2 = \dfrac{V_2}{R_2} = \dfrac{V}{R_2} = \dfrac{R}{R_2} \times I = \dfrac{R_1}{R_1 + R_2} \times I$ ··· [식 6-30]

$= \dfrac{\dfrac{1}{G_1}}{\dfrac{1}{G_1} + \dfrac{1}{G_2}} \times I = \dfrac{\dfrac{1}{G_1}}{\dfrac{G_1 + G_2}{G_1 \times G_2}} \times I = \dfrac{G_2}{G_1 + G_2} \times I$ ································· [식 6-31]

5 줄열과 전력

1. 줄열(Joule's heat)

(1) 도선에 전위차(전압)를 가하면 전하가 이동하면서(전류가 흐르면서) 에너지를 소비하게 된다. 이 에너지는 도선 내에서 열로 소비되며, 전하가 운반될 때 소비되는 에너지는 [식 6-32]가 된다.

(2) 이것을 줄열(Joule's heat)이라 하고 단위를 줄[J, Joule] 이라 한다. 또한 줄열을 열량으로 환산하면 [식 6-33]과 같이 된다.

① $W = QV = VIt = I^2Rt = \dfrac{V^2}{R}t \, [\text{J}]$ ·· [식 6-32]

여기서, 전하량: $Q = CV = It \, [\text{C}]$, 옴의 법칙: $V = IR \, [\text{V}]$

② $H = 0.24\,W = 0.24\,VIt = 0.24\,I^2Rt = 0.24\,\dfrac{V^2}{R}t \, [\text{cal}]$ ································· [식 6-33]

2. 전력(Power)

(1) 단위시간에 행한 전기적인 일을 전력(Power)이라 하며, 그 단위는 와트[W, watt]라 한다.

(2) $P = \dfrac{W}{t} = VI = I^2R = \dfrac{V^2}{R} \, [\text{W}]$ ··· [식 6-34]

6 저항과 정전용량

1. 저항과 정전용량

(1) 유전율 ϵ인 공간속에 두 도체 A, B를 위치하여 $\pm Q$의 전하를 충전시키면 [그림 6-5]와 같이 두 도체 사이에는 전기력선 또는 전속선이 발산한다. 이때, 두 도체 사이의 정전용량을 C라 한다.

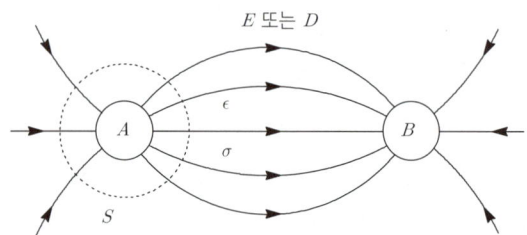

[그림 6-5] 저항과 정전용량의 관계

(2) 유전체를 도전율 σ인 도전성 매질로 치환하고 두 도체에 전위차를 가하면 도전성 매질에 전류가 흐를 때의 저항을 R이라 하면 R과 C의 관계는 다음과 같다.

① A 도체의 전하량: $Q = \int D\vec{n}\, ds = \epsilon \int E\vec{n}\, ds$ ·· [식 6-35]

② 전류: $I = \int J\vec{n}\, ds = \int i\vec{n}\, ds = \sigma \int E\vec{n}\, ds$ ·· [식 6-36]

③ 저항: $R = \dfrac{V}{I} = \dfrac{Q}{CI} = \dfrac{\epsilon \int E\vec{n}\, ds}{C\sigma \int E\vec{n}\, ds} = \dfrac{\epsilon \rho}{C}$

∴ 저항과 정전용량의 관계: $RC = \epsilon \rho$ ·· [식 6-37]

2. 도체에 따른 저항

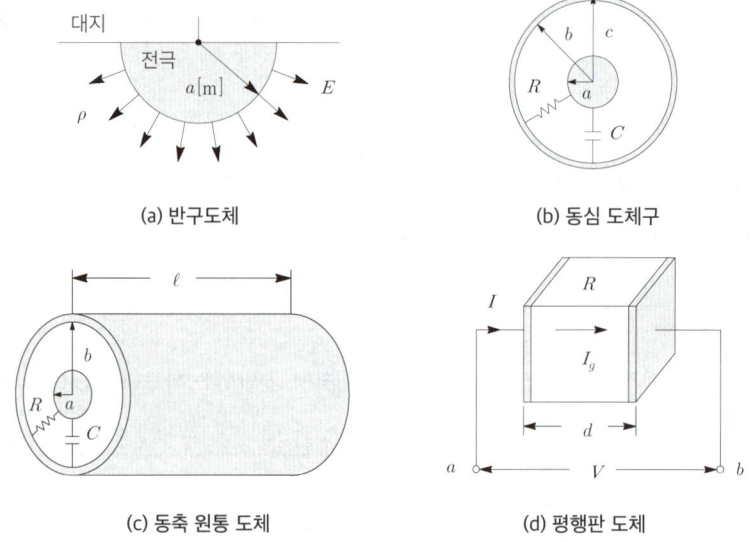

(a) 반구도체

(b) 동심 도체구

(c) 동축 원통 도체

(d) 평행판 도체

[그림 6-6] 도체에 따른 저항

(1) 반구도체의 접지저항

　① 정전용량: $C = 2\pi\epsilon a\,[\text{F}]$ ·· [식 6-38]

　② 접지저항: $R = \dfrac{\epsilon\rho}{C} = \dfrac{\rho}{2\pi a}\,[\Omega]$ ·· [식 6-39]

(2) 동심 도체구의 절연저항

　① 정전용량: $C = \dfrac{4\pi\epsilon ab}{b-a}\,[\text{F}]$ ·· [식 6-40]

　② 절연저항: $R = \dfrac{\epsilon\rho}{C} = \dfrac{\rho(b-a)}{4\pi ab} = \dfrac{b-a}{4\pi k\,ab}\,[\Omega]$ ·· [식 6-41]

(3) 동축 원통 도체의 절연저항

　① 정전용량: $C = \dfrac{2\pi\epsilon}{\ln\dfrac{b}{a}}\,[\text{F/m}] = \dfrac{2\pi\epsilon\ell}{\ln\dfrac{b}{a}}\,[\text{F}]$ ······································ [식 6-42]

　② 절연저항: $R = \dfrac{\epsilon\rho}{C} = \dfrac{\rho}{2\pi}\ln\dfrac{b}{a}$　(여기서, $\rho = \dfrac{1}{k} = \dfrac{1}{\sigma}$)

　　　　　　　$= \dfrac{1}{2\pi k}\ln\dfrac{b}{a}\,[\Omega/\text{m}] = \dfrac{1}{2\pi k\ell}\ln\dfrac{b}{a}\,[\Omega]$ ························ [식 6-43]

(4) 평행판 도체의 절연저항

　① 정전용량: $C = \dfrac{\epsilon S}{d}\,[\text{F}]$ ·· [식 6-44]

　② 절연저항: $R = \dfrac{\epsilon\rho}{C} = \rho\dfrac{d}{S}\,[\Omega]$ ·· [식 6-45]

　③ 누설전류: $I_g = \dfrac{V}{R} = \dfrac{CV}{\epsilon\rho}\,[\text{A}]$ ·· [식 6-46]

　④ 발열량: $H = 0.24\,I_g^2\,R\,t = 0.24 \times \dfrac{CV^2}{\epsilon\rho}\,t\,[\text{cal}]$ ······································ [식 6-47]

7 열전현상

1. 접촉 전위차와 볼타(Volta)의 법칙

두 종류의 도체를 접촉시키면 접촉면에 일정한 전위차가 생긴다. 이 전위차를 접촉 전위차라고 한다. 일정 온도에서 다수의 도체를 직렬로 접촉시켰을 때 양단자의 전위차의 합은 양 단자의 도체를 직접 접촉시켰을 때의 전위차와 같다. 이것이 볼타의 법칙이다.

2. 열기전력(Seebeck effect)

두 종류의 금속을 루프상으로 이어서 두 접속점을 다른 온도로 유지하면, 이 회로에 전류가 흐른다. 이것을 열전류, 이와 같이 연결한 금속의 루프를 열전대라고 하며, 이 현상을 제어벡 효과(Seebeck effect)라고 한다.

3. 펠티에 효과(Peltier effect)

두 가지 금속의 접속점을 통하여 전류가 흐를 때 접속점에 주울열 이외의 발열 또는 흡열이 일어나는 현상을 말한다.

4. 톰슨 효과(Thomson effect)

동일 금속이라도 부분적으로 온도가 다른 금속선에 전류를 흘리면 온도 구배가 있는 부분에 주울열, 이외의 발열 또는 흡열이 일어나는 현상을 말한다.

핵심 요점정리

1. 전류와 전기저항

① 전류의 정의: $I = \dfrac{dq}{dt} = \rho \dfrac{dV}{dt} = \rho \dfrac{dx}{dt} S = \rho v S = nev S \,[\mathrm{A}]$

여기서, q: 전하, ρ: 체적 전하밀도, V: 체적, S: 단면적, v: 전하의 운동속도
n: 단위 체적 당 전자의 개수[개], $\rho = ne \,[\mathrm{C/m^3}]$

② 전기저항: $R = \rho \dfrac{\ell}{S} = \dfrac{\ell}{kS} = \dfrac{\ell}{\sigma S} \,[\Omega]$

여기서, ρ: 고유저항, $k = \sigma$: 도전율, ℓ: 도체의 길이, S: 도체의 단면적

③ 옴의 법칙: $I = \dfrac{V}{R} = \dfrac{\ell E}{\ell/kS} = kES \,[\mathrm{V/\Omega = A}]$ 여기서, E: 전계의 세기

④ 옴의 법칙의 미분형(전류밀도): $J = i = \dfrac{dI}{dS} = kE \,[\mathrm{A/m^2}]$

⑤ 전류의 연속성: $\nabla \cdot J = 0$ (도체 내에 정상전류가 흐르는 경우에 전류의 새로운 발생이나 소멸이 없는 연속이라는 것을 의미한다)

2. 저항과 정전용량 ($RC = \rho\epsilon$ 의 관계를 갖는다)

구분		정전용량	접지 또는 절연저항
반구 도체		$C = 2\pi\epsilon a \,[\mathrm{F}]$	접지저항: $R = \dfrac{\epsilon\rho}{C} = \dfrac{\rho}{2\pi a} \,[\Omega]$
동심 도체구		$C = \dfrac{4\pi\epsilon ab}{b-a} \,[\mathrm{F}]$	절연저항: $R = \dfrac{\epsilon\rho}{C} = \dfrac{\rho(b-a)}{4\pi ab}$ $= \dfrac{b-a}{4\pi k ab} \,[\Omega]$
동축 케이블		$C = \dfrac{2\pi\epsilon}{\ln\dfrac{b}{a}} \,[\mathrm{F/m}]$ $= \dfrac{2\pi\epsilon\ell}{\ln\dfrac{b}{a}} \,[\mathrm{F}]$	절연저항: $R = \dfrac{\epsilon\rho}{C} = \dfrac{\rho}{2\pi}\ln\dfrac{b}{a}$ $= \dfrac{1}{2\pi k}\ln\dfrac{b}{a} \,[\Omega/\mathrm{m}] = \dfrac{1}{2\pi k\ell}\ln\dfrac{b}{a} \,[\Omega]$
평행 왕복 도체		$C = \dfrac{\epsilon S}{d} \,[\mathrm{F}]$	절연저항: $R = \dfrac{\epsilon\rho}{C} = \rho\dfrac{d}{S} \,[\Omega]$ 누설전류: $I_g = \dfrac{V}{R} = \dfrac{CV}{\epsilon\rho} \,[\mathrm{A}]$ 발열량: $H = 0.24 I_g^2 Rt \,[\mathrm{cal}]$

출제예상문제

※ 출제예상문제는 기출 분석을 바탕으로 자주 출제되는 유형을 선별하였습니다.

1. 전류와 전류밀도

01 2개의 물체를 마찰하면 마찰전기가 발생한다. 이는 마찰에 의한 일에 의하여 표면에 가까운 무엇이 이동하기 때문인가?

① 전하 ② 양자
③ 구속전자 ④ 자유전자

 정답 ④

02 10[A]의 전류가 5분 동안 도선에 흘렀을 때 도선 단면을 지나는 전기량은 몇 [C]인가?

① 3000[C] ② 50[C]
③ 2[C] ④ 0.033[C]

 $Q = It = 10 \times 5 \times 60 = 3000\,[C]$

정답 ①

03 전류에 대한 설명 중 옳지 않은 것은?

① 전하의 이동이다.
② 1[V/s]를 1[A]로 한다.
③ 전하가 전계 방향으로 평균속도 v로 이동함에 따라 생기는 전류를 드리프트 전류라 한다.
④ $div\, i = 0$은 전류의 연속성이라 한다.

 1[A]는 도선의 임의의 단면적을 1초 동안 1[C]의 전하가 통과할 때의 크기이다.
∴ $I = \dfrac{Q}{t}\,[C/s = A]$

정답 ②

04 다음 ( ) 안의 ㉠과 ㉡에 들어갈 알맞은 내용은?

도체의 전기전도는 도전율로 나타내는데 이는 도체 내의 자유전하밀도에 (㉠)하고, 자유전하의 이동도에 (㉡)한다.

① ㉠ 비례 ㉡ 비례
② ㉠ 반비례 ㉡ 반비례
③ ㉠ 비례 ㉡ 반비례
④ ㉠ 반비례 ㉡ 비례

 정답 ①

05 $\nabla \cdot i = 0$에 대한 설명이 아닌 것은?

① 도체 내에 흐르는 전류는 연속적이다.
② 도체 내에 흐르는 전류는 일정하다.
③ 단위시간당 전하의 변화는 없다.
④ 도체 내에 전류가 흐르지 않는다.

 전류의 연속성($div\, i = 0$)
전류의 새로운 발생이나 소멸이 없는 연속이라는 것을 의미한다.

정답 ④

06 어떤 콘덴서에 가한 전압을 2초 사이에 500[V]에서 4500[V]로 상승 시켰더니, 평균 전류가 0.6[mA]가 흘렀다. 이 콘덴서의 정전 용량은 몇 [μF]인가?

① 0.3 ② 0.6
③ 0.8 ④ 0.9

정답분석
㉠ 전하량: $Q = It = CV[C]$
㉡ 정전용량
$$C = \frac{It}{V} = \frac{0.6 \times 10^{-3} \times 2}{4500 - 500} = 3 \times 10^{-7}[F]$$
$$= 0.3 \times 10^{-6}[F] = 0.3[\mu F]$$

정답 ①

08 대지 중의 두 전극 사이에 있는 어떤 점의 전계의 세기가 $E = 6[V/cm]$, 지면의 도전율이 $k = 10^{-4}$[/cm]일 때 이 점의 전류밀도는 몇 [A/cm²]인가?

① 6×10^{-4} ② 6×10^{-6}
③ 6×10^{-5} ④ 6×10^{-3}

정답분석
전류밀도
$i = kE = 10^{-4} \times 6 = 6 \times 10^{-4}[A/cm^2]$

정답 ①

07 반지름이 5[mm]인 구리선에 10[A]의 전류가 단위시간에 흐르고 있을때 구리선의 단면을 통과하는 전자의 갯 수는 단위시간 당 얼마인가? (단, 전자의 전하량은 $e = 1.602 \times 10^{-19}$[C]이다.)

① 6.24×10^{18} ② 6.24×10^{19}
③ 1.28×10^{22} ④ 1.28×10^{23}

정답분석
전자의 갯수
$$N = \frac{Q}{e} = \frac{It}{e} = \frac{10 \times 1}{1.602 \times 10^{-19}}$$
$$= 6.242 \times 10^{19}[개]$$
여기서, 전자 1개의 전하량 $e = 1.602 \times 10^{-19}$
단위시간=1초

정답 ②

09 구리 중에는 1[cm³]에 8.5×10^{22}[개]의 자유전자가 있다. 단면적 2[mm²]의 구리선에 10[A]의 전류가 흐를 때의 자유전자의 평균 속도는 약 몇 [cm/s]인가?

① 0.037 ② 0.37
③ 3.7   ④ 37

정답분석
㉠ 전류의 정의식
$$I = \frac{Q}{t} = nevS = \rho vS[A]$$
여기서, $\rho = ne$: 체적 전하밀도[C/m³]
㉡ 단위 체적당 전자의 개수
$n = 8.5 \times 10^{22}[개/cm^3]$
$= 8.5 \times 10^{22} \times 10^6[개/m^3]$
㉢ 구리선의 단면적
$S = 2[mm^2] = 2 \times 10^{-6}[m^2]$
∴ 전자의 이동 속도
$$v = \frac{I}{neS}$$
$$= \frac{10}{8.5 \times 10^{22} \times 10^6 \times 1.6 \times 10^{-19} \times 2 \times 10^{-6}}$$
$$= 0.000367[m/s] = 0.0367[cm/s]$$

정답 ①

10 공간 도체 중의 정상전류밀도가 i, 전하밀도가 ρ일 때 키르히호프 전류법칙을 나타내는 것은?

① $i = \dfrac{\partial \rho}{\partial t}$ ② $div\ i = 0$

③ $i = 0$ ④ $div\ i = -\dfrac{\partial \rho}{\partial t}$

정답분석 키르히호프의 전류법칙: 회로에서 임의의 접합점으로 유입·유출하는 전류의 대수합은 0이다. 따라서 전류의 발산은 없다. ($div\ i = 0$, 전류의 연속성)

정답 ②

2. 전기저항과 옴의 법칙

11 경동선의 고유저항은 몇 $[\Omega \cdot mm^2/m]$ 인가?

① $\dfrac{1}{35}$ ② $\dfrac{1}{38}$

③ $\dfrac{1}{55}$ ④ $\dfrac{1}{58}$

정답분석
㉠ 연동선의 고유저항:
$p = \dfrac{1}{58}[\Omega \cdot mm^2/m]$
$= \dfrac{1}{58} \times 10^{-6}[\Omega \cdot m^2/m]$

㉡ 경동선의 고유저항:
$p = \dfrac{1}{55}[\Omega \cdot mm^2/m]$
$= \dfrac{1}{55} \times 10^{-6}[\Omega \cdot m^2/m]$

㉢ 알루미늄의 고유저항:
$p = \dfrac{1}{35}[\Omega \cdot mm^2/m]$
$= \dfrac{1}{35} \times 10^{-6}[\Omega \cdot m^2/m]$

정답 ③

12 도체의 전기저항에 대한 설명으로 틀린 것은?

① 단면적에 반비례하고 길이에 비례한다.
② 고유저항은 백금보다 구리가 크다.
③ 도체의 반지름의 제곱에 반비례한다.
④ 같은 길이, 같은 단면적에서도 온도가 상승하면 저항이 증가한다.

정답분석 주변온도 20[℃]에서 고유저항

재료	고유저항 $[\Omega \cdot mm^2/m]$
은(Ag)	1.62×10^2
구리(Cu)	1.69×10^2
금(Au)	2.40×10^2
알루미늄(Al)	2.62×10^2
백금(Pt)	10.5×10^2

∴ 고유저항은 구리보다 백금이 더 크다.

정답 ②

13 도전율의 단위는?

① $\dfrac{m}{\Omega}$ ② $\dfrac{\Omega}{m^2}$

③ $\dfrac{1}{\mho \cdot m}$ ④ $\dfrac{\mho}{m}$

정답분석

고유저항은 $\rho = \dfrac{RS}{\ell} [\Omega \cdot m = \Omega \cdot mm^2/m]$ 이므로 도전율은 $k = \dfrac{1}{\rho}\left[\dfrac{1}{\Omega \cdot m} = \dfrac{\mho}{m}\right]$ 이 된다.

정답 ④

14 고유저항 $\rho[\Omega \cdot m]$, 한 변의 길이가 $r[m]$인 정육면체의 저항 $[\Omega]$은?

① $\dfrac{\rho}{\pi r}$ ② $\dfrac{\pi r^2}{\sqrt{\rho}}$

③ $\dfrac{\rho}{r}$ ④ $\sqrt{\dfrac{2\pi r^2}{\rho}}$

정답분석

전기저항: $R = \rho \dfrac{\ell}{S} = \rho \dfrac{r}{r^2} = \dfrac{\rho}{r} [\Omega]$

정답 ③

15 지름 1.6[mm]인 동선의 최대 허용 전류를 25[A]라 할 때 최대 허용 전류에 대한 왕복 전선로의 길이 20[m]에 대한 전압 강하는 몇 [V]인가? (단, 동의 저항률은 1.69×10^{-8} [$\Omega \cdot m$]이다)

① 0.74 ② 2.1
③ 4.2 ④ 6.3

정답분석

㉠ 동선의 단면적
: $S = \pi r^2 = \dfrac{\pi d^2}{4} = \dfrac{\pi \times (1.6 \times 10^{-3})^2}{4}$
$= 2.01 \times 10^{-6}$

㉡ 전기저항
: $R = \rho \dfrac{l}{S} = 1.69 \times 10^{-8} \times \dfrac{20}{2.01 \times 10^{-6}}$
$= 0.168 [\Omega]$

∴ 전압 강하: $e = IR = 25 \times 0.168 = 4.2 [V]$

정답 ③

16 k는 도전도, ρ는 고유저항, E는 전계의 세기 i는 전류밀도일 때 옴의 법칙은?

① $i = kE$ ② $i = \dfrac{E}{k}$

③ $i = \rho E$ ④ $i = \rho k E$

정답분석

㉠ 옴의 법칙: $I = \dfrac{V}{R} = \dfrac{\ell E}{\dfrac{\ell}{kS}} = kES [A]$

㉡ 전류밀도: $i = \dfrac{I}{S} = kE [A/m^2]$

정답 ①

17 길이가 20[cm]이고, 지름이 2[cm]이며, 도전율이 $7 \times 10^4 [\mho/m]$인 흑연봉의 양단에 20[V]의 전압을 가했을 때 전류밀도는 몇 [A/mm^2]인가?

① 0.07 ② 0.7
③ 7 ④ 70

정답분석

㉠ 전계의 세기
: $E = \dfrac{V}{\ell} = \dfrac{20}{0.2} = 100 [V/m]$

㉡ 옴의 법칙: $I = \dfrac{V}{R} = \dfrac{\ell E}{\dfrac{\ell}{kS}} = kES [A]$

∴ 전류밀도
: $i = \dfrac{I}{S} = kE = 7 \times 10^4 \times 100$
$= 7 \times 10^6 [A/m^2] = 7 [A/mm^2]$

정답 ③

3. 저항의 온도계수

18 금속 도체의 전기저항은 일반적으로 온도와 어떤 관계인가?

① 전기저항은 온도의 변화에 무관하다.
② 전기저항은 온도의 변화에 대해 정특성을 가진다.
③ 전기저항은 온도의 변화에 대해 부특성을 가진다.
④ 금속도체의 종류에 따라 전기저항의 온도 특성은 일관성이 없다.

 일반적으로 금속은 정특성 온도계수, 전해액이나 반도체에서는 부특성 온도계수를 나타낸다.

정답 ②

19 20[℃]에서 저항 온도계수 $\alpha_{20} = 0.004$인 저항선의 저항이 100[Ω]이다. 이 저항선의 온도가 80[℃]로 상승될 때 저항은 몇 [Ω]이 되겠는가?

① 24 ② 48
③ 72 ④ 124

 온도 상승에 따른 전기저항값
$R_{80} = R_{20}[1 + \alpha_{20}(80-20)]$
$= 100[1 + 0.004(80-20)]$
$= 124\,[\Omega]$

정답 ④

20 구리의 저항율은 20[℃]에서 1.69×10^{-8} [Ω·m] 이고 온도계수는 0.0039이다. 단면이 2[mm²]인 구리선 200[m]의 50[℃]에서의 저항값은 몇 [Ω]인가?

① 1.69×10^{-3} ② 1.89×10^{-3}
③ 1.69 ④ 1.89

㉠ 20[℃]에서 전기저항
$R_0 = \rho \dfrac{l}{S} = 1.69 \times 10^{-8} \times \dfrac{200}{2 \times 10^{-6}}$
$= 1.69\,[\Omega]$
㉡ 온도 상승 후 전기저항
$R_T = 1.69 \times [1 + 0.0039(50-20)]$
$= 1.887\,[\Omega]$

정답 ④

21 온도 $t\,[℃]$에서 저항 $R_t\,[\Omega]$의 도선은 $30\,[℃]$일 때 저항은 어떻게 되는가?

① $\dfrac{30-t}{234.5} R_t$ ② $\dfrac{234.5+t}{264.5} R_t$
③ $\dfrac{30-t}{234.5+t} R_t$ ④ $\dfrac{264.5}{234.5+t} R_t$

㉠ $t\,[℃]$에서의 구리 온도계수:
$\alpha = \dfrac{1}{\dfrac{1}{\alpha_0}+t} = \dfrac{1}{234.5+t}$
㉡ 30[℃]에서의 저항
$R_T = Rt\,[1 + \alpha + (t-t_0)]$
$= Rt\left[1 + \dfrac{1}{234.5+t}(30-t)\right]$
$= Rt\left[\dfrac{234.5+t}{234.5+t} + \dfrac{30-t}{234.5+t}\right]$
$= Rt \cdot \dfrac{264.5}{234.5+t}\,[\Omega]$

정답 ④

22 저항 $10[\Omega]$, 저항의 온도계수 $\alpha_1 = 5 \times 10^{-3}[1/℃]$ 의 동선에 직렬로 저항 $90[\Omega]$, 온도계수 $\alpha_2 \fallingdotseq 0[1/℃]$ 의 망간선을 접속하였을 때의 합성 저항 온도계수$[1/℃]$는?

① 2×10^{-4} ② 3×10^{-4}
③ 4×10^{-4} ④ 5×10^{-4}

정답분석 합성 온도계수
$$\alpha = \frac{\alpha_1 R_1 + \alpha_2 R_2}{R_1 + R_2}$$
$$= \frac{5 \times 10^{-3} \times 10 + 0 \times 90}{10 + 90}$$
$$= 5 \times 10^{-4}[1/℃]$$

정답 ④

4. 저항의 접속법

23 내부저항 20[Ω] 및 25[Ω], 최대 지시눈금이 다 같이 1[A]인 전류계 A_1 및 A_2를 그림과 같이 접속했을 때 측정할 수 있는 최대 전류의 값은 몇 [A]인가?

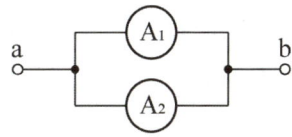

① 1 ② 1.5
③ 1.8 ④ 2

정답분석
㉠ 전류계를 병렬로 설치하면 내부저항이 작은 쪽으로 더 많은 전류가 흐른다.

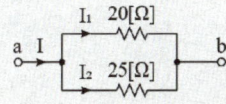

㉡ 내부저항이 작은 전류계 A_1에 $I_1 = 1[A]$ 가 흘렀을 때가 두 병렬 전류계가 측정할 수 있는 최대 전류 I 가 된다.
㉢ A_1에 흐르는 전류 I_1 (전류 분배 법칙)
$$: I_1 = \frac{R_2}{R_1 + R_2} \times I$$
여기서, R_1: A1 내부저항
R_2: A2 내부저항
∴ 최대 전류
$$: I = \frac{R_1 + R_2}{R_2} \times I_1 = \frac{20 + 25}{25} \times 1$$
$$= 1.8[A]$$

정답 ③

24 그림에서 a, b 단자에 200[V]를 가할 때 저항 2[Ω]에 흐르는 전류는?

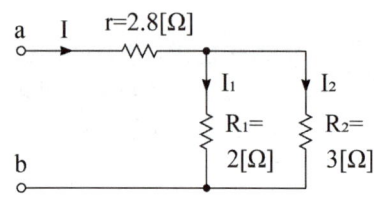

① 40[A]　　　② 30[A]
③ 20[A]　　　④ 10[A]

㉠ 합성저항: $R = 2.8 + \dfrac{2 \times 3}{2 + 3} = 4\,[\Omega]$
㉡ 회로 전체 전류: $I = \dfrac{V}{R} = \dfrac{200}{4} = 50\,[A]$
∴ 전류 분배 법칙
$: I_2 = \dfrac{R_1}{R_1 + R_2} \times I = \dfrac{3}{2+3} \times 50 = 30\,[A]$

정답 ②

5. 줄열과 전력

25 기전력 1.5[V]이고, 내부저항 0.02[Ω]인 전지에 2[Ω]의 저항을 연결했을 때 저항에서의 소모 전력은 약 몇 [W]인가?

① 1.1　　　② 5
③ 11　　　④ 55

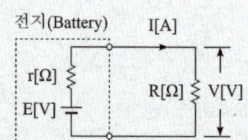

㉠ 전류: $I = \dfrac{1.5}{0.02 + 2} = 0.742\,[A]$
㉡ 소비전력
$: P = I^2 R = 0.742^2 \times 2 = 1.1\,[W]$

정답 ①

26 2[Ω]과 4[Ω]의 병렬회로 양단에 40[V]를 가했을 때 2[Ω]에서 발생하는 열은 4[Ω]에서의 열의 몇 배인가?

① 2　　　② 4
③ 6　　　④ 8

저항에서 발생하는 열량
$H = 0.24\,Pt = 0.24\dfrac{V^2}{R}t\,[J]$ 에서 병렬회로의 전압은 일정하므로 발열량은 저항에 반비례한다. 따라서 2[Ω]에서 발생하는 열은 4[Ω]에서의 2배가 된다.

정답 ①

27 200[V] 30[W]인 백열전구와 200[V] 60[W]인 백열전구를 직렬로 접속하고, 200[V]의 전압을 인가하였을 때 어느 전구가 더 어두운가? (단, 전구의 밝기는 소비전력에 비례한다)

① 둘 다 같다.
② 30[W]전구가 60[W]전구보다 더 어둡다.
③ 60[W]전구가 30[W]전구보다 더 어둡다.
④ 비교할 수 없다.

정답분석

㉠ 전력 $P = \dfrac{V^2}{R}$ [W]에서 $R = \dfrac{V^2}{P}$ [Ω]이므로 전력은 저항에 반비례한다. 따라서 전력이 작은 백열전구(30[W]용)의 저항이 더 크다.
㉡ 직렬회로에서 전류의 크기는 일정하고 $P = I^2R$ [W]이므로 백열전구의 소비전력은 저항크기에 비례하므로 30[W]용 백열전구가 전력은 더 많이 소비한다.
∴ 전구의 밝기는 소비전력에 비례한다고 했으므로 30[W]인 백열전구가 더 밝다.

정답 ③

28 15[℃]의 물 4[L]를 용기에 넣어 1[kW]의 전열기로 가열하여 물의 온도를 90[℃]로 올리는데 30분이 필요하였다. 이 전열기의 효율은 약 몇 [%]인가?

① 50   ② 60
③ 70   ④ 80

정답분석

전열기 효율
$\eta = \dfrac{mc\theta}{860pt} = \dfrac{4 \times 1 \times (90-15)}{860 \times 1 \times \dfrac{30}{60}} \times 100 = 70\,[\%]$

정답 ③

29 사이클로트론에서 양자가 매초 3×10^{15}개의 비율로 가속되어 나오고 있다. 양자가 15[MeV]의 에너지를 가지고 있다고 할 때, 이 사이클로트론은 가속용 고주파 전계를 만들기 위해서 150[kW]의 전력을 필요로 한다면 에너지 효율[%]은?

① 2.8   ② 3.8
③ 4.8   ④ 5.8

정답분석

㉠ $1\,[\text{eV}] = 1.602 \times 10^{-19}\,[\text{J, W·s}]$이므로 단위 시간당 사이클로트론에서 발생되는 양자의 에너지는 다음과 같다.
$P_o = 3 \times 10^{15} \times 15 \times 10^6 \times 1.602 \times 10^{-19}$
$\quad = 7209\,[\text{W}] \fallingdotseq 7.2\,[\text{kW}]$
㉡ 에너지 효율
$\eta = \dfrac{P_o}{P_i} \times 100 = \dfrac{7.2}{150} \times 100 = 4.8\,[\%]$

정답 ③

6. 절연저항과 누설전류

30 정전용량 C[F/m]와 컨덕턴스 G[S]와의 관계로 옳은 것은? (단, k: 도전율[℧/m], ϵ: 유전율 [F/m])

① $\dfrac{C}{G} = \dfrac{\epsilon}{k}$ ② $Ck = \dfrac{G}{\epsilon}$

③ $GC = \epsilon k$ ④ $\dfrac{C}{G} = \dfrac{k}{\epsilon}$

정답분석 전기저항과 정전용량의 관계 $RC = \epsilon\rho$ 에서 $\dfrac{C}{G} = \dfrac{\epsilon}{k}$ 의 관계가 성립된다.

정답 ①

31 평행판 콘덴서에 유전율 9×10^{-8} [F/m], 고유저항 $\rho = 10^6$ [Ω·m] 인 액체를 채웠을 때, 정전용량이 $3\,[\mu\mathrm{F}]$ 이었다. 이 양극판 사이의 저항은 몇 [kΩ] 인가?

① 37.6 ② 30
③ 18 ④ 15.4

정답분석 저항: $R = \dfrac{\rho\epsilon}{C}$

$= \dfrac{9 \times 10^{-8} \times 10^6}{3 \times 10^{-6}}$

$= 3 \times 10^4\,[\Omega] = 30\,[\mathrm{k}\Omega]$

정답 ②

32 반지름 a [m]인 반구도체를 유전율 ϵ, 고유저항 ρ 인 대지에 접지할 경우의 도체와 대지간의 저항은 몇 [Ω]인가?

① $4\pi a\rho$ ② $2\pi a\rho$

③ $\dfrac{\rho}{2\pi a}$ ④ $\dfrac{\rho}{4\pi a}$

정답분석
㉠ 반구도체 정전용량: $C = 2\pi\epsilon a$ [F]

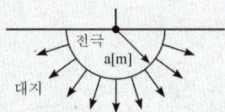

㉡ 저항과 정전용량의 관계: $RC = \epsilon\rho$

∴ 접지저항: $R = \dfrac{\rho\epsilon}{C} = \dfrac{\rho\epsilon}{2\pi\epsilon a} = \dfrac{\rho}{2\pi a}\,[\Omega]$

정답 ③

33 반지름 a, b 인 두 구상도체 전극이 도전율 k 인 매질 속에 중심 간의 거리 r 만큼 떨어져 놓여있다. 양 전극 간의 저항은? (단, $r \gg a, b$ 이다)

① $4\pi k\left(\dfrac{1}{a} + \dfrac{1}{b}\right)$ ② $4\pi k\left(\dfrac{1}{a} - \dfrac{1}{b}\right)$

③ $\dfrac{1}{4\pi k}\left(\dfrac{1}{a} + \dfrac{1}{b}\right)$ ④ $\dfrac{1}{4\pi k}\left(\dfrac{1}{a} - \dfrac{1}{b}\right)$

정답분석
㉠ 전위차: $V = \dfrac{Q}{4\pi\epsilon}\left(\dfrac{1}{a} + \dfrac{1}{b}\right)$ [V]

㉡ 정전용량: $C = \dfrac{Q}{V} = \dfrac{4\pi\epsilon}{\dfrac{1}{a} + \dfrac{1}{b}}$ [F]

∴ 전기저항

$R = \dfrac{\epsilon\rho}{C} = \dfrac{\epsilon}{kC} = \dfrac{1}{4\pi k}\left(\dfrac{1}{a} + \dfrac{1}{b}\right)\,[\Omega]$

정답 ③

34 내반경이 2[cm], 외반경이 3[cm]인 동심 구 도체 간에 고유저항이 1.884×10^2 [Ω·m]인 저항물질로 채워져 있는 경우 내외 구간의 합성저항은 약 몇 [Ω] 정도 되겠는가?

① 2.5　　② 5
③ 250　　④ 500

⊙ 동심 도체구의 정전용량
$$C = \frac{4\pi\epsilon ab}{b-a}$$
$$= \frac{1}{9\times 10^9} \times \frac{0.02 \times 0.03}{0.03 - 0.02}$$
$$= 6.66 \times 10^{-12} [\text{F}]$$

ⓒ 전기저항
$$R = \frac{\rho\epsilon}{C}$$
$$= \frac{1.884\times 10^2 \times 8.855 \times 10^{-12}}{6.66 \times 10^{-12}}$$
$$= 250 [\Omega]$$

정답 ③

36 내반경 a[m], 외반경 b[m] 인 동축케이블에서 극간 매질의 도전율이 σ[S/m] 일 때 단위 길이당 이 동축케이블의 컨덕턴스 [S/m] 는?

① $\dfrac{4\pi\sigma}{\ln\dfrac{b}{a}}$　　② $\dfrac{2\pi\sigma}{\ln\dfrac{b}{a}}$

③ $\dfrac{\pi\sigma}{\ln\dfrac{b}{a}}$　　④ $\dfrac{6\pi\sigma}{\ln\dfrac{b}{a}}$

⊙ 동축케이블의 절연저항
$$: R = \frac{\rho}{2\pi} \ln\frac{b}{a} = \frac{1}{2\pi\sigma}\ln\frac{b}{a} [\Omega/\text{m}]$$
$$= \frac{1}{2\pi\sigma l}\ln\frac{b}{a} [\Omega]$$

ⓒ 동축케이블의 컨덕턴스
$$: G = \frac{1}{R} = \frac{2\pi\sigma}{\ln\dfrac{b}{a}} [℧/\text{m} = \text{S/m}]$$

정답 ②

35 반경 a, b 이고 길이 ℓ, 도전율이 σ 인 동축케이블이 있다. 단위 길이 당 절연저항은?

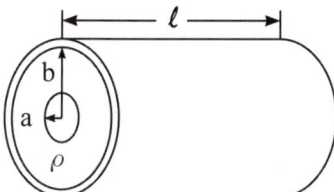

① $\dfrac{\sigma}{2\ell}\ln\dfrac{b}{a}$　　② $\dfrac{\sigma\ell}{2\pi}\ln\dfrac{b}{a}$

③ $\dfrac{1}{2\pi\sigma}\ln\dfrac{b}{a}$　　④ $\dfrac{1}{2\pi\sigma}\ln\dfrac{a}{b}$

⊙ 동축케이블의 정전용량
$$C = \frac{Q}{V} = \frac{\lambda l}{V} = \frac{2\pi\epsilon}{\ln\dfrac{b}{a}} [\text{F/m}]$$
$$= \frac{2\pi\epsilon l}{\ln\dfrac{b}{a}} [\text{F}]$$

ⓒ 동축케이블의 절연저항
$$R = \frac{\rho}{2\pi}\ln\frac{b}{a} = \frac{1}{2\pi\sigma}\ln\frac{b}{a} [\Omega/\text{m}]$$
$$= \frac{1}{2\pi\sigma l}\ln\frac{b}{a} [\Omega]$$

정답 ③

37 그림과 같은 손실유전체에서 전원의 양극 사이에 채워진 동축케이블의 전력손실은 몇 [W]인가? (단, 모든 단위는 MKS 유리화 단위이며, σ는 매질의 도전율[S/m]이라 한다)

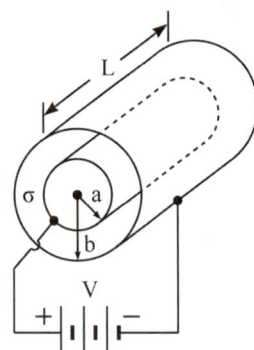

① $\dfrac{\pi\sigma V^2 L}{2\ln\dfrac{b}{a}}$ ② $\dfrac{\pi\sigma V^2 L}{\ln\dfrac{b}{a}}$

③ $\dfrac{2\pi\sigma V^2 L}{\ln\dfrac{b}{a}}$ ④ $\dfrac{4\pi\sigma V^2 L}{\ln\dfrac{b}{a}}$

정답분석

㉠ 동축케이블의 정전용량: $C = \dfrac{2\pi\varepsilon L}{\ln\dfrac{b}{a}}$ [F]

㉡ 전기저항: $R = \dfrac{1}{2\pi\sigma L}\ln\dfrac{b}{a}$ [Ω]

∴ 전력손실
$P_c = \dfrac{V^2}{R} = \dfrac{V^2}{\dfrac{1}{2\pi\sigma L}\ln\dfrac{b}{a}} = \dfrac{2\pi\sigma L V^2}{\ln\dfrac{b}{a}}$ [W]

정답 ③

38 비유전율 $\epsilon_s = 2.2$, 고유저항 $\rho = 10^{11}$[Ω·m]인 유전체를 넣은 콘덴서의 용량이 20[μF]이였다. 여기에 500[kV]의 전압을 가하였을 때 누설전류는 몇 [A]인가?

① 4.2   ② 5.1
③ 54.5   ④ 61.0

정답분석

저항과 정전용량의 관계 $RC = \rho\epsilon$ 에서 절연저항

$R = \dfrac{\rho\epsilon}{C}$ 이므로

∴ 누설전류

$I_g = \dfrac{V}{R} = \dfrac{CV}{\rho\epsilon}$

$= \dfrac{20 \times 10^{-6} \times 500 \times 10^3}{10^{11} \times 2.2 \times 8.855 \times 10^{-12}} = 5.13$ [A]

정답 ②

39 직류 500[V] 절연저항계로 절연저항을 측정하니 2[MΩ]이 되었다면 누설전류는?

① 25[μA]   ② 250[μA]
③ 1000[μA] ④ 1250[μA]

정답분석

누설전류
$I = \dfrac{V}{R} = \dfrac{500}{2 \times 10^6} = 250 \times 10^{-6}$ [A]
$= 250$ [μA]

정답 ②

40 유전율 ϵ [F/m], 고유저항 ρ [Ω·m]의 유전체로 채운 정전용량 C [F]의 콘덴서에 전압 V [V]를 가할 때의 유전체 중에 발생하는 열량은 시간 t [sec] 간에 몇 [cal]가 되겠는가?

① $0.24 \dfrac{CV^2}{\rho\epsilon} t$ ② $0.24 \dfrac{CV}{\rho\epsilon} t$

③ $4.2 \dfrac{CV}{\rho\epsilon} t$ ④ $4.2 \dfrac{CV^2}{\rho\epsilon} t$

정답분석

  절연저항: $R = \dfrac{\rho\epsilon}{C}$

ⓛ 누설전류: $I_g = \dfrac{V}{R} = \dfrac{CV}{\rho\epsilon}$

∴ 발열량 $H = 0.24 \times I_g^2 R t = 0.24 \times \dfrac{V^2}{R} t$
$= 0.24 \times \dfrac{CV^2}{\rho\epsilon} t$ [cal]

정답 ①

7. 열전현상

41 동일한 금속 도선의 두 점 간에 온도차를 주고 고온쪽에서 저온쪽으로 전류를 흘리면, 줄열 이외에 도선 속에서 열이 발생하거나 흡수가 일어나는 현상을 지칭하는 것은?

① 지벡 효과   ② 톰슨 효과
③ 펠티에 효과   ④ 볼타 효과

정답분석

 ① 지벡 효과: 서로 다른 두 종류의 금속을 접속하여 폐회로를 만들어 그 두개의 접합부분을 다른 온도로 유지하면 열기전력을 일으켜 열전류가 흐르는 현상
③ 펠티에 효과: 두 종류의 금속으로 폐회로를 만들어 전류를 흘리면 양 접속점에서 한 쪽은 온도가 올라가고 다른 쪽은 온도가 내려가는 현상

정답 ②

42 두 종류의 금속으로 하나의 폐회로를 만들고 여기에 전류를 흘리면 접속점에 열의 흡수나 발생이 일어나는 효과를 무엇이라 하는가?

① Pinch 효과   ② Peltier 효과
③ Thomson 효과   ④ Seebeck 효과

정답분석

 ① 핀치 효과: 유동성 도전물질에 있어서 통전하고 있는 각 부분의 상호작용에 의해 통전방향과 직각방향으로 수축이 발생하고, 경우에 따라서는 파괴현상이 생기는 것
③ 톰슨 효과: 동일 금속이라도 부분적으로 온도가 다른 금속선에 전류를 흘리면 온도 구배가 있는 부분에 주울열, 이외의 발열 또는 흡열이 일어나는 현상
④ 지벡 효과: 서로 다른 두 종류의 금속을 접속하여 폐회로를 만들어 그 두개의 접합부분을 다른 온도로 유지하면 열기전력을 일으켜 열전류가 흐르는 현상

정답 ②

43 한 금속에서 전류의 흐름으로 인한 온도 구배 부분의 줄열 이외의 발열 또는 흡열에 관한 현상은?

① 펠티어 효과 (Peltier effect)
② 볼타 법칙(Volta law)
③ 지벡 효과 (Seeback effect)
④ 톰슨 효과(Thomson effect)

① 펠티에 효과: 동일 금속이라도 부분적으로 온도가 다른 금속선에 전류를 흘리면 온도 구배가 있는 부분에 주울열, 이외의 발열 또는 흡열이 일어나는 현상
③ 지벡 효과: 서로 다른 두 종류의 금속을 접속하여 폐회로를 만들어 그 두개의 접합부분을 다른 온도로 유지하면 열기전력을 일으켜 열전류가 흐르는 현상

정답 ④

44 펠티에 효과에 관한 공식 또는 설명으로 틀린 것은? (단, H는 열량, P는 펠티에 계수, I는 전류, t는 시간이다)

① $H = P\int_0^t I\,dt\,[\text{cal}]$
② 펠티에 효과는 지벡 효과와 반대의 효과이다.
③ 반도체와 금속을 결합시켜 전자냉동 등에 응용된다.
④ 펠티에 효과란 동일한 금속이라도 그 도체 중의 2점 간에 온도차가 있으면 전류를 흘림으로써 열의 발생 또는 흡수가 생긴다는 것이다.

펠티에 효과
동일 금속이라도 부분적으로 온도가 다른 금속선에 전류를 흘리면 온도 구배가 있는 부분에 주울열, 이외의 발열 또는 흡열이 일어나는 현상

정답 ④

45 전원에서 기계적 에너지를 변환하는 발전기, 화학변화에 의하여 전기에너지를 발생시키는 전지, 빛의 에너지를 전기에너지로 변환하는 태양전지 등이 있다. 다음 중 열에너지를 전기에너지로 변환하는 것은?

① 기전력 ② 에너지원
③ 열전대 ④ 역기전력

정답 ③

pass.Hackers.com

해커스자격증
pass.Hackers.com

Chapter 07
진공 중의 정자계 (Static magnetic fields)

1 자기현상
2 정전계와 정자계
3 자계에 의한 힘(회전력)

핵심 요점정리

출제예상문제

Chapter 07 진공 중의 정자계(Static magnetic fields)

1 자기현상

1. 개요

(1) 자석을 매달았을 때 지구의 북쪽을 가리키는 극을 북극(North pole) 또는 정극, 남쪽을 가리키는 극을 남극(South pole) 또는 부극이라 하며 S극에서 N극으로 향하는 축을 자축(magnetic axis)이라 한다.

(2) 물질을 자계 내에 놓으면 [그림 7-1]과 같이 양 끝에 자극이 생긴다. 이와 같이 물질을 자기를 가진 상태로 만드는 것을 자화(magnetization)라 하고 이 현상을 자기유도라 한다.

(3) 자화될 수 있는 물질을 자성체, 자화되지 않는 물질을 비자성체라 한다.

2. 자기유도현상

[그림 7-1] 자기유도현상

(1) 물질의 자화는 상자성체, 반자성체, 강자성체 등 세가지로 나누어진다.

(2) 모든 물질은 외부 자기장이 인가되었을 때 약간의 반응을 보이는데 자기장에 대한 물질이 약한 흡인력이 발생하면 상자성체, 반발하면 반자성체라 한다. 이에 대한 관계를 [그림 7-1]에 표현했다.

(3) 자성체 중에서 철, 니켈, 코발트 등은 자화의 정도가 커서 강한 자극이 나타나므로 강상자성체 또는 강자성체라 한다.

(4) 자성체의 종류
① **상자성체**: 알루미늄(Al), 망간(Mn), 백금(Pt), W(텅스텐), Sn(주석), 산소(O_2), 질소(N_2) 등
② **반자성체**: 비스무트(Bi), 탄소(C), 규소(Si), 은(Ag), Pb(납), 아연(Zn), 구리(Cu), 황(S), 게르마늄(Ge), 수소(H_2), 헬륨(He) 등
③ **강자성체**: 철(Fe), 니켈(Ni), 코발트(Co) 및 그 합금

2 정전계와 정자계

1. 개요

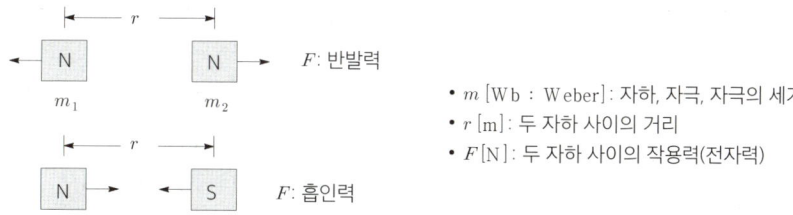

- $m\,[\mathrm{Wb}:\mathrm{Weber}]$: 자하, 자극, 자극의 세기
- $r\,[\mathrm{m}]$: 두 자하 사이의 거리
- $F\,[\mathrm{N}]$: 두 자하 사이의 작용력(전자력)

[그림 7-2] 두 자하사이의 작용력

(1) 막대자석의 극의 힘을 자하(magnetic charge, 자하량) 또는 자극의 세기라 하며, 단위는 웨버$[\mathrm{Wb}]$를 사용한다.

(2) 두 막대자석의 작용력은 [그림 7-2]와 같이 동일 극간은 반발력, 서로 다른 극간은 흡인력이 발생하고, 힘은 정전계와 같이 쿨롱의 법칙으로 해석되므로 정전계와 정자계는 매우 유사한 관계를 가지고 있다.

2. 정전계와 정자계

정전계	정자계

① 두 전하 사이에서 작용하는 힘
  ㉠ 쿨롱상수: $k = \dfrac{1}{4\pi\epsilon_0} = 9\times 10^9$
  ㉡ 쿨롱의 힘: $F = \dfrac{Q_1 Q_2}{4\pi\epsilon_0 r^2}\,[\mathrm{N}]$
  ㉢ 유전율 $\epsilon = \epsilon_0 \times \epsilon_s\,[\mathrm{F/m}]$
  • 진공의 비유전율 $\epsilon_s = 1$
  • 진공의 유전율 $\epsilon_0 = 8.855\times 10^{-12} = \dfrac{10^{-9}}{36\pi}$
	① 두 자하(자극)사이에서 작용하는 힘
	  ㉠ 쿨롱상수: $k = \dfrac{1}{4\pi\mu_0} = 6.33\times 10^4$
	  ㉡ 쿨롱의 힘: $F = \dfrac{m_1 m_2}{4\pi\mu_0 r^2}\,[\mathrm{N}]$
	  ㉢ 투자율 $\mu = \mu_0 \times \mu_s\,[\mathrm{H/m}]$
	  • 진공의 비투자율 $\mu_s = 1$
	  • 진공의 투자율 $\mu_0 = 4\pi\times 10^{-7}$

② 점전하의 전계의 세기
  $E = \dfrac{Q}{4\pi\epsilon_0 r^2}\,[\mathrm{V/m}]$
	② 점자하의 자계의 세기
	  $H = \dfrac{m}{4\pi\mu_0 r^2}\,[\mathrm{AT/m}]$

③ 점전하의 전위 (전기적인 위치에너지)
  $V = \dfrac{Q}{4\pi\epsilon_0 r}\,[\mathrm{V}]$
	③ 점자하의 자위 (자기적인 위치에너지)
	  $U = \dfrac{m}{4\pi\mu_0 r}\,[\mathrm{A} = \mathrm{AT}]$

④ 전속밀도
  $D = \dfrac{\psi}{S} = \dfrac{Q}{S} = \dfrac{Q}{4\pi r^2}\,[\mathrm{C/m^2}]$
	④ 자속밀도
	  $B = \dfrac{\phi}{S} = \dfrac{m}{S} = \dfrac{m}{4\pi r^2}\,[\mathrm{wb/m^2} = \mathrm{T}, 테슬라]$

⑤ 전계와의 관계식
  $F = QE$, $V = rE$, $D = \epsilon_o E$
	⑤ 자계와의 관계식
	  $F = mH$, $U = rH$, $B = \mu_0 H$

⑥ 전위 공식 (전기적인 위치에너지)
  ㉠ $V = -\displaystyle\int_{\infty}^{P} E \cdot d\ell$
  ㉡ $E = -grad V = -\nabla V$
  ㉢ $V = d \cdot E$
	⑥ 자위 공식 (자기적인 위치에너지)
	  ㉠ $U = -\displaystyle\int_{\infty}^{P} H \cdot d\ell$
	  ㉡ $H = -grad U = -\nabla U$
	  ㉢ $U = d \cdot H$

⑦ 가우스의 법칙 　㉠ 전기력선수 $N = E \cdot S = \dfrac{Q}{\epsilon_0}$ 개 　㉡ 전속선 수 $N = Q$ 개	⑦ 가우스의 법칙 　㉠ 자기력선수 $N = H \cdot S = \dfrac{m}{\mu_0}$ 개 　㉡ 자속선 수 $N = m$ 개
⑧ 전계의 발산과 회전 　㉠ $divD = \rho$ (ρ: 전하밀도) 　　• 전하가 없는 곳에서는 전속선의 발산 또한 없다. 　㉡ $rotE = 0$ 　　• 전계는 회전하지 않는다.	⑧ 자계의 발산과 회전 　㉠ $divB = 0$ 　　• 자극은 N과 S극이 함께 존재하므로 자속 밀도는 발산하지 않고 회전한다. 　㉡ $rotH = i$ (i: 전류밀도) 　　• 전류밀도는 회전자계를 발생시킨다.
⑨ 전기 쌍극자 　㉠ 쌍극자 모멘트 $M = Q \cdot \delta [C \cdot m]$ 　㉡ 전위 $V = \dfrac{M\cos\theta}{4\pi\epsilon_0 r^2}$ [V] 　㉢ 전계 $E = \dfrac{M}{4\pi\epsilon_0 r^3}(a_r 2\cos\theta + a_\theta \sin\theta)$ 　　　　$= \dfrac{M}{4\pi\epsilon_0 r^3}\sqrt{1+3\cos^2\theta}$ 　㉣ $\theta = 0°$ 일 때 전계가 최대가 되며 $\theta = 90°$ 일 때 전계는 최소가 된다.	⑨ 자기 쌍극자 = 막대자석 　㉠ 쌍극자 모멘트 = 막대자석의 세기 　　$M = m \cdot \ell$ [wb $\cdot$ m] 　㉡ 자위 $U = \dfrac{M\cos\theta}{4\pi\mu_0 r^2}$ [A] 　㉢ 자계 $H = \dfrac{M}{4\pi\mu_0 r^3}(a_r 2\cos\theta + a_\theta \sin\theta)$ 　　　　$= \dfrac{M}{4\pi\mu_0 r^3}\sqrt{1+3\cos^2\theta}$ 　㉣ $\theta = 0°$ 일 때 자계가 최대가 되며 $\theta = 90°$ 일 때 자계는 최소가 된다.
⑩ 전기 이중층 　㉠ 이중층 모멘트 $P = \sigma \cdot \delta$ 　㉡ 전위 $V = \dfrac{P\omega}{4\pi\epsilon_0} = \dfrac{P}{2\epsilon_0}(1-\cos\theta)$	⑩ 자기 이중층 = 판자석 = 원형코일 　㉠ 이중층 모멘트 = 판자석의 세기 　　$P = \sigma \cdot \ell = \mu_0 I$ 　㉡ 자위 $U = \dfrac{P\omega}{4\pi\mu_0} = \dfrac{\omega I}{4\pi} = \dfrac{I}{2}(1-\cos\theta)$

[표 7-1] 정전계와 정자계 비교 공식

3. 자력선의 성질

(1) 자력선은 양(+)자하에서 방사되어 음(-)자하로 흡수된다.

(2) 자력선상의 어느 점에서 접선 방향은 그 점의 자계 방향을 나타낸다.

(3) 자력선은 서로 반발한다.

(4) 자하 m [Wb] 은 m/μ_0 개의 자력선을 진공 속에서 발산한다.

(5) 자력선은 등자위면과 직교한다.

3 자계에 의한 힘(회전력)

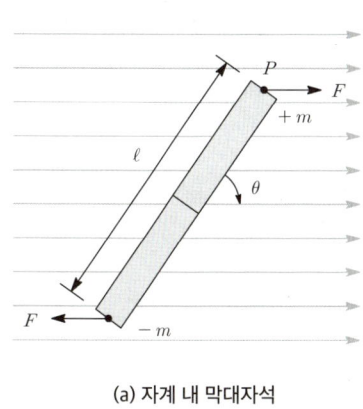
(a) 자계 내 막대자석

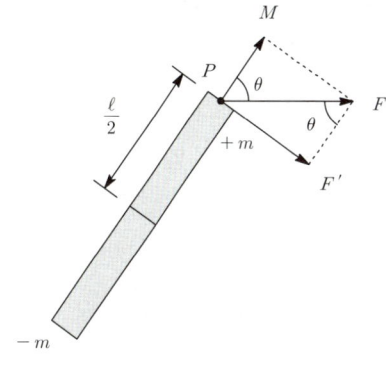
(b) 회전력의 방향

[그림 7-3] 자계에 의한 힘(회전력)

1. 막대자석의 회전력

(1) [그림 7-3]과 같이 자계 내에 막대자석을 놓으면 자기쌍극자 모멘트에 의하여 회전력이 발생하게 된다.

(2) 우선 P점에서 자하가 받아지는 힘은 $F = mH$이고, 이 막대자석이 회전하기 위해서는 [그림 7-3](b)와 같이 쌍극자 모멘트 $\vec{M}$ 에서 수직방향인 F' 에 의해 회전하게 된다.

① P점에서 작용하는 힘: $F' = F\sin\theta = mH\sin\theta \ [\text{N}]$ ·················· [식 7-1]

② $+m$ 에 의한 회전력: $T = m \times \dfrac{\ell}{2} \times H\sin\theta \ [\text{N·m}]$ ·················· [식 7-2]

(3) 막대자석의 전체 회전력의 크기는 각 자극에 작용하는 회전력의 2배가 되므로

① 전체 회전력: $T = m\ell H\sin\theta = MH\sin\theta \ [\text{N·m}]$ ·················· [식 7-3]

② 벡터로 표현: $\vec{T} = \vec{M} \times \vec{H} = MH\sin\theta = m\ell H\sin\theta \ [\text{N·m}]$ ·················· [식 7-4]

여기서, 쌍극자 모멘트(막대자석의 세기): $M = m\ell \ [\text{wb·m}]$

2. 회전시키는데 필요한 에너지(일)

(1) 회전 에너지는 토크 T를 회전각 θ 에 대해서 적분하여 구할 수 있다.

(2) 회전 에너지

$$W = \int T \, d\theta = \int_0^\theta MH\sin\theta \, d\theta = -MH|\cos\theta|_0^\theta$$

$$= -MH(\cos\theta - 1) = MH(1 - \cos\theta) \ [\text{J}]$$ ·················· [식 7-5]

핵심 요점정리

1. 점자하 관련 공식(쿨롱의 법칙)

① 두 자하 사이의 작용력: $F = \dfrac{m_1 m_2}{4\pi\mu_0 r^2} = 6.33 \times 10^4 \times \dfrac{m_1 m_2}{r^2} = mH$ [N]

② 점자하의 자계의 세기: $H = \dfrac{m}{4\pi\mu_0 r^2} = 6.33 \times 10^4 \times \dfrac{m}{r^2}$ [AT/m]

③ 점자하의 자위: $U = \dfrac{m}{4\pi\mu_0 r} = 6.33 \times 10^4 \times \dfrac{m}{r} = rH$ [A, AT, 암페어 턴]

④ 자속밀도: $B = \dfrac{\phi}{S} = \dfrac{m}{S} = \dfrac{m}{4\pi r^2} = \mu_0 H$ [Wb/m²] [T, 테슬라]

2. 가우스의 법칙

① 자기력선의 총 수: $N = \dfrac{m}{\mu_0}$ [개]

② 자속선의 총 수: $N = m$ [개]

3. 자계의 발산

$div B = 0$ (자극은 N과 S극이 함께 존재하므로 자속밀도는 발산하지 않고 회전한다. 이를 자계의 연속성이라 한다)

4. 자기쌍극자(=막대자석)

① 자기 쌍극자 모멘트=막대자석의 세기: $M = m \cdot \ell$ [Wb·m]

② 자기 쌍극자의 자위: $U = \dfrac{M\cos\theta}{4\pi\mu_0 r^2} = 6.33 \times 10^4 \times \dfrac{M\cos\theta}{r^2}$ [A]

③ 자기 쌍극자의 자계의 세기

㉠ $\vec{H} = \dfrac{M}{4\pi\mu_0 r^3}(a_r 2\cos\theta + a_\theta \sin\theta)$

㉡ $|\vec{H}| = \dfrac{M}{4\pi\mu_0 r^3}\sqrt{1 + 3\cos^2\theta}$ [V/m]

5. 자기 이중층=판자석=원형코일

① 이중층 모멘트=판자석의 세기: $P = \sigma \cdot \ell = \mu_0 I$

② 자기 이중층의 자위: $U = \dfrac{P\omega}{4\pi\mu_0} = \dfrac{\omega I}{4\pi} = \dfrac{I}{2}(1 - \cos\theta)$

6. 자계에 의한 회전력 (막대자석의 회전력)

① 막대자석의 회전력: $\vec{T} = \vec{M} \times \vec{H} = MH\sin\theta = m\ell H\sin\theta$ [N·m]

② 회전시키는데 필요한 에너지: $W = \int T\, d\theta = MH(1 - \cos\theta)$ [J]

출제예상문제

※ 출제예상문제는 기출 분석을 바탕으로 자주 출제되는 유형을 선별하였습니다.

1. 정자계

01 공기 중에서 가상 점자극 m_1[Wb] 과 m_2[Wb] 를 r[m] 떼어 놓았을 때 두 자극간의 작용력이 F[N] 이었다면 이때의 거리 r[m] 은?

① $\sqrt{\dfrac{m_1 m_2}{F}}$

② $\dfrac{6.33 \times 10^4 m_1 m_2}{F}$

③ $\sqrt{\dfrac{6.33 \times 10^4 \times m_1 m_2}{F}}$

④ $\sqrt{\dfrac{9 \times 10^9 \times m_1 m_2}{F}}$

정답분석

㉠ 쿨롱의 법칙

$: F = \dfrac{m_1 m_2}{4\pi\mu_0 r^2} = 6.33 \times 10^4 \times \dfrac{m_1 m_2}{r^2}$ [N]

㉡ 거리: $r = \sqrt{\dfrac{6.33 \times 10^4 \times m_1 m_2}{F}}$ [N]

정답 ③

02 거리 r[m]를 두고 m_1, m_2[Wb]인 같은 부호의 자극이 놓여 있다. 두 자극을 잇는 선상의 어느 일점에서 자계의 세기가 0인 점은 m_1[Wb]에서 몇 [m] 떨어져 있는가?

① $\dfrac{m_1 r}{m_1 + m_2}$

② $\dfrac{r\sqrt{m_1}}{\sqrt{m_1 + m_2}}$

③ $\dfrac{r\sqrt{m_1}}{\sqrt{m_1} + \sqrt{m_2}}$

④ $\dfrac{r\sqrt{m_2}}{\sqrt{m_1} + \sqrt{m_2}}$

정답분석

㉠ 자계의 세기가 0인 점은 아래 그림과 같이 $H_1 = H_2$인 점을 말한다.

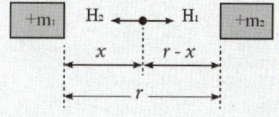

㉡ $H_1 = \dfrac{m_1}{4\pi\mu_0 x^2}$, $H_2 = \dfrac{m_2}{4\pi\mu_0 (r-x)^2}$

㉢ $\dfrac{m_1}{4\pi\mu_0 x^2} = \dfrac{m_2}{4\pi\mu_0 (r-x)^2}$ 에서 양변에 제곱근을 취하면 $\dfrac{\sqrt{m_1}}{\sqrt{x^2}} = \dfrac{\sqrt{m_2}}{\sqrt{(r-x)^2}}$

에서 $\dfrac{\sqrt{m_1}}{x} = \dfrac{\sqrt{m_2}}{r-x}$ 이 된다.

∴ $x = \dfrac{r\sqrt{m_1}}{\sqrt{m_1} + \sqrt{m_2}}$ [m]

정답 ③

03

그림과 같이 진공에서 6×10^{-3} [Wb] 자극을 가진 길이 10[cm]되는 막대자석의 정자극으로부터 5[cm] 떨어진 P점의 자계의 세기는?

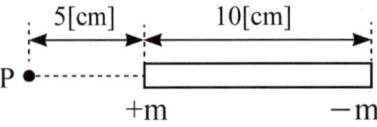

① 13.5×10^4
② 17.3×10^4
③ 23.3×10^3
④ 20.4×10^5

 P점에서의 자계의 세기는 아래 그림과 같이 $+m$에 의한 자계 H_1과 $-m$에 의한 자계 H_2의 합이 된다 (H_1과 H_2는 방향이 반대이므로 $H = H_1 - H_2$이 된다).

$$\therefore H = H_1 - H_2 = \frac{m}{4\pi\mu_0}\left(\frac{1}{r_1^2} - \frac{1}{r_2^2}\right)$$
$$= 6.33 \times 10^4 \times 6 \times 10^{-3}\left(\frac{1}{0.05^2} - \frac{1}{0.15^2}\right)$$
$$= 13.5 \times 10^4 [\text{AT/m}]$$

정답 ①

04

그림과 같이 공기 중에서 1[m]의 거리를 사이에 둔 2점 A, B에 각각 3×10^{-4} [Wb]와 -3×10^{-4} [Wb]의 점자극을 두었다. 이 때 점 P에 단위 정(+)자극을 두었을 때 이 극에 작용하는 힘의 합력은 약 몇 [N]인가? (단, $m(\overline{AP}) = m(\overline{BP})$, $m(\angle APB) = 90°$ 이다)

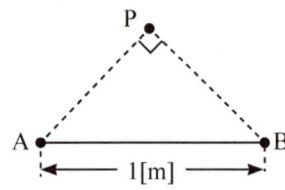

① 0
② 18.9
③ 37.9
④ 53.7

 ㉠ P점의 자계의 세기는 아래와 같다.

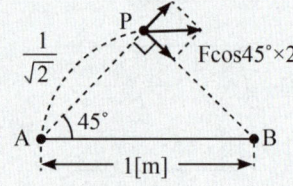

㉡ $\cos 45° = \frac{\overline{AP}}{1/2}$ 에서

$$\overline{AP} = \frac{1/2}{\cos 45°} = \frac{1/2}{\sqrt{2}/2} = \frac{1}{\sqrt{2}} [\text{m}]$$

$$\therefore F = F_1 + F_2 = F_1 \times \cos 45° \times 2$$
$$= \frac{m \times 1}{4\pi\mu_0 r^2} \times \frac{\sqrt{2}}{2} \times 2$$
$$= 6.33 \times 10^4 \times \frac{3 \times 10^{-4} \times 1}{\left(\frac{1}{\sqrt{2}}\right)^2} \times \frac{\sqrt{2}}{2} \times 2$$
$$= 53.7 [\text{N}]$$

정답 ④

05 자계의 세기를 표시하는 단위와 관계없는 것은?

① [A/m]　② [N/Wb]
③ [Wb/m]　④ [Wb/H·m]

⊙ 자기력과 자계의 세기와의 관계
$F = mH$ 에서
$H = \dfrac{F}{m}$ [N/Wb]
⊙ 자위와 자계의 세기와의 관계
$U = rH$ 에서
∴ $H = \dfrac{U}{r}$ [A/m] 또는 [AT/m]
⊙ 자속밀도와 자계의 세기와의 관계
$B = \mu_0 H$ 에서
∴ $H = \dfrac{B}{\mu_0} \left[\dfrac{\text{Wb/m}^2}{\text{H/m}} = \text{Wb/H·m} \right]$

정답 ③

06 자위의 단위[J/Wb]와 같은 것은?

① [AT]　② [AT/m]
③ [A·m]　④ [Wb]

② 자계의 세기 단위
④ 자하의 단위

정답 ①

07 500[AT/m]의 자계 중에 어떤 자극을 놓았을 때 3×10³[N]의 힘이 작용했을 때의 자극의 세기는 몇 [Wb]이겠는가?

① 2　② 3
③ 5　④ 6

자기력과 자계의 세기와의 관계 $F = mH$ 에서
∴ 자극의 세기(자하=자극)
$m = \dfrac{F}{H} = \dfrac{3 \times 10^3}{500} = 6$ [Wb]

정답 ④

08 자속의 연속성을 나타낸 식은?

① $div\,B = \rho$　② $div\,B = 0$
③ $B = \mu H$　④ $div\,B = \mu H$

자극은 항상 N, S극이 쌍으로 존재하여 자력선이 N극에서 나와서 S극으로 들어간다. 즉, 자계는 발산하지 않고 회전한다.
∴ $div\,B = 0\,(\nabla \cdot B = 0)$

정답 ②

09 정자계에서 자계의 분포를 결정하는 관계식이 아닌 것은?

① $div\,B = 0$　② $rot\,H = J$
③ $div\,D = \rho$　④ $B = \mu H$

$div\,D = \rho$ 는 정전계 해석이다.

정답 ③

10 진공 중에서 4π [Wb]의 자하(磁荷)로부터 발산되는 총자력선 수는?

① 4π　② 10^7
③ $4\pi \times 10^7$　④ $\dfrac{10^7}{4\pi}$

⊙ 자기력선의 수: $N = \dfrac{m}{\mu} = \dfrac{m}{\mu_0 \mu_s}$ 개
⊙ 자속선 수: $N = m$ 개 (μ 과 무관)
∴ 자기력선 수 (진공의 비투자율: $\mu_s = 1$)
: $N = \dfrac{m}{\mu_0} = \dfrac{4\pi}{4\pi \times 10^{-7}} = 10^7$

정답 ②

11 등자위면의 설명으로 잘못된 것은?

① 등자위면은 자력선과 직교한다.
② 자계 중에서 같은 자위의 점으로 이루어진 면이다.
③ 자계 중에 있는 물체의 표면은 항상 등자위면이다.
④ 서로 다른 등자위면은 교차하지 않는다.

 등자위면의 특징
㉠ 자력선은 양자하에서 방사되어 음자하로 흡수된다.
㉡ 자력선상의 어느 점에서 접선 방향은 그 점의 자계 방향을 나타낸다.
㉢ 자력선은 서로 반발한다.
㉣ 자하는 $\dfrac{m}{\mu_0}$ 개의 자력선을 발산한다.
㉤ 자력선은 등자위면과 직교한다.

정답 ③

12 다음 (　) 안에 들어갈 내용으로 옳은 것은?

> 전기쌍극자에 의해 발생하는 전위의 크기는 전기쌍극자 중심으로부터 거리의 (㉮)에 반비례하고, 자기쌍극자에 의해 발생하는 자계의 크기는 자기쌍극자 중심으로부터 거리의 (㉯)에 반비례한다.

① ㉮ 제곱　　㉯ 제곱
② ㉮ 제곱　　㉯ 세제곱
③ ㉮ 세제곱　㉯ 제곱
④ ㉮ 세제곱　㉯ 세제곱

 ㉠ 전기쌍극자에 의한 전위
$$V = \dfrac{M\cos\theta}{4\pi\epsilon_0 r^2} \propto \dfrac{1}{r^2}$$
㉡ 자기쌍극자에 의한 자계의 세기
$$|\vec{H}| = \dfrac{M}{4\pi\mu_0 r^3}\sqrt{1+3\cos^2\theta} \propto \dfrac{1}{r^3}$$

정답 ②

13 자석의 세기 0.2[Wb], 길이 10[cm]인 막대자석의 중심에서 60°의 각을 가지며 40[cm]만큼 떨어진 점 A의 자위는 몇 [A]인가?

① 1.97×10^3　② 3.97×10^3
③ 7.92×10^3　④ 9.58×10^3

 자기 쌍극자의 자위
$$U = \dfrac{M\cos\theta}{4\pi\mu_0 r^2} = \dfrac{ml\cos\theta}{4\pi\mu_0 r^2}$$
$$= 6.33 \times 10^4 \times \dfrac{0.2 \times 0.1 \times \cos 30°}{0.4^2}$$
$$= 3.956 \times 10^3 [A]$$

정답 ②

14 판자석의 표면밀도를 $\pm\sigma$ [Wb/m²]이라 하고, 두께를 δ [m]라고 할 때, 이 판자석의 세기는 몇 [Wb/m]인가?

① $\sigma\delta$　　② $\dfrac{1}{2}\sigma\delta^2$
③ $\dfrac{1}{2}\sigma\delta$　④ $\sigma\delta^2$

 ㉠ 자기 이중층 모멘트(판자석의 세기)
$$M = P = \sigma\delta = \mu_0 I \,[\text{Wb/m}]$$
㉡ 자기 이중층(판자석) 자위
$$U = \dfrac{P\omega}{4\pi\mu_0} = \dfrac{I\omega}{4\pi} = \dfrac{I}{2}(1-\cos\theta)\,[\text{J/Wb}]$$

정답 ①

15 그림과 같은 반경 a[m]인 원형코일에 I[A]의 전류가 흐르고 있다. 이 도체 중심축상 x[m]인 P점의 자위 [A]는?

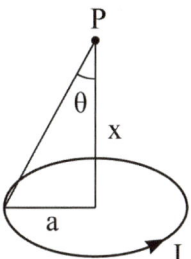

① $\dfrac{I}{2}\left(1 - \dfrac{x}{\sqrt{a^2 + x^2}}\right)$

② $\dfrac{I}{2}\left(1 - \dfrac{a}{\sqrt{a^2 + x^2}}\right)$

③ $\dfrac{I}{2}\left(1 - \dfrac{x^2}{(a^2 + x^2)^{3/2}}\right)$

④ $\dfrac{I}{2}\left(1 - \dfrac{a^2}{(a^2 + x^2)^{3/2}}\right)$

 원형 선전류에 의한 자위
$U = \dfrac{P\omega}{4\pi\mu_0} = \dfrac{I\omega}{4\pi} = \dfrac{I}{2}(1 - \cos\theta)$
$= \dfrac{I}{2}\left(1 - \dfrac{x}{\sqrt{a^2 + x^2}}\right)$ [A]

정답 ①

16 그림과 같이 판자석의 세기 M[Wb/m]인 판자석의 N극과 S극측에 입체각 ω_1, ω_2인 P점과 Q점이 판에 무한히 접근에 있을 때 두 점 사이의 자위차는 몇 [J/Wb]인가?

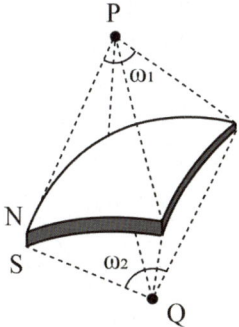

① $\dfrac{M}{\mu_0}$ ② $\dfrac{M}{4\mu_0}$

③ $\dfrac{2M}{4\mu_0}(\omega_1 - \omega_2)$ ④ 0

 ㉠ 입체각 $\omega = 2\pi(1 - \cos\theta)$에서 P와 Q점이 판에 무한이 접근하므로 $\theta = 0$이 된다.
㉡ 입체각 $\omega = 2\pi(1 - \cos 90) = 2\pi$가 된다.
∴ 자위차 $U = U_P - U_Q = \dfrac{M}{4\pi\mu_0}(\omega_1 + \omega_2)$
$\fallingdotseq \dfrac{M}{4\pi\mu_0}(2\pi + 2\pi) = \dfrac{M}{\mu_0}$ [J/Wb]

정답 ①

2. 자계에 의한 힘(회전력)

17 그림과 같이 균일한 자계의 세기 H[A/m] 내에 자극의 세기가 $\pm m$[Wb], 길이 l[m]인 막대자석을 그 중심 주위에 회전할 수 있도록 놓는다. 이때 자석과 자계의 방향이 이룬 각을 θ라고 하면 자석이 받는 회전력은?

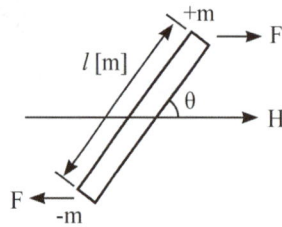

① $mHl\cos\theta$ [N·m]
② $mHl\sin\theta$ [N·m]
③ $2mHl\sin\theta$ [N·m]
④ $2mHl\tan\theta$ [N·m]

정답분석
막대자석이 자계 내에서 받는 회전력
$T = \vec{M} \times \vec{H} = MH\sin\theta$
$= mlH\sin\theta$ [N·m]

정답 ②

18 막대자석의 회전력을 나타내는 식으로 옳은 것은? (단, 막대자석의 자기모멘트 M[Wb·m] 와 균등자계 H[A/m] 와의 이루는 각 θ 는 $0 < \theta < 90$ 라 한다)

① $M \times H$
② $H \times M$
③ $\mu_0 H \times M$
④ $M \times \mu_0 H$

정답분석
막대자석이 자계 내에서 받는 회전력
$T = \vec{M} \times \vec{H} = MH\sin\theta$
$= mlH\sin\theta$ [N·m]

정답 ①

19 자극의 세기가 8×10⁻⁶[Wb], 길이가 3[cm]인 막대자석을 120[A/m]의 평등 자계 내에 자력선과 30°의 각도로 놓으면 이 막대 자석이 받는 회전력은 몇 [N·m]인가?

① 1.44×10^{-4}
② 1.44×10^{-5}
③ 3.02×10^{-4}
④ 3.02×10^{-5}

정답분석
막대자석이 받는 회전력
$T = \vec{M} \times \vec{H} = MH\sin\theta$
$= 8 \times 10^{-6} \times 0.03 \times 120 \times \sin 30°$
$= 1.44 \times 10^{-5}$ [N·m]

정답 ②

20 자극의 세기 4[Wb], 자축의 길이 10[cm]의 막대자석이 100[AT/m]의 평등자장 내에서 20[N·m]의 회전력을 받았다면 이때 막대자석과 자장이 이루는 각도는?

① 0°
② 30°
③ 60°
④ 90°

정답분석
㉠ 막대자석의 회전력: $T = mlH\sin\theta$
㉡ $\sin\theta = \dfrac{T}{mlH} = \dfrac{20}{4 \times 0.1 \times 100} = 0.5$
∴ $\theta = \sin^{-1} 0.5 = 30°$

정답 ②

21 자기모멘트 9.8×10⁻⁵[Wb·m]의 막대자석을 지구 자계의 수평분력 10.5[AT/m]의 곳에서 지자기 자오면으로 부터 90°회전시키는데 필요한 일은 몇 [J]인가?

① 9.3×10^{-3}
② 9.3×10^{-4}
③ 1.03×10^{-3}
④ 1.23×10^{-3}

정답분석
회전시키는데 필요한 에너지
$$W = MH(1-\cos\theta)$$
$$= 9.8 \times 10^{-5} \times 10.5 (1-\cos 90°)$$
$$= 1.03 \times 10^{-3} [J]$$

정답 ③

22 그림과 같이 반지름 $a[m]$ 의 한번 감긴 원형 코일이 균일한 자속밀도 $B[Wb/m^2]$ 인 자계에 놓여 있다. 지금 코일변을 자계와 나란하게 전류 $I[A]$ 를 흘리면 원형코일이 자계로 부터 받는 회전 모멘트는 몇 $[N \cdot m/rad]$ 인가?

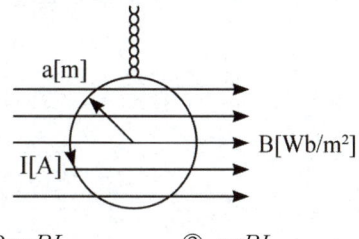

① $2\pi aBI$
② πaBI
③ $2\pi a^2 BI$
④ $\pi a^2 BI$

정답분석
코일이 자장 안에서 받는 토오크
$T = BIS\cos\theta [N \cdot m/rad]$ 에서 원의 반지름이 $a[m]$, 면적 $S = \pi a^2 [m^2]$ 이므로
$\therefore T = BIS\cos\theta = \pi a^2 BI [N \cdot m/rad]$

정답 ④

해커스자격증
pass.Hackers.com

Chapter 08
전류의 자기현상 (Magnetic field)

1. 전류의 자기현상
2. 암페어의 법칙
3. 비오-사바르(Biot-Savart) 법칙
4. 자계 중의 전류에 작용력
5. 평행도체 전류 사이에 작용력
6. 로렌쯔의 힘

핵심 요점정리

출제예상문제

Chapter 08 전류의 자기현상(Magnetic field)

1 전류의 자기현상

(1) 전기장과 자기장 사이의 명확한 관계는 1820년 에르스텟(Oersted)에 의해 확립된다.

(2) 도선 주위에 나침반을 두고 도선에 전류를 흘리면 나침반이 움직이는 사실로부터 전하가 일정한 속도로 움직일 때(이를 전류라 한다) 자기장은 발생된다고 발견하였다.

(3) 그 후 비오-사바르와 암페어 등에 의하여 많은 실험을 통하여 전류의 자기현상의 관계를 명확하게 알게 되었다.

2 암페어의 법칙

1. 암페어의 오른손법칙

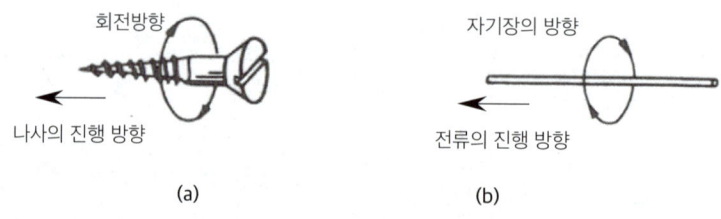

[그림 8-1] 암페어의 오른나사법칙

(1) 암페이의 오른손법칙은 전류에 의해 발생되는 자기장의 방향을 찾아내기 위한 법칙이다.

(2) [그림 8-1]과 같이 전류에 의해 발생되는 자기장은 도체 표면에 대해서 수직방향으로 원의 형태로 발생된다. 또한 자기장의 방향은 나사의 진행 방향에 대해 나사의 회전방향과 일치한다.

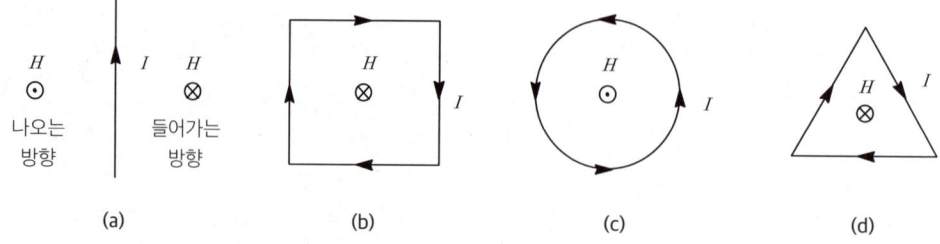

[그림 8-2] 암페어의 오른나사법칙의 각종 예

(3) 전류 및 자기장이 들어가는 방향인 경우에는 ⊗심벌을 사용하고, 나오는 방향은 ⊙심벌을 사용한다. 이는 나사가 들어갈 때에는 나사의 머리부분(⊗)이 보이고, 나사가 나올 때에는 나사의 뾰족한 부분(⊙)이 보이기 때문에 이와 같이 약속을 한 것이다.

(4) [그림 8-2]는 전류방향에 따른 자기장의 방향을 나타낸 것이다.

2. 암페어의 주회적분 법칙

(1) [그림 8-3]과 같이 한 폐곡선에 대한 H(자계의 세기)의 선적분이 이 폐곡선으로 둘러싸이는 전류와 같음을 정의한 것을 암페어의 주회적분이라 하며 수식으로 정리하면 다음과 같다.

① 주회적분: $\oint_c H \, d\ell = \sum_{N=1}^{n} NI$ ...... [식 8-1]

② 자계의 세기: $H = \dfrac{NI}{\ell}$ [AT/m] ...... [식 8-2]

여기서, N: 권선 수, I: 도선에 흐르는 전류, ℓ: 자계의 경로 길이

(2) 암페어의 주회적분 법칙의 미분형
① 주회적분 법칙에 스토크스의 정리를 대입하여 구할 수 있다.
② $\oint_c H \, d\ell = \int_s rot \, H \, ds = \int_s i \, ds$ (여기서, $N=1$, $i = J$: 전류밀도)

∴ $rot \, H = i \; (\nabla \times H = i)$ ...... [식 8-3]

3. 주회적분의 법칙에 의한 자계의 계산 예

(1) 무한장 직선 전류에 의한 자계

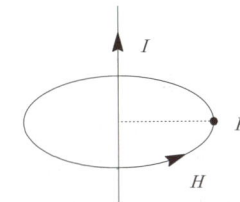

[그림 8-3] 무한장 직선 전류에 의한 자계

① 무한장 직선 도선에 전류가 흐르면 [그림 8-3]과 같이 도체에 수직되는 면상에 자계가 원주의 형태로 만들어진다.
② 따라서 자계의 경로 길이 $\ell = 2\pi r$ [m] 이고, 권선 수는 $N=1$ 이므로 P점에서의 자계의 세기는 다음과 같다.

$H = \dfrac{NI}{\ell} = \dfrac{I}{2\pi r}$ [AT/m] ...... [식 8-4]

(2) 무한장 원주형 도체 내·외부 자계의 세기

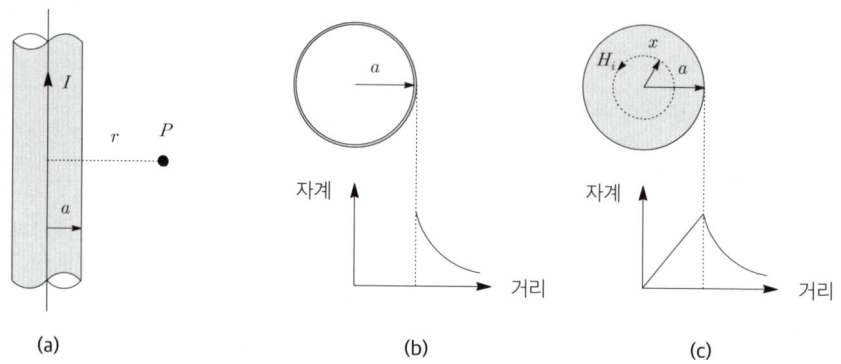

(a) 무한장 원주도체에 전류에 인한 자계
(b) 전류가 도체 표면에만 흐를 때의 내·외부 자계
(c) 전류가 도체에 균일하게 흐를 때의 내·외부 자계

[그림 8-4] 무한장 원주형 도체

① 전류가 도체 표면에만 흐를 경우(표피효과)

㉠ 자계의 세기는 전류에 비례하므로 전류가 도체 표면에만 흐르게 되면 내부 자계는 0이 된다. 따라서 자계의 세기는 도체표면과 외부 공간에만 존재한다.

㉡ 외부 자계는 [식 8-6]과 같이 거리 r에 반비례하므로 [그림 8-4](b)와 같은 도체 표면에서부터 반비례곡선의 그래프가 만들어 진다.

ⓐ **도체 내부 자계:** $H_i = 0$ [AT/m] ·· [식 8-5]

ⓑ **도체 외부 자계:** $H_0 = \dfrac{I}{2\pi r}$ [AT/m] ·· [식 8-6]

② 원주형 도체에 전류가 균일하게 흐를 경우

㉠ 전류가 도체에 균일하게 흐를 경우 도체 내부에는 자계가 존재하게 된다.

㉡ [그림 8-4](c)와 같이 도체 내부의 임의의 거리를 x라 하고, x를 반경으로 하는 원의 면적을 통과하는 전류를 I', 전체 전류를 I라 할 때 I와 I'의 관계는 [식 8-7]과 같고, 도체 내의 전류밀도(i)는 항상 일정하므로 [식 8-8]와 같이 정리할 수 있다.

ⓐ $I : I' = i \cdot \pi a^2 : i \cdot \pi x^2$ ·· [식 8-7]

ⓑ $I' = \dfrac{x^2}{a^2} I$ ·· [식 8-8]

㉢ 도체 중심으로 x 떨어진 점의 자계의 세기(도체 내부 자계)

ⓐ $H_i = \dfrac{I'}{2\pi x} = \dfrac{x^2/a^2\, I}{2\pi x} = \dfrac{x\, I}{2\pi a^2}$ [AT/m] ·· [식 8-9]

ⓑ 따라서 도내 내부 자계의 세기는 거리 x에 비례하므로[그림 8-3](c)와 같이 도체 중심에서 표면까지는 선형적으로 증가하다 표면에서부터 반비례하는 곡선이 나타난다.

(3) 솔레노이드(solenoid)에 의한 자계

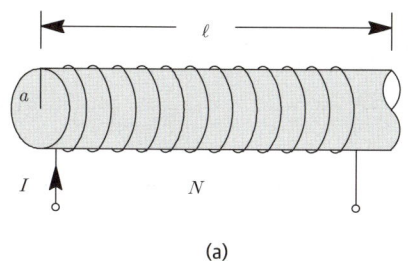 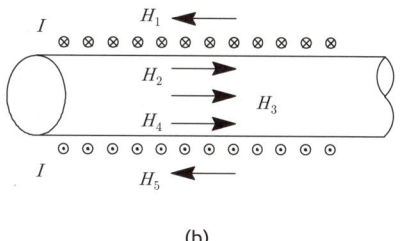

(a)　　　　　　　　　　　　　　(b)

[그림 8-5] 솔레노이드

① 도선을 나선형으로 촘촘하고 균일하게 원통형으로 길게 감아 만들어서 전류를 흘리면 원통의 외부에서는 자기장이 거의 0이고 내부에는 비교적 균일한 크기의 자기장이 형성된다. 이처럼 도선을 촘촘하고 균일하게 원통형으로 길게 감아 만든 기기를 솔레노이드라 하고, 에너지변환장치 및 전자석으로 이용될 수 있다.

② 무한장 솔레노이드의 개념
  ㉠ [그림 8-5]와 같이 솔레노이드에 전류를 흘리면 (b)와 같이 솔레노이도 내부와 외부 공간에 자기장이 발생한다.
  ㉡ 외부 자기장이 작지만 0은 아니므로 외부 자기장 H_1, H_5가 솔레노이드 표면자기장 H_2, H_4에 영향을 준다. 따라서 솔레노이드 내부에 균일한 자기장을 얻을 수 없다.
  ㉢ 솔레노이드 내부에 균일한 자기장을 얻기 위해서는 무한장 솔레노이드가 필요하지만 현실적으로 불가능하므로 단면적에 비해 길이가 길고, 코일을 촘촘히 감은 솔레노이드를 사용하고 있다.
  ㉣ 무한장 솔레노이드는 길이와 권선수가 무한대이므로 단위 길이(1[m])당 권선수 $n = \dfrac{N}{\ell}$의 개념을 활용한다.

③ 솔레노이드의 특징 및 내·외부 자계의 세기
  ㉠ 외부 자계는 0이다. ($H_0 = 0$)
  ㉡ 내부 자계는 평등자계이다.
  ㉢ 유한장 솔레노이드 내부 자계 $H_i = \dfrac{NI}{\ell}$ [AT/m] ·· [식 8-10]
  ㉣ 무한장 솔레노이드 내부 자계 $H_i = nI$ [AT/m] ·· [식 8-11]

(4) 환상 솔레노이드에 의한 자계

① 환상 솔레노이드는 무단 솔레노이드, 트로이드 코일(toroid coil)이라고 한다.
② 공심 환상 솔레노이드 내부 자계

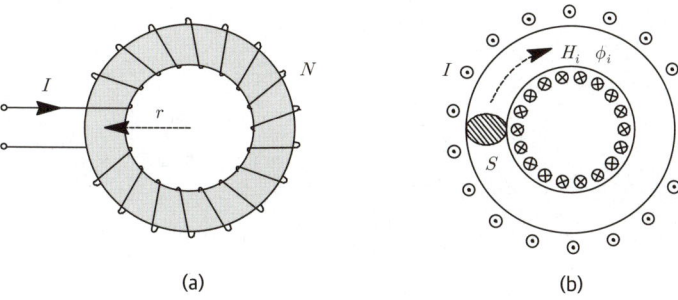

(a)　　　　　　　　　　　　　　(b)

[그림 8-6] 환상 솔레노이드

㉠ 내부 자계 $H_i = \dfrac{NI}{\ell} = \dfrac{NI}{2\pi r}$ [AT/m] ··· [식 8-12]

여기서, ℓ: 자계의 경로 길이, r: 평균 반지름, S: 단면적

㉡ 내부 자속밀도 $B_i = \mu_0 H_i = \dfrac{\mu_0 NI}{2\pi r} = \dfrac{\mu_0 NI}{\ell}$ [Wb/m²] ·································· [식 8-13]

㉢ 내부 자속 $\phi_i = \displaystyle\int_s B_i\, ds = B_i S = \dfrac{\mu_0 SNI}{\ell}$ [Wb] ··································· [식 8-14]

3 비오-사바르(Biot-Savart) 법칙

1. 비오-사바르의 법칙

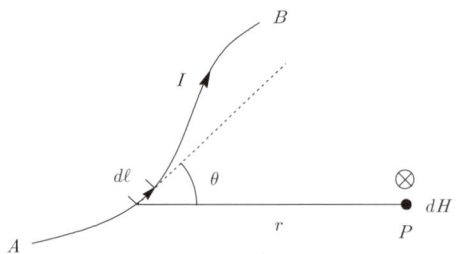

[그림 8-7] 비오-사바르의 법칙

(1) 앞에서 배운 암페어의 주회적분은 대칭적 도체(무한장 직선 도체 및 솔레노이드 등)에 적용되며, 비대칭 구조에 대해서는 적용이 되지 않는다.

(2) 따라서 비대칭 구조의 도체를 해석하기 위해서는 비오-사바르의 법칙으로 구하여야 한다. 비오(Biot)와 사바르(Savart)는 실험을 통하여 [식 8-15]를 유도하였고, 도체의 미소길이 $d\ell$에 의한 임의의 P점의 자계 dH를 구한 다음 도체의 구간을 적분함으로써 전체 자계의 세기를 구할 수 있다.

① $dH = \dfrac{I d\ell \sin\theta}{4\pi r^2}$ [AT/m] ·· [식 8-15]

② $H = \displaystyle\int_A^B dH = \int_A^B \dfrac{I d\ell \sin\theta}{4\pi r^2}$ [AT/m] ······································· [식 8-16]

2. 유한장 직선전류에 의한 자계

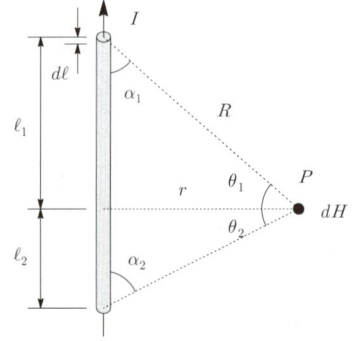

[그림 8-8] 유한장 직선전류에 의한 자계

(1) P점에서 미소한 자계의 세기

① $dH = \dfrac{Id\ell \sin\alpha}{4\pi R^2} = \dfrac{Id\ell \cos\theta}{4\pi R^2}$ [AT/m] .... [식 8-17]

② 여기서, $d\ell$ 을 $d\theta$ 로 변경해 보면 $\tan\theta = \dfrac{\ell}{r} \Rightarrow r\tan\theta = \ell$

③ 양변을 θ 에 대해서 미분하면 $r\sec^2\theta = \dfrac{d\ell}{d\theta}$ (여기서, $\sec\theta = \dfrac{1}{\cos\theta} = \dfrac{R}{r}$)

$d\ell = \dfrac{R^2}{r} d\theta$ .... [식 8-18]

④ 이제 [식 8-18]을 [식 8-17]에 대입을 하면

$dH = \dfrac{Id\ell \cos\theta}{4\pi R^2} = \dfrac{I\dfrac{R^2}{r} d\theta \cos\theta}{4\pi R^2} = \dfrac{I}{4\pi r}\cos\theta \, d\theta$ .... [식 8-19]

(2) P점에서 자계의 세기

$H = \displaystyle\int_{-\theta_2}^{\theta_1} dH = \int_{-\theta_2}^{\theta_1} \dfrac{I}{4\pi r}\cos\theta \, d\theta = \dfrac{I}{4\pi r}\int_{-\theta_2}^{\theta_1}\cos\theta \, d\theta = \dfrac{I}{4\pi r}[\sin\theta]_{-\theta_2}^{\theta_1}$

$= \dfrac{I}{4\pi r}(\sin\theta_1 + \sin\theta_2)$ [AT/m] .... [식 8-20]

3. 한변의 길이가 ℓ [m] 인 정 n 각형 도체 중심의 자계

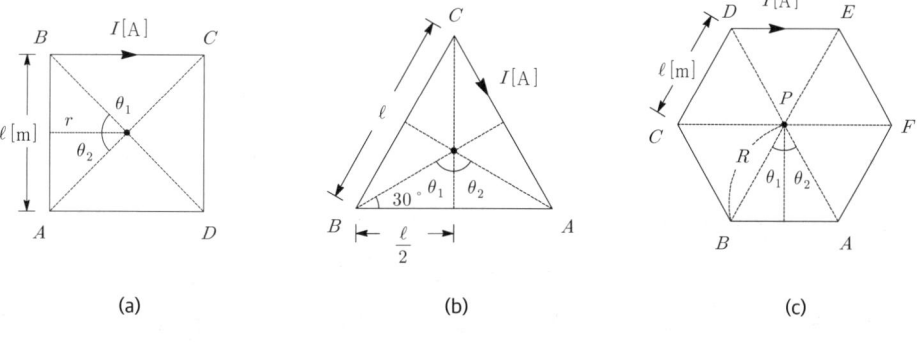

[그림 8-9] 도체 중심의 자계

(1) 정사각형 도체 중심의 자계

① [그림 8-9](a)와 같이 정사각형 도체는 선분 $\overline{AB}$ 에 의한 유한장 직선도체 4개가 연결된 것과 같다.

② 각 선분 $\overline{AB}$, $\overline{BC}$, $\overline{CD}$, $\overline{DA}$ 에 흐르는 전류에 의해 발생된 자계는 도체 중심에서 지면의 아래쪽에서 위쪽 방향으로 모두 동일하므로 선분 $\overline{AB}$ 에 의해 발생된 자계에 4배를 취해서 구할 수 있다.

③ 정사각형 도체 중심의 자계

㉠ 선분 $\overline{AB}$ 에 의한 자계: $H = \dfrac{I}{4\pi r}(\sin\theta_1 + \sin\theta_2)$ .... [식 8-21]

ⓒ 여기서, $r = \dfrac{\ell}{2}$, $\theta_1 = \theta_2 = \theta = 45°$를 대입하여 도체 중심 자계를 구하면 다음과 같다.

$$H = \dfrac{I}{4\pi r}(\sin\theta_1 + \sin\theta_2) \times 4 = \dfrac{I}{4\pi r} \times \sin\theta \times 2 \times 4$$

$$= \dfrac{I}{4\pi \times \dfrac{\ell}{2}} \times \sin 45° \times 2 \times 4 = \dfrac{I}{2\pi\ell} \times \dfrac{\sqrt{2}}{2} \times 2 \times 4 = \dfrac{2\sqrt{2}\,I}{\pi\ell}$$

∴ $H = \dfrac{2\sqrt{2}\,I}{\pi\ell}$ [AT/m] ·· [식 8-22]

(2) 정삼각형 도체 중심의 자계

① [그림 8-9](b)와 같이 정사각형 도체는 선분 $\overline{AB}$에 의한 유한장 직선도체 3개가 연결된 것과 같다.

② 각 선분 $\overline{AB}$, $\overline{BC}$, $\overline{CD}$에 흐르는 전류에 의해 발생된 자계는 도체 중심에서 지면의 아래쪽에서 위쪽 방향으로 모두 동일하므로 선분 $\overline{AB}$에 의해 발생된 자계에 3배를 취해서 구할 수 있다.

③ 정삼각형 도체 중심의 자계

ⓘ 선분 $\overline{AB}$에 의한 자계: $H = \dfrac{I}{4\pi r}(\sin\theta_1 + \sin\theta_2)$ ································· [식 8-23]

ⓒ 여기서, $r = \dfrac{\ell}{2} \times \tan 30° = \dfrac{\ell}{2\sqrt{3}}$, $\theta_1 = \theta_2 = \theta = 60°$를 대입하여 도체 중심 자계를 구하면 다음과 같다.

$$H = \dfrac{I}{4\pi r}(\sin\theta_1 + \sin\theta_2) \times 3 = \dfrac{I}{4\pi r} \times \sin\theta \times 2 \times 3$$

$$= \dfrac{I}{4\pi \times \dfrac{\ell}{2\sqrt{3}}} \times \sin 60° \times 2 \times 3 = \dfrac{2\sqrt{3}\,I}{4\pi\ell} \times \dfrac{\sqrt{3}}{2} \times 2 \times 3 = \dfrac{9I}{2\pi\ell}$$

∴ $H = \dfrac{9I}{2\pi\ell}$ [AT/m] ·· [식 8-24]

(3) 정육각형 도체 중심의 자계

① [그림 8-9](c)와 같이 정사각형 도체는 선분 $\overline{AB}$에 의한 유한장 직선도체 3개가 연결된 것과 같다.

② 각 선분 $\overline{AB}$, $\overline{BC}$, $\overline{CD}$, $\overline{DE}$, $\overline{EF}$, $\overline{FA}$에 흐르는 전류에 의해 발생된 자계는 도체 중심에서 지면의 아래쪽에서 위쪽 방향으로 모두 동일하므로 선분 $\overline{AB}$에 의해 발생된 자계에 6배를 취해서 구할 수 있다.

③ 정삼각형 도체 중심의 자계

ⓘ 선분 $\overline{AB}$에 의한 자계: $H = \dfrac{I}{4\pi r}(\sin\theta_1 + \sin\theta_2)$ ································· [식 8-25]

ⓒ 여기서, $\theta_1 = \theta_2 = \theta = 30°$, $\ell = R$이므로 $r = R\cos 30° = \ell\cos 30° = \dfrac{\ell\sqrt{3}}{2}$를 대입하여 도체 중심 자계를 구하면 다음과 같다.

$$H = \dfrac{I}{4\pi r}(\sin\theta_1 + \sin\theta_2) \times 6 = \dfrac{I}{4\pi \times \dfrac{\sqrt{3}\,\ell}{2}} \times \sin 30° \times 2 \times 6$$

$$= \dfrac{I}{2\sqrt{3}\,\pi\ell} \times \dfrac{1}{2} \times 2 \times 6 = \dfrac{3I}{\sqrt{3}\,\pi\ell} = \dfrac{3I}{\sqrt{3}\,\pi\ell} \times \dfrac{\sqrt{3}}{\sqrt{3}} = \dfrac{\sqrt{3}\,I}{\pi\ell}$$

∴ $H = \dfrac{\sqrt{3}\,I}{\pi\ell}$ [AT/m] ·· [식 8-26]

(4) 정 n각형 도체 중심의 자계

① [그림 8-9](c)와 같이 $\overline{BP}$의 길이를 R이라 하면 $r = R\cos\theta = R\cos\dfrac{\pi}{n}$ 이 된다.

② 따라서 정 n각형 도체 중심의 자계는 한변에 의해 발생된 자계에 n배를 취해서 구할 수 있다.

$$H = \dfrac{I}{4\pi r}(\sin\theta_1 + \sin\theta_2) \times n = \dfrac{I}{4\pi R\cos\theta} \times \sin\theta \times 2 \times n$$

$$= \dfrac{nI}{2\pi R} \times \dfrac{\sin\theta}{\cos\theta} = \dfrac{nI}{2\pi R} \times \tan\theta = \dfrac{nI}{2\pi R} \times \tan\dfrac{\pi}{n}$$

$$\therefore H = \dfrac{nI}{2\pi R} \times \tan\dfrac{\pi}{n} \text{ [AT/m]} \quad \cdots\cdots\cdots\text{[식 8-27]}$$

4. 원형 코일에 의한 자계

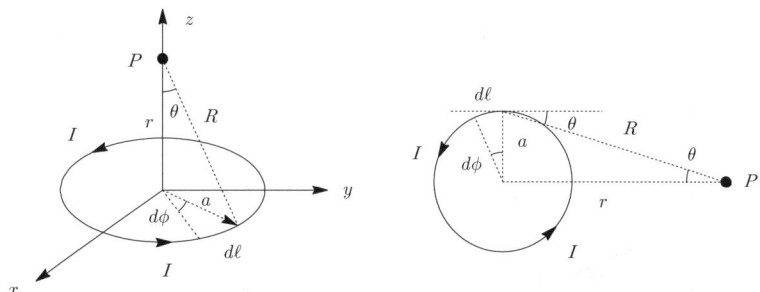

[그림 8-10] 원형코일에 의한 자계

(1) P점에서 미소 자계의 세기는

① $dH = \dfrac{I d\ell \sin\theta}{4\pi R^2}$ [AT/m] 에서 미소길이 $d\ell = a\,d\phi$ 이므로

② $dH = \dfrac{I d\ell \sin\theta}{4\pi R^2} = \dfrac{Ia\sin\theta}{4\pi R^2} d\phi$ $\cdots\cdots\cdots$[식 8-28]

(2) P점에서 자계의 세기는

① $H = \displaystyle\int dH = \int_0^{2\pi} \dfrac{aI\sin\theta}{4\pi R^2} d\phi = \dfrac{aI\sin\theta}{4\pi R^2} \int_0^{2\pi} d\phi$

$= \dfrac{aI\sin\theta}{4\pi R^2}[\phi]_0^{2\pi} = \dfrac{2\pi aI\sin\theta}{4\pi R^2} = \dfrac{aI}{2R^2} \times \sin\theta$ [AT/m] $\cdots\cdots\cdots$[식 8-29]

② 여기서, $\sin\theta = \dfrac{a}{R}$, $R = \sqrt{a^2+r^2} = (a^2+r^2)^{1/2}$ 이므로

$$H = \dfrac{aI}{2R^2} \times \dfrac{a}{R} = \dfrac{a^2 I}{2R^3} = \dfrac{a^2 I}{2(a^2+r^2)^{\frac{3}{2}}} \text{ [AT/m]} \quad \cdots\cdots\cdots\text{[식 8-30]}$$

5. 원형 코일에 의한 자계

(1) [식 8-30]에서 원형 코일 중심축상은 $r = 0$ 이 되므로 [식 8-31]이 되고

(2) 원형 코일의 권선 수가 N회 인 경우에는 [식 8-32]와 같이 된다.

① $H = \dfrac{I}{2a}$ [A/m] ··· [식 8-31]

② $H = \dfrac{NI}{2a}$ [AT/m] ··· [식 8-32]

4 자계 중의 전류에 작용력

1. 전자력의 발생

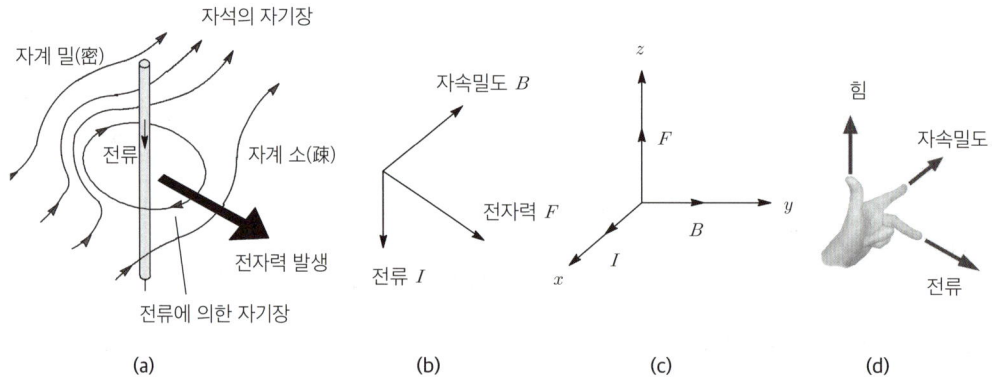

[그림 8-11] 자계 내의 전류에 작용력

(1) [그림 8-11](a)와 같이 N극과 S극 사이에 도체를 넣으면 N에서 S극으로 자기장이 발생하게 된다.

(2) 이때 도체에 전류를 흘려주면 전류에 의한 자기장이 발생하여 자기장이 동일방향으로 진행되는 곳에서는 자력선은 밀(密)하고, 자기장이 반대로 흐르는 곳에서는 자력선이 소(疎)하게 되어 도체는 자력선이 소(疎)한 곳으로 밀려나가게 되는데 이를 전자력(electromagnetic force)이라 한다.

(3) 전자력은 전동기(motor) 등에 많이 활용된다.

2. 플레밍의 왼손법칙(Fleming's left hand law)

(1) 자계 내에 있는 도체에 전류를 흘리면 도체에는 전자력이 발생된다. 이를 플레밍의 왼손법칙이라 한다.

(2) 전자력의 방향은 [그림 8-11](d)와 같이 왼손의 엄지, 검지, 중지를 직각으로 펼쳐서 엄지를 전자력(F)의 방향, 검지를 자속밀도(B)의 방향, 중지를 전류(I)의 방향으로 한다.

(3) 전자력의 크기

① 전자력은 전류 I, 도선의 길이 ℓ, 자속밀도 B에 비례하고 전류와 자계가 이루는 각도를 θ라 하면 [식 8-33]과 같이 된다.

$F = IB\ell \sin\theta$ [N] ··· [식 8-33]

② 전자력은 전류와 자속밀도가 수직($I \perp B$)일 때 가장 크게 작용($F = IB\ell$), 평행($\theta = 0$)일 때 전자력은 발생하지 않는다.

3. 자계 내 운동 전하가 받아지는 힘

(1) [식 8-33]에서 전류 $I = \dfrac{dq}{dt}$ 로 대입하여 정리하면 [식 8-34]와 같이 되고 시간에 따라 변화하는 것은 전하 q 가 아니라 이동거리 ℓ 이므로 [식 8-35]와 같이 정리할 수 있다.

$$F = IB\ell\sin\theta = \dfrac{dq}{dt}B\ell\sin\theta \quad \cdots\cdots\cdots\cdots\cdots\cdots\cdots\cdots\cdots\cdots\cdots\cdots\cdots\cdots\cdots\cdots\cdots\cdots\text{[식 8-34]}$$

$$= \dfrac{d\ell}{dt}Bq\sin\theta = vBq\sin\theta\,[\text{N}] \quad \cdots\cdots\cdots\cdots\cdots\cdots\cdots\cdots\cdots\cdots\cdots\cdots\cdots\text{[식 8-35]}$$

여기서, ℓ: 전하의 이동거리[m], q: 전하[C], v: 전하의 운동 속도[m/s]

(2) 전자력을 벡터로 표현하면 다음과 같다.

① **전류식**: $F = IB\ell\sin\theta = (\vec{I}\times\vec{B})\ell = \displaystyle\oint_c \vec{I}d\ell\times\vec{B}$ $\cdots\cdots\cdots\cdots\cdots\cdots\cdots\cdots$ [식 8-36]

② **전하식**: $F = vBq\sin\theta = (\vec{v}\times\vec{B})q$ $\cdots\cdots\cdots\cdots\cdots\cdots\cdots\cdots\cdots\cdots\cdots\cdots\cdots\cdots$ [식 8-37]

5 평행도체 전류 사이에 작용력

1. 전자력의 발생

(1) 무한장 직선 도체가 [그림 8-12](a)와 같이 서로 평형이루며 전류가 흐르고 있다.

(2) 도체1에서 발생된 자기장 H_1 이 도체2를 통과할 때 도체2는 자기장 내에 전류가 흐르는 경우가 되므로 플레밍의 왼손법칙이 적용된다.

(3) [그림 8-12](b), (d)와 같이 전류가 동일 방향으로 흐르면 두 도체사이에는 흡인력이 작용하고

(4) [그림 8-12](c), (e)와 같이 전류가 반대 방향으로 흐르면 두 도체사이에는 반발력이 작용한다.

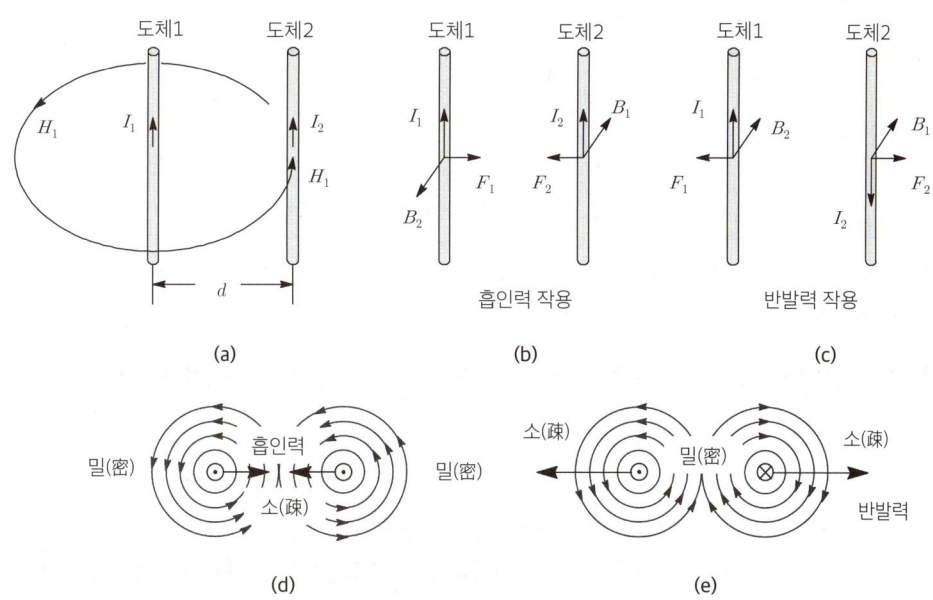

[그림 8-12] 평행도체 전류 사이에 작용력

2. 전자력의 크기

(1) 도체2에 작용하는 자속밀도와 전자력

① 자속밀도 $B_1 = \mu_0 H_1 = \mu_0 \times \dfrac{I_1}{2\pi d}$ [Wb/m^2] ··· [식 8-38]

② 전자력 $F_2 = B_1 I_2 \ell \sin\theta = \dfrac{\mu_0 I_1 I_2 \ell}{2\pi d}$ [N] ··· [식 8-39]

(2) 단위 길이(1[m]) 당 전자력

① $F = F_1 = F_2 = \dfrac{\mu_0 I_1 I_2}{2\pi d} = \dfrac{2 I_1 I_2}{d} \times 10^{-7}$ [N/m] ································· [식 8-40]

② $F = \dfrac{2 I_1 I_2}{d \times 9.8} \times 10^{-7} = 2.08 \times \dfrac{I_1 I_2}{d} \times 10^{-8}$ [kg/m] ···················· [식 8-41]

③ 왕복도선의 경우에는 $I_1 = I_2 = I$ 이므로 [식 8-42]와 같이 정리된다. 또한 왕복도선의 경우에는 항상 반발력이 작용한다.

$F = \dfrac{2 I^2}{d} \times 10^{-7}$ [N/m] $= 2.08 \times \dfrac{I^2}{d} \times 10^{-8}$ [kg/m] ······················ [식 8-42]

6 로렌쯔의 힘

1. 개요

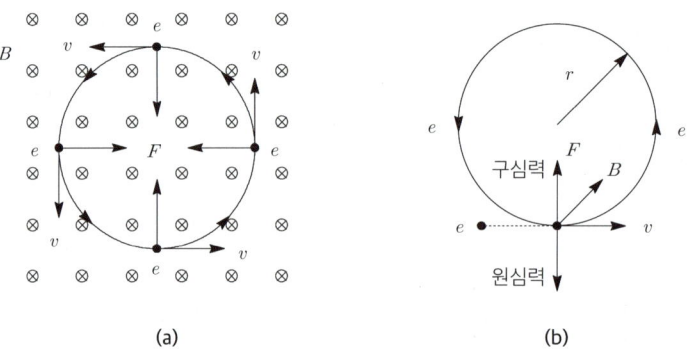

[그림 8-13] 평등자계 운동 전하의 등속 원운동

(1) v [m/s] 의 속도를 가진 전하 e 가 평등자계 내에 수직으로 입사하면 운동 전하에 의하여 전류가 흐르고 그 주위에 자계가 발생된다.

(2) 따라서 기존의 평등자계와 운동 전하에 의한 자계의 상호작용에 의하여 전하가 똑바로 가지 못하고 계속 편향되므로 운동 전하는 원운동을 계속하게 된다.

(3) 이와 같이 자계 중의 운동 전하에 원운동을 발생하는 힘을 로렌쯔의 힘 또는 전자력이라 한다.

(4) 운동 전하가 평등자계와 수직으로 입사하면 등속 원운동을 하고, 수평으로 입사하면 전자력의 힘이 발생하지 않아 등속 직선운동을 한다. 또한 평등자계에 대하여 비슴이 입사하면 등속 나선 운동을 한다.

2. 전자력(Lorentz's force)

(1) 운동 전자가 수직 입사하여 등속 원운동을 한다. 이때의 전자력은 [그림 8-13](b)와 같이 원중심으로 작용하므로 구심력이라고 한다.

(2) 운동 전하가 자계 내에서 받아지는 힘은 [식 8-43]과 같다.

전자력 $F = vBq\sin\theta = (\vec{v} \times \vec{B})q$ [N] ·· [식 8-43]

(3) 운동 전하에 전계와 자계가 동시에 작용하고 있으면

① 전기력 $F_e = q\vec{E}$ [N] ·· [식 8-44]

② 전자력 $F_m = vBq\sin\theta = (\vec{v} \times \vec{B})q$ [N] ·· [식 8-45]

③ 전자기력 $\vec{F} = \vec{F_e} + \vec{F_m} = e(\vec{E} + \vec{v} \times \vec{B})$ [N] ························· [식 8-46]

3. 전하의 원운동 조건

(1) 전하가 정상적인 원운동을 위해서는 전자력과 구심력(=원심력)이 같아야 한다.

① 전자력 $F_1 = vBq$ [N] ··· [식 8-47]

② 구심력(=원심력) $F_2 = \dfrac{mv^2}{r}$ [N] ·· [식 8-48]

③ 원운동 조건 $vBq = \dfrac{mv^2}{r}$ ·· [식 8-49]

여기서, m [kg] : 전하의 질량, v [m/s] : 이동 속도, r [m] : 원운동의 반경

(2) 원의 반지름, 각속도, 주기

① 원 운동하는 반경 $r = \dfrac{mv}{qB}$ [m] ·· [식 8-50]

② 각속도 $\omega = \dfrac{v}{r} = \dfrac{qB}{m}$ [rad/s] ··· [식 8-51]

③ 주기 $T = \dfrac{2\pi}{\omega} = \dfrac{2\pi m}{qB}$ [s] ·· [식 8-52]

④ 원 한바퀴 돌 때의 등가 전류: $I = \dfrac{Q}{T} = \dfrac{\omega Q}{2\pi} = \dfrac{BqQ}{2\pi m}$ [A] ············· [식 8-53]

핵심 요점정리

1. 앙페르의 법칙

(1) 앙페르의 주회적분

① 주회적분: $\oint_c H \, d\ell = \sum_{N=1}^{n} NI$ → ∴ 자계의 세기: $H = \dfrac{NI}{\ell}$ [AT/m]

여기서, N: 권선 수, I: 전류, ℓ: 자계의 경로 길이, $i = J$: 전류밀도[AT/m²]

② 앙페르의 주회적분의 미분형: $rot \, H = i$ ($\nabla \times H = i$)

(2) 무한장 직선도체

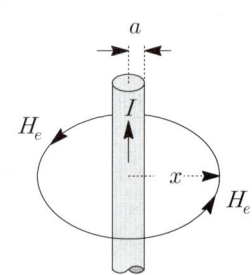

① 외부 자계의 세기: $H_e = \dfrac{I}{2\pi x}$ [AT/m]

② 도체 내부에서의 자계의 세기 H_i

　㉠ 전류가 도체 표면으로만 흐를 경우: $H_i = 0$

　㉡ 전류가 도체 내부에 균일하게 흐를 경우

　　: $H_i = \dfrac{rI}{2\pi a^2}$ [AT/m]

여기서, a: 도체의 반경, r: 도체 내부 임의의 거리

(3) 솔레노이드(solenoid) 내부(코일 중심) 자계의 세기

유한장 솔레노이드	무한장 솔레노이드	환상 솔레노이드
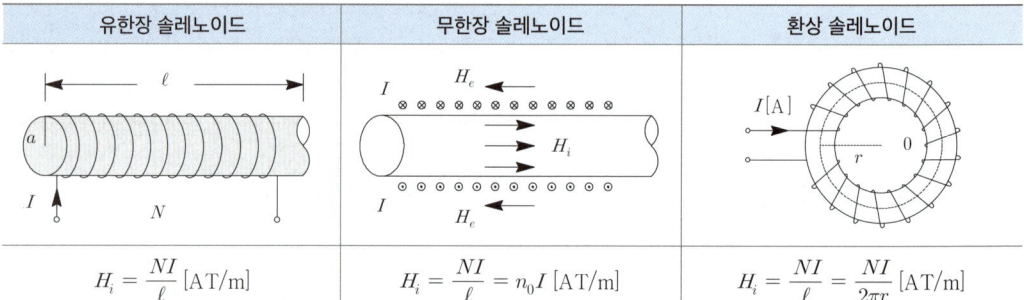		
$H_i = \dfrac{NI}{\ell}$ [AT/m]	$H_i = \dfrac{NI}{\ell} = n_0 I$ [AT/m]	$H_i = \dfrac{NI}{\ell} = \dfrac{NI}{2\pi r}$ [AT/m]

① 무한장 솔레노이드란, 외부자계(H_e)가 0이 되어 솔레노이드 내부 자계(H_i)가 평등자계를 이룰 때의 솔레노이드를 말한다.

② 평등 자계를 얻는 조건: 단면적에 비하여 길이(ℓ)를 충분히 길게 한다.

2. 비오-사바르(Biot-Savart)의 법칙

(1) 실험식: $dH = \dfrac{Id\ell \sin\theta}{4\pi r^2}$ [AT/m]

(2) 원형 선전류(원형 코일)

① 원형 코일 외부 자계의 세기: $H_e = \dfrac{a^2 I}{2R^3} = \dfrac{a^2 I}{2(a^2+r^2)^{\frac{3}{2}}}$ [AT/m]

② 원형 코일 중심($r=0$) 자계의 세기: $H_c = \lim\limits_{r \to 0} H_e = \dfrac{I}{2a}$ [A/m]

(3) 길이가 ℓ[m] 인 정 n 각형 코일 중심에서의 자계의 세기

유한장 직선 도체	삼각형 중심 자계	사각형 중심 자계	육각형 중심 자계
$H = \dfrac{I}{4\pi r}(\sin\theta_1 + \sin\theta_2)$ $= \dfrac{I}{4\pi r}(\cos\alpha_1 + \cos\alpha_2)$	$H = \dfrac{I}{4\pi r} \times \sin\theta \times 2 \times 3$ $= \dfrac{9I}{2\pi\ell}$ [A/m]	$H = \dfrac{I}{4\pi r} \times \sin\theta \times 2 \times 4$ $= \dfrac{2\sqrt{2} I}{\pi\ell}$ [A/m]	$H = \dfrac{I}{4\pi r} \times \sin\theta \times 2 \times 6$ $= \dfrac{\sqrt{3} I}{\pi\ell}$ [A/m]

3. 자계 중의 전류에 작용력

(1) 플레밍의 왼손법칙

① 자계 내에 있는 도체에 전류를 흘리면 도체에는 전자력이 발생한다.

② 전자력의 크기: $F = IB\ell \sin\theta = (\vec{I} \times \vec{B})\ell = \oint_c \vec{I} d\ell \times \vec{B}$ [N]

(2) 평행도체 전류 사이에 작용하는 힘(전자력)

① 전류가 동일 방향으로 흐르면 두 도체 사이에는 흡인력이 작용한다.

② 전류가 반대 방향으로 흐르면 두 도체 사이에는 반발력이 작용한다.

③ 전자력: $F = \dfrac{2 I_1 I_2}{d} \times 10^{-7}$ [N/m]

④ 왕복도선의 경우 $I_1 = I_2 = I$ 이므로: $F = \dfrac{2 I^2}{d} \times 10^{-7}$ [N/m] (반발력 작용)

(3) 로렌츠의 힘(Lorentz's force)

① 전하 q[C] 이 평등자계 내에 입사하면 다음과 같은 운동을 한다.

㉠ 평등 자계와 수직으로 입사: 등속 원운동

㉡ 평등 자계와 수평으로 입사: 등속 직선 운동

㉢ 평등 자계에 대하여 비스듬히 입사: 등속 나선 운동

② 전하의 원운동 조건: 전자력=구심력(=원심력)
  ㉠ 전자력: $F_m = IB\ell = vBq$
  ㉡ 구심력(=원심력): $F = \dfrac{mv^2}{r}$
  ㉢ 원 운동하는 반경: $r = \dfrac{mv}{qB}$ [m]
  ㉣ 각속도: $\omega = \dfrac{v}{r} = \dfrac{qB}{m}$ [rad/s]
  ㉤ 주기: $T = \dfrac{2\pi}{\omega} = \dfrac{2\pi m}{qB}$ [s]
  여기서, q: 전하량[C], m: 전하의 질량 [kg], v: 전하의 운동속도[m/s]

출제예상문제

※ 출제예상문제는 기출 분석을 바탕으로 자주 출제되는 유형을 선별하였습니다.

1. 앙페르의 법칙

01 앙페르의 주회적분의 법칙을 설명한 것으로 올바른 것은?

① 폐회로 주위를 따라 전계를 선적분한 값은 폐회로 내의 총 저항과 같다.
② 폐회로 주위를 따라 전계를 선적분한 값은 폐회로 내의 총 전압과 같다.
③ 폐회로 주위를 따라 자계를 선적분한 값은 폐회로 내의 총 전류와 같다.
④ 폐회로 주위를 따라 전계와 자계를 선적분한 값은 폐회로 내의 총 저항, 총 전압, 총 전류의 합과 같다.

정답 확인

정답 ③

02 무한장 직선도선에 흐르는 직류전류 I에 의해, 무한장 직선도선의 전류 상하에 존재하는 지침이, 그림과 같이 자침 중심축을 중심으로 회전하여 정지하였다. (ㄱ) (ㄴ) (ㄷ) (ㄹ)의 극을 순서적으로 잘 배열한 것은?

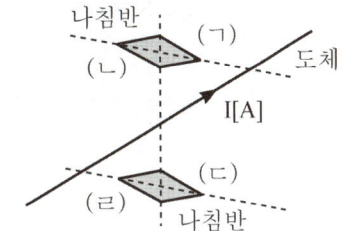

① S, N, S, N
② S, N, N, S
③ N, S, N, S
④ N, S, S, N

정답 분석

㉠ 나침반(자침)에서 자계가 나가는 방향이 N극, 들어가는 방향이 S극이 된다.
㉡ 그림에서 앙페르 오른나사법칙을 적용하면 자계는 (ㄱ)에 나와 (ㄷ)으로 들어가고, 다시(ㄹ)에서 나와 (ㄴ)으로 들어간다.
∴ 자계가 나가는 (ㄱ)와 (ㄹ): N극
   자계가 들어가는 (ㄷ)와 (ㄴ): S극

정답 ④

03 철판의 ( )부분에 대한 극성은?

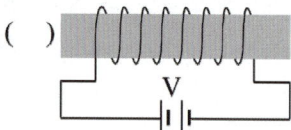

① N극
② N극과 S극이 교번
③ S극
④ 자극이 생기지 않음

정답분석
그림을 보면 위로 감기는 방향으로 전류가 흐르므로 앙페르의 오른나사법칙에 의하여 왼쪽으로 자계가 발생하게 된다.
∴ ( )에 들어가는 극성은 N극이 된다.

정답 ①

04 그림과 같이 전류 I[A]가 흐르고 있는 직선 도체로부터 r[m] 떨어진 P점의 자계의 세기 및 방향을 바르게 나타낸 것은? (단, 은 지면을 들어가는 방향, ⊙은 지면을 나오는 방향이다)

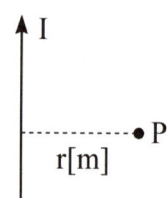

① $\frac{I}{2\pi r}$,
② $\frac{I}{2\pi r}$, ⊙
③ $\frac{Id\ell}{4\pi r^2}$, ⊗
④ $\frac{Id\ell}{4\pi r^2}$, ⊙

정답분석
㉠ 무한장 직선 도체의 자계의 세기
: $H = \frac{I}{2\pi r}$ [AT/m]
㉡ 앙페르 오른나사법칙에서 전류의 방향을 엄지로 하면 오른손이 쥐어지는 방향이 자계의 방향이 된다. 따라서 P점에서 자계는 들어가는 방향(⊗)이 된다.
여기서, ⊙: 나오는 방향

정답 ①

05 반지름 25[cm]의 원주형 도선에 π[A]의 전류가 흐를 때 도선의 중심축에서 50[cm]되는 점의 자계의 세기는 몇 [AT/m]인가? (단, 도선의 길이는 매우 길다)

① 1
② $\frac{1}{2}\pi$
③ $\frac{1}{3}\pi$
④ $\frac{1}{4}\pi$

정답분석
무한장 직선 도체의 자계의 세기
$H = \frac{I}{2\pi r} = \frac{\pi}{2\pi \times 0.5} = 1$ [AT/m]

정답 ①

06 Z축의 정방향(+방향)으로 $10\pi a_z$[A]가 흐를 때, 이 전류로부터 5[m] 지점에 발생되는 자계의 세기 H[A/m]는?

① $H = -a_z$
② $H = a_\phi$
③ $H = \frac{1}{2}a_\phi$
④ $H = -a_\phi$

정답분석
㉠ 무한장 직선 도체의 자계의 세기
: $H = \frac{I}{2\pi r} = \frac{10\pi}{2\pi \times 5} = 1$ [A/m]
㉡ 전류가 z축으로 향하면 자계는 $\vec{a_\phi}$ 방향으로 회전한다.

정답 ②

07 무한히 긴 직선 도체에 전류 I[A]를 흘릴 때 이 전류로부터 d[m]되는 점의 자속밀도는 몇 [Wb/m²]인가?

① $\frac{\mu_0 I}{4\pi d}$
② $\frac{\mu_0 I}{2\pi d}$
③ $\frac{I}{2\pi d}$
④ $\frac{I}{2\pi \mu_0 d}$

정답분석
㉠ 무한장 직선 도체의 자계의 세기
: $H = \frac{I}{2\pi d}$ [AT/m]
㉡ 자속밀도: $B = \mu_0 H = \frac{\mu_0 I}{2\pi d}$ [Wb/m²]

정답 ②

08 무한히 긴 직선 도체에 전류 I[A]를 흘릴때 이 전류로부터 d[m]되는 점의 자속밀도는 몇 [Wb/m²]인가?

① $\dfrac{I}{d} \times 10^{-7}$ ② $\dfrac{2I}{d} \times 10^{-7}$

③ $\dfrac{d}{I} \times 10^{-7}$ ④ $\dfrac{d}{2I} \times 10^{-7}$

정답분석

㉠ 무한장 직선 도체의 자계의 세기
: $H = \dfrac{I}{2\pi d}$ [AT/m]

㉡ 자속밀도: $B = \mu_0 H = \dfrac{\mu_0 I}{2\pi d}$ [Wb/m²]

$\therefore B = \dfrac{4\pi \times 10^{-7} \times I}{2\pi d} = \dfrac{2I}{d} \times 10^{-7}$ [Wb/m²]

정답 ②

10 반지름 a[m], 중심 간 거리 d[m]인 두 개의 무한장 왕복선로에 서로 반대방향으로 전류 I[A]가 흐를 때, 한 도체에서 x[m]거리인 P점의 자계의 세기는 몇 [AT/m]인가? (단, $d \gg a$, $x \gg a$ 라고 한다)

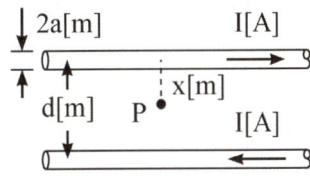

① $\dfrac{I}{2\pi}\left(\dfrac{1}{x} + \dfrac{1}{d-x}\right)$

② $\dfrac{I}{2\pi}\left(\dfrac{1}{x} - \dfrac{1}{d-x}\right)$

③ $\dfrac{I}{4\pi}\left(\dfrac{1}{x} + \dfrac{1}{d-x}\right)$

④ $\dfrac{I}{4\pi}\left(\dfrac{1}{x} - \dfrac{1}{d-x}\right)$

정답분석

무한장 직선 도체의 자계의 세기 $\left(H = \dfrac{I}{2\pi r}\right)$ 에서 P점의 자계의 세기는 H_1과 H_2의 합력이 된다.

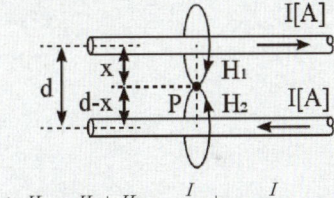

$\therefore H_P = H_1 + H_2 = \dfrac{I}{2\pi x} + \dfrac{I}{2\pi(d-x)}$
$= \dfrac{I}{2\pi}\left(\dfrac{1}{x} + \dfrac{1}{d-x}\right)$ [AT/m]

정답 ①

09 무한장 직선도체가 있다. 이 도체로 부터 수직으로 0.1[m]떨어진 점의 자계의 세기가 180[AT/m]이다. 이 도체로부터 수직으로 0.3[m]떨어진 점의 자계의 세기는 몇 [AT/m]인가?

① 20   ② 60
③ 180   ④ 540

정답분석

무한장 직선 도체의 자계의 세기 $\left(H = \dfrac{I}{2\pi r}\right)$는 거리 r에 반비례한다. 따라서 거리가 0.1[m]에서 0.3[m] 3배 멀어지면 자계의 세기는 3배 작아지게 된다.

$\therefore H = \dfrac{180}{3} = 60$ [AT/m]

정답 ②

11 자유공간 중에서 $x=-2$, $y=4$를 통과하고 z축과 평행인 무한장 직선도체에 +z축 방향으로 직류전류 I가 흐를 때 점(2, 4, 0)에서의 자계 H[AT/m]는 어떻게 표현되는가?

① $\frac{I}{4\pi}a_y$ ② $\frac{I}{4\pi}a_y$

③ $-\frac{I}{8\pi}a_y$ ④ $\frac{I}{8\pi}a_y$

정답분석

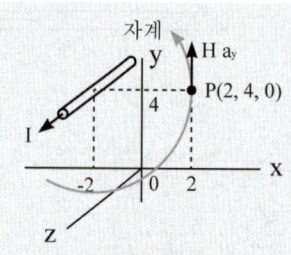

㉠ 도체에서 P점까지의 거리: 4[m]
㉡ 무한장 직선도체의 자계의세기
 : $H = \frac{I}{2\pi r} = \frac{I}{2\pi \times 4} = \frac{I}{8\pi}$ [AT/m]
㉢ P점에서 자계의 방향: +y축 ($\vec{a_y}$)

정답 ④

12 그림과 같이 무한히 긴 두 개의 직선상 도선이 1[m] 간격으로 나란히 놓여 있을 때 도선 ①에 4[A], 도선 ②에 8[A]가 흐르고 있을 때 두 선간 중앙점 P에 있어서의 자계의 세기는 몇 [A/m]인가? (단, 지면의 아래쪽에서 위쪽으로 향하는 방향을 정(+)으로 한다)

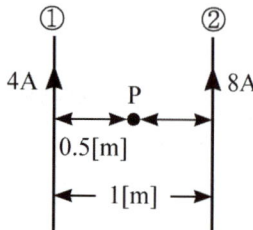

① $\frac{4}{\pi}$ ② $\frac{12}{\pi}$

③ $-\frac{4}{\pi}$ ④ $-\frac{5}{\pi}$

정답분석

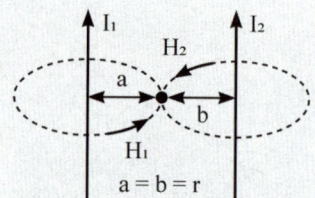

㉠ 자계의 세기는 전류 크기에 비례하므로 H_1보다 H_2이 더 크므로 P점에서 자계는 H_2방향 즉, 지면 아래쪽에서 위쪽으로 향하는 정(+)이 된다.
㉡ P점에서 자계의 세기
$H_P = H_2 - H_1 = \frac{1}{2\pi r}(I_2 - I_1)$
$= \frac{1}{2\pi \times 0.5}(8-4) = \frac{4}{\pi}$ [A/m]

정답 ①

13 무한 직선전류에 의한 자계의 크기에서 전류와 거리와의 관계에 대한 그림은 어떻게 표현되는가?

① 포물선 ② 원
③ 타원   ④ 쌍곡선

 직선전류에 의한 자계세기 $H = \dfrac{I}{2\pi r} \propto \dfrac{1}{r}$ 즉, 거리에 반비례하므로 쌍곡선이 된다.

정답 ④

15 무한장 원주형 도체에 전류가 표면에만 흐른다면 원주 내부의 자계의 세기는 몇 [AT/m]인가? (단, r [m]는 원주의 반지름이다.)

① $\dfrac{I}{2\pi r}$ ② $\dfrac{NI}{2\pi r}$
③ $\dfrac{I}{2r}$ ④ 0

 전류가 표면에만 흐르면 내부 자계는 존재하지 않는다.

정답 ④

14 그림에서 직선 도체 바로 아래 10 [cm] 위치에 자침이 나란히 있다고 하면 이때의 자침에 작용하는 회전력은 몇 [N·m/rad]인가? (단, 도체의 전류는 10 [A], 자침의 자극의 세기는 10^{-6} [Wb]이고, 자침의 길이는 10 [cm]이다)

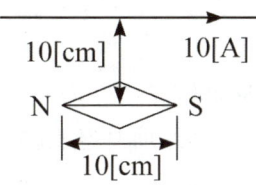

① 15.9×10^{-6} ② 79.5×10^{-7}
③ 1.59×10^{-6} ④ 7.95×10^{-7}

 전류가 만드는 자계의 세기 $H = \dfrac{I}{2\pi r}$ [A/m] 내에 자침이 놓이면 회전력이 있다.

$\therefore T = mH\ell \sin\theta$
$= 10^{-6} \times 0.1 \times \dfrac{10}{2\pi \times 0.1} \times 1$
$= 1.592 \times 10^{-6}$ [N·m]

정답 ③

16 전류 I [A]가 반지름 a [m]의 원주를 균일하게 흐를 때 원주 내부의 중심에서 r [m] 떨어진 원주 내부 점의 자계의 세기는 몇 [AT/m]인가?

① $\dfrac{rI}{2\pi a^2}$ ② $\dfrac{Ir}{2\pi a}$
③ $\dfrac{Ir}{\pi a^2}$ ④ $\dfrac{Ir}{\pi a}$

 전류가 도체 내부에 균일하게 흐를 경우

㉠ 외부 자계: $H_e = \dfrac{I}{2\pi r}$ [AT/m]

㉡ 표면 자계: $H_s = \dfrac{I}{2\pi a}$ [AT/m]

㉢ 내부 자계: $H_e = \dfrac{rI}{2\pi a^2}$ [AT/m]

정답 ①

17 반지름이 $a\,[\text{m}]$인 무한히 긴 원통상의 도체에 전류 $I\,[\text{A}]$가 균일하게 흐를 때 도체 내외에 발생하는 자계의 모양은? (단, 전류는 도체의 중심축에 대하여 대칭이고, 그 전류밀도는 중심에서의 거리 $r\,[\text{m}]$의 함수로 주어진다고 한다)

①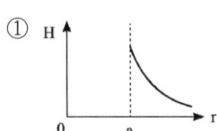
②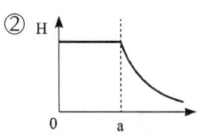
③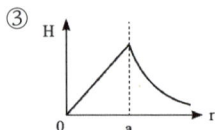
④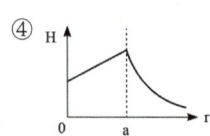

 정답분석
㉠ 도체 내부의 자계의 세기
: $H_i = \dfrac{rI}{2\pi a^2}$ 이므로 거리에 비례한다.
㉡ 도체 외부의 자계의 세기
: $H_e = \dfrac{I}{2\pi r}$ 이므로 거리에 반비례한다.

정답 ③

18 전류 분포가 균일한 반경 $a\,[\text{m}]$인 무한정 원주형 도선에 1[A]의 전류를 흘렸더니 도선의 중심에서 $\dfrac{a}{2}$ 되는 점에서의 자계의 세기가 $\dfrac{1}{2\pi}$ [AT/m]이었다. 이 도선의 반경은 몇 [m]인가?

① 4 ② 2
③ 0.5 ④ 0.75

 정답분석
전류가 도체 내부에 균일하게 흘렀을 때
도체 내부의 자계의 세기 $H_i = \dfrac{rI}{2\pi a^2}$ 에서
$a^2 = \dfrac{rI}{2\pi H_i} = \dfrac{\frac{a}{2} \times 1}{2\pi \times \frac{1}{2\pi}}$ 이므로 $a = \dfrac{1}{2}$

정답 ③

19 반지름 $r = a\,[\text{m}]$인 원통상 도선에 $I\,[\text{A}]$의 전류가 균일하게 흐를 때 $r = 0.2a\,[\text{m}]$의 자계는 $r = 2a\,[\text{m}]$인 자계의 몇 배인가?

① 0.2 ② 0.4
③ 2 ④ 4

 정답분석
㉠ 도체 내부의 자계의 세기
: $H_i = \dfrac{rI}{2\pi a^2} = \dfrac{0.2aI}{2\pi a^2} = \dfrac{I}{10\pi a}$
㉡ 도체 외부의 자계의 세기
: $H_e = \dfrac{I}{2\pi r} = \dfrac{I}{2\pi \times 2a} = \dfrac{I}{4\pi a}$
$\therefore m = \dfrac{H_i}{H_e} = \dfrac{\frac{I}{10\pi a}}{\frac{I}{4\pi a}} = 0.4$

정답 ②

20 자계의 세기 $H = xy\,a_y - xz\,a_z\,[\text{A/m}]$일 때 점(2, 3, 5)에서 전류밀도 $J\,[\text{A/m}^2]$는?

① $5\,a_x + 3\,a_y$ ② $3\,a_x + 5\,a_y$
③ $5\,a_y + 2\,a_z$ ④ $5\,a_y + 3\,a_z$

 정답분석
전류밀도
$J = rot\,H = \nabla \times H = \begin{vmatrix} a_x & a_y & a_z \\ \dfrac{\partial}{\partial x} & \dfrac{\partial}{\partial y} & \dfrac{\partial}{\partial z} \\ 0 & xy & xz \end{vmatrix}$
$= z\,a_y + y\,a_z\,[\text{A/m}^2]$
$x = 2,\ y = 3,\ z = 5$를 대입하면,
$\therefore J = 5\,a_y + 3\,a_z\,[\text{A/m}^2]$

정답 ④

21 자유공간 중에서 자계 $H = xz^2 a_x \,[\text{A/m}]$ 일 때 $0 \leq x \leq 1$, $0 \leq z \leq 1$, $y=0$ 인 면을 통과하는 전전류는 몇 [A] 인가?

① 0.5
② 1.0
③ 1.5
④ 2.0

① 전류밀도
$$i = rot\, H = \nabla \times H$$
$$= (\frac{\partial}{\partial x} a_x + \frac{\partial}{\partial y} a_y + \frac{\partial}{\partial z} a_z) \times (xz^2 a_x)$$
$$= 2xz\, a_y \,[\text{A/m}^2]$$
② 전전류
$$I = \int_s i\, ds = \int_0^1 \int_0^1 2xz\, a_y\, dx\, dy$$
$$= \int_0^1 z\, a_y\, dy = \frac{1}{2} a_y\,[\text{A}]$$

정답 ①

22 다음 중 무한 솔레노이드에 전류가 흐를 때에 대한 설명으로 가장 알맞은 것은?

① 내부 자계는 위치에 상관없이 일정하다.
② 내부 자계와 외부 자계는 그 값이 같다.
③ 외부 자계는 솔레노이드 근처에서 멀어질수록 그 값이 작아진다.
④ 내부 자계의 크기는 0 이다.

솔레노이드의 특징
① 솔레노이드 내부 자계는 없다.
② 솔레노이드 외부 자계는 평등자계이다.
③ 평등자계를 얻는 방법
 : 단면적에 비하여 길이를 충분히 길게 한다.

정답 ①

23 평등자계를 얻는 방법으로 가장 알맞은 것은?

① 길이에 비하여 단면적이 충분히 큰 솔레노이드에 전류를 흘린다.
② 길이에 비하여 단면적이 충분히 큰 원통형 도선에 전류를 흘린다.
③ 단면적에 비하여 길이가 충분히 긴 원통형 도선에 전류를 흘린다.
④ 단면적에 비하여 길이가 충분히 긴 솔레노이드에 전류를 흘린다.

솔레노이드의 특징
① 솔레노이드 내부 자계는 없다.
② 솔레노이드 외부 자계는 평등자계이다.
③ 평등자계를 얻는 방법: 단면적에 비하여 길이를 충분히 길게 한다.

정답 ④

24 그림과 같이 권수 $N[회]$, 평균반지름 $r[m]$ 인 환상 솔레노이드에 $I[A]$의 전류가 흐를 때 중심 0 점의 자계의 세기는 몇 [AT/m] 인가?

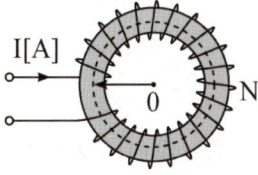

① 0
② NI
③ $\frac{NI}{2\pi r}$
④ $\frac{NI}{2\pi r^2}$

솔레노이드의 특징
① 솔레노이드 내부 자계는 없다.
② 솔레노이드 외부 자계는 평등자계
 $(H = \frac{NI}{2\pi r^2}\,[\text{AT/m}])$ 이다.

정답 ④

25 길이 1[cm]마다 권수 50을 가진 무한장 솔레노이드에 500[mA]의 전류를 흘릴 때 내부자계는 몇 [AT/m]인가?

① 1,250
② 2,500
③ 12,500
④ 25,000

 무한장 솔레노이드 자계의 세기
$$H = nI = \frac{NI}{l} = \frac{50 \times 500 \times 10^{-3}}{0.01}$$
$$= 2,500 \, [\text{AT/m}]$$

정답 ②

26 무단(無斷) 솔레노이드의 자계를 나타내는 식은? (단, N은 코일 권선 수, r은 평균 반지름, I는 코일에 흐르는 전류이다)

① $\frac{NI}{2\pi}$ [AT/m]
② NI [AT/m]
③ $\frac{NI}{2\pi r}$ [AT/m]
④ $\frac{N}{r}$ [AT/m]

 무단(=환상) 솔레노이드 자계의 세기
$$H = \frac{NI}{\ell} = \frac{NI}{2\pi r} \, [\text{AT/m}]$$

정답 ③

27 공심 환상철심에서 코일의 권회 수 500회, 단면적 6[cm²], 평균 반지름 15[cm], 코일에 흐르는 전류를 4[A]라 하면 철심 중심에서의 자계의 세기는 약 몇 [AT/m]인가?

① 1520
② 1720
③ 1920
④ 2120

 환상 솔레노이드의 자계의 세기
$$H = \frac{NI}{2\pi r} = \frac{500 \times 4}{2\pi \times 0.15} = 2120 \, [\text{AT/m}]$$

정답 ④

28 그림과 같은 안 반지름 7[cm], 바깥반지름 9[cm]인 환상철심에 감긴 코일의 기자력이 500[AT]일 때, 이 환상철심 내단면의 중심부의 자계의 세기는 몇 [AT/m]인가?

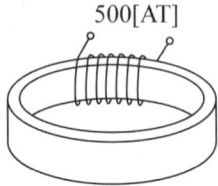

① $\frac{2778}{\pi}$
② $\frac{3125}{\pi}$
③ $\frac{3571}{\pi}$
④ $\frac{6349}{\pi}$

 ㉠ 환상철심의 평균반지름 (철심 중심부 거리)
: $r = 8[\text{cm}] = 0.08[\text{m}]$
㉡ 기자력: $F = IN = 500[\text{AT}]$
∴ 환상 솔레노이드의 자계의 세기
: $H = \frac{NI}{2\pi r} = \frac{500}{2\pi \times 0.08} = \frac{3125}{\pi} \, [\text{AT/m}]$

정답 ②

29 철심을 넣은 환상 솔레노이드의 평균 반지름은 20[cm]이다. 코일에 10[A]의 전류가 흘려 내부 자계의 세기를 2000[AT/m]로 하기 위한 코일의 권수는 약 몇 회인가?

① 200
② 250
③ 300
④ 350

 환상 솔레노이드의 자계의 세기 $H = \frac{NI}{2\pi r}$
$$\therefore N = \frac{2\pi r H}{I} = \frac{2\pi \times 0.2 \times 2000}{10} = 251.3 \, [\text{T}]$$

정답 ②

2. 비오-사바르의 법칙

30 비오-사바르의 법칙으로 구할 수 있는 것은?

① 자계의 세기 ② 전계의 세기
③ 전하사이의 힘 ④ 자계 사이의 힘

정답분석 비오-사바르의 법칙
임의 형상의 도선에 흐르는 전류에 의한 자기장을 계산하는 법칙

정답 ①

31 그림과 같이 I[A]의 전류가 흐르고 있는 도체의 미소 부분 $\triangle l$ 의 전류에 의해 이 부분이 r[m] 떨어진 지점 P의 자기장 $\triangle H$[A/m]는?

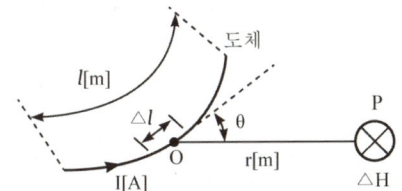

① $\dfrac{I^2 \triangle l^2 \sin\theta}{4\pi r}$ ② $\dfrac{I \triangle l^2 \sin\theta}{4\pi r}$

③ $\dfrac{I^2 \triangle l \sin\theta}{4\pi r}$ ④ $\dfrac{I \triangle l \sin\theta}{4\pi r^2}$

정답분석 비오-사바르의 실험식(자계의 세기)
$dH = \dfrac{I \triangle \ell \sin\theta}{4\pi r^2}$ [AT/m]

정답 ④

32 진공 중의 M.K.S 유리화 단위계에서 정전하 간의 정전력 $F = \dfrac{Q_1 Q_2}{\alpha_0 R^2}$ [N], 자하 간의 자기력 $F = \dfrac{m_1 m_2}{\beta_0 R^2}$ [N] 및 전류와 자계 간의 전자력 $F = \dfrac{m I l \sin\theta}{\gamma_0 R^2}$ [N] 이다. 상수 $\alpha_0, \beta_0, \gamma_0$ 상호 간의 관계식 $\dfrac{\gamma_0^2}{\alpha_0 \beta_0}$ 의 값은?

① 3×10^8 ② 3×10^{10}
③ 9×10^{16} ④ 9×10^{20}

정답분석
㉠ 정전하 간의 정전력 $F = \dfrac{Q_1 Q_2}{4\pi \epsilon_0 R^2}$[N]
  에서 $\alpha_0 = 4\pi \epsilon_0$
㉡ 정자하 간의 자기력 $F = \dfrac{m_1 m_2}{4\pi \mu_0 R^2}$[N]
  에서 $\beta_0 = 4\pi \mu_0$
㉢ 전류와 자계 간의 전자력
  $F = mH = \dfrac{m I l \sin\theta}{4\pi R^2}$ [N] 에서 $\gamma_0 = 4\pi$

$\therefore \dfrac{\gamma_0^2}{\alpha_0 \beta_0} = \dfrac{(4\pi)^2}{4\pi \epsilon_0 \times 4\pi \mu_0}$
$= \dfrac{1}{\epsilon_0 \mu_0} = \dfrac{1}{\dfrac{4\pi \times 10^{-7}}{36\pi \times 10^9}} = 9 \times 10^{16}$

정답 ③

33 그림과 같이 $\ell_1 \sim \ell_2$[m] 까지 전류 i[A] 가 흐르고 있는 직선 도체에서 수직거리 a[m] 떨어진 점 P의 자계 [AT/m] 를 구하면?

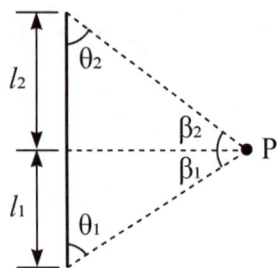

① $\dfrac{i}{4\pi a}(\sin\theta_1 + \sin\theta_2)$

② $\dfrac{i}{4\pi a}(\cos\theta_1 + \cos\theta_2)$

③ $\dfrac{i}{2\pi a}(\sin\theta_1 + \sin\theta_2)$

④ $\dfrac{i}{2\pi a}(\cos\theta_1 + \cos\theta_2)$

정답 분석

유한장 직선전류에 의한 자계의 세기

$H = \dfrac{i}{4\pi a}(\sin\beta_1 + \sin\beta_2)$

$= \dfrac{i}{4\pi a}(\cos\theta_1 + \cos\theta_2)$ [A/m]

정답 ②

---

34 그림과 같이 길이 ℓ 인 직선도선에 직류전류 I[A] 가 흐를 때 점 P에서의 자계 H는?

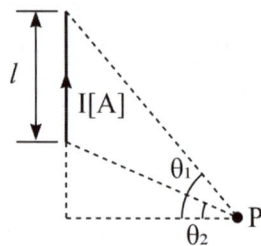

① $H = -\dfrac{I}{4\pi r}(\sin\theta_1 - \sin\theta_2)^2 a_x$

② $H = -\dfrac{I}{4\pi r}(\sin\theta_2 - \sin\theta_1) a_x$

③ $H = \dfrac{I}{4\pi r}(\sin\theta_2 - \sin\theta_1) a_x$

④ $H = \dfrac{I^2}{4\pi r}(\sin\theta_1 - \sin\theta_2) a_x$

정답 분석

유한장 직선전류에 의한 자계의 세기

$H = \int_{\theta_2}^{\theta_1} dH = \int_{\theta_2}^{\theta_1} \dfrac{I}{4\pi r}\cos\theta\, d\theta$

$= \dfrac{I}{4\pi r}[\sin\theta]_{\theta_2}^{\theta_1} = \dfrac{I}{4\pi r}(\sin\theta_1 - \sin\theta_2)$

$= -\dfrac{I}{4\pi r}(\sin\theta_2 - \sin\theta_1)$

정답 ②

35 그림과 같은 길이 $\sqrt{3}$ [m]인 유한장 직선도선에 π[A]의 전류가 흐를 때 도선의 일단 B에서 수직하게 1[m]되는 P점의 자계의 세기는 몇 [AT/m]인가?

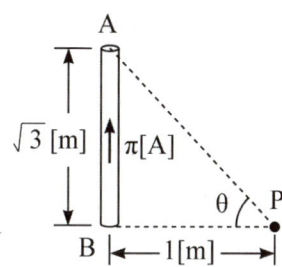

① $\dfrac{\sqrt{3}}{8}$ ② $\dfrac{\sqrt{3}}{4}$

③ $\dfrac{\sqrt{3}}{2}$ ④ $\sqrt{3}$

정답분석

㉠ 유한장 직선전류에 의한 자계의 세기는
$H = \dfrac{I}{4\pi r}(\sin\theta_1 + \sin\theta_2)$ 에서 $\theta_2 = 0$
이므로 $H = \dfrac{I}{4\pi r} \times \sin\theta$ 가 된다.

㉡ 선분 $\overline{AP} = \sqrt{(\sqrt{3})^2 + 1^2} = 2$ [m]

㉢ $\sin\theta = \dfrac{\overline{AB}}{\overline{AP}} = \dfrac{\sqrt{3}}{2}$

∴ $H = \dfrac{I}{4\pi r} \times \sin\theta$
$= \dfrac{\pi}{4\pi r} \times \dfrac{\sqrt{3}}{2} = \dfrac{\sqrt{3}}{8}$ [AT/m]

정답 ①

36 한변의 길이가 ℓ[m]인 정사각형 도체에 전류 I[A]가 흐르고 있을 때 중심점 P의 자계의 세기는 몇 [A/m]인가?

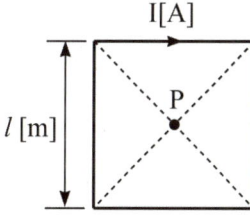

① $16\pi\ell I$ ② $4\pi\ell I$

③ $\dfrac{\sqrt{3}\pi}{2\ell}I$ ④ $\dfrac{2\sqrt{2}}{\pi\ell}I$

정답분석

한 변의 길이가 l[m]인 도체(코일)에 전류를 흘렸을 때 도체 중심에서 작용하는 자계의 세기

㉠ 정 사각형 도체: $H = \dfrac{2\sqrt{2}\,I}{\pi l}$ [A/m]

㉡ 정 삼각형 도체: $H = \dfrac{9I}{2\pi l}$ [A/m]

㉢ 정 육각형 도체: $H = \dfrac{\sqrt{3}\,I}{\pi l}$ [A/m]

㉣ 정 n 각형 도체: $H = \dfrac{nI}{2\pi R}\tan\dfrac{\pi}{n}$ [A/m]

정답 ④

37 8[m] 길이의 도선으로 만들어진 정방향 코일에 π[A]가 흐를 때 정방향의 중심점에서의 자계의 세기는 몇 [A/m]인가?

① $\dfrac{\sqrt{2}}{2}$ ② $\sqrt{2}$

③ $2\sqrt{2}$ ④ $4\sqrt{2}$

정답분석

길이 8[m]의 도선으로 정사각형 도체를 만들었으므로 도체 한 변의 길이 $l = 2$ [m] 가 된다.
∴ 정사각형 도체 중심의 자계의 세기
$H = \dfrac{2\sqrt{2}\,I}{\pi l}$
$= \dfrac{2\sqrt{2} \times \pi}{\pi \times 2} = \sqrt{2}$ [A/m]

정답 ②

38 한 변의 길이가 10[m]되는 정방형 회로에 100[A]의 전류가 흐를 때 회로 중심부의 자계의 세기는 몇 [A/m]인가?

① 5 ② 9
③ 16 ④ 21

 정사각형 도체 중심의 자계의 세기

$$H = \frac{2\sqrt{2}\,I}{\pi \ell} = \frac{2\sqrt{2} \times 100}{\pi \times 10} = 9\,[\text{A/m}]$$

정답 ②

39 한 변이 L[m]되는 정방형의 도선 회로에 전류 I[A]가 흐르고 있을 때 회로 중심에서의 자속밀도는 몇 [Wb/m²]인가?

① $\frac{2\sqrt{2}}{\pi}\frac{I}{L}$ ② $\frac{2\sqrt{2}}{\pi}\mu_0\frac{I}{L}$
③ $\frac{2\sqrt{2}}{\pi}\frac{L}{I}$ ④ $\frac{2\sqrt{2}}{\pi}\mu_0\frac{L}{I}$

 ㉠ 정사각형 도체 중심에서 자계의 세기

$$: H = \frac{2\sqrt{2}\,I}{\pi L}\,[\text{AT/m}]$$

㉡ 자속밀도

$$: B = \mu_0 H = \mu_0 \frac{2\sqrt{2}\,I}{\pi L}\,[\text{Wb/m}^2]$$

정답 ②

40 그림과 같이 한 변의 길이가 l[m]인 정삼각형 회로에 I[A]가 흐르고 있을 때 삼각형 중심에서의 자계의 세기는?

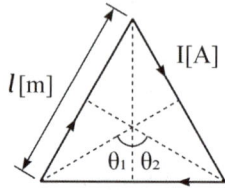

① $\frac{9I}{2\pi l}$ ② $\frac{9I}{\pi l}$
③ $\frac{\sqrt{2}\,I}{2\pi l}$ ④ $\frac{2\sqrt{2}\,I}{\pi l}$

 한 변의 길이가 l[m]인 도체(코일)에 전류를 흘렸을 때 도체 중심에서 작용하는 자계의 세기

㉠ 정 사각형 도체: $H = \frac{2\sqrt{2}\,I}{\pi l}\,[\text{A/m}]$

㉡ 정 삼각형 도체: $H = \frac{9\,I}{2\pi l}\,[\text{A/m}]$

㉢ 정 육각형 도체: $H = \frac{\sqrt{3}\,I}{\pi l}\,[\text{A/m}]$

㉣ 정 n 각형 도체: $H = \frac{n\,I}{2\pi R}\tan\frac{\pi}{n}\,[\text{A/m}]$

정답 ①

41 그림과 같이 한변의 길이가 l[m]인 정6각형 회로에 전류 I[A]가 흐르고 있을 때 중심 자계의 세기는 몇 [A/m]인가?

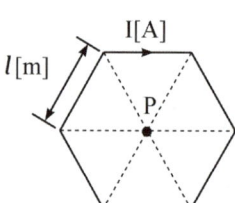

① $\frac{1}{2\sqrt{3}\,\pi l} \times I$ ② $\frac{2\sqrt{2}}{\pi l} \times I$
③ $\frac{\sqrt{3}}{\pi l} \times I$ ④ $\frac{\sqrt{3}}{2\pi l} \times I$

 정육각형 도체 중심에서 자계의 세기

$$H = \frac{\sqrt{3}\,I}{\pi l}\,[\text{A/m}]$$

정답 ③

42 반경 $R[m]$ 인 원에 내접하는 정 6각형의 회로에 전류 $I[A]$ 가 흐를 때 원 중심점에서의 자속밀도는 몇 $[Wb/m^2]$ 인가?

① $\dfrac{\mu_0 I}{\pi R}\cos\dfrac{\pi}{6}$ ② $\dfrac{3\mu_0 I}{\pi R}\tan\dfrac{\pi}{6}$

③ $\dfrac{I}{2\pi\mu_0 R}\tan\dfrac{\pi}{6}$ ④ $2\mu_0 R\tan\dfrac{\pi}{6}$

정답분석

㉠ 정 n 각형 중심에서의 자계의 세기
: $H = \dfrac{nI}{2\pi R}\tan\dfrac{\pi}{n}$

㉡ 자속밀도
: $B = \mu_0 H = \dfrac{\mu_0 nI}{2\pi R}\tan\dfrac{\pi}{n}$
$= \dfrac{\mu_0 6I}{2\pi R}\tan\dfrac{\pi}{6} = \dfrac{3\mu_0 I}{\pi R}\tan\dfrac{\pi}{6}$

정답 ②

44 반지름 $1[cm]$ 인 원형코일에 전류 $10[A]$ 가 흐를 때, 코일의 중심에서 코일면에 수직으로 $\sqrt{3}[cm]$ 떨어진 점의 자계의 세기는 몇 $[A/m]$ 인가?

① $\dfrac{1}{16}\times 10^3$ ② $\dfrac{3}{16}\times 10^3$

③ $\dfrac{5}{16}\times 10^3$ ④ $\dfrac{7}{16}\times 10^3$

정답분석

원형 선전류에 의한 자계의 세기
$H = \dfrac{a^2 I}{2R^3} = \dfrac{a^2 I}{2(a^2+b^2)^{3/2}}$
$= \dfrac{(10^{-2})^2 \times 10}{2[(10^{-2})^2 + (\sqrt{3}\times 10^{-2})^2]^{3/2}}$
$= \dfrac{1}{16}\times 10^3 [A/m]$

정답 ①

43 $z=0$ 인 평면상에 중심이 원점에 있고 반경이 $a[m]$인 원형 도체에 그림과 같이 전류 $I[A]$ 가 흐를 때 $z=b$ 인 점에서 자계의 세기 $H[AT/m]$는? (단, a_z 는 단위 벡터이다)

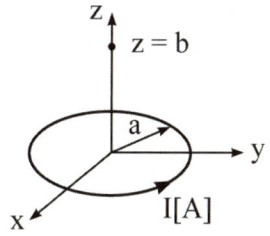

① $\dfrac{a^2 I}{2(a^2+b^2)^3}a_z$ ② $\dfrac{aI}{2(a^2+b^2)^{\frac{3}{2}}}a_z$

③ $\dfrac{a^2 I}{2(a^2+b^2)^{\frac{3}{2}}}a_z$ ④ $\dfrac{a^2 I}{2(a^2+b^2)^2}a_z$

정답분석

원형 선전류에 의한 자계의 세기
$H = \dfrac{a^2 I}{2R^3} = \dfrac{a^2 I}{2(a^2+b^2)^{3/2}} [A/m]$

정답 ③

45 반경이 $a[m]$이고, $\pm z$ 에 원형선로 루우프들이 놓여있다. 그림과 같은 방향으로 전류 $I[A]$가 흐를 때 원점의 자계세기 $H[A/m]$를 구하면? (단, $\vec{a_z}$, $\vec{a_\phi}$ 는 단위벡터이다)

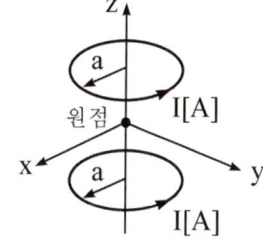

① $\dfrac{Ia^2 \vec{a_z}}{2(a^2+Z^2)^{3/2}}$ ② $\dfrac{Ia^2 \vec{a_\phi}}{2(a^2+Z^2)^{3/2}}$

③ $\dfrac{Ia^2 \vec{a_z}}{(a^2+Z^2)^{3/2}}$ ④ $\dfrac{Ia^2 \vec{a_\phi}}{(a^2+Z^2)^{3/2}}$

정답분석

㉠ 원형 선전류에 의한 자계
: $H = \dfrac{a^2 I}{2R^3} = \dfrac{a^2 I}{2(a^2+Z^2)^{3/2}} [A/m]$

㉡ 원점에서 두 원형 선전류에 의한 자계는 모두 z 축으로 향한다. 따라서 ㉠의 2배를 취해서 구할 수 있다.
$\therefore H = \dfrac{a^2 I}{(a^2+z^2)^{3/2}}\vec{a_z} [A/m]$

정답 ③

46 반각 반지름이 $a\,[\mathrm{m}]$ 인 두 개의 원형코일이 그림과 같이 서로 $2a\,[\mathrm{m}]$ 떨어져 있고 전류 $I[\mathrm{A}]$ 가 표시된 방향으로 흐를 때 중심선상의 P 점의 자계의 세기는 몇 $[\mathrm{A/m}]$ 인가?

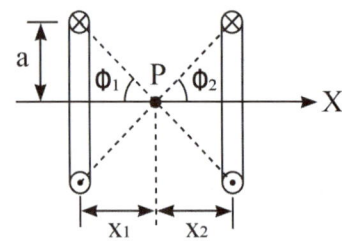

① $\dfrac{I}{2a}(\sin^3\phi_1 + \sin^3\phi_2)$

② $\dfrac{I}{2a}(\sin^2\phi_1 + \sin^2\phi_2)$

③ $\dfrac{I}{2a}(\cos^3\phi_1 + \cos^3\phi_2)$

④ $\dfrac{I}{2a}(\cos^2\phi_1 + \cos^2\phi_2)$

정답분석

㉠ 원형 선전류에 의한 자계의 세기

$: H = \dfrac{a^2 I}{2R^3} = \dfrac{a^3 I}{2aR^3} = \dfrac{I}{2a}\sin^3\theta\,[\mathrm{A/m}]$

㉡ 원점에서 두 원형 선전류에 의한 자계는 모두 x 축으로 향하므로 H_1 과 H_2 의 합으로 구할 수 있다.

$: H = H_1 + H_2$

$= \dfrac{a^2 I}{2(a^2 + x_1^2)^{3/2}} + \dfrac{a^2 I}{2(a^2 + x_1^2)^{3/2}}$

$= \dfrac{I}{2a}(\sin^3\phi_1 + \sin^3\phi_2)\,[\mathrm{A/m}]$

정답 ①

47 반지름 $a\,[\mathrm{m}]$ 인 원형회로에 전류 $I[\mathrm{A}]$ 가 흐르고 있을 때 원의 중심 O 에서의 자계의 세기는 몇 $[\mathrm{A/m}]$ 인가?

① 0 ② $\dfrac{I}{2a}$

③ $\dfrac{I}{2\pi a}$ ④ $\dfrac{I}{2\pi\mu_0 a}$

정답분석

원형코일 중심의 자계: $H = \dfrac{I}{2a}\,[\mathrm{AT/m}]$

정답 ②

48 반지름이 2[m], 권수가 100회인 원형코일의 중심에 30[AT/m]의 자계를 발생시키려면 몇 [A]의 전류를 흘려야 하는가?

① 1.2[A]   ② 1.5[A]
③ 120[A]   ④ 150[A]

정답분석

원형코일 중심의 자계 $H = \dfrac{NI}{2a}\,[\mathrm{AT/m}]$ 에서

$\therefore$ 전류 $I = \dfrac{2aH}{N} = \dfrac{2\times 2\times 30}{100} = 1.2\,[\mathrm{A}]$

정답 ①

49 전류의 세기가 $I[\mathrm{A}]$, 반지름 $r\,[\mathrm{m}]$인 원형 선전류 중심에 $m\,[\mathrm{Wb}]$인 가상 점자극을 둘 때 원형 선전류가 받는 힘은 몇 [N]인가?

① $\dfrac{mI}{2\pi r}$ ② $\dfrac{mI}{2r}$

③ $\dfrac{mI^2}{2\pi r}$ ④ $\dfrac{mI}{2\pi r^2}$

정답분석

㉠ 원형 선전류에 의해 코일 중심에는

$H = \dfrac{I}{2r}\,[\mathrm{A/m}]$ 의 자계가 발생한다.

㉡ 코일 중심에 점자극 m 을 두면 자기력 $F = mH$ 가 발생하고, 동시에 원형코일에도 동일 크기의 전자력이 발생된다.

㉢ 원형코일과 점자극은 서로 반대 방향으로 힘(자기력)이 발생된다.

$\therefore$ 원형 선전류가 받는 힘

$F = mH = m\dfrac{I}{2r} = \dfrac{mI}{2r}\,[\mathrm{N}]$

정답 ②

50 그림과 같이 반지름 r[m]인 원의 임의의 2점 a, b(각 θ) 사이에 전류 I[A]가 흐른다. 원의 중심 0의 자계의 세기는 몇 [A/m]인가?

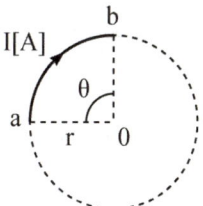

① $\dfrac{I\theta}{4\pi r^2}$ ② $\dfrac{I\theta}{4\pi r}$

③ $\dfrac{I\theta}{2\pi r^2}$ ④ $\dfrac{I\theta}{2\pi r}$

정답분석

원형코일 중심의 자계 $\dfrac{I}{2r}$ [A/m]에서

θ 만큼 이동한 비율 값이 $\dfrac{\theta}{2\pi}$ 이므로

$\therefore H = \dfrac{I}{2r} \times \dfrac{\theta}{2\pi} = \dfrac{I\theta}{4\pi r}$ [A/m]

정답 ②

51 그림과 같은 원형코일이 두 개가 있다. A의 권선수는 1회, 반지름 1[m], B의 권선수는 2회, 반지름은 2[m]이다. A와 B의 코일중심을 겹쳐 두면 중심에서의 자계가 A만 있을 때의 2배가 된다. A와 B의 전류비 I_B/I_A는?

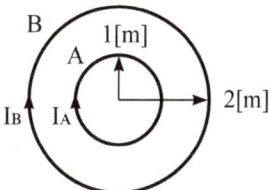

① 1 ② 2
③ 3 ④ 4

정답분석

원형 코일 중심에서

자계의 세기 $H = \dfrac{NI}{2r}$ [AT/m]에서(여기서, r은 원형 코일의 반경)

㉠ A코일 자계의 세기: $H_A = \dfrac{N_1 I_A}{2a} = \dfrac{I_A}{2 \times 1} = \dfrac{I_A}{2}$

㉡ B코일 자계의 세기: $H_B = \dfrac{N_2 I_B}{2b} = \dfrac{2I_B}{2 \times 2} = \dfrac{I_B}{2}$

㉢ 두 코일을 포개고 각 코일에 전류를 같은 방향으로 흘려 코일의 중심에서 자계의 세기가 A코일만 있을 때의 2배라고 하였으므로

㉣ $\dfrac{H_A + H_B}{H_A} = \dfrac{\dfrac{I_A}{2} + \dfrac{I_B}{2}}{\dfrac{I_A}{2}} = 2$

$\therefore$ 이것을 정리하면 $I_A + I_B = 2I_A$에서 $I_A = I_B$ 이므로, $\dfrac{I_B}{I_A} = 1$이 된다.

정답 ①

52 길이 ℓ[m] 의 도체로 원형코일을 만들어 일정 전류를 흘릴 때 M회 감았을 때의 중심 자계는 N회 감았을 때의 중심 자계의 몇 배인가?

① $\dfrac{M}{N}$　　② $\dfrac{M^2}{N^2}$

③ $\dfrac{N}{M}$　　④ $\dfrac{N^2}{M^2}$

정답분석

㉠ 도체의 길이 $\ell = 2\pi a_M M = 2\pi a_N N$
이므로 $a_M = \dfrac{\ell}{2\pi M}$, $a_N = \dfrac{\ell}{2\pi N}$ 가 된다.
(여기서, a_M, a_N: 도체를 M번 또는 N번 감았을 때의 원의 반지름)

㉡ 원형코일 중심의 자계 $H = \dfrac{NI}{2a}$ [AT/m]

에서 $\dfrac{H_M}{H_N}$ 를 구해보면

$\therefore \dfrac{H_M}{H_N} = \dfrac{\dfrac{MI}{2a_m}}{\dfrac{NI}{2a_n}} = \dfrac{\dfrac{MI}{2 \times \dfrac{\ell}{2\pi M}}}{\dfrac{NI}{2 \times \dfrac{\ell}{2\pi N}}} = \left(\dfrac{M}{N}\right)^2$

정답 ②

3. 자계 중의 전류의 작용력

53 같은 평등 자계 중의 자계와 수직방향으로 전류 도선을 놓으면 N, S극이 만드는 자계와 전류에 의한 자계와의 상호작용에 의하여 자계의 합성이 이루어지고 전류 도선은 힘을 받는다. 이러한 힘을 무엇이라 하는가?

① 전자력　　② 기전력
③ 기자력　　④ 전기력

정답분석

㉠ 전자력: 자계 내의 도체에 전류를 흘릴 때 도체에서 받아지는 힘
㉡ 기전력: 전류를 발생시키는 원천으로 배터리와 같은 전원에 의해 생성되는 전위차를 의미한다.
㉢ 기자력: 자속을 발생시키는 원천으로 자기적 현상을 일으키는 힘을 의미한다.
㉣ 전기력: 전기를 띤 물질(전하) 사이에 작용하는 힘을 의미한다.

정답 ①

54 전류 및 자계와 직접 관련이 없는 것은?

① 앙페에르의 오른손법칙
② 플레밍의 왼손법칙
③ 비오사바르의 법칙
④ 렌쯔의 법칙

정답분석

렌쯔의 법칙: 전자유도현상에 따른 유도기전력의 방향

정답 ④

55 전류가 흐르는 도선을 자계 안에 놓으면, 이 도선에 힘이 작용한다. 평등자계의 진공 중에 놓여 있는 직선전류 도선이 받는 힘에 대하여 옳은 것은?

① 전류의 세기에 반비례한다.
② 도선의 길이에 비례한다.
③ 자계의 세기에 반비례한다.
④ 전류와 자계의 방향이 이루는 각의 탄젠트 각에 비례한다.

정답분석 플레밍의 왼손 법칙
㉠ 자계 내의 도체에 전류를 흘리면 도체에는 전자력이 발생된다.
㉡ 전자력: $F = IBl\sin\theta$ [N]
∴ 전자력은 도선의 길이에 비례한다.

정답 ②

57 플레밍의 왼손법칙(Fleming's left hand rule)을 나타내는 $F-B-I$ 에서 F는 무엇인가?

① 전동기 회전자의 도체의 운동방향을 나타낸다.
② 발전기 정류자의 도체의 운동방향을 나타낸다.
③ 전동기 자극의 운동방향을 나타낸다.
④ 발전기 전기자의 도체 운동방향을 나타낸다.

정답분석 플레밍의 왼손 법칙
㉠ 엄지(F): 도체의 운동(힘) 방향
㉡ 검지(B): 자극에 의한 자계의 방향
㉢ 중지(I): 도체에 흐르는 전류의 방향

정답 ①

56 그림과 같은 자극 사이에 있는 도체에 전류(I)가 흐를 때 힘은 어느 방향으로 작용하는가?

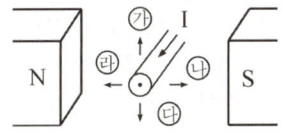

① 가 ② 나
③ 다 ④ 라

정답분석 플레밍의 왼손 법칙 (전동기의 원리)
㉠ 엄지 손가락: 전자력의 방향 (F)
㉡ 검지 손가락: 자장의 방향 (B)
㉢ 중지 손가락: 전류의 방향 (I)

정답 ①

58 자속밀도가 0.3[Wb/m²]인 평등자계 내에 5[A]의 전류가 흐르고 있는 길이 2[m]인 직선도체를 자계의 방향에 대하여 60°의 각도로 놓았을 때 이 도체가 받는 힘은 약 몇 [N]인가?

① 1.3 ② 2.6
③ 4.7 ④ 5.2

정답분석 플레밍의 왼손 법칙
㉠ 자계 내의 도체에 전류를 흘리면 도체에는 전자력이 발생된다.
㉡ 전자력: $F = IBl\sin\theta$
$= 0.3 \times 2 \times 5 \times \sin 60°$
$= 2.6$ [N]

정답 ②

59
균일한 자장 내에 놓여 있는 직선도선에 전류 및 길이를 각각 2배로 하면 이 도선에 작용하는 힘은 몇 배가 되는가?

① 1　　　② 2
③ 4　　　④ 8

정답분석 플레밍의 왼손 법칙
㉠ 자계 내의 도체에 전류를 흘리면 도체에는 전자력이 발생된다.
㉡ 전자력: $F = IBl\sin\theta \,[\text{N}]$
∴ 전류와 길이를 각각 2배로 하면 이 도선에 작용하는 힘은 4배로 커진다.

정답 ③

60
공기 중에서 12[Wb/m²]인 평등 자계 내에 길이 80[cm]인 도선을 자계에 대하여 30°의 각을 이루는 위치에 두었을 때 24[N]의 힘을 받았다면 도선에 흐르는 전류는 몇 [A]인가?

① 2　　　② 3
③ 4　　　④ 5

정답분석 플레밍의 왼손 법칙
㉠ 자계 내의 도체에 전류를 흘리면 도체에는 전자력이 발생된다.
㉡ 전자력: $F = IBl\sin\theta \,[\text{N}]$
∴ $I = \dfrac{F}{Bl\sin\theta} = \dfrac{24}{12 \times 0.8 \times \sin 30} = 5[\text{A}]$

정답 ④

61
자계 안에 놓여있는 전류회로에 작용하는 힘 F 에 대한 식으로 옳은 것은?

① $F = \oint_c I dl \times B$　　② $F = \oint_c I \cdot B \times dl$
③ $F = \oint_c IB \cdot dl$　　④ $F = \oint_c I^2 H \cdot dl$

정답분석 플레밍의 왼손 법칙
㉠ 자계 내의 도체에 전류를 흘리면 도체에는 전자력이 발생된다.
㉡ 전자력: $F = IBl\sin\theta \,[\text{N}]$
∴ $F = IBl\sin\theta = (\vec{I} \times \vec{B})l = \oint_c I_c dl \times B$

정답 ①

62
그림과 같이 전류가 흐르는 반원형 도선이 평면 $Z=0$ 상에 놓여 있다. 이 도선이 자속밀도 $B = 0.8a_x - 0.7a_y + a_z$ [Wb/m²]인 균일 자계 내에 놓여 있을 때 도선의 직선부분에 작용하는 힘은 몇 [N]인가?

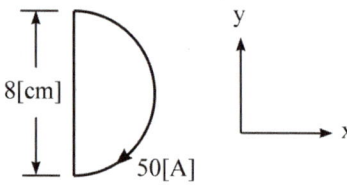

① $4a_x + 3.2a_z$　　② $4a_x - 3.2a_z$
③ $5a_x - 3.5a_z$　　④ $-5a_x + 3.5a_z$

정답분석 플레밍의 왼손법칙
㉠ 자기장 속에 있는 도선에 전류가 흐르면 도선에는 전자력이 발생된다.
㉡ 전자력: $F = IBl\sin\theta = (\vec{I} \times \vec{B})l$
㉢ 도선의 직선 부분에서의 전류는 y 축 방향으로 흐르므로 전류 $I = 50\,a_y$ 가 된다.
∴ $F = (\vec{I} \times \vec{B})l$
$= [50a_y \times (0.8a_x - 0.7a_y + a_z)]\,0.08$
$= (-40\,a_z + 50\,a_x)\,0.08$
$= 4\,a_x - 3.2\,a_z\,[\text{N}]$

정답 ②

63
자계 내에서 도선에 전류를 흘러 보낼 때, 도선을 자계에 대해 60°의 각으로 놓았을 때 작용하는 힘은 30°각으로 놓았을 때 작용하는 힘의 몇 배인가?

① 1.2　　② 1.7
③ 2.4　　④ 3.6

정답분석 플레밍의 왼손법칙
$\dfrac{F_{60}}{F_{30}} = \dfrac{IB\ell\sin 60}{IB\ell\sin 30} = \dfrac{\sin 60}{\sin 30}$
$= \dfrac{\sqrt{3}/2}{1/2} = 1.732$

정답 ②

64 그림과 같이 길이 $\ell_1[\text{m}]$ 폭 $\ell_2[\text{m}]$ 인 직사각형 코일이 자속밀도 $B[\text{Wb/m}^2]$ 인 평등자계 내에 코일면의 법선이 자계의 방향과 θ 각으로 놓여있다. 코일 내 흐르는 전류가 $I[\text{A}]$ 이면 코일에 작용하는 회전력은 몇 $[\text{N}\cdot\text{m}]$ 인가? (단, 코일의 권수는 n이다)

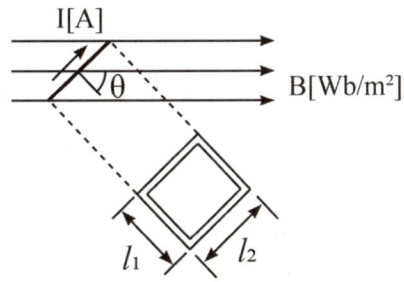

① $nBI\ell_1\ell_2 \sin\theta\ [\text{N}\cdot\text{m}]$
② $nBI\ell_1\ell_2 \cos\theta\ [\text{N}\cdot\text{m}]$
③ $nBI\ell_1\ell_2 \sin\theta\ [\text{N}\cdot\text{m}]$
④ $nBI\ell_1\ell_2 \cos\theta\ [\text{N/m}]$

정답분석
사각형 코일에 작용하는 회전력
$T = nBIS\sin\theta$
$\quad = nBI\ell_1\ell_2 \sin\theta\ [\text{N}\cdot\text{m}]$

정답 ①

4. 평행도체 전류 사이에 작용력

65 서로 같은 방향으로 전류가 흐르고 있는 나란한 두 도선 사이에는 어떤 힘이 작용하는가?
① 서로 미는 힘
② 서로 당기는 힘
③ 하나는 밀고, 하나는 당기는 힘
④ 회전하는 힘

정답분석
평행도선 사이에 작용하는 힘(전자력)
㉠ 전류가 동일 방향으로 흐를 경우: 흡인력
㉡ 전류가 반대 방향으로 흐를 경우: 반발력
㉢ 전자력: $f = \dfrac{2I_1I_2}{d} \times 10^{-7}\,[\text{N/m}]$

정답 ②

66 그림과 같이 정사각형의 가요성 전선에 대전류를 흘리면 그 형상은 대체적으로 어떻게 되겠는가?

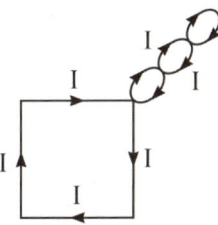

① 삼각형의 모양이 된다.
② 직사각형의 모양이 된다.
③ 원형의 모양이 된다.
④ 타원형의 모양이 된다.

정답분석
스트레치 효과: 전류 방향이 서로 반대 방향이므로 각 도선들이 반발하여 원형의 모양이 된다.

정답 ③

67 그림과 같이 x, y, z 를 직각좌표라 하고 무한장 직선도선 l 이 z 축상에 있으며 이것에 z 의 + 방향으로 전류 i_1 이 흐르고 있다. 그리고 $y-z$ 면상에 직사각형 도선 A, B, C, D 가 있고, 이것에 AB, CD방향으로 전류 i_2 가 흐르고 있을 때 z 의 + 방향으로 힘이 발생하는 변은?

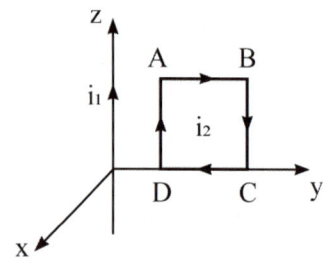

① AB
② BC
③ CD
④ DA

정답분석 순환되는 전류(i_2)에 대해 도선의 평형인 부분(AB 와 CD 또는 BC와 DA)은 전류가 반대로 흐르므로 반발력이 작용한다. 따라서 z 의 + 방향으로 힘이 발생하는 변은 AB 변이다.

정답 ①

68 그림과 같이 진공 중에 d[m] 떨어진 두 평행 도선에 I[A]의 전류가 흐를 때 도선의 단위 길이당 작용하는 힘 f[N/m]는?

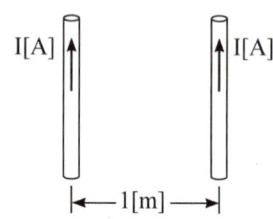

① $f = \dfrac{\mu_0 I}{2\pi d}$
② $f = \dfrac{\mu_0 I^2}{2\pi d^2}$
③ $f = \dfrac{\mu_0 I^2}{2\pi d}$
④ $f = \dfrac{\mu_0 I^2}{2d}$

정답분석
㉠ 평행도선 사이의 작용하는 힘
$$F = BIl = \mu_0 HIl = \mu_0 \times \dfrac{I}{2\pi d} \times Il$$
$$= \dfrac{\mu_0 I^2 l}{2\pi d} \text{[N]}$$
㉡ 단위 길이당 작용하는 힘
$$f = \dfrac{F}{l} = \dfrac{\mu_0 I^2}{2\pi d} \text{[N/m]}$$
여기서, $\mu_0 = 4\pi \times 10^{-7}$[H/m]

정답 ③

69 간격이 1.5[m]이고 평행한 무한히 긴 단상 송전선로가 가설되었다. 여기에 선간전압 6600[V], 3[A]를 송전하면 단위 길이 당 작용하는 힘은?

① 1.2×10^{-3}[N/m], 흡인력
② 5.89×10^{-5}[N/m], 흡인력
③ 1.2×10^{-6}[N/m], 반발력
④ 6.28×10^{-7}[N/m], 반발력

정답분석 평행도선 사이의 작용력
㉠ 단상 선로는 왕복전류이므로 서로 반발력이 작용하고, 전류의 크기는 같다($I_1 = I_2 = I$).
㉡ 전자력
$$f = \dfrac{2I^2}{d} \times 10^{-7} = \dfrac{2 \times 3^2 \times 10^{-7}}{1.5}$$
$$= 12 \times 10^{-7} = 1.2 \times 10^{-6} \text{[N/m]}$$

정답 ③

70
평행도선에 같은 크기의 왕복전류가 흐를 때 두 도선 사이에 작용하는 힘과 관계되는 것 중 옳은 것은?

① 간격의 제곱에 반비례
② 간격의 제곱에 반비례하고 투자율에 반비례
③ 전류의 제곱에 비례
④ 주위매질의 투자율에 반비례

 정답분석

평행도선 사이에 작용하는 힘 (전자력)
㉠ 전류가 동일 방향으로 흐를 경우: 흡인력
㉡ 전류가 반대 방향으로 흐를 경우: 반발력
㉢ 왕복전류의 경우 두 도선에 흐르는 전류의 크기가 같고($I_1 = I_2 = I$) 서로 반대로 흐르기 때문에 반발력이 작용한다.

∴ 전자력: $f = \dfrac{2I_1I_2}{d} \times 10^{-7}$
$= \dfrac{2I^2}{d} \times 10^{-7} [\text{N/m}] \propto I^2$

정답 ③

71
진공 중에 선간거리 1[m]의 평행왕복도선이 있다. 두 선간에 작용하는 힘이 4×10^{-7} [N/m]이었다면 전선에 흐르는 전류는?

① 1[A]   ② $\sqrt{2}$ [A]
③ $\sqrt{3}$ [A]   ④ 2[A]

 정답분석

평행도선 사이에 작용하는 힘
$F = \dfrac{2I_1I_2}{r} \times 10^{-7} = \dfrac{2I^2}{r} \times 10^{-7} [\text{N/m}]$ 에서

∴ $I = \sqrt{\dfrac{Fd}{2 \times 10^{-7}}} = \sqrt{\dfrac{4 \times 10^{-7} \times 1}{2 \times 10^{-7}}}$
$= \sqrt{2}$ [A]

정답 ②

72
진공 중에서 2[m] 떨어진 2개의 무한 평행 도선에 단위 길이 당 10^{-7}[N]의 반발력이 작용할 때 그 도선들에 흐르는 전류는?

① 각 도선에 2[A]가 반대 방향으로 흐른다.
② 각 도선에 2[A]가 같은 방향으로 흐른다.
③ 각 도선에 1[A]가 반대 방향으로 흐른다.
④ 각 도선에 1[A]가 같은 방향으로 흐른다.

 정답분석

평행도선 사이의 작용력
㉠ 단상 선로는 왕복전류이므로 서로 반발력이 작용하고, 전류의 크기는 같다($I_1 = I_2 = I$).
㉡ 전자력 $f = \dfrac{2I^2}{d} \times 10^{-7} [\text{N/m}]$ 에서

$I^2 = \dfrac{df}{2 \times 10^{-7}}$ 가 되므로

∴ $I = \sqrt{\dfrac{df}{2 \times 10^{-7}}} = \sqrt{\dfrac{2 \times 10^{-7}}{2 \times 10^{-7}}} = 1$ [A]

정답 ③

73 두 개의 길고 직선인 도체가 평행으로 그림과 같이 위치하고 있다. 각 도체에는 10[A]의 전류가 같은 방향으로 흐르고 있으며, 이격거리는 0.2[m]일 때 오른쪽 도체의 단위 길이 당 힘은? (단, a_x, a_z 는 단위 벡터이다)

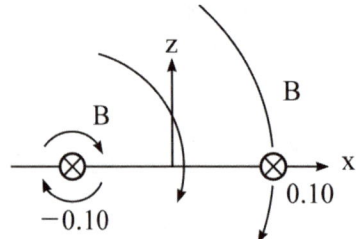

① $10^{-2}(-a_x)$ [N/m]
② $10^{-4}(-a_x)$ [N/m]
③ $10^{-2}(-a_z)$ [N/m]
④ $10^{-4}(-a_z)$ [N/m]

정답분석
평행도선 사이의 작용력
㉠ 전류가 동일방향으로 흐르면 두 평행도체 사이에는 흡인력이 발생하므로 오른쪽 도체에서 작용하는 힘의 방향은 $-a_x$ 이 된다.
㉡ 전자력
$$f = \frac{2I^2}{r} \times 10^{-7} = \frac{2 \times 10^2 \times 10^{-7}}{0.2}$$
$$= 10^{-4}[\text{N/m}]$$

정답 ②

5. 로렌츠의 힘

75 평등자계 내의 내부로 ㉠자계와 평행한 방향, ㉡자계와 수직인 방향으로 일정 속도의 전자를 입사시킬 때 전자의 운동 궤적을 바르게 나타낸 것은?

① ㉠: 원,   ㉡: 타원
② ㉠: 직선, ㉡: 타원
③ ㉠: 직선, ㉡: 원
④ ㉠: 원,   ㉡: 원

정답분석
평등자계 내의 전자 또는 전하의 운동
㉠ 운동 전하가 평등자계에 대하여 수직으로 입사 시: 등속 원운동
㉡ 운동 전하가 평등자계에 대하여 수평으로 입사 시: 등속 직선운동
㉢ 운동 전하가 평등자계에 대하여 비스듬이 입사 시: 등속 나선 운동

정답 ③

74 반지름 25[cm]의 원형코일을 1[mm]간격으로 동축상에 평행배치한 후 각각에 100[A]의 전류가 같은 방향으로 흐를 때 상호 간에 작용하는 인력은 몇 [N]인가?

① 0.0314   ② 0.314
③ 3.14   ④ 31.4

정답분석
평행도선 사이의 작용력 (전자력)
㉠ 원형 코일의 길이
$$l = 2\pi r = 2\pi \times 0.25 = 0.5\pi \,[\text{m}]$$
㉡ 전자력: $F = \frac{2I^2 l}{d} \times 10^{-7}$
$$= \frac{2 \times 100^2 \times 0.5\pi}{10^{-3}} \times 10^{-7}$$
$$= 3.14 [\text{N}]$$

정답 ③

76 평등자계 내에 수직으로 돌입한 전자의 궤적은?

① 원운동을 하는 반지름은 자계의 세기에 비례한다.
② 구면 위에서 회전하고 반지름은 자계의 세기에 비례한다.
③ 원운동을 하고 반지름은 전자의 처음 속도에 반비례한다.
④ 원운동을 하고 반지름은 자계의 세기에 반비례한다.

정답분석

운동 전하가 평등자계에 대하여 수직입사하면 등속 원운동하며, 원운동 조건은 원심력 또는 구심력 ($\frac{mv^2}{r}$)과 전자력(vBq)이 같아야 한다.

㉠ 원운동 조건: $\frac{mv^2}{r} = vBq$

여기서, m: 질량 [kg], q 전하[C]
B: 자속밀도 [Wb/m²]

㉡ 전자의 궤도(원운동을 하는 반지름)
: $r = \frac{mv}{Bq} = \frac{mv}{\mu_0 Hq}$ [m]

㉢ 전자의 이동 속도: $v = \frac{Bqr}{m}$ [m/s]

㉣ 각속도: $\omega = \frac{v}{r} = \frac{v}{\frac{mv}{Bq}} = \frac{Bq}{m}$ [rad/m]

㉤ 주기: $\omega = 2\pi f = \frac{2\pi}{T} = \frac{Bq}{m}$ 에서
주기 $T = \frac{2\pi m}{Bq}$ [sec]

㉥ 원 한 바퀴돌 때의 등가 전류
: $I = \frac{Q}{T} = \frac{\omega Q}{2\pi} = \frac{BqQ}{2\pi m}$ [A]

∴ 평등자계 내에 전자가 수직입사하면 원운동하고 반지름은 자계의 세기에 반비례한다.

정답 ④

77 평등자계와 직각방향으로 일정한 속도로 발사된 전자의 원운동에 관한 설명 중 옳은 것은?

① 플레밍의 오른손법칙에 의한 로렌츠의 힘과 원심력의 평형 원운동이다.
② 원의 반지름은 전자의 발사속도와 전계의 세기의 곱에 반비례한다.
③ 전자의 원운동 주기는 전자의 발사 속도와 관계되지 않는다.
④ 전자의 원운동 주파수는 전자의 질량에 비례한다.

정답분석

전자의 원운동 주기 $T = \frac{2\pi m}{Bq}$ [sec]이므로 전자의 이동 속도와는 관계되지 않는다.

정답 ③

78 평등자계 H[AT/m]에 수직으로 전자가 속도 v[m/s]로 이동할때 이 전자의 운동궤도 반경 r[m]은 얼마인가? (단, 전자의 전하량: e[C], 진공내의 전자 질량: m[m])

① $\frac{mH}{e\mu_0 V}$ ② $\frac{eV}{m\mu_0 H}$

③ $\frac{eH}{m\mu_0 V}$ ④ $\frac{mV}{e\mu_0 H}$

정답분석

운동 전하가 평등자계에 대하여 수직입사하면 등속 원운동을 한다.

㉠ 원운동 조건: $\frac{mv^2}{r} = vBq$

여기서, m: 질량 [kg], q 전하[C]
B: 자속밀도 [Wb/m²]

㉡ 전자의 궤도(원운동을 하는 반지름)
: $r = \frac{mv}{Bq} = \frac{mv}{\mu_0 Hq}$ [m]

정답 ④

79

전하 q[C]가 진공 중의 자계 H[AT/m]에 수직방향으로 v[m/s]의 속도로 움직일 때 받는 힘은 몇 [N]인가? (단, μ_0는 진공의 투자율이다)

① $\dfrac{qH}{\mu_0 v}$ ② qvH

③ $\dfrac{qvH}{\mu_0}$ ④ $\mu_0 qvH$

 정답분석

㉠ 자계 내 전류가 흐르면(전하 또는 전자가 이동) 플레밍 왼손법칙에 의해서 전자력이 발생된다.
㉡ 전자력 (단, $I \perp B$)

$$F = IBl\sin\theta = \dfrac{dq}{dt}Bl\sin 90°$$
$$= \dfrac{dl}{dt}Bq = vBq = v\mu_0 Hq \text{ [N]}$$

정답 ④

80

B[Wb/m²]의 자계 내에서 -1[C]의 점전하가 v[m/s]의 속도로 이동할 때 받는 힘 F는 몇 [N]인가?

① $B \cdot v$ ② $\dfrac{B \cdot v}{2}$

③ $B \times v$ ④ $2B \times v$

 정답분석

자계 내 운동전하가 받는 힘 (전자력)
$$F = vBq\sin\theta = (\vec{v} \times \vec{B})q$$
$$= -(\vec{v} \times \vec{B}) = \vec{B} \times \vec{v} \text{ [N]}$$

정답 ③

81

v[m/s]의 속도로 전자가 B[Wb/m²]의 평등자계에 직각으로 들어가면 원운동을 한다. 이 때 각속도 ω[rad/s] 및 주기(원운동 한 회전시간) T[sec]는? (단, 전자의 질량은 m, 전자의 전하는 e 이다)

① $\omega = \dfrac{m}{eB}$, $T = \dfrac{eB}{2\pi m}$

② $\omega = \dfrac{eB}{m}$, $T = \dfrac{2\pi m}{eB}$

③ $\omega = \dfrac{mV}{eB}$, $T = \dfrac{2\pi B}{mV}$

④ $\omega = \dfrac{em}{B}$, $T = \dfrac{2\pi m}{BV}$

 정답분석

운동 전하가 평등자계에 대하여 수직입사하면 등속 원운동을 한다.

㉠ 원운동 조건: $\dfrac{mv^2}{r} = vBq$

여기서, m: 질량 [kg], q 전하[C]
　　　B: 자속밀도 [Wb/m²]

㉡ 각속도: $\omega = \dfrac{v}{r} = \dfrac{v}{\frac{mv}{Bq}} = \dfrac{Bq}{m}$ [rad/m]

㉢ 각주파수: $\omega = 2\pi f = \dfrac{2\pi}{T} = \dfrac{Bq}{m}$

㉣ 주기: $T = \dfrac{2\pi m}{Bq}$ [sec]

정답 ②

82 자장 $B = 3a_x - 5a_y - 6a_z [\text{Wb/m}^2]$ 내에서 점전하 $0.2[\text{C}]$이 속도 $v = 4a_x - 2a_y - 3a_z [\text{m/s}]$로 움직일 때 이 점전하에 작용하는 힘의 크기는 몇 [N]이 되는가?

① 6.98 [N]　　② 2.58 [N]
③ 4.15 [N]　　④ 5.67 [N]

정답분석

㉠ 자계 내 운동 전하가 받는 힘
$: F = vBq\sin\theta = (\vec{v} \times \vec{B})q [\text{N}]$

㉡ $v \times B = \begin{vmatrix} a_x & a_y & a_z \\ 4 & -2 & -3 \\ 3 & -5 & -6 \end{vmatrix}$
$= -3a_x + 15a_y - 14a_z$

∴ 전자력: $F = q(v \times B)$
$= 0.2(-3a_x + 15a_y - 14a_z)$
$= -0.6a_x + 3a_y - 2.8a_z$
$= \sqrt{0.6^2 + 3^2 + 2.8^2}$
$= 4.15[\text{N}]$

정답 ③

83 2[C]의 점전하가 전계 $E = 2a_x + a_y - 4a_z [\text{V/m}]$ 및 자계 $B = -2a_x + 2a_y - a_z [\text{Wb/m}^2]$ 내에서 속도 $v = 4a_x - a_y - 2a_z [\text{m/s}]$로 운동하고 있을 때 점전하에 작용하는 힘 F는 몇 [N]인가?

① $10a_x + 18a_y + 4a_z$
② $14a_x - 18a_y - 4a_z$
③ $-14a_x + 18a_y + 4a_z$
④ $14a_x + 18a_y + 4a_z$

정답분석

전계와 자계 내에서 운동전하가 받는 힘
㉠ 전기력
$F_e = qE = 2(2a_x + a_y - 4a_z)$
$= 4a_x + 2a_y - 8a_z [\text{N}]$

㉡ 전자력
$F_m = q(v \times B) = q\begin{bmatrix} a_x & a_y & a_z \\ 4 & -1 & -2 \\ -2 & 2 & -1 \end{bmatrix}$
$= 2[(1+4)a_x + (4+4)a_y + (8-2)a_z]$
$= 10a_x + 16a_y + 12a_z$

∴ $F = F_e + F_m = 14a_x + 18a_y + 4a_z$

정답 ④

해커스자격증
pass.Hackers.com

해커스 전기기사·산업기사 필기 전기자기학 한권완성 이론 + 최신기출 + 핵심노트

자성체와 자기회로 (Magnetic field)

1 히스테리시스 곡선
2 자화의 세기
3 자성체 경계면의 조건
4 자화에 필요한 에너지
5 자기회로(magnetic circuit)

핵심 요점정리

출제예상문제

Chapter 09 자성체와 자기회로 (Magnetic field)

1 히스테리시스 곡선

1. 자화 현상

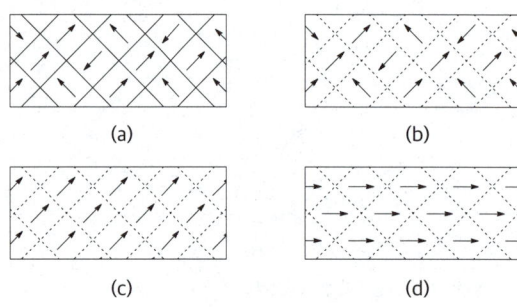

[그림 9-1] 전자의 자전운동   [그림 9-2] 히스테리시스 곡선

(1) 자계 내에 물질을 놓으면 물질은 자화(자석의 성질을 지님)가 되는데 이는 유전체에서의 분극현상과 같이 소자석(자기쌍극자, 자구)으로서의 작용을 한다.

(2) 물질에 자계를 가하기 전에는 [그림 9-1](a)와 같이 자구(magnetized domain)의 정렬이 무작위 형태로 인하여 순자화는 없다.

(3) 이때 물체에 자계를 가하게 되면 [그림 9-1](b)와 같이 자구가 변화를 일으켜 자구을 둘러싼 자벽(domain wall)은 자구의 영역을 확장시키려는 형태로 변화를 가진다.

(4) 계속 자계를 증가시키면 [그림 9-1](c)와 같이 전자는 자전운동(spin)을 하면서 물질의 자속밀도는 [그림 9-2]와 같이 증가하게 되며 [그림 9-1](d)와 같이 자구가 자계의 방향과 일치하도록 배열되면 더 이상 자속밀도는 증가하지 않는다. 이와 같은 현상을 자기포화라 한다.

2. 히스테리시스 곡선 (자기이력곡선, B-H곡선)

(1) 히스테리시스 곡선(Hystersis Loop)은 물체에 가해주는 자계의 세기 H의 증감에 따라 물체가 얻어지는 자속밀도 B의 이력현상을 나타내는 곡선을 말한다.

(2) 히스테리시스 곡선에서 종축과 만나는 축을 잔류자기, 횡축을 보자력이라 하며, 자성체는 한번 자화된 이력이 있으면 자계를 끊어도 일정시간 동안만큼 자속밀도가 남아 있는데 이를 잔류자기라 하고, 이 잔류자기를 순간적으로 0으로 만들기 위해서는 자력을 거꾸로 걸어주는 이때의 자계를 보자력이라 한다.

(3) 히스테리시스 손실(hysteresis loss)
① 히스테리시스에 의해 발생하는 손실을 말하며, 강자성체에서는 히스테리시스 루프를 1회 돌 때마다 $W_h = \oint H\, dB\,[\text{J/m}^3]$의 히스테리시스 손이 발생하여 강장성체 내에서 열로 발생된다.

② 스타인메츠(Steinmetz)는 교번자계에 의해 자화될 때 발생되는 히스테리시스 손실은 다음과 같은 실험식으로 나타냈다.

$P_h = f W_h = \sigma_h f B_m^{1.6} [\text{W/m}^3]$ ·· [식 9-1]

여기서, σ_h: 히스테리시스 상수, f: 주파수, B_m: 최대 자속밀도

(4) 영구자석과 전자석의 히스테리시스 곡선

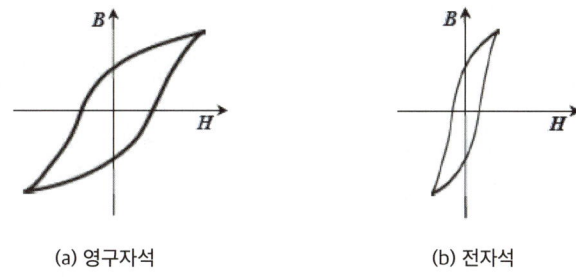

(a) 영구자석   (b) 전자석

[그림 9-3] 재질에 따른 히스테리시스 곡선

① 영구자석은 잔류자기, 보자력이 크므로 큰 경철(hard iron)에 적합하다.
② 전자석은 잔류자기, 보자력이 작으므로 전자석 재료인 연철(soft iron), 규소강판 등에 적합하다.

3. 소자법

(1) 평등자계 내에 강자성체를 놓으면 자화현상에 의해 잔류자기의 형태로 자성을 보유하게 된다. 자화에 의한 자성을 소멸시키는 것을 소자법이라 한다.

(2) 소자법의 종류
① **직류법**: 처음에 준 자계와 같은 정도의 직류자계를 반대 방향으로 가하는 조작을 반복한다.
② **교류법**: 자화할 때와 같은 정도의 교류자계를 가하고, 그 값이 0이 될 때까지 점차로 감소시켜 간다.
③ **가열법**: 온도를 순차적으로 올려가면 일반적으로 자화가 서서히 감소하는데 690~890℃(철의 경우 770℃)에서 급격히 강자성을 잃어버리는 현상이 발생하는 이 급격한 자성변화의 온도를 임계온도 또는 퀴리온도라 한다.

2 자화의 세기

1. 자화의 세기

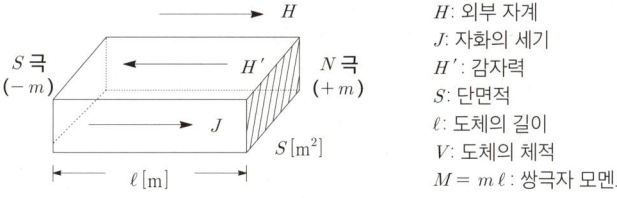

H: 외부 자계
J: 자화의 세기
H': 감자력
S: 단면적
ℓ: 도체의 길이
V: 도체의 체적
$M = m\ell$: 쌍극자 모멘트

[그림 9-4] 자화의 세기

(1) 자성체의 양단면의 단위면적에 발생된 자기량을 그 자성체에 대한 자화의 세기 또는 자화도라 하며, 자성체의 자화 정도를 표시한다.

(2) 자화의 세기 정의 식: $J = \dfrac{m}{S} = \dfrac{M}{V}$ [Wb/m²] ·· [식 9-2]

2. 자화의 세기와 자계의 세기의 관계

(1) 자화의 세기는 유전체의 분극의 세기와 동일한 개념을 갖는다. 따라서 분극의 세기와 비교해 정리하면 다음과 같다.

분극의 세기	자화의 세기
① 정의 $P = \dfrac{Q}{S} = \dfrac{M}{V}$ [C/m²] (M: 쌍극자 모멘트, V: 체적)	① 정의 $J = \dfrac{m}{S} = \dfrac{M}{V}$ [Wb/m²] (M: 쌍극자 모멘트, V: 체적, m: 자하)
② 분극의 세기 (분극도) $P = \epsilon_0(\epsilon_s - 1)E = D - \epsilon_0 E = D\left(1 - \dfrac{1}{\epsilon_s}\right)$	② 자화의 세기 (자화도) $J = \mu_0(\mu_s - 1)H = B - \mu_0 H = B\left(1 - \dfrac{1}{\mu_s}\right)$
③ 분극률 $\chi = \epsilon_0(\epsilon_s - 1)$	③ 자화률 $\chi = \mu_0(\mu_s - 1)$
④ 비분극률(전기감수율) $\chi_{er} = \dfrac{\chi}{\epsilon_0} = \epsilon_s - 1$	④ 비자화률 $\chi_{er} = \dfrac{\chi}{\mu_0} = \mu_s - 1$
⑤ 유전체에서의 전계 $E = \dfrac{\sigma - \sigma'}{\epsilon_0}$ (σ: 전하밀도, σ': 분극전하밀도)	⑤ 자화의 세기와 자속밀도의 크기비교 자속밀도가 자화의 세기보다 조금 크다.
⑥ 분극의 종류 ㉠ 전자분극 - 단결정, 전자운 ㉡ 이온분극 - 이온 결합 ㉢ 배향분극 - 배열, 주변온도의 영향 받음	⑥ 자성체 ㉠ 강자성체 $\mu_s \gg 1$, $\chi > 0$ (철, 니켈, 코발트) ㉡ 상자성체 $\mu_s \geq 1$, $\chi > 0$ (공기, 망간, $A\ell$) ㉢ 역자성체 $\mu_s \leq 1$, $\chi < 0$ (동, 은, 납, 창연)

[표 9-1] 분극의 세기와 자화의 세기의 관계

(2) 비자화율와 비투자율

비투자율이란, 물질의 자기적 성질을 나타내는 양으로 자력선을 얼마나 통과하기 쉬운가를 나타낸 상수를 말한다.

물질	종별	비투자율	물질	종별	비투자율
창연	역자성체	0.99983	코발트	강자성체	250
은	역자성체	0.99998	니켈	강자성체	600
주석	역자성체	0.999983	철 (0.2% 불순물)	강자성체	5,000
동	역자성체	0.999991	규소강(4% 규소)	강자성체	7,000
진공		1	퍼멀로이	강자성체	100,000
공기	상자성체	1.00000004	순철	강자성체	200,000
알루미늄	상자성체	1.00002	슈퍼멀로이	강자성체	1,000,000

[표 9-2] 비투자율 표

물질	비자화율	물질	비자화율	물질	비자화율
액체산소	3.46×10^{-8}	공기	3.65×10^{-7}	은	-2.64×10^{-5}
팔라듐	8.25×10^{-4}	비스무트	-16.7×10^{-5}	납	-1.69×10^{-5}
백금	2.93×10^{-4}	수정	-1.51×10^{-5}	구리	-0.94×10^{-5}
알루미늄	2.14×10^{-4}	물	-0.88×10^{-5}	아르곤	-0.945×10^{-3}
산소	1.79×10^{-4}	수은	-3.23×10^{-5}	수소	-0.205×10^{-8}

[표 9-3] 비자화율 표

3. 감자작용(demagnetizing effect)

[그림 9-5] 감자작용

(1) 자성체에 평등자계 H_0를 가하면 자성체는[그림 9-5]와 같이 자화되어 자성체 내부 자계를 H_0에 대해 역방향의 자계 H'를 발생시킨다. 이를 자기 감자력(self demagnetizing force)이라 한다.

(2) 상자성체인 경우 내부 자계는 $H = H_0 - H'$, 반자성체인 경우 $H = H_0 + H'$이 된다. 여기에서는 상자성체에 대해서만 정리한다.

(3) 자기 감자력은 평등자화되는 자성체에서는 그 자화의 세기에 비례하며 또 자성체의 형상에 의하여 결정되므로

① **자기 감자력**: $H' = \dfrac{N}{\mu_0} J \, [\text{AT/m}]$ ·· [식 9-3]

여기서, 비례상수 N을 감자율(demagnetization factor)라 하면 $0 \leq N \leq 1$의 값을 갖는다.

② **상자성체 내부 자계**

$$H = H_0 - H' = H_0 - \frac{N}{\mu_0} J = H_0 - N\frac{\chi}{\mu_0} H$$

$$H\left(1 + N\frac{\chi}{\mu_0}\right) = H_0 \text{ 에서}$$

$$H = \frac{H_0}{1 + N\dfrac{\chi}{\mu_0}} = \frac{H_0}{1 + N\left(\dfrac{\mu}{\mu_0} - 1\right)} = \frac{H_0}{1 + N(\mu_s - 1)} \quad \text{·················· [식 9-4]}$$

③ **감자율**: $N = \dfrac{\mu_0}{\chi}\left(\dfrac{H_0}{H} - 1\right) = \dfrac{1}{\mu_s - 1}\left(\dfrac{H_0}{H} - 1\right)$ ······································ [식 9-5]

3 자성체 경계면의 조건

1. 개요

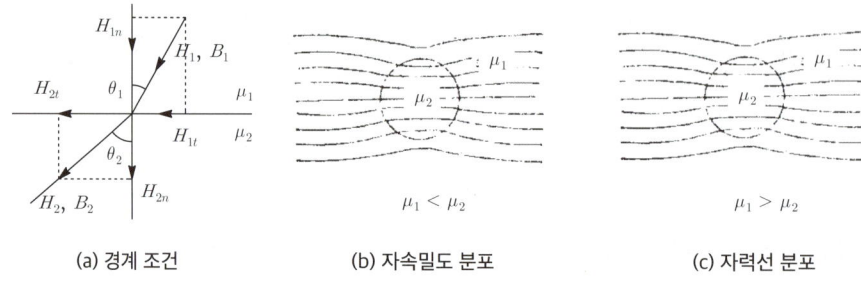

(a) 경계 조건 (b) 자속밀도 분포 (c) 자력선 분포

[그림 9-6] 자성체-자성체 경계면

(1) 서로 다른 자성체 경계면에서 자기력선(H)와 자속선(B)은 굴절한다.

(2) 자성체 1, 2 영역에서 자기력선과 자속선의 관계는 Maxwell의 방정식을 활용하여 정리할 수 있다.

① $\oint_C H \cdot d\ell = 0$ .... [식 9-6]

② $\oint_S B \cdot ds = 0$ .... [식 9-7]

(3) 자성체에서의 경계조건은 유전체에서의 경계조건과 동일한 개념을 갖는다. 따라서 유전체와 자성체의 경계조건을 정리하면 다음과 같다.

2. 전기장과 자기장의 굴절(refraction)

전기장의 굴절	자기장의 굴절
① $E_{t1} = E_{t2}$ ($E_1 \sin\theta_1 = E_2 \sin\theta_2$) 경계면에 대해서 전계의 수평(접선)성분은 연속	① $H_{t1} = H_{t2}$ ($H_1 \sin\theta_1 = H_2 \sin\theta_2$) 경계면에 대해서 자계의 수평(접선)성분은 연속
② $E_{n1} \neq E_{n2}$ ($E_1 \cos\theta_1 \neq E_2 \cos\theta_2$) 경계면에 대해서 전계의 수직(법선)성분은 불연속	② $H_{n1} \neq H_{n2}$ ($H_1 \cos\theta_1 \neq H_2 \cos\theta_2$) 경계면에 대해서 자계의 수직(법선)성분은 불연속
③ $D_{n1} = D_{n2}$ ($D_1 \cos\theta_1 = D_2 \cos\theta_2$) 경계면에 대해서 전속밀도의 수직(법선)성분은 연속	③ $B_{n1} = B_{n2}$ ($B_1 \cos\theta_1 = B_2 \cos\theta_2$) 경계면에 대해서 자속밀도의 수직(법선)성분은 연속
④ $D_{t1} \neq D_{t2}$ ($D_1 \sin\theta_1 \neq D_2 \sin\theta_2$) 경계면에 대해서 전속밀도의 수평(접선)성분은 불연속	④ $B_{t1} \neq B_{t2}$ ($B_1 \sin\theta_1 \neq B_2 \sin\theta_2$) 경계면에 대해서 자속밀도의 수평(접선)성분은 불연속
⑤ 굴절의 법칙: $\dfrac{\epsilon_1}{\epsilon_2} = \dfrac{\tan\theta_1}{\tan\theta_2}$ $\epsilon_1 < \epsilon_2$, $\theta_1 < \theta_2$, $D_1 < D_2$, $E_1 > E_2$	⑤ 굴절의 법칙: $\dfrac{\mu_1}{\mu_2} = \dfrac{\tan\theta_1}{\tan\theta_2}$ $\mu_1 < \mu_2$, $\theta_1 < \theta_2$, $D_1 < D_2$, $E_1 > E_2$

[표 9-4] 경계면의 조건

4 자화에 필요한 에너지

정전계의 에너지와 정자계의 에너지 또한 동일한 개념을 갖는다. 이를 정리하면 다음과 같다.

정전계	정자계
① 자하가 운반될 때 소요되는 에너지 $W = QV$ [J]	① 자속이 운반될 때 소요되는 에너지 $W = \Phi I = N\phi I$ [J] (Φ : 쇄교자속, ϕ: 자속)
② 유전체 내의 전계에너지(정전에너지) $W_e = \dfrac{1}{2}\epsilon E^2 = \dfrac{1}{2}ED = \dfrac{D^2}{2\epsilon}$ [J/m³]	② 자성체 내의 자계에너지 $W_m = \dfrac{1}{2}\mu H^2 = \dfrac{1}{2}HB = \dfrac{B^2}{2\mu}$ [J/m³]
③ 단위면적당 작용하는 힘 (정전응력) $f = \dfrac{1}{2}\epsilon E^2 = \dfrac{1}{2}ED = \dfrac{D^2}{2\epsilon}$ [N/m²]	③ 단위면적당 작용하는 힘 (철편의 흡인력) $f = \dfrac{1}{2}\mu H^2 = \dfrac{1}{2}HB = \dfrac{B^2}{2\mu}$ [N/m²]

[표 9-5] 정전계와 정자계 에너지, 힘 공식

5 자기회로(magnetic circuit)

1. 전기회로와 자기회로

(1) 전하가 통과(전류)하는 회로를 전기회로라 하면 자속이 통과하는 회로를 자기회로라 한다.

(2) 전기회로와 자기회로의 관계

(a) 전기회로   (b) 자기회로

[그림 9-7] 전기회로와 자기회로

전기회로	자기회로
① 기전력: V [V]	① 기자력: $F = IN$ [AT]
② 전기저항: $R = \dfrac{\ell}{kS} = \rho\dfrac{\ell}{S}$ [Ω]	② 자기저항: $R_m = \dfrac{\ell}{\mu S} = \dfrac{F}{\phi}$ [AT/Wb]
③ 옴의 법칙(전류): $I = \dfrac{V}{R} = \dfrac{\ell E}{\dfrac{\ell}{kS}} = kES$ [A]	③ 옴의 법칙(자속): $\phi = \dfrac{F}{R_m} = \dfrac{\mu SNI}{\ell}$
④ 전류밀도: $i = \dfrac{I}{S} = kE = \dfrac{E}{\rho}$ [A/m²]	④ 자속밀도: $B = \dfrac{\phi}{S} = \mu\dfrac{NI}{\ell} = \mu H$ [Wb/m²]

[표 9-6] 전기회로와 자기회로의 대응관계

2. 철심에 미소 공극 발생 시 자기저항 증가율

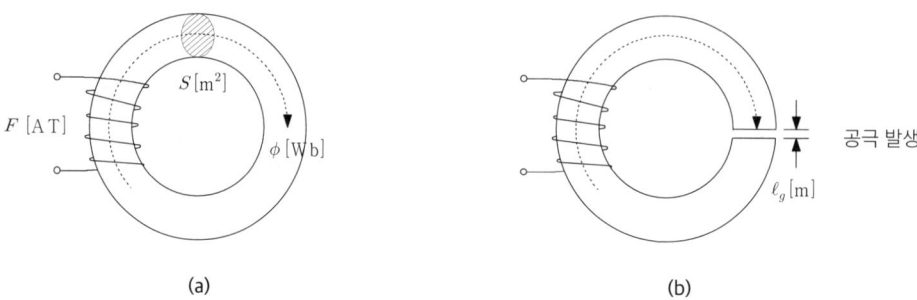

[그림 9-8] 공극 발생 시 자기저항

(1) 공극이 없을 때 자기저항: $R_m = \dfrac{\ell}{\mu S}$

(2) 미소 공극(air gap) 발생 시 자기저항
   ① 미소 공극이 발생되면 철심부분의 자기저항 R_m 과 공극부분의 자기저항이 직렬로 접속된 것과 같다.
   ② 미소 공극의 길이가 매우 작으므로 철심 길이에 변화가 거의 없으므로 공극이 없을 때의 자기저항과 동일한 크기를 갖는다.
   ③ 미소 공극의 발생 시 자기저항: $R_T = R_m + R_g = \dfrac{\ell}{\mu S} + \dfrac{\ell_g}{\mu_0 S}$

(3) 자기저항 증가율 α

$$\alpha = \dfrac{R_T}{R_m} = \dfrac{R_m + R_g}{R_m} = 1 + \dfrac{R_g}{R_m} = 1 + \dfrac{\dfrac{\ell_g}{\mu_0 S}}{\dfrac{\ell}{\mu S}} = 1 + \dfrac{\mu \ell_g}{\mu_0 \ell} = 1 + \dfrac{\mu_s \ell_g}{\ell}$$

$$\therefore \ \alpha = 1 + \dfrac{\mu_s \ell_g}{\ell} \quad \cdots\cdots\cdots\cdots\cdots\cdots\cdots\cdots\cdots\cdots\cdots\cdots\cdots\cdots\cdots\cdots\cdots\cdots\cdots\cdots\cdots\cdots\cdots\cdots\cdots\cdots \text{[식 9-8]}$$

(4) 공극부에 자속밀도 B 를 얻기 위한 전류의 크기

   ① 자기회로의 옴의 법칙: $\phi = \dfrac{F}{R_T} = \dfrac{NI}{\dfrac{\ell}{\mu S} + \dfrac{\ell_g}{\mu_0 S}} = BS[\mathrm{Wb}]$

   ② 전류: $I = \dfrac{BS}{N}\left(\dfrac{\ell}{\mu S} + \dfrac{\ell_g}{\mu_0 S}\right) = \dfrac{B}{\mu_0 N}\left(\dfrac{\ell}{\mu_s} + \ell_g\right)[\mathrm{A}]$ $\cdots\cdots\cdots\cdots\cdots\cdots\cdots\cdots\cdots\cdots\cdots\cdots$ [식 9-9]

핵심 요점정리

1. **히스테리시스 곡선(자기이력곡선, B-H곡선)**

    (1) 특징

    ① B-H 곡선이 이루는 면적의 의미

      : 단위 체적 당 열 에너지(손실)[W/m³]

    ② 히스테리시스 손(열 손실)

      : $P_h = fW_h = a_h fB_m^{1.6} [W/m^3] \propto B^{1.6}$

    ③ 종축과 만나는 점: 잔류자기
    ④ 횡축과 만나는 점: 보자력

    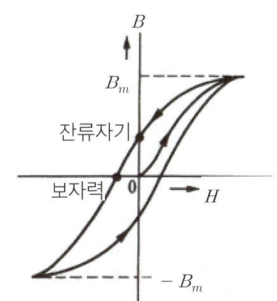

    (2) 히스테리시스 곡선의 종류

    ① **영구자석**: 잔류자기, 보자력이 크므로 큰 경철(hard iron)에 적합
    ② **전자석**: 잔류자기, 보자력이 작아 전자석 재료인 연철, 규소강판 등에 적합

2. **자화의 세기**

    ① 자화의 세기 $J = \mu_o(\mu_s - 1)H$에서 자화율 $\chi = \mu_0(\mu_s - 1)$, 비자화율 $\chi_{er} = \mu_s - 1$ 이므로

자성체 종류	물질의 종류	자화율	비자화율	비투자율
비자성체	-	$\chi = 0$	$\chi_{er} = 0$	$\mu_s = 1$
강자성체	철, 니켈, 코발트 등	$\chi \gg 0$	$\chi_{er} \gg 0$	$\mu_s \gg 1$
상자성체	공기, 망간, 알루미늄 등	$\chi > 0$	$\chi_{er} > 0$	$\mu_s > 1$
반자성체	금, 은, 동, 창연 등	$\chi < 0$	$\chi_{er} < 0$	$\mu_s < 1$

    ② **자기 감자력**: $H' = \dfrac{N}{\mu_0} J [AT/m]$ (여기서, N: 감자율)

3. **경계조건**

    자계와 자속밀도는 투자율이 다른 경계면에서 굴절하고, 경계면에서 자계와 자속밀도의 관계는 다음과 같다.

    (1) $H_{1t} = H_{2t}$ ($H_1 \sin\theta_1 = H_2 \sin\theta_2$) : 경계면에서 자계의 접선성분이 같다(연속적이다).

    (2) $B_{1n} = B_{2n}$ ($B_1 \cos\theta_1 = B_2 \cos\theta_2$) : 경계면에서 자속선은 법선성분이 같다(연속적이다).

    (3) $\dfrac{\mu_1}{\mu_2} = \dfrac{\tan\theta_1}{\tan\theta_2}$: $\mu_1 < \mu_2$ 이면 $\theta_1 < \theta_2$, $B_1 < B_2$, $H_1 > H_2$ 가 된다.

    ① $\mu_1 < \mu_2$: 투자율이 큰 곳에서 자계 및 자속밀도의 입사각 θ_1 또는 굴절각 θ_2 은 커진다.
    ② $B_1 < B_2$: 자속밀도는 투자율에 비례하므로 투자율이 큰 곳에서 전속밀도가 더 크다. 또는 자속선은 투자율이 큰 곳으로 많이 모인다.

③ $H_1 > H_2$: 자계는 투자율과 반비례하므로 투자율이 작은 곳에서 자계가 더 크다.
또는 자기력선은 투자율이 작은 곳으로 많이 모인다.

3. 자화에 필요한 에너지

정전계	정자계
① 자하가 운반될 때 소요되는 에너지 $W = QV$ [J]	① 자속이 운반될 때 소요되는 에너지 $W = \Phi I = N\phi I$ [J] (Φ : 쇄교자속, ϕ: 자속)
② 유전체 내의 전계에너지(정전에너지) $W_e = \dfrac{1}{2}\epsilon E^2 = \dfrac{1}{2}ED = \dfrac{D^2}{2\epsilon}$ [J/m³]	② 자성체 내의 자계에너지 $W_m = \dfrac{1}{2}\mu H^2 = \dfrac{1}{2}HB = \dfrac{B^2}{2\mu}$ [J/m³]
③ 단위면적당 작용하는 힘 (정전응력) $f = \dfrac{1}{2}\epsilon E^2 = \dfrac{1}{2}ED = \dfrac{D^2}{2\epsilon}$ [N/m²]	③ 단위면적당 작용하는 힘 (철편의 흡인력) $f = \dfrac{1}{2}\mu H^2 = \dfrac{1}{2}HB = \dfrac{B^2}{2\mu}$ [N/m²]

4. 전기회로와 자기회로

전기회로(electrical network)			자기회로(magnetic circuit)		
	기전력	V [V]		기자력	$F = IN$ [AT]
	전류	I [A]		자속	ϕ [Wb]
	도전율	$k = \sigma$ [℧/m]		투자율	$\mu = \mu_s \mu_0$ [H/m]
	저항	$R = \dfrac{\ell}{kS}$ [Ω]		자기저항	$R_m = \dfrac{\ell}{\mu S}$ [Ω]
옴의 공식(전류) : $I = \dfrac{V}{R} = \dfrac{\ell E}{\dfrac{\ell}{kS}} = kSE$ [A]			옴의 공식(자속) : $\phi = \dfrac{F}{R_m} = \dfrac{IN}{\dfrac{\ell}{\mu S}} = \dfrac{\mu SNI}{\ell}$ [wb]		

출제예상문제

※ 출제예상문제는 기출 분석을 바탕으로 자주 출제되는 유형을 선별하였습니다.

1. 자성체와 자화 현상

01 자성체가 균일하게 자화되어 있을 때의 자극의 상태로 옳은 것은?

① 자성체에는 자극이 나타나지 않는다.
② 자성체 전체에 자극이 골고루 분포되어 나타난다.
③ 자성체의 내부에 자극이 나타난다.
④ 자성체의 양단면에 자극이 나타난다.

정답 확인 정답 ④

02 아래 그림들은 전자의 자기 모우멘트의 크기와 배열상태를 그 차이에 따라서 배열한 것이다. 강자성체에 속하는 것은?

①
②
③
④

정답 분석 자기모멘트의 크기와 배열상태
① 상자성체
② 강반자성체
③ 강자성체
④ 페리자성체

 정답 ③

03 인접된 영구 자기 쌍극자가 크기는 같으나 방향이 서로 반대로 배열된 자성체를 어떤 자성체라 하는가?

① 반자성체   ② 상자성체
③ 강자성체   ④ 반강자성체

정답 확인 정답 ④

04 물질의 자화현상과 관계가 가장 깊은 것은?

① 분자의 운동   ② 전자의 공전
③ 전자의 자전   ④ 전자의 이동

정답 분석 물질은 전자의 자전운동에 의해서 자화된다.
 정답 ③

05 일반적으로 자구를 가지는 자성체는?

① 상자성체   ② 강자성체
③ 역자성체   ④ 비자성체

정답 확인 정답 ②

06 어느 강철의 자화곡선을 응용하여 종축을 자속밀도(B) 및 투자율(μ)이라 하고, 횡축을 자화의 세기(H)라고 할 때 투자율 곡선을 잘 표현한 것은?

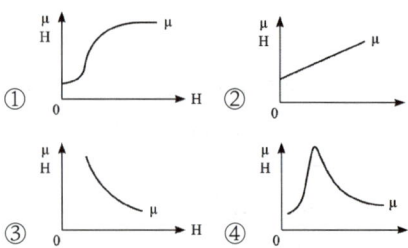

정답분석 그림과 같이 강자성체에 외부 자계 H를 증가시키면 이에 비례하여 자속밀도 B는 증가하다 자기포화현상을 일으킨다.

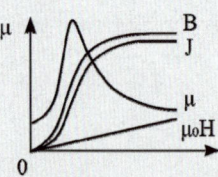

투자율은 $\mu = \dfrac{B}{H}$ 이므로 자기포화 되는 시점에서 투자율은 감소하게 된다.

정답 ④

07 다음 설명의 (㉠), (㉡)에 들어갈 내용으로 옳은 것은?

> 히스테리시스 곡선은 가로축(횡축)(㉠), 세로축(종축)(㉡)와의 관계를 나타낸다.

① ㉠ 자속밀도 ㉡ 투자율
② ㉠ 자기장의 세기 ㉡ 자속밀도
③ ㉠ 자화의 세기 ㉡ 자기장의 세기
④ ㉠ 자기장의 세기 ㉡ 투자율

정답분석 히스테리시스 곡선: 자성체가 자화되는 특성을 나타낸 곡선으로 외부에서 인가한 자기력에 대한 자성체 내의 자속밀도를 나타낸 곡선

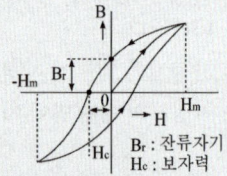

B_r : 잔류자기
H_c : 보자력

㉠ 가로축(횡축): 자기장의 세기
㉡ 세로축(종축): 자속밀도

정답 ②

08 히스테리시스 곡선의 기울기는 다음의 어떤 값에 해당하는가?

① 투자율   ② 유전율
③ 자화율   ④ 감자율

정답분석 히스테리시스 곡선의 횡축은 자계의 세기 H, 종축은 자속밀도 B이므로 히스테리시스 곡선의 기울기는 $\dfrac{B}{H}$ 가 되므로 투자율 을 의미한다(자속밀도 $B = \mu H$).

정답 ①

09 자기이력곡선(Hysteresis loop)에 대한 설명 중 틀린 것은?

① 자화의 경력이 있을 때나 없을 때나 곡선은 항상 같다.
② Y축은 자속밀도이다.
③ 자화력이 0일 때 남아있는 자기가 잔류자기이다.
④ 잔류자기를 상쇄시키려면 역방향의 자화력을 가해야 한다.

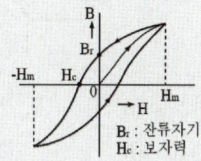

∴ 자화 경력이 없을 때에는 0부터 자속밀도가 증가하지만, 자화 경력이 있을 때에는 잔류자기부터 자속밀도가 상승한다.

정답 ①

10 B-H곡선을 자세히 관찰하면 매끈한 곡선이 아니라 B가 계단적으로 증가 또는 감소함을 알 수 있다. 이러한 현상을 무엇이라 하는가?

① 퀴리점 ② 자기여자 효과
③ 자왜현상 ④ 바크하우젠 효과

강자성체에 자계를 가하면 자화가 일어나는데 자화는 자구(磁區)를 형성하고 있는 경계면, 즉 자벽(磁壁)이 단속적으로 이동함으로써 발생한다. 이때 자계의 변화에 대한 자속의 변화는 미시적으로는 불연속으로 이루어지는데, 이것을 바크하우젠 효과라고 한다.

정답 ④

11 자성체 내에서 임의의 방향으로 배열되었던 자구가 외부 자장의 힘이 일정치 이상이 되면 순간적으로 회전하여 자장의 방향으로 배열되기 때문에 자속밀도가 증가하는 현상은?

① 자기여호(magnetic aftereffect)
② 바크하우젠(Bark hausen) 효과
③ 자기왜현상(magneto-striction effect)
④ 핀치효과(Pinch effect)

정답 ②

12 강자성체의 히스테리시스 루우프의 면적은?

① 강자성체의 단위체적당의 필요한 에너지이다.
② 강자성체의 단위 면적당의 필요한 에너지이다.
③ 강자성체의 단위길이당의 필요한 에너지이다.
④ 강자성체의 전체 체적의 필요한 에너지이다.

정답 ①

13. 그림과 같은 모양의 자화곡선을 나타내는 자성체 막대를 충분히 강한 평등자계 중에서 매분 3000회 회전시킬 때 자성체는 단위 체적당 약 몇 [kcal/sec]의 열이 발생하는가? (단, $B_r = 2\,[\text{Wb/m}^2]$, $H_L = 500\,[\text{AT/m}]$, $B = \mu H$ 에서 $\mu \neq$ 일정)

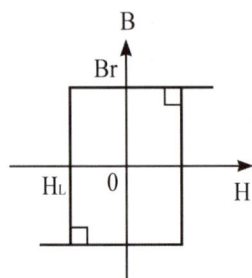

① 11.7 ② 47.8
③ 70.2 ④ 200

정답분석

㉠ 1회전 시 히스테리시스 손
: $W_h = \oint H\,dB = 4H_L B_r$
$= 4 \times 500 \times 2 = 4000\,[\text{J/m}^3]$

㉡ 히스테리시스 손
: $P_h = fW_h = \dfrac{3000}{60} \times 4000 \times 10^{-3}$
$= 200\,[\text{kW/m}^3]$

㉢ $1\,[\text{J}] = 1\,[\text{W/sec}] = 0.24\,[\text{cal/sec}]$ 이므로
∴ $P_h = 48\,[\text{kcal/sec} \cdot \text{m}^3]$

정답 ②

14. 그림과 같은 히스테리시스 루프를 가진 철심이 강한 평등자계에 의해 매초 $60\,[\text{Hz}]$로 자화할 경우 히스테리시스 손실은 몇 $[\text{W}]$인가? (단, 철심의 체적은 $20\,[\text{cm}^3]$, $B_r = 5\,[\text{Wb/m}^2]$, $H_c = 2\,[\text{AT/m}]$ 이다)

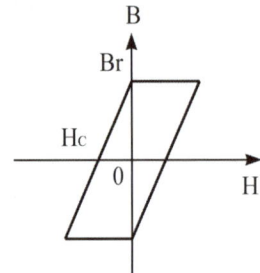

① 1.2×10^{-2} ② 2.4×10^{-2}
③ 3.6×10^{-2} ④ 4.8×10^{-2}

정답분석

㉠ 1회전 시 히스테리시스 손
: $W_h = \oint H\,dB = 4H_c B_r$
$= 4 \times 2 \times 5 = 40\,[\text{J/m}^3]$

㉡ 히스테리시스 손
: $P_h = fW_h V = 60 \times 40 \times 20 \times 10^{-6}$
$= 4.8 \times 10^{-2}\,[\text{W}]$

정답 ④

15. 변압기 철심으로 규소강판이 사용되는 주된 이유는?

① 와전류손을 적게 하기 위하여
② 큐리온도를 높이기 위하여
③ 히스테리시스손을 적게 하기 위하여
④ 부하손(동손)을 적게 하기 위하여

정답분석

㉠ 히스테리시스손 감소: 규소강판 사용
㉡ 와전류손 감소: 성층철심을 사용

정답 ③

16 히스테리시스 손은 최대 자속밀도의 몇 승에 비례하는가?

① 1.6   ② 2
③ 2.6   ④ 3.2

 히스테리시스 손
$P_h = f W_h = a_h f B_m^{1.6} [W/m^3]$

정답 ①

17 전자석에 사용하는 연철(soft iron)의 성질로 옳은 것은?

① 잔류자기, 보자력이 모두 크다.
② 보자력이 크고 히스테리시스 곡선의 면적이 작다.
③ 보자력과 히스테리시스 곡선의 면적이 모두 작다.
④ 보자력이 크고 잔류자기가 작다.

 히스테리시스 곡선의 종류

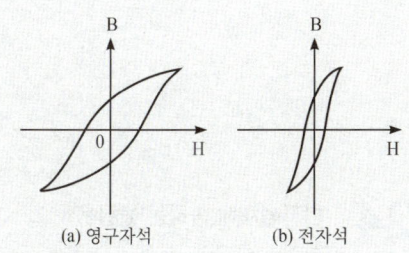

(a) 영구자석   (b) 전자석

㉠ 영구자석
  잔류자기와 보자력이 크고 히스테리시스 곡선의 면적이 큰 자성체
㉡ 전자석
  잔류자기는 크나, 보자력과 히스테리시스 곡선의 면적이 모두 작은 자성체

정답 ③

18 영구자석의 재료로 사용되는 철에 요구되는 사항은?

① 잔류 자속밀도는 그다지 크지 않아도 보자력이 큰 것
② 잔류 자속밀도는 크고 보자력이 적은 것
③ 잔류 자속밀도 및 보자력이 큰 것
④ 잔류 자속밀도는 크고 보자력은 관계없다.

 ㉠ 영구자석
  잔류자기와 보자력이 크고 히스테리시스 곡선의 면적이 큰 자성체
㉡ 전자석
  잔류자기는 크나, 보자력과 히스테리시스 곡선의 면적이 모두 작은 자성체

정답 ③

19 강자성체의 세가지 특성이 아닌 것은?

① 와전류 특성
② 히스테리시스 특성
③ 고투자율 특성
④ 포화 특성

 와전류는 전자유도법칙에 의해 발생되는 현상이다.

정답 ①

20 자화된 철의 온도를 높일 때 자화가 서서히 감소하다가 급격히 강자성이 상자성으로 변하면서 강자성을 잃어 버리는 온도는?

① 켈빈(Kelvin)온도
② 연화온도(Transition)
③ 전이온도
④ 큐리(Curie)온도

정답 ④

21 자계의 세기에 관계없이 급격히 자성을 잃는 점을 자기 임계온도 또는 큐리점(curie point)이라고 한다. 순철의 경우 이 온도는 약 몇[℃]인가?

① 약 0[℃] ② 약 370[℃]
③ 약 570[℃] ④ 약 770[℃]

정답 ④

2. 자화의 세기

23 다음 자성체중 반자성체가 아닌 것은?

① 창연 ② 구리
③ 금 ④ 알루미늄

정답분석
㉠ 강자성체: 코발트(Co), 니켈(Ni), 규소강, 순철(Fe), 퍼멀로이, 슈퍼 멀로이 등
㉡ 상자성체: 산소(O_2), 알루미늄(Al), 망간(Mn), 백금(Pt), 이리듐(Ir), 주석(Sn), 질소(N_2) 등
㉢ 반자성체: 창연(Bi), 금(Au), 은(Ag), 동(Cu), 아연(Zn), 납(Pb), 규소(Si), 탄소(C) 등
정답 ④

22 강자성체를 소자시키는 방법으로 적당하지 못한 방법은?

① 처음에 준 자계와 같은 정도의 직류자계를 반대 방향으로 가하는 조작을 반복한다(직류법).
② 처음에 준 자계와 같은 방향의 강한 자계를 준 후 급냉한다(급냉법).
③ 자화할 때와 같은 정도의 교류자계를 가하고, 그 값이 0이 될 때까지 점차 감소시켜 간다(교류법).
④ 강자성체의 온도를 큐리점 이상이 될 때까지 상승시킨다(가열법).

24 반자성체에 속하는 물질은?

① Ni ② Co
③ Ag ④ Pt

정답분석 니켈(Ni), 코발트(Co)는 강자성체이고, 백금(Pt)은 상자성체에 해당 된다.
정답 ③

정답 ②

25 강자성체가 아닌 것은?

① 철　　　　② 니켈
③ 백금　　　④ 코발트

 백금(Pt)은 상자성체이다.

정답 ③

26 다음 중 투자율이 가장 큰 것은?

① 니켈　　　② 코발트
③ 순철　　　④ 규소강

 투자율이 가장 큰 것은 비투자율이 가장 큰 것을 나타낸다.
① 니켈: $\mu_s = 600$
② 코발트: $\mu_s = 250$
③ 순철: $\mu_s = 200,000$
④ 규소강: $\mu_s = 7,000$

정답 ③

27 비투자율 μ_s, 자속밀도 B [Wb/m2]의 자계 중에 있는 m [Wb]의 자극이 받는 힘은 몇 [N]인가?

① mB　　　② $\dfrac{mB}{\mu_0}$

③ $\dfrac{mB}{\mu_s}$　　　④ $\dfrac{mB}{\mu_0 \mu_s}$

 자기력과 자계의 세기 관계
$F = mH = \dfrac{mB}{\mu} = \dfrac{mB}{\mu_0 \mu_s}$ [N]
여기서, 자속밀도: $B = \mu H$ [Wb²/m²]
　　　　자계의 세기: H [AT/m²]
　　　　투자율: $\mu = \mu_0 \mu_s$ [H/m]

정답 ④

28 자계의 세기가 800 [AT/m] 이고, 자속밀도가 0.2 [Wb/m²] 인 재질의 투자율은 몇 [H/m]인가?

① 2.5×10^{-3}　　② 4×10^{-3}
③ 2.5×10^{-4}　　④ 4×10^{-4}

 자속밀도 $B = \mu H$ 에서
∴ 투자율: $\mu = \dfrac{B}{H} = \dfrac{0.2}{800} = 2.5 \times 10^{-4}$ [H/m]

정답 ③

29 반경이 3[cm]인 원형 단면을 가지고 있는 원환 연철심에 감은 코일에 전류를 흘려서 철심 중의 자계의 세기가 400[AT/m]되도록 여자할 때 철심 중의 자속밀도는 얼마인가? (단, 철심의 비투자율은 400이라고 한다)

① 0.2[Wb/m²]　　② 2.0[Wb/m²]
③ 0.02[Wb/m²]　　④ 2.2[Wb/m²]

 자속밀도와 자계의 세기의 관계
$B = \mu_0 \mu_s H = 4\pi \times 10^{-7} \times 400 \times 400$
$\quad = 0.2$ [Wb/m²]

정답 ①

30 단면적 2[cm²]의 철심에 5×10⁻⁴[Wb]의 자속을 통하게 하려면 2000[AT/m]의 자계가 필요하다. 철심의 비투자율은 약 얼마인가?

① 332　　　② 663
③ 995　　　④ 1990

 자속 $\phi = BS = \mu HS = \mu_0 \mu_s HS$ 에서
$\mu_s = \dfrac{\phi}{\mu_0 SH} = \dfrac{5 \times 10^{-4}}{4\pi \times 10^{-7} \times 2 \times 10^{-4} \times 2000}$
$\quad = 995$ [H/m]

정답 ③

31 균일하게 자화된 체적 $0.01\,[\text{m}^3]$인 막대 자성체가 $500\,[\text{A}-\text{m}^2]$인 자기 모멘트를 가지고 있을 때, 이 막대 자성체의 자속밀도가 $500\,[\text{mT}]$이었다면 이 막대 자성체의 자계의 세기는 몇 $[\text{A/m}]$인가?

① 318×10^3 ② 328×10^3
③ 348×10^3 ④ 398×10^3

자속밀도 $B = \mu H\,[\text{Wb/m}^2]$에서
∴ 자계의 세기
: $H = \dfrac{B}{\mu} = \dfrac{500\times 10^{-3}}{4\pi \times 10} ≒ 398\times 10^{-3}\,[\text{A/m}]$

정답 ④

32 비투자율 μ_s인 철심이 든 환상 솔레노이드의 권수가 N회, 평균 지름이 $d\,[\text{m}]$, 철심의 단면적이 $A\,[\text{m}^2]$라 할 때 솔레노이드에 $I\,[\text{A}]$의 전류가 흐르면, 자속 $[\text{Wb}]$은?

① $\dfrac{2\pi \times 10^{-7}\mu_s NIA}{d}$

② $\dfrac{4\pi \times 10^{-7}\mu_s NIA}{d}$

③ $\dfrac{2\times 10^{-7}\mu_s NIA}{d}$

④ $\dfrac{4\times 10^{-7}\mu_s NIA}{d}$

자속: $\phi = \dfrac{\mu ANI}{l} = \dfrac{\mu_0\mu_s ANI}{2\pi r}$
$= \dfrac{4\pi\times 10^{-7}\mu_s ANI}{\pi d}$
$= \dfrac{4\times 10^{-7}\mu_s ANI}{d}\,[\text{Wb}]$

정답 ④

33 자계에 있어서의 자화의 세기 $J\,[\text{Wb/m}^2]$는 유전체에서의 무엇과 동일한 의미를 가지고 대응되는가?

① 전속밀도   ② 전계의 세기
③ 전기분극도 ④ 전위

정답 ③

34 다음 설명 중 잘못된 것은?

① 초전도체는 임계온도 이하에서 완전 반자성을 나타낸다.
② 자화의 세기는 단위 면적당의 자기 모멘트이다.
③ 상자성체에 자극 N극을 접근시키면 S극이 유도된다.
④ 니켈(Ni), 코발트(Co) 등은 강자성체에 속한다.

자화의 세기 $J = \dfrac{m}{S} = \dfrac{M}{V}\,[\text{Wb/m}^2]$으로 단위면적당의 자극의 세기를 말한다.
(여기서 m: 자극의 세기, M: 쌍극자 모멘트, S: 단면적, V: 체적)

정답 ②

35 자성체 $3\times 4\times 20\,[\text{cm}^3]$가 자속밀도 $B = 130\,[\text{mT}]$로 자화되었을 때 자기모멘트 $48\,[\text{A}\cdot \text{m}^2]$이었다면 자화의 세기 M은 몇 $[\text{Wb/m}^2]$인가?

① 10^4 ② 10^5
③ 2×10^4 ④ 2×10^5

자화의 세기
$J = \dfrac{m}{S} = \dfrac{M}{V} = \dfrac{48}{3\times 4\times 20\times 10^{-6}}$
$= 2\times 10^5\,[\text{Wb/m}^2]$

정답 ④

36 길이 l [m], 단면적의 지름 d [m]인 원통이 길이 방향으로 균일하게 자화되어 자화의 세기가 J [Wb/m²]인 경우 원통 양단에서의 전자극의 세기 m [Wb]는?

① $\pi d^2 J$ ② $\pi d J$
③ $\pi \dfrac{d^2}{4} J$ ④ $\dfrac{4J}{\pi} d^2$

 자화의 세기 $J = \dfrac{m}{S} = \dfrac{M}{V}$ [Wb/m²] 에서
∴ 전자극의 세기
$$m = J \times S = J \times \pi r^2 = J \times \dfrac{\pi d^2}{4} \text{ [Wb]}$$

정답 ③

37 길이 10 [m], 단면의 반지름이 1 [cm] 인 원통형 자성체가 길이의 방향으로 균일하게 자화되어 있을 때 자화의 세기가 0.5 [Wb/m²] 라면 이 자성체의 자기모멘트는 몇 [Wb·m] 인가?

① 1.57×10^{-5} ② 1.57×10^{-4}
③ 1.57×10^{-3} ④ 1.57×10^{-2}

㉠ 자화의 세기: $J = \dfrac{m}{S} = \dfrac{M}{V}$ [Wb/m²]
㉡ 쌍극자 모멘트
: $M = VJ = S\ell J = \pi r^2 \ell J$ [Wb·m]
∴ $M = \pi \times 0.01^2 \times 10 \times 0.5$
$= 1.57 \times 10^{-5}$ [Wb·m]

답 ①

38 비투자율이 400인 환상철심 중의 평균자계의 세기가 300 [A/m]일 때, 자화의 세기는 몇 [Wb/m²]인가?

① 0.1 ② 0.15
③ 0.2 ④ 0.25

 자화의 세기 $J = \mu_0(\mu_s - 1)H = B - \mu_0 H$
$= B\left(1 - \dfrac{1}{\mu_s}\right)$ [Wb/m²] 에서
∴ $J = \mu_0(\mu_s - 1)H$
$= 4\pi \times 10^{-7} \times (400 - 1) \times 300$
$= 0.15$ [Wb/m²]

정답 ②

39 평균길이 1 [m] 인 환상철심이 있다. 이 철심에 500회의 코일을 감소 2 [A] 의 전류를 흘려 자속밀도를 1.5 [Wb/m²] 으로 한다면 철심에 대한 자화의 세기는 몇 [Wb/m²] 이 되는가?

① 1 ② 1.5
③ 2 ④ 2.5

㉠ 환상 솔레노이드 내의 자계의 세기
: $H = \dfrac{NI}{\ell} = \dfrac{500 \times 2}{1} = 1000$ [AT/m]
㉡ 자속밀도 $B = \mu_0 \mu_s H$ 에서 비투자율
: $\mu_s = \dfrac{B}{\mu_0 H} = \dfrac{1.5}{4\pi \times 10^{-7} \times 1000}$
$= 1193.66$ [Wb/m²]
∴ 자화의 세기
: $J = \mu_0(\mu_s - 1)H$
$= 4\pi \times 10^{-7} \times (1193.66 - 1) \times 1000$
$= 1.49$ [Wb/m²]

정답 ②

40 비투자율이 500인 철심을 이용한 환상 솔레노이드에서 철심 속의 자계의 세기가 200[A/m]일 때 철심 속의 자속밀도 B [T]와 자화율 [H/m]는?

① $B = \pi \times 10^{-2}$, $\chi = 3.2 \times 10^{-4}$
② $B = \pi \times 10^{-2}$, $\chi = 6.3 \times 10^{-4}$
③ $B = 4\pi \times 10^{-2}$, $\chi = 6.3 \times 10^{-4}$
④ $B = 4\pi \times 10^{-2}$, $\chi = 12.6 \times 10^{-4}$

정답분석
㉠ 자속밀도
$B = \mu_0 \mu_s H = 4\pi \times 10^{-7} \times 500 \times 200$
$= 4\pi \times 10^{-2}$ [Wb/m²], T : 테슬라]
㉡ 자화율
$\chi = \mu_0(\mu_s - 1) = 4\pi \times 10^{-7}(500 - 1)$
$= 6.3 \times 10^{-4}$ [H/m]

정답 ③

42 다음 관계식 중 성립될 수 없는 것은? (단, μ : 투자율, μ_0 : 진공의 투자율, χ : 자화율, μ_s : 비투자율, B : 자속밀도, J : 자화의 세기, H : 자계의 세기)

① $\mu = \mu_0 + \chi$
② $\mu_s = 1 + \dfrac{\chi}{\mu_0}$
③ $B = \mu H$
④ $J = \chi B$

정답분석
자화의 세기 $J = \mu_0(\mu_s - 1)H = \chi H$ [Wb/m²]

정답 ④

41 비자화율 $\dfrac{\chi}{\mu_0}$ 이 49이며, 자속밀도 0.05 [Wb/m²]인 자성체에서 자계의 세기는 몇 [AT/m]인가?

① $10^4 \pi$
② $50 \times 10^3 \pi$
③ $\dfrac{5 \times 10^4}{2\pi}$
④ $\dfrac{10^4}{4\pi}$

정답분석
㉠ 자화율: $\chi = \mu_0(\mu_s - 1)$ [H/m]
㉡ 비자화율: $\chi_{er} = \dfrac{\chi}{\mu_0} = \mu_s - 1$
㉢ 비투자율: $\mu_s = 1 + \dfrac{\chi}{\mu_0} = 1 + 49 = 50$
㉣ 자속밀도: $B = \mu H = \mu_0 \mu_s H$ [Wb/m²]
∴ $H = \dfrac{B}{\mu_0 \mu_s} = \dfrac{0.05}{4\pi \times 10^{-7} \times 50} = \dfrac{10^4}{4\pi}$

정답 ④

43 강자성체의 자속밀도 B의 크기와 자화의 세기 J의 크기 사이에는 어떤 관계가 있는가?

① J는 B와 같다.
② J는 B보다 약간 작다.
③ J는 B보다 약간 크다.
④ J는 B보다 대단히 크다.

정답분석
강자성체는 비투자율 μ_s가 수백, 수천이므로
∴ 자화의 세기 $J = B\left(1 - \dfrac{1}{\mu_s}\right)$ [Wb/m²] 식에서 J가 B보다 약간 작다.

정답 ②

44 자화율(magnetic susceptibility) χ 는 상자성체에서 일반적으로 어떤 값을 갖는가?

① $\chi = 0$ ② $\chi > 0$
③ $\chi < 0$ ④ $\chi = 1$

 자화율 $\chi = \mu_0(\mu_s - 1)$

종류	자화율	비자화율	비투자율
비자성체	$\chi = 0$	$\chi_{er} = 0$	$M_S = 1$
상자성체	$\chi > 0$	$\chi_{er} > 0$	$M_S > 1$
강자성체	$\chi \gg 0$	$\chi_{er} \gg 0$	$M_S \gg 1$
반자성체	$\chi < 0$	$\chi_{er} < 0$	$M_S < 1$

정답 ②

45 다음 조건 중 틀린 것은? (단, χ_m: 비자화율, μ_r: 비투자율이다)

① 물질은 χ_m 또는 μ_r 의 값에 따라 역자성체, 상자성체, 강자성체 등으로 구분한다.
② $\chi_m > 0$, $\mu_r > 1$ 이면 상자성체
③ $\chi_m < 0$, $\mu_r < 1$ 이면 역자성체
④ $\mu_r \ll 1$ 이면 강자성체

 정답 ④

46 반자성체에서의 비투자율 μ_s 는?

① $\mu_s = 1$ ② $\mu_s < 1$
③ $\mu > 1$ ④ $\mu_s = 0$

 정답 ②

47 자기 감자력(self demagnetizing force)은?

① 자계에 반비례한다.
② 자극의 세기에 반비례한다.
③ 자화의 세기에 비례한다.
④ 자속에 반비례한다.

 감자력: $H' = \dfrac{N}{\mu_0} J \,[\text{A/m}]$

여기서, N: 감자율, J: 자화의 세기

정답 ③

48 감자율(Demagnetization factor)이 0인 자성체로 가장 알맞은 것은?

① 가늘고 긴 막대 자성체
② 구 자성체
③ 가늘고 짧은 막대 자성체
④ 환상 솔레노이드

 자성체의 감자율
㉠ 환상 철심: $N = 0$
㉡ 구 자성체: $N = \dfrac{1}{3}$

정답 ④

49 진공 중의 평등자계 H_0 중에 반지름이 $a\,[\text{m}]$ 이고, 투자율이 μ 인 구 자성체가 있다. 이 구 자성체의 감자율은? (단, 구 자성체 내부의 자계는 $H = \dfrac{3\mu_0}{2\mu_0 + \mu} H_0$ 이다)

① 0 ② $\dfrac{1}{2}$
③ $\dfrac{1}{3}$ ④ $\dfrac{1}{4}$

 자성체의 감자율
㉠ 환상 철심: $N = 0$
㉡ 구 자성체: $N = \dfrac{1}{3}$

정답 ③

50 균등자계 H 중에 놓여진 투자율 μ 인 자성체를 외부자계 H_0 중에 놓았을 때 자화의 세기 J 는 몇 [Wb/m^2] 인가? (단, 자성체의 감자율은 N 이다)

① $J = \dfrac{\mu_0(\mu - \mu_o)}{\mu_0 + N(\mu - \mu_0)} H_0$

② $J = \dfrac{\mu(\mu_0 - \mu)}{\mu + N(\mu_0 - \mu)} H_0$

③ $J = \dfrac{\mu_0(\mu - \mu_0)}{\mu + N(\mu - \mu_0)} H_0$

④ $J = \dfrac{\mu(\mu - \mu_0)}{\mu_0 + N(\mu_0 - \mu)} H_0$

정답분석 내부자계 (H_0 : 평등자계, H' : 자기 감자력)

$H = H_0 - H' = H_0 - \dfrac{N}{\mu_0} J = H_0 - N \dfrac{\chi}{\mu_0} H$

$= \dfrac{H_0}{1 + N \dfrac{\chi}{\mu_0}} = \dfrac{H_0}{1 + N \left(\dfrac{\mu}{\mu_0} - 1 \right)}$

$= \dfrac{H_0}{1 + N(\mu_s - 1)}$

∴ 자화의 세기

$: J = \mu_0(\mu_s - 1) H = \dfrac{\mu_0(\mu_s - 1)}{1 + N(\mu_s - 1)} H_0$

$= \dfrac{\mu_0(\mu - \mu_o)}{\mu_0 + N(\mu - \mu_0)} H_0$

정답 ①

3. 자성체 경계면의 조건

51 자성체 경계면에 전류가 없을 때의 경계조건으로 틀린 것은?

① 자계 H 의 접선성분 $H_{1T} = H_{2T}$

② 자속밀도 B 의 법선성분 $B_{1n} = B_{2n}$

③ 전속밀도 D 의 법선성분
$D_{1n} = D_{2n} = \dfrac{\mu_2}{\mu_1}$

④ 경계면에서의 자력선의 굴절
$\dfrac{\tan\theta_1}{\tan\theta_2} = \dfrac{\mu_1}{\mu_2}$

정답분석 자성체 경계조건

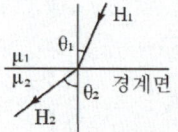

㉠ 자계의 접선성분은 서로 같다(연속적).
$H_{1t} = H_{2t} \; (H_1 \sin\theta_1 = H_2 \sin\theta_2)$

㉡ 자속밀도의 법선성분은 서로 같다.
$B_{1n} = B_{2n} \; (B_1 \cos\theta_1 = B_2 \cos\theta_2)$

㉢ 경계조건: $\dfrac{\mu_1}{\mu_2} = \dfrac{\tan\theta_1}{\tan\theta_2}$

정답 ③

52 투자율이 다른 두 자성체가 평면으로 접하고 있는 경계면에서 전류밀도가 0일 때 성립하는 경계조건은?

① $\mu_2 \tan\theta_1 = \mu_1 \tan\theta_2$

② $H_1 \cos\theta_1 = H_2 \cos\theta_2$

③ $B_1 \sin\theta_1 = B_2 \cos\theta_2$

④ $\mu_1 \tan\theta_1 = \mu_2 \tan\theta_2$

정답분석 경계조건 $\dfrac{\tan\theta_1}{\tan\theta_2} = \dfrac{\mu_1}{\mu_2}$ 에서

∴ $\mu_2 \tan\theta_1 = \mu_1 \tan\theta_2$

정답 ①

53 투자율이 다른 두 자성체의 경계면에서 굴절각은?

① 투자율에 비례
② 투자율에 반비례
③ 투자율의 제곱에 비례
④ 비투자율에 반비례

$\dfrac{\tan\theta_1}{\tan\theta_2} = \dfrac{\mu_1}{\mu_2}$: 굴절각은 투자율에 비례한다.

정답 ①

54 두 자성체의 경계면에서 정자계가 만족하는 것은?

① 양측 경계면상의 두점 간의 자위차가 같다.
② 자속은 투자율이 적은 자성체에 모인다.
③ 자계의 법선성분은 서로 같다.
④ 자속밀도의 접선성분이 같다.

㉠ 자속밀도는 법선성분이 같다($B_{1n} = B_{2n}$).
㉡ 자계의 접선성분은 같다($H_{1t} = H_{2t}$).
㉢ 자기력선 또는 자속선은 투자율이 큰 곳으로 더 크게 굴절한다($\dfrac{\tan\theta_1}{\tan\theta_2} = \dfrac{\mu_1}{\mu_2}$).
㉣ 양측 경계면상의 두 점 간의 자위차는 같다.
㉤ 자속밀도는 투자율이 큰 곳으로 자계는 투자율이 작은 곳으로 모인다.

정답 ①

55 평균자계 H_0 중에 비투자율 μ_s 인 매우 얇은 철판을 자계와 직각으로 놓았을 때의 철판내 중앙부의 자계 H_1 과 평행으로 놓았을 때의 철판내 중앙부 자계 H_2 와의 비는 얼마인가?

① $\dfrac{B_1}{B_2} = \mu_s$ ② $\dfrac{H_1}{H_2} = \dfrac{1}{\mu_s}$

③ $\dfrac{B_1}{B_2} = I$ ④ $\dfrac{H_1}{H_2} = \dfrac{\mu_s}{\mu_0}$

경계면에 자계가 수직으로 입사하면 자속밀도가 일정하므로 $B_1 = B_2$ 이 된다.
$\mu_0 H_1 = \mu_0\mu_s H_2$ 이므로 $\dfrac{H_1}{H_2} = \dfrac{1}{\mu_s}$ 가 된다.

정답 ②

56 등질, 선형, 등방성인 두 물질이 $x = 0$ 인 무한평면을 경계면으로 접해있고 경계면상에는 전류가 흐르지 않는다고 한다. 지금 $x < 0$ 인 영역에서 비투자율 $\mu_{R1} = 2$ 이고, 자계 $H_1 = 2a_x - 2a_y + 2a_z$ [H/m] 라고 하면 $x > 0$ 인 영역에서 $\mu_{R2} = 4$ 일 때 자속밀도 B_2 는 몇 [Wb/m²]인가?

① $B_2 = \mu_0(4a_x - 4a_y + 4a_z)$
② $B_2 = \mu_0(8a_x - 8a_y + 8a_z)$
③ $B_2 = \mu_0(8a_x - 8a_y + 4a_z)$
④ $B_2 = \mu_0(4a_x - 8a_y + 8a_z)$

㉠ 자속밀도 법선 성분 연속성: $B_{x1} = B_{x2}$ 에서
$B_{x2} = B_{x1} = \mu_1 H_{x1} = 2\mu_0 \times 2 = 4\mu_0$
㉡ 자계세기 접선 성분 연속성: $H_{y1} = H_{y2}$ 에서
$B_{y2} = \mu_2 H_{y2} = \mu_2 H_{y1} = 4\mu_0 \times -2 = -8\mu_0$
㉢ $H_{z1} = H_{z2}$ 에서
$B_{z2} = \mu_2 H_{z2} = \mu_2 H_{z1} = 4\mu_0 \times 2 = 8\mu_0$
∴ $B_2 = B_{x2} + B_{y2}a_y + B_{z2}a_z$
$= \mu_0(4a_x - 8a_y + 8a_z)$

정답 ④

57 그림과 같이 비투자율이 μ_{s1}, μ_{s2} 인 각각 다른 자성체를 접하여 놓고 θ_1 을 입사각이라 하고, θ_2 를 굴절각이라 한다. 경계면에 자하가 없는 경우 미소 폐곡면을 취하여 이곳에 출입하는 자속수를 구하면?

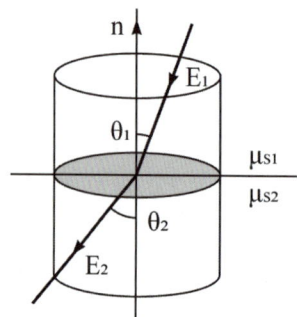

① $\int_\ell B \cdot n \, d\ell = 0$

② $\int_S B \cdot n \, dS = 0$

③ $\int_S B \cdot dS = 0$

④ $\int_S B \cdot \sin\theta \, dS = 0$

정답분석 정자기장에 대한 Maxwell의 방정식
㉠ $\oint H \cdot n \, d\ell = 0$
㉡ $\oint B \cdot n \, ds = m$
㉢ 경계면에 자하($m\,[Wb]$)가 없는 경우 미소 폐곡면을 취하여 이곳에 출입하는 자속 수를 구하면 $\oint B \cdot n \, ds = 0$ 이 된다.

정답 ②

4. 자화에 필요한 에너지

58 전자석의 흡인력은 공극의 자속밀도를 B라 할 때 다음 중 무엇에 비례하는가?

① B ② $B^{0.5}$
③ $B^{1.6}$ ④ B^2

정답분석 전자석의 흡인력 (= 철편의 흡인력)
$F = f \cdot S = \dfrac{B^2}{2\mu_0} \times S \,[N] \quad \propto B^2$

정답 ④

59 그림과 같이 진공 중에 자극 면적이 2[cm²], 간격이 0.1[cm]인 자성체 내에서 포화 자속밀도가 2[Wb/m²]일 때 두 자극면 사이에 작용하는 힘의 크기는 약 몇 [N]인가?

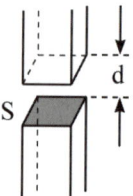

① 53[N]
② 106[N]
③ 159[N]
④ 318[N]

정답분석 단위면적당 작용하는 힘
$f = \dfrac{1}{2}\mu H^2 = \dfrac{1}{2}HB = \dfrac{B^2}{2\mu}\,[N/m^2]$ 에서
∴ 철편의 흡인력
$F = f \cdot S = \dfrac{B^2}{2\mu_0} \times S$
$= \dfrac{2^2}{2 \times 4\pi \times 10^{-7}} \times 2 \times 10^{-4}$
$= 318.47\,[N]$

정답 ④

60 그림과 같이 갭의 면적 100[cm²]의 전자석에 자속밀도 5000[Gauss]의 자속이 발생될 때 철판을 흡입하는 힘은 약 얼마인가?

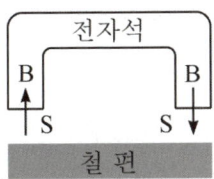

① 1,000[N]
② 1,500[N]
③ 2,000[N]
④ 2,500[N]

정답분석
㉠ $1[\text{Wb/m}^2] = 10^4[\text{Gauss}]$ 이므로
 $B = 5000[\text{Gauss}] = 0.5[\text{Wb/m}^2]$
㉡ 철편을 흡입하는 면적이 2개 이므로
∴ 철편의 흡인력
$$F = f \times 2S = \frac{B^2}{2\mu_0} \times 2S$$
$$= \frac{0.5^2}{2 \times 4\pi \times 10^{-7}} \times 2 \times 100 \times 10^{-4}$$
$$= 1989 ≒ 2000 [\text{N}]$$
정답 ③

61 자계의 세기 H[AT/m], 자속밀도 B[Wb/m²] 투자율 μ[H/m]인 곳에 자계의 에너지 밀도는 몇 [J/m³]인가?

① BH
② $\frac{1}{2\mu}H^2$
③ $\frac{1}{2}\mu H$
④ $\frac{1}{2}BH$

정답분석
㉠ 전계 에너지 밀도
$$W_e = \frac{1}{2}\epsilon E^2 = \frac{1}{2}ED = \frac{D^2}{2\epsilon} [\text{J/m}^3]$$
㉡ 자계 에너지 밀도
$$W_m = \frac{1}{2}\mu H^2 = \frac{1}{2}BH = \frac{B^2}{2\mu} [\text{J/m}^3]$$
정답 ④

62 비투자율이 2500인 철심의 자속밀도가 $5[\text{wb/m}^2]$이고 철심의 부피가 $4 \times 10^{-6}[\text{m}^3]$일 때, 이 철심에 저장된 자기에너지는 몇 [J]인가?

① $\frac{1}{\pi} \times 10^{-2}$ [J]
② $\frac{3}{\pi} \times 10^{-2}$ [J]
③ $\frac{4}{\pi} \times 10^{-2}$ [J]
④ $\frac{5}{\pi} \times 10^{-2}$ [J]

정답분석
철심에 축적되는 자계에너지
$$W = \frac{B^2}{2\mu} \times V = \frac{B^2}{2\mu_0\mu_s} \times V$$
$$= \frac{5^2 \times 4 \times 10^{-6}}{2 \times 4\pi \times 10^{-7} \times 2500} = \frac{5}{\pi} \times 10^{-2} [\text{J}]$$
정답 ④

5. 자기회로

63 다음 중 기자력에 대한 설명으로 옳지 않은 것은?

① 전기회로의 기전력에 대응이다.
② 코일에 전류가 흘렸을 때 전류밀도와 코일의 권수의 곱의 크기와 같다.
③ 자기회로의 자기저항과 자속의 곱과 동일하다.
④ SI 단위는 암페어 [A] 이다.

자기회로 공식
㉠ 기자력 $F = IN = R_m \phi$ [AT]
㉡ 자기저항 $R_m = \dfrac{l}{\mu S} = \dfrac{F}{\phi}$ [AT/Wb]
㉢ 옴의법칙 $\phi = \dfrac{F}{R_m} = \dfrac{IN}{\dfrac{l}{\mu S}} = \dfrac{\mu SNI}{l}$ [Wb]

정답 ②

64 그림과 같은 유한길이의 솔레노이드에서 비투자율이 μ_s 인 철심의 단면적이 S[m²] 이고 길이가 ℓ[m] 인 것에 코일을 N 회 감고 I[A] 를 흘릴 때 자기저항 R_m [AT/Wb] 은 어떻게 표현되는가?

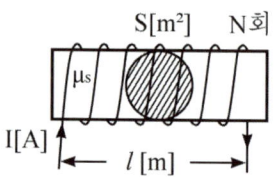

① $R_m = \dfrac{\ell}{\mu_0 \mu_s}$
② $R_m = \ell \mu_0 \mu_s$
③ $R_m = \dfrac{\ell}{\mu_0 \mu_s S}$
④ $R_m = \ell S \mu_0 \mu_s$

정답 ③

65 자기회로와 전기회로의 대응관계를 표시하였다. 잘못된 것은?

① 자속-전속
② 자계-전계
③ 기자력-기전력
④ 투자율-도전율

전기회로와 자기회로의 대응 관계

전기회로	자기회로
기전력	기자력
전기저항	자기저항
도전율	투자율
전류(전류밀도)	자속(자속밀도)

정답 ①

66 자기저항의 역수를 무엇이라 하는가?

① conductance
② permeance
③ elastance
④ impedance

② 퍼미언스: 자기저항의 역수
③ 엘라스턴스: 정전용량의 역수

정답 ②

67 전기회로와 비교할 때 자기회로의 특징이 아닌 것은?

① 기자력과 자속은 변화가 비직선성이다.
② 공기에 대한 누설자속이 많다.
③ 자기회로는 정전용량과 같은 회로요소는 없다.
④ 자속의 변화에 따른 자기저항 내의 주울 손실이 생긴다.

① 기자력을 증가하면 어느 시점에서 자속은 포화되므로 비선형(비직선) 특성을 갖는다.
④ 자속의 변화에 따른 철심 내에 철손(와류손과 히스테리시스 손)이 생긴다.

정답 ④

68 단면적이 0.5[m²], 길이가 0.8[m], 비투자율이 20인 막대 철심이 있다. 이 철심의 자기저항 [AT/Wb]은?

① 6.37×10^4 ② 4.45×10^4
③ 3.60×10^4 ④ 9.70×10^5

정답분석 철심의 자기저항

$$R_m = \frac{l}{\mu S} = \frac{l}{\mu_0 \mu_s S}$$
$$= \frac{0.8}{4\pi \times 10^{-7} \times 20 \times 0.5}$$
$$= 6.37 \times 10^4 \, [\text{AT/Wb}]$$

정답 ①

69 길이 1[m], 단면적 15[cm²]인 무단 솔레노이드에 0.01[Wb]의 자속을 통하는데 필요한 기자력은? (단, 철심의 비투자율을 1000이라 한다)

① $\frac{10^8}{6\pi}$ [AT] ② $\frac{10^7}{6\pi}$ [AT]
③ $\frac{10^6}{6\pi}$ [AT] ④ $\frac{10^5}{6\pi}$ [AT]

정답분석 자기회로 공식
㉠ 자기저항

$: R_m = \frac{l}{\mu S} = \frac{1}{\mu_0 \mu_s S}$

$= \frac{1}{4\pi \times 10^{-7} \times 1000 \times 15 \times 10^{-4}}$

$= \frac{10^7}{6\pi}$ [AT/Wb]

㉡ 옴의 법칙 $\phi = \frac{F}{R_m}$ [Wb]

∴ 기자력: $F = \phi R_m = 0.01 \times \frac{10^7}{6\pi}$

$= \frac{10^5}{6\pi}$ [AT]

정답 ④

70 평균 자로의 길이 80[cm]의 환상 철심에 500회의 코일을 감고 여기에 4[A]의 전류를 흘렸을 때 기자력과 자화력(자계의 세기)은?

① 2,000[AT]   2,500[AT/m]
② 3,000[AT]   2,500[AT/m]
③ 2,000[AT]   3,500[AT/m]
④ 3,000[AT]   3,500[AT/m]

정답분석
㉠ 기자력
$F = NI = 500 \times 4 = 2000$ [AT]
㉡ 자화력 (자계의 세기)
$H = \frac{NI}{l} = \frac{500 \times 4}{0.8} = 2500$ [AT/m]

정답 ①

71 자기회로에서 단면적, 길이, 투자율을 모두 1/2배로 하면 자기저항은 몇 배가 되는가?

① 0.5 ② 2
③ 1   ④ 8

정답분석 철심의 자기저항 $R_m = \frac{l}{\mu S}$ [AT/Wb]에서 단면적, 길이, 투자율을 모두 1/2배 하면

∴ $R_x = \frac{\frac{1}{2}l}{\frac{1}{2}\mu \times \frac{1}{2}S} = 2 \times \frac{l}{\mu S} = 2R_m$

정답 ②

72 그림과 같이 비투자율 μ_s이 800, 원형단면적 S가 10[cm²], 평균 자로의 길이 l이 30[cm]인 환상 철심에 코일을 600회 감아 1[A]의 전류를 흘릴 때 철심 내 자속은 약 몇 [Wb]인가?

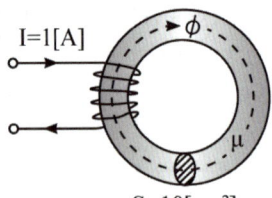

① 1.51×10^{-1} ② 2.01×10^{-1}
③ 1.51×10^{-3} ④ 2.01×10^{-3}

정답분석
자기회로의 옴의 법칙에서
$\phi = \dfrac{F}{R_m} = \dfrac{IN}{\frac{l}{\mu S}} = \dfrac{\mu SNI}{l}$ [Wb] 이므로

$\therefore \phi = \dfrac{\mu SNI}{l} = \dfrac{\mu_0 \mu_s SNI}{l}$

$= \dfrac{4\pi \times 10^{-7} \times 800 \times 10 \times 10^{-4} \times 600 \times 1}{30 \times 10^{-2}}$

$= 2.01 \times 10^{-3}$ [Wb]

정답 ④

73 코일로 감겨진 자기회로에서 철심의 투자율을 μ라 하고 회로의 길이를 l이라 할 때 그 회로의 일부에 미소 공극 l_g를 만들면 회로의 자기저항은 처음의 몇 배가 되는가? (단, $l_g \ll l$, 즉 $l - l_g \fallingdotseq l$ 이다)

① $1 + \dfrac{\mu l_g}{\mu_0 l}$ ② $1 + \dfrac{\mu l}{\mu_0 l_g}$

③ $1 + \dfrac{\mu_0 l_g}{\mu l}$ ④ $1 + \dfrac{\mu_0 l}{\mu l_g}$

정답분석

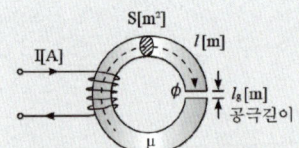

㉠ 공극이 없는 경우의 자기저항
$: R_m = \dfrac{l}{\mu S}$ [AT/Wb]

㉡ 공극이 있는 경우의 자기저항
$: R_m + R_g = \dfrac{l}{\mu S} + \dfrac{l_g}{\mu_0 S}$

$\therefore$ 자기저항 증가율
$: \alpha = \dfrac{R_m + R_g}{R_m} = 1 + \dfrac{R_g}{R_m} = 1 + \dfrac{\mu l_g}{\mu_0 l}$

정답 ①

74 길이 1[m]의 철심($\mu_r = 1000$)의 자기 회로에 1[mm]의 공극이 생겼다면 전체의 자기저항은 약 몇 배로 증가되는가? (단, 각부의 단면적은 일정하다)

① 1.5   ② 2
③ 2.5   ④ 3

정답분석
자기저항 증가율
$\alpha = 1 + \dfrac{\mu l_g}{\mu_0 l} = 1 + \dfrac{\mu_r l_g}{l}$

$= 1 + \dfrac{1000 \times 10^{-3}}{1} = 2$

정답 ②

75 그림 (a)와 같이 비투자율 1000, 길이 ℓ 인 균일한 단면을 갖는 환상철심에 N 회의 코일을 감아 $I[A]$ 의 전류를 흘렸을 때 철심 내를 통하는 자속이 $\phi[\text{Wb}]$ 이었다. 이 철심에 그림 (b)와 같이 간격 $1/1000$ 을 만들었을 때 동일 전류로 같은 자속을 얻자면 코일의 권수는 얼마로 하면 되는가?

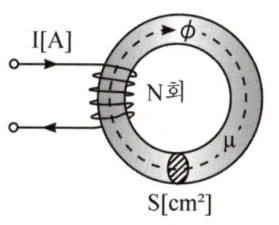
그림 (a)

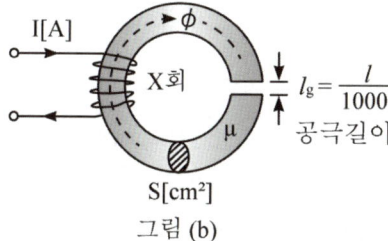
그림 (b)

① N 회 ② $1.2N$ 회
③ $1.5N$ 회 ④ $2N$ 회

정답분석

㉠ 공극이 있는 경우의 자기저항

$: R_m + R_g = \dfrac{\ell}{\mu S} + \dfrac{\ell_g}{\mu_0 S}$

$= \dfrac{\ell}{\mu S}\left(1 + \dfrac{\mu_s \ell_g}{\ell}\right) = R_m\left(1 + \dfrac{\mu_s \ell_g}{\ell}\right)$

$= R_m\left(1 + \dfrac{1000 \times \dfrac{\ell}{1000}}{\ell}\right) = 2R$

㉡ 옴의 법칙

$: \phi = \dfrac{F}{R_m} = \dfrac{IN}{R_m}$

∴ 자기저항이 2배 증가하면 권선수도 2배로 해야 동일한 자속을 얻을 수 있다.

정답 ④

76 그림은 철심부의 평균 길이가 $0.8[m]$, 공극의 길이가 $5.3[mm]$, 면적이 $10[cm^2]$인 자기회로이다. 이 철심의 자기저항은 $[AT/Wb]$은? (단, 비투자율은 800이다)

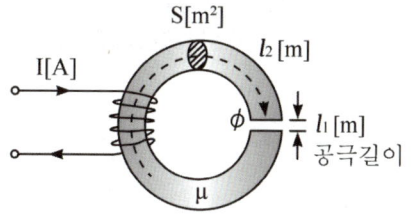

① 12.1×10^4 ② 12.1×10^5
③ 6.1×10^4 ④ 6.1×10^5

정답분석

㉠ 철심부의 자기저항

$R_m = \dfrac{l_2}{\mu S} = \dfrac{l_2}{\mu_0 \mu_s S}$

$= \dfrac{0.8}{4\pi \times 10^{-7} \times 800 \times 10 \times 10^{-4}}$

$= 7.96 \times 10^5 [\text{AT/Wb}]$

㉡ 공극의 자기저항

$R_0 = \dfrac{l_1}{\mu_0 S} = \dfrac{5.3 \times 10^{-3}}{4\pi \times 10^{-7} \times 10 \times 10^{-4}}$

$= 42.18 \times 10^5 [\text{AT/Wb}]$

∴ 전체 자기저항

$R_T = R_m + R_0$

$= 12.14 \times 10^5 [\text{AT/Wb}]$

정답 ②

77 공극(air gap)이 있는 환상 솔레노이드에 권수는 1000회, 철심의 길이 ℓ 은 10[cm], 공극의 길이 ℓ_g는 2[mm], 단면적은 3[cm²], 철심의 비투자율은 800, 전류는 10[A]라 했을 때, 이 솔레노이드의 자속은 약 몇 [Wb]인가? (단, 누설자속은 없다고 한다)

① 3×10^{-2}
② 1.89×10^{-3}
③ 1.77×10^{-3}
④ 2.89×10^{-3}

[정답분석]

공극이 있는 경우의 자기저항

$R_T = R_m + R_g = \dfrac{\ell}{\mu S} + \dfrac{\ell_g}{\mu_0 S}$

$= \dfrac{1}{\mu_0 S}\left(\dfrac{\ell}{\mu_s} + \ell_g\right) = \dfrac{\dfrac{\ell}{\mu_s} + \ell_g}{\mu_0 S}$

$= \dfrac{\dfrac{10 \times 10^{-2}}{800} + 2 \times 10^{-3}}{4\pi \times 10^{-7} \times 3 \times 10^{-4}} = 0.564 \times 10^7$

∴ 자속: $\phi = \dfrac{F}{R_T} = \dfrac{IN}{R_T} = \dfrac{1000 \times 10}{0.564 \times 10^7}$

$= 1.77 \times 10^{-3}$ [Wb]

정답 ③

---

78 그림은 철심부의 평균 길이가 l_2, 공극의 길이가 l_1, 면적이 S인 자기회로이다. 자속밀도를 B [Wb/m²]로 하기 위한 기자력은? (투자율: $\mu = \mu_o \mu_s$)

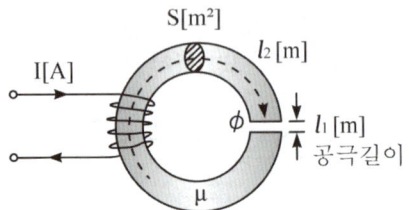

① $\dfrac{\mu_0}{B}\left(l_1 + \dfrac{\mu_s}{l_2}\right)$ [AT]

② $\dfrac{B}{\mu_0}\left(l_2 + \dfrac{l_2}{\mu_s}\right)$ [AT]

③ $\dfrac{\mu_0}{B}\left(l_2 + \dfrac{\mu_s}{l_1}\right)$ [AT]

④ $\dfrac{B}{\mu_0}\left(l_1 + \dfrac{l_2}{\mu_s}\right)$ [AT]

[정답분석]

㉠ 공극이 있는 경우의 자기저항

$R_T = R_m + R_g = \dfrac{l_2}{\mu S} + \dfrac{l_1}{\mu_0 S}$

$= \dfrac{1}{\mu_0 S}\left(\dfrac{l_2}{\mu_s} + l_1\right)$

㉡ 자속 $\phi = BS = \dfrac{F}{R_T}$ 에서 기자력은

∴ $F = BSR_T = BS\left(\dfrac{l_2}{\mu S} + \dfrac{l_1}{\mu_0 S}\right)$

$= \dfrac{B}{\mu_0}\left(\dfrac{l_2}{\mu_s} + l_1\right)$ [AT]

정답 ④

79 아래의 그림과 같은 자기회로에서 A부분에만 코일을 감아서 전류를 인가할 때의 자기저항과 B부분에만 코일을 감아서 전류를 인가할 때의 자기저항 [AT/Wb]을 각각 구하면 어떻게 되는가? (단, 자기저항 $R_1=1$, $R_2=0.5$, $R_3=0.5$[AT/Wb]이다)

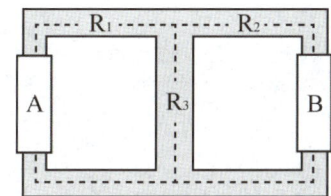

① $R_A=1.25$, $R_B=0.83$
② $R_A=1.25$, $R_B=1.25$
③ $R_A=0.83$, $R_B=0.83$
④ $R_A=0.83$, $R_B=1.25$

정답분석

㉠ A부분에만 기전력을 인가한 경우

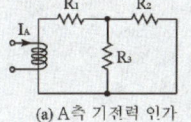

(a) A측 기전력 인가

$$R_A = 1 + \frac{0.5}{2} = 1.25\,[\Omega]$$

㉡ B부분에만 기전력을 인가한 경우

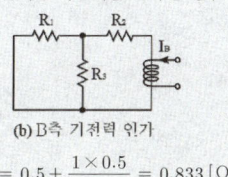

(b) B측 기전력 인가

$$R_B = 0.5 + \frac{1\times 0.5}{1+0.5} = 0.833\,[\Omega]$$

정답 ①

80 그림과 같은 자기회로에서 코일에 흐르는 전류가 10[A]이면 $\overline{ACB}$ 간에 투과하는 자속 ϕ는 약 몇 [Wb]인가? (단, 코일의 권수 10회, $R_1=0.1$[AT/Wb], $R_2=0.2$[AT/Wb] 이다)

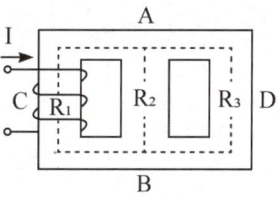

① 2.25×10^2
② 4.55×10^2
③ 6.50×10^2
④ 8.45×10^2

정답분석

㉠ 합성 자기저항

$$R_m = R_1 + \frac{R_2\times R_3}{R_2+R_3}$$
$$= 0.1 + \frac{0.2\times 0.3}{0.2+0.3} = 0.22\,[\text{AT/Wb}]$$

㉡ $\overline{ACB}$ 구간에 통과하는 자속 (전체 자속)

$$\phi = \frac{F}{R_m} = \frac{IN}{R_m} = \frac{10\times 10}{0.22}$$
$$= 4.55\times 10^2\,[\text{Wb}]$$

정답 ②

81 다음 중 자기회로에서 키르히호프의 법칙으로 알맞은 것은? (단, R: 자기저항, ϕ: 자속, N: 코일 권수, I: 전류이다)

① $\sum_{i=1}^{n}\phi_i = \infty$

② $\sum_{i=1}^{n}R_i\phi_i = \sum_{i=1}^{n}N_iI_i$

③ $\sum_{i=1}^{n}N_i\phi_i = 0$

④ $\sum_{i=1}^{n}R_i\phi_i = \sum_{i=1}^{n}N_iL_i$

정답분석

㉠ 키르히호프의 제1법칙
임의의 결합점에 유입·유출하는 자속의 합은 0이다($\sum_{i=1}^{n}\phi_i = 0$).

㉡ 키르히호프의 제2법칙
폐자로 내에서 기자력의 합은 그 폐자로 내에서 자기저항과 자속의 합과 같다($\sum_{i=1}^{n}F_i = \sum_{i=1}^{n}\phi_i\cdot R_m$).

정답 ②

해커스자격증
pass.Hackers.com

해커스 **전기기사·산업기사 필기** 전기자기학 한권완성 이론 + 최신기출 + 핵심노트

전자유도법칙
(Electromagnetic induction)

1 패러데이의 전자유도법칙
2 전자유도에 의한 기전력
3 전자계 특수현상

핵심 요점정리

출제예상문제

Chapter 10 전자유도법칙(Electromagnetic induction)

1 패러데이의 전자유도법칙

1. 개요
(1) 1820년 에르스텟(Oersted)이 전류에 의한 자기작용을 발견한 후

(2) 패러데이(Faraday)는 역으로 자기가 전류를 일으킬 수 있는 것이라는 데 착안하였고 그 이후 1831년 전자유도에 관한 법칙을 정립하였다.

2. 전자유도법칙

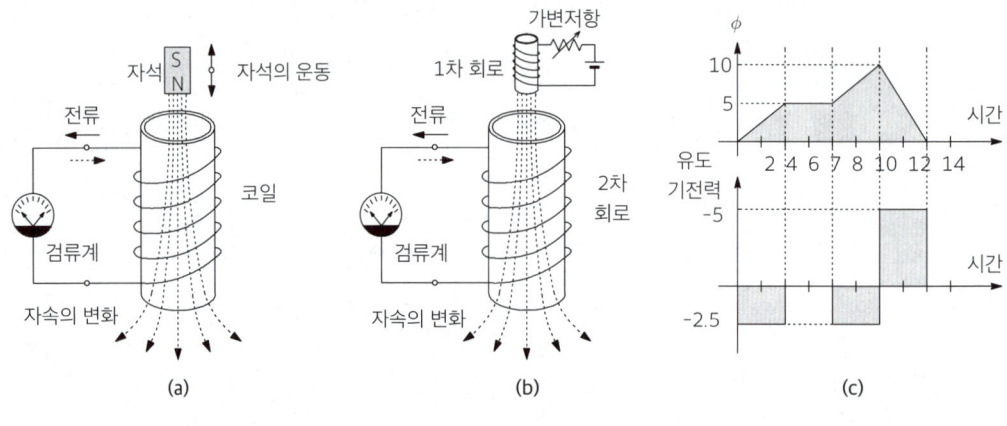

[그림 10-1] 전자유도 실험

(1) 실험 (a)

코일에 자석을 넣었다 빼는 것을 반복하게 되면 코일 주변에 전류가 유도되는 것을 알 수 있다.

(2) 실험 (b)

① 1차 회로에 가변저항을 설치하여 2차 회로를 통과하는 자속을 (c)와 같이 시간에 따라 자속 ϕ 의 변화를 주면 2차 회로의 코일에는 (c)와 같은 유도기전력이 발생된다. 이 실험을 통해 패러데이는 다음과 같은 전자유도법칙을 정의한다.

② 회로에 쇄교하는 자속이 변화할 때 그 회로에는 자속이 감소되는 비율에 비례하는 기전력을 유기한다.

③ 이러한 현상을 전자유도(electromagnetic induction)이라 하며, 발생된 기전력을 유도기전력(induced motive force)이라 한다.

3. 패러데이, 노이만, 렌츠의 실험식

(1) 전자유도에 의해서 회로에 생기는 유도전류는 쇄교자속의 변화를 방해하는 방향이 된다. 이것을 렌츠의 법칙(Lentz's law)이라 하고,

(2) 전자유도법칙을 수식화한 것을 노이만의 법칙(Neumann's law)이라고 한다.

$$e = -N\frac{d\phi}{dt} \text{ [V]} \quad \text{················ [식 10-1]}$$

(3) 권선 수 N인 코일과 쇄교하는 자속이 $\phi = \phi_m \sin\omega t$ [Wb] 일 때 이를 통해 발생되는 유도기전력의 최대값과 위상관계

① $e = -N\dfrac{d\phi}{dt} = -N\phi_m \dfrac{d}{dt}(\sin\omega t) = -\omega N\phi_m \cos\omega t$

$\quad = -\omega N\phi_m \sin(\omega + \dfrac{\pi}{2}) = \omega N\phi_m \sin(\omega - \dfrac{\pi}{2})$

② 유도기전력의 최대값: $E_m = \omega N\phi_m = 2\pi f N\phi_m$ [V] ················ [식 10-2]

③ 유도기전력 e 는 자속 ϕ 보다 $\dfrac{\pi}{2}$ [rad] 만큼 위상이 늦다.

4. 패러데이 법칙의 미분형

(1) 패러데이 법칙

① 폐회로 C를 경계로 하는 임의의 곡면 S를 가정하고 미소면적 ds에서 시간에 따라 변화하는 자속밀도 B를 통과시켰을 때, 폐회로 C에 유도되는 기전력은 다음과 같다.

② $e = -\dfrac{d\phi}{dt} = -\dfrac{\partial}{\partial t}BS = -\displaystyle\int_S \dfrac{\partial B}{\partial t}\, ds$ ················ [식 10-3]

(2) 전계의 세기 E와 기전력의 관계

① 기전력과 유도기전력의 방향은 반대가 되므로 $e = -v$ 가 된다.

② 정전계에서 폐곡선에 대한 전계의 세기의 주회적은 0이 되지만, 시간에 따라 전계가 변화하면 0이 아니다. 따라서 스토크스의 정리를 대입하면 다음과 같이 정리할 수 있다.

③ $e = \displaystyle\oint_C E\, d\ell = \displaystyle\int_S rot\, E\, ds$ ················ [식 10-4]

(3) [식 10-3]과 [식 10-4]를 통해 미분형을 정리할 수 있다.

$$e = \int_S rot\, E\, ds = -\int_S \dfrac{\partial B}{\partial t}\, ds \text{ 이므로}$$

$$\therefore rot\, E = \nabla \times E = -\dfrac{\partial B}{\partial t} \quad \text{················ [식 10-5]}$$

2 전자유도에 의한 기전력

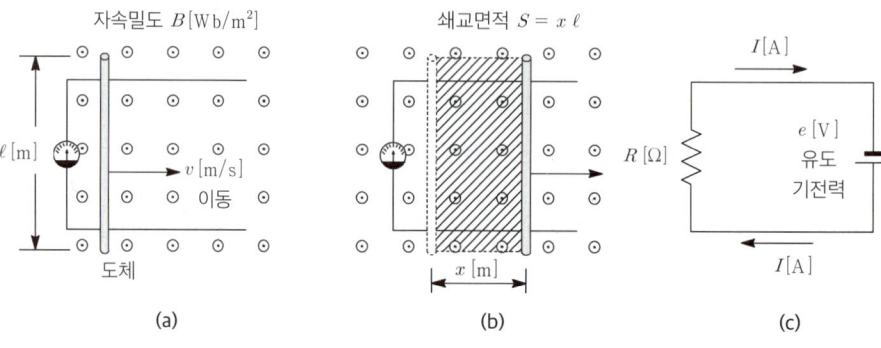

[그림 10-2] 자계내 도체의 운동

1. 자계내 도체의 운동

(1) [그림 10-2]와 같이 평등자계 내에 있는 도체를 $v\,[\mathrm{m/s}]$ 로 운동하게 되면 도체에는 유도기전력이 발생된다.

(2) 미소시간 dt 에 대하여 자속과 쇄교하는 면적은 $S = x\,\ell$ 이고, 자속밀도 및 도체의 길이는 일정하므로 시간에 따라 변화하는 것은 도체의 이동거리 x 가 된다. 이를 정리하면 유도기전력의 크기는 다음과 같다.

$$e = N\frac{d\phi}{dt} = \frac{d}{dt}BS = \frac{d}{dt}Bx\ell = \frac{dx}{dt}B\ell = vB\ell\,[\mathrm{V}] \quad \cdots\cdots [\text{식 10-6}]$$

(3) 도체가 자속밀도를 수직으로 끊으면서 운동하면 [식 10-6]와 같이 되지만, 자속밀도와 도체가 θ 를 이루며 운동하면 다음과 같이 정리할 수 있다.

$$\therefore\ e = vB\ell\sin\theta\,[\mathrm{V}] \quad \cdots\cdots [\text{식 10-7}]$$

2. 플레밍의 오른손법칙

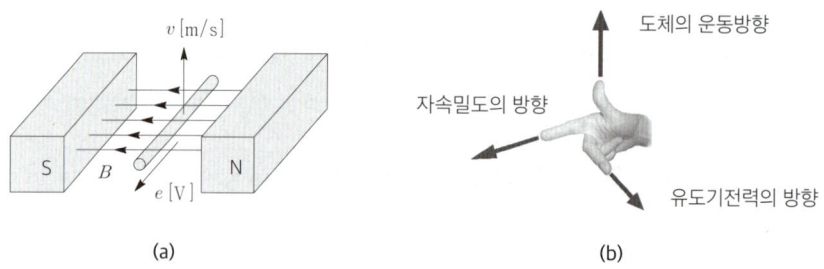

[그림 10-3] 플레밍의 오른손법칙

(1) 위항에서 정리한 것과 같이 자계 내에 있는 도체가 $v\,[\mathrm{m/s}]$ 의 속도로 운동하면 도체에는 반드시 기전력이 유도된다(유도기전력이 발생한다).

(2) [그림 10-3]과 같이 오른손의 엄지, 검지, 중지를 직각으로 펼쳐서 엄지와 검지를 v, B 의 방향으로 하면 유도기전력 e 는 중지의 방향이 된다. 이것을 플레밍의 오른손법칙이라 한다.

3. 패러데이의 단극발전기

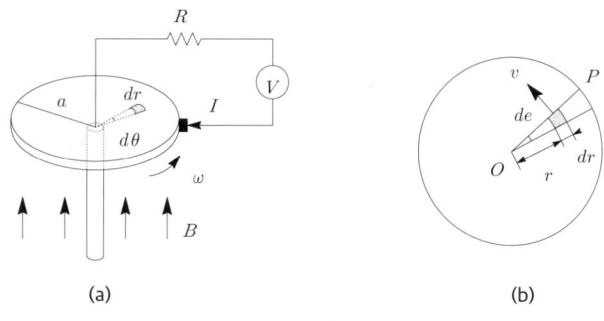

[그림 10-4] 단극발전기

(1) 패러데이는 1831년에 [그림 10-4]와 같은 단극발전기(Faraday disk 또는 homopolar generator)를 고안했다. 단극발전의 유도기전력의 크기는 다음과 같다.

(2) [그림 10-4](b)와 같이 미소길이 dr의 주변속도는 $v = r\omega\,[\text{m/s}]$ 이므로 dr 부분에서의 유기되는 기전력은 다음과 같다.

$$de = vB\,dr = B\omega r\,dr\,[\text{V}] \quad\quad\quad [\text{식 10-8}]$$

(3) 원판 중심 O 점에서 P 점 사이의 유기되는 전 기전력과 전류는

① $e = \int_0^a B\omega r\,dr = \dfrac{\omega B a^2}{2}\,[\text{V}]$ [식 10-9]

② $I = \dfrac{e}{R} = \dfrac{\omega B a^2}{2R}\,[\text{A}]$ [식 10-10]

3 전자계 특수현상

1. 스트레치 효과(stretch effect)

(1) 정사각형의 가요성 전선에 대전류를 흘리면, 각 변에는 반발력(전자력)이 작용하여 도선은 원형의 모양이 된다. 이와 같은 현상을 스트레치 효과라 한다.

(2) 평행도선에 전류가 반대방향으로 흐르면 $F = \dfrac{2I^2}{d} \times 10^{-7}\,[\text{N/m}]$의 반발력이 발생된다.

2. 홀효과(Hall effect)

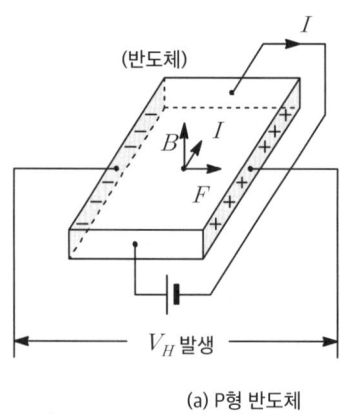
(a) P형 반도체

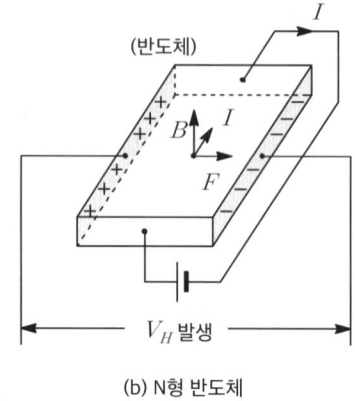
(b) N형 반도체

[그림 10-5] 홀 효과

(1) [그림 10-5]와 같이 반도체에 전류 I를 흘려 이것과 직각 방향으로 자속밀도 B를 가하면 플레밍 왼손법칙에 의해 그 양면의 직각 방향으로 기전력이 발생한다. 이 현상을 홀 효과라 한다.

(2) **홀 기전력**: $V_H = R_H \dfrac{IB}{d}$ [V] ··· [식 10-11]

여기서, R_H: 홀상수[m³/C], d: 반도체의 두께[m]

(3) 홀 효과를 이용하면 반도체가 P형인지, N형인지를 조사할 수 있다.

(4) **자기저항 효과**: 홀 효과가 발생되면 전류가 한 쪽으로 몰리기 때문에 자속밀도에 따라 전기저항이 증가하는 것을 말한다.

3. 핀치효과(pinch effect)

(1) [그림 10-6]와 같이 액체 상태의 원통상 도선에 직류전압을 인가하면 도체 내부에 자장이 생겨 로렌츠의 힘(구심력)으로 전류가 원통 중심 방향으로 수축하여 전류의 단면은 점차 작아져 전류가 흐르지 않게 된다.

(2) 그러면 로렌츠의 힘이 없어져서 전류는 다시 균일하게 흐르며, 전류가 다시 흐르는 순간 로렌츠의 힘이 전류가 수축되는 현상이 반복되게 된다. 이러한 현상을 핀치 효과라 한다.

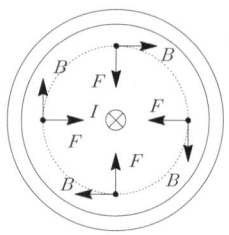

[그림 10-6] 핀치효과

(3) 핀치 효과는 플라즈마 발생의 원리이고 저주파 유도로, 초고압수은 등에 이용된다.

4. 와전류

(1) 자성체 중에서 자속이 변화하면 기전력이 발생하고, 이 기전력에 의해 자성체 중에 [그림 10-7]과 같이 소용돌이 모양의 전류가 흐른다.

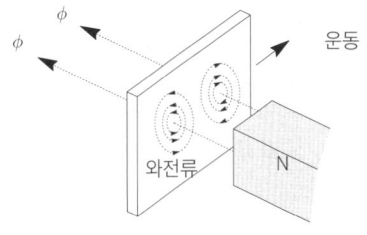

[그림 10-7] 와전류

(2) 이것을 와전류(eddy current 또는 foucault current) 또는 맴돌이 전류라 하고 이 전류에 의한 전력손실은 와류손(eddy current loss)이라 하며, 그 크기는 다음과 같다.

$$P_e = \sigma_e (k_f f B_m t)^2 \, [\text{W/kg}] \quad \cdots\cdots\cdots\cdots\cdots\cdots\cdots\cdots\cdots\cdots\cdots\cdots\cdots\cdots\cdots\cdots\cdots\cdots [\text{식 10-12}]$$

여기서, σ_e: 재질에 따라 정해지는 비례상수, t: 철심 두께

k_f: 파형율(정현파의 경우 1.1), B_m: 최대 자속밀도

(3) 열손실로 되어서 자성체의 온도를 상승시키므로 전기기계에서는 이것을 방지하기 위해 규소강판을 한 장씩 절연하여 겹쳐 쌓아서 철심을 만든다든지 페라이트를 사용한다.

5. 표피 효과(skin effect)

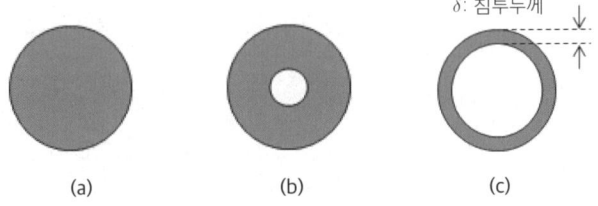

(a) 직류 전류를 흘렸을 경우의 전류밀도 분포
(b) 교류 저주파 전류를 흘렸을 경우의 전류밀도 분포
(c) 교류 고주파 전류를 흘렸을 경우의 전류밀도 분포

[그림 10-8] 표피 효과

(1) 원주형 도체에 전류가 흐르면 그 주위에 자계가 발생된다.

(2) 만약, 자계가 시간에 대해서 일정한 자계(직류 전류)가 흐르게 되면 유도기전력이 발생되지 않기 때문에 ($\frac{d\phi}{dt} = 0$) 도체에는 [그림 10-8](a)와 같이 전류가 균일하게 흐르게 된다.

(3) 그러나 자속이 시간에 따라 변화하면 도체 내부에는 유도기전력이 발생하고 기전력의 방향은 도체에 흐르는 전류와 반대가 되므로 전류의 흐름을 방해하게 된다. 전류에 의한 자계는 도체 중심부에 가까워질수록 전류와 쇄교하는 자속이 커지므로 도체 중심으로 갈수록 유도기전력의 커지게 되어 전류는 흐르기 곤란해진다.

(4) 따라서 유도기전력이 적은 도체 표면으로 전류가 흐르는 현상이 나타나는데 이를 표피 효과라 한다. 이 효과는 그림 (b)와 (c)에서와 같이 고주파일수록, 그리고 도체의 도전율 및 투자율이 클수록 표피 효과는 크게 일어나게 된다. 표피 효과의 크기는 다음과 같다.

① 표피 효과 $m = 2\pi\sqrt{\dfrac{2f\mu}{\rho}} = 2\pi\sqrt{2f\mu\sigma}$ [m] ·· [식 10-13]

② 침투두께 $\delta = \sqrt{\dfrac{2\rho}{\omega\mu}} = \sqrt{\dfrac{1}{\pi f\mu\sigma}}$ [m] ·· [식 10-14]

(5) 여기서, μ 은 투자율, σ 은 도전율, ρ 은 고유저항이다. 또한 표피 효과에 의해서 전계, 자계가 도체 내부에까지 들어가지 못하는 현상을 이용한 것이 전자차폐(electro-magnetic shielding)이다.

핵심 요점정리

1. 유도기전력

① 패러데이, 노이만, 렌쯔의 실험식: $e = -N\dfrac{d\phi}{dt}$ [V]

② 최대 유도기전력: $e_m = \omega N \phi_m = 2\pi f N \phi_m$ [V]

③ 유도기전력의 위상: 자속 ϕ 보다 $\dfrac{\pi}{2}$ [rad] 만큼 위상이 느리다.

2. 플레밍의 오른손법칙

① 자계 내에 있는 도체가 v [m/s] 의 속도로 운동하면 도체는 기전력이 유도된다.

② 유도기전력: $e = vB\ell \sin\theta = (\vec{v}\times\vec{B})\ell$ [V]

3. 패러데이의 단극발전기

① 유도기전력: $e = \displaystyle\int_0^a B\omega r\, dr = \dfrac{\omega B a^2}{2}$ [V]

② 전류: $I = \dfrac{e}{R} = \dfrac{\omega B a^2}{2R}$ [A]

4. 전자계 특수현상

① 스트레치 효과(stretch effect)
정사각형의 가요성 전선에 대전류를 흘리면, 각 변에는 반발력(전자력)이 작용하여 도선은 원형의 모양이 되는 현상을 말한다.

② 홀 효과(Hall effect)
반도체에 전류 I를 흘려 이것과 직각방향으로 자속밀도 B를 가하면 플레밍 왼손법칙에 의해 그 양면의 직각 방향으로 기전력이 발생하는 현상을 말한다.

③ 와전류(eddy current)
자성체 중에서 자속이 변화하면 기전력이 발생하고, 이 기전력에 의해 자성체 중에 소용돌이 모양의 전류가 흐르는 현상을 말한다.

④ 핀치 효과(pinch effect)
액체 상태의 원통상 도선에 직류전압을 인가하면 도체 내부에 자장이 생겨 로렌츠의 힘(구심력)으로 전류가 원통 중심방향으로 수축하여 전류의 단면은 점차 작아져 전류가 흐르지 않게 되는 현상을 말한다.

⑤ 표피 효과(skin effect)
㉠ 도체에 고주파 전류를 흘리면 전류가 도체의 표면 부근에만 흐르는 현상을 말한다.
㉡ 침투두께: $\delta = \sqrt{\dfrac{2\rho}{\omega\mu}} = \sqrt{\dfrac{1}{\pi f \mu \sigma}}$ [m] (여기서, ρ: 고유저항, σ: 도전율)

출제예상문제

※ 출제예상문제는 기출 분석을 바탕으로 자주 출제되는 유형을 선별하였습니다.

1. 패러데이의 전자유도법칙

01 다음 (   ) 안에 들어갈 내용으로 알맞은 것은?

> 유도기전력은 (   )의 변화를 방해하는 방향으로 생기며, 그 크기는 (   )의 시간적인 변화율과 같다.

① 전압 ② 전류
③ 전자파 ④ 쇄교자속

정답 확인

정답 ④

02 전자유도에 의해서 회로에 발생하는 기전력은 자속쇄교수의 시간에 대한 감소비율에 비례한다는 ⊙법칙에 따르고, 특히 유도된 기전력의 방향은 ⓒ법칙에 따른다. ⊙, ⓒ에 알맞은 것은?

① ⊙ 패러데이   ⓒ 플레밍의 왼손
② ⊙ 패러데이   ⓒ 렌츠
③ ⊙ 렌츠   ⓒ 패러데이
④ ⊙ 플레밍의 왼손   ⓒ 패러데이

정답 분석

패러데이는 자속이 시간적으로 변화하면 기전력이 발생한다는 성질을, 렌츠는 기전력의 방향은 자속의 증감을 방해하는 방향으로 발생한다는 것을 설명하였다.

 정답 ②

03 다음 (⊙), (ⓒ)에 알맞은 것은?

> 전자유도에 의하여 발생되는 기전력에서 우변에 (−)의 부호를 가진 것은 암페어의 오른나사 법칙에 의한 (⊙)와(과) (ⓒ)의 방향을 (+)로 하고 있기 때문이다.

① ⊙ 전압   ⓒ 전류
② ⊙ 전압   ⓒ 자속
③ ⊙ 전류   ⓒ 자속
④ ⊙ 자속   ⓒ 인덕턴스

정답 확인

 정답 ③

04 다음에서 전자유도 법칙과 관계없는 것은?

① 노이만(Neumann)의 법칙
② 렌츠(Lentz)의 법칙
③ 비오-사바르(Biot Savart)의 법칙
④ 가우스(Gauss)의 법칙

정답 분석

가우스의 법칙은 전기력선 밀도를 이용하여 대칭 정전계의 세기를 구하기 위하여 이용되는 법칙을 말한다.

 정답 ④

05 렌츠의 법칙을 올바르게 설명한 것은?

① 전자유도에 의하여 생기는 전류의 방향은 항상 일정하다.
② 전자유도에 의하여 생기는 전류의 방향은 자속변화를 방해하는 방향이다.
③ 전자유도에 의하여 생기는 전류의 방향은 자속변화를 도와주는 방향이다.
④ 전자유도에 의하여 생기는 전류의 방향은 자속변화와는 관계가 없다.

정답 ②

06 막대자석 위쪽에 동축도체 원판을 놓고 회로의 한 끝은 원판의 주변에 접촉시켜 회전하도록 해놓은 그림과 같은 패러데이 원판 실험을 할 때 검류계에 전류가 흐르지 않는 경우는?

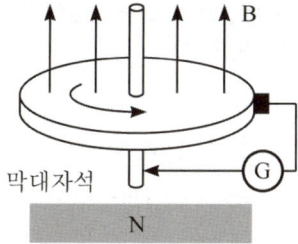

① 자석을 축 방향으로 전진시킨 후 후퇴시킬 때
② 자석만을 일정한 방향으로 회전시킬 때
③ 원판만을 일정한 방향으로 회전시킬 때
④ 원판과 자석을 동시에 같은 방향, 같은 속도로 회전시킬 때

정답 ④

07 그림과 같이 환상철심에 2개의 코일을 감고, 1차 코일을 전지에, 2차 코일을 검류계 ⓖ에 연결한다. 다음의 각 경우 중 검류계에 흐르는 전류의 방향이 옳게 언급된 것은?

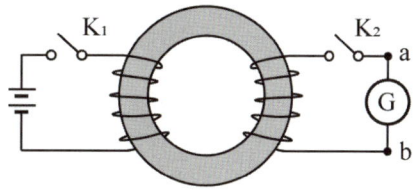

① 스위치 K_2를 닫은 다음 스위치 K_1을 닫으면 전류는 b에서 a로 흐른다.
② 스위치 K_1을 닫은 후 잠깐 있다가 스위치 K_2를 닫으면 전류는 a에서 b로 흐른다.
③ 스위치 K_1과 K_2를 닫아 놓고, 스위치 K_1을 급히 열면 전류는 b에서 a로 흐른다.
④ 스위치 K_1과 K_2를 닫아 놓고, 스위치 K_2를 급히 열면 전류는 b에서 a로 흐른다.

스위치 K_1과 K_2를 닫은 상태에서 K_1을 급히 열면 철내에 자속이 감소하게 된다. 그럼 전자유도법칙 $e = -N\dfrac{d\phi}{dt}$에 의해서 자속과 같은 방향으로 기전력이 유도되므로 2차측 코일에 흐르는 전류는 b에서 a측으로 흐르게 된다.
정답 ③

08 Faraday 법칙에서 회로와 쇄교하는 전자속도를 ϕ [Wb], 회로의 권회수를 N이라 할 때 유도기전력 e는 얼마인가?

① $2\pi\mu N\phi$ ② $4\pi\mu N\phi$
③ $-N\dfrac{d\phi}{dt}$ ④ $-\dfrac{1}{N}\dfrac{d\phi}{dt}$

유도기전력: $e = -N\dfrac{d\phi}{dt}$ [V]
정답 ③

09 100회 감은 코일과 쇄교하는 자속이 10^{-1} [sec] 동안에 0.5[Wb]에서 0.3[Wb]로 감소했다. 이때 유기되는 기전력은 몇 [V]인가?

① 20
② 200
③ 80
④ 800

유도기전력
$$e = -N\frac{d\phi}{dt} = -100 \times \frac{0.3-0.5}{10^{-1}} = 200\,[\text{V}]$$

정답 ②

10 권수 500[T]의 코일 내를 통하는 자속이 다음 그림과 같이 변화하고 있다. bc 기간 내에 코일 단자 간에 생기는 유기 기전력은 몇 [V]인가?

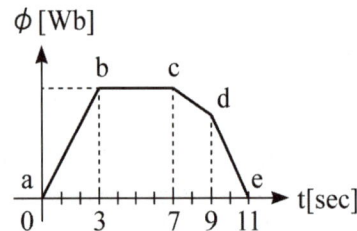

① 1.5
② 0.7
③ 1.4
④ 0

유도기전력의 크기는 자속의 매초 변화율에 비례하여 발생한다. 이때 bc 기간은 자속 변화가 없으므로 유도기전력은 0이다.

정답 ④

11 공간 내 한점의 자속밀도 B 가 변화할 때 전자 유도에 의하여 유기되는 전계 E 는?

① $div\,E = -\dfrac{\partial B}{\partial t}$

② $rot\,E = -\dfrac{\partial B}{\partial t}$

③ $div\,E = \dfrac{\partial B}{\partial t}$

④ $rot\,E = \dfrac{\partial B}{\partial t}$

패러데이 법칙의 미분형
$$rot\,E = \nabla \times E = -\frac{\partial B}{\partial t}$$

정답 ②

12 자속 ϕ [Wb]가 주파수 f [Hz]로 $\phi = \phi_m \sin 2\pi ft$ [Wb]일 때 이 자속과 쇄교하는 권수 N 회인 코일에 발생하는 기전력은 몇 [V]인가?

① $-2\pi fN\phi_m \cos 2\pi ft$
② $-2\pi fN\phi_m \sin 2\pi ft$
③ $2\pi fN\phi_m \tan 2\pi ft$
④ $2\pi fN\phi_m \sin 2\pi ft$

$$e = -N\frac{d\phi}{dt} = -N\frac{d}{dt}\phi_m \sin 2\pi ft$$
$$= -N\phi_m \frac{d}{dt}\sin 2\pi ft$$
$$= -2\pi fN\phi_m \cos 2\pi ft\,[\text{V}]$$

여기서, $\dfrac{d}{dt}\sin\omega t = \omega\cos\omega t$

$\dfrac{d}{dt}\cos\omega t = -\omega\sin\omega t$

정답 ①

13 자속 ϕ [Wb]가 $\phi = \phi_m \cos 2\pi ft$ [Wb]로 변화할 때 이 자속과 쇄교하는 권수 N[회]인 코일에 발생하는 기전력은 몇 [V]인가?

① $2\pi fN\phi_m \cos 2\pi ft$
② $-2\pi fN\phi_m \cos 2\pi ft$
③ $2\pi fN\phi_m \sin 2\pi ft$
④ $-2\pi fN\phi_m \sin 2\pi ft$

$$e = -N\frac{d\phi}{dt} = -N\frac{d}{dt}\phi_m \cos 2\pi ft$$
$$= -N\phi_m \frac{d}{dt}\cos 2\pi ft$$
$$= 2\pi fN\phi_m \sin 2\pi ft$$

정답 ③

15 $\phi = \phi_m \sin \omega t$ [Wb]의 정현파로 변화하는 자속이 권선수 n인 코일과 쇄교할 때의 유도기전력의 위상을 자속에 비교하면?

① $\frac{\pi}{2}$ 만큼 빠르다. ② $\frac{\pi}{2}$ 만큼 늦다.
③ π 만큼 빠르다. ④ π 만큼 늦다.

전자유도법칙
㉠ 유도기전력: $e = -N\frac{d\phi}{dt}$ [V]
㉡ 유도기전력 최댓값: $e_m = \omega N\phi$ [V]
㉢ 위상: 자속보다 90°($\frac{\pi}{2}[rad]$) 늦다.

정답 ②

14 정현파 자속의 주파수를 2배로 높이면 유기기전력은?

① 변하지 않는다. ② 2배로 증가
③ 4배로 감소 ④ $\frac{1}{2}$이 된다.

전자유도법칙
㉠ 유도기전력
: $e = -N\frac{d\phi}{dt} = -N\frac{d}{dt}\phi_m \sin \omega t$
$= \omega N\phi_m \sin(\omega t - 90)$ [V]
㉡ 최대 유도기전력
: $e_m = \omega N\phi_m = \omega NBS = 2\pi fNBS$ [V]
㉢ 위상관계: 유도기전력 e는 자속 ϕ보다 위상이 90° 느리다(지상).
∴ 유도기전력은 주파수에 비례하므로 주파수를 2배 높이면 유도기전력도 2배가 된다.

정답 ②

16 최대 자속밀도 B_m, 주파수 f에서 유도기전력을 E_1일 때, 최대 자속밀도가 $2B_m$, 주파수 $2f$에서의 유도기전력을 E_2라 하면, E_1과 E_2의 관계는?

① $E_2 = E_1$ ② $E_2 = 2E_1$
③ $E_2 = 4E_1$ ④ $E_2 = 0.25E_1$

㉠ 최대 유도기전력 $E_m = \omega N\phi_m$
$= 2\pi fNB_m S$ [V]
여기서, N: 권선 수, S: 단면적
㉡ 최대 유도기전력은 주파수 f와 최대 자속밀도 B_m에 비례하므로 f와 B_m이 모두 2배 증가하면 유도기전력은 4배 증가한다.
∴ $E_2 = 4E_1$

정답 ③

17 N회의 권선에 최댓값 1[V], 주파수 f[Hz]인 기전력을 유기시키기 위한 쇄교 자속의 최댓값은 [Wb]인가?

① $\dfrac{f}{2\pi N}$ ② $\dfrac{2N}{\pi}f$

③ $\dfrac{1}{2\pi fN}$ ④ $\dfrac{N}{2\pi f}$

 최대 유도기전력
$e_m = \omega N\phi_m = 2\pi fN\phi_m = 1[V]$ 에서
$\therefore \phi_m = \dfrac{e_m}{2\pi fN} = \dfrac{1}{2\pi fN}[Wb]$

정답 ③

18 저항 24[Ω]의 코일을 지나는 자속이 $0.3\cos 800t$ [Wb]일 때 코일에 흐르는 전류의 최댓값은 몇 [A]인가?

① 10 ② 20
③ 30 ④ 40

 전류의 최댓값
$I_m = \dfrac{e_m}{R} = \dfrac{\omega N\phi_m}{R} = \dfrac{800 \times 1 \times 0.3}{24}$
$= 10[A]$

정답 ①

19 자속밀도 $0.5[\text{Wb/m}^2]$인 균일한 자장내에 반지름 10[cm] 권수 1000회인 원형코일이 매분 1800 회전할 때 이 코일의 저항이 100[Ω]인 경우 이 코일에 흐르는 전류의 최댓값은?

① 14.4[A] ② 23.5[A]
③ 29.6[A] ④ 43.2[A]

 ㉠ 자계 내 코일이 회전할 때 유도되는 최대 기전력의 크기(최대 유도기전력)

$: e_m = \dfrac{\pi n NBS}{30} = \dfrac{\pi n NB(\pi a^2)}{30}$
$= \dfrac{\pi^2 \times 1800 \times 1000 \times 0.5 \times 0.1^2}{30}$
$= 2960[V]$

㉡ 전류의 최댓값
$: I_m = \dfrac{e_m}{R} = \dfrac{2960}{100} = 29.6[A]$

정답 ③

20 권수 N, 가로 a[m], 세로 b[m]인 구형 코일이 자속밀도 $B[\text{Wb/m}^2]$되는 평등자계 내에서 각속도 ω[rad/sec]로 회전할 때 발생하는 유기기전력의 최대치는?

① ωNB ② $\omega ab B^2$
③ $\omega NabB$ ④ $\omega NabB^2$

 최대 유도기전력
$e_m = \omega N\phi_m = \omega NBS = \omega NB(ab)[V]$

정답 ③

21 60 [Hz]의 교류 발전기의 회전자가 자속밀도 0.15 [Wb/m²]의 자기장 내에서 회전하고 있다. 만일 코일의 면적이 2×10^{-2} [m²]일 때 유도기전력의 최댓값 $E_m = 220$ [V]가 되려면 코일을 약 몇 번 감아야 하는가? (단, $\omega = 2\pi f = 377$ [rad/sec]이다)

① 195 회 ② 220 회
③ 395 회 ④ 440 회

 유도기전력의 최댓값 $E_m = \omega N \phi$ [V] 에서

∴ 권선 수: $N = \dfrac{E_m}{\omega \phi} = \dfrac{E_m}{\omega BS}$

$= \dfrac{220}{377 \times 0.15 \times 2 \times 10^{-2}}$

$= 194.52$ [T]

정답 ①

2. 전자유도에 의한 기전력

22 다음 중 폐회로에 유도되는 유도기전력에 관한 설명 중 가장 알맞은 것은?

① 렌츠의 법칙은 유도기전력의 크기를 결정하는 법칙이다.
② 자계가 일정한 공간 내에서 폐회로가 운동하여도 유도기전력이 유도된다.
③ 유도기전력은 권선수의 제곱에 비례 한다.
④ 전계가 일정한 공간 내에서 폐회로가 운동하여도 유도기전력이 유도된다.

 플레밍의 오른손법칙
㉠ 자계 내에 도체가 v [m/s]로 운동하면 도체에는 기전력이 유도된다.
㉡ 유도기전력: $e = vBl\sin\theta$ [V]

정답 ②

23 0.2[Wb/m²]의 평등자계속에 자계와 직각방향으로 놓인 길이 90[cm]의 도선을 자계와 30°각의 방향으로 50[m/sec]의 속도로 이동시킬 때 도체 양단에 유기되는 기전력은 몇 [V]인가?

① 0.45[V] ② 0.9[V]
③ 4.5[V] ④ 9.0[V]

 플레밍 오른손법칙에 의한 유도기전력
$e = Blv\sin\theta = 0.2 \times 0.9 \times 50 \times \sin 30°$
$= 4.5$ [V]

정답 ③

24 자속밀도 10[Wb/m²] 자계 내에 길이 4[cm]의 도체를 자계와 직각으로 놓고 이 도체를 0.4초 동안 1[m]씩 균일하게 이동하였을 때 발생하는 기전력은 몇 [V]인가?

① 1 ② 2
③ 3 ④ 4

 플레밍 오른손 법칙에 의한 유도기전력
$e = B\ell v \sin\theta = 10 \times 0.04 \times \left(\dfrac{1}{0.4}\right) \times \sin 90°$
$= 1[\text{V}]$

정답 ①

25 길이 l[m]인 도체 a, b가 속도 v[m/s]로 자계 속을 운동할 때 도체에서는 a에서 b방향으로 유도기전력이 생기게 된다. 이때 속도와 자속밀도가 평행이 된다면 기전력은 얼마인가?

① 0 ② 3.14
③ $vl\sin\theta$ ④ $vBl\sin\theta$

 도체와 자속밀도가 평행으로 진행되면 도체를 쇄교하는 자속이 없으므로(도체에 자속의 변화가 없으므로) 유도기전력은 발생하지 않는다.
($e = Blv\sin\theta = Blv\sin 0 = 0$)

정답 ①

26 $l_1 = \infty$[m], $l_2 = 1$[m]의 두 직선 도선을 $d = 50$[cm]의 간격으로 평행하게 놓고 l_1을 중심축으로 하여 l_2를 속도 100[m/s]로 회전시키면 l_2에 유기되는 전압은 몇 [V]인가? (단, l_1에 흘러주는 전류 $I_1 = 50$[mA]이다)

① 0 ② 5
③ 2×10^{-6} ④ 3×10^{-6}

 l_1 전류에 의한 자계는 l_1 도체 표면에 대해서 수직방향으로 원의 형태로 발생된다. 따라서 l_2가 l_1을 중심으로 회전하면 l_2 도체는 l_1에 의한 자기장과 평행으로 운동하게 되며, 평행으로 운동 시에는 기전력이 유도되지 않는다.

정답 ①

27 그림과 같은 균일한 자계 B[Wb/m²] 내에서 길이 l[m]인 도선 AB가 속도 v[m/s]로 움직일 때 ABCD 내에 유도되는 기전력 e[V]와 폐회로 ABCD 내에 저항 R에 흐르는 전류의 방향은? (단, 폐회로 ABCD 내의 도선 및 도체의 저항은 무시한다.)

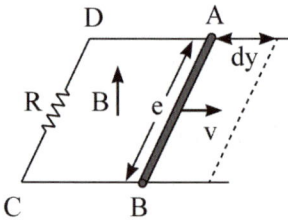

① $e = Blv$, 전류방향: C → D
② $e = Blv$, 전류방향: D → C
③ $e = Blv^2$, 전류방향: C → D
④ $e = Blv^2$, 전류방향: D → C

 ㉠ 자계 내에 도체가 v[m/s]로 운동하면 도체에는 기전력이 유도된다. 도체의 운동방향과 자속밀도는 수직으로 쇄교하므로 기전력은 $e = Blv$가 발생된다.
㉡ 방향은 아래 그림과 같이 플레밍 오른손 법칙에 의해 시계 방향으로 발생된다.

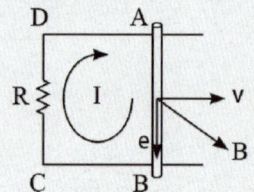

정답 ①

28 한변의 길이가 각각 a[m], b[m]인 그림과 같은 구형도체가 X축 방향으로 v[m/s]의 속도로 움직이고 있다. 이때 자속밀도는 $X-Y$ 평면에 수직이고 어느 곳에서든지 크기가 일정한 B[Wb/m^2]이다. 이 도체의 저항을 R[Ω]이라고 할 때 흐르는 전류는 몇 [A]이겠는가?

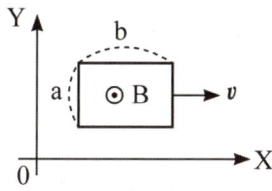

① 0
② $\dfrac{Babv}{R}$
③ $\dfrac{Bv}{R}$
④ $\dfrac{2Bav}{R}$

정답분석
도선 운동 시에 발생하는 유도기전력 $e = Blv\sin\theta$ [V] 이때 구형 도선이 한 방향으로 운동하므로 양쪽에서 같은 방향으로 유도기전력이 발생하여 서로 상쇄되기 때문에 유도기전력의 합은 0이 된다.

정답 ①

29 철도의 서로 절연되고 있는 레일 간격이 1.5[m]로서 열차가 72[km/h]의 속도로 달리고 있을 때 차축이 지구 자계의 수직분력 $B = 0.2 \times 10^{-4}$ [Wb/m^2]를 절단하는 경우 레일 간에 발생하는 기전력은 몇 [V]인가?

① 2126
② 3160
③ 6×10^{-4}
④ 6×10^{-5}

정답분석
열차의 차축(도체)이 지구 자계를 끊을 때 유도기전력 e 가 발생된다. (플레밍 오른손법칙)
∴ $e = Blv\sin\theta$
$= 0.2 \times 10^{-4} \times 1.5 \times \dfrac{72 \times 10^3}{3600}$
$= 6 \times 10^{-4}$ [V]

정답 ③

30 서울에서 부산 방향으로 향하는 제트기가 있다. 제트기가 대지면과 나란하게 1235 [km/h]로 비행할 때, 제트기 날개 사이에 나타나는 전위차[V]는? (단, 지구의 자기장은 대지면에서 수직으로 향하고, 그 크기는 30[A/m]이고, 제트기의 몸체 표면은 도체로 구성되며, 날개 사이의 길이는 65[m]이다.)

① 0.42
② 0.84
③ 1.68
④ 3.03

정답분석
제트기(도체)가 대지 표면에서 발생되는 자기장을 끊어나가면 제트기 표면에는 기전력이 유도된다. (플레밍의 오른손 법칙)
∴ 유도기전력
$e = vBl\sin\theta = v\mu_0 Hl\sin\theta$
$= \dfrac{1235 \times 10^3}{3600} \times 4\pi \times 10^{-7} \times 30 \times 65 \times \sin 90$
$= 0.84$ [V]

정답 ②

31 자계 중에 이것과 직각으로 놓인 도체에 I[A]의 전류를 흘릴 때 f[N]의 힘이 작용하였다. 이 도체를 v[m/s]의 속도로 자계와 직각으로 운동시킬 때의 기전력 e [V]는?

① $\dfrac{fv}{I^2}$
② $\dfrac{fv}{I}$
③ $\dfrac{fv^2}{I}$
④ $\dfrac{fv}{2I}$

정답분석
㉠ 자계 내에 있는 도체에 전류가 흐르면 도체에는 전자력이 발생한다. (플레밍의 왼손 법칙) 전자력 $f = IBl\sin\theta$ [N] 에서
$Bl\sin\theta = \dfrac{f}{I}$ 가 된다.
㉡ 자계 내에 있는 도체가 운동하면 도체에는 기전력이 발생한다. (플레밍의 오른손법칙)
∴ 유도기전력 $e = vBl\sin\theta = \dfrac{fv}{I}$ [V]

정답 ②

32 진공 중에서 유전율 ϵ [F/m]의 유전체가 평등 자계 B [Wb/m²] 내에 속도 v [m/s]로 운동할 때, 유전체에 발생하는 분극의 세기 P는 몇 [C/m²]인가?

① $(\epsilon - \epsilon_0)v \cdot B$
② $(\epsilon - \epsilon_0)v \times B$
③ $\epsilon v \times B$
④ $\epsilon_0 v \times B$

[정답분석]

㉠ 플레밍의 오른손 법칙
자계 내에 도체가 운동하면 도체에는 기전력이 발생되며, 유도되는 기전력의 크기는 다음과 같다. (유도기전력)
$e = V = vBl\sin\theta = (v \times B)l$ [V]

㉡ 기전력과 전계의 세기의 관계
$V = lE$ 에서 $E = \dfrac{V}{l} = v \times B$

∴ 분극의 세기
$P = \epsilon_0(\epsilon_s - 1)E = \epsilon_0(\epsilon_s - 1)v \times B$
$\quad = (\epsilon - \epsilon_0)v \times B$ [C/m²]

정답 ②

33 그림과 같이 반경이 20[cm]인 도체원판이 그 축에 평행이고, 세기가 2.4×10³[AT/m]인 균일 자계 내에서 1분 간에 1800회의 회전운동을 하고 있다. 이 원판의 축과 원판주위 사이에 2[Ω]의 저항체를 접속시킬 때, 이 저항에 흐르는 전류는 몇 [mA]인가? (단, 원판의 저항은 무시하고, 원판의 투자율은 공기의 그것과 같다고 가정한다)

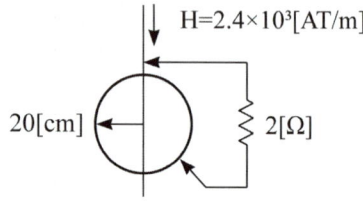

① 2.8
② 3.8
③ 5.7
④ 11.4

[정답분석]

㉠ 패러데이 단극발전기의 유도기전력
: $e = \dfrac{\omega B a^2}{2}$ [V]
여기서, ω: 각속도, f[Hz]: 주파수
n[rps]: 초당 회전수
N[rpm]: 분당 회전수
B[Wb/m²]: 자속밀도
a[m]: 원판의 반경

㉡ 자속밀도
: $B = \mu_0 H = 4\pi \times 10^{-7} \times 2.4 \times 10^3$
$\quad = 0.003$ [Wb/m²]

㉢ 각속도
: $\omega = 2\pi f = 2\pi n = \dfrac{2\pi N}{60}$
$\quad = \dfrac{2\pi \times 1800}{60} = 188.5$ [rad/s]

∴ 저항에 흐르는 전류
: $I = \dfrac{e}{R} = \dfrac{\omega B a^2}{2R} = \dfrac{188.5 \times 0.003 \times 0.2^2}{2 \times 2}$
$\quad = 0.00565$ [A] ≒ 5.7 [mA]

정답 ③

3. 전자계 특수현상

34 전류가 흐르고 있는 도체의 직각 방향으로 자계를 가하면, 도체 측면에 정(+)의 전하가 생기는 것을 무슨효과라 하는가?

① Thomson 효과
② Peltier 효과
③ Seebeck 효과
④ Hall 효과

① 톰슨(Thomson) 효과
동일한 금속이라도 그 도체중의 2점간에 온도차가 있으면 전류를 흘림으로써 열의 발생, 또는 흡수가 생기는 현상
② 펠티에(Peltier) 효과
두 종류의 금속으로 폐회로를 만들어 전류를 흘리면 양 접속점에서 한쪽은 온도가 올라가고 다른 한쪽은 온도가 내려가는 현상
③ 지벡(Seebeck) 효과
두 종류의 금속을 접속하여 폐회로를 만들어 그 두 개의 접합부에 온도차를 주면 열기전력을 일으켜 열전류가 흐르는 현상
④ 홀(Hall) 효과
도체나 반도체에 전류를 흘려 이것과 직각으로 자계를 가하면 이 두 방향과 직각 방향으로 전력이 생기는 현상

정답 ④

35 반드시 외부에서 자계를 가할 때만 일어나는 효과는?

① Seebeck 효과   ② Pinch 효과
③ Hall 효과   ④ Peltier 효과

홀(Hall) 효과
도체나 반도체에 전류를 흘려 이것과 직각으로 자계를 가하면 이 두 방향과 직각 방향으로 전력이 생기는 현상

정답 ③

36 반지름 a[m]인 액체 상태의 원통상 도선 내부에 균일하게 전류가 흐를 때 도체 내부에 자장이 생겨 로렌츠의 힘으로 전류가 원통 중심방향으로 수축하려는 효과는?

① 펠티에 효과   ② 톰슨 효과
③ 핀치 효과   ④ 제베크 효과

정답 ③

37 다음 중 특성이 다른 것이 하나 있다. 그것은?

① 톰슨 효과   ④ 홀 효과
③ 핀치 효과   ② 스트레치 효과

㉠ 스트레치 효과, 핀치효과, 홀효과는 모두 전류와 자계 관계의 현상이다.
㉡ 톰슨효과, 제어백 효과, 펠티어 효과는 열전기현상이다.

정답 ①

38 일반적으로 도체를 관통하는 자속이 변화하든가 또는 자속과 도체가 상대적으로 운동하여 도체 내의 자속이 시간적 변화를 일으키면, 이 변화를 막기 위하여 도체 내에 국부적으로 형성되는 임의의 폐회로를 따라 전류가 유기되는데 이 전류를 무엇이라 하는가?

① 변위전류   ② 도전전류
③ 대칭전류   ④ 와전류

자속이 시간적 변화를 일으키면 도체 내에 전압이 유기되어 전류가 흐르게 되는데 이를 와전류라 하면 와전류에 의해서 발생된 손실을 와류손이라 한다.

정답 ④

39 와전류에 대한 설명으로 틀린 것은?

① 도체 내부를 통하는 자속이 없으면 와전류가 생기지 않는다.
② 도체 내부를 통하는 자속이 변화하지 않아도 전류의 회전이 발생하여 전류밀도가 균일하지 않다.
③ 패러데이의 전자유도법칙에 의해 철심이 교번자속을 통할 때 줄(Joule)열 손실이 크다.
④ 교류기기는 와전류가 매우 크기 때문에 저감대책으로 얇은 철판(규소강판)을 겹쳐서 사용한다.

정답 ②

40 와전류에 대한 설명으로 틀린 것은?

① 단위체적당 와류손의 단위는 $[W/m^3]$이다.
② 와전류는 교번자속의 주파수와 최대 자속밀도에 비례한다.
③ 와전류손은 히스테리시스손과 함께 철손이다.
④ 와전류손을 감소시키기 위하여 성층철심을 사용한다.

㉠ 변압기의 유도기전력
 : $E = 4.44fN\phi_m = 4.44fNB_mS\,[V]$
㉡ 와류손
 : $P_e = kf^2B_m^2 = kf^2 \times \left(\dfrac{E}{4.44fNS}\right)^2$
  $= k\left(\dfrac{E}{4.44NS}\right)^2 [W/m^3]$
∴ 와류손은 주파수와 최대 자속밀도와는 관계없다.

정답 ②

41 표면 부근에 집중해서 전류가 흐르는 현상을 표피 효과라 하는데 표피 효과에 대한 설명으로 잘못된 것은?

① 도체에 교류가 흐르면 표면에서부터 중심으로 들어갈수록 전류밀도가 작아진다.
② 표피 효과는 고주파일수록 심하다.
③ 표피 효과는 도체의 전도도가 클수록 심하다.
④ 표피 효과는 도체의 투자율이 작을수록 심하다.

침투두께(표피두께) $\delta = \dfrac{1}{\sqrt{\pi f \mu \sigma}}\,[m]$에서 f, μ, σ가 클수록 침투두께는 작아지고, 침투두께가 작아질수록 표피 효과는 심해진다.

정답 ④

42 표피 효과의 영향에 대한 설명이다. 부적합한 것은?

① 전기저항을 증가시킨다.
② 상호 유도계수를 증가시킨다.
③ 주파수가 높을수록 크다.
④ 도선의 온도가 높을수록 크다.

도선의 온도가 높아지면, 도전율이 감소되어 표피효과는 작아진다.

정답 ④

43 고주파를 취급할 경우 큰 단면적을 갖는 한 개의 도선을 사용하지 않고 전체로서는 같은 단면적이라도 가는 선을 모은 도체를 사용하는 주된 이유는?

① 히스테리스 손을 감소시키기 위하여
② 철손을 감소시키기 위하여
③ 과전류에 대한 영향을 감소시키기 위하여
④ 표피 효과에 대한 영향을 감소시키기 위하여

표피 효과 억제 대책
: 연선, 복도체, 다도체 사용

정답 ④

44 고유저항이 $1.7 \times 10^{-8} [\Omega \cdot m]$ 인 구리의 $100 [kHz]$ 주파수에 대한 표피의 두께는 약 몇 $[mm]$ 인가?

① 0.21　　② 0.42
③ 2.1　　④ 4.2

 침투깊이(표피두께)
$$\delta = \sqrt{\frac{2\rho}{\omega\mu}} = \frac{1}{\sqrt{\pi f \mu \sigma}}$$
$$= \sqrt{\frac{2 \times 1.7 \times 10^{-8}}{2\pi \times 100 \times 10^3 \times 4\pi \times 10^{-7}}} \times 10^3$$
$$= 0.207 [mm]$$
여기서, 구리의 비투자율: $\mu \fallingdotseq 1$

정답 ①

46 다음 가운데서 주파수의 증가에 대하여 가장 급속히 증가하는 것은?

① 표피 두께의 역수
② 히스테리스 손실
③ 교번 자속에 의한 기전력
④ 와전류 손실(eddy current loss)

 손실과 주파수의 관계
① 표피 두께의 역수: $\frac{1}{\delta} \propto \sqrt{f}$
② 히스테리시스 손실: $P_h \propto f$
③ 교번자속에 의한 기전력: $e \propto f$
④ 와전류 손실: $P_e \propto f^2$

정답 ④

45 도전도 $k = 6 \times 10^{17} [\mho/m]$, 투자율 $\mu = \frac{6}{\pi} \times 10^{-7} [H/m]$인 평면도체 표면에 $10[kHz]$의 전류가 흐를 때, 침투되는 깊이 $\delta [m]$는?

① $\frac{1}{6} \times 10^{-7}$　　② $\frac{1}{8.5} \times 10^{-7}$
③ $\frac{36}{\pi} \times 10^{-10}$　　④ $\frac{36}{\pi} \times 10^{-6}$

 침투깊이(표피두께)
$$\delta = \sqrt{\frac{2\rho}{\omega\mu}} = \frac{1}{\sqrt{\pi f \mu \sigma}}$$
$$= \frac{1}{\sqrt{\pi \times (10 \times 10^3) \times \frac{6}{\pi} \times 10^{-7} \times 6 \times 10^{17}}}$$
$$= \frac{1}{\sqrt{6^2 \times 10^{14}}} = \frac{1}{6 \times 10^7} = \frac{1}{6} \times 10^{-7} [m]$$

정답 ①

47 다음 중 표피 효과와 관계있는 식은?

① $\nabla \cdot i = -\frac{\partial \rho}{\partial t}$
② $\nabla \cdot B = 0$
③ $\nabla \times E = -\frac{\partial B}{\partial t}$
④ $\nabla \cdot D = \rho$

 표피 효과는 전자유도($\nabla \times E = -\frac{\partial B}{\partial t}$)에 의한 현상이다.

정답 ③

48 내부장치 또는 공간을 물질로 포위시켜 외부 자계의 영향을 차폐시키는 방식을 자기차폐라 한다. 자기차폐에 좋은 물질은?

① 강자성체 중에서 비투자율이 큰 물질
② 강자성체 중에서 비투자율이 작은 물질
③ 비투자율이 1보다 작은 역자성체
④ 비투자율에 관계없이 물질의 두께에만 관계되므로 되도록 두꺼운 물질

자기차폐는 비투자율이 큰 강자성체로 포위시켜 내부장치를 외부 자계에 대하여 영향을 받지 않도록 차폐하는 것을 말한다. 만약 내부장치가 외부 자계에 노출되면 유도장해($e = -N\dfrac{d\phi}{dt}$)를 일으키게 된다.

정답 ①

49 정전차폐와 자기차폐를 비교하면?

① 정전차폐가 자기차폐에 비교하여 완전하다.
② 정전차폐가 자기차폐에 비교하여 불완전하다.
③ 두 차폐방법은 모두 완전하다.
④ 두 차폐방법은 모두 불완전하다.

정전차폐는 완전차폐가 가능하나 자기차폐는 비교적 불완전하다.

정답 ①

pass.Hackers.com

해커스자격증
pass.Hackers.com

Chapter 11

인덕턴스
(Static electric flelds)

1 자기 인덕턴스(self inductance)
2 상호 인덕턴스와 결합계수
3 자기 인덕턴스의 계산 예
4 인덕턴스 접속법

핵심 요점정리

출제예상문제

Chapter 11 인덕턴스(Inductance)

1 자기 인덕턴스(self inductance)

1. 인덕턴스의 정의

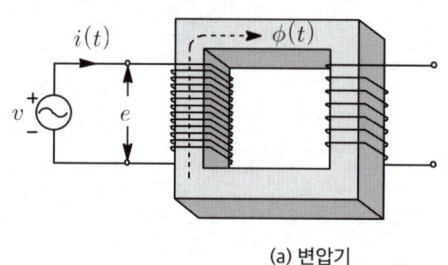
(a) 변압기

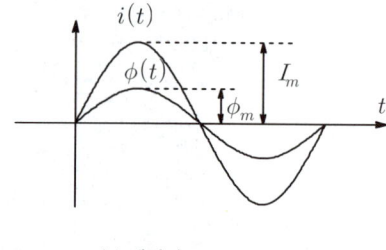
(b) 페이저도

[그림 11-1] 유도기전력과 인덕턴스의 관계

(1) 변압기(Transformer)에 교류전원을 인가하면 권선을 통과하는 자속은 전류와 동일하게 시간에 따라 주기적으로 변화하게 되고 이로부터 변압기 권선에는 유도기전력($e = -N\dfrac{d\phi}{dt}$)이 발생된다.

(2) 이는 시간에 따라 자속이 변화하여 발생되었다고 할 수 있지만 자속의 발생은 전류에 의해서 만들어진 것이므로 회로의 전류가 시간에 따라 변화하여 유도기전력이 발생되었다고 볼 수 있다.

(3) 이때 전류의 변화량($\dfrac{di}{dt}$)과 유도기전력(e)의 관계를 나타내는 비례상수를 인덕턴스(L, inductance)라 부르며 1832년 헨리(henry)에 의해서 고안됐다.

① **유도기전력**: $e = -N\dfrac{d\phi}{dt} = -L\dfrac{di}{dt}$ [V] ································· [식 11-1]

② **쇄교자속**: $\Phi = N\phi = LI$ [Wb] ································· [식 11-2]

2. 자기 인덕턴스(self inductance)

(1) [식 11-2]에서 알 수 있듯이 쇄교자속 Φ 은 전류크기에 비례한다.

(2) 따라서 인덕턴스 L은 전류의 크기에 관계가 없고 회로의 크기, 모양 및 주위 매질의 투자율에 따라 결정된다.

(3) 이것을 자기인덕턴스(self inductance) 또는 자기유도계수(coefficient of self inductance)라 한다.

(4) 자기인덕턴스의 크기는 [식 11-3] 또는 [식 11-4]와 같이 나타낸다.

① $L = \dfrac{\Phi}{I} = \dfrac{N}{I}\phi = \dfrac{N}{I}\int_S B\,ds = \dfrac{\mu N}{I}\int_S H\,ds$ [H] ································· [식 11-3]

② $L = \dfrac{N}{I}\phi = \dfrac{N}{I} \times \dfrac{F}{R_m} = \dfrac{N^2}{R_m} = \dfrac{\mu S N^2}{\ell}$ [H] ································· [식 11-4]

3. 유도 리액턴스(reactance)의 정의

(1) 전기회로에서 직류전류를 방해하는 것은 저항 R 뿐이지만 시간에 따라 변화하는 교류전류를 흘리게 되면 저항 이외에 전류를 방해하는 저항성분이 만들어 지는데 이를 리액턴스라 한다. 리액턴스에는 유도성과 용량성이 있다.

(2) [식 11-1]와 같이 시간에 따라 변화하는 전류(교류성분)가 흐르면 전류의 반대방향으로 기전력이 형성되기 때문에 이는 전류의 흐름을 방해하는 역할, 즉 저항으로 작용한다. 이와 같이 유도에 의해서 발생한 저항성분을 유도 리액턴스라 한다.

(3) 회로에 $i(t) = I_m \sin \omega t \, [\mathrm{A}]$ 의 교류전류가 흘렀을 때 전류의 역방향으로 발생되는 기전력의 크기는 다음과 같다.

① $V_L = L \dfrac{di(t)}{dt} = L \dfrac{d}{dt} I_m \sin \omega t = L I_m \dfrac{d}{dt} \sin \omega t$

$\quad = \omega L\, I_m \cos \omega t = \omega L\, I_m \sin(\omega t + 90°) = j\omega L\, I_m \sin \omega t \, [\mathrm{V}]$

$\therefore\ V_L = j\omega L\, i(t) = j X_L\, i(t) \, [\mathrm{V}]$ ··· [식 11-5]

② 위 식에서 허수 j 의 의미는 위상이 90° 빠르다는 것을 의미하고,

③ 옴의 법칙($[\mathrm{V}] = [\Omega][\mathrm{A}]$)에서와 같이 $X_L = \omega L$ 의 차원이 $[\Omega]$ 이 되는 것을 알 수 있다. 이때, X_L 을 유도 리액턴스라 한다.

4. 인덕턴스에 축적되는 에너지(전류에 의한 자계 에너지)

(1) 인덕턴스를 갖는 회로에 시간에 따라 변화하는 전류를 흘려주면 유도기전력이 발생하여 전류의 흐름을 방해하려고 한다. 따라서 전원 측에서는 이것을 이겨낼 수 있는 에너지(일)를 공급해 주어야 한다.

(2) 이러한 에너지(일)는 인덕턴스에 자계 에너지(magnetic energy)로 축적되고, 전원을 제거 시 다시 전원 측으로 반환시켜준다. 즉, 인덕턴스는 에너지를 축적할 뿐이지 소비하지는 않는다.

(3) 인덕턴스에 시간에 따라 변화하는 전류 $I[\mathrm{A}]$ 가 흐르게 되면 $e = -L\dfrac{dI}{dt}$ 의 유도기전력(역기전력)이 발생된다.

(4) 이 유도기전력과 반대 방향으로 대항하여 미소전하 dq 를 운반하는데 필요한 에너지(일) dW 는 다음과 같다.

$dW = -e\, dq = -\left(L\dfrac{dI}{dt}\right)dq = L\dfrac{dI}{dt}\, dq = L\dfrac{dq}{dt}\, dI = L I\, dI$ ··· [식 11-6]

(5) 따라서 인덕턴스에 흐르는 전류가 0부터 $I[\mathrm{A}]$ 까지 변화하는 필요한 에너지는 [식 11-7]과 같고 이 식에 $\Phi = N\phi = LI$ 를 대입하면 [식 11-8]과 같이 나타낼 수 있다.

① $W_L = \displaystyle\int dW = \int_0^I L I\, dI = \dfrac{1}{2} L I^2 \, [\mathrm{J}]$ ··· [식 11-7]

② $W_L = \dfrac{1}{2} L I^2 = \dfrac{1}{2}\Phi I = \dfrac{\Phi^2}{2L} = \dfrac{1}{2}\phi NI = \dfrac{1}{2} F\phi \, [\mathrm{J}]$ ··· [식 11-8]

(6) 또한 [식 11-7]에서 $L = \dfrac{\mu S N^2}{\ell}$ 과 $H = \dfrac{NI}{\ell}$, $B = \mu H$를 대입하면 다음과 같이 나타낼 수 있다.

① 자계에너지: $W_L = \dfrac{1}{2} L I^2 = \dfrac{1}{2} \times \dfrac{\mu S N^2}{\ell} \times I^2 = \dfrac{1}{2} \mu S \times \dfrac{N^2 I^2}{\ell}$ [J]

② 자계에너지 밀도: $w_L = \dfrac{W_L}{V} = \dfrac{W_L}{S\ell} = \dfrac{1}{2} \mu \times \left(\dfrac{NI}{\ell}\right)^2 = \dfrac{1}{2} \mu H^2$ [J/m³]

∴ $W_m = w_L = \dfrac{1}{2} \mu H^2 = \dfrac{1}{2} HB = \dfrac{B^2}{2\mu}$ [J/m³] ··· [식 11-9]

2 상호 인덕턴스와 결합계수

1. 상호 인덕턴스(mutual induction)

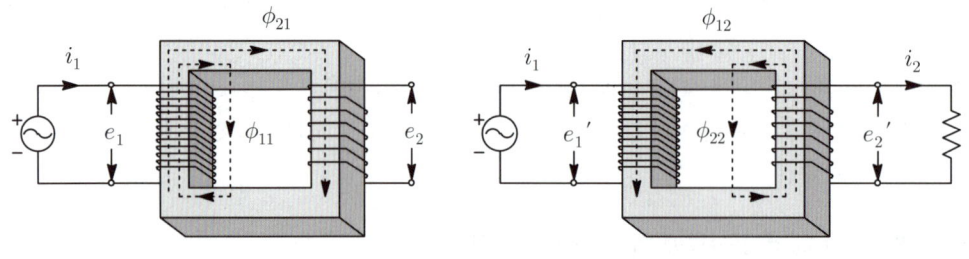

(a) 1차 회로에 전류가 흐를 경우   (b) 2차 회로에 전류가 흐를 경우

[그림 11-2] 상호 인덕턴스와 결합계수

(1) [그림 11-2](a)와 같이 1차 회로에 교류전류 i_1을 흘리면 1차 권선에서 발생된 자속 ϕ_1은 대부분 2차 권선을 쇄교하고(ϕ_{21}) 일부 자속은 2차 권선과 쇄교하지 못하고 공기 중으로 자속(ϕ_{11})이 순환된다.

(2) 1차 전류에 의해 형성된 자속 ϕ_1은 $\phi_{11} + \phi_{21}$의 관계를 가지며 이때의 ϕ_{11}을 누설자속, ϕ_{21}을 쇄교자속이라 한다.

(3) 1차 전류 i_1에 의한 자속은 2차 회로를 쇄교하여 전자유도현상을 발생시키는데 이를 1차, 2차 간에 상호유도(mutual induction)작용을 하고 있다고 한다.

(4) i_1에 의한 1차, 2차의 유도기전력은 다음과 같다.

① $e_1 = -N_1 \dfrac{d\phi_1}{dt} = -N_1 \dfrac{d\phi_1}{di_1} \dfrac{di_1}{dt} = -L_1 \dfrac{di_1}{dt}$ [V] ··· [식 11-10]

② $e_2 = -N_2 \dfrac{d\phi_{21}}{dt} = -N_2 \dfrac{d\phi_{21}}{di_1} \dfrac{di_1}{dt} = -M_{21} \dfrac{di_1}{dt}$ [V] ··· [식 11-11]

여기서, L_1: 1차측 자기 인덕턴스, M_{21}: 상호 인덕턴스 또는 상호 유도계수

2. 2차 전류에 의한 상호유도작용

(1) [그림 11-2](b)와 같이 2차 회로에 부하를 접속시키면 2차 전류 i_2 가 흐르게 되고, 이때 발생된 자속 ϕ_2 는 1차, 2차 권선을 모두 쇄교하므로 1차, 2차 간에 모두 상호유도작용을 일으킨다.

(2) i_2 에 의한 1차, 2차의 유도기전력은 다음과 같다.

① $e_1{'} = -N_1 \dfrac{d\phi_{12}}{dt} = -N_1 \dfrac{d\phi_{12}}{di_2}\dfrac{di_2}{dt} = -M_{12}\dfrac{di_2}{dt}$ [V] ·········· [식 11-12]

② $e_2{'} = -N_2 \dfrac{d\phi_2}{dt} = -N_2 \dfrac{d\phi_2}{di_2}\dfrac{di_2}{dt} = -L_2\dfrac{di_2}{dt}$ [V] ·········· [식 11-13]

여기서, L_2: 2차측 자기 인덕턴스, M_{12}: 상호 인덕턴스 또는 상호 유도계수

(3) 따라서 1차 전류에 의해 발생된 자속과 2차 전류에 의해 발생된 자속이 서로 반대방향으로 진행되므로 변압기 1차측에 유도된 기전력은 $E_1 = e_1 - e_1{'}$ 가 되고, 2차측에 유도된 기전력은 $E_2 = e_2 - e_2{'}$ 이 된다. 이와 같이 1차, 2차에서 발생된 자속이 서로 감쇄가 되도록 코일을 감은 변압기를 감극성 변압기라 하며, 국내 대부분의 변성기는 감극성이다.

3. 1차, 2차 자기 인덕턴스와 상호인덕턴스의 크기

(1) [식 11-10]에서 $N_1\phi_1 = L_1 i_1$ 을, [식 11-11]에서 $N_2\phi_{21} = M_{21} i_1$ 를 통하여 다음과 같이 정의할 수 있다.

① $L_1 = \dfrac{N_1\phi_1}{i_1} = \dfrac{N_1}{i_1} \times \dfrac{F_1}{R_m} = \dfrac{N_1}{i_1} \times \dfrac{i_1 N_1}{\frac{\ell}{\mu S}} = \dfrac{\mu S N_1^2}{\ell}$ [H] ·········· [식 11-14]

② $M_{21} = \dfrac{N_2\phi_{21}}{i_1} = \dfrac{N_2}{i_1} \times \dfrac{F_1}{R_m} = \dfrac{N_2}{i_1} \times \dfrac{i_1 N_1}{\frac{\ell}{\mu S}} = \dfrac{\mu S N_1 N_2}{\ell}$ [H] ·········· [식 11-15]

(2) [식 11-12]에서 $N_1\phi_{12} = M_{12} i_2$ 을, [식 11-13]에서 $N_2\phi_2 = L_2 i_2$ 를 통하여 다음과 같이 정의할 수 있다.

① $M_{12} = \dfrac{N_1\phi_{21}}{i_2} = \dfrac{N_1}{i_2} \times \dfrac{F_2}{R_m} = \dfrac{N_1}{i_2} \times \dfrac{i_2 N_2}{\frac{\ell}{\mu S}} = \dfrac{\mu S N_1 N_2}{\ell}$ [H] ·········· [식 11-16]

② $L_2 = \dfrac{N_2\phi_2}{i_2} = \dfrac{N_2}{i_2} \times \dfrac{F_2}{R_m} = \dfrac{N_2}{i_2} \times \dfrac{i_2 N_2}{\frac{\ell}{\mu S}} = \dfrac{\mu S N_2^2}{\ell}$ [H] ·········· [식 11-17]

(3) [식 11-15]와 [식 11-16]에서와 같이 두 상호 인덕턴스가 같다는 것을 알 수 있으며, [식 11-14]의 $\dfrac{\mu S}{\ell} = \dfrac{1}{N_1^2} \times L_1$ 를 2차 자기인덕턴스와 상호 인덕턴스 식에 대입하면 다음과 같이 정리할 수 있다.

① $L_2 = \dfrac{\mu S N_2^2}{\ell} = \dfrac{\mu S}{\ell} \times N_2^2 = \left(\dfrac{N_2}{N_1}\right)^2 \times L_1$ ·········· [식 11-18]

② $M_{12} = M_{21} = M = \dfrac{\mu S N_1 N_2}{\ell} = \dfrac{\mu S}{\ell} \times N_1 N_2 = \dfrac{N_2}{N_1} \times L_1$ ·········· [식 11-19]

4. 결합계수(coupling coefficient)

(1) [그림 11-2](a)와 같이 ϕ_1 은 $\phi_{11} + \phi_{21}$ 으로 나타낼 수 있는데 ϕ_{11} 는 2차 회로에 대해서는 누설자속이라 할 수 있다. 따라서 1차 회로에서 발생된 총 자속 ϕ_1 과 2차 회로를 통과하는 자속 ϕ_{21} 의 비율을 두 코일의 결합계수 k 라 한다.

(2) 또한 2차 전류에 의해 발생된 총 자속 ϕ_2 와 1차 회로를 통과하는 자속 ϕ_{12} 에 의해서도 결합계수 k 를 적용할 수 있으므로 다음과 같이 정의할 수 있다.

① $k = \sqrt{\dfrac{\phi_{21}}{\phi_1} \times \dfrac{\phi_{12}}{\phi_2}} = \sqrt{\dfrac{\dfrac{M_{21}i_1}{N_2}}{\dfrac{L_1 i_1}{N_1}} \times \dfrac{\dfrac{M_{12}i_2}{N_1}}{\dfrac{L_2 i_2}{N_2}}} = \sqrt{\dfrac{M_{21}}{L_1} \times \dfrac{M_{12}}{L_2}} = \dfrac{M}{\sqrt{L_1 L_2}}$

∴ 결합계수 $k = \dfrac{M}{\sqrt{L_1 L_2}}$ ··· [식 11-20]

② 상호 인덕턴스: $M = k\sqrt{L_1 L_2}$ [H] ··· [식 11-21]

(3) 결합계수는 두 회로의 자기적 결합정도를 표시하는 양으로 k 가 0이면 자기적인 비결합상태를 말하고 k 가 1이면 두 코일은 자기적으로 완전결합상태를 말한다. 따라서 결합계수의 범위는 $0 < k \leq 1$ 이 된다.

3 자기 인덕턴스의 계산 예

1. 솔레노이드의 내부 인덕턴스

(1) 무한장 솔레노이드

① 단위길이 당 권선 수가 $n_0 = \dfrac{N}{\ell}$ 이므로 $N = n_0 \ell$ 가 된다. 따라서

② $L = \dfrac{\mu S N^2}{\ell} = \mu S n_0^2 \ell$ [H] $= \mu S n_0^2$ [H/m] ··· [식 11-22]

(2) 환상 솔레노이드

① 솔레노이드 평균길이 $\ell = 2\pi r$ 이므로

② $L = \dfrac{\mu S N^2}{\ell} = \dfrac{\mu S N^2}{2\pi r}$ [H] ··· [식 11-23]

2. 동축케이블(coaxial cable)

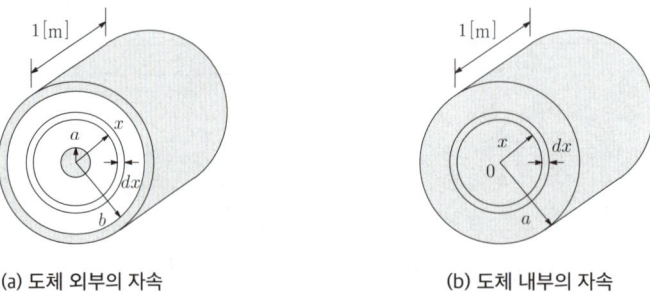

(a) 도체 외부의 자속   (b) 도체 내부의 자속

[그림 11-3] 동축케이블의 내·외부 자속

(1) 도체 외부 인덕턴스 L_e

① 도체 외부 $x\,[\mathrm{m}]$ 에서의 자속밀도

$$B_e = \mu_0 H_e = \frac{\mu_o I}{2\pi x}\,[\mathrm{Wb/m^2}] \quad \cdots\cdots\cdots [\text{식 11-24}]$$

② [그림 11-3](a)와 같이 원통의 단면 $1 \times dx = dx\,[\mathrm{m^2}]$ 의 미소부분을 통과하는 자속

$$d\phi_e = \frac{\mu_0 I}{2\pi x}\,dx\,[\mathrm{Wb/m}] \quad \cdots\cdots\cdots [\text{식 11-25}]$$

③ 도체의 외부인 반경 $a\,[\mathrm{m}]$ 로부터 $b\,[\mathrm{m}]$ 까지의 범위내의 쇄교자속 ϕ 는 미소자속 $d\phi_e$ 을 x 에 관하여 a 부터 b 까지 적분하여 구할 수 있다.

$$\phi_e = \int_a^b d\phi_e = \int_a^b \frac{\mu_0 I}{2\pi x}\,dx = \frac{\mu_0 I}{2\pi}\ln\frac{b}{a}\,[\mathrm{Wb/m}] \quad \cdots\cdots\cdots [\text{식 11-26}]$$

④ 따라서 도체 외부의 인덕턴스 L_e 는 다음과 같다.

$$L_e = \frac{\phi_e}{I} = \frac{\mu_0}{2\pi}\ln\frac{b}{a}\,[\mathrm{H/m}] \quad \cdots\cdots\cdots [\text{식 11-27}]$$

(2) 도체 내부 인덕턴스 L_i

① 도체 내부의 $x\,[\mathrm{m}]$ 에서 자속밀도

$$B_i = \mu_0 H_x = \frac{\mu_0 x\,I_x}{2\pi a^2}\,[\mathrm{Wb/m^2}] \quad \cdots\cdots\cdots [\text{식 11-28}]$$

여기서, 대부분 도체는 구리 또는 알루미늄이고 이것의 $\mu_s \fallingdotseq 1$ 이 된다.

② [그림 11-3](b)와 같이 원통의 단면 $1 \times dx = dx\,[\mathrm{m^2}]$ 의 미소부분을 통과하는 자속

$$d\phi_x = \frac{\mu_0 x\,I_x}{2\pi a^2}\,dx\,[\mathrm{Wb/m}] \quad \cdots\cdots\cdots [\text{식 11-29}]$$

③ 이 자속 $d\phi_x$ 는 반지름 $x\,[\mathrm{m}]$ 인 원통 내부의 전류 I_x 하고만 쇄교한다. 따라서 도체에 흐르는 전류 I 에 의한 내부의 쇄교자속수 $d\phi_i$ 는 다음과 같다.

$$d\phi_i = d\phi_x \times \frac{x^2}{a^2} = \frac{\mu_0 x^3 I}{2\pi a^4}\,dx\,[\mathrm{Wb}] \quad \cdots\cdots\cdots [\text{식 11-30}]$$

④ 도체 내부의 단위길이당의 쇄교자속수 ϕ_i 는 [식 11-30]을 x 에 관하여 0 부터 a 까지 적분하여 구할 수 있다.

$$\phi_i = \int_0^a d\phi_i = \int_0^a \frac{\mu_0 x^3 I}{2\pi a^4}\,dx = \frac{\mu_0 I}{8\pi}\,[\mathrm{Wb/m}] \quad \cdots\cdots\cdots [\text{식 11-31}]$$

⑤ 따라서 도체 내부의 인덕턴스 L_i 는 다음과 같다.

$$L_i = \frac{\phi_i}{I} = \frac{\mu_0}{8\pi}\,[\mathrm{H/m}] \quad \cdots\cdots\cdots [\text{식 11-32}]$$

(3) 동축케이블의 자속과 인덕턴스

① $\phi = \phi_i + \phi_e = \dfrac{\mu_0 I}{8\pi} + \dfrac{\mu_0 I}{2\pi} \ln \dfrac{b}{a}$ [Wb/m] ·· [식 11-33]

② $L = L_i + L_e = \dfrac{\mu_0}{8\pi} + \dfrac{\mu_0}{2\pi} \ln \dfrac{b}{a}$ [H/m] ·· [식 11-34]

(4) 외부 인덕턴스와 정전용량과의 관계

$$LC = \dfrac{\mu}{2\pi} \ln \dfrac{b}{a} \times \dfrac{2\pi\epsilon}{\ln \dfrac{b}{a}} = \mu\epsilon$$

∴ $LC = \mu\epsilon$ ·· [식 11-35]

3. 평행 왕복 도선의 인덕턴스

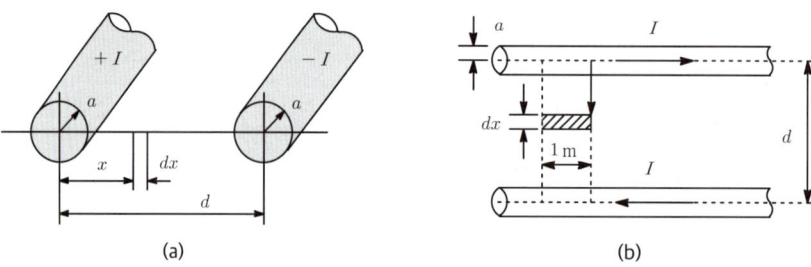

[그림 11-4] 평행 왕복 도선

(1) 외부 인덕턴스

① 도체 외부 x [m] 에서의 자계의 세기

$H_e = \dfrac{I}{2\pi x} + \dfrac{I}{2\pi(d-x)}$ [AT/m] ·· [식 11-36]

② [그림 11-4](b)와 같이 단면 $1 \times dx = dx$ [m^2] 의 미소부분을 통과하는 자속

$d\phi_e = B\, ds = \mu_0 H_e\, dx$ [Wb/m] ·· [식 11-37]

③ 왕복 도선 사이의 단위길이당 쇄교자속수

$$\phi_e = \int_a^{d-a} d\phi_e = \dfrac{\mu_0 I}{2\pi} \int_a^{d-a} \left[\dfrac{I}{x} + \dfrac{I}{d-x} \right] dx = \dfrac{\mu_0 I}{2\pi} \left[\ln x - \ln(d-x) \right]_a^{d-a}$$

$\quad = \dfrac{\mu_0 I}{\pi} \ln \dfrac{d-a}{a} \fallingdotseq \dfrac{\mu_0 I}{\pi} \ln \dfrac{d}{a}$ [W/m] ··· [식 11-38]

④ 따라서 왕복 도선 사이의 단위길이당 인덕턴스

$L_e = \dfrac{\phi_e}{I} = \dfrac{\mu_0}{\pi} \ln \dfrac{d}{a}$ [H/m] ··· [식 11-39]

(2) 평행 왕복 도선의 내부 인덕턴스

① 각 도선의 내부에도 $\dfrac{\mu_0}{8\pi}$ [H/m] 의 자기 인덕턴스가 존재하므로 평행 왕복도선의 전체 인덕턴스는 2배를 취하면 되므로 $\dfrac{\mu_0}{4\pi}$ [H/m] 가 된다. 따라서

② $L = L_i + L_e = \dfrac{\mu_0}{4\pi} + \dfrac{\mu_0}{\pi} \ln \dfrac{d}{a}$ [H/m] ·· [식 11-40]

4 인덕턴스 접속법

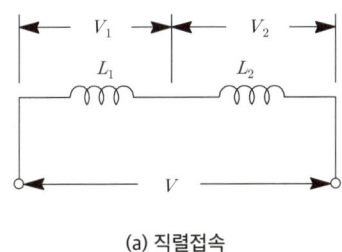 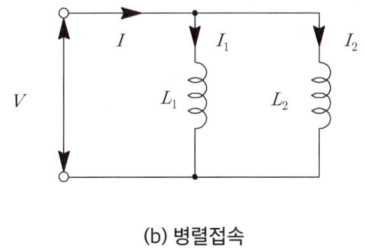

(a) 직렬접속   (b) 병렬접속

[그림 11-5] 인덕턴스 접속법

1. 직렬접속

(1) 상호 인덕턴스가 없는 L_1 과 L_2 를 [그림 11-5](a)와 같이 직렬로 연결하면 전류는 일정하고 전압이 분배되므로 다음과 같이 정리된다.

① $V = V_1 + V_2 = L_1 \dfrac{di}{dt} + L_2 \dfrac{di}{dt} = L \dfrac{di}{dt}$ [V] ················ [식 11-41]

② 합성 인덕턴스: $L = L_1 + L_2$ [H] ················ [식 11-42]

(2) 만약, 두 코일 사이에 상호 인덕턴스가 존재할 경우 각 인덕턴스에 인가된 전압은 $V_1 = L_1 \dfrac{di}{dt} \pm M \dfrac{di}{dt}$, $V_2 = L_2 \dfrac{di}{dt} \pm M \dfrac{di}{dt}$ 가 된다. 여기서, 상호 인덕턴스가 $+M$ 인 경우에는 가동결합(가극성), $-M$ 은 차동결합(감극성)이라 한다.

① 가동결합 $L_+ = L_1 + L_2 + 2M$ [H] ················ [식 11-43]

② 차동결합 $L_- = L_1 + L_2 - 2M$ [H] ················ [식 11-44]

(3) 상호 인덕턴스

① [식 11-43]과 [식 11-44]를 합하면 $L_+ + L_- = 4M$ 이 된다. 따라서

② 상호 인덕턴스: $M = \dfrac{L_+ + L_-}{4}$ [H] ················ [식 11-45]

2. 병렬접속

(1) 상호 인덕턴스가 없는 L_1 과 L_2 를 [그림 11-4](b)와 같이 병렬로 연결하면 전압은 일정하고 전류가 분배되므로 다음과 같이 정리된다.

① $V = V_1 = V_2$ 이므로 $L \dfrac{di}{dt} = L_1 \dfrac{di_1}{dt} = L_2 \dfrac{di_2}{dt}$ 이 된다.

② 위 식에서 $\dfrac{di_1}{dt} = \dfrac{V}{L_1}$ 이 되고, $\dfrac{di_2}{dt} = \dfrac{V}{L_2}$ 가 된다. 따라서

③ $V = L \dfrac{di}{dt} = L \left(\dfrac{di_1}{dt} + \dfrac{di_2}{dt} \right) = L \left(\dfrac{V}{L_1} + \dfrac{V}{L_2} \right)$ 이므로 $\dfrac{1}{L} = \dfrac{1}{L_1} + \dfrac{1}{L_2}$ 이 된다.

∴ 합성 인덕턴스: $L = \dfrac{1}{\dfrac{1}{L_1} + \dfrac{1}{L_2}} = \dfrac{L_1 L_2}{L_1 + L_2}$ [H] ················ [식 11-46]

(2) 만약, 두 코일 사이에 상호 인덕턴스가 존재하면

① 가동결합 $L = \dfrac{L_1 L_2 - M^2}{L_1 + L_2 - 2M}$ [H] ·· [식 11-47]

② 차동결합 $L = \dfrac{L_1 L_2 - M^2}{L_1 + L_2 + 2M}$ [H] ·· [식 11-48]

핵심 요점정리

1. 인덕턴스와 쇄교자속

① 유도기전력: $e = -N\dfrac{d\phi(t)}{dt} = -L\dfrac{di(t)}{dt}$ [V]

② 쇄교자속: $\Phi = N\phi = LI$ [Wb]

③ 인덕턴스: $L = \dfrac{\Phi}{I} = \dfrac{N}{I} \times \phi = \dfrac{N}{I} \times \dfrac{F}{R_m} = \dfrac{N^2}{R_m} = \dfrac{\mu S N^2}{\ell}$ [H]

여기서, 자속: $\phi = \dfrac{F}{R_m}$, 기자력: $F = IN$, 자기저항: $R_m = \dfrac{\mu S}{\ell}$ [AT/Wb]

④ 인덕턴스에 축적되는 에너지(전류에 의한 자계에너지)

: $W_L = \dfrac{1}{2}LI^2 = \dfrac{1}{2}\Phi I = \dfrac{\Phi^2}{2L} = \dfrac{1}{2}N\phi I = \dfrac{1}{2}F\phi$ [J]

⑤ 자계에너지 밀도: $w_m = \dfrac{1}{2}\mu H^2 = \dfrac{1}{2}HB = \dfrac{B^2}{2\mu}$ [J/m³]

2. 변압기 1·2차측 전압

① 1차측 전압: $e_1 = -N_1\dfrac{d\phi(t)}{dt} = -L\dfrac{di(t)}{dt}$ [V] (여기서, L: 자기 인덕턴스)

② 2차측 전압: $e_2 = -N_2\dfrac{d\phi(t)}{dt} = -M\dfrac{di(t)}{dt}$ [V] (여기서, M: 상호 인덕턴스)

③ 자기전류 의해 발생된 유도기전력(e_1)의 비례상수를 L 이라 하며, 상대방 전류의 상호작용에 의해 발생된 유도기전력(e_2)의 비례상수를 M 이라 한다.

3. 자기 또는 상호 인덕턴스와 결합계수

① 1차측 자기 인덕턴스: $L_1 = \dfrac{N_1\phi_1}{i_1} = \dfrac{N_1}{i_1} \times \dfrac{F_1}{R_m} = \dfrac{\mu S N_1^2}{\ell}$ [H] ($\dfrac{\mu S}{\ell} = \dfrac{L_1}{N_1^2}$)

② 2차측 자기 인덕턴스: $L_2 = \dfrac{N_2\phi_2}{i_2} = \dfrac{N_2}{i_2} \times \dfrac{F_2}{R_m} = \dfrac{\mu S N_2^2}{\ell} = \left(\dfrac{N_2}{N_1}\right)^2 \times L_1$ [H]

③ 상호 인덕턴스 ($M_{21} = M_{12} = M$)

㉠ $M_{21} = \dfrac{N_2\phi_{21}}{i_1} = \dfrac{N_2}{i_1} \times \dfrac{F_1}{R_m} = \dfrac{\mu S N_1 N_2}{\ell} = \dfrac{N_2}{N_1} \times L_1$ [H]

㉡ $M_{12} = \dfrac{N_1\phi_{21}}{i_2} = \dfrac{N_1}{i_2} \times \dfrac{F_2}{R_m} = \dfrac{\mu S N_1 N_2}{\ell} = \dfrac{N_2}{N_1} \times L_1$ [H]

④ 결합계수

㉠ 결합계수: $k = \sqrt{\dfrac{\Phi_{21}}{\Phi_1} \times \dfrac{\Phi_{12}}{\Phi_2}} = \sqrt{\dfrac{M_{21}}{L_1} \times \dfrac{M_{12}}{L_2}} = \dfrac{M}{\sqrt{L_1 L_2}}$

㉡ $k = 1$인 상태를 자기적인 완적결합, $k = 0$인 상태를 자기적인 비결합이라 한다.

4. 각 도체에 따른 자기 인덕턴스 ($LC = \mu\epsilon$ 의 관계를 갖는다)

구분	인덕턴스
무한장 솔레노이드	① 단위 길이당 권선수 $n_0 = \dfrac{N}{\ell}$ 에서 $N = n_0\ell$ 가 된다. ② 인덕턴스: $L = \dfrac{\mu S N^2}{\ell} = \mu S n_0^2 \ell\,[\text{H}] = \mu S n_0^2\,[\text{H/m}]$
환상 솔레노이드	① 솔레노이드의 평균길이 $\ell = 2\pi r\,[\text{m}]$ 이므로 ② 인덕턴스: $L = \dfrac{\mu S N^2}{\ell} = \dfrac{\mu S N^2}{2\pi r}\,[\text{H}]$
원통 도체 또는 동축 케이블	① 내부 인덕턴스: $L_i = \dfrac{\phi_i}{I} = \dfrac{\mu_0}{8\pi}\,[\text{H/m}]$ ② 외부 인덕턴스: $L_e = \dfrac{\phi_e}{I} = \dfrac{\mu_0}{2\pi}\ln\dfrac{b}{a}\,[\text{H/m}]$ ③ 전체 인덕턴스: $L = L_i + L_e = \dfrac{\mu_0}{8\pi} + \dfrac{\mu_0}{2\pi}\ln\dfrac{b}{a}\,[\text{H/m}]$
평행 왕복 도선	① 동축 케이블 2가닥이 포설된 것이므로 L도 2배가 된다. ② 전체 인덕턴스: $L = L_i + L_e = \dfrac{\mu_0}{4\pi} + \dfrac{\mu_0}{\pi}\ln\dfrac{d}{a}\,[\text{H/m}]$

5. 인덕턴스 접속법

구분	가동결합(가극성)	차동결합(감극성)
직렬회로	$\therefore L_+ = L_1 + L_2 + 2M\,[\text{H}]$	$\therefore L_- = L_1 + L_2 - 2M\,[\text{H}]$
병렬회로	$\therefore L_+ = \dfrac{L_1 L_2 - M^2}{L_1 + L_2 - 2M}\,[\text{H}]$	$\therefore L_- = \dfrac{L_1 L_2 - M^2}{L_1 + L_2 + 2M}\,[\text{H}]$

출제예상문제

※ 출제예상문제는 기출 분석을 바탕으로 자주 출제되는 유형을 선별하였습니다.

1. 자기 인덕턴스

01 자기 인덕턴스의 성질을 옳게 표현한 것은?

① 항상 부(負)이다.
② 항상 정(正)이다.
③ 항상 0 이다.
④ 유도되는 기전력에 따라 정(正)도 되고 부(負)도 된다.

정답분석 인덕턴스 L 는 부(負)값이 없다.

정답 ②

02 인덕턴스의 단위에서 1[H]는?

① 1[A]의 전류에 대한 자속이 1[Wb]인 경우이다.
② 1[A]의 전류에 대한 유전율이 1[F/m]이다.
③ 1[A]의 전류가 1초 간에 변화하는 양이다.
④ 1[A]의 전류에 대한 자계가 1[AT/m]인 경우이다.

정답분석 인덕턴스 정의 식: $L = \dfrac{\Phi}{I}$ [H = Wb/m]

$\therefore L = \dfrac{\Phi}{I} = \dfrac{1}{1} = 1$ [H]

정답 ①

03 환상솔레노이드 코일에 있어서 코일에 흐르는 전류가 2[A]일 때 자로의 자속이 1×10^{-2} [Wb]이었다고 한다. 코일 권수를 500회라 할 때 이 코일의 자기 인덕턴스는 몇 [H]인가? (단, 코일의 전류와 자로의 자속과의 관계는 정비례한 것으로 하여 계산하시오)

① 2.5   ② 3.5
③ 4.5   ④ 5.5

정답분석 인덕턴스: $L = \dfrac{N}{I}\phi = \dfrac{500}{2} \times 10^{-2} = 2.5$ [H]

정답 ①

04 자기 인덕턴스 0.05 [H] 의 회로에 전류가 매초 500 [A] 의 비율로 증가할 때 자기 유기전력의 크기는 몇 [V] 인가?

① 2.5   ② 25
③ 100   ④ 1000

정답분석 유도기전력

$e = -L\dfrac{di}{dt} = -0.05 \times \dfrac{500}{1} = -25$ [V]

여기서, − 부호는 전류와 반대방향으로 발생한다는 의미이다.

정답 ②

05
자기인덕턴스 0.5[H]의 코일에 1/200[sec] 동안에 전류가 25[A]로부터 20[A]로 줄었다. 이 코일에 유기된 기전력의 크기 및 방향은?

① 50[V], 전류와 같은 방향
② 50[V], 전류와 반대 방향
③ 500[V], 전류와 같은 방향
④ 500[V], 전류와 반대 방향

정답분석

유도기전력

$e = -L\dfrac{di}{dt} = -0.5 \times \dfrac{20-25}{1/200} = 500\,[\text{V}]$

여기서, + 부호는 전류와 동일방향으로 발생한다는 의미이다.

정답 ③

06
회로가 닫혀있는 코일 1과 개방된 코일 2가 그림과 같이 평등자계와 직각방향으로 서로 나란한 코일면을 유지하고 있을 때 평등자계의 자속이 일정한 비율로 감소하는 경우 다음 설명 중 옳은 것은?

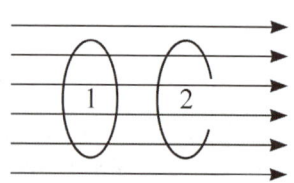

① 유기기전력은 두 코일에 모두 유기된다.
② 유기기전력은 개방된 코일 2에만 유기된다.
③ 두 코일에 같은 줄열이 발생한다.
④ 줄열은 어느 쪽도 발생하지 않는다.

정답분석

전자유도법칙에 의해 두 코일 모두 유기기전력이 발생하며, 전류를 닫혀있는 코일에만 흐르기 때문에 코일 1에만 줄열이 발생된다.

정답 ①

07
그림(a)의 인덕턴스에 전류가 그림(b)와 같이 흐를 때 2초에서 6초 사이의 인덕턴스전압 V_L은 몇 [V]인가?

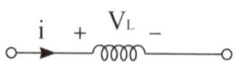
(a)

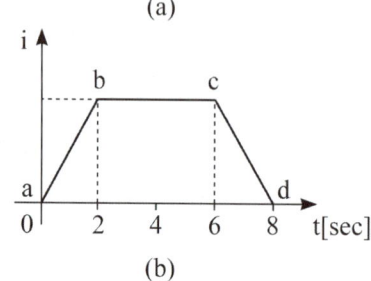
(b)

① 0 ② 5
③ 10 ④ -5

정답분석

인덕턴스 전압(유도기전력)은 시간에 따라 전류의 크기가 변해야 발생된다. ($V_L = L\dfrac{di}{dt}\,[\text{V}]$)

∴ 2초와 6초 사이의 전류의 변화가 없으므로 유도기전력 $\left(\dfrac{di}{dt} = 0\right)$은 발생되지 않는다.

정답 ①

08
솔레노이드의 자기인덕턴스는 권수 N과 어떤 관계를 갖는가?

① N에 비례 ② $\sqrt{N}$에 비례
③ N^2에 비례 ④ $\sqrt{N}$에 반비례

정답분석

자기 인덕턴스 $L = \dfrac{\mu S N^2}{\ell}$ 이므로 $L \propto N^2$ 이 된다.

정답 ③

09 자기회로의 자기저항이 일정할 때 코일의 권수를 1/2로 줄이면 자기인덕턴스는 원래의 몇 배가 되는가?

① $\frac{1}{\sqrt{2}}$ 배 ② $\frac{1}{2}$ 배
③ $\frac{1}{4}$ 배 ④ $\frac{1}{8}$ 배

정답분석

㉠ 자기 인덕턴스
$$L = \frac{\Phi}{I} = \frac{N}{I}\phi = \frac{N}{I} \times \frac{F}{R_m}$$
$$= \frac{N}{I} \times \frac{IN}{\frac{l}{\mu S}} = \frac{\mu S N^2}{l} [\text{H}]$$

㉡ $L \propto \sqrt{N}$ 의 관계를 갖는다.

∴ 권수를 $\frac{1}{2}$ 하면 자기 인덕턴스 L 은 $\frac{1}{4}$ 이 된다.

정답 ③

10 철심에 25회의 권선을 감고 1[A]의 전류를 통했을 때 0.01[Wb]의 자속이 발생하였다. 같은 철심을 사용하여 자기인덕턴스를 0.25 [H]로 하려면 도선의 권수는?

① 25 ② 50
③ 75 ④ 100

정답분석

㉠ 1차측 자기 인덕턴스
$$L_1 = \frac{N_1}{I} \times \phi = \frac{25}{1} \times 0.01 = 0.25 [\text{H}]$$

㉡ 인덕턴스 $L \propto \sqrt{N}$ 의 관계를 가지므로
$L_1 : L_2 = N_1^2 : N_2^2$ 에서 2차 권수는
$$\therefore N_2 = \sqrt{\frac{L_2 N_1^2}{L_1}} = \sqrt{\frac{1 \times 25^2}{0.25}} = 25 [\text{T}]$$

정답 ①

11 자기인덕턴스 L 인 코일에 I 의 전류를 흘렸을 때 코일에 축적되는 에너지와 전류 사이의 관계를 그래프로 표시하면 어떤 모양이 되는가?

① 직선 ② 원
③ 포물선 ④ 타원

정답분석

코일에 저장되는 자기 에너지
$$W_L = \frac{1}{2}LI^2 = \frac{1}{2}\Phi I = \frac{\Phi^2}{2L} [\text{J}] \text{ 에서}$$
$$\therefore W_L = \frac{1}{2}LI^2 \propto I^2 \text{ 전류 증가에 따라 에너지는}$$
포물선의 모양이 된다.

정답 ③

12 자기인덕턴스 50[H]인 회로에 20[A]의 전류가 흐르고 있을 때 축적되는 전자 에너지는 몇 [J]인가?

① 10[J] ② 100[J]
③ 1,000[J] ④ 10,000[J]

정답분석

코일에 축적되는 자기적인 에너지
$$W_L = \frac{1}{2}LI^2 = \frac{1}{2} \times 50 \times 20^2 = 10000 [\text{J}]$$

정답 ④

13 자체 인덕턴스가 100[mH]인 코일에 전류가 흘러 20[J]의 에너지가 축적되었다. 이 때 흐르는 전류는 몇 [A]인가?

① 2 ② 10
③ 20 ④ 100

정답분석

코일에 저장되는 자기에너지 $W = \frac{1}{2}LI^2$ 에서
$I^2 = \frac{2W}{L}$ 이 되므로 전류는 다음과 같다.
$$\therefore I = \sqrt{\frac{2W}{L}} = \sqrt{\frac{2 \times 20}{100 \times 10^{-3}}} = 20 [\text{A}]$$

정답 ③

14 권선수가 N회인 코일에 전류 I[A]를 흘릴 경우, 코일에 ϕ[Wb]의 자속이 지나간다면 이 코일에 저장된 자계 에너지는 어떻게 표현되는가?

① $\frac{1}{2}N\phi^2 I$ [J]   ② $\frac{1}{2}N\phi I$ [J]

③ $\frac{1}{2}N^2\phi I$ [J]   ④ $\frac{1}{2}N\phi I^2$ [J]

 코일에 축적되는 자기적인 에너지
$$W_L = \frac{1}{2}\Phi I = \frac{1}{2}N\phi I = \frac{1}{2}F\phi \text{ [J]}$$
여기서, 기자력 $F = IN$ [AT]

정답 ②

15 어떤 자기회로에 3,000[AT]의 기자력을 줄 때 2×10^{-3}[Wb]의 자속이 통하였다. 이 자기회로의 자화에 필요한 에너지는 몇 [J]인가?

① 1.5   ② 3
③ 6   ④ 3×10^3

 코일에 축적되는 자기적인 에너지
$$W_L = \frac{1}{2}F\phi = \frac{1}{2}\times 3000 \times 2\times 10^{-3} = 3 \text{ [J]}$$

정답 ②

16 자기 유도계수 20[mH]인 코일에 전류를 흘릴 때 코일과의 쇄교자속수가 0.2[Wb]이었다면 코일에 축적된 에너지는 몇 [J]인가?

① 1   ② 2
③ 3   ④ 4

 코일에 저장되는 자기에너지
$$W_L = \frac{\Phi^2}{2L} = \frac{0.2^2}{2\times(20\times 10^{-3})} = 1 \text{ [J]}$$

정답 ①

17 10[A]의 전류가 흐르고 있는 도선이 자계 내에서 운동하여 5[Wb]의 자속을 끊었다고 하면, 이때 전자력이 한 일은 몇 [J]인가?

① 25   ② 50
③ 75   ④ 100

 자속이 운반될 때 소비되는 에너지
$$\therefore W = \phi I = 5\times 10 = 50 \text{ [J]}$$

정답 ②

18 10[A]를 흘리고 있는 도체가 20[Wb/sec]의 자속을 끊었을 때 이것의 전력은 몇 [W]인가?

① 2   ② 200
③ 2,000   ④ 4,000

 ㉠ 자속이 운반될 때 소비되는 에너지
$$W = \phi I \text{ [J]}$$
㉡ 전력 $P = \frac{W}{t} = \frac{\phi I}{t} = 10\times 20 = 200$ [W]

정답 ②

19 비투자율 4000인 철심을 자화하여 자속밀도가 0.1[Wb/m²]으로 되었을 때 철심의 단위 체적에 저축된 에너지는 몇 [J/m³]인가?

① 1
② 2.5
③ 3
④ 4

정답분석 자계 에너지 밀도

$$W_m = \frac{B^2}{2\mu} = \frac{B^2}{2\mu_0\mu_s}$$
$$= \frac{0.1^2}{2 \times 4 \times 10^{-7} \times 4000} = 1 \,[\text{J/m}^3]$$

정답 ①

20 자기인덕턴스 L[H] 인 코일에 전류 I[A] 를 흘렸을 때, 자계의 세기가 H[AT/m] 이다. 이 코일에 전류 $\frac{I}{2}$ [A] 를 흘리면 저장되는 자기 에너지 밀도 [J/m³] 는?

① $\frac{1}{2}LI^2$
② $\frac{1}{8}LI^2$
③ $\frac{1}{2}\mu H^2$
④ $\frac{1}{8}\mu H^2$

정답분석 자계의 세기 $H = \frac{NI}{\ell}$ [AT/m] $\propto I$ 이므로 전류가 $\frac{I}{2}$ 이 되면 자계 또한 $\frac{H}{2}$ 가 된다.

∴ 자계 에너지 밀도
: $W_m = \frac{1}{2}\mu\left(\frac{H}{2}\right)^2 = \frac{1}{8}\mu H^2$ [J/m³]

정답 ④

21 비투자율 1000, 단면적 10[cm²], 자로의 길이 100[cm], 권수 1000회인 철심 환상 솔레노이드에 10[A]의 전류가 흐를 때 저축되는 자기에너지는 몇 [J]인가?

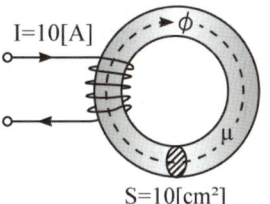

S=10[cm²]

① 62.8
② 6.28
③ 31.4
④ 3.14

정답분석
㉠ 자기 인덕턴스
$$L = \frac{\mu S N^2}{l} = \frac{\mu_0 \mu_s S N^2}{l}$$
$$= \frac{4\pi \times 10^{-7} \times 1000 \times 10 \times 10^{-4} \times 1000^2}{100 \times 10^{-2}}$$
$$= 4\pi \times 10^{-1} \,[\text{H}]$$
㉡ 코일에 저장되는 자기적인 에너지
$$W_L = \frac{1}{2}LI^2 = \frac{1}{2} \times 4\pi \times 10^{-1} \times 10^2$$
$$= 62.8 \,[\text{J}]$$

정답 ①

22 그림과 같은 회로에서 스위치를 최초 A 에 연결하여 일정 전류 $I[A]$를 흘린 다음 스위치를 급히 B 로 전환할 때 저항 $R[\Omega]$에서 발생하는 열량은 몇 [cal]인가?

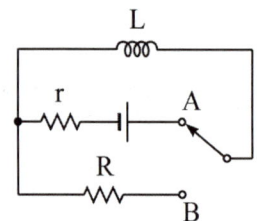

① $\dfrac{1}{8.4}LI^2$ ② $\dfrac{1}{4.2}LI^2$

③ $\dfrac{1}{2}LI^2$ ④ LI^2

㉠ 스위치를 A로 이동하면 코일에는 에너지가 저장($W_L = \dfrac{1}{2}LI^2[J]$)된다.
㉡ 그 후 스위치를 B측으로 이동시키면 코일에 저장된 에너지만큼 저항 R 에서 소비된다.
㉢ $1[J] = \dfrac{1}{4.2}[cal] \fallingdotseq 0.24[cal]$
∴ 발열량: $H = \dfrac{1}{4.2}W_L = \dfrac{1}{8.4}LI^2[cal]$

정답 ①

23 그림과 같은 회로에서 인덕턴스 20[H]에 저축되는 에너지는 몇 [J]인가?

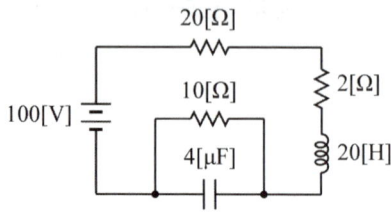

① 1.95   ② 19.5
③ 97.7   ④ 9,770

㉠ 직류회로에는 주파수가 없으므로($f=0$)에서 C 는 개방, L 은 단락 상태가 된다.
㉡ 용량 리액턴스 ($f=0$)
$X_C = \dfrac{1}{\omega C} = \dfrac{1}{2\pi fC}\bigg|_{f=0} = \infty$
㉢ 유도 리액턴스 ($f=0$)
$X_L = \omega L = 2\pi fL\bigg|_{f=0} = 0$
㉣ 회로에 흐르는 전류
$I = \dfrac{100}{20+2+10} = \dfrac{100}{32}[A]$
∴ 코일에 저장되는 자기적 에너지
$W_L = \dfrac{1}{2}LI^2 = \dfrac{1}{2} \times 20 \times \left(\dfrac{100}{32}\right)^2$
$= 97.656[J]$

정답 ③

24 전원에 연결한 코일에 10[A]가 흐르고 있다. 지금 순간적으로 전원을 분리하고 코일에 저항을 연결하였을 때 저항에서 24[cal]의 열량이 발생하였다. 코일의 자기 인덕턴스는 몇 [H]인가?

① 0.1[H]   ② 0.5[H]
③ 2[H]   ④ 24[H]

R 이 소모하는 열량
$H = 0.24W_L = \dfrac{1}{4.2}W_L = \dfrac{1}{8.4}LI^2[cal]$ 에서
∴ $L = \dfrac{8.4H}{I^2} = \dfrac{8.4 \times 24}{10^2} = 2[H]$

정답 ③

25 인덕턴스의 단위와 같지 않은 것은?
(단, [Wb]: 자속, [A]: 전류, [V]: 전압, [J]: 에너지, [s]: 시간의 단위)

① [Wb/A] ② $\left[\dfrac{V}{A}S\right]$
③ $\left[\dfrac{J}{A}\cdot\dfrac{1}{S}\right]$ ④ [J/A²]

정답분석

㉠ 쇄교 자속: $\Phi = N\phi = LI$
→ 인덕턴스: $L = \dfrac{\Phi}{I}$ [Wb/A]

㉡ 유도기전력: $e = -L\dfrac{di}{dt}$
→ $L = -\dfrac{e\cdot dt}{di}\left[\dfrac{V\cdot sec}{A} = \Omega\cdot sec\right]$

㉢ 코일에 축적된 에너지: $W = \dfrac{1}{2}LI^2$
→ $L = \dfrac{2W}{I^2}$ [J/A²]

정답 ③

26 정전용량 5[μF]인 콘덴서를 200[V]로 충전하여 자기 인덕턴스 20[mH], 저항 0[Ω]인 코일을 통해 방전할 때 생기는 전기진동 주파수 f는 약 몇 [Hz]이며, 코일에 축적되는 에너지 W는 몇 [J]인가?

① $f = 500[Hz]$, $W = 0.1[J]$
② $f = 50[Hz]$, $W = 1[J]$
③ $f = 500[Hz]$, $W = 1[J]$
④ $f = 50[Hz]$, $W = 0.1[J]$

정답분석

㉠ 공진 주파수
$: f = \dfrac{1}{2\pi\sqrt{LC}}$
$= \dfrac{1}{2\pi\sqrt{20\times 10^{-3}\times 5\times 10^{-6}}}$
$= 503 ≒ 500$ [Hz]

㉡ 콘덴서에 축적되는 전기적 에너지
$: W_C = \dfrac{1}{2}CV^2$
$= \dfrac{1}{2}\times 5\times 10^{-6}\times 200^2 = 0.1$ [J]

∴ 콘덴서에 코일 접속시켰으므로 코일에 축적되는 에너지는 콘덴서에 저장된 에너지 0.1[J]이 된다.

정답 ①

2. 상호 인덕턴스와 결합계수

27 두 개의 전기회로 간의 상호 인덕턴스를 구하는데 사용하는 방법은?

① 가우스의 법칙
② 플레밍의 오른손 법칙
③ 노이만의 공식
④ 스테판-볼쯔만의 법칙

정답확인

정답 ③

28 그림과 같은 환상철심에 A, B의 코일이 감겨 있다. 전류 I가 120[A/s]로 변화할 때, 코일 A에 90[V], 코일 B에 40[V]의 기전력이 유도된 경우, 코일 A의 자기인덕턴스 L_1[H]과 상호인덕턴스 M[H]의 값은 얼마인가?

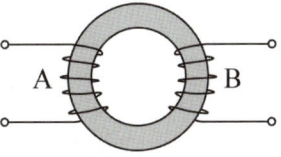

① $L_1 = 0.75$, $M = 0.33$
② $L_1 = 1.25$, $M = 0.7$
③ $L_1 = 1.75$, $M = 0.9$
④ $L_1 = 1.95$, $M = 1.1$

정답분석

㉠ A 코일 유도기전력: $e_A = -L_A\dfrac{di_A}{dt}$
→ $L_A = \dfrac{e_A}{\dfrac{di_A}{dt}} = \dfrac{90}{120} = 0.75$ [H]

㉡ B 코일 유도기전력: $e_B = -M\dfrac{di_A}{dt}$
→ $M = \dfrac{e_M}{\dfrac{di_A}{dt}} = \dfrac{40}{120} = 0.33$ [H]

정답 ①

29 송전선의 전류가 0.01초 사이에 10[kA]변화될 때 이 송전선에 나란한 통신선에 유도되는 유도전압은 몇 [V]인가? (단, 송전선과 통신선 간의 상호유도계수는 0.3[mH]이다)

① 30
② 3×10^2
③ 3×10^3
④ 3×10^4

정답분석
통신선에 유도되는 기전력
$e = -M \dfrac{di}{dt} = -0.3 \times 10^{-3} \times \dfrac{10 \times 10^3}{0.01}$
$= -3 \times 10^2 [\text{V}]$
여기서, $-$ 는 송전선에 흐르는 전류와 반대 방향으로 기전력이 유도된다는 의미한다.

정답 ②

30 길이 l, 단면반지름 $a(l \gg a)$, 권수 N_1 인 단층 원통형 1차 솔레노이드의 중앙 부근에 권수 N_2 인 2차 코일을 밀착되게 감았을 경우 상호 인덕턴스는?

① $\dfrac{\mu \pi a^2}{l} N_1 N_2$
② $\dfrac{\mu \pi a^2}{l} N_1^2 N_2^2$
③ $\dfrac{\mu l}{\pi a^2} N_1 N_2$
④ $\dfrac{\mu l}{\pi a^2} N_1^2 N_2^2$

정답분석
상호 인덕턴스
$M = \dfrac{\mu S N_1 N_2}{l} = \dfrac{\mu (\pi a^2) N_1 N_2}{l} [\text{H}]$
여기서, 단면적: $S = \pi a^2$

정답 ①

31 환상철심에 권수 N_1 인 A 코일과 권수 N_2 인 B 코일이 있을 때 A 코일의 자기 인덕턴스가 L_1 라면 두 코일의 상호 인덕턴스는 몇 [H]인가? (단, 1, 2차 코일의 누설자속은 없다고 한다)

① $\dfrac{L_1 N_1}{N_2}$
② $\dfrac{L_1 N_2}{N_1}$
③ $\dfrac{N_1}{L_1 N_2}$
④ $\dfrac{N_2}{L_1 N_1}$

정답분석
㉠ 1차 코일의 자기 인덕턴스
$L_1 = \dfrac{\mu S N_1^2}{l} \rightarrow \dfrac{\mu S}{l} = \dfrac{1}{N_1^2} \times L_1$
㉡ 2차 코일의 자기 인덕턴스
$L_2 = \dfrac{\mu S N_2^2}{l} = \dfrac{\mu S}{l} \times N_2^2 = \left(\dfrac{N_2}{N_1}\right)^2 \times L_1$
㉢ 상호 인덕턴스
$M = \dfrac{\mu S N_1 N_2}{l} = \dfrac{\mu S}{l} \times N_1 N_2 = \dfrac{N_2}{N_1} \times L_1$

정답 ②

32 철심이 들어있는 환상코일에서 1차 코일의 권수가 100회일 때 자기 인덕턴스는 0.01 [H]이었다. 이 철심에 2차 코일을 200회 감았을 때 2차 코일의 자기 인덕턴스 L_2와 상호 인덕턴스 M은 각각 몇 [H]인가?

① $L_2 = 0.02 [\text{H}], M = 0.01 [\text{H}]$
② $L_2 = 0.01 [\text{H}], M = 0.02 [\text{H}]$
③ $L_2 = 0.04 [\text{H}], M = 0.02 [\text{H}]$
④ $L_2 = 0.02 [\text{H}], M = 0.04 [\text{H}]$

정답분석
㉠ 2차 코일의 자기 인덕턴스
$L_2 = \left(\dfrac{N_2}{N_1}\right)^2 \times L_1$
$= \left(\dfrac{200}{100}\right)^2 \times 0.01 = 0.04 [\text{H}]$
㉡ 상호 인덕턴스
$M = \dfrac{N_2}{N_1} \times L_1 = \dfrac{200}{100} \times 0.01 = 0.02 [\text{H}]$

정답 ③

33 환상 철심에 권수 1000회의 A 코일과 권수 N회의 B 코일이 감겨져 있다. A 코일의 자기 인덕턴스가 100[mH]이고, 두 코일 사이의 상호 인덕턴스가 20[mH], 결합계수가 1일 때, B 코일의 권수 N은?

① 100회 ② 200회
③ 300회 ④ 400회

 상호 인덕턴스 $M = \dfrac{N_2}{N_1} \times L_1$ 에서

$\therefore N_B = \dfrac{MN_A}{L_A} = \dfrac{20 \times 10^{-3} \times 1000}{100 \times 10^{-3}} = 200$

정답 ②

34 자기 인덕턴스 L_1, L_2 와 상호 인덕턴스 M 과의 결합 계수는 어떻게 표시되는가?

① $\dfrac{M}{\sqrt{L_1 L_2}}$ ② $\dfrac{M}{L_1 L_2}$
③ $\dfrac{\sqrt{L_1 L_2}}{M}$ ④ $\dfrac{L_1 L_2}{M}$

정답 ①

35 자기 인덕턴스와 상호 인덕턴스와의 관계에서 결합계수 k의 값은?

① $0 \leq k \leq \dfrac{1}{2}$ ② $0 \leq k \leq 1$
③ $1 \leq k \leq 2$ ④ $0 \leq k \leq 10$

 ㉠ $k=0$: 자기적인 비결합
㉡ $k=1$: 자기적인 완전결합
㉢ 결합계수 범위: $0 < k \leq 1$

정답 ②

36 두개의 코일이 있다. 각각의 자기인덕턴스가 $L_1 = 0.25[\text{H}]$, $L_2 = 0.4[\text{H}]$일 때 상호인덕턴스는 몇 [H] 인가? (단, 결합계수는 1이라 한다)

① 0.125 ② 0.197
③ 0.258 ④ 0.316

 상호 인덕턴스
$M = k\sqrt{L_1 L_2} = 1\sqrt{0.25 \times 0.4} = 0.316[\text{H}]$

정답 ④

37 환상철심에 A, B코일이 감겨있다. 전류가 150[A/sec]로 변화할 때 코일 A에 45[V], B에 30[V]의 기전력이 유기될 때의 B코일의 자기인덕턴스는 몇 [mH]인가? (단, 결합계수 k=1이다)

① 133 ② 200
③ 275 ④ 300

 ㉠ 자기 유도기전력 $e_A = -L_A \dfrac{di_A}{dt}$ 에서

$L_A = \dfrac{|e_A|}{\dfrac{di_A}{dt}} = \dfrac{45}{150} = 0.3[\text{H}]$

㉡ 상호 유도기전력 $e_B = -M \dfrac{di_A}{dt}$ 에서

$M = \dfrac{|e_B|}{\dfrac{di_A}{dt}} = \dfrac{30}{150} = 0.2[\text{H}]$

㉢ 결합계수 $k = \dfrac{M}{\sqrt{L_A L_B}}$ 에서 $k=1$ 이므로

$M = \sqrt{L_A L_B}$ 이 된다. ($M^2 = L_A L_B$)

$\therefore L_B = \dfrac{M^2}{L_A} = \dfrac{0.2^2}{0.3} = 0.133[\text{H}]$
$= 133[\text{mH}]$

정답 ①

38 자기유도계수가 각각 L_1, L_2 인 A, B 2개의 코일이 있다. 상호 유도계수 $M = \sqrt{L_1 L_2}$ 라고 할 때 다음 중 틀린 것은?

① A 코일에서 만든 자속은 전부 B 코일과 쇄교되어 진다.
② 두 코일이 만드는 자속은 항상 같은 방향이다.
③ A 코일에 1초 동안에 1[A]의 전류 변화를 주면 B 코일에는 1[V]가 유기된다.
④ L_1, L_2 는 부(-)의 값을 가질 수 없다.

정답분석
㉠ 상호 인덕턴스 $M = k\sqrt{L_1 L_2}$ 에서 $k = 1$ 은 자기적인 완전결합을 의미한다. 즉, A 코일에서 만든 자속은 전부 B 코일과 쇄교된다. ($\phi_1 = \phi_{21}$, $\phi_{11} = 0$)
㉡ A 코일에 시간에 따라 변화하는 전류를 인가하면 B 코일에는 $e = -M\dfrac{di_A}{dt}$ [V] 의 기전력이 유도된다. 따라서 $\dfrac{di_A}{dt} = 1$ [A/s] 를 인가하면 B 코일에는 M[V] 의 기전력이 유도된다.

정답 ③

3. 각 도체에 따른 인덕턴스

39 그림과 같이 환상의 철심에 일정한 권선이 감겨진 권수 N 회, 단면적 S[m²], 평균자로의 길이 l [m]인 환상 솔레노이드에 전류 I[A]를 흘렸을 때 이 환상 솔레노이드의 자기 인덕턴스를 바르게 표현한 식은?

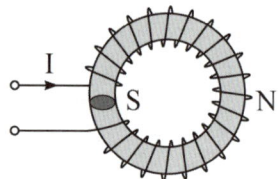

① $\dfrac{\mu^2 SN}{l}$ ② $\dfrac{\mu S^2 N}{l}$

③ $\dfrac{\mu SN}{l}$ ④ $\dfrac{\mu SN^2}{l}$

정답분석
㉠ 기자력: $F = IN$ [AT]
㉡ 자기저항: $R_m = \dfrac{\mu S}{l}$ [AT/Wb]
㉢ 자속(옴의 법칙): $\phi = \dfrac{F}{R_m} = \dfrac{\mu SNI}{l}$ [Wb]
∴ 인덕턴스: $L = \dfrac{N}{I}\phi = \dfrac{\mu SN^2}{l}$ [H]

정답 ④

40 권수가 N인 철심 L 이 들어 있는 환상 솔레노이드가 있다. 철심의 투자율이 일정하다고 하면, 이 솔레노이드의 자기 인덕턴스는? (단, R_m 은 철심의 자기저항이다)

① $L = \dfrac{R_m}{N^2}$ ② $L = \dfrac{N^2}{R_m}$

③ $L = R_m N^2$ ④ $L = \dfrac{N}{R_m}$

정답분석
$L = \dfrac{N}{I}\phi = \dfrac{N}{I} \times \dfrac{F}{R_m} = \dfrac{N}{I} \times \dfrac{IN}{R_m} = \dfrac{N^2}{R_m}$

정답 ②

41 N회 감긴 환상 코일의 단면적이 $S[m^2]$이고 평균 길이가 $l[m]$이다. 이 coil의 권수를 반으로 줄이고 인덕턴스를 일정하게 하려면?

① 단면적을 2배로 한다.
② 길이를 1/4배로 한다.
③ 전류의 세기를 4배로 한다.
④ 비투자율을 2배로 한다.

정답분석
인덕턴스 $L = \dfrac{\mu S N^2}{l}[H]$ 에서, N을 1/2하면 인덕턴스는 1/4배가 된다.
∴ 인덕턴스를 일정하게 유지하려면 길이를 1/4 또는 단면적을 4배로 하면 된다.

정답 ②

42 그림과 같은 1[m]당 권선수 n, 반지름 a[m]의 무한장 솔레노이드에서 자기 인덕턴스는 n과 a 사이에 어떤 관계가 있는가?

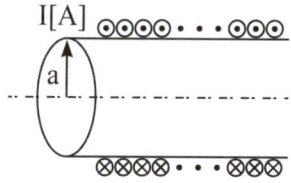

① a와는 상관없고 n^2에 비례한다.
② a와 n의 곱에 비례한다.
③ a^2과 n^2의 곱에 비례한다.
④ a^2에 반비례하고 n^2에 비례한다.

정답분석
㉠ 단위 길이당 권선수 $n = \dfrac{N}{l}$ 에서 권수
  $N = nl$ 이므로 $N^2 = n^2 l^2$ 이 된다.
㉡ 자기 인덕턴스
  $L = \dfrac{\mu S N^2}{l} = \dfrac{\mu S n^2 l^2}{l}$
  $= \mu S n^2 l = \mu \pi a^2 l[H] = \mu \pi a^2 n^2 [H/m]$
∴ a^2과 n^2의 곱에 비례한다.

정답 ③

43 임의의 단면을 가진 2개의 원주상의 무한히 긴 평행도체가 있다. 지금 도체의 도전율을 무한대라고 하면 C, L, ϵ 및 μ 사이의 관계는? (단, C는 두 도체간의 단위 길이당 정전용량, L은 두 도체를 한 개의 왕복회로로 한 경우의 단위 길이당 자기인덕턴스, ϵ은 두 도체사이에 있는 매질의 유전율, μ는 두 도체사이에 있는 매질의 투자율이다)

① $C\epsilon = L\mu$
② $\dfrac{C}{\mu} = \dfrac{L}{\mu}$
③ $\dfrac{1}{LC} = \epsilon\mu$
④ $LC = \epsilon\mu$

정답분석
㉠ 저항과 정전용량과의 관계
  : $RC = \epsilon\rho$
㉡ 자기 인덕턴스와 정전용량의 관계
  : $LC = \epsilon\mu$

정답 ④

44 지름이 40[mm]인 원형 종이관에 일정하게 2000회의 코일이 감겨있는 솔레노이드의 인덕턴스는 몇 [mH]인가? (단, 솔레노이드의 길이는 50[cm]투자율은 μ_0 라고 한다)

① 12.6
② 25.2
③ 50.4
④ 75.6

정답분석
종이관 내부는 공기로 채워져 있으므로(공심 솔레노이드) 비투자율 $\mu_s = 1$ 이 된다.
∴ 자기 인덕턴스
$L = \dfrac{\mu_0 S N^2}{l} = \dfrac{\mu_0 (\pi r^2) N^2}{l}$
$= \dfrac{4\pi \times 10^{-7} \times \pi (0.02)^2 \times 2000^2}{0.5}$
$= 12.62 \times 10^{-3}[H]$

정답 ①

45 동축케이블의 단위 길이당 자기인덕턴스는? (단, 동축선 자체의 내부 인덕턴스는 무시하는 것으로 한다)

① 두 원통의 반지름의 비에 정비례한다.
② 동축선의 투자율에 비례한다.
③ 동축선 간 유전체의 투자율에 비례한다.
④ 동축선에 흐르는 전류의 세기에 비례한다.

동축케이블(원통 도체) 전체 인덕턴스
$$L = L_i + L_e = \frac{\mu}{8\pi} + \frac{\mu}{2\pi}\ln\frac{b}{a}\ [H/m]$$
여기서, L_i: 내부 인덕턴스
　　　　L_e: 외부 인덕턴스

정답 ③

46 지름 2[mm], 길이 25[m]인 동선의 내부 인덕턴스는 몇 [μH]인가?

① 25　　② 5.0
③ 2.5　　④ 1.25

내부 인덕턴스 (구리의 비투자율: $\mu_s \fallingdotseq 1$)
$$L_i = \frac{\mu l}{8\pi} = \frac{\mu_0 \mu_s l}{8\pi} = \frac{4\pi \times 10^{-7} \times 25}{8\pi}$$
$$= 1.25 \times 10^{-6}\ [H] = 1.25\ [\mu H]$$

정답 ④

47 균일하게 원형 단면을 흐르는 전류 $I[A]$에 의한 반지름 $a[m]$, 길이 $\ell[m]$, 비투자율 μ_s인 원통 도체의 내부 인덕턴스는 몇 [H] 인가?

① $\frac{1}{2}\times 10^{-7}\mu_s\ell$　　② $10^{-7}\mu_s\ell$
③ $2\times 10^{-7}\mu_s\ell$　　④ $\frac{1}{2a}\times 10^{-7}\mu_s\ell$

내부 인덕턴스 (구리의 비투자율: $\mu_s \fallingdotseq 1$)
$$L_i = \frac{\mu l}{8\pi} = \frac{\mu_0 \mu_s l}{8\pi} = \frac{4\pi \times 10^{-7} \times \mu_s \times \ell}{8\pi}$$
$$= \frac{1}{2}\times 10^{-7} \times \mu_s \ell\ [H]$$

정답 ①

48 내도체의 반지름이 $a[m]$이고, 외도체의 내반지름이 $b[m]$, 외반지름이 $c[m]$인 동축케이블의 단위 길이 당 자기 인덕턴스는 몇 [H/m]인가?

① $\frac{\mu_0}{2\pi}\ln\frac{b}{a}$　　② $\frac{\mu_0}{\pi}\ln\frac{b}{a}$
③ $\frac{2\pi}{\mu_0}\ln\frac{b}{a}$　　④ $\frac{\pi}{\mu_0}\ln\frac{b}{a}$

동축케이블(원통 도체) 전체 인덕턴스
$$L = L_i + L_e = \frac{\mu}{8\pi} + \frac{\mu_0}{2\pi}\ln\frac{b}{a}\ [H/m]$$
여기서, L_i: 내부 인덕턴스
　　　　L_e: 외부 인덕턴스

정답 ①

49 반지름 $a[m]$인 직선상 도체의 전류 $I[A]$가 고르게 흐를 때 도체 내의 전자에너지와 관계없는 것은?

① 투자율　　② 도체의 길이
③ 전류의 크기　　④ 도체의 단면적

도체 내부의 인덕턴스 $L_i = \frac{\mu l}{8\pi}\ [H]$ 에서
∴ 코일에 저장되는 자기적인 에너지
$$W_L = \frac{1}{2}LI^2 = \frac{1}{2}\times\left(\frac{\mu l}{8\pi}\right)^2 I^2\ [J]$$

정답 ④

50 그림과 같이 반지름 a[m]인 원형 단면을 가지고 중심간격이 d[m]인 평행 왕복 도선의 단위 길이당 자기 인덕턴스 [H/m]는? (단, 도체는 공기 중에 있고 $d \gg a$ 로 한다)

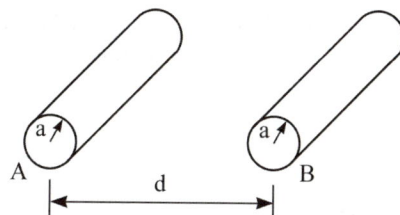

① $L = \dfrac{\mu_0}{\pi} \ln \dfrac{a}{b} + \dfrac{\mu}{4\pi}$ [H/m]

② $L = \dfrac{\mu_0}{\pi} \ln \dfrac{a}{b} + \dfrac{\mu}{2\pi}$ [H/m]

③ $L = \dfrac{\mu_0}{\pi} \ln \dfrac{d}{a} + \dfrac{\mu}{4\pi}$ [H/m]

④ $L = \dfrac{\mu_0}{\pi} \ln \dfrac{d}{a} + \dfrac{\mu}{2\pi}$ [H/m]

정답분석
㉠ 동축원통도체(동축케이블)의 인덕턴스
: $L = \dfrac{\mu}{8\pi} + \dfrac{\mu_0}{2\pi} \ln \dfrac{b}{a}$ [H/m]
㉡ 두 개의 평형 왕복도선의 인덕턴스
: $L = \dfrac{\mu}{4\pi} + \dfrac{\mu_0}{\pi} \ln \dfrac{d}{a}$ [H/m]

정답 ③

4. 인덕턴스 접속법

52 자기 인덕턴스 L_1, L_2 와 상호 인덕턴스 M 과의 합성 인덕턴스는?

① $L_1 + L_2 \pm 2M$

② $\sqrt{L_1 + L_2} \pm 2M$

③ $L_1 + L_2 \pm 2\sqrt{M}$

④ $\sqrt{L_1 + L_2} \pm 2\sqrt{M}$

정답분석
㉠ 가동결합: $L_a = L_1 + L_2 + 2M$
㉡ 차동결합: $L_b = L_1 + L_2 - 2M$
㉢ 상호 인덕턴스: $M = \dfrac{L_a - L_b}{4}$

정답 ①

53

서로 결합하고 있는 두 코일 C_1와 C_2의 자기 인덕턴스가 각각 L_{C1}, L_{C2}라고 한다. 이 둘을 직렬로 연결하여 합성 인덕턴스 값을 얻은 후, 두 코일 간 상호 인덕턴스의 크기($|M|$)를 얻고자 한다. 직렬로 연결할 때, 두 코일간 자속이 서로 가해져서 보강되는 방향이 있고, 서로 상쇄되는 방향이 있다. 전자의 경우 얻은 합성인덕턴스의 값이 L_1 후자인 경우 얻은 합성인덕턴스의 값이 L_2 일 때, 다음 중 알맞은 식은?

① $L_1 < L_2$, $|M| = \dfrac{L_2 + L_1}{4}$

② $L_1 > L_2$, $|M| = \dfrac{L_1 + L_2}{4}$

③ $L_1 < L_2$, $|M| = \dfrac{L_2 - L_1}{4}$

④ $L_1 > L_2$, $|M| = \dfrac{L_1 - L_2}{4}$

정답분석

㉠ 가동결합(코일을 서로 같은 방향으로 감은 경우):
$L_1 = L_{C1} + L_{C2} + 2M$

㉡ 차동결합(코일을 서로 반대 방향으로 감은 경우):
$L_2 = L_{C1} + L_{C2} - 2M$

∴ 상호 인덕턴스: $M = \dfrac{L_1 - L_2}{4}$ [H]

정답 ④

54

서로 결합하고 있는 두 코일의 자기유도계수가 각각 3[mH], 5[mH]이다. 이들을 자속이 서로 합해지도록 직렬접속하면 합성유도계수가 L [mH]이고, 반대되도록 직렬접속하면 합성 유도계수 L' 는 L 의 60[%]이었다. 두 코일 간의 결합계수는 얼마인가?

① 0.258 ② 0.362
③ 0.451 ④ 0.551

정답분석

㉠ 가동결합: $L_+ = L_1 + L_2 + 2M = L$
(여기서, $L_1 = 3$ [mH], $L_2 = 5$ [mH])

㉡ 차동결합: $L_- = L_1 + L_2 - 2M = 0.6L$

㉢ 상호 인덕턴스
$L_+ + L_- = 4M = 0.4L$
$\to L = 10M$

㉣ 가동결합 공식에서 $L = 10M$을 대입하면
$L_+ = L_1 + L_2 + 2M = 10M$
$L_1 + L_2 = 8M \to M = \dfrac{L_1 + L_2}{8} = 1$ [mH]

∴ 결합계수
$k = \dfrac{M}{\sqrt{L_1 L_2}} = \dfrac{1}{\sqrt{3 \times 5}} = 0.25$ [mH]

정답 ①

55

하나의 철심 위에 인덕턴스가 10 [H] 인 두 코일을 같은 방향으로 감아서 직렬 연결한 후에 5 [A] 의 전류를 흘리면 여기에 축적되는 에너지는 몇 [J]인가? (단, 두 코일의 결합계수는 0.8 이다)

① 50 ② 350
③ 450 ④ 2250

정답분석

㉠ 코일에 저장되는 자기 에너지
: $W_L = \dfrac{1}{2} L I^2 = \dfrac{1}{2} \Phi I = \dfrac{\Phi^2}{2L}$ [J]

㉡ 결합계수에서 상호 인덕턴스
: $M = k \sqrt{L_1 L_2} = 0.8 \sqrt{10 \times 10} = 8$ [H]

㉢ 가동 결합 시 합성 인덕턴스
: $L = L_1 + L_2 + 2M$
$= 10 + 10 + 2 \times 8 = 36$ [H]

∴ $W_L = \dfrac{1}{2} L I^2 = \dfrac{1}{2} \times 36 \times 5^2 = 450$ [J]

정답 ③

56 $L_1 = 5$[H], $L_2 = 80$[H], 결합계수 $k = 0.5$인 두개의 코일을 그림과 같이 접속하고 $I = 0.5$[A]의 전류를 흘릴 때 이 합성 코일에 축적되는 에너지[J]는?

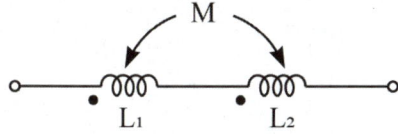

① 13.13×10^{-3} ② 16.26×10^{-3}
③ 8.13×10^{-3} ④ 26.26×10^{-3}

㉠ 두 코일은 가동결합 상태이므로
$L = L_1 + L_2 + 2M = L_1 + L_2 + 2k\sqrt{L_1 L_2}$
$= 5 + 80 + 2 \times 0.5 \sqrt{5 \times 80} = 105$ [mH]
㉡ 코일에 축적되는 자기적인 에너지
$W_L = \frac{1}{2}LI^2 = \frac{1}{2} \times 105 \times 10^{-3} \times (0.5)^2$
$= 13.125 \times 10^{-3}$ [J]

정답 ①

58 자기인덕턴스 L_1, L_2[H], 상호인덕턴스 M[H]인 두 회로에 자속을 돕는 방향으로 각각 I_1, I_2[A]의 전류가 흘렀을 때 저장되는 자계의 에너지는 몇 [J]인가?

① $\frac{1}{2}(L_1 I_1^2 + L_2 I_2^2)$
② $\frac{1}{2}(L_1 I_1 + L_2 I_2)^2$
③ $\frac{1}{2}(L_1 I_1^2 + L_2 I_2^2 + 2MI_1 I_2)$
④ $\frac{1}{2}(L_1 I_1^2 + L_2 I_2^2 + MI_1 I_2)$

㉠ 코일에 저장되는 자기 에너지
 : $W_L = \frac{1}{2}LI^2 = \frac{1}{2}\Phi I = \frac{\Phi^2}{2L}$ [J]
㉡ 가동 결합 시 합성 인덕턴스
 : $L = L_1 + L_2 + 2M$
㉢ 각각에 축적에너지
 · $W_{L1} = \frac{1}{2}L_1 I_1^2$ [J]
 · $W_{L2} = \frac{1}{2}L_2 I_2^2$ [J]
 · $W_M = \frac{1}{2}(2M)I_1 I_2$ [J]
∴ 전체 자계의 에너지
$W = \frac{1}{2}(L_1 I_1^2 + L_2 I_2^2 + 2MI_1 I_2)$ [J]

정답 ③

57 그림과 같이 각 코일의 자기인덕턴스가 각각 $L_1 = 6$[H], $L_2 = 2$[H]이고, 두 코일 사이에는 상호 인덕턴스가 $M = 3$[H]라면 전 코일에 저축되는 자기에너지는 몇 [J]인가? (단, $I = 10$[A]이다)

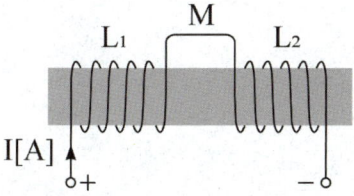

① 50   ② 100
③ 150   ④ 200

㉠ 두 코일은 차동결합 상태이므로
$L = L_1 + L_2 - 2M = 6 + 2 - 2 \times 3 = 2$ [H]
㉡ 코일에 축적되는 자기적인 에너지
$W_L = \frac{1}{2}LI^2 = \frac{1}{2} \times 2 \times 10^2 = 100$ [J]

정답 ②

해커스자격증
pass.Hackers.com

전자계
(Electromagnetic field)

1 변위전류
2 맥스웰 전자방정식
3 평면파와 전자계의 성질
4 포인팅 정리
5 벡터 포텐셜

핵심 요점정리

출제예상문제

Chapter 12 전자계(Electromagnetic field)

1 변위전류

1. 개요

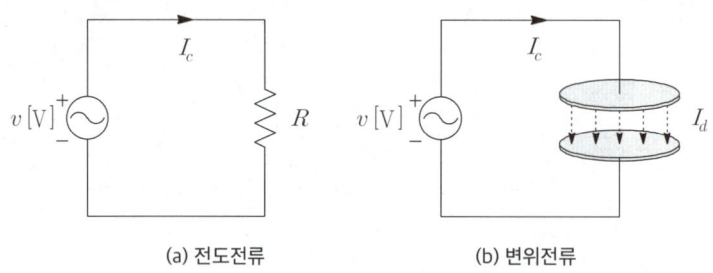

[그림 12-1] 전도전류와 변위전류

(1) [그림 12-1](a)와 같이 도체 내를 흐르는 전류는 자유전자(free electron)의 이동에 의한 것으로 이를 전도전류(conduction current)라 하며,

(2) [그림 12-1](b)와 같이 저항 R 대신 콘덴서 C 로 바꾸어 놓았을 경우에는 콘덴서 내의 절연물 때문에 자유전자가 이동하지 못하므로 전류는 흐르지 않는다. 그러나 전원 전압이 시간으로 변하고 있는 동안은 콘덴서 내의 구속전자의 변위에 의해서 전류가 흐를 수 있다고 가정하는데 이를 변위전류(displacement current)라 한다.

2. 전도전류(conduction current)

(1) 전도전류는 옴의 법칙에 의하여 결정되고, 그 도체 주위에는 자계가 생긴다.

(2) 전도전류와 전도전류밀도의 크기

① 전도전류 $I_c = \dfrac{V}{R} = \dfrac{E\ell}{\ell/kS} = kES\,[\mathrm{A}]$ ···································· [식 12-1]

② 전도전류밀도 $i_c = \dfrac{I_c}{S} = kE\,[\mathrm{A/m^2}]$ ···································· [식 12-2]

3. 변위전류(displacement current)

(1) [그림 12-2]와 같이 콘덴서의 전극 사이의 유전체 삽입하고 교류전압을 인가하면 양극판 사이에는 전속밀도가 시간에 따라 변화를 일으킨다.

(2) 이로부터 유전체 내에 존재하는 구속전자가 연속적인 변위를 일으키는데 이를 변위전류라한다.

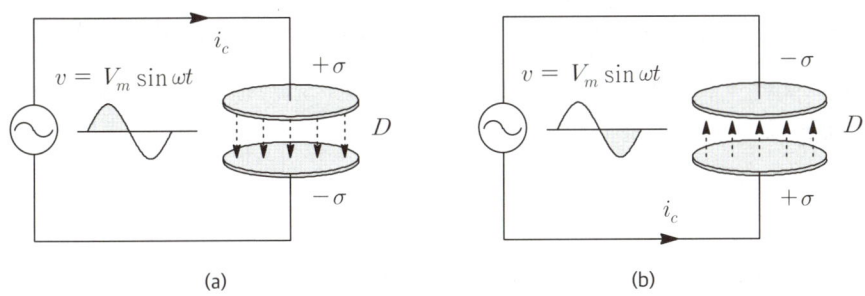

[그림 12-2] 변위전류의 발생 원리

(3) 변위전류는 1865년 맥스웰(Maxwell)이 가정하였으며, 변위전류는 전도전류와 같은 자기작용이 있으나 에너지소비는 없다고 하였다.

(4) 전도전류와 전도전류밀도의 크기

① 변위전류 $I_d = \dfrac{dQ}{dt} = \dfrac{d}{dt}(\sigma S) = \dfrac{\partial D}{\partial t} S [\mathrm{A}]$ ·· [식 12-3]

② 변위전류밀도 $i_d = \dfrac{I_d}{S} = \dfrac{\partial D}{\partial t} [\mathrm{A/m^2}]$ ·· [식 12-4]

4. 교류전압에 대한 변위전류 계산

(1) 콘덴서 양극판에 $E = E_m \sin \omega t$ 의 전계를 인가한 경우

① 변위전류: $I_d = \dfrac{\partial D}{\partial t} S = \epsilon S \dfrac{\partial E}{\partial t} = \epsilon S \dfrac{\partial}{\partial t} E_m \sin \omega t = \omega \epsilon S E_m \cos \omega t$

$\qquad = \omega \epsilon S E_m \sin(\omega t + \dfrac{\pi}{2}) = j \omega \epsilon S E_m \sin \omega t$

$\qquad = j \omega \epsilon E S [\mathrm{A}]$ ·· [식 12-5]

② 변위전류밀도: $i_d = j \omega \epsilon E [\mathrm{A/m^2}]$ ·· [식 12-6]

(2) 콘덴서 양극판에 $V = V_m \sin \omega t [\mathrm{V}]$ 의 전압을 인가한 경우

① 변위전류: $I_d = \dfrac{\partial D}{\partial t} S = \epsilon S \dfrac{\partial E}{\partial t} = \dfrac{\epsilon S}{d} \dfrac{\partial V}{\partial t} = C \dfrac{\partial V}{\partial t}$

$\qquad = C \dfrac{\partial}{\partial t} V_m \sin \omega t = \omega C V_m \cos \omega t = \omega C V_m \sin(\omega t + \dfrac{\pi}{2})$

$\qquad = j \omega C V_m \sin \omega t = j \omega C V [\mathrm{A}]$ ·· [식 12-7]

② 변위전류밀도: $i_d = \dfrac{\partial D}{\partial t} = \epsilon \dfrac{\partial E}{\partial t} = \dfrac{\epsilon}{d} \dfrac{\partial V}{\partial t} = \dfrac{\epsilon}{d} \dfrac{\partial}{\partial t} V_m \sin \omega t$

$\qquad = \dfrac{\omega \epsilon}{d} V_m \cos \omega t = \dfrac{\omega \epsilon}{d} V_m \sin(\omega t + \dfrac{\pi}{2})$

$\qquad = j \dfrac{\omega \epsilon}{d} V_m \sin \omega t = j \dfrac{\omega \epsilon}{d} V [\mathrm{A/m^2}]$ ·· [식 12-8]

(3) 위 계산과 같이 변위전류의 위상은 $\dfrac{\pi}{2} [\mathrm{rad}]$ 빠른 것을 알 수 있다.

5. 임계주파수

(1) 임계주파수는 전도전류와 변위전류의 크기가 같아질 때($I_c = I_d$)의 주파수를 의미한다.

(2) [식 12-2]에서 $I_c = kES$[A] 와 [식 12-5]에서 $I_d = \omega \epsilon ES = 2\pi f \epsilon ES$[A] 를 통해서 다음과 같이 정의할 수 있다.

임계주파수 $f_c = \dfrac{k}{2\pi\epsilon} = \dfrac{\sigma}{2\pi\epsilon}$ [Hz] ·· [식 12-9]

(3) 또는 전도전류 $I_c = \dfrac{V}{R}$[A] 와 변위전류 $I_d = \omega CV = 2\pi fCV$[A] 에서

임계주파수 $f_c = \dfrac{1}{2\pi CR}$ [Hz] ·· [식 12-10]

6. 유전체 손실각(유전체 역률)

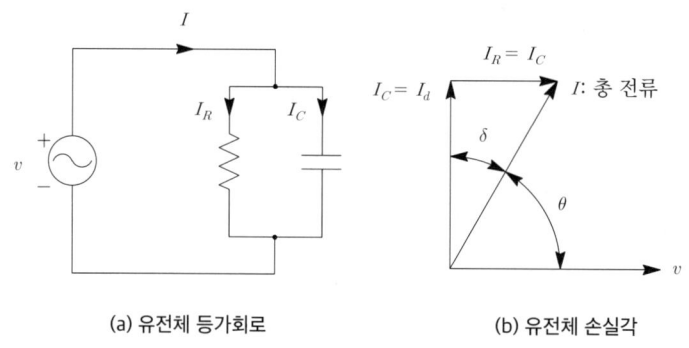

[그림 12-3] 유전체 손실각

(1) 유전체에 교류전압을 인가하면, 전기저항분에 의한 누설전류뿐만 아니라 정전용량에 의한 충전전류가 추가적으로 발생하기 때문에 결과적으로 도전율이 증가한다.

(2) 따라서 교류전압 인가 시 도전율은 주파수에 비례하게 되므로 도전율을 설명하려면, 유전체 등가회로와 복소 유전율을 생각해야 한다.

(3) [그림 12-2]를 등가회로를 취해주면 전도전류에 충전전류가 합해지는 형태가 되므로 [그림 12-3]과 같이 취할 수 있다.

(4) 따라서 유전체에 흐르는 총 전류는 $I = I_c + I_d = I_R + I_C$ 이 되고 총 전류는 인가되는 교류전압에 비해 유전손실각(Dielectric loss angle) δ 만큼 위상차가 발생하게 된다.

(5) 이때 충전전류와 누설전류의 비를 유전정접($\tan\delta$, Dielectric Dissipation factor, 유전손실계수)이라 하며 다음과 같이 나타낸다.

① 유전정접: $\tan\delta = \dfrac{I_R}{I_C} = \dfrac{I_c}{I_d} = \dfrac{k}{\omega\epsilon} = \dfrac{k}{2\pi f \epsilon} = \dfrac{f_c}{f}$ ·· [식 12-11]

② 유전체 손실: $P_\ell = vI_R = vI_C \tan\delta$ [W] ·· [식 12-12]

(6) 절연물의 흡습, 오손 및 void(공극)에 의해 발생되는 유전손실을 측정하여 절연물의 열화상태를 진단해 수명을 예측할 수 있다.

2 맥스웰 전자방정식

1. 맥스웰 전자방정식(Maxwell's electromagnetic equation)

(1) 맥스웰은 시간에 따라 변화하는 시변계에서 전계와 자계 사이에 성립하는 기본적인 식으로 다음과 같이 정리했다.

구분	미분형	적분형
암페어의 주회적분법칙	$rot\,H = \nabla \times H = i = i_c + \dfrac{\partial D}{\partial t}$	$\oint_C H\,d\ell = i = i_c + \int_S \dfrac{\partial D}{\partial t}\,ds$
패러데이 전자유도법칙	$rot\,E = \nabla \times E = -\dfrac{\partial B}{\partial t}$	$\oint_C E\,d\ell = -\int_S \dfrac{\partial B}{\partial t}\,ds$
전계 가우스 발산정리	$div\,D = \nabla \cdot D = \rho$	$\oint_S D\,ds = \int_V \rho\,dv = Q$
자계 가우스 발산정리	$div\,B = \nabla \cdot B = 0$	$\oint_S B\,ds = 0$

[표 12-1] 맥스웰 전자방정식의 미분형과 적분형

(2) 위 식에서 알 수 있듯이 시간에 따라 자계가 변화하면 전계가 발생하고, 시간에 따라 전계가 변화하면 자계가 발생한다. 따라서 전계와 자계는 독립된 것이 아니라 전계와 자계가 동시에 발생된다는 것을 알 수 있다.

(3) 이와 같이 시변계에서의 전계와 자계를 전자계라 한다. 단, 불시변계(직류성분)에서는 정전계와 정자계는 독립적으로 존재할 수 있다.

(4) 맥스웰은 전자방정식을 통해 전자계가 일정한 속도로 전파되며, 전파속도 v는 빛의 속도 $c = 3 \times 10^8\,[\text{m/s}]$와 같다는 것을 유도했다. 또한 전계와 자계의 성질, 전파 방법, 전파 속도 등을 이론적으로 정리했다.

(5) 이 후 독일 함부르크 출신의 물리학자 헤르츠가 라이덴병 실험을 통해 전자파를 발생시켜 그 존재를 최초로 확인시켰다. 그리고 헤르츠 사망 후 1년이 채 안됐을 때 마르코니에 의해 무선시스템을 갖추기 시작했다.

2. 전자방정식 정리

(1) 맥스웰 제1 전자방정식(암페어의 주회적분)

① 자유공간 어느 점에 있어서 시간적으로 변화할 때 그 근처에 발생하는 자계의 크기는 암페어의 주회적분으로 나타낼 수 있다.

② 여기서 자계는 자유공간 내에서 진행한다고 가정하였으므로 비유전율과 비투자율의 매질은 공기가 되므로 $1(\epsilon_s = \mu_s = 1)$이 되고, 도전율은 $k=0$이 된다. 따라서 전도전류밀도 $i_c = 0$이 된다.

③ 암페어의 주회적분: $\nabla \times H = \dfrac{\partial D}{\partial t}$ ·········· [식 12-13]

㉠ 좌항: $\nabla \times H = \begin{vmatrix} i & j & k \\ \dfrac{\partial}{\partial x} & \dfrac{\partial}{\partial y} & \dfrac{\partial}{\partial z} \\ H_x & H_y & H_z \end{vmatrix}$ ·········· [식 12-14]

$= i\left(\dfrac{\partial H_z}{\partial y} - \dfrac{\partial H_y}{\partial z}\right) + j\left(\dfrac{\partial H_x}{\partial z} - \dfrac{\partial H_z}{\partial x}\right) + k\left(\dfrac{\partial H_y}{\partial x} - \dfrac{\partial H_x}{\partial y}\right)$

㉡ 우항: $\dfrac{\partial D}{\partial t} = \epsilon_0 \dfrac{\partial E}{\partial t} = \epsilon_0\left(\dfrac{\partial E_x}{\partial t}i + \dfrac{\partial E_y}{\partial t}j + \dfrac{\partial E_x}{\partial t}k\right)$ ·········· [식 12-15]

④ [식 12-14]와 [식 12-15]를 정리하면 다음과 같다.

　　㉠ x 방향 성분: $\dfrac{\partial H_z}{\partial y} - \dfrac{\partial H_y}{\partial z} = \epsilon_0 \dfrac{\partial E_x}{\partial t}$ ·· [식 12-16]

　　㉡ y 방향 성분: $\dfrac{\partial H_x}{\partial z} - \dfrac{\partial H_z}{\partial x} = \epsilon_0 \dfrac{\partial E_y}{\partial t}$ ·· [식 12-17]

　　㉢ z 방향 성분: $\dfrac{\partial H_y}{\partial x} - \dfrac{\partial H_x}{\partial y} = \epsilon_0 \dfrac{\partial E_z}{\partial t}$ ·· [식 12-18]

(2) 맥스웰 제2 전자방정식(패러데이 전자유도법칙)

　① 패러데이 법칙: $\nabla \times E = -\dfrac{\partial B}{\partial t}$ ·· [식 12-19]

　　㉠ 좌항: $\nabla \times H = \begin{vmatrix} i & j & k \\ \dfrac{\partial}{\partial x} & \dfrac{\partial}{\partial y} & \dfrac{\partial}{\partial z} \\ E_x & E_y & E_z \end{vmatrix}$ ·· [식 12-20]

　　　　$= i\left(\dfrac{\partial E_z}{\partial y} - \dfrac{\partial E_y}{\partial z}\right) + j\left(\dfrac{\partial E_x}{\partial z} - \dfrac{\partial E_z}{\partial x}\right) + k\left(\dfrac{\partial E_y}{\partial x} - \dfrac{\partial E_x}{\partial y}\right)$

　　㉡ 우항: $\dfrac{\partial B}{\partial t} = \mu_0 \dfrac{\partial H}{\partial t} = \mu_0\left(\dfrac{\partial H_x}{\partial t}i + \dfrac{\partial H_y}{\partial t}j + \dfrac{\partial H_x}{\partial t}k\right)$ ·· [식 12-21]

　② [식 12-20]과 [식 12-21]을를 정리하면 다음과 같다.

　　㉠ x 방향 성분: $\dfrac{\partial E_z}{\partial y} - \dfrac{\partial E_y}{\partial z} = \mu_0 \dfrac{\partial H_x}{\partial t}$ ·· [식 12-22]

　　㉡ y 방향 성분: $\dfrac{\partial E_x}{\partial z} - \dfrac{\partial E_z}{\partial x} = \mu_0 \dfrac{\partial H_y}{\partial t}$ ·· [식 12-23]

　　㉢ z 방향 성분: $\dfrac{\partial E_y}{\partial x} - \dfrac{\partial E_x}{\partial y} = \mu_0 \dfrac{\partial H_z}{\partial t}$ ·· [식 12-24]

3. 파동방정식(electromagnetic wave equation)

(1) 자유공간 내에 진행하는 전계와 자계는 시간에 따라 z 방향으로 진행하다고 가정하면 x, y 방향의 도함수(미분)은 모두 0이 된다. [식 12-16, 17, 22, 23]으로부터 다음과 같이 정리할 수 있다.

　① $\dfrac{\partial H_x}{\partial y} = \dfrac{\partial H_y}{\partial x} = \dfrac{\partial H_z}{\partial x} = \dfrac{\partial H_z}{\partial y} = 0$ ·· [식 12-25]

　② $\dfrac{\partial E_x}{\partial y} = \dfrac{\partial E_y}{\partial x} = \dfrac{\partial E_z}{\partial x} = \dfrac{\partial E_z}{\partial y} = 0$ ·· [식 12-26]

(2) [식 12-18]과 [식 12-24]

　① $-\mu_0 \dfrac{\partial E_z}{\partial t} = 0$ 또는 $E_z = 0$ ·· [식 12-27]

　② $-\mu_0 \dfrac{\partial H_z}{\partial t} = 0$ 또는 $H_z = 0$ ·· [식 12-28]

(3) 이와 같이 x, y 방향으로 균일한 자계는 z 방향성분을 갖지 않게 되며, 따라서 다음과 같이 정리할 수 있다.

　① $-\mu_0 \dfrac{\partial H_x}{\partial t} = -\dfrac{\partial E_y}{\partial z}$ ·· [식 12-29]

　② $-\mu_0 \dfrac{\partial H_y}{\partial t} = \dfrac{\partial E_x}{\partial z}$ ·· [식 12-30]

③ $-\epsilon_0 \dfrac{\partial E_x}{\partial t} = -\dfrac{\partial H_y}{\partial z}$ .... [식 12-31]

④ $-\epsilon_0 \dfrac{\partial E_y}{\partial t} = \dfrac{\partial H_x}{\partial z}$ .... [식 12-32]

(4) [식 12-31]을 시간으로 미분하여 [식 12-30]에 대입하고, 동일하게 [식 12-32]를 시간으로 미분하여 [식 12-29]에 대입하면 다음과 같다.

① $\dfrac{\partial^2 E_x}{\partial t^2} = \dfrac{1}{\epsilon_0 \mu_0} \dfrac{\partial^2 E_x}{\partial z^2}$ .... [식 12-33]

② $\dfrac{\partial^2 E_y}{\partial t^2} = \dfrac{1}{\epsilon_0 \mu_0} \dfrac{\partial^2 E_y}{\partial z^2}$ .... [식 12-34]

(5) [식 12-29]를 시간으로 미분하여 [식 12-32]에 대입하고, 동일하게 [식 12-30]을 시간으로 미분하여 [식 12-31]에 대입하면 다음과 같다.

① $\dfrac{\partial^2 H_x}{\partial t^2} = \dfrac{1}{\epsilon_0 \mu_0} \dfrac{\partial^2 H_x}{\partial z^2}$ .... [식 12-35]

② $\dfrac{\partial^2 H_y}{\partial t^2} = \dfrac{1}{\epsilon_0 \mu_0} \dfrac{\partial^2 H_y}{\partial z^2}$ .... [식 12-36]

(6) 위 [식 12-33]으로부터 [식 12-36] 까지를 정리하면 다음과 같다.

① **전계의 파동방정식**: $\nabla^2 E = \epsilon \mu \dfrac{\partial^2 E}{\partial t^2}$ .... [식 12-37]

② **자계의 파동방정식**: $\nabla^2 H = \epsilon \mu \dfrac{\partial^2 H}{\partial t^2}$ .... [식 12-38]

(7) [식 12-37]와 [식 12-38]의 방정식을 파동방정식(wave equation) 또는 달랑베르방정식(D'alembert equation)이라 한다.

3 평면파와 전자계의 성질

1. 개요

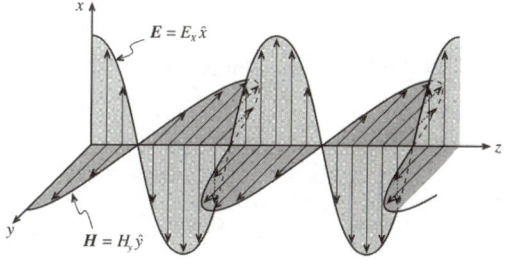

[그림 12-4] 평면파

(1) 앞의 맥스웰 전자방정식을 진행파만을 도시하면 [그림 12-4]와 같다. 이와 같이 파동의 진행방향에 대해서 직각방향으로 전계와 자계가 진동하고 있기 때문에 전자파는 횡파이고, 이를 TEM파(transverse electromagnetic wave)라고 한다.

(2) 또한, 전계와 자계의 진동면이 각각 하나의 평면 내에 국한되어 있는 전자파를 평면 전자파(plane polarized electromagnetic wave)라 하고, 이때의 파면은 z 축에 수직인 평면으로 진행하기 때문에 평면파(plane wave)라 한다.

(3) 전계와 자계의 위상은 서로 같고(동위상) 전계와 자계는 항상 공존하여 함께 진행하기 때문에 전자파라 한다. 또한 전자파의 진행방향은 $\vec{S} = \vec{E} \times \vec{H}$ 이 된다.

2. 전자파의 전파속도(propagation velocity)

(1) 매질 또는 진공 중의 전파속도

① 진공 중: $v_0 = \dfrac{1}{\sqrt{\epsilon_0 \mu_0}} = \dfrac{1}{\sqrt{4\pi \times 10^{-7} \times \dfrac{1}{36\pi \times 10^9}}}$

$= \dfrac{1}{\sqrt{\dfrac{1}{9 \times 10^{16}}}} = 3 \times 10^8 \,[\text{m/s}]$

$\therefore v_0 = \dfrac{1}{\sqrt{\epsilon_0 \mu_0}} = 3 \times 10^8 \,[\text{m/s}]$ ·· [식 12-39]

② 매질 중: $v = \dfrac{1}{\sqrt{\epsilon \mu}} = \dfrac{3 \times 10^8}{\sqrt{\epsilon_s \mu_s}} \,[\text{m/s}]$ ·· [식 12-40]

③ 여기서, $LC = \epsilon \mu$ 와 위상정수 $\beta = \omega \sqrt{LC}$ 를 대입하여 정리하면

$\therefore v = \dfrac{1}{\sqrt{\epsilon_0 \mu_0}} = \dfrac{1}{\sqrt{LC}} = \dfrac{\omega}{\beta} \,[\text{m/s}]$ ·· [식 12-41]

(2) 전자파의 파장의 길이: $\lambda = \dfrac{v}{f} = \dfrac{1}{f\sqrt{\epsilon \mu}} = \dfrac{1}{f\sqrt{LC}} \,[\text{m}]$ ·· [식 12-42]

3. 파동 임피던스(wave impedance)

(1) 파동방정식의 어떤 순간의 전계 및 자계의 크기의 비는 다음과 같다.

① 진공 중: $Z_0 = \dfrac{E}{H} = \sqrt{\dfrac{\mu_0}{\epsilon_0}} = 120\pi \fallingdotseq 377 \,[\Omega]$ ·· [식 12-43]

② 매질 중: $Z = \dfrac{E}{H} = \sqrt{\dfrac{\mu}{\epsilon}} = \sqrt{\dfrac{\mu_0}{\epsilon_0}} \sqrt{\dfrac{\mu_s}{\epsilon_s}} = 120\pi \sqrt{\dfrac{\mu_s}{\epsilon_s}} \,[\Omega]$ ·· [식 12-44]

(2) 전계와 자계의 비를 파동 임피던스(wave impedance) 또는 고유 임피던스(intrinsic impedance)라 한다.

(3) 전계와 자계의 관계

① $\sqrt{\epsilon}\, E = \sqrt{\mu}\, H$ ·· [식 12-45]

② $E = \sqrt{\dfrac{\mu}{\epsilon}}\, H = 120\pi \sqrt{\dfrac{\mu_s}{\epsilon_s}} = 377 \sqrt{\dfrac{\mu_s}{\epsilon_s}} \,[\text{V/m}]$ ·· [식 12-46]

③ $H = \sqrt{\dfrac{\epsilon}{\mu}}\, E = \dfrac{1}{120\pi} \sqrt{\dfrac{\epsilon_s}{\mu_s}} = 2.65 \times 10^{-3} \sqrt{\dfrac{\epsilon_s}{\mu_s}} \,[\text{A/m}]$ ·· [식 12-47]

④ 전계 E 와 자계 H 는 서로 수직성분이며, 위상차는 없다.

⑤ 전자파의 진행 방향은 $\vec{E} \times \vec{H}$ 이 된다. 즉, 전자파가 시간에 따라 z 방향으로 진행한다고 가정하면 전계가 x 방향일 때 자계는 y 방향의 성분을 가진다. 그리고 전계가 y 방향이면, 자계는 $-x$ 방향의 성분을 갖게 된다.

4 포인팅 정리

1. 전체 전자계 에너지 밀도

(1) 전자파에 의해 매질 내에 축적되는 전계와 자계 에너지밀도는 다음과 같다.

① 전계 에너지밀도: $W_e = \dfrac{1}{2}\epsilon E^2$ [J/m³] ·· [식 12-48]

② 자계 에너지밀도: $W_m = \dfrac{1}{2}\mu H^2$ [J/m³] ·· [식 12-49]

(2) 매질 내에 시간에 따라 변화하는 전계를 주면 이것에 의하여 자계가 발생하고, 또한 시간에 따라 변화하는 자계를 주면 전계가 발생된다. 이와 같이 매질 내에는 전계에너지와 자계에너지가 동시에 발생된다.

(3) 이에 따라 전자계 에너지 밀도는 다음과 같다.

① $W = W_e + W_m = \dfrac{1}{2}\left(\epsilon E^2 + \mu H^2\right)$ [J/m³] ·························· [식 12-50]

② 위 식에 $E = \sqrt{\dfrac{\mu}{\epsilon}}\,H$ 를 $H = \sqrt{\dfrac{\epsilon}{\mu}}\,E$ 를 대입하면 다음과 같다.

$$W = \dfrac{1}{2}\left(\epsilon\sqrt{\dfrac{\mu}{\epsilon}}\,EH + \mu\sqrt{\dfrac{\epsilon}{\mu}}\,EH\right) = \dfrac{1}{2}\left(\sqrt{\epsilon\mu}\,EH + \sqrt{\epsilon\mu}\,EH\right)$$

∴ $W = \sqrt{\epsilon\mu}\,EH$ [J/m³] ·· [식 12-51]

2. 포인팅 벡터(Poynting vector)

(1) 평면전자파는 앞에서 설명한 바와 같이 전계와 자계의 진동방향에 대하여 수직인 방향으로 속도 $v = \dfrac{1}{\sqrt{\epsilon\mu}}$ [m/s] 로 전파하기 때문에, 파면의 진행방향에 수직인 단위면적을 단위시간에 통과하는 에너지의 흐름은 다음과 같다.

$P = Wv = \sqrt{\epsilon\mu}\,EH\,[\text{J/m}^3] \times \dfrac{1}{\sqrt{\epsilon\mu}}\,[\text{m/s}] = EH\,[\text{W/m}^2]$

∴ $P = EH$ [W/m²] ··· [식 12-52]

(2) 평면전자파에서 E 와 H 는 수직이므로 이를 벡터로 표시하면 다음과 같다.
$\vec{P} = \vec{E} \times \vec{H} = EH\sin\theta$ [W/m²] ··· [식 12-53]

(3) $\vec{P}$ 를 포인팅 벡터라 하며 전자계 내의 한 점을 통과하는 에너지 흐름의 단위면적당 전력 또는 전력밀도를 표시하는 벡터를 의미한다.

(4) 일반적으로 면적 S를 단위 시간에 통과하는 전자계 에너지, 즉 방사전력 P_s은 다음과 같고, 이 관계를 포인팅 정리(Poynting's theorem)이라 한다.

① $P_s = \int_S P\, ds = \int_S EH\, ds\ [\text{W}]$ ·· [식 12-54]

② $P_s = PS = EHS = \dfrac{E^2}{120\pi} S$ 에서 전계의 세기는 다음과 같다.

$\therefore E = \sqrt{\dfrac{120\pi P_s}{S}} = \sqrt{\dfrac{120\pi P_s}{4\pi r^2}} = \sqrt{\dfrac{30 \times P_s}{r^2}}\ [\text{V/m}]$ ······················ [식 12-55]

③ 또는 $P_s = PS = EHS = 120\pi H^2 S$ 에서 자계의 세기는 다음과 같다.

$\therefore H = \sqrt{\dfrac{P_s}{120\pi S}} = \sqrt{\dfrac{P_s}{120\pi \times 4\pi r^2}} = \dfrac{1}{4\pi r}\sqrt{\dfrac{P_s}{30}}\ [\text{V/m}]$ ················· [식 12-56]

5 벡터 포텐셜

1. 개요

(1) 정전계에서 전하 분포가 있을 때 전위(스칼라 포텐셜)를 이용하여 전계의 세기를 구할 수 있었다. 이와 동일하게 전류 분포가 있는 정자계의 공간에서 벡터 포텐셜의 개념을 도입하면 자계를 간단히 구할 수 있다.

(2) 벡터 포텐셜은 단지 수학적으로 정의한 것으로 물리적 의미는 없다.

2. 벡터 포텐셜(vector potential)

(1) 임의의 벡터 A에 회전을 취하면 자기장의 벡터 B로 되는 벡터함수를 가정했을 때, 벡터 A를 벡터 포텐셜이라 정의한다.

$\nabla \times A = rot\, A = B$ ·· [식 12-57]

(2) 전계의 세기

① 패러데이 법칙에 벡터 포텐셜을 적용하면 시변계에서의 전계의 세기를 간단히 구할 수 있다.

② $\nabla \times E = -\dfrac{\partial B}{\partial t} = -\dfrac{\partial (\nabla \times A)}{\partial t}$ 를 정리하면 다음과 같다.

$\therefore E = -\nabla V = -\dfrac{\partial A}{\partial t}\ [\text{V/m}]$ ·· [식 12-58]

3. 벡터 포아송의 방정식

(1) 스칼라 포아송의 방정식

① 포아송의 방정식: $\nabla^2 V = -\dfrac{\rho}{\epsilon_0}$ ·· [식 12-59]

② 특수해: $V = \dfrac{Q}{4\pi\epsilon_0 r} = \dfrac{1}{4\pi\epsilon_0}\int_V \dfrac{\rho}{r}\, dv\ [\text{V}]$ ··· [식 12-60]

(2) 벡터 포아송의 방정식 유도

① $B = \mu_0 H$의 관계식에서 양변에 회전을 취하면 $\nabla \times B = \mu_0 i$ 가 성립된다.

② 따라서, $\nabla \times B = \nabla \times \nabla \times A = \nabla(\nabla \cdot A) - \nabla^2 A = \mu_0 i$ 가 된다.

③ 여기서 벡터 B는 연속성($div B = \nabla \cdot B = 0$)을 가지므로 벡터 A도 연속성($\nabla \cdot A = 0$)을 만족하여야 한다.

$$\therefore \nabla^2 A = -\mu_0 i \quad \cdots\cdots\cdots\cdots [\text{식 12-61}]$$

(3) 벡터 포아송의 방정식

① 포아송의 방정식: $\nabla^2 A = -\mu_0 i$ $\cdots\cdots\cdots\cdots$ [식 12-62]

② 특수 해: $A = \dfrac{1}{4\pi}\displaystyle\int_V \dfrac{\mu_0 i}{r} dv = \dfrac{\mu_0 I}{4\pi}\displaystyle\int_\ell \dfrac{d\ell}{r}$ $\cdots\cdots\cdots\cdots$ [식 12-63]

4. 노이만의 공식

(1) 자속과 벡터 포텐셜의 관계

① $\phi = \displaystyle\int_S B\, ds = \int_S \nabla \times A\, ds = \oint_C A\, d\ell$ $\cdots\cdots\cdots\cdots$ [식 12-64]

② 위 식에서 알 수 있듯이 임의의 면적을 통과하는 자속은 그 경로의 벡터 포텐셜의 회전과 같다.

(2) 상호 인덕턴스

① 1차 코일의 전류 I_1에 의한 2차 코일의 벡터 포텐셜

$$A_1 = \dfrac{\mu_0 I_1}{4\pi}\oint_{C_1} \dfrac{d\ell_1}{r} \quad \cdots\cdots\cdots\cdots [\text{식 12-65}]$$

② 2차 코일의 쇄교자속

$$\phi_{21} = \oint_{C_2} A_1\, d\ell_2 = \dfrac{\mu_0 I}{4\pi}\oint_{C_2}\oint_{C_1}\dfrac{d\ell_1 \cdot d\ell_2}{r} \quad \cdots\cdots\cdots\cdots [\text{식 12-66}]$$

③ 상호 인덕턴스

$$M_{21} = \dfrac{\phi_{21}}{I_1} = \dfrac{\mu_0}{4\pi}\oint_{C_2}\oint_{C_1}\dfrac{d\ell_1 \cdot d\ell_2}{r} \quad \cdots\cdots\cdots\cdots [\text{식 12-67}]$$

핵심 요점정리

1. 변위전류

① 전도전류밀도: $i_c = \dfrac{I_c}{S} = kE\,[\text{A/m}^2]$ (여기서, E: 전계의 세기 $[\text{V/m}]$)

② 변위전류밀도: $i_d = \dfrac{I_d}{S} = \dfrac{\partial D}{\partial t} = \epsilon\dfrac{\partial E}{\partial t} = j\omega\epsilon E\,[\text{A/m}^2]$ (여기서, $\omega = 2\pi f$)

③ 임계주파수
  ㉠ 전도전류와 변위전류의 크기가 같아질 때($I_c = I_d$)의 주파수를 의미한다.
  ㉡ 전도전류: $I_c = \dfrac{V}{R} = kES\,[\text{A}]$, 변위전류: $I_d = \omega\epsilon SE = \omega CV\,[\text{A/m}^2]$

2. 맥스웰 전자 기초 방정식

구분	미분형	적분형
① 암페어의 주회적분법칙	$\operatorname{rot} H = \nabla \times H = i = i_c + \dfrac{\partial D}{\partial t}$	$\oint_C H\,d\ell = i = i_c + \int_S \dfrac{\partial D}{\partial t}\,ds$
② 패러데이전자유도법칙	$\operatorname{rot} E = \nabla \times E = -\dfrac{\partial B}{\partial t}$	$\oint_C E\,d\ell = -\int_S \dfrac{\partial B}{\partial t}\,ds$
③ 전계 가우스 발산정리	$\operatorname{div} D = \nabla \cdot D = \rho$	$\oint_S D\,ds = \int_V \rho\,dv = Q$
④ 자계 가우스 발산정리	$\operatorname{div} B = \nabla \cdot B = 0$	$\oint_S B\,ds = 0$

① 전계의 시간적 변화에는 회전하는 자계를 발생시킨다.
② 자계가 시간에 따라 변화하면 회전하는 전계가 발생한다.
③ 전하가 존재하면 전속선이 발생한다.
④ 고립된 자극은 없고, N극 S극은 함께 공존한다.

3. 평면파와 전자계의 성질

① 전자파의 전파속도: $v = \dfrac{1}{\sqrt{\epsilon\mu}} = \dfrac{1}{\sqrt{\epsilon_0\epsilon_s\mu_0\mu_s}} = \dfrac{3\times10^8}{\sqrt{\epsilon_s\mu_s}}\,[\text{m/s}]$

(여기서, $\dfrac{1}{\sqrt{\epsilon_0\mu_0}} = 3\times10^8\,[\text{m/s}]$, $LC = \mu\epsilon$, 위상정수: $\beta = \omega\sqrt{LC}$)

② 전파속도의 변형: $v = \dfrac{1}{\sqrt{\epsilon\mu}} = \dfrac{1}{\sqrt{LC}} = \dfrac{\omega}{\beta}\,[\text{m/s}]$

③ 전자파 파장의 길이: $\lambda = \dfrac{v}{f} = \dfrac{\omega}{f\beta} = \dfrac{2\pi}{\beta}\,[\text{m}]$ (여기서, $\omega = 2\pi f$)

④ 파동 임피던스(wave impedance)
  ㉠ 전계와 자계의 비를 파동 임피던스 또는 고유 임피던스라 한다.
  ㉡ 진공 중: $Z_0 = \dfrac{E}{H} = \sqrt{\dfrac{\mu_0}{\epsilon_0}} = 120\pi \fallingdotseq 377\,[\Omega]$
  ㉢ 매질 중: $Z = \dfrac{E}{H} = \sqrt{\dfrac{\mu}{\epsilon}} = \sqrt{\dfrac{\mu_0}{\epsilon_0}}\sqrt{\dfrac{\mu_s}{\epsilon_s}} = 120\pi\sqrt{\dfrac{\mu_s}{\epsilon_s}}\,[\Omega]$

⑤ 전계와 자계의 관계
  ㉠ 전계와 자계의 관계: $\sqrt{\epsilon}\,E = \sqrt{\mu}\,H$
  ㉡ 전계: $E = \sqrt{\dfrac{\mu}{\epsilon}}\,H = 120\pi\sqrt{\dfrac{\mu_s}{\epsilon_s}} = 377\sqrt{\dfrac{\mu_s}{\epsilon_s}}\,[\mathrm{V/m}]$
  ㉢ 자계: $H = \sqrt{\dfrac{\epsilon}{\mu}}\,E = \dfrac{1}{120\pi}\sqrt{\dfrac{\epsilon_s}{\mu_s}} = 2.65 \times 10^{-3}\sqrt{\dfrac{\epsilon_s}{\mu_s}}\,[\mathrm{A/m}]$
  ㉣ 전계 E와 자계 H는 서로 수직성분이며, 위상차는 없다.
  ㉤ 전자파의 진행방향은 $\vec{E} \times \vec{H}$의 관계를 갖는다.

4. 포인팅의 정리

① 전자계 에너지 밀도: $w = w_e + w_m = \dfrac{1}{2}(\epsilon E^2 + \mu H^2)$
$$= \dfrac{1}{2}\left(\epsilon\sqrt{\dfrac{\mu}{\epsilon}}\,EH + \mu\sqrt{\dfrac{\epsilon}{\mu}}\,EH\right) = \sqrt{\epsilon\mu}\,EH\,[\mathrm{J/m^3}]$$

② 포인팅 벡터(Poynting vector)
  ㉠ 평면 전자파는 앞에서 설명한 바와 같이 전계와 자계의 진동방향에 대하여 수직인 방향으로 $v = \dfrac{1}{\sqrt{\epsilon\mu}}\,[\mathrm{m/s}]$로 전파하기 때문에, 파면의 진행방향에 수직인 단위 면적을 단위시간에 통과하는 에너지의 흐름은 다음과 같다.
  $$\therefore P = Wv = \sqrt{\epsilon\mu}\,EH\,[\mathrm{J/m^3}] \times \dfrac{1}{\sqrt{\epsilon\mu}}\,[\mathrm{m/s}] = EH\,[\mathrm{W/m^2}]$$
  ㉡ E와 H는 수직이므로 이를 벡터로 표시하면 $\vec{P} = \vec{E} \times \vec{H}\,[\mathrm{W/m^2}]$이 되고, 이때 $\vec{P}$를 포인팅 벡터라 하며, 전자계 내의 한 점을 통과하는 에너지 흐름의 단위 면적 당 전력 또는 전력밀도를 표시하는 벡터를 의미한다.

③ 방사전력: $P_s = \displaystyle\int_S P\,ds = \int_S EH\,ds = EHS = \dfrac{E^2}{120\pi}S = 120\pi H^2 S\,[\mathrm{W}]$

5. 벡터 포텐셜(vector potential) A

① 임의의 벡터 A에 회전을 취하면 자기장의 벡터 B로 되는 벡터함수를 가정했을 때 벡터 A를 벡터 포텐셜로 정의한다.
  $\therefore \nabla \times A = \mathrm{rot}\,A = B$
② 벡터 포텐셜은 단지 수학적으로 정의한 것으로 물리적 의미는 없다.

출제예상문제

※ 출제예상문제는 기출 분석을 바탕으로 자주 출제되는 유형을 선별하였습니다.

1. 변위전류

01 변위전류의 개념 도입은 다음 중 누구의 기여에 의한 것인가?

① 패러데이(Faraday)
② 렌츠(Lenz)
③ 맥스웰(maxwell)
④ 로렌츠(Lorentz)

 정답 ③

02 유전체 내에서 변위전류를 발생하는 것은?

① 분극전하 밀도의 시간적 변화
② 전속밀도의 시간적 변화
③ 자속밀도의 시간적 변화
④ 분극전하 밀도의 공간적 변화

 변위전류밀도는 $i_d = \frac{\partial D}{\partial t}$ 이므로 변위전류는 전속밀도의 시간적 변화에 의해서 발생된다.

정답 ②

03 변위전류에 대한 설명이 옳지 않은 것은?

① 전도전류이든 변위전류이든 모두 전자 이동이다.
② 유전율이 무한히 크면 전하의 변위를 일으킨다.
③ 변위전류는 유전체 내에 유전속 밀도의 시간적 변화에 비례한다.
④ 유전율이 무한대이면 내부 전계는 항상 0이다.

 전도전류는 도체 내 자유전자의 이동에 의한 전류를 말하며 변위전류는 유전체 또는 전해액 내의 구속전자의 변위에 의한 전류를 말한다.

정답 ①

04 변위전류와 가장 관계가 깊은 것은?

① 반도체   ② 유전체
③ 자성체   ④ 도체

 정답 ②

05 전도전자나 구속전자의 이동에 의하지 않은 전류는?

① 대류전류 ② 전도전류
③ 변위전류 ④ 분극전류

① 대류전류: 하전 입자가 전해액, 절연액, 기체, 진공 중 등을 이동함으로써 생기는 전류
② 전도전류: 도체의 2점 간에 전위차가 있는 경우에 도체에 흐르는 전류
③ 변위전류: 전속밀도의 시간적 변화에 따라 유전체 내에 흐르는 전류
④ 분극전류: 유전체 내부에 속박되어 있는 구속전자에 의한 전류
∴ 변위전류는 시변에서만 흐르는 전류이다.

정답 ③

06 그림에서 축전기를 $\pm Q$[C]로 대전한 후 스위치 k를 닫고 도선에 전류 I를 흘리는 순간의 축전기 두 판 사이의 변위전류는?

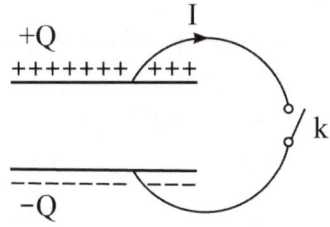

① $+Q$판에서 $-Q$판쪽으로 흐른다.
② $-Q$판에서 $+Q$판쪽으로 흐른다.
③ 왼쪽에서 오른쪽으로 흐른다.
④ 오른쪽에서 왼쪽으로 흐른다.

전도전류와 변위전류의 방향은 같으며, 두 전류로 모두 자기장을 발생시킨다.

정답 ②

07 변위전류밀도를 나타내는 식은?

① $\dfrac{\partial \phi}{\partial t}$ ② $\dfrac{\partial D}{\partial t}$
③ $\dfrac{\partial B}{\partial t}$ ④ $\dfrac{\partial N\phi}{\partial t}$

㉠ 변위전류밀도
: $i_d = \dfrac{\partial D}{\partial t} = \epsilon \dfrac{\partial E}{\partial t} = j\omega\epsilon E$ [A/m²]
㉡ 변위전류는 전계, 자계, 전자계 및 회로에 인가되는 교류전압보다 위상이 90° 앞선다.

정답 ②

08 간격 d[m]인 두 개의 평행판 전극 사이에 유전율 ϵ [F/m]의 유전체가 있을 때 전극사이에 전압 $V_m \sin \omega t$ [V]를 가하면 변위전류는 몇 [A]가 되겠는가? (단, 여기서, 극판의 면적은 S [m²]이고 콘덴서의 정전용량은 C[F]라 한다.)

① $\dfrac{V_m}{\omega C} \sin(\omega t + \dfrac{\pi}{2})$
② $-\omega C V_m \sin \omega t$
③ $\omega c V_m \sin(\omega t + \dfrac{\pi}{2})$
④ $-\omega C V_m \cos \omega t$

변위전류
$I_d = \dfrac{\partial D}{\partial t} S = \epsilon S \dfrac{\partial E}{\partial t} = \dfrac{\epsilon S}{d} \dfrac{\partial V}{\partial t}$
$= C \dfrac{\partial V}{\partial t} = C \dfrac{\partial}{\partial t} V_m \sin \omega t$
$= C V_m \dfrac{\partial}{\partial t} \sin \omega t = \omega C V_m \cos \omega t$
$= \omega C V_m \sin(\omega + \dfrac{\pi}{2}) = j\omega C V_m \sin \omega t$
$= j\omega CV$ [A]

여기서, 허수 j는 위상이 90° 빠른 것을 의미한다. 즉, $j = 1 \angle 90°$

정답 ③

09 간격이 d[m]인 2개의 평행판 전극 사이에 유전율 ϵ의 유전체가 들어 있다. 전극사이에 전압 $V_m \cos\omega t$를 가했을 때 변위전류밀도 i_d [A/m²]는?

① $\dfrac{\epsilon\omega}{d}V_m\sin\omega t$ ② $\dfrac{\epsilon}{d}V_m\cos\omega t$

③ $-\dfrac{\epsilon\omega}{d}V_m\sin\omega t$ ④ $-\dfrac{\epsilon}{d}V_m\cos\omega t$

정답분석 변위전류밀도

$i_d = \dfrac{\partial D}{\partial t} = \epsilon\dfrac{\partial E}{\partial t} = \dfrac{\epsilon}{d}\dfrac{\partial V}{\partial t}$

$= \dfrac{\epsilon}{d}\dfrac{\partial}{\partial t}V_m\cos\omega t = \dfrac{\epsilon}{d}V_m\dfrac{\partial}{\partial t}\cos\omega t$

$= -\dfrac{\epsilon\omega}{d}V_m\sin\omega t$

정답 ③

10 전력용 유입 커패시터가 있다. 유(기름)의 비유전율이 2이고 인가된 전계 $E = 200\sin\omega t\, a_x$ [V/m] 일 때 커패시터 내부에서의 변위전류밀도는 몇 [A/m²]인가?

① $400\epsilon_0\omega\cos\omega t\, a_x$
② $400\epsilon_0\sin\omega t\, a_x$
③ $200\epsilon_0\omega\cos\omega t\, a_x$
④ $400\epsilon_0\omega\sin\omega t\, a_x$

정답분석 변위전류밀도

$i_d = \dfrac{\partial D}{\partial t} = \epsilon\dfrac{\partial E}{\partial t}$

$= \epsilon\dfrac{\partial}{\partial t}200\sin\omega t\, a_x = 200\,\epsilon\omega\cos\omega t\, a_x$

$= 400\,\epsilon_0\omega\cos\omega t\, a_x$ [A/m²]

정답 ①

11 변위전류에 의하여 전자파가 발생되었을 때 전자파의 위상은?

① 변위전류보다 90도 빠르다.
② 변위전류보다 90도 늦다.
③ 변위전류보다 30도 빠르다.
④ 변위전류보다 30도 늦다.

정답분석 ㉠ 변위전류밀도

$: i_d = \dfrac{\partial D}{\partial t} = \epsilon\dfrac{\partial E}{\partial t} = j\omega\epsilon E$ [A/m²]

㉡ 변위전류는 전계, 자계, 전자계 및 회로에 인가되는 교류전압보다 위상이 90° 앞선다.

정답 ②

12 공기 중에서 E[V/m]의 전계를 i_d[A/m²]의 변위전류로 흐르게 하려면 주파수 f는 몇 [Hz]가 되어야 하는가?

① $f = \dfrac{i_d}{2\pi\epsilon_0 E}$ ② $f = \dfrac{i_d}{4\pi\epsilon_0 E}$

③ $f = \dfrac{\epsilon\, i_d}{2\pi^2 E}$ ④ $f = \dfrac{i_d E}{4\pi^2 E}$

정답분석 변위전류밀도 $i_d = \omega\epsilon_0 E = 2\pi f\epsilon_0 E$ [A/m²]
에서 주파수는 다음과 같다.

$\therefore f = \dfrac{i_d}{2\pi\epsilon_0 E}$ [Hz]

정답 ①

13 공기 중에서 1[V/m]의 전계를 1[A/m²]의 변위전류로 흐르게 하려면 주파수는 몇 [MHz]가 되어야 하는가?

① 1,500 ② 1,800
③ 15,000 ④ 18,000

정답분석 변위전류밀도 $i_d = \omega\epsilon_0 E = 2\pi f\epsilon_0 E$ [A/m²]
에서 주파수는 다음과 같다.

$\therefore f = \dfrac{i_d}{2\pi\epsilon_0 E} = \dfrac{1}{2\pi\epsilon_0\times 1}$

$= \dfrac{1}{2\pi\times\dfrac{1}{36\pi\times 10^9}} = 18\times 10^9$ [Hz]

$= 18000$ [MHz]

정답 ④

14 도전율 σ, 유전율 ϵ 인 매질에 교류전압을 가할 때 전도전류와 변위전류의 크기가 같아지는 주파수는?

① $f = \dfrac{\sigma}{2\pi\epsilon}$ ② $f = \dfrac{\epsilon}{2\pi\sigma}$

③ $f = \dfrac{2\pi\epsilon}{\sigma}$ ④ $f = \dfrac{2\pi\sigma}{\epsilon}$

 정답분석

㉠ 전도전류: $I_c = \sigma ES$ [A]
㉡ 변위전류: $I_d = \omega\epsilon ES = 2\pi f\epsilon ES$ [A]
㉢ 임계조건: $I_c = I_d \rightarrow \sigma ES = 2\pi f\epsilon ES$
∴ 임계주파수 $f_c = \dfrac{\sigma}{2\pi\epsilon} = \dfrac{k}{2\pi\epsilon}$ [Hz]

정답 ①

15 실용적인 유전체의 유전손실각 $\tan\delta$ 는? (단, ω 는 각속도 [rad/s], k 는 도전률 [℧/m], ϵ 은 유전율 [F/m] 이다)

① $\dfrac{k\epsilon}{\omega}$ ② $\dfrac{\epsilon}{\omega k}$

③ $\dfrac{k}{\omega\epsilon}$ ④ $\dfrac{\omega k}{\epsilon}$

 정답분석

유전체 손실각 (=유전체 역률)

$\tan\delta = \dfrac{I_c}{I_d} = \dfrac{kES}{\omega\epsilon ES} = \dfrac{k}{\omega\epsilon} = \dfrac{k}{2\pi f\epsilon} = \dfrac{f_c}{f}$

정답 ③

16 손실이 적은 유전 특성을 얻기 위한 조건으로 옳은 것은? (단, f 는 어떤 매질에 가해지는 주파수이고, f_c 는 임계주파수이다)

① $f > f_c$
② $f < f_c$
③ $f = f_c$
④ 주파수와는 무관하다.

 정답분석

유전체 손실 $P_\ell = vI_R = vI\tan\delta$ [W] 에서
$\tan\delta = \dfrac{k}{2\pi f\epsilon} = \dfrac{f_c}{f}$ 이므로
∴ 손실이 적은 유전체를 얻으려면 $f > f_c$ 의 조건이 되어야 한다.

정답 ①

17 유전체역률($\tan\delta$)과 무관한 것은?

① 주파수 ② 정전용량
③ 인가전압 ④ 누설저항

 정답분석

㉠ 임계주파수: $f_c = \dfrac{1}{2\pi CR}$ [Hz]
㉡ 유전체 손실각: $\tan\delta = \dfrac{f_c}{f} = \dfrac{1}{2\pi fCR}$
∴ $\tan\delta$ 는 전압과 무관하다.

정답 ③

2. 맥스웰 전자방정식

18 미분방정식 형태로 나타낸 맥스웰의 전자계 기초방정식은?

① $rotE=-\dfrac{\partial B}{\partial t},\ rotH=\dfrac{\partial D}{\partial t},$
 $divD=0,\ divB=0$

② $rotE=-\dfrac{\partial B}{\partial t},\ rotH=i+\dfrac{\partial D}{\partial t},$
 $divD=\rho,\ divB=H$

③ $rotE=-\dfrac{\partial B}{\partial t},\ rotH=i+\dfrac{\partial D}{\partial t},$
 $divD=\rho,\ divB=0$

④ $rotE=-\dfrac{\partial B}{\partial t},\ rotH=i,$
 $divD=0,\ divB=0$

 정답분석

㉠ $rot\ H = \nabla \times H = i = i_c + \dfrac{\partial D}{\partial t}$
전계의 시간적 변화에는 회전하는 자계를 발생시킨다.

㉡ $rot\ E = \nabla \times E = -\dfrac{\partial B}{\partial t}$
자계가 시간에 따라 변화하면 회전하는 전계가 발생한다.

㉢ $div\ D = \nabla \cdot D = \rho$
전하가 존재하면 전속선이 발생한다.

㉣ $div\ B = \nabla \cdot B = 0$
고립된 자극은 없고, N극 S극은 함께 공존한다.

정답 ③

19 맥스웰 전자방정식의 설명 중 잘못 설명한 것은?

① 폐곡선의 따른 전계의 선적분은 폐곡선 내를 통하는 자속의 시간 변화율과 같다.
② 폐곡면을 통해 나오는 자속은 폐곡면 내의 자극의 세기와 같다.
③ 폐곡면을 통해 나오는 전속은 폐곡면 내의 전하량과 같다.
④ 폐곡선의 따른 자계의 선적분은 폐곡선 내를 통하는 전류와 전속의 시간적 변화율과 같다.

 정답확인

정답 ②

20 전자계에 대한 맥스웰의 기본이론이 아닌 것은?

① 자계의 시간적 변화에 따라 전계의 회전이 생긴다.
② 전도전류는 자계를 발생시키나, 변위전류는 자계를 발생시키지 않는다.
③ 자극은 N-S극이 항상 공존한다.
④ 전하에서는 전속선이 발산된다.

 정답분석

전도전류와 변위전류는 모두 주위에 자계를 만든다.
($rot\ H = \nabla \times H = i = i_c + \dfrac{\partial D}{\partial t}$)

정답 ②

21 맥스웰의 전자방정식에 대한 의미를 설명한 것으로 잘못된 것은?

① 자계의 회전은 전류밀도와 같다.
② 전계의 회전은 자속밀도의 시간적 감소율과 같다.
③ 단위체적 당 발산 전속 수는 단위체적 당 공간전하 밀도와 같다.
④ 자계는 발산하며, 자극은 단독으로 존재한다.

 정답분석

$divB = 0$: 고립된 자극은 없고, N극 S극은 함께 공존한다.

정답 ④

22 맥스웰은 전극간의 유전체를 통하여 흐르는 전류를 (㉠)라 하고, 이것은 (㉡)를 발생한다고 가정하였다. ㉠, ㉡에 알맞는 것은?

① ㉠-와전류   ㉡-자계
② ㉠-변위전류 ㉡-자계
③ ㉠-와전류   ㉡-전류
④ ㉠-변위전류 ㉡-전계

 정답분석

암페어 주회적분법칙: $rot\ H = i + \dfrac{\partial D}{\partial t}$
도선에 흐르는 전도전류 및 유전체를 통하여 흐르는 변위전류는 주위에 회전하는 자계를 발생시킨다.

정답 ②

23 전자장에 관한 다음의 기본 식 중 옳지 않은 것은?

① 가우스 정리의 미분형 $div D = \rho$
② 옴의 법칙의 미분형 $i = \sigma E$
③ 패러데이 법칙의 미분형
$rot E = -\dfrac{\partial B}{\partial t}$
④ 암페어 주회적분 법칙의 미분형
$rot H = \dfrac{\partial D}{\partial t} + \rho$

정답분석 암페어 주회적분 법칙의 미분형
$rot H = \nabla \times H = i = i_c + \dfrac{\partial D}{\partial t}$
여기서, i: 전류밀도 ($i = i_c + i_d$)
i_c: 전도전류 밀도
$i_d = \dfrac{\partial D}{\partial t}$: 변위전류밀도

정답 ④

24 자유공간에서 전계에 관하여 설명하는 것은?

① $rot E = -\dfrac{\partial B}{\partial t}$
② $rot E = \dfrac{\partial B}{\partial t}$
③ $rot E = -\mu_0 \dfrac{\partial H}{\partial t}$
④ $rot E = \mu_0 \dfrac{\partial H}{\partial t}$

정답분석 공기 중의 자속밀도 $B = \mu_0 H$ 에서
∴ 패러데이 법칙의 미분형
: $rot E = -\dfrac{\partial B}{\partial t} = -\mu_0 \dfrac{\partial H}{\partial t}$

정답 ③

25 다음 맥스웰(Maxwell) 전자방정식 중 성립하지 않는 식은?

① $div D = \rho$ ② $div B = 0$
③ $rot E = \dfrac{\partial B}{\partial t}$ ④ $rot H = i + \dfrac{\partial D}{\partial t}$

정답분석 패러데이법칙의 미분형
$rot E = \nabla \times E = -\dfrac{\partial B}{\partial t}$

정답 ③

26 유전체 내의 전계의 세기가 E, 분극의 세기가 P, 유전율이 $\epsilon = \epsilon_0 \epsilon_s$ 인 유전체 내의 변위전류밀도는?

① $\epsilon \dfrac{\partial E}{\partial t} + \dfrac{\partial P}{\partial t}$ ② $\epsilon_0 \dfrac{\partial E}{\partial t} + \dfrac{\partial P}{\partial t}$
③ $\epsilon_0 (\dfrac{\partial E}{\partial t} + \dfrac{\partial P}{\partial t})$ ④ $\epsilon (\dfrac{\partial E}{\partial t} + \dfrac{\partial P}{\partial t})$

정답분석 분극의 세기 $P = D - \epsilon_0 E$ 에서 전속밀도는
$D = \epsilon_0 E + P$ 이 된다.
∴ 변위전류밀도
$i_d = \dfrac{\partial D}{\partial t} = \dfrac{\partial}{\partial t}(\epsilon_0 E + P)$
$= \epsilon_0 \dfrac{\partial E}{\partial t} + \dfrac{\partial P}{\partial t}$

정답 ②

27 Maxwell의 전자기파 방정식이 아닌 것은?

① $\oint_c H\, dl = nI$
② $\oint_c E\, d\ell = -\int_s \dfrac{\partial B}{\partial t}\, ds$
③ $\oint_s D\, ds = \int_v \rho\, dv$
④ $\oint_s B\, ds = 0$

정답분석 $\oint_c H\, dl = nI$ 식은 Ampere의 주회적분의 식이다.

정답 ①

28 다음 중 정전기와 자기의 유사점 비교로 옳지 않은 것은?

① $\oint_c E\, d\ell = V$ 와 $\oint_c D\, d\ell = NI$

② $E = -\mathrm{grad}\, V$ 와 $B = -\mathrm{curl}\, A$

③ $\mathrm{div}\, D = \rho_{ev}$ 와 $\mathrm{div}\, B = \rho_v$

④ $\nabla^2 V = -\dfrac{\rho_v}{\epsilon_0}$ 와 $\nabla^2 A = -\mu_0 i$

$\mathrm{div}\, B = 0$: 독립된 자극은 존재하지 않는다.

정답 ③

29 와전류를 발생하는 전계 E를 표시하는 식은?

① $\mathrm{div}\, E = -\dfrac{\rho}{\epsilon}$ ② $\mathrm{div}\, E = \dfrac{\rho}{\epsilon}$

③ $\mathrm{rot}\, E = -\dfrac{\partial B}{\partial t}$ ④ $\mathrm{rot}\, E = \dfrac{\partial B}{\partial t}$

와전류: $\mathrm{rot}\, E = -\dfrac{\partial B}{\partial t}$
자속밀도가 시간에 따라 변화하면 회전하는 전계를 발생한다.

정답 ③

30 그림과 같은 평행판 콘덴서에 교류전원을 접속할 때 전류의 연속성에 대해서 성립하는 식은? (단, E: 전계, D: 전속밀도, ρ: 체적전하밀도, i: 전도전류밀도, B: 자속밀도, t: 시간)

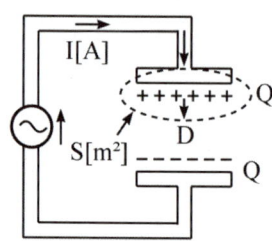

① $\nabla \cdot D = \rho$

② $\nabla \times E = -\dfrac{\partial B}{\partial t}$

③ $\nabla \cdot B = 0$

④ $\nabla \cdot \left(i + \dfrac{\partial D}{\partial t}\right) = 0$

전류밀도 $i = i_c + i_d = kE + \dfrac{\partial D}{\partial t}$ 이므로
∴ 전류의 연속성
$\mathrm{div}\, i = \nabla \cdot i = \nabla \cdot \left(i_c + \dfrac{\partial D}{\partial t}\right) = 0$

정답 ④

3. 평면파와 전자계의 성질

31 $\dfrac{1}{\sqrt{\mu\epsilon}}$ 의 단위는?

① [m/sec]　② [C/H]
③ [Ω]　④ [℧]

 전파속도의 단위는 [m/s] 이다.

정답 ①

32 진공 중에 있어서의 전자파의 속도[m/s]가 아닌 것은?

① $\dfrac{1}{120\pi\epsilon_0}$　② $500\sqrt{\dfrac{10}{\pi\epsilon_0}}$
③ $\dfrac{1}{\sqrt{\epsilon_0\mu_0}}$　④ $\sqrt{\dfrac{\pi\mu_0}{10\epsilon_0}}$

 진공 중의 전자파 속도
$v = \dfrac{1}{\sqrt{\epsilon_0\mu_0}} = \dfrac{1}{\sqrt{\dfrac{4\pi\times 10^{-7}}{36\pi\times 10^9}}}$
$= \dfrac{1}{\sqrt{\dfrac{1}{9\times 10^{16}}}} = 3\times 10^8 [\text{m/s}]$

정답 ④

33 전자계에서 전파속도와 관계없는 것은?

① 도전율　② 유전율
③ 비투자율　④ 주파수

㉠ 전자파의 속도: $v = \dfrac{1}{\sqrt{\epsilon\mu}}$ [m/s]
㉡ 파장의 길이: $\lambda = \dfrac{v}{f}$ [m] → $v = \lambda f$
∴ 전자파의 속도는 유전율(ϵ), 투자율(μ), 주파수(f)에 비례한다.

정답 ①

34 전자파의 전파속도 [m/s]에 대한 설명 중 옳은 것은?

① 유전율에 비례한다.
② 유전율에 반비례한다.
③ 유전율과 투자율의 곱에 제곱근에 비례한다.
④ 유전율과 투자율의 곱의 제곱근에 반비례한다.

 전자파의 전파 속도 $v = \dfrac{1}{\sqrt{\epsilon\mu}} = \dfrac{3\times 10^8}{\sqrt{\epsilon_s\mu_s}}$
이므로 전파속도는 유전율과 투자율의 곱의 제곱근(루트)에 반비례한다.

정답 ④

35 유전율이 $\epsilon_0 = 8.855\times 10^{-12}$ [F/m]인 진공 내를 전자파가 전파할 때 진공에 대한 투자율은 몇 [H/m]인가?

① 3.48×10^{-7}　② 6.33×10^{-7}
③ 9.25×10^{-7}　④ 12.56×10^{-7}

 진공의 투자율
$\mu_0 = 4\pi\times 10^{-7} = 12.56\times 10^{-7}$ [H/m]

정답 ④

36 유전율 ϵ, 투자율 μ 인 매질에서 전자파의 전파속도는?

① $\sqrt{\dfrac{\epsilon}{\mu}}$ ② $\sqrt{\dfrac{\mu}{\epsilon}}$

③ $\dfrac{3\times 10^8}{\sqrt{\epsilon_s \mu_s}}$ ④ $\sqrt{\mu\epsilon}$

정답분석

㉠ 진공 중의 전자파의 속도 ($\epsilon_0 = \mu_0 = 1$)

$$v_0 = \dfrac{1}{\sqrt{\epsilon_0 \mu_0}} = \dfrac{1}{\sqrt{\dfrac{4\pi \times 10^{-7}}{36\pi \times 10^9}}}$$
$$= \dfrac{1}{\sqrt{\dfrac{1}{9\times 10^{16}}}} = 3\times 10^8 [\text{m/s}]$$

㉡ 매질 내에서 전파속도

$$v = \dfrac{1}{\sqrt{\epsilon \mu}} = \dfrac{1}{\sqrt{\epsilon_0 \epsilon_s \mu_0 \mu_s}} = \dfrac{3\times 10^8}{\sqrt{\epsilon_s M_s}} [\text{m/s}]$$

정답 ③

37 비유전율 4, 비투자율 4인 매질 내에서의 전자파의 전파속도는 자유공간에서의 빛의 속도의 몇 배인가?

① $\dfrac{1}{3}$ ② $\dfrac{1}{4}$

③ $\dfrac{1}{9}$ ④ $\dfrac{1}{16}$

정답분석

전파속도

$$v = \dfrac{1}{\sqrt{\mu \epsilon}} = \dfrac{3\times 10^8}{\sqrt{\mu_s \epsilon_s}}$$
$$= \dfrac{C}{\sqrt{\mu_s \epsilon_s}} = \dfrac{C}{\sqrt{4\times 4}} = \dfrac{C}{4}$$

정답 ②

38 합성수지($\epsilon_s = 4$) 중에서의 전자파 속도는? (단, $\mu_s = 1$ 이다)

① $3\times 10^8 [\text{m/s}]$ ② $1.5\times 10^8 [\text{m/s}]$
③ $7.5\times 10^7 [\text{m/s}]$ ④ $1.5\times 10^7 [\text{m/s}]$

정답분석

전자파의 속도

$$v = \dfrac{1}{\sqrt{\epsilon \mu}} = \dfrac{3\times 10^8}{\sqrt{\mu_s \epsilon_s}}$$
$$= \dfrac{3\times 10^8}{\sqrt{1\times 4}} = 1.5\times 10^8 [\text{m/s}]$$

정답 ②

39 진공 중에서 빛의 속도와 일치하는 전자파의 전파속도를 얻기 위한 조건으로 맞는 것은?

① $\mu_s = 0$, $\epsilon_s = 0$ ② $\mu_s = 0$, $\epsilon_s = 1$
③ $\mu_s = 1$, $\epsilon_s = 0$ ④ $\mu_s = 1$, $\epsilon_s = 1$

정답분석

전자파의 속도 $v = \dfrac{1}{\sqrt{\epsilon \mu}} = \dfrac{3\times 10^8}{\sqrt{\epsilon_s \mu_s}} [\text{m/s}]$
이므로 전자파의 속도가 빛의 속도와 같기 위해서는 $\epsilon_s = \mu_s = 1$ 이 되어야 한다.

정답 ④

40 15[MHz]의 전자파의 파장은 몇 [m]인가?

① 8 ② 15
③ 20 ④ 25

정답분석

전자파의 속도 $v_0 = 3\times 10^8 [\text{m/s}]$

∴ 파장의 길이 $\lambda = \dfrac{v}{f} = \dfrac{3\times 10^8}{15\times 10^6} = 20 [\text{m}]$

정답 ③

41 안테나에서 파장 40[cm]의 평면파가 자유공간에 방사될 때 발신 주파수는 몇 [MHz]인가?

① 650 ② 700
③ 750 ④ 800

파장의 길이 $\lambda = \dfrac{v}{f}$ [m] 에서 발신 주파수는

$\therefore f = \dfrac{v}{\lambda} = \dfrac{3 \times 10^8}{0.4}$
$= 0.75 \times 10^9 [\text{Hz}] = 750 [\text{MHz}]$

정답 ③

43 정전용량 $2[\mu F]$ 인 콘덴서를 충전하여 $4[\text{mH}]$ 인 코일을 통해서 방전할 때의 전기 진동이 공간에 전파되는 경우 그 파장은 약 몇 [m] 인가?

① 1.69×10^5 ② 3.38×10^5
③ 1.69×10^3 ④ 3.38×10^3

㉠ 진공 중의 전자파의 속도
: $v = \dfrac{1}{\sqrt{\epsilon_0 \mu_0}} = 3 \times 10^8 [\text{m/s}]$

㉡ 공진주파수
: $f = \dfrac{1}{2\pi \sqrt{LC}}$
$= \dfrac{1}{2\pi \sqrt{4 \times 10^{-3} \times 2 \times 10^{-6}}} = 1780 [\text{Hz}]$

$\therefore$ 파장의 길이
: $\lambda = \dfrac{v}{f} = \dfrac{3 \times 10^8}{1780} = 1.685 \times 10^5 [\text{m}]$

정답 ①

42 비유전율 $\epsilon_r = 4$, 비투자율이 $\mu_r = 1$인 매질 내에서 주파수가 1[GHz]인 전자기파의 파장은 몇 [m]인가?

① 0.1[m] ② 0.15[m]
③ 0.25[m] ④ 0.4[m]

㉠ 매질 중의 전자파의 속도
$v = \dfrac{1}{\sqrt{\epsilon \mu}} = \dfrac{3 \times 10^8}{\sqrt{\epsilon_r \mu_r}} = \dfrac{3 \times 10^8}{\sqrt{4 \times 1}}$
$= 1.5 \times 10^8 [\text{m/s}]$

㉡ 파장의 길이
$\lambda = \dfrac{v}{f} = \dfrac{1.5 \times 10^8}{10^9} = 0.15 [\text{m}]$

정답 ②

44 도체 내의 전자파의 속도를 v 라 하고, 감쇠 정수를 α, 위상 정수를 β, 각속도를 ω 라고 하면 전자파의 속도 $v[\text{m/s}]$를 나타내는 것은?

① $\dfrac{\omega}{\alpha}$ ② $\dfrac{\alpha^2}{\omega}$
③ $\dfrac{\omega}{\beta}$ ④ $\dfrac{\beta^2}{\omega}$

㉠ 전파 정수: $\gamma = \alpha + j\beta$
여기서, α: 감쇠정수
㉡ 위상정수: $\beta = \omega \sqrt{LC}$
$\therefore$ 전자파의 속도
$v = \dfrac{1}{\sqrt{\epsilon \mu}} = \dfrac{1}{\sqrt{LC}} = \dfrac{\omega}{\beta} [\text{m/s}]$
여기서, $LC = \epsilon \mu$

정답 ③

45 자유공간 내의 고유 임피던스는?

① $\mu_0 \epsilon_0$　　② $\sqrt{\mu_0 \epsilon_0}$
③ $\dfrac{\mu_0}{\epsilon_0}$　　④ $\sqrt{\dfrac{\mu_0}{\epsilon_0}}$

정답분석

자유공간에서의 고유 임피던스

$$Z_0 = \dfrac{E}{H} = \sqrt{\dfrac{\mu_0}{\epsilon_0}} = \sqrt{\dfrac{4\pi \times 10^{-7}}{\dfrac{1}{36\pi \times 10^9}}}$$

$= 120\pi = 377\,[\Omega]$

정답 ④

46 콘크리트($\epsilon_r = 4$, $\mu_r = 1$) 중에서 전자파의 고유 임피던스는 약 몇 [Ω]인가?

① 35.4[Ω]　　② 70.8[Ω]
③ 124.3[Ω]　　④ 188.5[Ω]

정답분석

자유공간에서의 고유 임피던스(특성 임피던스)

$$Z = \sqrt{\dfrac{\mu}{\epsilon}} = \sqrt{\dfrac{\mu_0 \mu_r}{\epsilon_0 \epsilon_r}} = 120\pi \sqrt{\dfrac{\mu_r}{\epsilon_r}}$$

$= 120\pi \sqrt{\dfrac{1}{4}} = 377 \times \dfrac{1}{2} = 188.5\,[\Omega]$

정답 ④

47 다음에서 무손실 전송회로의 특성임피던스를 나타낸 것은?

① $Z_0 = \sqrt{\dfrac{C}{L}}$　　② $Z_0 = \sqrt{\dfrac{L}{C}}$
③ $Z_0 = \dfrac{1}{\sqrt{LC}}$　　④ $Z_0 = \sqrt{LC}$

정답분석

특성 임피던스 $Z_0 = \sqrt{\dfrac{Z}{Y}} = \sqrt{\dfrac{R + j\omega L}{G + j\omega C}}$

에서 무손실선로($R = G = 0$)이므로

$\therefore Z_0 = \sqrt{\dfrac{L}{C}}\,[\Omega]$

정답 ②

48 전송회로에서 무손실인 경우 $L = 360\,[\text{mH}]$, $C = 0.01\,[\mu\text{F}]$일 때 특성 임피던스는 몇 [Ω]인가?

① $\dfrac{1}{6} \times 10^{-3}$　　② 3.6×10^7
③ $\dfrac{1}{36} \times 10^{-6}$　　④ 6×10^3

정답분석

선로의 특성 임피던스

$$Z_0 = \sqrt{\dfrac{L}{C}} = \sqrt{\dfrac{360 \times 10^{-3}}{0.01 \times 10^{-6}}} = 6 \times 10^3\,[\Omega]$$

정답 ④

49 내 도체의 반지름이 $a\,[\text{m}]$, 외 도체의 내반지름 $b\,[\text{m}]$ 인 동축케이블이 있다. 도체사이의 매질의 유전율은 $\epsilon\,[\text{F/m}]$, 투자율은 $\mu\,[\text{H/m}]$ 이다. 이 케이블의 특성임피던스는?

① $\dfrac{1}{2\pi} \sqrt{\dfrac{\mu}{\epsilon}} \log \dfrac{b}{a}\,[\Omega]$

② $\sqrt{\dfrac{\mu}{\epsilon}} \log \dfrac{b}{a}\,[\Omega]$

③ $\log \dfrac{b}{a} / 2\pi \sqrt{\epsilon \mu}\,[\Omega]$

④ $2\pi \left(\sqrt{\mu \epsilon} \cdot \log \dfrac{b}{a} \right)\,[\Omega]$

정답분석

㉠ 동축케이블의 인덕턴스

$: L = \dfrac{\mu}{2\pi} \ln \dfrac{b}{a}\,[\text{H/m}]$

㉡ 동축케이블의 정전용량

$: C = \dfrac{2\pi \epsilon}{\ln \dfrac{b}{a}}\,[\text{F/m}]$

∴ 동축케이블의 특성 임피던스

$: Z = \sqrt{\dfrac{L}{C}} = \dfrac{1}{2\pi} \sqrt{\dfrac{\mu}{\epsilon}} \ln \dfrac{b}{a}$

$= \dfrac{1}{2\pi} \sqrt{\dfrac{\mu}{\epsilon}} \log_e \dfrac{b}{a}\,[\Omega]$

정답 ①

50 전계와 자계의 위상 관계는?

① 위상이 서로 같다.
② 전계가 자계보다 90° 빠르다.
③ 전계가 자계보다 90° 늦다.
④ 전계가 자계보다 45° 빠르다.

 전계와 자계는 동위상이고, 서로 수직으로 진동한다.
정답 ①

51 전자파의 진행방향은?

① 전계 E의 방향과 같다.
② 자계 H의 방향과 같다.
③ $E \times H$의 방향과 같다.
④ $\nabla \times E$의 방향과 같다.

 전계 E와 자계 H의 외적 방향이다.
정답 ③

52 다음 중 전계와 자계와의 관계는?

① $\sqrt{\mu}\epsilon = EH$ ② $\sqrt{\mu}H = \sqrt{\epsilon}E$
③ $\mu\epsilon = EH$ ④ $\sqrt{\epsilon}H = \sqrt{\mu}E$

 고유(파동) 임피던스 $Z = \dfrac{E}{H} = \sqrt{\dfrac{\mu}{\epsilon}}$ 에서
∴ 전계와 자계의 관계: $\sqrt{\epsilon}E = \sqrt{\mu}H$
정답 ②

53 공기 중에서 전계의 진행파 전력이 $10\,[\mathrm{mV/m}]$일 때 자계의 진행파 전력은 몇 $[\mathrm{AT/m}]$ 인가?

① 26.5×10^{-4} ② 26.5×10^{-3}
③ 26.5×10^{-5} ④ 26.5×10^{-6}

㉠ 공기 중의 특성 임피던스
: $Z = \dfrac{E}{H} = \sqrt{\dfrac{\mu_0}{\epsilon_0}} = 120\pi = 377$
㉡ 자계의 세기
: $H = \sqrt{\dfrac{\epsilon_0}{\mu_0}}E = \dfrac{E}{120\pi} = 2.65 \times 10^{-3}E$
$= 2.65 \times 10^{-3} \times 10 \times 10^{-3}$
$= 26.5 \times 10^{-6}\,[\mathrm{AT/m}]$
정답 ④

54 최대 전계 $E_m = 6[\mathrm{V/m}]$인 평면 전자파가 수중을 전파할 때 자계의 최대치는 얼마인가? (단, 물의 비유전율 $\epsilon_s = 80$, 비투자율 $\mu_s = 1$이다.)

① $0.071[\mathrm{AT/m}]$ ② $0.142[\mathrm{AT/m}]$
③ $0.284[\mathrm{AT/m}]$ ④ $0.426[\mathrm{AT/m}]$

㉠ 전계와 자계의 관계: $\sqrt{\epsilon}\,E = \sqrt{\mu}\,H$
㉡ 진공 중의 특성 임피던스
: $Z_0 = \dfrac{E}{H} = \sqrt{\dfrac{\mu_0}{\epsilon_0}} = 120\pi = 377\,[\Omega]$
㉢ 매질 중의 특성 임피던스
: $Z_0 = \dfrac{E}{H} = \sqrt{\dfrac{\mu_0\mu_r}{\epsilon_0\epsilon_r}} = 120\pi\sqrt{\dfrac{\mu_r}{\epsilon_r}}\,[\Omega]$
∴ $H_m = \sqrt{\dfrac{\epsilon}{\mu}}\,E_m = \dfrac{E_m}{120\pi}\sqrt{\dfrac{\epsilon_s}{\mu_s}}$
$= \dfrac{6}{120\pi} \times \sqrt{80} = 0.142\,[\mathrm{AT/m}]$
정답 ②

55 지구는 태양으로부터 평균 1[kW/m²]의 방사열을 받고 있다. 지구표면에서의 전계는 몇 [V/m]인가?

① 423 ② 526
③ 715 ④ 614

정답분석

㉠ 포인팅 벡터: $P = EH [\text{W/m}^2]$
㉡ 전계와 자계관계 $\dfrac{E}{H} = \sqrt{\dfrac{\mu_0}{\epsilon_0}}$ 에서
  자계의 세기 $H = \dfrac{E}{120\pi} = \dfrac{E}{377}$ 이므로
㉢ 위 공식 ㉠, ㉡ 관계식에서 포인팅 벡터
  $P = EH = \dfrac{E^2}{377}$ 이 된다.
∴ $E = \sqrt{120\pi P} = \sqrt{377P} = 614 \,[\text{V/m}]$

정답 ④

56 전계 $E = \sqrt{2}\, E_e \sin\omega\left(t - \dfrac{z}{v}\right)$ [V/m]의 평면 전자파가 있다. 진공 중에서의 자계의 실횻값은 몇 [A/m]인가?

① $2.65 \times 10^{-1} E_e$ ② $2.65 \times 10^{-2} E_e$
③ $2.65 \times 10^{-3} E_e$ ④ $2.65 \times 10^{-4} E_e$

정답분석

고유(파동) 임피던스 $Z = \dfrac{E}{H} = \sqrt{\dfrac{\mu_0}{\epsilon_0}}$ 에서 자계의 세기의 실횻값은 다음과 같다.

∴ $H = \sqrt{\dfrac{\epsilon_0}{\mu_0}}\, E = \dfrac{E}{120\pi} = 2.65 \times 10^{-3} E$
$= 2.65 \times 10^{-3} E_e \,[\text{A/m}]$

여기서, 전계의 실횻값: $E = \dfrac{E_m}{\sqrt{2}} = E_e$

정답 ③

57 평면 전자파가 유전율 ϵ, 투자율 μ 인 유전체 내를 전파한다. 전계의 세기가 $E = E_m \sin\omega\left(t - \dfrac{X}{V}\right)$ [V/m]이라면 자계의 세기 H[A/m]는?

① $\sqrt{\mu\epsilon}\, E_m\, \sin\omega\left(t - \dfrac{X}{V}\right)$

② $\sqrt{\dfrac{\epsilon}{\mu}}\, E_m\, \cos\omega\left(t - \dfrac{X}{V}\right)$

③ $\sqrt{\dfrac{\epsilon}{\mu}}\, E_m\, \sin\omega\left(t - \dfrac{X}{V}\right)$

④ $\sqrt{\dfrac{\mu}{\epsilon}}\, E_m\, \cos\omega\left(t - \dfrac{X}{V}\right)$

정답분석

㉠ 자계의 최댓값
  $H_m = \sqrt{\dfrac{\epsilon}{\mu}}\, E_m = \dfrac{E_m}{120\pi}\sqrt{\dfrac{\epsilon_s}{\mu_s}}$
  $= 2.65 \times 10^{-3} E_m$
㉡ 전계와 자계는 동위상 이므로
∴ 자계의 세기 $H = \sqrt{\dfrac{\epsilon}{\mu}}\, E_m\, \sin\omega\left(t - \dfrac{X}{V}\right)$

정답 ③

58 평면 전자파의 전계의 세기가 $E = 5\sin\omega\left(t - \dfrac{x}{V}\right)$ [μV/m] 인 공기 중에서의 자계의 세기는 몇 [μH/m] 인가?

① $-5\dfrac{\omega}{V}\cos\omega\left(t - \dfrac{x}{V}\right)$

② $5\omega\cos\omega\left(t - \dfrac{x}{V}\right)$

③ $4.8 \times 10^2 \sin\omega\left(t - \dfrac{x}{V}\right)$

④ $1.3 \times 10^{-2} \sin\omega\left(t - \dfrac{x}{V}\right)$

정답분석

㉠ 자계의 최댓값
  : $H_m = \sqrt{\dfrac{\epsilon}{\mu}}\, E_m = \dfrac{E_m}{120\pi}\sqrt{\dfrac{\epsilon_s}{\mu_s}}$
  $= \dfrac{5}{120\pi} = 13.25 \times 10^{-3}\,[\text{A T/m}]$
㉡ 전계와 자계의 위상 관계: 동위상
  ∴ 자계의 세기
  : $H = 1.3 \times 10^{-2} \sin\omega\left(t - \dfrac{x}{V}\right) [\text{A T/m}]$

정답 ④

59 자유공간에서 전파 $E(z, t) = 10^3 \sin(\omega t - \beta z) a_y$ [V/m]일 때 자파 $H(z, t)$ [A/m]는?

① $\dfrac{10^3}{120\pi} \sin(\omega t - \beta z) a_z$

② $\dfrac{10^3}{120\pi} \sin(\omega t - \beta z) a_x$

③ $-\dfrac{10^3}{120\pi} \sin(\omega t - \beta z) a_z$

④ $-\dfrac{10^3}{120\pi} \sin(\omega t - \beta z) a_x$

 정답 분석

㉠ 자계의 최댓값
$H = \sqrt{\dfrac{\epsilon_0}{\mu_0}} E = \dfrac{E}{120\pi} = \dfrac{10^3}{120\pi}$

㉡ 전파는 y 성분이면서 전자파가 시간에 따라 z 방향으로 진행하기 위해서는 자파가 $-x$ 성분이 되어야 된다.

㉢ 전자파의 진행 방향은 $S = \vec{E} \times \vec{H}$ 이므로 $\vec{a_y} \times (-\vec{a_x}) = \vec{a_z}$ 이 된다.

∴ $H(z, t) = -\dfrac{10^3}{120\pi} \sin(\omega t - \beta z) a_x$ [A/m]

정답 ④

60 높은 주파수의 전자파가 전파될 때 일기가 좋은 날보다 비 오는 날 전자파의 감쇠가 심한 원인은?

① 도전율 관계임
② 유전률 관계임
③ 투자율 관계임
④ 분극률 관계임

 정답 분석

높은 주파수의 전자파는 짧은 파장을 가지므로 이를 통과하는 물체의 표면에 있는 전자들이 매우 빠르게 진동하게 된다. 이때, 일기가 좋은 날보다 비 오는 날은 공기 중에 물분자가 많아져 전자파의 진폭을 감소시키는데, 이는 물분자의 도전율이 높아져서 발생한다.

정답 ①

4. 포인팅 정리

61 전계 E[V/m] 및 자계 H[AT/m]의 에너지가 자유공간 중을 v [m/s]의 속도로 전파될 때 단위시간에 단위면적을 지나가는 에너지는 몇 [W/m²]인가?

① $\sqrt{\epsilon\mu} EH$
② EH
③ $\dfrac{EH}{\sqrt{\epsilon\mu}}$
④ $\dfrac{1}{2}(\epsilon E^2 + \mu H^2)$

 정답 분석

포인팅 벡터(Poynting vector)
전자파의 진행방향에 수직한 평면의 단위 면적을 단위시간 내에 통과하는 에너지의 크기

∴ 포인팅 벡터
$P = Wv = \dfrac{1}{2}(\epsilon E^2 + \mu H^2) \times \dfrac{1}{\sqrt{\epsilon\mu}}$
$= EH$ [W/m²]

정답 ②

62 전계 및 자계의 세기가 각각 E, H일 때 포인팅 벡터 P의 표시로 옳은 것은?

① $\dfrac{1}{2} E \times H$
② $E \text{ rot } H$
③ $H \text{ rot } E$
④ $E \times H$

 정답 확인

정답 ④

63 자유공간에 있어서의 포인팅 벡터를 P[W/m²]이라 할 때 전계의 세기의 실훗값 E_e [V/m]를 구하면?

① $377P$ ② $\dfrac{P}{377}$

③ $\sqrt{377P}$ ④ $\sqrt{\dfrac{P}{377}}$

[정답분석]
㉠ 전계와 자계의 관계 $\dfrac{E}{H} = \sqrt{\dfrac{\mu_0}{\epsilon_0}}$ 에서

$H = \sqrt{\dfrac{\epsilon_0}{\mu_0}} E = \dfrac{E}{120\pi} = \dfrac{E}{377}$ [AT/m]

㉡ 포인팅 벡터

$P = EH = \dfrac{E^2}{120\pi} = \dfrac{E^2}{377}$ [W/m²]

∴ 전계의 세기의 실훗값

$E = \sqrt{120\pi P} = \sqrt{377P}$ [V/m]

정답 ③

64 지구는 태양으로부터 평균 1[kW/m²]의 방사열을 받고 있다. 지구 표면에서의 전계는 몇 [V/m]인가?

① 423 ② 526
③ 715 ④ 614

[정답분석]
전계의 세기의 실훗값
$E = \sqrt{377P} = \sqrt{377 \times 10^3} = 614$ [V/m]

정답 ④

65 10[mW], 20[kHz]의 송신기가 자유공간 내에서 사방으로 균일하게 전파를 발사할 때 송신기로부터 10[km] 지점에서의 포인팅 벡터는 약 몇 [W/m²]인가?

① 4×10^{-11} ② 8×10^{-11}
③ 4×10^{-12} ④ 8×10^{-12}

[정답분석]
방사전력 $P_s = \int_S P \, ds = PS$ [W]

∴ 포인팅 벡터

$P = \dfrac{P_s}{S} = \dfrac{P_s}{4\pi r^2} = \dfrac{10 \times 10^{-3}}{4\pi \times (10 \times 10^3)^2}$

$= 7.95 \times 10^{-12}$ [W/m²]

정답 ④

66 100[kW]의 전력이 안테나에서 사방으로 균일하게 방사될 때 안테나에서 1[km] 거리에 있는 점의 전계의 실효치는? (단, 공기의 유전율은 $\epsilon_0 = \dfrac{10^{-9}}{36\pi}$ [F/m]이다)

① 1.73[V/m] ② 2.45[V/m]
③ 3.73[V/m] ④ 6[V/m]

[정답분석]
방사전력 $P_s = \int_S P \, ds = PS = EHS$

$= \dfrac{E^2 S}{120\pi}$ [W] 에서

∴ $E = \sqrt{\dfrac{120\pi P_s}{S}} = \sqrt{\dfrac{120\pi P_s}{4\pi r^2}} = \sqrt{\dfrac{30 P_s}{r^2}}$

$= \sqrt{\dfrac{30 \times 100 \times 10^3}{1000^2}} = \sqrt{3} = 1.732$

정답 ①

67 자계의 실효치가 $1[\text{mA/m}]$인 평면전자파가 공기 중에서 이에 수직되는 수직단면적 $10[\text{m}^2]$를 통과하는 전력은 몇 $[\text{W}]$인가?

① 3.77×10^{-3} ② 3.77×10^{-4}
③ 3.77×10^{-5} ④ 3.77×10^{-6}

㉠ 전계와 자계의 관계
$: \dfrac{E}{H} = \sqrt{\dfrac{\mu_0}{\epsilon_0}} = 120\pi = 377$
㉡ 방사전력
$: P_s = EHS = 120\pi H^2 S$
$= 377 \times (10^{-3})^2 \times 10$
$= 3.77 \times 10^{-3} [\text{W}]$

정답 ①

69 전계의 실효치가 $377[\text{V/m}]$인 평면 전자파가 진공 중에 진행하고 있다. 이때 이 전자파에 수직되는 방향으로 설치된 단면적 $10[\text{m}^2]$의 센서로 전자파의 전력을 측정하려고 한다. 센서가 $1[\text{W}]$의 전력을 측정했을 때 $1[\text{mA}]$의 전류를 외부로 흘려준다면 전자파의 전력을 측정했을 때 외부로 흘려주는 전류는 몇 $[\text{mA}]$인가?

① 3.77   ② 37.7
③ 377   ④ 3770

방사전력 $P_s = \int_S P\, ds = PS = EHS$
$= \dfrac{E^2 S}{120\pi} = \dfrac{377^2 \times 10}{377}$
$= 3770 [\text{W}]$

∴ 센서가 $1[\text{W}]$의 전력을 측정했을 때 $1[\text{mA}]$의 전류가 발생하므로, $3770[\text{W}]$의 전력을 측정하면 전류는 $3770[\text{mA}]$이 발생된다.

정답 ④

68 방송국 안테나 출력이 $W[\text{W}]$이고 이로부터 진공 중에 $r[\text{m}]$ 떨어진 점에서 자계의 세기의 실효치 H는 몇 $[\text{A/m}]$인가?

① $\dfrac{1}{r}\sqrt{\dfrac{W}{377\pi}}\ [\text{A/m}]$
② $\dfrac{1}{2r}\sqrt{\dfrac{W}{377\pi}}\ [\text{A/m}]$
③ $\dfrac{1}{2r}\sqrt{\dfrac{W}{188\pi}}\ [\text{A/m}]$
④ $\dfrac{1}{r}\sqrt{\dfrac{2W}{377\pi}}\ [\text{A/m}]$

방사전력
$P_s = W = \int_S P\, ds = PS = EHS$
$= 120\pi H^2 S [\text{W}]$ 에서
$\therefore H = \sqrt{\dfrac{W}{120\pi S}} = \sqrt{\dfrac{W}{120\pi \times 4\pi r^2}}$
$= \dfrac{1}{2r}\sqrt{\dfrac{W}{377\pi}}\ [\text{A/m}]$

정답 ②

70 공기 중에서 x 방향으로 진행하는 전자파가 있다. $E_y = 3 \times 10^{-2} \sin\omega(x-vt)[\text{V/m}]$, $E_z = 4 \times 10^{-2} \sin\omega(x-vt)[\text{V/m}]$일 때, 포인팅 벡터의 크기 $[\text{W/m}^2]$는?

① $6.63 \times 10^{-6} \sin^2\omega(x-vt)$
② $6.63 \times 10^{-6} \cos^2\omega(x-vt)$
③ $6.63 \times 10^{-4} \sin^2\omega(x-vt)$
④ $6.63 \times 10^{-4} \cos^2\omega(x-vt)$

㉠ $E = \sqrt{E_y^2 + E_z^2}$
$= \sqrt{3^2 + 4^2} \times 10^{-2} \sin\omega(x-vt)$
$= 5 \times 10^{-2} \sin\omega(x-vt)$
㉡ $H = \sqrt{\dfrac{\epsilon_0}{\mu_0}} E = \dfrac{E}{120\pi} = 2.65 \times 10^{-3} E$
$= 1.325 \times 10^{-4} \sin\omega(x-vt)$
∴ 포인팅 벡터
$: P = EH = 6.625 \times 10^{-6} \sin^2\omega(x-vt)$

정답 ①

5. 벡터 포텐셜

71 벡터마그네틱 포텐셜 A 는? (단, H: 자계의 세기, B: 자속밀도)

① $\nabla \times A = 0$ ② $\nabla \cdot A = 0$
③ $H = \nabla \times A$ ④ $B = \nabla \times A$

정답분석
자속밀도: $B = rot A = \nabla \times A$
여기서, A: 자기적인 벡터 포텐셜

정답 ④

72 자계의 벡터 포텐셜을 A 라 할 때 자계의 변화에 의하여 생기는 전계의 세기 E 는?

① $E = rot A$ ② $rot E = -\dfrac{\partial A}{\partial t}$
③ $E = -\dfrac{\partial A}{\partial t}$ ④ $rot E = A$

정답분석
㉠ 맥스웰 방정식: $rot E = -\dfrac{\partial B}{\partial t}$
㉡ $B = rot A$ (여기서, A: 벡터 포텐셜)
∴ ㉡식을 ㉠식에 대입 정리하면
$$E = -\dfrac{\partial A}{\partial t} [V/m]$$

정답 ③

73 그림과 같은 무한 직선전류 I에 의한 P점의 Vector Potential과 자장의 방향은? (단, x축은 종이 뒷면에서 앞으로 향함)

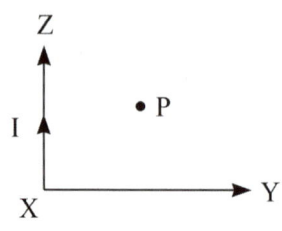

① 벡터포텐셜: $-z$, 자장: $+x$
② 벡터포텐셜: $-x$, 자장: $+x$
③ 벡터포텐셜: $-x$ 자장: $-x$
④ 벡터포텐셜: $+z$, 자장: $-x$

정답분석
㉠ vector potential의 방향은 전류방향과 일치해야 하므로 $+z$ 방향이 된다.
㉡ 자기장의 방향은 암페어 오른나사법칙에 의해 $-x$ 방향이 된다.

정답 ④

74 자기유도계수 L의 계산방법이 아닌 것은?
(단, N:권수, ϕ:자속, I:전류, A:벡터퍼텐셜, i:전류밀도, B:자속밀도, H:자계의 세기)

① $L = \dfrac{N\phi}{I}$

② $L = \dfrac{1}{I^2}\displaystyle\int_v Ai\ dv$

③ $L = \dfrac{1}{I^2}\displaystyle\int_v BH\ dv$

④ $L = \dfrac{1}{I}\displaystyle\int_v Ai\ dv$

정답분석

㉠ 자기 인덕턴스: $L = \dfrac{N}{I} \times \phi$

㉡ 자기 인덕턴스
: $L = \dfrac{1}{I}\phi = \dfrac{1}{I}\displaystyle\int_S B\ ds = \dfrac{1}{I}\displaystyle\int_S rot A\ ds$
$= \dfrac{1}{I^2}\displaystyle\int_\ell\!\!\int_s A\,i\ ds\,d\ell = \dfrac{1}{I^2}\displaystyle\int_v A\,i\ dv\,[\text{H}]$
$= \dfrac{1}{I}\displaystyle\oint_C A\ d\ell = \dfrac{1}{I^2}\displaystyle\oint_c AI\ d\ell$

㉢ 인덕턴스에 축적되는 에너지
$W = \dfrac{1}{2}LI^2 = \dfrac{1}{2}\displaystyle\int_v BH\ dv\,[\text{J}]$ 에서
$L = \dfrac{1}{I^2}\displaystyle\int_v BH\ dv$

정답 ④

해커스자격증
pass.Hackers.com

해커스 **전기기사·산업기사 필기** 전기자기학 한권완성 이론 + 최신기출 + 핵심노트

기출문제(CBT)

2025년 제3회 전기기사　　　　2025년 제3회 전기산업기사
2025년 제2회 전기기사　　　　2025년 제2회 전기산업기사
2025년 제1회 전기기사　　　　2025년 제1회 전기산업기사
2024년 제3회 전기기사　　　　2024년 제3회 전기산업기사
2024년 제2회 전기기사　　　　2024년 제2회 전기산업기사
2024년 제1회 전기기사　　　　2024년 제1회 전기산업기사
2023년 제3회 전기기사　　　　2023년 제3회 전기산업기사
2023년 제2회 전기기사　　　　2023년 제2회 전기산업기사
2023년 제1회 전기기사　　　　2023년 제1회 전기산업기사

2025년 제3회 전기기사

※ CBT문제는 수험생의 기억에 따라 복원된 것이며, 실제 기출문제와 동일하지 않을 수 있습니다.

Chapter 12 전자계

01 그림에서 축전기를 $\pm Q[C]$로 대전한 후 스위치 k를 닫고 도선에 전류 I를 흘리는 순간의 축전기 두 판 사이의 변위전류는?

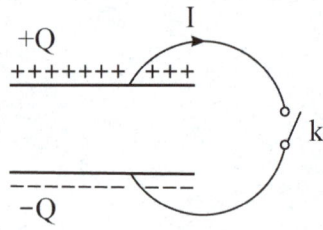

① $+Q$판에서 $-Q$판쪽으로 흐른다.
② $-Q$판에서 $+Q$판쪽으로 흐른다.
③ 왼쪽에서 오른쪽으로 흐른다.
④ 오른쪽에서 왼쪽으로 흐른다.

 전도전류와 변위전류의 방향은 같으며, 두 전류로 모두 자기장을 발생시킨다.

정답 ②

Chapter 10 전자유도법칙

02 내부장치 또는 공간을 물질로 포위시켜 외부 자계의 영향을 차폐시키는 방식을 자기차폐라 한다. 자기차폐에 좋은 물질은?

① 강자성체 중에서 비투자율이 큰 물질
② 강자성체 중에서 비투자율이 작은 물질
③ 비투자율이 1보다 작은 역자성체
④ 비투자율에 관계없이 물질의 두께에만 관계되므로 되도록 두꺼운 물질

 자기차폐는 비투자율이 큰 강자성체로 포위시켜 내부 장치를 외부 자계에 대하여 영향을 받지 않도록 차폐하는 것을 말한다. 만약 내부장치가 외부 자계에 노출되면 유도장해($e = -N\dfrac{d\phi}{dt}$)를 일으키게 된다.

정답 ①

Chapter 02 진공 중의 정전계

03 공기 중에 그림과 같이 가느다란 전선으로 반경 a인 원형코일을 만들고, 이것에 전하 Q가 균일하게 분포하고 있을 때 원형코일의 중심축 상에서 중심으로부터 거리 x 만큼 떨어진 P점의 전계의 세기는 몇 $[V/m]$ 인가?

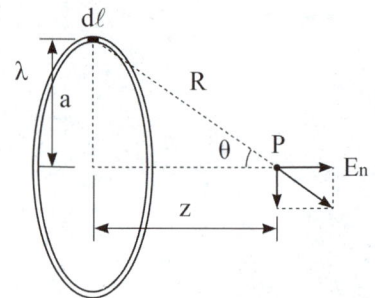

① $\dfrac{Q \cdot z}{2\pi\epsilon_0 (a^2+z^2)^{3/2}}$

② $\dfrac{Q \cdot z}{4\pi\epsilon_0 (a^2+z^2)^{3/2}}$

③ $\dfrac{Q \cdot z}{2\pi\epsilon_0 (a^2+z^2)}$

④ $\dfrac{Q \cdot z}{4\pi\epsilon_0 (a^2+z^2)^{1/2}}$

 환원도체에 의한 전계의 세기
$$E = \dfrac{\lambda z a}{2\epsilon_0 (a^2+z^2)^{3/2}} = \dfrac{Qz}{4\pi\epsilon_0 (a^2+z^2)^{3/2}}$$

정답 ②

Chapter 11 인덕턴스

04 길이 l, 단면반지름 $a\,(l \gg a)$, 권수 N_1 인 단층 원통형 1차 솔레노이드의 중앙 부근에 권수 N_2 인 2차 코일을 밀착되게 감았을 경우 상호 인덕턴스는?

① $\dfrac{\mu\pi a^2}{l} N_1 N_2$ ② $\dfrac{\mu\pi a^2}{l} N_1^2 N_2^2$

③ $\dfrac{\mu l}{\pi a^2} N_1 N_2$ ④ $\dfrac{\mu l}{\pi a^2} N_1^2 N_2^2$

정답분석
㉠ 직렬 접속 시 합성 인덕턴스
: $L = L_1 + L_2 \pm 2M\,[\text{H}]$
㉡ 차동결합(코일을 서로 반대 방향으로 감은 경우)
: $L_2 = L_{C1} + L_{C2} - 2M$
∴ 상호 인덕턴스 : $M = \dfrac{L_1 - L_2}{4}\,[\text{H}]$

정답 ④

Chapter 04 유전체

05 어떤 종류의 결정(結晶)을 가열하면 한면에 정(正), 반대면에 부(負)의 전기가 나타나 분극을 일으키며 반대로 냉각하면 역(逆)의 분극이 일어나는 것은?

① 파이로(Pyro)전기
② 볼타(Volta)효과
③ 바아크 하우센(Barkhausen)법칙
④ 압전기(Piezo-electric)의 역효과

정답분석
파이로(Pyro)전기에 대한 설명이다.

정답 ①

Chapter 02 진공 중의 전정계

06 진공 중에 전하량 $Q[\text{C}]$ 인 점전하가 있다. 그림과 같이 Q를 둘러싸는 경로 C_1 가 둘러싸지 않은 폐곡선 C_2 가 있다. 지금 $+1[\text{C}]$ 의 전하를 화살표 방향으로 경로 C_1 을 따라 일주시킬 때 요하는 일을 W_1, 경로 C_2 를 일주시키는데 요하는 일을 W_2 라고 할 때 옳은 것은?

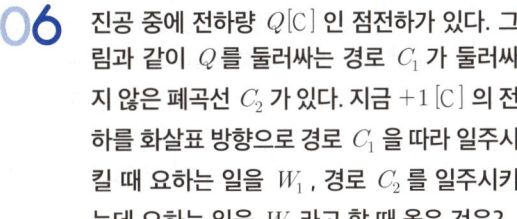

① $W_1 < W_2$
② $W_2 < W_1$
③ $W_1 \neq 0,\ W_2 = 0$
④ $W_1 = W_2 = 0$

정답분석
$\oint E\,d\ell = 0$ 이므로, 폐회로를 따라 일주하면 위치가 원 위치이므로 에너지 증감이 없다.

정답 ④

Chapter 09 자성체와 자기회로

07 자성체가 균일하게 자화되어 있을 때의 자극의 상태로 옳은 것은?

① 자성체에는 자극이 나타나지 않는다.
② 자성체 전체에 자극이 골고루 분포되어 나타난다.
③ 자성체의 내부에 자극이 나타난다.
④ 자성체의 양단면에 자극이 나타난다.

정답분석
자성체가 균일하게 자화되어 있을 때에, 자성체의 양단면에 자극이 나타난다.

정답 ④

Chapter 02 진공 중의 전정계

08 무한장 선전하와 무한평면 전하에서 r[m]떨어진 점의 전위는 각각 얼마인가? (단, ρ_L 은 선전하밀도, ρ_s 는 평면 전하밀도이다)

① 무한직선: $\dfrac{\rho_L}{2\pi\epsilon_0}$, 무한평면도체: $\dfrac{\rho_s}{\epsilon}$

② 무한직선: $\dfrac{\rho_L}{4\pi\epsilon_0 r}$, 무한평면도체: $\dfrac{\rho_s}{2\pi\epsilon_0}$

③ 무한직선: $\dfrac{\rho_L}{\epsilon}$, 무한평면도체: ∞

④ 무한직선: ∞, 무한평면도체: ∞

무한장 선전하, 무한평면 전하의 전하량은 무한대이므로 이들의 전위도 ∞가 된다.

정답 ④

Chapter 04 유전체

10 유전율이 각각 $\epsilon_1 = 1$, $\epsilon_2 = \sqrt{3}$ 인 두 유전체가 그림과 같이 접해있는 경우, 경계면에서 전기력선의 입사각 $\theta_1 = 45°$ 이었다. 굴절각 θ_2 는 몇 도인가?

① 20°   ② 30°
③ 45°   ④ 60°

유전체의 경계조건 $\dfrac{\epsilon_1}{\epsilon_2} = \dfrac{\tan\theta_1}{\tan\theta_2}$ 에서

$\tan\theta_2 = \tan\theta_1 \dfrac{\epsilon_2}{\epsilon_1} = \tan\theta_1 \dfrac{\epsilon_{s2}}{\epsilon_{s1}}$ 이므로

$\therefore \theta_2 = \tan^{-1}\left(\tan\theta_1 \dfrac{\epsilon_2}{\epsilon_1}\right)$

$= \tan^{-1}\left(\tan 45° \times \dfrac{\sqrt{3}}{1}\right)$

$= \tan^{-1}\sqrt{3} = 60°$

정답 ④

Chapter 09 자성체와 자기회로

09 자계의 세기에 관계없이 급격히 자성을 잃는 점을 자기 임계온도 또는 큐리점(curie point)이라고 한다. 순철의 경우 이 온도는 약 몇[℃]인가?

① 약 0[℃]   ② 약 370[℃]
③ 약 570[℃]   ④ 약 770[℃]

정답 ④

Chapter 10 전자유도법칙

11 서울에서 부산 방향으로 향하는 제트기가 있다. 제트기가 대지면과 나란하게 1,235[km/h]로 비행할 때, 제트기 날개 사이에 나타나는 전위차[V]는? (단, 지구의 자기장은 대지면에서 수직으로 향하고, 그 크기는 30[A/m]이고, 제트기의 몸체 표면은 도체로 구성되며, 날개 사이의 길이는 65[m]이다)

① 0.42   ② 0.84
③ 1.68   ④ 3.03

제트기(도체)가 대지 표면에서 발생되는 자기장을 끊어나가면 제트기 표면에는 기전력이 유도된다(플레밍의 오른손법칙).

$\therefore$ 유도기전력

$e = vBl\sin\theta = v\mu_0 Hl\sin\theta$

$= \dfrac{1235}{3600} \times 4\pi \times 10^{-7} \times 30 \times 65 \times \sin 90$

$= 0.84\,[V]$

정답 ②

Chapter 05 전기 영상법

12 질량이 10^{-3} [kg]인 작은 물체가 전하 Q[C]을 가지고 무한 도체 평면 아래 2×10^{-2} [m]에 있다. 전기 영상법을 이용하여 정전력이 중력과 같게 되는데 필요한 Q의 값은 얼마인가?

① 약 2.5×10^{-8} ② 약 3.2×10^{-8}
③ 약 4.2×10^{-8} ④ 약 5.0×10^{-8}

정답분석

쿨롱의 힘 = 중력의 힘

㉠ 영상법에 의한 쿨롱의 힘

$$F = \frac{Q^2}{4\pi\epsilon_0 (2r)^2}$$

$$= 9\times 10^9 \times \frac{Q^2}{(2\times 2\times 10^{-2})^2} \text{[N]}$$

㉡ 중력의 힘: $F = mg = 10^{-3}\times 9.8$ [N]

㉢ $F = \frac{9\times 10^9 \times Q^2}{(4\times 10^{-2})^2} = 9.8\times 10^{-3}$ 에서

$$\therefore Q = \sqrt{\frac{9.8\times 10^{-3}\times (4\times 10^{-2})^2}{9\times 10^9}}$$

$$= 4.17\times 10^{-8} \text{[C]}$$

정답 ③

Chapter 03 정전용량

13 그림과 같이 n개의 동일한 콘덴서 C를 직렬접속하여 최하단의 한개와 병렬로 정전용량 C_0의 정전전압계를 접속하였다. 이 정전전압계의 지시가 V일 때 측정전압 V_0는 몇 V인가?

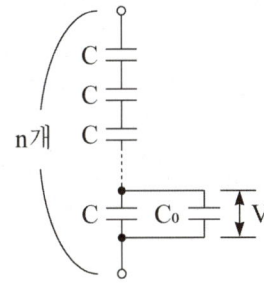

① nV

② $\dfrac{C_0}{C}(n-1)V$

③ $\left[n - \dfrac{C_0}{C}(n-1)\right]V$

④ $\left[n + \dfrac{C_0}{C}(n-1)\right]V$

정답분석

㉠ 회로의 등가변환

$$\frac{C}{n-1}, \quad C+C_0$$

㉡ 전압 분배법칙

$$V = \frac{\dfrac{C}{n-1}}{\dfrac{C}{n-1}+C+C_0}\times V_0$$

$$= \frac{C}{C+(n-1)(C+C_0)}\times V_0$$

$$= \frac{C}{C+nC+nC_0-C-C_0}\times V_0$$

$$= \frac{C}{nC+C_0(n-1)}\times V_0$$

$\therefore V_0$의 값을 정리하면

$$V_0 = \frac{nC+C_0(n-1)}{C}\times V$$

$$= \left[n + \frac{C_0}{C}(n-1)\right]V$$

정답 ④

14 Chapter 12 전자계

콘크리트($\epsilon_r = 4$, $\mu_r = 1$) 중에서 전자파의 고유 임피던스는 약 몇 [Ω]인가?

① 35.4[Ω] ② 70.8[Ω]
③ 124.3[Ω] ④ 188.5[Ω]

정답분석
자유공간에서의 고유 임피던스(특성 임피던스)
$$Z = \sqrt{\frac{\mu}{\epsilon}} = \sqrt{\frac{\mu_0 \mu_r}{\epsilon_0 \epsilon_r}} = 120\pi \sqrt{\frac{\mu_r}{\epsilon_r}}$$
$$= 120\pi \sqrt{\frac{1}{4}} = 377 \times \frac{1}{2} = 188.5 \, [\Omega]$$

정답 ④

15 Chapter 02 진공 중의 전정계

점$(0, 0)$, $(3, 0)$, $(0, 4)$ [m]에 각각 5×10^{-8}[C], 4×10^{-8}[C], -6×10^{-8}[C]의 점전하가 있을 때 점$(0, 0)$을 중심으로 한 반지름 5 [m]의 구면을 통과하는 전기력선 수는?

① 540π ② 1080π
③ 2160π ④ 5400π

정답분석
㉠ 폐곡면 내부 총 전하량
$$Q = (5 + 4 - 6) \times 10^{-8} = 3 \times 10^{-8} [C]$$
㉡ 진공의 유전율
$$\epsilon_0 = 8.855 \times 10^{-12} = \frac{1}{36\pi \times 10^9} [F/m]$$
∴ 전력기력선 수
$$N = \frac{Q}{\epsilon_0} = \frac{3 \times 10^{-8}}{\frac{1}{36\pi \times 10^9}} = 1080\pi$$

정답 ②

16 Chapter 06 전류

2개의 물체를 마찰하면 마찰전기가 발생한다. 이는 마찰에 의한 일에 의하여 표면에 가까운 무엇이 이동하기 때문인가?

① 전하 ② 양자
③ 구속전자 ④ 자유전자

정답확인
정답 ④

17 Chapter 08 전류의 자기현상

자계 내에서 도선에 전류를 흘러 보낼 때, 도선을 자계에 대해 60°의 각으로 놓았을 때 작용하는 힘은 30°각으로 놓았을 때 작용하는 힘의 몇 배인가?

① 1.2 ② 1.7
③ 2.4 ④ 3.6

정답분석
플레밍의 왼손법칙
$$\frac{F_{60}}{F_{30}} = \frac{IB\ell \sin 60}{IB\ell \sin 30} = \frac{\sin 60}{\sin 30}$$
$$= \frac{\sqrt{3}/2}{1/2} = 1.732$$

정답 ②

Chapter 06 전류

18 구리 중에는 1[cm³]에 8.5×10^{22} [개]의 자유전자가 있다. 단면적 2[mm²]의 구리선에 10[A]의 전류가 흐를 때의 자유전자의 평균 속도는 약 몇 [cm/s]인가?

① 0.037 ② 0.37
③ 3.7   ④ 37

 정답분석

㉠ 전류의 정의식

$$I = \frac{Q}{t} = nevS = \rho vS [A]$$

여기서, $\rho = ne$: 체적 전하밀도[C/m³]

㉡ 단위 체적당 전자의 개수

$$n = 8.5 \times 10^{22} [\text{개/cm}^3]$$
$$= 8.5 \times 10^{22} \times 10^6 [\text{개/m}^3]$$

㉢ 구리선의 단면적

$$S = 2[\text{mm}^2] = 2 \times 10^{-6}[\text{m}^2]$$

∴ 전자의 이동 속도

$$v = \frac{I}{neS}$$
$$= \frac{10}{8.5 \times 10^{22} \times 10^6 \times 1.6 \times 10^{-19} \times 2 \times 10^{-6}}$$
$$= 0.000367 [\text{m/s}] = 0.0367 [\text{cm/s}]$$

정답 ①

Chapter 11 인덕턴스

20 송전선의 전류가 0.01초 사이에 10[kA]변화될 때 이 송전선에 나란한 통신선에 유도되는 유도전압은 몇 [V]인가? (단, 송전선과 통신선 간의 상호유도계수는 0.3[mH]이다)

① 30   ② 3×10^2
③ 3×10^3 ④ 3×10^4

 정답분석

통신선에 유도되는 기전력

$$e = -M\frac{di}{dt} = -0.3 \times 10^{-3} \times \frac{10 \times 10^3}{0.01}$$
$$= -3 \times 10^2 [V]$$

여기서, - 는 송전선에 흐르는 전류와 반대 방향으로 기전력이 유도된다는 의미한다.

정답 ②

Chapter 08 전류의 자기현상

19 평등자계 $H[\text{AT/m}]$ 에 수직으로 전자가 속도 $v[\text{m/s}]$로 이동할 때 이 전자의 운동궤도 반경 $r[\text{m}]$은 얼마인가? (단, 전자의 전하량: $e[C]$, 진공내의 전자 질량: $m[m]$)

① $\dfrac{mH}{e\mu_0 V}$ ② $\dfrac{eV}{m\mu_0 H}$

③ $\dfrac{eH}{m\mu_0 V}$ ④ $\dfrac{mV}{e\mu_0 H}$

 정답분석

운동 전하가 평등자계에 대하여 수직입사하면 등속 원운동을 한다.

㉠ 원운동 조건: $\dfrac{mv^2}{r} = vBq$

여기서, m: 질량[kg], q: 전하[C], B: 자속밀도 [Wb/m²]

㉡ 전자의 궤도(원운동을 하는 반지름)

$$: r = \frac{mv}{Bq} = \frac{mv}{\mu_0 Hq} [\text{m}]$$

정답 ④

2025년 제2회 전기기사

※ CBT문제는 수험생의 기억에 따라 복원된 것이며, 실제 기출문제와 동일하지 않을 수 있습니다.

Chapter 08 전류의 자기현상

01 균일한 자장 내에 놓여 있는 직선도선에 전류 및 길이를 각각 2배로 하면 이 도선에 작용하는 힘은 몇 배가 되는가?

① 1
② 2
③ 4
④ 8

 플레밍의 왼손 법칙
㉠ 자계 내의 도체에 전류를 흘리면 도체에는 전자력이 발생된다.
㉡ 전자력: $F = BIl\sin\theta$ [N]
∴ 전류와 길이를 각각 2배로 하면 이 도선에 작용하는 힘은 4배로 커진다.

정답 ③

Chapter 04 유전체

02 동축 원통도체 내의 원통간의 전계의 세기가 어느 곳에서든지 일정하기 위해서는 원통간에 넣는 유전체의 유전율이 중심으로 부터의 거리 r과 더불어 어떻게 변화하면 되는가?

① 거리 r에 비례하도록 하면 된다.
② 거리 r에 반비례하도록 하면 된다.
③ 거리 r^2에 비례하도록 하면 된다.
④ 거리 r^2에 반비례하도록 하면 된다.

 원통도체의 전계의 세기 $E = \dfrac{\lambda}{2\pi\epsilon r}$ [V/m] 식에서 ϵ과 r이 반비례하므로 거리 r이 증가할수록 ϵ를 감소해주면 일정 전계를 얻을 수 있다.

정답 ②

Chapter 05 전기영상법

03 전류 $+I$와 전하 $+Q$가 무한히 긴 직선상의 도체에 각각 주어졌고 이들 도체는 진공 속에서 각각 투자율과 유전율이 무한대인 물질로 된 무한대 평면과 평행하게 놓여있다. 이 경우 영상법에 의한 영상전류와 영상전하는? (단, 전류는 직류이다)

① $-I, -Q$
② $-I, +Q$
③ $+I, -Q$
④ $+I, +Q$

 영상법에 의해 작용하는 힘은 항상 흡인력이 작용한다. 따라서 크기는 같고, 부호가 반대이며, 상호 대칭점에 위치한다. 이때 영상전하는 $-Q$이고 영상전류는 $+I$이다.

정답 ③

Chapter 09 자성체와 자기회로

04 평균 자로의 길이 80[cm]의 환상 철심에 500회의 코일을 감고 여기에 4[A]의 전류를 흘렸을 때 기자력과 자화력(자계의 세기)은?

① 2,000[AT], 2,500[AT/m]
② 3,000[AT], 2,500[AT/m]
③ 2,000[AT], 3,500[AT/m]
④ 3,000[AT], 3,500[AT/m]

 ㉠ 기자력
$F = NI = 500 \times 4 = 2000$ [AT]
㉡ 자화력 (자계의 세기)
$H = \dfrac{NI}{l} = \dfrac{500 \times 4}{0.8} = 2500$ [AT/m]

정답 ①

Chapter 12 전자계

05 높은 주파수의 전자파가 전파될 때 일기가 좋은 날보다 비 오는 날 전자파의 감쇠가 심한 원인은?

① 도전율 관계이기 때문이다.
② 유전률 관계이기 때문이다.
③ 투자율 관계이기 때문이다.
④ 분극률 관계이기 때문이다.

정답분석
높은 주파수의 전자파는 짧은 파장을 가지므로 이를 통과하는 물체의 표면에 있는 전자들이 매우 빠르게 진동하게 된다. 이때, 일기가 좋은 날보다 비 오는 날은 공기 중에 물분자가 많아져 전자파의 진폭을 감소시키는데, 이는 물분자의 도전율이 높아져서 발생한다.

정답 ①

제2장 진공 중의 전정계

06 진공 중에 밀도가 $25 \times 10^{-9} [\text{C/m}]$ 인 무한히 긴 선전하가 Z축상에 있을 때 (3, 4, 0)[m]의 전계의 세기는?

① $24i + 36j\,[\text{V/m}]$
② $32i + 26j\,[\text{V/m}]$
③ $42i + 86j\,[\text{V/m}]$
④ $54i + 72j\,[\text{V/m}]$

정답분석
㉠ 거리벡터
$$\vec{r} = (3-0)i + (4-0)j + (0-0)k = 3i + 4j\,[\text{m}]$$
㉡ 단위벡터
$$\vec{r_0} = \frac{\vec{r}}{r} = \frac{3i+4j}{\sqrt{3^2+4^2}} = \frac{3i+4j}{5}$$
㉢ 전계의 세기 (스칼라)
$$E = \frac{\lambda}{2\pi\epsilon_0 r} = 18 \times 10^9 \times \frac{25 \times 10^{-9}}{5}$$
$$= 90\,[\text{V/m}]$$
$$\therefore \vec{E} = E\vec{r_0} = 90 \times \left(\frac{3i+4j}{5}\right)$$
$$= 54i + 72j\,[\text{V/m}]$$

정답 ④

Chapter 06 전류

07 10[A]의 전류가 5분 동안 도선에 흘렀을 때 도선 단면을 지나는 전기량은 몇 [C]인가?

① 3000[C]　② 50[C]
③ 2[C]　　④ 0.033[C]

정답분석
$Q = It = 10 \times 5 \times 60 = 3000\,[\text{C}]$

정답 ①

Chapter 07 진공 중의 정자계

08 그림과 같이 공기 중에서 1[m]의 거리를 사이에 둔 2점 A, B에 각각 3×10^{-4}[Wb]와 -3×10^{-4}[Wb]의 점자극을 두었다. 이 때 점 P에 단위 정(+)자극을 두었을 때 이 극에 작용하는 힘의 합력은 약 몇 [N]인가? (단, $m(\overline{AP}) = m(\overline{BP})$, $m(\angle APB) = 90°$이다)

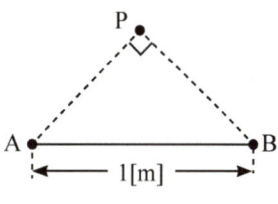

① 0　　　② 18.9
③ 37.9　④ 53.7

정답분석
㉠ P점의 자계의 세기는 아래와 같다.

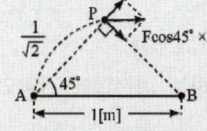

㉡ $\cos 45° = \dfrac{\overline{AP}}{1/2}$ 에서
$$\overline{AP} = \frac{1/2}{\cos 45} = \frac{1/2}{\sqrt{2}/2} = \frac{1}{\sqrt{2}}\,[\text{m}]$$
$\therefore F = F_1 + F_2 = F_1 \times \cos 45° \times 2$
$$= \frac{m \times 1}{4\pi\mu_0 r^2} \times \frac{\sqrt{2}}{2} \times 2$$
$$= 6.33 \times 10^4 \times \frac{3 \times 10^{-4} \times 1}{\left(\frac{1}{\sqrt{2}}\right)^2} \times \frac{\sqrt{2}}{2} \times 2$$
$$= 53.7\,[\text{N}]$$

정답 ④

09 Chapter 08 전류의 자기현상

무한히 긴 직선 도체에 전류 I[A]를 흘릴 때 이 전류로부터 d[m]되는 점의 자속밀도는 몇 [Wb/m²]인가?

① $\dfrac{I}{d} \times 10^{-7}$ ② $\dfrac{2I}{d} \times 10^{-7}$

③ $\dfrac{d}{I} \times 10^{-7}$ ④ $\dfrac{d}{2I} \times 10^{-7}$

정답분석

㉠ 무한장 직선 도체의 자계의 세기
 : $H = \dfrac{I}{2\pi d}$ [AT/m]

㉡ 자속밀도 : $B = \mu_0 H = \dfrac{\mu_0 I}{2\pi d}$ [Wb/m²]

∴ $B = \dfrac{4\pi \times 10^{-7} \times I}{2\pi d} = \dfrac{2I}{d} \times 10^{-7}$ [Wb/m²]

정답 ②

11 Chapter 03 정전용량

정전용량 6[μF], 극간거리 2[mm]의 평판 콘덴서에 300[μC]의 전하를 주었을 때 극판간의 전계는 몇 [V/mm]인가?

① 25 ② 50
③ 150 ④ 200

정답분석

㉠ 전계의 세기와 전위차 관계식
 : $V = dE$[V] (단, E는 평등 전계)
㉡ 콘덴서에 축적되는 전하량
 : $Q = CV = CdE$[C]

∴ $E = \dfrac{Q}{Cd} = \dfrac{300 \times 10^{-6}}{6 \times 10^{-6} \times 2} = 25$ [V/mm]

정답 ①

10 Chapter 10 전자유도법칙

회로에 발생하는 기전력에 관련되는 두개의 법칙은?

① 가우스법칙과 옴의 법칙
② 플레밍의 법칙과 옴의 법칙
③ 패러데이법칙과 렌츠의 법칙
④ 암페어의 법칙과 비오-사바르의 법칙

정답분석

패러데이는 자속이 시간적으로 변화하면 기전력이 발생한다는 성질을, 렌츠는 기전력의 방향은 자속의 증감을 방해하는 방향으로 발생한다는 것을 설명하였다.

정답 ③

12 Chapter 02 진공 중의 정전계

전기쌍극자 모멘트 M[C·m] 인 전기쌍극자에 의한 임의의 점의 전위는 몇 [V] 인가? (단, 전기쌍극자의 중심점에서 임의의 점까지의 거리는 R[m] 이고, 이들 간에 이루어진 각은 θ 이다)

① $9 \times 10^9 \times \dfrac{M\cos\theta}{R}$

② $9 \times 10^9 \times \dfrac{M\cos\theta}{R^2}$

③ $9 \times 10^9 \times \dfrac{M\sin\theta}{R}$

④ $9 \times 10^9 \times \dfrac{M\sin\theta}{R^2}$

정답분석

전기쌍극자로 부터 R[m] 떨어진 점의 전위
$V = \dfrac{M\cos\theta}{4\pi\epsilon_0 R^2} = 9 \times 10^9 \times \dfrac{M\cos\theta}{R^2}$ [V]

정답 ②

13 Chapter 04 유전체

지름이 각각 2[cm] 및 4[cm]인 금속구가 비유전율 10인 변압기유 속에 1[m] 떨어져 있다. 각 구의 전위가 동일하게 10[kV]라면 두 금속구 사이에 작용하는 반발력 [N]은?

① 1.2×10^{-6} ② 2.2×10^{-5}
③ 3.2×10^{-8} ④ 4.2×10^{-9}

 쿨롱의 법칙에 의한 전기력

$$F = \frac{Q_1 Q_2}{4\pi\epsilon_0\epsilon_s r^2} = \frac{C_1 V \times C_2 V}{4\pi\epsilon_0\epsilon_s r^2}$$

$$= \frac{4\pi\epsilon_0\epsilon_s r_1 \times 4\pi\epsilon_0\epsilon_s r_2 \times V^2}{4\pi\epsilon_0\epsilon_s r^2}$$

$$= \frac{4\pi\epsilon_0\epsilon_s r_1 r_2 V^2}{r^2}$$

$$= \frac{10 \times 0.01 \times 0.02 \times (10^4)^2}{9 \times 10^9 \times 1^2}$$

$$= 2.22 \times 10^{-5} [\text{N}]$$

정답 ②

14 Chapter 12 전자계

안테나에서 파장 40[cm]의 평면파가 자유공간에 방사될 때 발신 주파수는 몇 [MHz]인가?

① 650 ② 700
③ 750 ④ 800

 파장의 길이 $\lambda = \frac{v}{f}$ [m] 에서 발신 주파수는

$$\therefore f = \frac{v}{\lambda} = \frac{3 \times 10^8}{0.4}$$

$$= 0.75 \times 10^9 [\text{Hz}] = 750 [\text{MHz}]$$

정답 ③

15 Chapter 11 인덕턴스

그림(a)의 인덕턴스에 전류가 그림(b)와 같이 흐를 때 2초에서 6초 사이의 인덕턴스전압 V_L 은 몇 [V]인가?

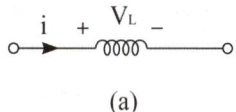
(a)

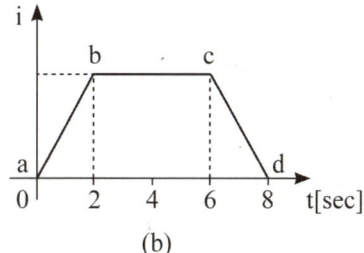
(b)

① 0 ② 5
③ 10 ④ -5

 인덕턴스 전압(유도기전력)은 시간에 따라 전류의 크기가 변해야 발생된다. ($V_L = L\frac{di}{dt}$ [V])

∴ 2초와 6초 사이의 전류의 변화가 없으므로 유도기전력 $\left(\frac{di}{dt} = 0\right)$ 은 발생되지 않는다.

정답 ①

16 Chapter 12 전자계

도전율 σ, 유전율 ϵ 인 매질에 교류전압을 가할 때 전도전류와 변위전류의 크기가 같아지는 주파수는?

① $f = \frac{\sigma}{2\pi\epsilon}$ ② $f = \frac{\epsilon}{2\pi\sigma}$
③ $f = \frac{2\pi\epsilon}{\sigma}$ ④ $f = \frac{2\pi\sigma}{\epsilon}$

 ㉠ 전도전류: $I_c = \sigma ES$ [A]
㉡ 변위전류: $I_d = \omega\epsilon ES = 2\pi f\epsilon ES$ [A]
㉢ 임계조건: $I_c = I_d \rightarrow \sigma ES = 2\pi f\epsilon ES$

∴ 임계주파수 $f_c = \frac{\sigma}{2\pi\epsilon} = \frac{k}{2\pi\epsilon}$ [Hz]

정답 ①

Chapter 09 자성체와 자기회로

17 히스테리시스곡선의 기울기는 다음의 어떤 값에 해당하는가?

① 투자율 ② 유전율
③ 자화율 ④ 감자율

정답분석
히스테리시스 곡선의 횡축은 자계의 세기 H, 종축은 자속밀도 B이므로 히스테리시스 곡선의 기울기는 $\dfrac{B}{H}$가 되므로 투자율 μ을 의미한다. (자속밀도 $B = \mu H$)

정답 ①

Chapter 08 전류의 자기현상

18 그림과 같이 전류 I[A]가 흐르고 있는 직선 도체로 부터 r[m] 떨어진 P점의 자계의 세기 및 방향을 바르게 나타낸 것은? (단, ⊗은 지면을 들어가는 방향, ⊙은 지면을 나오는 방향이다)

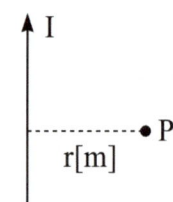

① $\dfrac{I}{2\pi r}$, ⊗   ② $\dfrac{I}{2\pi r}$, ⊙
③ $\dfrac{Id\ell}{4\pi r^2}$, ⊗   ④ $\dfrac{Id\ell}{4\pi r^2}$, ⊙

정답분석
㉠ 무한장 직선 도체의 자계의 세기
: $H = \dfrac{I}{2\pi r}$ [AT/m]
㉡ 앙페르 오른나사 법칙에서 전류의 방향을 엄지로 하면 오른손이 쥐어지는 방향이 자계의 방향이 된다. 따라서 P점에서 자계는 들어가는 방향(⊗)이 된다.
여기서, ⊙: 나오는 방향

정답 ①

Chapter 04 유전체

19 매질 1이 나일론(비유전율 $\epsilon_s = 4$)이고, 매질 2는 진공일 때 전속밀도 D가 경계면에서 각각 θ_1, θ_2의 각을 이룰 때 $\theta_2 = 30°$라 하면 θ_1의 값은?

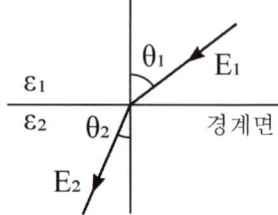

① $\tan^{-1}\dfrac{4}{\sqrt{3}}$ ② $\tan^{-1}\dfrac{\sqrt{3}}{4}$
③ $\tan^{-1}\dfrac{\sqrt{3}}{2}$ ④ $\tan^{-1}\dfrac{2}{\sqrt{3}}$

정답분석
유전체의 경계조건 $\dfrac{\epsilon_1}{\epsilon_2} = \dfrac{\tan\theta_1}{\tan\theta_2}$ 에서
$\tan\theta_2 = \tan\theta_1 \dfrac{\epsilon_2}{\epsilon_1} = \tan\theta_1 \dfrac{\epsilon_{s2}}{\epsilon_{s1}}$ 이므로
$\therefore \theta_1 = \tan^{-1}\left(\tan\theta_2 \dfrac{\epsilon_{s1}}{\epsilon_{s2}}\right)$
$= \tan^{-1}\left(\tan 30° \times \dfrac{4}{1}\right) = \tan^{-1}\left(\dfrac{4}{\sqrt{3}}\right)$

정답 ①

Chapter 11 인덕턴스

20 지름이 40[mm]인 원형 종이관에 일정하게 2000회의 코일이 감겨있는 솔레노이드의 인덕턴스는 몇 [mH]인가? (단, 솔레노이드의 길이는 50[cm]투자율은 μ_0라고 한다)

① 12.6   ② 25.2
③ 50.4   ④ 75.6

정답분석
종이관 내부는 공기로 채워져 있으므로(공심 솔레노이드) 비투자율 $\mu_s = 1$이 된다.
$\therefore$ 자기 인덕턴스
$L = \dfrac{\mu_0 S N^2}{l} = \dfrac{\mu_0 (\pi r^2) N^2}{l}$
$= \dfrac{4\pi \times 10^{-7} \times \pi (0.02)^2 \times 2000^2}{0.5}$
$= 12.62 \times 10^{-3}$ [H]

정답 ①

2025년 제1회 전기기사

※ CBT문제는 수험생의 기억에 따라 복원된 것이며, 실제 기출문제와 동일하지 않을 수 있습니다.

01 Chapter 02 진공 중의 정전계

자유공간 중에 점 P(2, -4, 5)가 도체면상에 있으며, 이 점에서 전계 $E = 3a_x - 6a_y + 2a_z$ [V/m]이다. 도체면에 법선성분 E_n 및 접선성분 E_t의 크기는 몇 [V/m]인가?

① $E_n = 3$, $E_t = -6$
② $E_n = 7$, $E_t = 0$
③ $E_n = 2$, $E_t = 3$
④ $E_n = -6$, $E_t = 0$

정답분석
전계는 도체표면에 대해서 수직 출입하므로 전계의 접선(수평)성분은 0이다. 즉, $E_t = 0$
∴ 전계의 법선(수직)성분의 크기
$$|E| = E_n = \sqrt{3^2 + (-6)^2 + 2^2} = 7 \, [\text{V/m}]$$

정답 ②

02 Chapter 10 전자유도법칙

그림과 같은 균일한 자계 B [Wb/m²]내에서 길이 l [m]인 도선 AB가 속도 v [m/s]로 움직일 때 ABCD 내에 유도되는 기전력 e [V]와 폐회로 ABCD 내에 저항 R에 흐르는 전류의 방향은? (단, 폐회로 ABCD 내의 도선 및 도체의 저항은 무시한다)

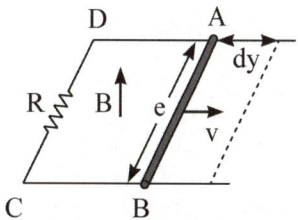

① $e = Blv$, 전류방향: C → D
② $e = Blv$, 전류방향: D → C
③ $e = Blv^2$, 전류방향: C → D
④ $e = Blv^2$, 전류방향: D → C

정답분석
㉠ 자계 내에 도체가 v [m/s]로 운동하면 도체에는 기전력이 유도된다. 도체의 운동방향과 자속밀도는 수직으로 쇄교하므로 기전력은 $e = Blv$가 발생된다.
㉡ 방향은 아래 그림과 같이 플레밍 오른손법칙에 의해 시계 방향으로 발생된다.

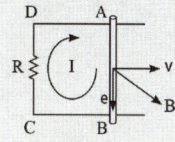

정답 ①

03 Chapter 09 자성체와 자기회로

그림은 철심부의 평균 길이가 0.8[m], 공극의 길이가 5.3[mm], 면적이 10[cm²]인 자기회로이다. 이 철심의 자기저항은 [AT/Wb]은? (단, 비투자율은 800이다)

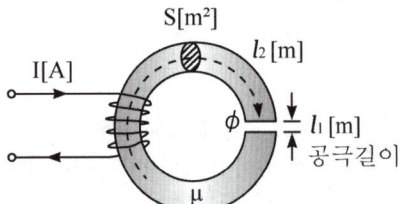

① 12.1×10^4
② 12.1×10^5
③ 6.1×10^4
④ 6.1×10^5

㉠ 철심부의 자기저항
$$R_m = \frac{l_2}{\mu S} = \frac{l_2}{\mu_0 \mu_s S}$$
$$= \frac{0.8}{4\pi \times 10^{-7} \times 800 \times 10 \times 10^{-4}}$$
$$= 7.96 \times 10^5 \,[\text{AT/Wb}]$$

㉡ 공극의 자기저항
$$R_0 = \frac{l_1}{\mu_0 S} = \frac{5.3 \times 10^{-3}}{4\pi \times 10^{-7} \times 10 \times 10^{-4}}$$
$$= 42.18 \times 10^5 \,[\text{AT/Wb}]$$

∴ 전체 자기저항
$$R_T = R_m + R_0 = 12.14 \times 10^5 \,[\text{AT/Wb}]$$

정답 ②

04 Chapter 10 전자유도법칙

도전도 $k = 6 \times 10^{17} [\mho/m]$, 투자율 $\mu = \frac{6}{\pi} \times 10^{-7} [H/m]$인 평면도체 표면에 10[kHz]의 전류가 흐를 때, 침투되는 깊이 δ [m]는?

① $\frac{1}{6} \times 10^{-7}$
② $\frac{1}{8.5} \times 10^{-7}$
③ $\frac{36}{\pi} \times 10^{-10}$
④ $\frac{36}{\pi} \times 10^{-6}$

침투깊이(표피두께, skin depth)
$$\delta = \sqrt{\frac{2\rho}{\omega\mu}} = \frac{1}{\sqrt{\pi f \mu \sigma}}$$
$$= \frac{1}{\sqrt{\pi \times (10 \times 10^3) \times \frac{6}{\pi} \times 10^{-7} \times 6 \times 10^{17}}}$$
$$= \frac{1}{\sqrt{6^2 \times 10^{14}}} = \frac{1}{6 \times 10^7} = \frac{1}{6} \times 10^{-7} \,[\text{m}]$$

정답 ①

05 Chapter 06 전류

비유전율 $\epsilon_s = 2.2$, 고유저항 $\rho = 10^{11} [\Omega \cdot m]$인 유전체를 넣은 콘덴서의 용량이 20[μF]이였다. 여기에 500[kV]의 전압을 가하였을 때 누설전류는 몇 [A]인가?

① 4.2
② 5.1
③ 54.5
④ 61.0

저항과 정전용량의 관계 $RC = \rho\epsilon$ 에서
절연저항 $R = \frac{\rho\epsilon}{C}$ 이므로
∴ 누설전류
$$I_g = \frac{V}{R} = \frac{CV}{\rho\epsilon}$$
$$= \frac{20 \times 10^{-6} \times 500 \times 10^3}{10^{11} \times 2.2 \times 8.855 \times 10^{-12}} = 5.13 \,[\text{A}]$$

정답 ②

Chapter 04 유전체

06 면적 $A[\text{m}^2]$, 간격 $d[\text{m}]$ 인 평행판 콘덴서의 전극판에 비유전율 ϵ_r 인 유전체를 가득히 채웠을 때 전극판 간에 $V[\text{V}]$ 를 가하면 전극판을 떼어내는데 필요한 힘은 몇 [N] 인가?

① $\dfrac{\epsilon_0 \epsilon_r V^2 A}{2d^2}$ ② $\dfrac{\epsilon_0 \epsilon_r V^2 A}{d^2}$

③ $\dfrac{\epsilon_0 \epsilon_r V^2 A}{2\pi d^2}$ ④ $\dfrac{\epsilon_0 \epsilon_r V^2 A}{2d}$

정답분석

㉠ 단위면적당 작용하는 힘은
$$f = \frac{1}{2}\epsilon E^2 = \frac{1}{2}ED = \frac{D^2}{2\epsilon} [\text{N/m}^2]$$ 이므로

㉡ 전극판을 떼어내는데 필요한 힘은
$$F = f \cdot A = \frac{1}{2}\epsilon E^2 A [\text{N}]$$ 이 된다.

㉢ 여기에 $E = \dfrac{V}{d}$ 를 대입하면

$$\therefore F = \frac{1}{2}\epsilon \left(\frac{V}{d}\right)^2 A = \frac{1}{2d}\frac{\epsilon_0 \epsilon_r A}{d} V^2$$
$$= \frac{\epsilon_0 \epsilon_r V^2 A}{2d^2} [\text{N}]$$

정답 ①

Chapter 08 전류의 자기현상

07 그림과 같이 한변의 길이가 l[m]인 정 6각형 회로에 전류 I[A]가 흐르고 있을 때 중심 자계의 세기는 몇 [A/m]인가?

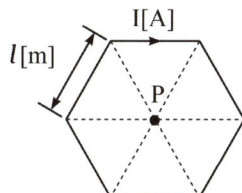

① $\dfrac{1}{2\sqrt{3}\pi l} \times I$ ② $\dfrac{2\sqrt{2}}{\pi l} \times I$

③ $\dfrac{\sqrt{3}}{\pi l} \times I$ ④ $\dfrac{\sqrt{3}}{2\pi l} \times I$

정답분석

정 육각형 도체 중심에서 자계의 세기
$$H = \frac{\sqrt{3} I}{\pi l} [\text{A/m}]$$

정답 ③

Chapter 01 벡터

08 $f = xyz$, $\vec{A} = xi + yj + zk$ 일 때 점$(1, 1, 1)$에서의 $div(fA)$ 는?

① 3   ② 4
③ 5   ④ 6

정답분석

$$div(fA) = \frac{\partial}{\partial x} x^2 yz + \frac{\partial}{\partial y} xy^2 z + \frac{\partial}{\partial z} xyz^2$$
$$= 2xyz + 2xyz + 2xyz \begin{cases} x=1 \\ y=1 \\ z=1 \end{cases} = 6$$

정답 ④

Chapter 03 정전용량

09 정전용량이 각각 $C_1 = 5[\mu F]$, $C_2 = 2[\mu F]$인 도체에 전하 $Q_1 = -5[\mu C]$, $Q_2 = 2[\mu C]$을 각각 주고 각 도체에 가는 철사로 연결하였을 때 C_1에서 C_2로 이동하는 전하는 몇 $[\mu C]$ 인가?

① -4   ② -3.5
③ -3   ④ -1.5

정답분석

㉠ 두 콘덴서가 보유한 총 전하량
$$Q = Q_1 + Q_2 = -3[\mu C]$$

㉡ C_2측으로 분배되는 전하량
$$Q_2' = \frac{C_2}{C_1 + C_2} \times Q$$
$$= \frac{2}{1+2} \times (-3) = -2[\mu C]$$

$\therefore C_2$에 전하량이 $-2[\mu C]$이 되기 위해서는 C_1으로부터 $-4[\mu C]$이 이동하여야 한다.

정답 ①

10 Chapter 02 진공 중의 정전계

그림과 같은 정방향관 단면의 격자점 ⑥의 전위를 반복법으로 구하면 약 몇 [V] 가 되는가?

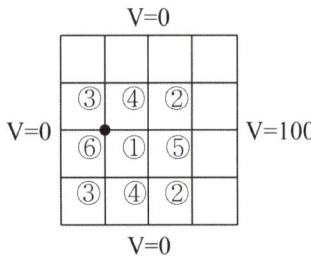

① 6.3
② 9.4
③ 18.8
④ 53.2

정답분석

라플라스 근사법에 의한 전위를 구하면

㉠ 점의 전위: $V_1 = \dfrac{100+0+0+0}{4} = 25$

㉡ 점의 전위: $V_3 = \dfrac{25+0+0+0}{4} = 6.25$

∴ ⑥점의 전위

$V_6 = \dfrac{25+6.25+6.25+0}{4} = 9.375 \,[\text{V}]$

정답 ②

---

11 Chapter 06 전류

15[℃]의 물 4[L]를 용기에 넣어 1[kW]의 전열기로 가열하여 물의 온도를 90[℃]로 올리는데 30분이 필요하였다. 이 전열기의 효율은 약 몇 [%]인가?

① 50
② 60
③ 70
④ 80

정답분석

전열기 효율

$\eta = \dfrac{mc\theta}{860pt} = \dfrac{4\times1(90-75)}{860\times1\times\dfrac{30}{60}}\times100 = 70\,[\%]$

정답 ③

---

12 Chapter 04 유전체

전속밀도에 대한 설명으로 가장 옳은 것은?

① 전속은 스칼라량이기 때문에 전속밀도도 스칼라량이다.
② 전속밀도는 전계의 세기의 방향과 반대 방향이다.
③ 전속밀도는 유전체 내에 분극의 세기와 같다.
④ 전속밀도는 유전체와 관계없이 크기는 일정하다.

정답분석

① 전속밀도와 전하밀도의 크기는 같다. 단, 전속밀도는 벡터, 전하밀도는 스칼라가 된다.
② 전속밀도는 전계의 세기의 방향과 같은 방향이다.
③ 분극의 세기: $P = D - \epsilon_0 E$ (여기서, D: 전속밀도, E: 전계의 세기)
④ 전속밀도는 유전체와 관계없이 크기가 일정하다.

정답 ④

---

13 Chapter 12 전자계

자계의 벡터 포텐셜을 A 라 할 때 자계의 변화에 의하여 생기는 전계의 세기 E 는?

① $E = rot\,A$
② $rot\,E = -\dfrac{\partial A}{\partial t}$
③ $E = -\dfrac{\partial A}{\partial t}$
④ $rot\,E = A$

정답분석

㉠ 맥스웰 방정식: $rot\,E = -\dfrac{\partial B}{\partial t}$
㉡ $B = rot\,A$ (여기서, A: 벡터 포텐셜)
∴ ㉡식을 ㉠식에 대입 정리하면

$E = -\dfrac{\partial A}{\partial t}\,[\text{V/m}]$

정답 ③

14 Chapter 11 인덕턴스

자기 유도계수 20[mH]인 코일에 전류를 흘릴 때 코일과의 쇄교자속수가 0.2[Wb]이었다면 코일에 축적된 에너지는 몇 [J]인가?

① 1 ② 2
③ 3 ④ 4

 코일에 저장되는 자기에너지

$$W_L = \frac{\Phi^2}{2L} = \frac{0.2^2}{2 \times (20 \times 10^{-3})} = 1\,[\text{J}]$$

정답 ①

15 Chapter 09 자성체와 자기회로

비투자율 μ_s인 철심이 든 환상 솔레노이드의 권수가 N회, 평균 지름이 $d\,[\text{m}]$, 철심의 단면적이 $A\,[\text{m}^2]$라 할 때 솔레노이드에 $I\,[\text{A}]$의 전류가 흐르면, 자속[Wb]은?

① $\dfrac{2\pi \times 10^{-7} \mu_s N I A}{d}$

② $\dfrac{4\pi \times 10^{-7} \mu_s N I A}{d}$

③ $\dfrac{2 \times 10^{-7} \mu_s N I A}{d}$

④ $\dfrac{4 \times 10^{-7} \mu_s N I A}{d}$

 자속: $\phi = \dfrac{\mu A N I}{l} = \dfrac{\mu_0 \mu_s A N I}{2\pi r}$

$= \dfrac{4\pi \times 10^{-7} \mu_s A N I}{\pi d}$

$= \dfrac{4 \times 10^{-7} \mu_s A N I}{d}\,[\text{Wb}]$

정답 ④

16 Chapter 11 인덕턴스

지름 2[mm], 길이 25[m]인 동선의 내부 인덕턴스는 몇 [μH]인가?

① 25 ② 5.0
③ 2.5 ④ 1.25

 내부 인덕턴스 (구리의 비투자율: $\mu_s \doteqdot 1$)

$$L_i = \frac{\mu l}{8\pi} = \frac{\mu_0 \mu_s l}{8\pi} = \frac{4\pi \times 10^{-7} \times 25}{8\pi}$$

$= 1.25 \times 10^{-6}\,[\text{H}] = 1.25\,[\mu\text{H}]$

정답 ④

17 Chapter 06 전류

내부저항 20[Ω] 및 25[Ω], 최대 지시눈금이 다 같이 1[A]인 전류계 A_1 및 A_2를 그림과 같이 접속했을 때 측정할 수 있는 최대 전류의 값은 몇 [A]인가?

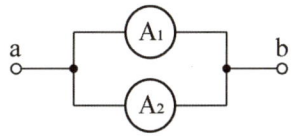

① 1 ② 1.5
③ 1.8 ④ 2

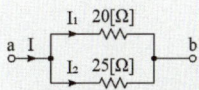

㉠ 전류계를 병렬로 설치하면 내부저항이 작은 쪽으로 더 많은 전류가 흐른다.
㉡ 내부저항이 작은 전류계 A_1에 $I_1 = 1\,[\text{A}]$가 흘렀을 때가 두 병렬 전류계가 측정할 수 있는 최대 전류 I가 된다.
㉢ A_1에 흐르는 전류 I_1 (전류 분배 법칙)

: $I_1 = \dfrac{R_2}{R_1 + R_2} \times I$

여기서, R_1: A_1 내부저항
R_2: A_2 내부저항

∴ 최대 전류

: $I = \dfrac{R_1 + R_2}{R_2} \times I_1 = \dfrac{20 + 25}{25} \times 1$

$= 1.8\,[\text{A}]$

정답 ③

Chapter 12 전자계

18 그림과 같은 평행판 콘덴서에 교류전원을 접속할 때 전류의 연속성에 대해서 성립하는 식은? (단, E: 전계, D: 전속밀도, ρ: 체적전하밀도, i: 전도전류밀도, B: 자속밀도, t: 시간)

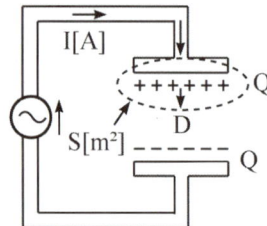

① $\nabla \cdot D = \rho$
② $\nabla \times E = -\dfrac{\partial B}{\partial t}$
③ $\nabla \cdot B = 0$
④ $\nabla \cdot (i + \dfrac{\partial D}{\partial t}) = 0$

정답분석

전류밀도 $i = i_c + i_d = kE + \dfrac{\partial D}{\partial t}$ 이므로
∴ 전류의 연속성
$$div\ i = \nabla \cdot i = \nabla \cdot \left(i_c + \dfrac{\partial D}{\partial t}\right) = 0$$

정답 ④

Chapter 05 전기영상법

19 점전하와 접지된 유한한 도체구가 존재할 때 점전하에 의한 접지구 도체의 영상전하에 관한 설명 중 틀린 것은?

① 영상전하는 구 도체 내부에 존재한다.
② 영상전하는 점전하와 크기는 같고 부호는 반대이다.
③ 영상전하는 점전하와 도체 중심축을 이은 직선상에 존재한다.
④ 영상전하가 놓인 위치는 도체 중심과 점전하와의 거리에 도체 반지름에 의해 결정된다.

정답분석 접지구 도체 내부에 영상전하가 유도된다.

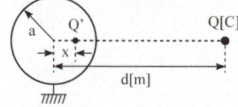

㉠ 영상전하: $Q' = -\dfrac{a}{d}Q[C]$
㉡ 구도체 내의 영상점: $x = \dfrac{a^2}{d}[m]$

정답 ②

Chapter 02 진공 중의 정전계

20 점 전하 0.5[C]이 전계 $E = 3i + 5j + 8k$ [V/m] 중에서 속도 $v = 4i + 2j + 3k$[m/s]로 이동할 때 받는 힘은 몇 [N]인가?

① 4.95 ② 7.45
③ 9.95 ④ 13.7

정답분석
㉠ 전계의 세기(스칼라)
: $E = \sqrt{3^2 + 5^2 + 8^2} = 9.9\,[V/m]$
㉡ 전계 내에서 전하가 받는 힘(전기력)
: $F = QE = 0.5 \times 9.9 = 4.95\,[N]$

정답 ①

2024년 제3회 전기기사

※ CBT문제는 수험생의 기억에 따라 복원된 것이며, 실제 기출문제와 동일하지 않을 수 있습니다.

Chapter 08 전류와 자기현상

01 평등자계와 직각방향으로 일정한 속도로 발사된 전자의 원운동에 관한 설명 중 옳은 것은?

① 플레밍의 오른손법칙에 의한 로렌츠의 힘과 원심력의 평형 원운동이다.
② 원의 반지름은 전자의 발사속도와 전계의 세기의 곱에 반비례한다.
③ 전자의 원운동 주기는 전자의 발사 속도와 관계되지 않는다.
④ 전자의 원운동 주파수는 전자의 질량에 비례한다.

[정답분석] 전자의 원운동 주기 $T = \dfrac{2\pi m}{Bq}$ [sec]이므로 전자의 이동 속도와는 관계되지 않는다.

정답 ③

Chapter 04 유전체

02 그림과 같이 판의 면적 $\dfrac{1}{3}S$, 두께 d와 판면적 $\dfrac{1}{3}S$, 두께 $\dfrac{1}{2}d$ 되는 유전체($\epsilon_s = 3$)를 끼웠을 경우의 정전용량은 처음의 몇 배인가?

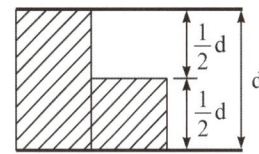

① $\dfrac{1}{6}$
② $\dfrac{5}{6}$
③ $\dfrac{11}{6}$
④ $\dfrac{13}{6}$

[정답분석]
㉠ 초기 공기 콘덴서의 정전용량: $C_0 = \dfrac{\epsilon_0 S}{d}$
㉡ 유전체 콘덴서 등가회로는 아래와 같다.

㉢ $C_1 = \dfrac{1}{3}\epsilon_s C_0 = C_0$
㉣ $C_2 = \dfrac{2}{3} C_0$
㉤ $C_3 = \dfrac{2}{3}\epsilon_s C_0 = 2C_0$
㉥ $C_4 = \dfrac{1}{3} C_0$

∴ 합성 정전용량
$$C = C_1 + \dfrac{C_2 \times C_3}{C_2 + C_3} + C_4$$
$$= C_0 + \dfrac{1}{2}C_0 + \dfrac{1}{3}C_0 = \dfrac{11}{6}C_0$$

정답 ③

Chapter 03 정전용량

03 누설이 없는 콘덴서의 소모 전력은 얼마인가?

① $\frac{1}{2}CV^2$ ② $\frac{Q}{\epsilon}$
③ ∞   ④ 0

정답분석
누전전류가 없으므로 소모전력도 0이 된다.

정답 ④

Chapter 06 전류

04 정전용량 C [F/m]와 컨덕턴스 G [S]와의 관계로 옳은 것은? (단, k: 도전율[℧/m], ϵ: 유전율 [F/m])

① $\frac{C}{G}=\frac{\epsilon}{k}$ ② $Ck=\frac{G}{\epsilon}$
③ $GC=\epsilon k$ ④ $\frac{C}{G}=\frac{k}{\epsilon}$

정답분석
전기저항과 정전용량의 관계 $RC=\epsilon\rho$ 에서 $\frac{C}{G}=\frac{\epsilon}{k}$ 의 관계가 성립된다.

정답 ①

Chapter 05 전기 영상법

05 무한대 평면도체와 d [m]떨어진 평행한 무한장 직선도체에 ρ [C/m]의 전하분포가 주어졌을 때 직선도체의 단위길이당 받는 힘은 몇 [N/m]인가? (단, 공간의 유전율은 ϵ 이다)

① 0   ② $\frac{\rho^2}{\pi\epsilon d}$
③ $\frac{\rho^2}{2\pi\epsilon d}$ ④ $\frac{\rho^2}{4\pi\epsilon d}$

정답분석
선전하가 지표면으로부터 받는 힘
$F = QE = \lambda l \times \frac{\lambda}{2\pi\epsilon_0 r} = \frac{\lambda^2 l}{2\pi\epsilon_0 (2h)}$ [N]
$= \frac{\lambda^2}{4\pi\epsilon_0 h}$ [N/m]
∴ 선전하 밀도 λ 가 ρ 로 주어졌으므로
$F = \frac{\rho^2}{4\pi\epsilon_0 h}$ [N/m]

정답 ④

Chapter 02 진공 중의 정전계

06 크기가 같고 부호가 반대인 두 점전하 $+Q$[C] 과 $-Q$[C] 이 극히 미소한 거리 d [m] 만큼 떨어졌을 때 전기쌍극자 모멘트는 몇 [C·m] 인가?

① $\frac{1}{2}dQ$ ② dQ
③ $2dQ$ ④ $4dQ$

정답분석
㉠ 전기쌍극자 모멘트: $M = dQ$ [C·m]
㉡ 쌍극자 전위: $V = \frac{M\cos\theta}{4\pi\epsilon_0 r^2}$ [V]
㉢ 쌍극자 전계 (벡터)
$\vec{E} = \frac{M}{4\pi\epsilon_0 r^3}(a_r 2\cos\theta + a_\theta \sin\theta)$
㉣ 쌍극자 전계 (스칼라)
$|\vec{E}| = \frac{M}{4\pi\epsilon_0 r^3}\sqrt{1+3\cos^2\theta}$ [V/m]
㉤ 전계는 $\cos\theta$ 에 비례하므로 $\theta = 0$ 일 때 최대가 되고, $\theta = 90°$일 때 최소가 된다.

정답 ②

Chapter 10 전자유도법칙

07 저항 24[Ω]의 코일을 지나는 자속이 $0.3\cos 800t$ [Wb]일 때 코일에 흐르는 전류의 최댓값은 몇 [A]인가?

① 10   ② 20
③ 30   ④ 40

정답분석
전류의 최댓값
$I_m = \frac{e_m}{R} = \frac{\omega N\phi_m}{R} = \frac{800 \times 1 \times 0.3}{24}$
$= 10$ [A]

정답 ①

Chapter 01 벡터

08 전계 $E = i3x^2 + j2xy^2 + kx^2yz$일 때 $div\,E$ 는 얼마인가?

① $-i6x + jxy + kx^2y$
② $i6x + j6xy + kx^2y$
③ $-6x - 6xy - x^2y$
④ $6x + 4xy + x^2y$

정답분석

$$div\,E = \nabla \cdot E$$
$$= (\frac{\partial}{\partial x}i + \frac{\partial}{\partial y}j + \frac{\partial}{\partial z}k)$$
$$\cdot (3x^2 i + 2xy^2 j + x^2yz\,k)$$
$$= \frac{\partial}{\partial x}3x^2 + \frac{\partial}{\partial y}2xy^2 + \frac{\partial}{\partial z}x^2yz$$
$$= 6x + 4xy + x^2y$$

정답 ④

Chapter 11 인덕턴스

09 자기 유도계수 20[mH]인 코일에 전류를 흘릴 때 코일과의 쇄교자속수가 0.2[Wb]이었다면 코일에 축적된 에너지는 몇 [J]인가?

① 1   ② 2
③ 3   ④ 4

정답분석

코일에 저장되는 자기에너지
$$W_L = \frac{\Phi^2}{2L} = \frac{0.2^2}{2 \times (20 \times 10^{-3})} = 1\,[J]$$

정답 ①

Chapter 11 인덕턴스

10 그림과 같은 회로에서 스위치를 최초 A 에 연결하여 일정 전류 I[A]를 흘린 다음 스위치를 급히 B 로 전환할 때 저항 R[Ω]에서 발생하는 열량은 몇 [cal]인가?

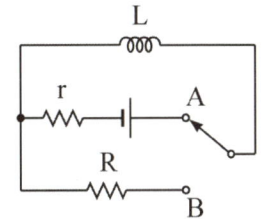

① $\frac{1}{8.4}LI^2$ ② $\frac{1}{4.2}LI^2$
③ $\frac{1}{2}LI^2$ ④ LI^2

정답분석

㉠ 스위치를 A로 이동하면 코일에는 에너지가 저장 ($W_L = \frac{1}{2}LI^2[J]$)된다.
㉡ 그 후 스위치를 B측으로 이동시키면 코일에 저장된 에너지만큼 저항 R에서 소비된다.
㉢ $1[J] = \frac{1}{4.2}[cal] ≒ 0.24[cal]$

∴ 발열량: $H = \frac{1}{4.2}W_L = \frac{1}{8.4}LI^2[cal]$

정답 ①

Chapter 12 전자계

11 그림에서 축전기를 $\pm Q$[C]로 대전한 후 스위치 k 를 닫고 도선에 전류 I 를 흘리는 순간의 축전기 두 판 사이의 변위전류는?

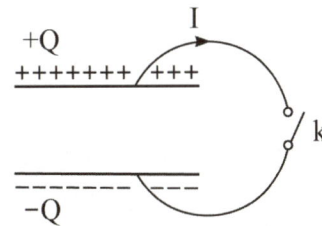

① $+Q$ 판에서 $-Q$ 판쪽으로 흐른다.
② $-Q$ 판에서 $+Q$ 판쪽으로 흐른다.
③ 왼쪽에서 오른쪽으로 흐른다.
④ 오른쪽에서 왼쪽으로 흐른다.

정답분석

전도전류와 변위전류의 방향은 같으며, 두 전류로 모두 자기장을 발생시킨다.

정답 ②

Chapter 08 전류와 자기현상

12 2[C]의 점전하가 전계 $E = 2a_x + a_y - 4a_z$ [V/m] 및 자계 $B = -2a_x + 2a_y - a_z$ [Wb/m²] 내에서 속도 $v = 4a_x - a_y - 2a_z$ [m/s]로 운동하고 있을 때 점전하에 작용하는 힘 F는 몇 [N]인가?

① $10a_x + 18a_y + 4a_z$
② $14a_x - 18a_y - 4a_z$
③ $-14a_x + 18a_y + 4a_z$
④ $14a_x + 18a_y + 4a_z$

 전계와 자계 내에서 운동전하가 받는 힘
㉠ 전기력
$$F_e = qE = 2(2a_x + a_y - 4a_z)$$
$$= 4a_x + 2a_y - 8a_z [N]$$
㉡ 전자력
$$F_m = q(v \times B) = q \begin{bmatrix} a_x & a_y & a_z \\ 4 & -1 & -2 \\ -2 & 2 & -1 \end{bmatrix}$$
$$= 2[(1+4)a_x + (4+4)a_y + (8-2)a_z]$$
$$= 10a_x + 16a_y + 12a_z$$
$$\therefore F = F_e + F_m = 14a_x + 18a_y + 4a_z$$

정답 ④

Chapter 07 진공 중의 정자계

13 500[AT/m]의 자계 중에 어떤 자극을 놓았을 때 3×10^3[N]의 힘이 작용했을 때의 자극의 세기는 몇 [Wb]이겠는가?

① 2   ② 3
③ 5   ④ 6

 자기력과 자계의 세기와의 관계 $F = mH$에서
∴ 자극의 세기(자하 = 자극)
$$m = \frac{F}{H} = \frac{3 \times 10^3}{500} = 6 [Wb]$$

정답 ④

Chapter 06 전류

14 펠티에 효과에 관한 공식 또는 설명으로 틀린 것은? (단, H는 열량, P는 펠티에 계수, I는 전류, t는 시간이다)

① $H = P \int_0^t I \, dt \, [\text{cal}]$
② 펠티에효과는 지벡효과와 반대의 효과이다.
③ 반도체와 금속을 결합시켜 전자냉동 등에 응용된다.
④ 펠티에 효과란 동일한 금속이라도 그 도체 중의 2점간에 온도차가 있으면 전류를 흘림으로써 열의 발생 또는 흡수가 생긴다는 것이다.

 펠티에효과
동일 금속이라도 부분적으로 온도가 다른 금속선에 전류를 흘리면 온도 구배가 있는 부분에 주울열, 이외의 발열 또는 흡열이 일어나는 현상

정답 ④

Chapter 11 인덕턴스

15 N회 감긴 환상 코일의 단면적이 S[m²]이고 평균 길이가 l[m]이다. 이 coil의 권수를 반으로 줄이고 인덕턴스를 일정하게 하려면?

① 단면적을 2배로 한다.
② 길이를 1/4배로 한다.
③ 전류의 세기를 4배로 한다.
④ 비투자율을 2배로 한다.

 인덕턴스 $L = \frac{\mu S N^2}{l}$ [H]에서, N을 1/2하면 인덕턴스는 1/4배가 된다.
∴ 인덕턴스를 일정하게 유지하려면 길이를 1/4로 하거나 단면적을 4배로 하면 된다.

정답 ②

16 Chapter 08 전류와 자기현상

그림과 같이 한변의 길이가 l [m]인 정 6각형 회로에 전류 I [A]가 흐르고 있을 때 중심 자계의 세기는 몇 [A/m]인가?

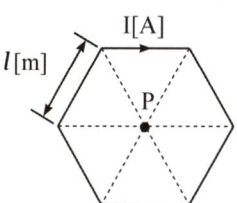

① $\dfrac{1}{2\sqrt{3}\,\pi l} \times I$ ② $\dfrac{2\sqrt{2}}{\pi l} \times I$

③ $\dfrac{\sqrt{3}}{\pi l} \times I$ ④ $\dfrac{\sqrt{3}}{2\pi l} \times I$

 정답 분석

정 육각형 도체 중심에서 자계의 세기

$$H = \dfrac{\sqrt{3}\,I}{\pi l}\,[\text{A/m}]$$

정답 ③

---

17 Chapter 05 전기 영상법

유전율이 ϵ_1 과 ϵ_2 인 두 유전체가 경계를 이루어 접하고 있는 경우 유전율이 ϵ_1 인 영역에 전하 Q 가 존재할 때 이 전하에 작용하는 힘에 대한 설명으로 옳은 것은?

① $\epsilon_1 > \epsilon_2$ 인 경우 반발력이 작용한다.
② $\epsilon_1 > \epsilon_2$ 인 경우 흡인력이 작용한다.
③ ϵ_1 과 ϵ_2 값에 상관없이 반발력이 작용한다.
④ ϵ_1 과 ϵ_2 값에 상관없이 흡인력이 작용한다.

 정답 분석

유전체 내의 영상전하

$$Q' = -\dfrac{\epsilon_2 - \epsilon_1}{\epsilon_2 + \epsilon_1} Q = \dfrac{\epsilon_1 - \epsilon_2}{\epsilon_1 + \epsilon_2} Q$$

∴ $\epsilon_1 > \epsilon_2$ 인 경우 반발력이,
$\epsilon_1 < \epsilon_2$ 인 경우 흡인력이 작용한다.

정답 ①

---

18 Chapter 04 유전체

그림과 같은 유전속의 분포에서 그림과 같을 때 ϵ_1 과 ϵ_2 의 관계는?

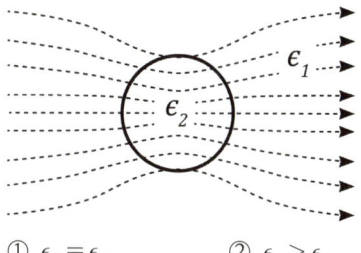

① $\epsilon_1 = \epsilon_2$ ② $\epsilon_1 > \epsilon_2$
③ $\epsilon_1 < \epsilon_2$ ④ $\epsilon_1 = \epsilon_2 = 0$

 정답 분석

유전속(전속선)은 유전율이 큰 곳으로 모이므로 $\epsilon_1 < \epsilon_2$ 이 된다.

정답 ③

---

19 Chapter 10 전자유도법칙

고주파를 취급할 경우 큰 단면적을 갖는 한 개의 도선을 사용하지 않고 전체로서는 같은 단면적이라도 가는 선을 모은 도체를 사용하는 주된 이유는?

① 히스테리시스 손을 감소시키기 위하여
② 철손을 감소시키기 위하여
③ 과전류에 대한 영향을 감소시키기 위하여
④ 표피효과에 대한 영향을 감소시키기 위하여

 정답 분석

표피효과 억제 대책
연선, 복도체, 다도체 사용

정답 ④

Chapter 08 전류와 자기현상

20 자유공간 중에서 $x=-2$, $y=4$를 통과하고 z축과 평행인 무한장 직선도체에 +z축 방향으로 직류전류 I가 흐를 때 점(2, 4, 0)에서의 자계 H[AT/m]는 어떻게 표현되는가?

① $\dfrac{I}{4\pi}a_y$ ② $\dfrac{I}{4\pi}a_y$

③ $-\dfrac{I}{8\pi}a_y$ ④ $\dfrac{I}{8\pi}a_y$

정답분석

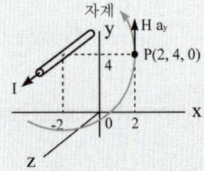

㉠ 도체에서 P점까지의 거리: 4[m]
㉡ 무한장 직선도체의 자계의 세기
$$H = \frac{I}{2\pi r} = \frac{I}{2\pi \times 4} = \frac{I}{8\pi}[\text{AT/m}]$$
㉢ P점에서 자계의 방향: +y축 ($\vec{a_y}$)

정답 ④

2024년 제2회 전기기사

※ CBT문제는 수험생의 기억에 따라 복원된 것이며, 실제 기출문제와 동일하지 않을 수 있습니다.

01 Chapter 10 전자유도법칙

그림과 같은 균일한 자계 B [Wb/m²]내에서 길이 l [m]인 도선 AB 가 속도 v [m/s]로 움직일 때 $ABCD$ 내에 유도되는 기전력 e [V] 는?

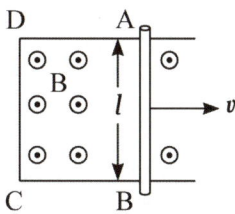

① 시계 방향으로 Blv 이다.
② 반시계 방향으로 Blv 이다.
③ 시계 방향으로 Blv^2 이다.
④ 반시계 방향으로 Blv^2 이다.

㉠ 자계 내에 도체가 v [m/s]로 운동하면 도체에는 기전력이 유도된다. 도체의 운동방향과 자속밀도는 수직으로 쇄교하므로 기전력은 $e = Blv$ 가 발생된다.
㉡ 방향은 아래 그림과 같이 플레밍 오른손 법칙에 의해 시계 방향으로 발생된다.

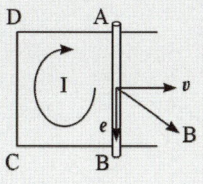

정답 ①

02 Chapter 09 자성체와 자기회로

투자율이 다른 두 자성체가 평면으로 접하고 있는 경계면에서 전류밀도가 0일 때 성립하는 경계조건은?

① $\mu_2 \tan\theta_1 = \mu_1 \tan\theta_2$
② $H_1 \cos\theta_1 = H_2 \cos\theta_2$
③ $B_1 \sin\theta_1 = B_2 \cos\theta_2$
④ $\mu_1 \tan\theta_1 = \mu_2 \tan\theta_2$

경계조건 $\dfrac{\tan\theta_1}{\tan\theta_2} = \dfrac{\mu_1}{\mu_2}$ 에서
$\therefore \mu_2 \tan\theta_1 = \mu_1 \tan\theta_2$

정답 ①

03 Chapter 01 벡터

$A = 2i - 5j + 3k$ 일 때, $k \times A$ 를 구하면?

① $-5i + 2j$ ② $5iz - 2j$
③ $-5i - 2j$ ④ $5i + 2j$

k 와 A 의 두 벡터의 외적은 다음과 같다.
$k \times A = k \times (2i - 5j + 3k) = 2j + 5i$
여기서, $k \times i = j,\ k \times j = -i,\ k \times k = 0$

정답 ④

Chapter 09 자성체와 자기회로

04 자화된 철의 온도를 높일 때 자화가 서서히 감소하다가 급격히 강자성이 상자성으로 변하면서 강자성을 잃어버리는 온도는?

① 켈빈(Kelvin)온도
② 연화온도(Transition)
③ 전이온도
④ 퀴리(Curie)온도

정답분석 자화된 철의 온도를 높일 때 자화가 서서히 감소하다가 급격히 강자성이 상자성으로 변하면서 강자성을 잃어버리는 온도는 퀴리(Curie)온도이다.

정답 ④

Chapter 11 인덕턴스

05 그림과 같은 1[m]당 권선수 n, 반지름 a[m]의 무한장 솔레노이드에서 자기 인덕턴스는 n과 a 사이에 어떤 관계가 있는가?

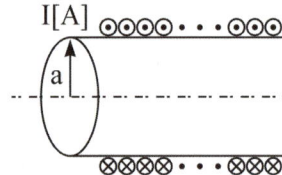

① a와는 상관없고 n^2에 비례한다.
② a와 n의 곱에 비례한다.
③ a^2과 n^2의 곱에 비례한다.
④ a^2에 반비례하고 n^2에 비례한다.

정답분석
㉠ 단위 길이당 권선수 $n = \dfrac{N}{l}$ 에서 권수 $N = nl$ 이므로 $N^2 = n^2 l^2$ 이 된다.
㉡ 자기 인덕턴스
$$L = \dfrac{\mu S N^2}{l} = \dfrac{\mu S n^2 l^2}{l}$$
$$= \mu S n^2 l = \mu \pi a^2 l [H] = \mu \pi a^2 n^2 [H/m]$$
∴ a^2과 n^2의 곱에 비례한다.

정답 ③

Chapter 03 정전용량

06 그림과 같이 같은 크기의 정방형 금속으로 된 평행판 콘덴서의 한쪽 전극을 30°만큼 회전시키면 콘덴서의 용량은 양 전극판이 완전히 겹쳤을 때의 대략 몇 [%]가 되는가?

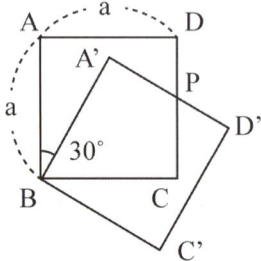

① 62[%]   ② 60[%]
③ 58[%]   ④ 56[%]

정답분석
㉠ $\overline{CP} = a \times \tan 30° = \dfrac{a}{\sqrt{3}}$ [m]

㉡ □BCPA′의 면적 (△BCP 면적의 2배):
$$S' = \left(\dfrac{1}{2} \times a \times \dfrac{a}{\sqrt{3}}\right) \times 2 = \dfrac{a^2}{\sqrt{3}} [m^2]$$

㉢ 평행판 콘덴서의 정전용량: $C = \dfrac{\epsilon S}{d}$ [F]
→ 두 전극이 포개지는 면적 S에 비례한다.

㉣ 전극이 전부 겹쳤을 때 면적: $S = a^2 [m^2]$

㉤ 그림과 같이 전극이 30° 회전을 했을 때 두 전극이 포개지는 부분의 면적:
$$S' = \dfrac{a^2}{\sqrt{3}} = \dfrac{S}{\sqrt{3}} = 0.577 S [m^2]$$

∴ 면적이 0.577 배로 감소하여 정전용량 또한 0.577 배로 감소한다.

정답 ③

07 Chapter 06 전류

200[V] 30[W]인 백열전구와 200[V] 60[W]인 백열전구를 직렬로 접속하고, 200[V]의 전압을 인가하였을 때 어느 전구가 더 어두운가? (단, 전구의 밝기는 소비전력에 비례한다)

① 둘 다 같다.
② 30[W]전구가 60[W]전구보다 더 어둡다.
③ 60[W]전구가 30[W]전구보다 더 어둡다.
④ 비교할 수 없다.

정답분석

㉠ 전력 $P = \dfrac{V^2}{R}$ [W]에서 $R = \dfrac{V^2}{P}$ [Ω]이므로 전력은 저항에 반비례한다. 따라서 전력이 작은 백열전구(30[W]용)의 저항이 더 크다.

㉡ 직렬회로에서 전류의 크기는 일정하고 $P = I^2R$ [W]이므로 백열전구의 소비전력은 저항크기에 비례하므로 30[W]용 백열전구가 전력은 더 많이 소비한다.

∴ 전구의 밝기는 소비전력에 비례한다고 했으므로 30[W]인 백열전구가 더 밝다.

정답 ③

 08 Chapter 03 정전용량

평행판 전극의 단위면적당 정전용량이 $C = 200 \, [\text{pF}/\text{m}^2]$ 일 때 두 극판 사이에 전위차 $2000 \, [\text{V}]$ 를 가하면 이 전극판 사이의 전계의 세기는 약 몇 $[\text{V}/\text{m}]$ 인가?

① 22.6×10^3
② 45.2×10^3
③ 22.6×10^6
④ 45.2×10^5

정답분석

㉠ 단위 면적당 정전용량: $C = \dfrac{\epsilon_0}{d}$ [F/m²]

㉡ 평행판 도체 간의 간격
$d = \dfrac{\epsilon_0}{C} = \dfrac{8.855 \times 10^{-12}}{200 \times 10^{-12}} = 0.0442$ [m]

∴ 전계의 세기
$E = \dfrac{V}{d} = \dfrac{2000}{0.0442} = 45.2 \times 10^3$ [V/m]

정답 ②

 09 Chapter 08 전류와 자기현상

다음 중 자장의 세기에 대한 설명으로 잘못된 것은?

① 자속밀도에 투자율을 곱한 것과 같다.
② 단위 자극에 작용하는 힘과 같다.
③ 단위 길이당 기자력과 같다.
④ 수직 단면의 자력선 밀도와 같다.

정답분석

㉠ 자속밀도 $B = \mu H [\text{Wb}/\text{m}^2]$ 이므로
$H = \dfrac{B}{\mu} [\text{AT/m}]$ 이다.

㉡ 자기력 $F = mH[\text{N}]$ 에서 $H = \dfrac{F}{m} [\text{N/Wb}]$ 이다.

㉢ 기자력 $F = IN[\text{AT}]$ 에서 앙페르 법칙에 의한 자계 $H = \dfrac{NI}{\ell} = \dfrac{F}{\ell} [\text{AT/m}]$ 이다.

정답 ①

10 Chapter 05 전기 영상법

접지된 무한히 넓은 평면도체로부터 $a\,[\text{m}]$ 떨어져 있는 공간에 $Q\,[\text{C}]$의 점전하가 놓여 있을 때 그림 P점의 전위는 몇 [V]인가?

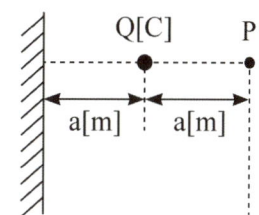

① $\dfrac{Q}{8\pi\epsilon_0 a}$
② $\dfrac{Q}{6\pi\epsilon_0 a}$
③ $\dfrac{3Q}{4\pi\epsilon_0 a}$
④ $\dfrac{Q}{2\pi\epsilon_0 a}$

정답분석 영상전하 해석

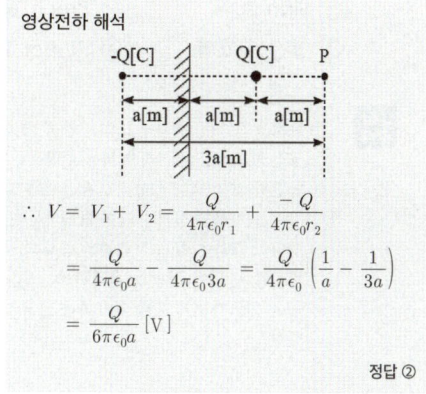

∴ $V = V_1 + V_2 = \dfrac{Q}{4\pi\epsilon_0 r_1} + \dfrac{-Q}{4\pi\epsilon_0 r_2}$
$= \dfrac{Q}{4\pi\epsilon_0 a} - \dfrac{Q}{4\pi\epsilon_0 3a} = \dfrac{Q}{4\pi\epsilon_0}\left(\dfrac{1}{a} - \dfrac{1}{3a}\right)$
$= \dfrac{Q}{6\pi\epsilon_0 a}$ [V]

정답 ②

11 Chapter 12 전자계

전계의 실효치가 377[V/m]인 평면 전자파가 진공 중에 진행하고 있다. 이때 이 전자파에 수직되는 방향으로 설치된 단면적 10 [m²]의 센서로 전자파의 전력을 측정하려고 한다. 센서가 1[W]의 전력을 측정했을 때 1[mA]의 전류를 외부로 흘려준다면 전자파의 전력을 측정했을 때 외부로 흘려주는 전류는 몇 [mA]인가?

① 3.77   ② 37.7
③ 377   ④ 3770

정답분석

방사전력 $P_s = \int_S P\,ds = PS = EHS$

$= \dfrac{E^2 S}{120\pi} = \dfrac{377^2 \times 10}{377}$

$= 3770\,[W]$

∴ 센서가 1[W]의 전력을 측정했을 때 1[mA]의 전류가 발생하므로, 3770[W]의 전력을 측정하면 전류는 3770[mA]이 발생된다.

정답 ④

13 Chapter 02 진공 중의 정전계

진공 중에 한변의 길이가 0.1 [m]인 정삼각형의 3정점 A, B, C에 각각 2.0×10^{-16}[C]의 점전하가 있을 때, 점 A의 전하에 작용하는 힘은 몇 [N]인가?

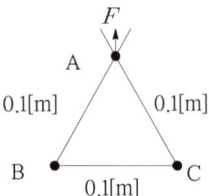

① $1.8\sqrt{2}$ ② $1.8\sqrt{3}$
③ $3.6\sqrt{2}$ ④ $3.6\sqrt{3}$

정답분석

정삼각형 A점에서 받아지는 힘은 A, B 사이에 작용하는 힘 F_1 와 A, C 사이에 작용하는 힘 F_2 를 더하여 구할 수 있다.

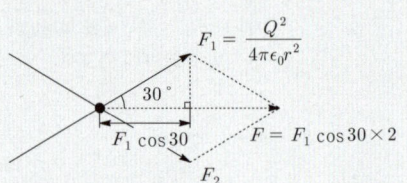

$F = F_1 + F_2 = F_1 \times \cos 30° \times 2$

$= \dfrac{Q^2}{4\pi\epsilon_0 r^2} \times \cos 30° \times 2$

$= 9 \times 10^9 \times \dfrac{(2 \times 10^{-6})^2}{0.1^2} \times \dfrac{\sqrt{3}}{2} \times 2$

$= 3.6\sqrt{3}\,[N]$

정답 ④

12 Chapter 06 전류

DC 전압을 가하면 전류는 도선 중심쪽으로 흐르려고 한다. 이러한 현상을 무슨 효과라 하는가?

① Skin 효과   ② Pinch 효과
③ 압전기 효과   ④ Peltier 효과

정답분석

① 표피효과(Skin 효과): 교류 전압을 가하면 전류가 도선 표면으로 흐르려고 하는 현상
③ 압전기 효과(피에조 효과): 유전체에 압력이나 인장력을 가하면 전기 분극이 발생하는 현상
④ 펠티어 효과(Peltier 효과): 두 종류의 금속으로 폐회로를 만들어 전류를 흘리면 양 접속점에서 한쪽은 온도가 올라가고 다른 쪽은 온도가 내려가는 현상

정답 ②

14 공기 중에서 1[V/m]의 전계의 세기에 의한 변위전류밀도의 크기를 2[A/m²]으로 흐르게 하려면 전계의 주파수는 몇 [MHz]가 되어야 하는가?

① 18,000 ② 72,000
③ 9,000   ④ 36,000

정답분석
㉠ 변위전류밀도의 크기
$i_d = \omega\epsilon_0 E = 2\pi f \epsilon_0 E \,[\text{A/m}^2]$
㉡ 주파수
$f = \dfrac{i_d}{2\pi\epsilon_0 E} = \dfrac{2}{2\pi \times 8.855 \times 10^{-12} \times 1}$
$= 36,000 \times 10^6 \,[\text{Hz}] = 36,000\,[\text{MHz}]$

정답 ④

16 철심이 들어있는 환상코일에서 1차 코일의 권수가 100회일 때 자기 인덕턴스는 0.01[H]이었다. 이 철심에 2차 코일을 200회 감았을 때 2차 코일의 자기 인덕턴스 L_2와 상호 인덕턴스 M은 각각 몇 [H]인가?

① $L_2 = 0.02\,[\text{H}]$, $M = 0.01\,[\text{H}]$
② $L_2 = 0.01\,[\text{H}]$, $M = 0.02\,[\text{H}]$
③ $L_2 = 0.04\,[\text{H}]$, $M = 0.02\,[\text{H}]$
④ $L_2 = 0.02\,[\text{H}]$, $M = 0.04\,[\text{H}]$

정답분석
㉠ 2차 코일의 자기 인덕턴스
$L_2 = \left(\dfrac{N_2}{N_1}\right)^2 \times L_1$
$= \left(\dfrac{200}{100}\right)^2 \times 0.01 = 0.04\,[\text{H}]$
㉡ 상호 인덕턴스
$M = \dfrac{N_2}{N_1} \times L_1 = \dfrac{200}{100} \times 0.01 = 0.02\,[\text{H}]$

정답 ③

15 자화율(magnetic susceptibility) χ는 상자성체에서 일반적으로 어떤 값을 갖는가?

① $\chi = 0$ ② $\chi > 0$
③ $\chi < 0$ ④ $\chi = 1$

정답분석
㉠ 자화의 세기: $J = \mu_o(\mu_s - 1)H\,[\text{Wb/m}^2]$
㉡ 자화율: $\chi = \mu_0(\mu_s - 1)\,[\text{H/m}]$
㉢ 비자화율: $\chi_{er} = \mu_s - 1$
㉣ 자성체의 종류별 특징

종류	자화율	비자화율	비투자율
비자성체	$\chi = 0$	$\chi_{er} = 0$	$\mu_s = 1$
강자성체	$\chi \gg 0$	$\chi_{er} \gg 0$	$\mu_s \gg 1$
상자성체	$\chi > 0$	$\chi_{er} > 0$	$\mu_s > 1$
반자성체	$\chi < 0$	$\chi_{er} < 0$	$\mu_s < 1$

정답 ②

17 평등자계내의 내부로 ㉠ 자계와 평행한 방향, ㉡ 자계와 수직인 방향으로 일정 속도의 전자를 입사시킬 때 전자의 운동 궤적을 바르게 나타낸 것은?

① ㉠ 원   ㉡ 타원
② ㉠ 직선 ㉡ 타원
③ ㉠ 직선 ㉡ 원
④ ㉠ 원   ㉡ 원

정답분석
평등자계내의 전자 또는 전하의 운동
㉠ 운동 전하가 평등자계에 대하여 수직으로 입사 시: 등속 원운동
㉡ 운동 전하가 평등자계에 대하여 수평으로 입사 시: 등속 직선운동
㉢ 운동 전하가 평등자계에 대하여 비스듬이 입사 시: 등속 나선 운동

정답 ③

Chapter 04 유전체

18 정전용량이 C_0 [F]인 평행판 공기콘덴서에 전극간격의 1/2 두께의 유리판을 전극에 평행하게 넣으면 이때의 정전용량 [F]는? (단, 유리판의 비유전율은 라 한다)

① $\dfrac{(1+\epsilon_s)C_0}{2\epsilon_s}$ ② $\dfrac{C_0\epsilon_s}{1+\epsilon_s}$

③ $\dfrac{2\epsilon_s C_0}{1+\epsilon_s}$ ④ $\dfrac{3C_0}{1+\dfrac{1}{\epsilon_s}}$

정답분석

㉠ 초기 공기콘덴서 용량: $C_0 = \dfrac{\epsilon_0 S}{d}$ [F]

㉡ 극판과 평행하게 유전체를 넣으면 아래 그림과 같이 공기층과 유전체층 콘덴서가 직렬로 접속된 것으로 해석된다.

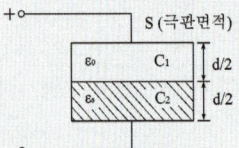

㉢ 공기 부분의 정전용량:
$C_1 = \dfrac{\epsilon_0 S}{d/2} = 2\dfrac{\epsilon_0 S}{d} = 2C_0$

㉣ 유전체 부분의 정전용량:
$C_2 = \dfrac{\epsilon_s \epsilon_0 S}{\dfrac{d}{2}} = 2\epsilon_s \dfrac{\epsilon_0 S}{d} = 2\epsilon_s C_0$

∴ C_1과 C_2는 직렬로 접속되어 있으므로
$C = \dfrac{C_1 \times C_2}{C_1 + C_2} = \dfrac{4\epsilon_s C_0^2}{(1+\epsilon_s)2C_0} = \dfrac{2\epsilon_s}{1+\epsilon_s}C_0$

정답 ③

Chapter 11 인덕턴스

19 단위 길이당 권수가 n인 무한장 솔레노이드에 I[A]의 전류가 흐를 때 다음 설명 중 옳은 것은?

① 솔레노이드 내부는 평등자계이다.
② 외부와 내부의 자계의 세기는 같다.
③ 외부자계의 세기는 I[AT/m]이다.
④ 내부자계의 세기는 nI^2 [AT/m]이다.

정답분석

무한장 솔레노이드의 내부자계는 평등자계이고, 외부자계는 0이다.

정답 ①

Chapter 04 유전체

20 평행평판 공기콘덴서의 양 극판에 $+\sigma$ [C/m²], $-\sigma$ [C/m²]의 전하가 분포되어 있다. 이 두 전극사이에 유전률 ϵ [F/m]인 유전체를 삽입한 경우의 전계는 몇 [V/m]인가? (단, 유전체의 분극전하밀도를 $+\sigma'$ [C/m²], $-\sigma'$ [C/m²]이라 한다.)

① $\dfrac{\sigma - \sigma'}{\epsilon_0}$ ② $\dfrac{\sigma + \sigma'}{\epsilon_0}$

③ $\dfrac{\sigma}{\epsilon_0} - \dfrac{\sigma'}{\epsilon}$ ④ $\dfrac{\sigma'}{\epsilon_0}$

정답분석

평행판 공기 콘덴서 사이의 전계 $E_0 = \dfrac{\sigma}{\epsilon_0}$에서 두 전극 사이에 유전체를 삽입하면 유전체에는 분극현상이 발생되어 유전체 내의 전하가 $\sigma - \sigma'$만큼 감소된다.

∴ 유전체 내의 전계의 세기: $E = \dfrac{\sigma - \sigma'}{\epsilon_0}$

정답 ①

2024년 제1회 전기기사

※ CBT문제는 수험생의 기억에 따라 복원된 것이며, 실제 기출문제와 동일하지 않을 수 있습니다.

Chapter 07 진공 중의 정자계

01 자속의 연속성을 나타낸 식은?

① $div\, B = \rho$
② $div\, B = 0$
③ $B = \mu H$
④ $div\, B = \mu H$

정답분석

자극은 항상 N, S극이 쌍으로 존재하여 자력선이 N극에서 나와서 S극으로 들어간다. 즉, 자계는 발산하지 않고 회전한다.

∴ $div\, B = 0 \ (\nabla \cdot B = 0)$

정답 ②

Chapter 04 유전체

02 유전체 내의 전속밀도에 관한 설명 중 옳은 것은?

① 진전하만이다.
② 분극전하만이다.
③ 겉보기 전하만이다.
④ 진전하와 분극전하이다.

정답분석

가우스 정리의 미분형 $div\, D = \rho$ 에서와 같이 유전체 내의 전속밀도의 발산은 진전하 밀도 ρ 에 의해서만 발생된다.

정답 ①

Chapter 05 전기 영상법

03 그림과 같이 직교 도체 평면상 P 점에 Q 가 있을 때 P' 점의 영상전하는?

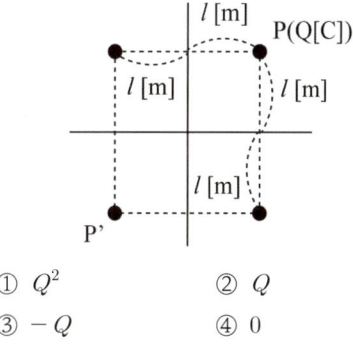

① Q^2
② Q
③ $-Q$
④ 0

정답분석

P 점과 밑으로 대칭점(영상점)에 $-Q$ 가, 이 $-Q$ 로부터 $+Q$ 가 P' 에 나타난다.

정답 ②

04 Chapter 11 인덕턴스

그림과 같이 각 코일의 자기인덕턴스가 각각 $L_1=6[H]$, $L_2=2[H]$이고, 두 코일 사이에는 상호 인덕턴스가 $M=3[H]$라면 전 코일에 저축되는 자기에너지는 몇 [J]인가? (단, $I=10$ [A]이다)

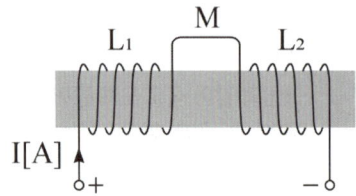

① 50
② 100
③ 150
④ 200

정답분석

㉠ 두 코일은 차동결합 상태이므로
$L = L_1 + L_2 - 2M = 6 + 2 - 2 \times 3 = 2[H]$
㉡ 코일에 축적되는 자기적인 에너지
$W_L = \frac{1}{2}LI^2 = \frac{1}{2} \times 2 \times 10^2 = 100[J]$

정답 ②

05 Chapter 09 자성체와 자기회로

투자율이 다른 두 자성체가 평면으로 접하고 있는 경계면에서 전류밀도가 0일 때 성립하는 경계조건은?

① $\mu_2 \tan\theta_1 = \mu_1 \tan\theta_2$
② $H_1 \cos\theta_1 = H_2 \cos\theta_2$
③ $B_1 \sin\theta_1 = B_2 \cos\theta_2$
④ $\mu_1 \tan\theta_1 = \mu_2 \tan\theta_2$

정답분석

경계조건 $\frac{\tan\theta_1}{\tan\theta_2} = \frac{\mu_1}{\mu_2}$ 에서
∴ $\mu_2 \tan\theta_1 = \mu_1 \tan\theta_2$

정답 ①

06 Chapter 08 전류와 자기현상

그림과 같이 전류가 흐르는 반원형 도선이 평면 $Z=0$상에 놓여 있다. 이 도선이 자속밀도 $B = 0.8a_x - 0.7a_y + a_z [Wb/m^2]$인 균일 자계 내에 놓여 있을 때 도선의 직선부분에 작용하는 힘은 몇 [N]인가?

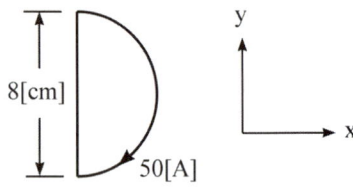

① $4a_x + 3.2a_z$
② $4a_x - 3.2a_z$
③ $5a_x - 3.5a_z$
④ $-5a_x + 3.5a_z$

정답분석

플레밍의 왼손법칙
㉠ 자기장 속에 있는 도선에 전류가 흐르면 도선에는 전자력이 발생된다.
㉡ 전자력: $F = IBl\sin\theta = (\vec{I} \times \vec{B})l$
㉢ 도선의 직선 부분에서의 전류는 y 축 방향으로 흐르므로 전류 $I = 50\,a_y$가 된다.
∴ $F = (\vec{I} \times \vec{B})l$
$= [50a_y \times (0.8a_x - 0.7a_y + a_z)]\,0.08$
$= (-40\,a_z + 50\,a_x)\,0.08$
$= 4\,a_x - 3.2\,a_z[N]$

정답 ②

07 Chapter 12 전자계

변위전류밀도를 나타내는 식은?

① $\dfrac{\partial \phi}{\partial t}$
② $\dfrac{\partial D}{\partial t}$
③ $\dfrac{\partial B}{\partial t}$
④ $\dfrac{\partial N\phi}{\partial t}$

정답분석

㉠ 변위전류밀도:
$i_d = \dfrac{\partial D}{\partial t} = \epsilon\dfrac{\partial E}{\partial t} = j\omega\epsilon E\,[A/m^2]$
㉡ 변위전류는 전계, 자계, 전자계 및 회로에 인가되는 교류전압보다 위상이 90° 앞선다.

정답 ②

08 Chapter 10 전자유도법칙

자속 ϕ[Wb]가 $\phi = \phi_m \cos 2\pi ft$ [Wb]로 변화할 때 이 자속과 쇄교하는 권수 N[회]인 코일에 발생하는 기전력은 몇 [V]인가?

① $2\pi fN\phi_m \cos 2\pi ft$
② $-2\pi fN\phi_m \cos 2\pi ft$
③ $2\pi fN\phi_m \sin 2\pi ft$
④ $-2\pi fN\phi_m \sin 2\pi ft$

 정답분석

$$e = -N\frac{d\phi}{dt} = -N\frac{d}{dt}\phi_m \cos 2\pi ft$$
$$= -N\phi_m \frac{d}{dt}\cos 2\pi ft$$
$$= 2\pi fN\phi_m \sin 2\pi ft$$

정답 ③

10 Chapter 02 진공 중의 정전계

반경이 $a = 10$[cm]인 구의 표면 전하밀도를 $\delta = 10^{-10}$[C/m²]이 되도록 하는 구의 전위[V]는 얼마인가?

① 21.3[V] ② 11.3[V]
③ 2.13[V] ④ 1.13[V]

 정답분석

㉠ 표면 전하밀도
$$\delta = \frac{Q}{4\pi a^2} = 10^{-10}\,[\text{C/m}^2]$$

㉡ 구도체의 전위
$$V = \frac{Q}{4\pi\epsilon_0 a} = \frac{Q}{4\pi a^2} \times \frac{a}{\epsilon_0} = \delta \times \frac{a}{\epsilon_0}$$
$$= 10^{-10} \times \frac{0.1}{8.855 \times 10^{-12}} = 1.13\,[\text{V}]$$

정답 ④

09 Chapter 03 정전용량

콘덴서의 성질에 관한 설명 중 적절하지 못한 것은?

① 용량이 같은 콘덴서를 n개 직렬연결하면 내압은 n배, 용량은 $\frac{1}{n}$배가 된다.
② 용량이 같은 콘덴서를 n개 병렬연결하면 내압은 같고, 용량은 n배로 된다.
③ 정전용량이란 도체의 전위를 1[V]로 하는데 필요한 전하량을 말한다.
④ 콘덴서를 직렬 연결할 때 각 콘덴서에 분포되는 전하량은 콘덴서의 크기에 비례한다.

 정답분석

콘덴서 직렬 접속시 각 콘덴서에 분포되는 전하량은 모두 일정하다.

정답 ④

11 Chapter 02 진공 중의 정전계

자유공간 중에서 점 $P(2, -4, 5)$가 도체면 상에 있으며, 이 점에서 전계 $E = 3a_x - 6a_y + 2a_z$ [V/m]이다. 도체면에 법선성분 E_n 및 접선성분 E_t의 크기는 몇 [V/m]인가?

① $E_n = 3, E_t = -6$
② $E_n = 7, E_t = 0$
③ $E_n = 2, E_t = 3$
④ $E_n = -6, E_t = 0$

 정답분석

㉠ 전계의 법선성분의 크기
$$|E| = E_n = \sqrt{3^2 + (-6)^2 + 2^2} = 7\,[\text{V/m}]$$
㉡ 전계는 도체표면에 대해서 수직으로만 진출하기 때문에 $E_t = 0$이 된다.

정답 ②

12

Chapter 10 전자유도법칙

진공 중에서 유전율 ϵ [F/m]의 유전체가 평등자계 B [Wb/m²] 내에 속도 v [m/s]로 운동할 때, 유전체에 발생하는 분극의 세기 P는 몇 [C/m²]인가?

① $(\epsilon - \epsilon_0)v \cdot B$
② $(\epsilon - \epsilon_0)v \times B$
③ $\epsilon v \times B$
④ $\epsilon_0 v \times B$

정답분석

㉠ 플레밍의 오른손 법칙
자계 내에 도체가 운동하면 도체에는 기전력이 발생되며, 유도되는 기전력의 크기는 다음과 같다.
(유도기전력)
$e = V = vB\ell \sin\theta = (v \times B)\ell$ [V]

㉡ 기전력과 전계의 세기의 관계
$V = \ell E$ 에서 $E = \dfrac{V}{\ell} = v \times B$

∴ 분극의 세기
$P = \epsilon_0(\epsilon_s - 1)E = \epsilon_0(\epsilon_s - 1)v \times B$
$= (\epsilon - \epsilon_0)v \times B$ [C/m²]

정답 ②

14

Chapter 07 진공 중의 정자계

다음 (　) 안에 들어갈 내용으로 옳은 것은?

> 전기쌍극자에 의해 발생하는 전위의 크기는 전기쌍극자 중심으로부터 거리의 (㉮)에 반비례하고, 자기쌍극자에 의해 발생하는 자계의 크기는 자기쌍극자 중심으로부터 거리의 (㉯)에 반비례한다.

① ㉮ 제곱　㉯ 제곱
② ㉮ 제곱　㉯ 세제곱
③ ㉮ 세제곱　㉯ 제곱
④ ㉮ 세제곱　㉯ 세제곱

정답분석

㉠ 전기쌍극자에 의한 전위
$V = \dfrac{M\cos\theta}{4\pi\epsilon_0 r^2} \propto \dfrac{1}{r^2}$

㉡ 자기쌍극자에 의한 자계의 세기
$|\vec{H}| = \dfrac{M}{4\pi\mu_0 r^3}\sqrt{1 + 3\cos^2\theta} \propto \dfrac{1}{r^3}$

정답 ②

13

Chapter 03 정전용량

정전 흡인력에 대한 설명 중 옳은 것은?

① 정전 흡인력은 전압의 제곱에 비례한다.
② 정전 흡인력은 극판 간격에 비례한다.
③ 정전 흡인력은 극판 면적에 제곱에 비례한다.
④ 정전 흡인력 쿨롱의 법칙으로 직접 계산된다.

정답분석

㉠ 정전응력(흡인력)
$f = \dfrac{1}{2}\epsilon E^2 = \dfrac{1}{2}ED = \dfrac{D^2}{2\epsilon}$ [N/m²]

㉡ 전위차: $V = \ell E$ [V]

∴ 정전응력(흡인력)은 전압의 제곱에 비례한다.

정답 ①

15

Chapter 04 유전체

어떤 종류의 결정(結晶)을 가열하면 한면에 정(正), 반대면에 부(負)의 전기가 나타나 분극을 일으키며 반대로 냉각하면 역(逆)의 분극이 일어나는 것은?

① 파이로(Pyro)전기
② 볼타(Volta)효과
③ 바아크 하우센(Barkhausen)법칙
④ 압전기(Piezo-electric)의 역효과

정답분석

② **볼타 효과**: 각각 다른 도체간의 전위차에 대한 법칙이다. 두 도체를 접촉시키면 도체 사이에 전위차가 발생하는데, 3개의 도체를 나란히 접촉시켰을 경우, 양 끝에 있는 도체 사이의 전위차는 가운데 있는 도체와 양 옆에 위치한 도체 사이의 전위차의 합과 같다.

③ **바아크 하우센 법칙**: 강자성체에 자계를 가하면 자화가 일어나는데 자화는 자구(磁區)를 형성하고 있는 경계면, 즉 자벽(磁壁)이 단속적으로 이동함으로써 발생한다. 이때 자계의 변화에 대한 자속의 변화는 미시적으로는 불연속으로 이루는 현상

④ **압전현상(피에조 효과)**: 유전체에 압력이나 인장력을 가하면 전기분극이 발생하는 현상

정답 ①

16 Chapter 11 인덕턴스

균일하게 원형 단면을 흐르는 전류 I[A]에 의한 반지름 a[m], 길이 l[m], 비투자율 μ_s인 원통 도체의 내부 인덕턴스[H]는?

① $\frac{1}{2} \times 10^{-7} \mu_s l$ ② $\frac{1}{2a} \times 10^{-7} \mu_s l$

③ $2 \times 10^{-7} \mu_s l$ ④ $10^{-7} \mu_s l$

도체 내부의 인덕턴스 $L_i = \frac{\mu l}{8\pi}$ [H]에서

$\therefore L_i = \frac{\mu l}{8\pi} = \frac{\mu_0 \mu_s l}{8\pi} = \frac{4\pi \times 10^{-7} \times \mu_s \times l}{8\pi}$

$= \frac{1}{2} \times 10^{-7} \times \mu_s l$ [H]

정답 ①

17 Chapter 12 전자계

콘크리트($\epsilon_r = 4$, $\mu_r = 1$) 중에서 전자파의 고유 임피던스는 약 몇 [Ω]인가?

① 35.4[Ω] ② 70.8[Ω]
③ 124.3[Ω] ④ 188.5[Ω]

자유공간에서의 고유 임피던스(특성 임피던스)

$Z = \sqrt{\frac{\mu}{\epsilon}} = \sqrt{\frac{\mu_0 \mu_r}{\epsilon_0 \epsilon_r}} = 120\pi \sqrt{\frac{\mu_r}{\epsilon_r}}$

$= 120\pi \sqrt{\frac{1}{4}} = 377 \times \frac{1}{2} = 188.5$ [Ω]

정답 ④

18 Chapter 03 정전용량

두 개의 도체에서 전위 및 전하가 각각 V_1, Q_1 및 V_2, Q_2 일 때, 이 도체계가 갖는 에너지는 얼마인가?

① $\frac{1}{2}(V_1 Q_1 + V_2 Q_2)$

② $\frac{1}{2}(Q_1 + Q_2)(V_1 + V_2)$

③ $V_1 Q_1 + V_2 Q_2$

④ $(V_1 + V_2)(Q_1 + Q_2)$

㉠ 도체가 갖는 에너지

$W = \frac{1}{2}CV^2 = \frac{1}{2}QV = \frac{Q^2}{2C}$ [J]

㉡ 에너지는 스칼라이프로 도체계의 에너지는 모두 더하면 된다.

$\therefore W = W_1 + W_2 = \frac{1}{2}(V_1 Q_1 + V_2 Q_2)$ [J]

정답 ①

19 Chapter 06 전류

반지름이 5[mm]인 구리선에 10[A]의 전류가 단위 시간에 흐르고 있을 때 구리선의 단면을 통과하는 전자의 개수는 단위 시간 당 얼마인가? (단, 전자의 전하량은 $e = 1.602 \times 10^{-19}$ [C]이다)

① 6.24×10^{18} ② 6.24×10^{19}
③ 1.28×10^{22} ④ 1.28×10^{23}

전자의 개수

$N = \frac{Q}{e} = \frac{It}{e} = \frac{10 \times 1}{1.602 \times 10^{-19}}$

$= 6.242 \times 10^{19}$ [개]

정답 ②

Chapter 08 전류와 자기현상

20 평행하게 왕복되는 두 선간에 흐르는 전류 간의 전자력은? (단, 두 도선 간의 거리를 r[m]라 한다)

① $\dfrac{1}{r}$ 에 비례하며, 반발력이다.

② r 에 비례하며, 흡인력이다.

③ $\dfrac{1}{r^2}$ 에 비례하며, 반발력이다.

④ r^2 에 비례하며, 흡인력이다.

정답분석

㉠ 평행도선 사이에 작용하는 힘 (전자력):
$$f = \dfrac{2I_1 I_2}{r} \times 10^{-7} [\text{N/m}]$$
㉡ 전류가 동일방향으로 흐를 경우: 흡인력
㉢ 전류가 반대방향으로 흐를 경우: 반발력
∴ 왕복되는 두 선간에 흐르는 전류는 서로 반대방향으로 흐르므로 반발력이 작용한다.

정답 ①

2023년 제3회 전기기사

※ CBT문제는 수험생의 기억에 따라 복원된 것이며, 실제 기출문제와 동일하지 않을 수 있습니다.

Chapter 09 자성체와 자기회로

01 강자성체의 히스테리시스 루프의 면적은?

① 강자성체의 단위 체적당 필요한 에너지이다.
② 강자성체의 단위 면적당 필요한 에너지이다.
③ 강자성체의 단위 길이당 필요한 에너지이다.
④ 강자성체의 전체체적에 필요한 에너지이다.

강자성체의 히스테리시스 루프의 면적은 강자성체의 단위 체적당 필요한 에너지이다.

정답 ①

Chapter 02 진공 중의 정전계

02 정전계 내 도체 표면에서 전계의 세기가 $E = \dfrac{a_x - 2a_y + 2a_z}{\epsilon_0}[\text{V/m}]$일 때 도체 표면상의 전하 밀도 $\rho_s[\text{C/m}^2]$를 구하면? (단, 자유공간이다)

① 1 ② 2
③ 3 ④ 4

전속밀도: $D = \dfrac{Q}{S} = \epsilon E$ (자유공간: $\epsilon = \epsilon_0$)

$\therefore \rho_s = \epsilon |E| = \epsilon_0 \times \left| \dfrac{a_x - 2a_y + 2a_z}{\epsilon_0} \right|$
$= |a_x - 2a_y + 2a_z|$
$= \sqrt{1^2 + (-2)^2 + 2^2} = 3[\text{C/m}^2]$

정답 ③

Chapter 09 자성체와 자기회로

03 영구자석 재료로 사용하기에 적합한 특성은?

① 잔류자기와 보자력이 모두 큰 것이 적합하다.
② 잔류자기와 보자력이 모두 작은 것이 적합하다.
③ 잔류자기는 작고 보자력은 큰 것이 적합하다.
④ 잔류자기는 크고 보자력은 작은 것이 적합하다.

영구자석의 재료는 잔류 자기 및 보자력이 모두 커서 히스테리시스 면적이 크게 생기는 물질인 강자성체이다.

정답 ①

Chapter 04 유전체

04 평행판 콘덴서에 어떤 유전체를 넣었을 때 전속밀도가 $2.4 \times 10^{-7} \text{C/m}^2$이고, 단위 체적 중의 에너지가 $5.3 \times 10^{-3} \text{J/m}^3$이었다. 이 유전체의 유전율은 약 몇 F/m인가?

① 2.17×10^{-12}
② 2.17×10^{-11}
③ 5.43×10^{-12}
④ 5.43×10^{-11}

- 체적당 에너지: $w = \dfrac{1}{2}\epsilon E^2 = \dfrac{D^2}{2\epsilon} = \dfrac{1}{2}ED[\text{J/m}^3]$
- 유전율: $\epsilon = \dfrac{D^2}{2w} = \dfrac{(2.4 \times 10^{-7})^2}{2 \times (5.3 \times 10^{-3})} = 5.43 \times 10^{-12}[\text{F/m}]$

정답 ③

Chapter 10 전자유도법칙

05 내부 장치 또는 공간을 물질로 포위시켜 외부 자계의 영향을 차폐시키는 방식을 자기차폐라 한다. 다음 중 자기차폐에 가장 적합한 것은?

① 비투자율이 1보다 작은 역자성체
② 강자성체 중에서 비투자율이 큰 물질
③ 강자성체 중에서 비투자율이 작은 물질
④ 비투자율에 관계없이 물질의 두께에만 관계되므로 되도록이면 두꺼운 물질

- 자기차폐: 외부 자계의 영향을 받지 않도록 높은 투자율을 갖는 물질로 둘러싸는 차폐법이다.
- 전기차폐: 외부 자계의 영향을 받지 않도록 높은 도전율을 갖는 물질로 둘러싸는 차폐법이다(완전차폐 가능).

정답 ②

Chapter 11 인덕턴스

06 $R = 20[\Omega]$, $L = 0.1[\mathrm{H}]$의 직렬회로에 60Hz, 115V의 교류 전압이 인가되어 있다. 인덕턴스에 축적되는 자기 에너지의 평균값은 약 몇 J인가?

① 0.13
② 0.36
③ 0.72
④ 1.12

- 각주파수: $\omega = 2\pi f = 2\pi \times 60 = 377$
- 유도 리액턴스: $X_L = \omega L = 377 \times 0.1 = 37.7[\Omega]$
- 전류:
$$I = \frac{V}{Z} = \frac{V}{\sqrt{R^2 + X_L^2}} = \frac{115}{\sqrt{20^2 + 37.7^2}} = 2.7[\mathrm{A}]$$
∴ 자기 에너지:
$$W = \frac{1}{2}LI^2 = \frac{1}{2} \times 0.1 \times 2.7^2 = 0.36[\mathrm{J}]$$

정답 ②

Chapter 08 전류와 자기현상

07 $q[\mathrm{C}]$의 전하가 진공 중에서 $v[\mathrm{m/s}]$의 속도로 운동하고 있을 때, 이 운동방향과 θ의 각으로 $r[\mathrm{m}]$떨어진 점의 자계의 세기$[\mathrm{AT/m}]$는?

① $\dfrac{qv\sin\theta}{4\pi r^2}$
② $\dfrac{v\sin\theta}{4\pi r^2 q}$
③ $\dfrac{q\sin\theta}{4\pi r^2 v}$
④ $\dfrac{v\sin\theta}{4\pi r^2 q^2}$

비오-사바르 법칙(전하로부터 길이 $[\mathrm{m}]$인 곳에서의 자계)
$$H = \frac{Il\sin\theta}{4\pi r^2} = \frac{\left(\frac{q}{t}\right)(vt)\sin\theta}{4\pi r^2} = \frac{qv\sin\theta}{4\pi r^2}[\mathrm{AT/m}]$$

정답 ①

Chapter 12 전자계

08 $\mu_r = 1$, $\epsilon_r = 81$인 매질의 고유 임피던스는 약 몇 Ω인가? (단, μ_r은 비투자율이고, ϵ_r은 비유전율이다)

① 21.9
② 34.9
③ 41.9
④ 52.9

고유 임피던스
$$Z_0 = \frac{E}{H} = \sqrt{\frac{\mu}{\epsilon}} = 377\sqrt{\frac{\mu_s}{\epsilon_s}}$$
$$= 377\sqrt{\frac{1}{81}} \simeq 41.9[\Omega]$$

정답 ③

Chapter 05 전기 영상법

09 전율이 ϵ_1과 ϵ_2인 두 유전체가 경계를 이루어 평행하게 접하고 있는 경우 유전율이 ϵ_1인 영역에 전하 Q가 존재할 때 이 전하와 ϵ_2인 유전체 사이에 작용하는 힘에 대한 설명으로 옳은 것은?

① $\epsilon_1 > \epsilon_2$인 경우 흡인력이 작용한다.
② $\epsilon_1 > \epsilon_2$인 경우 반발력이 작용한다.
③ ϵ_1과 ϵ_2에 상관없이 흡인력이 작용한다.
④ ϵ_1과 ϵ_2에 상관없이 반발력이 작용한다.

정답분석

ϵ_1인 영역에 전하가 존재할 때 경계면에서 작용하는 힘은 $\epsilon_1 > \epsilon_2$인 경우 반발력이, $\epsilon_1 < \epsilon_2$인 경우 흡인력이 작용한다.

정답 ②

Chapter 12 전자계

10 맥스웰의 전자방정식에 대한 의미를 설명한 것으로 잘못된 것은?

① 자계의 회전은 전류밀도와 같다.
② 자계는 발산하며, 자극은 단독으로 존재한다.
③ 전계의 회전은 자속밀도의 시간적 감소비율과 같다.
④ 단위 체적당 발산 전속수는 단위 체적당 공간전하 밀도와 같다.

정답분석

- 맥스웰 방정식

구분	미분형	적분형
패러데이 법칙	$\operatorname{rot} E = -\dfrac{\partial B}{\partial t}$	$\int_l E \cdot dl = \int \dfrac{\partial B}{\partial t} \cdot dS$
암페어 주회 법칙	$\operatorname{rot} H = J + \dfrac{\partial D}{\partial t}$	$\int_l H \cdot dl = I + \int \dfrac{\partial D}{\partial t} \cdot dS$
자계 가우스 법칙	$\operatorname{div} B = 0$	$\int B \cdot dS = 0$
전계 가우스 법칙	$\operatorname{div} D = \rho$	$\int D \cdot dS = Q = Q \int_v \rho dv$

회전: rot, 발산: div
- 자극은 단독으로 존재하지 않고, 항상 N극과 S극이 같이 존재한다. → $\operatorname{div} B = 0$

정답 ②

11. Chapter 02 진공 중의 정전계

전기력선의 성질에 대한 설명으로 옳은 것은?

① 전기력선은 도체 표면과 직교한다.
② 전기력선은 등전위면과 평행하다.
③ 전기력선은 도체 내부에 존재할 수 있다.
④ 전기력선은 전위가 낮은 점에서 높은 점으로 향한다.

정답분석

전기력선의 성질
㉠ 전기력선은 반드시 정(+)전하에서 나와 부(-)전하로 들어간다.
㉡ 전기력선은 반드시 도체 표면에 수직으로 출입한다.
㉢ 전기력선은 서로 반발력이 작용하여 교차할 수 없다.
㉣ 전기력선의 도체에 주어진 전하는 도체 표면에만 분포한다.
㉤ 전기력선의 도체 내부에는 전하가 존재할 수 없다.
㉥ 전기력선은 폐곡선을 이룰 수 없다.
㉦ 전기력선의 방향은 그 점의 전계의 방향과 같다.
㉧ 전기력선의 밀도는 전계의 세기와 같다.
㉨ 전기력선은 등전위면과 수직이다.
㉩ 전기력선은 전위가 높은 곳에서 낮은 곳으로 향한다.
㉪ $Q[C]$의 전하에서 나오는 전기력선의 수는 $\dfrac{Q}{\epsilon_0}$ 개다.

정답 ①

13. Chapter 03 정전용량

길이 $l[m]$인 동축 원통 도체의 내외원통에 각각 $+\lambda, -\lambda[C/m]$의 전하가 분포되어 있다. 내외원통 사이에 유전율 ϵ인 유전체가 채워져 있을 때, 전계의 세기 $[V/m]$는? (단, V는 내외원통 간의 전위차, D는 전속밀도이고, a, b는 내외원통의 반지름이며, 원통 중심에서의 거리 r은 $a < r < b$인 경우이다)

① $\dfrac{D}{r \cdot \ln\dfrac{b}{a}}$ ② $\dfrac{D}{\epsilon \cdot \ln\dfrac{b}{a}}$

③ $\dfrac{V}{r \cdot \ln\dfrac{b}{a}}$ ④ $\dfrac{V}{\epsilon \cdot \ln\dfrac{b}{a}}$

정답분석

㉠ 동축 원통 도체의 전계: $E = \dfrac{\lambda}{2\pi\epsilon r}$

㉡ 전위: $V = -\int_b^a E \, dl$

$V = -\int_b^a E \, dl = -\int_b^a \dfrac{\lambda}{2\pi\epsilon r} dl$

$= \dfrac{\lambda}{2\pi\epsilon}[\ln r]_a^b = \dfrac{\lambda}{2\pi\epsilon}\ln\dfrac{b}{a}$

이므로 $\dfrac{\lambda}{2\pi\epsilon} = \dfrac{V}{\ln\dfrac{b}{a}}$ 이다.

따라서 $E = \dfrac{V}{r \ln\dfrac{b}{a}}[V/m]$ 이다.

정답 ③

12. Chapter 09 자성체와 자기회로

자기회로의 자기저항에 대한 설명으로 옳은 것은?

① 투자율에 반비례한다.
② 자기회로의 단면적에 비례한다.
③ 자기회로의 길이에 반비례한다.
④ 단면적에 반비례하고, 길이의 제곱에 비례한다.

정답분석

자기 저항: $R_m = \dfrac{l}{\mu S} = \dfrac{NI}{\phi} = \dfrac{F}{\phi}$

정답 ①

Chapter 09 자성체와 자기회로

14 비투자율 $\mu_s = 800$, 원형 단면적 $S = 10[\text{cm}^2]$, 평균 자로 길이 $l = 8\pi \times 10^{-2}[\text{m}]$의 환상 철심에 600회의 코일을 감고 이것에 1A의 전류를 흘리면 내부 자속은 몇 $[\text{Wb}]$인가?

① 1.2×10^{-3}
② 1.2×10^{-5}
③ 2.4×10^{-3}
④ 2.4×10^{-5}

$F_m = NI = R_m\phi$에서
$\phi = \dfrac{NI}{R_m} = \dfrac{NI}{\dfrac{l}{\mu S}} = \dfrac{\mu SNI}{l}[\text{Wb}]$

$\phi = \dfrac{\mu_0 \mu_s SNI}{l}$

$= \dfrac{(4\pi \times 10^{-7}) \times 800 \times (10 \times 10^{-4}) \times 600 \times 1}{8\pi \times 10^{-2}}$

$= 2.4 \times 10^{-3}[\text{Wb}]$

정답 ③

Chapter 10 전자유도법칙

15 다음 중 액체 상태의 도체에 전류를 인가했을 때 액체 도체가 수축·이완하는 현상을 무엇이라 하는가?

① 자기여효(magnetic aftereffect)
② 바크하우젠 효과(Barkhausen effect)
③ 자기왜현상(magneto - striction effect)
④ 핀치 효과(Pinch effect)

① 자기여효: 강자성체에 자계를 인가했을 때 자화가 시간적으로 늦게 일어나는 현상
② 바크하우젠 효과: 강자성체에 자계를 인가했을 때 내부 자속이 불연속적(계단적)으로 증감하는 현상
③ 자기왜현상: 강자성체를 자기장 안에 두었을 때 왜곡 등의 일그러짐이 발생하는 현상
④ 핀치 효과: 액체 상태의 도체에 전류를 인가했을 때 액체 도체가 수축·이완하는 현상

정답 ④

Chapter 06 전류

16 저항의 크기가 1[Ω]인 전선이 있다. 이 전선의 체적을 동일하게 유지하면서 길이를 2배로 늘였을 때 전선의 저항[Ω]은?

① 0.5
② 1
③ 2
④ 4

저항: $R = \rho \dfrac{l}{S} = \dfrac{l}{\sigma S}$

길이를 2배로 할 때 체적이 유지되어야 하므로 면적은 $\dfrac{1}{2}$배가 된다.

따라서 저항 $R' = \dfrac{2l}{\sigma \dfrac{S}{2}} = 4 \times \dfrac{l}{\sigma S} = 4[\Omega]$이다.

정답 ④

Chapter 03 정전용량

17 내압이 2.0[kV]이고 정전용량이 각각 0.01[μF], 0.02[μF], 0.04[μF]인 3개의 커패시터를 직렬로 연결했을 때 전체 내압은 몇 V인가?

① 1,750
② 2,000
③ 3,500
④ 4,000

커패시터의 직렬연결: $Q = Q_1 = Q_2 = Q_3 =$ 일정

$V = \dfrac{Q}{C}$에서 Q가 일정하므로 $V \propto \dfrac{1}{C}$이다. 따라서 정전용량이 제일 적은 0.01μF에 가장 큰 2,000V가 걸리고, 0.02μF, 0.04μF에 1,000V, 500V가 걸리므로 전체 내압은 3,500V이다.

정답 ③

Chapter 11 인덕턴스

18 어떤 환상 솔레노이드의 단면적이 S이고, 자로의 길이가 l, 투자율이 μ라고 한다. 이 철심에 균등하게 코일을 N회 감고 전류를 흘렸을 때 자기 인덕턴스에 대한 설명으로 옳은 것은?

① 투자율 μ에 반비례한다.
② 단면적 S에 반비례한다.
③ 자로의 길이 l에 비례한다.
④ 권선수 N^2에 비례한다.

자기 인덕턴스: $L = \dfrac{\mu S N^2}{l} [\text{H}]$

정답 ④

Chapter 04 유전체

19 상이한 매질의 경계면에서 전자파가 만족해야 할 조건이 아닌 것은? (단, 경계면은 두 개의 무손실 매질 사이이다)

① 경계면의 양측에서 자계의 접선성분은 서로 같다.
② 경계면의 양측에서 전계의 접선성분은 서로 같다.
③ 경계면의 양측에서 전속밀도의 법선성분은 서로 같다.
④ 경계면의 양측에서 자속밀도의 접선성분은 서로 같다.

유전체의 경계 조건
㉠ 전계의 접선 성분의 연속: $E_1 \sin\theta_1 = E_2 \sin\theta_2$
㉡ 전속 밀도의 법선 성분의 연속: $D_1 \cos\theta_1 = D_2 \cos\theta_2$
㉢ 경계 조건: $\dfrac{\tan\theta_1}{\tan\theta_2} = \dfrac{\epsilon_1}{\epsilon_2}$
㉣ 유전체의 경계면 조건($\epsilon_1 > \epsilon_2$): $\theta_1 > \theta_2$, $D_1 > D_2$, $E_1 < E_2$

정답 ④

Chapter 07 진공 중의 정자계

20 자성체의 종류에 대한 설명으로 옳은 것은? (단, χ_m는 자화율이고, μ_r은 비투자율이다)

① $\mu_r < 1$이면, 역자성체이다.
② $\mu_r > 1$이면, 비자성체이다.
③ $\chi_m < 0$이면, 상자성체이다.
④ $\chi_m > 0$이면, 역자성체이다.

자성체의 종류

구분	강자성체	상자성체	역(반)자성체
종류	철, 니켈, 코발트	백금, 산소, 알루미늄	금, 은, 구리, 비스무트
자화율	$\chi > 0$	$\chi > 0$	$\chi < 0$
비투자율	$\mu_r \gg 1$	$\mu_r \geq 1$	$\mu_r < 1$

정답 ①

2023년 제2회 전기기사

※ CBT문제는 수험생의 기억에 따라 복원된 것이며, 실제 기출문제와 동일하지 않을 수 있습니다.

Chapter 02 진공 중의 정전계

01 진공 중에 선전하 밀도가 $\lambda[\mathrm{C/m}]$로 균일하게 대전된 무한히 긴 직선 도체가 있다. 이 직선 도체에서 수직 거리 $r[\mathrm{m}]$점의 전계의 세기는 몇 V/m인가?

① $E = \dfrac{\lambda}{2\pi\epsilon_0 r}$ ② $E = \dfrac{\lambda}{4\pi\epsilon_0 r}$

③ $E = \dfrac{\lambda}{\pi\epsilon_0}\log\dfrac{1}{r}$ ④ $E = \dfrac{\lambda}{4\pi\epsilon_0 r^2}$

무한장 직선 도체에서 전계의 세기: $E = \dfrac{\lambda}{2\pi\epsilon_0 r}$

정답 ①

Chapter 02 진공 중의 정전계

02 대전된 도체의 특징으로 옳은 것은?

① 도체 표면과 내부 전위는 동일하다.
② 전계는 도체 표면과 수평인 방향으로 진행된다.
③ 도체에 인가된 전하는 도체 표면과 내부에 모두 분포한다.
④ 도체 표면에서의 전하밀도는 곡률이 클수록 낮다.

대전된 도체의 특징
㉠ 도체 내부에는 전하가 존재하지 않는다.
㉡ 도체 표면과 내부 전위는 동일하다.
㉢ 대전된 도체의 전하는 도체 표면에만 존재한다.
㉣ 도체면에서 전계의 세기는 도체 표면에 항상 수직이다.
㉤ 도체 표면에서의 전하 밀도는 곡률이 클수록(곡률 반경이 작을수록) 높다.

정답 ①

Chapter 04 유전체

03 유전체의 경계 조건에 대한 설명으로 옳지 않은 것은?

① 완전 유전체 내에서는 자유 전하는 존재하지 않는다.
② 표면 전하 밀도란 구속 전하의 표면 밀도를 말하는 것이다.
③ 특수한 경우를 제외하고 경계면에서 표면 전하 밀도는 0이다.
④ 경계면에 외부 전하가 있으면, 유전체의 내부와 외부의 전하는 평형되지 않는다.

유전체에서 표면 전하 밀도란 유전체 내의 구속 전하의 변위 현상에 의한 것이다.

정답 ②

Chapter 04 유전체

04 압전기 현상에서 전기 분극이 기계적 응력에 수직한 방향으로 발생하는 현상은?

① 역효과   ② 횡효과
③ 종효과   ④ 직접효과

• 압전 현상: 압력을 가하면 분극이 발생하는 현상
• 횡효과: 힘을 가하는 방향과 전위차 발생 방향이 수직인 경우(응력과 분극이 수직 방향으로 발생)
• 종효과: 힘을 가하는 방향과 전위차 발생 방향이 같은 경우(응력과 분극이 동일 방향으로 발생)

정답 ②

Chapter 01 벡터

05 다음 중 스토크스(stokes)의 정리는?

① $\oint_C H \cdot dl = \int_S (\nabla \times H) \cdot ds$

② $\oint_C H \cdot ds = \int (\nabla \cdot H) \cdot dl$

③ $\int B \cdot ds = \int_S (\nabla \times H) \cdot ds$

④ $\oint H \cdot ds = \iint_S (\nabla \cdot H) \cdot ds$

정답분석
스토크스 정리는 선적분을 면적분으로 치환하는 정리이다.
$\oint_C H \cdot dl = \int_S (\nabla \times H) \cdot ds$

정답 ①

 Chapter 03 정전용량

07 반지름이 30cm인 원판 전극의 평행판 콘덴서가 있다. 전극의 간격이 0.1cm이며 전극 사이 유전체의 비유전율이 4.0이라 한다. 이 콘덴서의 정전용량은 약 몇 μF 인가?

① 0.2 ② 0.1
③ 0.05 ④ 0.01

정답분석
평행판 정전용량: $C = \dfrac{\epsilon S}{d} = \dfrac{\epsilon_0 \epsilon_s S}{d}$

$\therefore C = \dfrac{\epsilon_0 \epsilon_s S}{d}$

$= \dfrac{(8.855 \times 10^{-12}) \times 4 \times (\pi \times 0.3^2)}{0.1 \times 10^{-2}}$

$= 0.10 [\mu F]$

정답 ②

Chapter 09 자성체와 자기회로

08 기자력(Magnetomotive Force)에 대한 설명으로 옳지 않은 것은?

① SI 단위는 암페어[A]이다.
② 전기회로의 기전력에 대응한다.
③ 자기회로의 자기저항과 자속의 곱과 동일하다.
④ 코일에 전류를 흘렸을 때 전류밀도와 코일의 권수의 곱의 크기와 같다.

정답분석
코일에 전류를 흘렸을 때 전류와 코일권수의 곱의 크기와 같다.

정답 ④

 Chapter 10 전자유도법칙

06 다음 중 와전류가 이용되고 있는 것은?

① 레이더
② 수중 음파 탐지기
③ 사이클로트론 (cyclotron)
④ 자기 브레이크(magnetic brake)

정답분석
와전류: 도체에 자속이 흐를 때 이 자속에 수직되는 면을 회전, 와전류가 이용되는 것은 자기 브레이크(magnetic brake)이다.

정답 ④

 Chapter 12 전자계

09 진공 중에서 전자파의 전파속도[m/s]는?

① $C_0 = \dfrac{1}{\sqrt{\epsilon_0 \mu_0}}$ ② $C_0 = \sqrt{\epsilon_0 \mu_0}$

③ $C_0 = \dfrac{1}{\sqrt{\epsilon_0}}$ ④ $C_0 = \dfrac{1}{\sqrt{\mu_0}}$

정답분석
㉠ 전파속도: $v = \dfrac{1}{\sqrt{\mu \epsilon}} = \dfrac{1}{\sqrt{\mu_0 \epsilon_0}} \dfrac{1}{\sqrt{\mu_s \epsilon_s}}$

㉡ 진공에서 전파속도: $C_0 = \dfrac{1}{\sqrt{\mu_0 \epsilon_0}}$

정답 ①

Chapter 08 전류와 자기현상

10 속도 v의 전자가 평등자계 내에 수직으로 들어갈 때, 이 전자에 대한 설명으로 옳은 것은?

① 원운동을 하고 원의 반지름은 자계의 세기에 비례한다.
② 원운동을 하고 원의 반지름은 자계의 세기에 반비례한다.
③ 구면위에서 회전하고 구의 반지름은 자계의 세기에 비례한다.
④ 원운동을 하고 원의 반지름은 전자의 처음 속도의 제곱에 비례한다.

 정답분석

로렌츠힘: $F = eE + e(v \times B)$

전자가 자계로 진입하게 되면 원심력 $\dfrac{mv^2}{r}$ 과 구심력 $e(v \times B)$이 같아져 전자는 원운동을 하게 된다.

$\dfrac{mv^2}{r} = evB$에서 전자의 원운동 반경 $r = \dfrac{mv}{eB}$ 이다.

㉠ 각주파수 $\omega = \dfrac{v}{r} = \dfrac{eB}{m}$

㉡ 주파수 $f = \dfrac{\omega}{2\pi} = \dfrac{eB}{2\pi m}$

㉢ 주기 $T = \dfrac{1}{f} = \dfrac{2\pi m}{eB}$

정답 ②

Chapter 04 유전체

11 유전율 ϵ, 전계의 세기 E인 유전체의 단위 체적당 축적되는 정전에너지는?

① $\dfrac{\epsilon E}{2}$ ② $\dfrac{\epsilon E^2}{2}$
③ $\dfrac{E}{2\epsilon}$ ④ $\dfrac{\epsilon^2 E^2}{2}$

 정답분석

전계의 단위 체적당 에너지밀도:
$w = \dfrac{1}{2}ED = \dfrac{\epsilon E^2}{2} = \dfrac{D^2}{2\epsilon}[\text{J/m}^3]$

정답 ②

Chapter 08 전류와 자기현상

12 평행한 두 도선간의 전자력은? (단, 두 도선간의 거리는 $r[\text{m}]$라 한다)

① r에 비례 ② r에 반비례
③ r^2에 비례 ④ r^2에 반비례

 정답분석

평행한 두 도선 사이의 힘: $F = \dfrac{\mu I_1 I_2}{2\pi r}[\text{N}]$

정답 ②

Chapter 02 진공 중의 정전계

13 서로 같은 두 개의 구도체에 동일한 양의 전하를 대전 시킨 후 20cm 떨어뜨린 결과 구도체에는 서로 6×10^{-4}N의 반발력이 작용한다. 구도체에 주어진 전하[C]는?

① 3.2×10^{-8} ② 4.2×10^{-8}
③ 5.2×10^{-8} ④ 6.2×10^{-8}

 정답분석

$F = \dfrac{Q_1 Q_2}{4\pi\epsilon_0 r^2}$에서 전하가 동일하므로 $Q^2 = 4\pi\epsilon_0 r^2 F$

$Q = \sqrt{4\pi\epsilon_0 r^2 F} = \sqrt{\dfrac{1}{9 \times 10^9} \times 0.2^2 \times (6 \times 10^{-4})}$
$= 5.2 \times 10^{-8}[\text{C}]$

정답 ③

Chapter 09 자성체와 자기회로

14 임의의 방향으로 배열되었던 강자성체의 자구가 외부 자기장의 힘이 일정치 이상이 되는 순간에 급격히 회전하여 자기장의 방향으로 배열되고 자속밀도가 증가하는 현상을 무엇이라 하는가?

① 핀치 효과(Pinch effect)
② 자기여효(magnetic aftereffect)
③ 바크하우젠 효과(Barkhausen effect)
④ 자기왜현상(magneto - striction effect)

① **핀치 효과**: 액체 상태의 도체에 전류를 인가했을 때 액체 도체가 수축·이완하는 현상
② **자기여효**: 강자성체에 자계를 인가했을 때 자화가 시간적으로 늦게 일어나는 현상
③ **바크하우젠 효과**: 강자성체에 자계를 인가했을 때 내부 자속이 불연속적(계단적)으로 증감하는 현상
④ **자기왜현상**: 강자성체를 자기장 안에 두었을 때 왜곡 등의 일그러짐이 발생하는 현상

정답 ③

Chapter 08 전류와 자기현상

15 진공 중에서 2m 떨어진 두 개의 무한 평행 도선에 단위 길이당 10^{-7}N의 반발력이 작용할 때 각 도선에 흐르는 전류의 크기와 방향은? (단, 각 도선에 흐르는 전류의 크기는 같다)

① 각 도선에 1A가 같은 방향으로 흐른다.
② 각 도선에 1A가 반대 방향으로 흐른다.
③ 각 도선에 2A가 같은 방향으로 흐른다.
④ 각 도선에 2A가 반대 방향으로 흐른다.

평행도선의 단위 길이 당 작용하는 힘: $F = \dfrac{\mu_0 I_1 I_2}{2\pi r}$
㉠ **흡인력**: 같은 방향(평행 도선)
㉡ **반발력**: 반대 방향(왕복 도선)
같은 크기의 전류이므로 $I_1 = I_2 = I$이다.
$F = 10^{-7}$이므로 $10^{-7} = \dfrac{2I^2}{2} \times 10^{-7}$에서 $I^2 = 1$이다.
즉, 전류는 각각 1A가 흐른다.

정답 ②

Chapter 03 정전용량

16 내구의 반지름이 $a = 5$[cm], 외구의 반지름이 $b = 10$[cm]이고, 공기로 채워진 동심구형 커패시터의 정전용량은 약 몇 [pF]인가?

① 11.1   ② 22.2
③ 33.3   ④ 44.4

동심구의 정전용량
$C = \dfrac{4\pi\epsilon_0 ab}{b - a}$
$= \dfrac{\dfrac{1}{9 \times 10^9} \times (5 \times 10^{-2}) \times (10 \times 10^{-2})}{(10-5) \times 10^{-2}} \times 10^{12} = 11.1$[pF]

정답 ①

Chapter 03 정전용량

17 정전용량이 0.03[μF]인 평행판 공기 콘덴서의 두 극판 사이에 절반 두께의 비유전율 10인 유리판을 극판과 평행하게 넣었다면 이 콘덴서의 정전용량은 약 몇 [μF]이 되는가?

① 0.55   ② 0.055
③ 1.83   ④ 18.3

극판 간격의 $\dfrac{1}{2}$ 간격에 물질을 직렬로 채운 경우의 정전용량
$C = \dfrac{2\epsilon_s C_0}{1 + \epsilon_s} = \dfrac{2 \times 10 \times 0.03}{1 + 10} = 0.055$[μF]이다.

정답 ②

18 Chapter 04 유전체

평행 극판 사이의 간격이 $d[\text{m}]$이고 정전용량이 $0.3\mu\text{F}$인 공기 커패시터가 있다. 그림과 같이 두 극판 사이에 비유전율이 5인 유전체를 절반 두께 만큼 넣었을 때 이 커패시터의 정전용량은 몇 μF이 되는가?

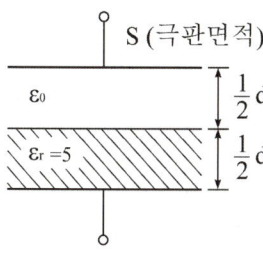

① 0.1　② 0.5
③ 0.7　④ 0.9

극판 간격의 $\frac{1}{2}$ 간격에 물질을 직렬로 채운 경우의 정전용량은
$C = \dfrac{2\epsilon_s C_0}{1+\epsilon_s} = \dfrac{2\times 5\times 0.3}{1+5} = 0.5[\mu\text{F}]$이다.

정답 ②

19 Chapter 10 전자유도법칙

주파수가 100[MHz]일 때 구리의 표피 두께(skin depth)는 약 몇 m인가? (단, 구리의 도전율은 $5.9\times 10^7[\mho/\text{m}]$이고, 비투자율은 0.99이다)

① 3.3×10^{-3}　② 3.3×10^{-2}
③ 6.6×10^{-3}　④ 6.6×10^{-2}

표피 두께:
$\delta = \sqrt{\dfrac{2}{\omega\mu k}} = \dfrac{1}{\sqrt{\pi f \mu k}}$
$= \dfrac{1}{\sqrt{\pi\times(100\times 10^6)\times(4\pi\times 10^{-7})\times 0.99\times(5.9\times 10^7)}}$
$= 6.6\times 10^{-3}[\text{mm}]$

정답 ③

20 Chapter 01 벡터

구좌표계에서 $\triangle^2 r \nabla^2 r$의 값은 얼마인가?
(단, $r = \sqrt{x^2+y^2+z^2}$)

① r　② $2r$
③ $\dfrac{1}{r}$　④ $\dfrac{2}{r}$

구좌표계에서 $\nabla^2 r$에서 r의 좌표만 있고, θ와 ϕ는 없으므로
$\nabla^2 r = \dfrac{1}{r^2}\dfrac{\partial}{\partial r}\left(r^2\dfrac{\partial r}{\partial r}\right) = \dfrac{1}{r^2}\times 2r = \dfrac{2}{r}$이다.

정답 ④

2023년 제1회 전기기사

※ CBT문제는 수험생의 기억에 따라 복원된 것이며, 실제 기출문제와 동일하지 않을 수 있습니다.

Chapter 09 자성체와 자기회로

01 다음 중 강자성체의 3가지 특성이 아닌 것은?

① 히스트레시스 특성
② 포화특성
③ 고투자율 특성
④ 와전류 특성

정답분석
강자성체의 특징
㉠ 비투자율 $\mu_s \gg 1$
㉡ 자구의 영역을 가진다.
㉢ 강자성체는 한계점에 도달하면 자성이 일정하게 되는 자기포화 현상이 일어난다.
㉣ 히스테리시스 현상은 도체마다 다른 특성을 가진다.
㉤ 히스테리시스, 포화, 고주투자율 특성

정답 ④

Chapter 12 전자계

02 다음 중 변위전류와 가장 관계가 깊은 것은?

① 도체   ② 유전체
③ 반도체   ④ 자성체

정답분석
변위전류는 유전체에 흐르는 전류이다.

정답 ②

Chapter 02 진공 중의 정전계

03 정전계에서 도체에 정(+)의 전하를 주었을 때의 설명으로 틀린 것은?

① 도체 표면에서 수직으로 전기력선이 출입한다.
② 도체 외측의 표면에만 전하가 분포한다.
③ 도체 내에 있는 공동면에도 전하가 골고루 분포한다.
④ 도체 표면의 곡률 반지름이 작은 곳에 전하가 많이 분포한다.

정답분석
㉠ 도체의 표면에만 전도체의 전하가 분포되어 있다.
㉡ 도체 표면과 수직으로 전계 및 전기력선이 발생한다.
㉢ 곡률 반지름이 작을수록(곡률이 클수록) 전하가 많이 분포한다.
㉣ 도체의 모서리나 꺾인 지점에 전하가 집중되어 많이 분포한다.
㉤ 도체표면: 등전위면
㉥ 전기력선은 등전위면에 수직이므로 도체표면에 수직(법선방향)으로 발산한다.

정답 ③

Chapter 07 진공 중의 정자계

04 자기 모멘트 9.8×10^{-5} Wb·m의 막대자석을 지구자계의 수평성분 10.5AT/m인 곳에서 지자기 자오면으로부터 90° 회전시키는데 필요한 일은 약 몇 J인가?

① 9.03×10^{-3} ② 9.03×10^{-5}
③ 1.03×10^{-3} ④ 1.03×10^{-5}

정답분석
막대자석 토크 에너지: $W = MH(1 - \cos\theta)$
∴ $W = (9.8 \times 10^{-5}) \times 10.5(1 - \cos 90°)$
$= 1.03 \times 10^{-3}$ [J]

정답 ③

Chapter 11 인덕턴스

05 자기인덕턴스 $L_1[\text{H}]$, $L_2[\text{H}]$와 상호인덕턴스 $M[\text{H}]$와의 결합계수는?

① $\dfrac{\sqrt{L_1 L_2}}{M}$
② $\dfrac{M}{\sqrt{L_1 L_2}}$
③ $\dfrac{L_1 L_2}{M}$
④ $\dfrac{M}{L_1 L_2}$

정답분석
- 상호인덕턴스: $M = k\sqrt{L_1 L_2}$
- 결합계수: $k = \dfrac{M}{\sqrt{L_1 L_2}}$

정답 ②

Chapter 04 유전체

06 평행 극판 사이에 유전율이 각각 ϵ_1, ϵ_2인 유전체를 그림과 같이 채우고, 극판 사이에 일정한 전압을 걸었을 때 두 유전체 사이에 작용하는 힘은? (단, $\epsilon_1 > \epsilon_2$)

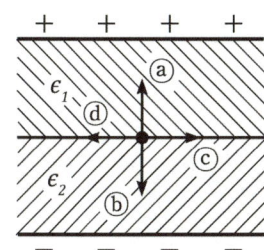

① ⓐ의 방향
② ⓑ의 방향
③ ⓒ의 방향
④ ⓓ의 방향

정답분석
유전체의 경계면에서 작용하는 힘은 유전율이 큰 쪽에서 작은 쪽으로 향한다(Maxwell 응력). 여기서 $\epsilon_1 > \epsilon_2$이므로 힘의 방향은 ⓑ의 방향이다.

정답 ②

Chapter 02 진공 중의 정전계

07 질량 m이 10^{-10}kg이고, 전하량(Q)이 10^{-8}C인 전하가 전기장에 의해 가속되어 운동하고 있다. 가속도가 $a = 10^2 i + 10^2 j [\text{m/s}^2]$일 때 전기장의 세기 $E[\text{V/m}]$는?

① $E = i + j$
② $E = i + 10j$
③ $E = 10^4 i + 10^5 j$
④ $E = 10^{-6} i + 10^{-4} j$

정답분석
$F = qE = ma$에서 전계의 세기는
$E = \dfrac{m}{q} a = \dfrac{10^{-10}}{10^{-8}} \times (10^2 i + 10^2 j) = i + j [\text{V/m}]$

정답 ①

Chapter 09 자성체와 자기회로

08 자기회로와 전기회로에 대한 설명으로 틀린 것은?

① 자기저항의 역수를 컨덕턴스라고 한다.
② 자기회로의 투자율은 전기회로의 도전율에 대응된다.
③ 전기회로의 전류는 자기회로의 자속에 대응된다.
④ 자기저항의 단위는 AT/Wb이다.

정답분석
자기저항의 역수는 퍼미언스이다.

전기회로와 자기회로의 비교

전기회로	자기회로
전류 $I = \dfrac{V}{R}[\text{A}]$	자속 $\phi = \dfrac{F}{R_m}[\text{Wb}]$
기전력 $V = IR[\text{V}]$	기자력 $F_m = \phi R_m = NI[\text{AT}]$
도전율 $k[\mho/\text{m}]$	투자율 $\mu[\text{H/m}]$
전기저항 $R = \dfrac{l}{kS}[\Omega]$	자기저항 $R_m = \dfrac{F}{\phi} = \dfrac{l}{\mu S}[\text{AT/Wb}]$
컨덕턴스 $G = \dfrac{1}{R}$	퍼미언스 $\dfrac{1}{R_m}$

정답 ①

09 Chapter 02 진공 중의 정전계

공기 중에서 반지름 0.03[m]의 구도체에 줄 수 있는 최대 전하는 약 몇 [C]인가? (단, 이 구도체의 주위 공기에 대한 절연내력은 5×10^{-6}[V/m]이다)

① 2×10^{-6} ② 2×10^{-4}
③ 5×10^{-7} ④ 5×10^{-5}

정답분석

㉠ 전계의 세기(절연내력)
$$E = \frac{Q}{4\pi\epsilon_0 r^2} = 5 \times 10^6 [\text{V/m}]$$
㉡ 최대전하: $Q = 4\pi\epsilon_0 r^2 E$
$$= \frac{1}{9 \times 10^9} \times 0.03^2 \times (5 \times 10^6)$$
$$= 5 \times 10^{-7} [\text{C}]$$

정답 ③

10 Chapter 05 전기 영상법

점전하와 접지된 유한한 도체 구가 존재할 때 점전하에 의한 접지 구도체의 영상 전하에 관한 설명으로 옳지 않은 것은?

① 영상 전하는 점전하와 도체 중심축을 이은 직선상에 존재한다.
② 영상 전하는 점전하와 크기는 같고 부호는 반대이다.
③ 영상 전하가 놓인 위치는 도체 중심과 점전하와의 거리와 도체 반지름에 결정된다.
④ 영상 전하는 구도체 내부에 존재한다.

정답분석

점전하와 구도체의 전기 영상법 적용 방법

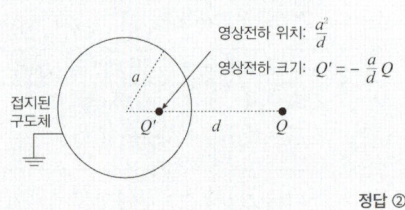

정답 ②

11 Chapter 10 전자유도법칙

자속밀도가 $10[\text{Wb/m}^2]$인 자계 내에 길이 4cm의 도체를 자계와 직각으로 놓고 이 도체를 0.4초 동안 1m씩 균일하게 이동하였을 때 발생하는 기전력은 몇 V인가?

① 1 ② 2
③ 3 ④ 4

정답분석

운동 기전력: $e = vBl\sin\theta = \frac{s}{t}Bl\sin\theta$
$$= \left(\frac{1}{0.4}\right) \times 10 \times 0.04 \times \sin 90°$$
$$= 1[\text{V}]$$

정답 ①

12 Chapter 03 정전용량

정전용량이 각각 $C_1 = 1[\mu\text{F}]$, $C_2 = 2[\mu\text{F}]$인 도체에 전하 $Q_1 = -5[\mu\text{C}]$, $Q_2 = 2[\mu\text{C}]$을 각각 주고 각 도체를 가는 철사로 연결하였을 때 C_1에서 C_2로 이동하는 전하 $Q[\mu\text{C}]$는?

① -1.5 ② -2.5
③ -3 ④ -4

정답분석

각 도체를 가는 철사로 연결하면 두 개의 대전된 도체 구가 접촉하므로 중화 현상으로 인해 총 전하량은 $-5 + 2 = 3[\mu\text{C}]$이다. 각 콘덴서에 분배되어 저장되는 전하량은

$$Q_1 = \frac{C_1}{C_1 + C_2}Q = \frac{1}{1+2} \times (-3) = -1[\mu\text{C}]$$
$$Q_2 = \frac{C_2}{C_1 + C_2}Q = \frac{2}{1+2} \times (-3) = -2[\mu\text{C}]$$

따라서 Q_1에 남은 전하량이 $-1\mu\text{C}$ 이므로 C_1에서 C_2로 $-4\mu\text{C}$의 전하량이 이동하여야 한다. 또는 Q_2의 처음 전하량이 $2\mu\text{C}$ 이었으므로 $-2\mu\text{C}$ 가 되기 위해서는 $-4\mu\text{C}$ 의 전하량이 이동하여야 한다.

정답 ④

13 Chapter 08 전류와 자기현상

한 변의 길이가 10[cm]인 정사각형 회로에 직류 전류 10[A]가 흐를 때 정사각형의 중심에서의 자계 세기는 몇 [A/m]인가?

① $\dfrac{50\sqrt{2}}{\pi}$ ② $\dfrac{100\sqrt{2}}{\pi}$

③ $\dfrac{150\sqrt{2}}{\pi}$ ④ $\dfrac{200\sqrt{2}}{\pi}$

 한 변의 길이가 l일 때 도선 중심에서 자계의 세기

㉠ 정삼각형: $H=\dfrac{9I}{2\pi l}[\mathrm{AT/m}]$

㉡ 정사각형: $H=\dfrac{2\sqrt{2}\,I}{\pi l}[\mathrm{AT/m}]$

㉢ 정육각형: $H=\dfrac{\sqrt{3}\,I}{\pi l}[\mathrm{AT/m}]$

∴ $H=\dfrac{2\sqrt{2}\times 10}{\pi\times 0.1}=\dfrac{200\sqrt{2}}{\pi}[\mathrm{AT/m}]$

정답 ④

14 Chapter 09 자성체와 자기회로

단면적 4[cm²]의 철심에 6×10^{-4}[Wb]의 자속을 통하게 하려면 2,800[AT/m]의 자계가 필요하다. 이 철심의 비투자율은 약 얼마인가?

① 376 ② 426
③ 457 ④ 512

 ㉠ 자속: $\phi=Bs=\mu HS=\mu_0\mu_s HS$

㉡ 비투자율

$\mu_s=\dfrac{\phi}{\mu_0 HS}$

$=\dfrac{6\times 10^{-4}}{(4\pi\times 10^{-7})\times 2{,}800\times(4\times 10^{-4})}$

$=426[\mathrm{H/m}]$

정답 ②

15 Chapter 04 유전체

전계가 유리에서 공기로 입사할 때 (ㄱ) 입사각 θ_1과 굴절각 θ_2의 관계와 (ㄴ) 유리에서의 전계 E_1과 공기에서의 전계 E_2의 관계는?

	(ㄱ)	(ㄴ)
①	$\theta_1<\theta_2$	$E_1>E_2$
②	$\theta_1>\theta_2$	$E_1>E_2$
③	$\theta_1<\theta_2$	$E_1<E_2$
④	$\theta_1>\theta_2$	$E_1<E_2$

 유전체의 경계면 조건

$\epsilon_1>\epsilon_2$일 때 $\theta_1>\theta_2$, $D_1>D_2$, $E_1<E_2$

정답 ④

16 Chapter 06 전류

내부 원통 도체의 반지름이 $a[\mathrm{m}]$, 외부 원통 도체의 반지름이 $b[\mathrm{m}]$인 동축 원통 도체에서 내외 도체 간 물질의 도전율이 $\sigma[\mho/\mathrm{m}]$일 때 내외 도체 간의 단위 길이당 컨덕턴스[$\mho/\mathrm{m}$]는?

① $\dfrac{2\pi\sigma}{\ln\dfrac{a}{b}}$ ② $\dfrac{2\pi\sigma}{\ln\dfrac{b}{a}}$

③ $\dfrac{4\pi\sigma}{\ln\dfrac{a}{b}}$ ④ $\dfrac{4\pi\sigma}{\ln\dfrac{b}{a}}$

 ㉠ 원통 도체의 정전용량: $C=\dfrac{2\pi\epsilon}{\ln\dfrac{b}{a}}$

㉡ 컨덕턴스

$G=\dfrac{1}{R}=\dfrac{C}{\rho\epsilon}=\dfrac{\dfrac{2\pi\epsilon}{\ln\dfrac{b}{a}}}{\rho\epsilon}=\dfrac{2\pi}{\rho\ln\dfrac{b}{a}}=\dfrac{2\pi\sigma}{\ln\dfrac{b}{a}}\;\left(\rho=\dfrac{1}{\sigma}\right)$

정답 ②

Chapter 02 진공 중의 정전계

17 다음 식 중에서 틀린 것은?

① $E = -\text{grad}\, V$
② $\int_S E \cdot n\, ds = \dfrac{Q}{\epsilon_0}$
③ $V = \int_P^\infty E \cdot dl$
④ $\text{grad}\, V = i\dfrac{\partial^2 V}{\partial x^2} + j\dfrac{\partial^2 V}{\partial y^2} + k\dfrac{\partial^2 V}{\partial z^2}$

 정답 분석

전위 경도: $\text{grad}\, V = i\dfrac{\partial V}{\partial x} + j\dfrac{\partial V}{\partial y} + k\dfrac{\partial V}{\partial z}$

정답 ④

Chapter 03 정전용량

18 정전용량이 각각 C_1, C_2 그 사이의 상호유도 계수가 M인 절연된 두 도체가 있다. 두 도체를 가는 선으로 연결할 경우, 정전용량은 어떻게 표현되는가?

① $C_1 + C_2 + M$
② $C_1 + C_2 - M$
③ $2C_1 + 2C_2 + M$
④ $C_1 + C_2 + 2M$

 정답 분석

$Q_1 = C_{11}V_1 + C_{12}V_2$, $Q_2 = C_{21}V_1 + C_{22}V_2$
자체용량계수를 각각 $C_1 = C_{11}$, $C_2 = C_{22}$,
유도 계수를 각각 $C_{12} = C_{21} = M$이라 하면
$Q_1 = C_1 V + MV = (C_1 + M)V$
$Q_2 = MV + C_2 V = (C_2 + M)V$
따라서
$C = \dfrac{Q_1 + Q_2}{V} = \dfrac{(C_1 + M)V + (C_2 + M)V}{V}$
$= C_1 + C_2 + 2M$

정답 ④

Chapter 04 유전체

19 간격이 $d[\text{m}]$이고 면적이 $S[\text{m}^2]$인 평행판 커패시터의 전극 사이에 유전율이 ϵ인 유전체를 넣고 전극 간에 $V[\text{V}]$의 전압을 가했을 때 이 커패시터의 전극판을 떼어내는데 필요한 힘의 크기[N]는?

① $\dfrac{1}{2}\epsilon \dfrac{V^2}{d^2} S$
② $\dfrac{1}{2}\epsilon \dfrac{V}{d} S$
③ $\dfrac{1}{2\epsilon} \dfrac{dV^2}{S}$
④ $\dfrac{1}{2\epsilon} \dfrac{V^2}{d^2 S}$

 정답 분석

- 축적 에너지: $W = \dfrac{1}{2}CV^2 = \dfrac{1}{2}\left(\dfrac{\epsilon S}{d}\right)V^2$
- 힘: $F = \dfrac{W}{d} = \dfrac{\frac{1}{2}\left(\frac{\epsilon S}{d}\right)V^2}{d} = \dfrac{1}{2}\dfrac{V^2}{d^2}S$

정답 ①

Chapter 08 전류와 자기현상

20 두 개의 긴 직선 도체가 평행하게 그림과 같이 위치하고 있다. 각 도체에는 10[A]의 전류가 같은 방향으로 흐르고 있으며, 이격 거리가 0.2[m]일 때 오른쪽 도체의 단위 길이당 힘 [N/m]은? (단, a_x, a_z는 단위 벡터이다)

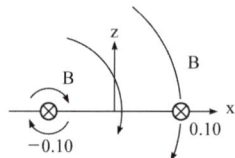

① $-10^{-2} a_z$
② $-10^{-4} a_z$
③ $-10^{-2} a_x$
④ $-10^{-4} a_x$

 정답 분석

㉠ 평행도선의 단위 길이당 작용하는 힘: $F = \dfrac{\mu_0 I_1 I_2}{2\pi r}$

∴ $F = \dfrac{(4\pi \times 10^{-7}) \times 10 \times 10}{2 \times \pi \times 0.2} = 10^{-4}[\text{N/m}]$

㉡ 흡인력: 같은 방향(평행 도선)
㉢ 반발력: 반대 방향(왕복 도선)

두 도선에 흐르는 전류의 방향이 같으므로 흡인력이 작용하여 오른쪽 도체는 왼쪽($-a_x$)으로 힘을 받는다. 따라서 오른쪽 도체의 단위 길이당 힘은 $-10^{-4} a_x[\text{N/m}]$이다.

정답 ④

2025년 제3회 전기산업기사

※ CBT문제는 수험생의 기억에 따라 복원된 것이며, 실제 기출문제와 동일하지 않을 수 있습니다.

Chapter 11 인덕턴스

01 인덕턴스의 단위에서 1[H]는?

① 1[A]의 전류에 대한 자속이 1[Wb]인 경우이다.
② 1[A]의 전류에 대한 유전율이 1[F/m]이다.
③ 1[A]의 전류가 1초간에 변화하는 양이다.
④ 1[A]의 전류에 대한 자계가 1[AT/m]인 경우이다.

정답분석

인덕턴스 정의 식: $L = \dfrac{\Phi}{I}$ [H = Wb/m]

$\therefore L = \dfrac{\Phi}{I} = \dfrac{1}{1} = 1$ [H]

정답

Chapter 08 전류의 자기현상

02 그림과 같은 자극 사이에 있는 도체에 전류(I)가 흐를 때 힘은 어느 방향으로 작용하는가?

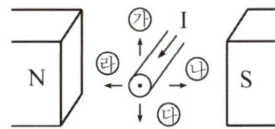

① 가 ② 나
③ 다 ④ 라

정답분석

플레밍의 왼손 법칙 (전동기의 원리)
㉠ 엄지 손가락: 전력력의 방향 (F)
㉡ 검지 손가락: 자장의 방향 (B)
㉢ 중지 손가락: 전류의 방향 (I)

정답

Chapter 07 진공 중의 정자계

03 진공 중에서 4π [Wb]의 자하(磁荷)로부터 발산되는 총자력선 수는?

① 4π ② 10^7
③ $4\pi \times 10^7$ ④ $\dfrac{10^7}{4\pi}$

정답분석

㉠ 자기력선의 수: $N = \dfrac{m}{\mu} = \dfrac{m}{\mu_0 \mu_s}$ 개
㉡ 자속선 수: $N = m$ 개 (μ 과 무관)
$\therefore$ 자기력선 수 (진공의 비투자율: $\mu_s = 1$)

$: N = \dfrac{m}{\mu_0} = \dfrac{4\pi}{4\pi \times 10^{-7}} = 10^7$

정답

Chapter 02 진공 중의 정전계

04 진공 중에서 무한장 직선도체에 선전하밀도 $\rho_L = 2\pi \times 10^{-3}$ [C/m] 가 균일하게 분포된 경우 직선도체에서 2와 4[m] 떨어진 두 점 사이의 전위차는?

① $\dfrac{10^{-3}}{\pi\epsilon_0} \ln 2$ ② $\dfrac{10^{-3}}{\epsilon_0} \ln 2$
③ $\dfrac{1}{\pi\epsilon_0} \ln 2$ ④ $\dfrac{1}{\epsilon_0} \ln 2$

정답분석

무한 직선전하의 전위차

$V_{12} = \dfrac{\rho_L}{2\pi\epsilon} \ln \dfrac{r_2}{r_1} = \dfrac{2\pi \times 10^{-3}}{2\pi\epsilon_0} \ln \dfrac{4}{2}$

$= \dfrac{10^{-3}}{\epsilon_0} \ln 2$ [V]

정답

Chapter 04 유전체

05 면적 $400\,[\text{cm}^2]$, 판간격 $1\,[\text{cm}]$인 2장의 평행금속판 간에 비유전율 5의 유전체를 채우고, 판간에 $10\,[\text{kV}]$의 전압으로 충전하였다가 $10^{-5}\,[\text{sec}]$ 동안 방전시킬 경우의 평균전력은 몇 $[\text{W}]$인가?

① 400　　② 637.8
③ 733.6　　④ 885.5

 정답 분석

㉠ 콘덴서에 축적된 에너지는 저항을 통해서 방전시킬 때의 전력량과 같다.
$$W = \frac{1}{2}CV^2 = Pt\,[\text{J}]$$

㉡ 평행판 콘덴서의 정전용량
$$: C = \frac{\epsilon_0 \epsilon_s S}{d}$$
$$= \frac{8.855 \times 10^{-12} \times 5 \times 400 \times 10^{-4}}{10^{-2}}$$
$$= 17.71 \times 10^{-11}\,[\text{F}]$$

∴ 평균전력
$$: P = \frac{1}{2t}CV^2$$
$$= \frac{1}{2 \times 10^{-5}} \times 17.71 \times 10^{-11} \times (10^4)^2$$
$$= 8.855 \times 10^2\,[\text{W}]$$

정답 ④

Chapter 06 전류

06 고유저항 $\rho\,[\Omega \cdot \text{m}]$, 한 변의 길이가 $r\,[\text{m}]$인 정육면체의 저항 $[\Omega]$은?

① $\dfrac{\rho}{\pi r}$　　② $\dfrac{\pi r^2}{\sqrt{\rho}}$
③ $\dfrac{\rho}{r}$　　④ $\sqrt{\dfrac{2\pi r^2}{\rho}}$

 정답 분석

전기저항: $R = \rho \dfrac{\ell}{S} = \rho \dfrac{r}{r^2} = \dfrac{\rho}{r}\,[\Omega]$

정답 ③

Chapter 05 전기 영상법

07 반지름 $a\,[\text{m}]$인 접지구형도체와 점전하가 유전율 ϵ인 공간에서 각각 원점과 $(d, 0, 0)$인 점에 있다. 구형도체를 제외한 공간의 전계를 구할 수 있도록 구형도체를 영상전하로 대치할 때의 영상점전하의 위치는?

① $\left(-\dfrac{a^2}{d}, 0, 0\right)$　　② $\left(+\dfrac{a^2}{d}, 0, 0\right)$
③ $\left(0, +\dfrac{a^2}{d}, 0\right)$　　④ $\left(+\dfrac{d^2}{4a}, 0, 0\right)$

정답 분석

접지된 도체구와 점전하

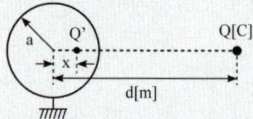

㉠ 영상전하: $Q' = -\dfrac{a}{d}Q\,[\text{C}]$
㉡ 구도체 내의 영상점: $x = \dfrac{a^2}{d}\,[\text{m}]$

정답 ②

Chapter 01 벡터

08 위치함수로 주어지는 벡터량이 $E(xyz) = iE_x + jE_y + kE_z$이다. 나블라 ($\nabla$)와의 내적 $\nabla \cdot E$와 같은 의미를 갖는 것은?

① $\dfrac{\partial E_x}{\partial x} + \dfrac{\partial E_y}{\partial y} + \dfrac{\partial E_z}{\partial z}$

② $i\dfrac{\partial}{\partial x} + j\dfrac{\partial}{\partial y} + k\dfrac{\partial}{\partial z}$

③ $i\dfrac{\partial E_x}{\partial x} + j\dfrac{\partial E_y}{\partial y} + k\dfrac{\partial E_z}{\partial z}$

④ $\dfrac{\partial E}{\partial x} + \dfrac{\partial E}{\partial y} + \dfrac{\partial E}{\partial z}$

정답 분석

벡터의 내적은 같은 방향의 크기 성분의 곱으로 계산할 수 있다.

$$\nabla \cdot E = \left(i\dfrac{\partial}{\partial x} + j\dfrac{\partial}{\partial y} + k\dfrac{\partial}{\partial z}\right) \cdot$$
$$(iE_x + jE_y + kE_z)$$
$$= \dfrac{\partial E_x}{\partial x} + \dfrac{\partial E_y}{\partial y} + \dfrac{\partial E_z}{\partial z}$$

(참고: 내적은 같은 방향의 스칼라 곱)

정답 ①

09 Chapter 08 전류의 자기현상

평등자계내의 내부로 ㉠자계와 평행한 방향, ㉡자계와 수직인 방향으로 일정 속도의 전자를 입사시킬 때 전자의 운동 궤적을 바르게 나타낸 것은?

① ㉠ 원　㉡ 타원
② ㉠ 직선　㉡ 타원
③ ㉠ 직선　㉡ 원
④ ㉠ 원　㉡ 원

평등자계내의 전자 또는 전하의 운동
㉠ 운동 전하가 평등자계에 대하여 수직으로 입사 시: 등속 원운동
㉡ 운동 전하가 평등자계에 대하여 수평으로 입사 시: 등속 직선운동
㉢ 운동 전하가 평등자계에 대하여 비스듬이 입사 시: 등속 나선 운동

정답 ③

10 Chapter 11 인덕턴스

비투자율 1000, 단면적 10[cm²], 자로의 길이 100[cm], 권수 1000회인 철심 환상 솔레노이드에 10[A]의 전류가 흐를 때 저축되는 자기에너지는 몇 [J]인가?

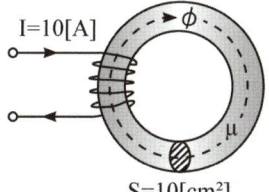

① 62.8　② 6.28
③ 31.4　④ 3.14

㉠ 자기 인덕턴스
$$L = \frac{\mu SN^2}{l} = \frac{\mu_0 \mu_s SN^2}{l}$$
$$= \frac{4\pi \times 10^{-7} \times 1000 \times 10 \times 10^{-4} \times 1000^2}{100 \times 10^{-2}}$$
$$= 4\pi \times 10^{-1} [H]$$

㉡ 코일에 저장되는 자기적인 에너지
$$W_L = \frac{1}{2}LI^2 = \frac{1}{2} \times 4\pi \times 10^{-1} \times 10^2$$
$$= 62.8 [J]$$

정답 ①

11 Chapter 12 전자계

전력용 유입 커패시터가 있다. 유(기름)의 비유전율이 2 이고 인가된 전계 $E = 200 \sin \omega t \, a_x$ [V/m] 일 때 커패시터 내부에서의 변위전류밀도는 몇 [A/m²]인가?

① $400\epsilon_0 \omega \cos \omega t \, a_x$
② $400\epsilon_0 \sin \omega t \, a_x$
③ $200\epsilon_0 \omega \cos \omega t \, a_x$
④ $400\epsilon_0 \omega \sin \omega t \, a_x$

변위전류밀도
$$i_d = \frac{\partial D}{\partial t} = \epsilon \frac{\partial E}{\partial t}$$
$$= \epsilon \frac{\partial}{\partial t} 200 \sin \omega t \, a_x = 200 \epsilon \omega \cos \omega t \, a_x$$
$$= 400 \epsilon_0 \omega \cos \omega t \, a_x [A/m^2]$$

정답 ①

12 Chapter 09 자성체와 자기회로

강자성체의 히스테리시스 루우프의 면적은?

① 강자성체의 단위체적당의 필요한 에너지이다.
② 강자성체의 단위 면적당의 필요한 에너지이다.
③ 강자성체의 단위길이당의 필요한 에너지이다.
④ 강자성체의 전체 체적의 필요한 에너지이다.

정답 ①

13 Chapter 10 전자유도법칙

권수 500[T]의 코일내를 통하는 자속이 다음 그림과 같이 변화하고 있다. bc 기간 내에 코일 단자 간에 생기는 유기 기전력은 몇 [V]인가?

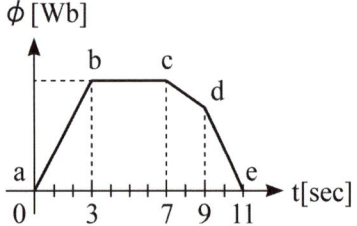

① 1.5
② 0.7
③ 1.4
④ 0

 유도기전력의 크기는 자속의 매초 변화율에 비례하여 발생한다. 이때 bc 기간은 자속 변화가 없으므로 유도 기전력은 0이다.

정답 ④

15 Chapter 09 자성체와 자기회로

자성체 경계면에 전류가 없을 때의 경계조건으로 틀린 것은?

① 자계 H의 접선 성분 $H_{1T} = H_{2T}$
② 자속밀도 B의 법선 성분 $B_{1n} = B_{2n}$
③ 전속밀도 D의 법선 성분
$$D_{1n} = D_{2n} = \frac{\mu_2}{\mu_1}$$
④ 경계면에서의 자력선의 굴절
$$\frac{\tan\theta_1}{\tan\theta_2} = \frac{\mu_1}{\mu_2}$$

 자성체 경계조건

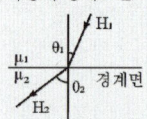

㉠ 자계의 접선성분은 서로 같다. (연속적)
$H_{1t} = H_{2t}\ (H_1 \sin\theta_1 = H_2 \sin\theta_2)$
㉡ 자속밀도의 법선성분은 서로 같다.
$B_{1n} = B_{2n}\ (B_1 \cos\theta_1 = B_2 \cos\theta_2)$
㉢ 경계조건: $\dfrac{\mu_1}{\mu_2} = \dfrac{\tan\theta_1}{\tan\theta_2}$

정답 ③

14 Chapter 02 진공 중의 정전계

전기력선 밀도를 이용하여 주로 대칭 정전계의 세기를 구하기 위하여 이용되는 법칙은?

① 페러데이의 법칙
② 가우스의 법칙
③ 쿨롱의 법칙
④ 톰슨의 법칙

 가우스의 법칙은 임의의 폐곡면을 관통하여 밖으로 나가는 전력선의 총수는 폐곡면 내부에 있는 총 전하량(Q)의 $1/\epsilon_0$ 배와 같다는 법칙으로 정전계의 세기를 구할 때 사용된다.

정답 ②

16 Chapter 04 유전체

유전율이 각각 $\epsilon_1 = 1$, $\epsilon_2 = \sqrt{3}$인 두 유전체가 접해있는 경우, 경계면에서 전기력선의 입사각 $\theta_1 = 45°$이었다. 굴절각 θ_2는 몇 도인가?

① 20°
② 30°
③ 45°
④ 60°

 유전체의 경계조건 $\dfrac{\epsilon_1}{\epsilon_2} = \dfrac{\tan\theta_1}{\tan\theta_2}$에서

$\tan\theta_2 = \tan\theta_1 \dfrac{\epsilon_2}{\epsilon_1} = \tan\theta_1 \dfrac{\epsilon_{s2}}{\epsilon_{s1}}$ 이므로

$\therefore \theta_2 = \tan^{-1}\left(\tan\theta_1 \dfrac{\epsilon_2}{\epsilon_1}\right)$

$= \tan^{-1}\left(\tan 45° \times \dfrac{\sqrt{3}}{1}\right)$

$= \tan^{-1}\sqrt{3} = 60°$

정답 ④

Chapter 12 전자계

17 맥스웰은 전극간의 유전체를 통하여 흐르는 전류를 (㉠)라 하고, 이것은 (㉡)를 발생한다고 가정하였다. ㉠, ㉡에 알맞은 것은?

① ㉠-와전류 ㉡-자계
② ㉠-변위전류 ㉡-자계
③ ㉠-와전류 ㉡-전류
④ ㉠-변위전류 ㉡-전계

정답분석

암페어 주회적분법칙: $rot\ H = i + \dfrac{\partial D}{\partial t}$

도선에 흐르는 전도전류 및 유전체를 통하여 흐르는 변위전류는 주위에 회전하는 자계를 발생시킨다.

정답 ②

Chapter 03 정전용량

18 그림과 같이 $C_1 = 3[\mu F]$, $C_2 = 4[\mu F]$, $C_3 = 5[\mu F]$, $C_4 = 4[\mu F]$의 콘덴서가 연결되어 있을 때 C_1에 $Q_1 = 120[\mu C]$의 전하가 충전되어 있다면 a, c간의 전위차는 몇 [V]인가?

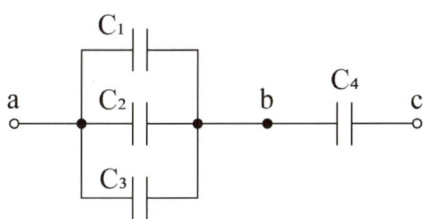

① 72   ② 96
③ 102   ④ 160

정답분석

㉠ a, b간 전위차는 C_1에 걸린 전압과 같으므로
$$V_{ab} = \dfrac{Q_1}{C_1} = \dfrac{120}{3} = 40\,[V]$$

㉡ V_{ab}에 걸린 전압을 전압분배법칙에 의해 전개를 하면 $V_{ab} = \dfrac{C_4}{C + C_4} \times V_{ac}$
(여기서 $C = C_1 + C_2 + C_3 = 12\,[\mu F]$)

$\therefore V_{ac} = \dfrac{V_{ab}(C + C_4)}{C_4} = \dfrac{40(12+4)}{4}$
$\quad\quad = 160\,[V]$

정답 ④

Chapter 06 전류

19 2[Ω]과 4[Ω]의 병렬회로 양단에 40[V]를 가했을 때 2[Ω]에서 발생하는 열은 4[Ω]에서의 열의 몇 배인가?

① 2   ② 4
③ 6   ④ 8

정답분석

저항에서 발생하는 열량

$H = 0.24\, Pt = 0.24\dfrac{V^2}{R}t\,[J]$에서 병렬회로의 전압은 일정하므로 발열량은 저항에 반비례한다. 따라서 2[Ω]에서 발생하는 열은 4[Ω]에서의 2배가 된다.

정답 ①

Chapter 02 진공 중의 정전계

20 절연내력 3000[kV/m]인 공기 중에 놓여진 직경 1[m]의 구도체에 줄 수 있는 최대전하는 몇 [C]인가?

① 6.75×10^4 ② 6.75×10^{-6}
③ 8.33×10^{-5} ④ 8.33×10^{-6}

정답분석

㉠ 절연내력이란 절연체가 견딜 수 있는 최대 전계의 세기를 의미한다.

㉡ 전계의 세기 $E = \dfrac{Q}{4\pi\epsilon_0 r^2} = 9 \times 10^9 \times \dfrac{Q}{r^2}$

에서 최대전하는 다음과 같다.

$\therefore Q = 4\pi\epsilon_0 r^2 E$
$\quad = \dfrac{0.5^2 \times 3000 \times 10^3}{9 \times 10^9} = 8.33 \times 10^{-5}\,[C]$

여기서, r: 구도체 반경 [m]

정답 ③

2025년 제2회 전기산업기사

※ CBT문제는 수험생의 기억에 따라 복원된 것이며, 실제 기출문제와 동일하지 않을 수 있습니다.

01 Chapter 02 진공 중의 정전계

진공 중에 선전하밀도 ρ[C/m], 반경이 a[m]인 아주 긴 직선 원통 전하가 있다. 원통 중심축으로부터 $\frac{a}{2}$[m] 인 거리에 있는 점의 전계의 세기는?

① $\frac{\rho}{4\pi\epsilon_0 \, a}$
② $\frac{\rho}{2\pi\epsilon_0 \, a}$
③ $\frac{\rho}{\pi\epsilon_0 \, a^2}$
④ $\frac{\rho}{8\pi\epsilon_0 \, a}$

전하가 도체 내부에 균일하게 분포된 경우
㉠ 도체 외부 전계: $E = \frac{\lambda}{2\pi\epsilon_0 r}$ [V/m]
㉡ 도체 내부 전계: $E = \frac{r\,\lambda}{2\pi\epsilon_0 a^2}$ [V/m]
∴ 도체 내부 거리 $r = \frac{a}{2}$ 이므로
$E = \frac{\lambda}{4\pi\epsilon_0 a} = \frac{\rho}{4\pi\epsilon_0 a}$ [V/m]

정답 ①

02 Chapter 12 전자계

안테나에서 파장 40[cm]의 평면파가 자유공간에 방사될 때 발신 주파수는 몇 [MHz]인가?

① 650
② 700
③ 750
④ 800

파장의 길이 $\lambda = \frac{v}{f}$ [m] 에서 발신 주파수는
∴ $f = \frac{v}{\lambda} = \frac{3 \times 10^8}{0.4}$
$= 0.75 \times 10^9$ [Hz] $= 750$ [MHz]

정답 ③

03 Chapter 05 전기 영상법

그림과 같이 공기 중에서 무한평면도체의 표면으로부터 2[m]인 곳에 점전하 4[C]이 있다. 전하가 받는 힘은 몇 [N]인가?

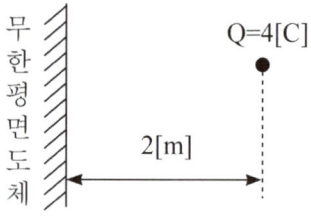

① 3×10^9
② 9×10^9
③ 1.2×10^{10}
④ 3.6×10^{10}

전하가 받는 힘(전기력)
$F = \frac{Q^2}{4\pi\epsilon_0 r^2} = \frac{-Q^2}{4\pi\epsilon_0 (2a)^2}$
$= \frac{9 \times 10^9}{4} \times \frac{-Q^2}{a^2} = -\frac{9 \times 10^9}{4} \times \frac{4^2}{2^2}$
$= -9 \times 10^9$ [N]
여기서, '-'는 흡인력을 의미

정답 ②

04 Chapter 06 전류

전원에서 기계적 에너지를 변환하는 발전기, 화학변화에 의하여 전기에너지를 발생시키는 전지, 빛의 에너지를 전기에너지로 변환하는 태양전지 등이 있다. 다음 중 열에너지를 전기에너지로 변환하는 것은?

① 기전력
② 에너지원
③ 열전대
④ 역기전력

정답 ③

Chapter 02 진공 중의 정전계

05 정전계의 설명으로 가장 적합한 것은?

① 전계 에너지가 항상 ∞인 전기장을 의미한다.
② 전계 에너지가 항상 0인 전기장을 의미한다.
③ 전계 에너지가 최소로 되는 전하 분포의 전계를 의미한다.
④ 전계 에너지가 최대로 되는 전하 분포의 전계를 의미한다.

전계 내의 전하는 그 자신의 에너지가 최소가 되는 가장 안정된 전하 분포를 가지는 정전계를 형성하려고 한다. 이것을 톰슨의 정리라고 한다.

정답 ③

Chapter 08 전류의 자기현상

06 그림과 같은 길이 $\sqrt{3}$ [m]인 유한장 직선도선에 π [A]의 전류가 흐를 때 도선의 일단 B에서 수직하게 1[m]되는 P점의 자계의 세기는 몇 [AT/m]인가?

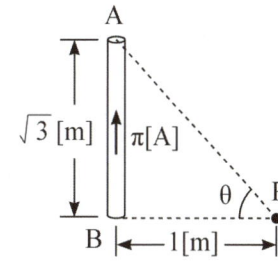

① $\dfrac{\sqrt{3}}{8}$
② $\dfrac{\sqrt{3}}{4}$
③ $\dfrac{\sqrt{3}}{2}$
④ $\sqrt{3}$

㉠ 유한장 직선전류에 의한 자계의 세기는
$H = \dfrac{I}{4\pi r}(\sin\theta_1 + \sin\theta_2)$ 에서 $\theta_2 = 0$
이므로 $H = \dfrac{I}{4\pi r} \times \sin\theta$ 가 된다.

㉡ 선분 $\overline{AP} = \sqrt{(\sqrt{3})^2 + 1^2} = 2$ [m]

㉢ $\sin\theta = \dfrac{\overline{AB}}{\overline{AP}} = \dfrac{\sqrt{3}}{2}$

∴ $H = \dfrac{I}{4\pi r} \times \sin\theta$
$= \dfrac{\pi}{4\pi r} \times \dfrac{\sqrt{3}}{2} = \dfrac{\sqrt{3}}{8}$ [AT/m]

정답 ①

Chapter 12 전자계

07 전자파의 진행방향은?

① 전계 E의 방향과 같다.
② 자계 H의 방향과 같다.
③ $E \times H$의 방향과 같다.
④ $\nabla \times E$의 방향과 같다.

전계 E와 자계 H의 외적 방향이다.

정답 ③

Chapter 11 인덕턴스

08 그림과 같은 회로에서 인덕턴스 20[H]에 저축되는 에너지는 몇 [J]인가?

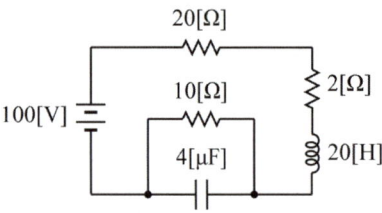

① 1.95
② 19.5
③ 97.7
④ 9,770

㉠ 직류회로에는 주파수가 없으므로($f = 0$) 에서 C는 개방, L은 단락 상태가 된다.
㉡ 용량 리액턴스 ($f = 0$)
$$X_C = \frac{1}{\omega C} = \frac{1}{2\pi f C}\bigg|_{f=0} = \infty$$
㉢ 유도 리액턴스 ($f = 0$)
$$X_L = \omega L = 2\pi f L\big|_{f=0} = 0$$
㉣ 회로에 흐르는 전류
$$I = \frac{100}{20+2+10} = \frac{100}{32} [A]$$
∴ 코일에 저장되는 자기적 에너지
$$W_L = \frac{1}{2}LI^2 = \frac{1}{2} \times 20 \times \left(\frac{100}{32}\right)^2$$
$$= 97.656 [J]$$

정답 ③

Chapter 02 진공 중의 정전계

09 무한이 넓은 두 장의 도체판을 $d\,[\text{m}]$의 간격으로 평행하게 놓은 후, 두 판 사이에 $V[\text{V}]$의 전압을 가한 경우 도체판의 단위 면적당 작용하는 힘은 몇 $[\text{N/m}^2]$ 인가?

① $f = \epsilon_0 \dfrac{V^2}{d}\,[\text{N/m}^2]$

② $f = \dfrac{1}{2}\epsilon_0 d V^2\,[\text{N/m}^2]$

③ $f = \dfrac{1}{2}\epsilon_0\left(\dfrac{V}{d}\right)^2\,[\text{N/m}^2]$

④ $f = \dfrac{1}{2}\dfrac{1}{\epsilon_0}\left(\dfrac{V}{d}\right)^2\,[\text{N/m}^2]$

㉠ 단위 면적당 작용하는 힘(정전응력)
$$: f = \frac{1}{2}\epsilon_0 E^2 = \frac{1}{2}ED = \frac{D^2}{2\epsilon_0}$$
$$= \frac{\sigma^2}{2\epsilon_0}\,[\text{N/m}^2]$$
㉡ 전위차: $V = dE\,[\text{V}]$
∴ 정전응력
$$: f = \frac{1}{2}\epsilon_0 E^2 = \frac{1}{2}\epsilon_0\left(\frac{V}{d}\right)^2\,[\text{N/m}^2]$$

정답 ③

Chapter 09 자성체와 자기회로

10 그림과 같은 자기회로에서 코일에 흐르는 전류가 10[A]이면 $\overline{ACB}$ 간에 투과하는 자속 ϕ는 약 몇 [Wb]인가? (단, 코일의 권수 10회, R_1=0.1[AT/Wb], R_2=0.2[AT/Wb] 이다)

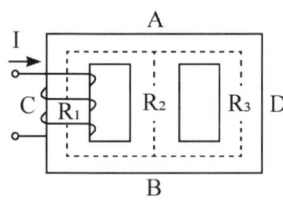

① 2.25×10^2 ② 4.55×10^2
③ 6.50×10^2 ④ 8.45×10^2

정답분석

㉠ 합성 자기저항
$$R_m = R_1 + \frac{R_2 \times R_3}{R_2 + R_3}$$
$$= 0.1 + \frac{0.2 \times 0.3}{0.2 + 0.3} = 0.22 \,[\text{AT/Wb}]$$

㉡ $\overline{ACB}$ 구간에 통과하는 자속 (전체 자속)
$$\phi = \frac{F}{R_m} = \frac{IN}{R_m} = \frac{10 \times 10}{0.22}$$
$$= 4.55 \times 10^2 \,[\text{Wb}]$$

정답 ②

Chapter 07 진공 중의 정자계

11 다음 ( ) 안에 들어갈 내용으로 옳은 것은?

전기쌍극자에 의해 발생하는 전위의 크기는 전기쌍극자 중심으로부터 거리의 (㉮)에 반비례하고, 자기쌍극자에 의해 발생하는 자계의 크기는 자기쌍극자 중심으로부터 거리의 (㉯)에 반비례한다.

① ㉮ 제곱   ㉯ 제곱
② ㉮ 제곱   ㉯ 세제곱
③ ㉮ 세제곱 ㉯ 제곱
④ ㉮ 세제곱 ㉯ 세제곱

정답분석

㉠ 전기쌍극자에 의한 전위
$$V = \frac{M\cos\theta}{4\pi\epsilon_0 r^2} \propto \frac{1}{r^2}$$

㉡ 자기쌍극자에 의한 자계의 세기
$$|\vec{H}| = \frac{M}{4\pi\mu_0 r^3}\sqrt{1+3\cos^2\theta} \propto \frac{1}{r^3}$$

정답 ②

Chapter 04 유전체

12 두 평행판 축전기에 채워진 폴리에틸렌의 비유전율이 ϵ_r, 평행판 거리 $d = 1.5\,[\text{mm}]$ 일 때, 만일 평행판내의 전계의 세기가 $10\,[\text{kV/m}]$ 라면 평행판간 폴리에틸렌 표면에 나타난 분극전하밀도는?

① $\dfrac{\epsilon_r - 1}{18\pi} \times 10^{-5}\,[\text{C/m}^2]$

② $\dfrac{\epsilon_r - 1}{36\pi} \times 10^{-6}\,[\text{C/m}^2]$

③ $\dfrac{\epsilon_r}{18\pi} \times 10^{-5}\,[\text{C/m}^2]$

④ $\dfrac{\epsilon_r - 1}{36\pi} \times 10^{-5}\,[\text{C/m}^2]$

정답분석

분극전하밀도(=분극의 세기)
$$P = \epsilon_0(\epsilon_r - 1)E = \frac{10^{-9}}{36\pi} \times (\epsilon_r - 1) \times 10^4$$
$$= \frac{\epsilon_r - 1}{18\pi} \times 10^{-5}\,[\text{C/m}^2]$$
(여기서, 전계의 세기
$E = 10\,[\text{kV/m}] = 10 \times 10^3 = 10^4\,[\text{V/m}]$)

정답 ①

Chapter 06 전류

13 반지름이 5[mm]인 구리선에 10[A]의 전류가 단위시간에 흐르고 있을때 구리선의 단면을 통과하는 전자의 개수는 단위시간 당 얼마인가? (단, 전자의 전하량은 $e = 1.602 \times 10^{-19}$ [C]이다)

① 6.24×10^{18} ② 6.24×10^{19}
③ 1.28×10^{22} ④ 1.28×10^{23}

정답분석

전자의 개수
$$N = \frac{Q}{e} = \frac{It}{e} = \frac{10 \times 1}{1.602 \times 10^{-19}}$$
$$= 6.242 \times 10^{19}\,[\text{개}]$$
여기서, 전자 1개의 전하량 $e = 1.602 \times 10^{-19}$ 단위시간=1초

정답 ②

Chapter 07 진공 중의 정자계

14 자극의 세기 4[Wb], 자축의 길이 10[cm]의 막대자석이 100[AT/m]의 평등자장 내에서 20[N·m]의 회전력을 받았다면 이때 막대자석과 자장이 이루는 각도는?

① 0° ② 30°
③ 60° ④ 90°

㉠ 막대자석의 회전력: $T = m l H \sin\theta$
㉡ $\sin\theta = \dfrac{T}{m l H} = \dfrac{20}{4 \times 0.1 \times 100} = 0.5$
∴ $\theta = \sin^{-1} 0.5 = 30°$

정답 ②

Chapter 09 자성체와 자기회로

16 비투자율 μ_s, 자속밀도 B[Wb/m²]의 자계 중에 있는 m[Wb]의 자극이 받는 힘은 몇 [N]인가?

① mB ② $\dfrac{mB}{\mu_0}$
③ $\dfrac{mB}{\mu_s}$ ④ $\dfrac{mB}{\mu_0 \mu_s}$

자기력과 자계의 세기 관계
$F = mH = \dfrac{mB}{\mu} = \dfrac{mB}{\mu_0 \mu_s}$ [N]
여기서, 자속밀도: $B = \mu H$ [Wb²/m²]
　　　　자계의 세기: H [AT/m²]
　　　　투자율: $\mu = \mu_0 \mu_s$ [H/m]

정답 ④

Chapter 11 인덕턴스

15 자기인덕턴스 0.5[H]의 코일에 1/200[sec] 동안에 전류가 25[A]로부터 20[A]로 줄었다. 이 코일에 유기된 기전력의 크기 및 방향은?

① 50[V], 전류와 같은 방향
② 50[V], 전류와 반대 방향
③ 500[V], 전류와 같은 방향
④ 500[V], 전류와 반대 방향

유도기전력
$e = -L \dfrac{di}{dt} = -0.5 \times \dfrac{20 - 25}{1/200} = 500$ [V]
여기서, + 부호는 전류와 동일방향으로 발생한다는 의미이다.

정답 ③

Chapter 08 전류의 자기현상

17 전하 q[C]가 진공 중의 자계 H[AT/m]에 수직방향으로 v[m/s]의 속도로 움직일 때 받는 힘은 몇 [N]인가? (단, μ_0는 진공의 투자율이다)

① $\dfrac{qH}{\mu_0 v}$ ② qvH
③ $\dfrac{qvH}{\mu_0}$ ④ $\mu_0 qvH$

㉠ 자계 내 전류가 흐르면(전하 또는 전자가 이동) 플레밍 왼손법칙에 의해서 전자력이 발생된다.
㉡ 전자력 (단, $I \perp B$)
$F = IBl \sin\theta = \dfrac{dq}{dt} Bl \sin 90°$
　$= \dfrac{dl}{dt} Bq = vBq = v\mu_0 Hq$ [N]

정답 ④

Chapter 04 유전체

18 유전체에 작용하는 힘과 관련된 사항으로 전계 중의 두 유전체가 경계면에서 받는 변형력을 무엇이라 하는가?

① 쿨롱의 힘 ② 맥스웰의 응력
③ 톰슨의 응력 ④ 볼타의 힘

정답 ②

Chapter 03 정전용량

19 그림과 같이 반지름 $r\,[\mathrm{m}]$, 중심 간격 $x\,[\mathrm{m}]$ 인 평행 원통도체가 있다. $x \gg r$ 라 할 때 원통도체의 단위길이 당 정전용량은 몇 $[\mathrm{F/m}]$ 인가?

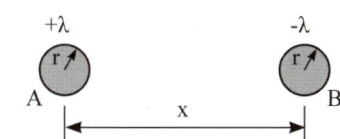

① $\dfrac{2\pi\epsilon_0}{\ln\dfrac{r}{x}}$ ② $\dfrac{2\pi\epsilon_0}{\ln\dfrac{x}{r}}$

③ $\dfrac{\pi\epsilon_0}{\ln\dfrac{r}{x}}$ ④ $\dfrac{\pi\epsilon_0}{\ln\dfrac{x}{r}}$

정답분석 평행 왕복도선 사이의 정전용량

$: C = \dfrac{\pi\epsilon_0}{\ln\dfrac{x}{r}}\,[\mathrm{F/m}] = \dfrac{\pi\epsilon_0}{\ln\dfrac{x}{r}} \times 10^9\,[\mu\mathrm{F/km}]$

정답 ④

Chapter 10 전자유도법칙

20 서울에서 부산 방향으로 향하는 제트기가 있다. 제트기가 대지면과 나란하게 1235 [km/h]로 비행할 때, 제트기 날개 사이에 나타나는 전위차[V]는? (단, 지구의 자기장은 대지면에서 수직으로 향하고, 그 크기는 30[A/m]이고, 제트기의 몸체 표면은 도체로 구성되며, 날개 사이의 길이는 65[m]이다)

① 0.42 ② 0.84
③ 1.68 ④ 3.03

정답분석 제트기(도체)가 대지 표면에서 발생되는 자기장을 끊어나가면 제트기 표면에는 기전력이 유도된다. (플레밍의 오른손 법칙)

∴ 유도기전력
$e = vBl\sin\theta = v\mu_0 Hl\sin\theta$
$= \dfrac{1235}{3600} \times 4\pi \times 10^{-7} \times 30 \times 65 \times \sin 90$
$= 0.84\,[\mathrm{V}]$

정답 ②

2025년 제1회 전기산업기사

※ CBT문제는 수험생의 기억에 따라 복원된 것이며, 실제 기출문제와 동일하지 않을 수 있습니다.

01 Chapter 05 전기영상법

무한 평면도체로부터 거리 $a\,[\mathrm{m}]$ 인 곳에 점전하 $Q[\mathrm{C}]$ 이 있을 때 도체표면에 유도되는 최대 전하밀도는 몇 $[\mathrm{C/m^2}]$ 인가?

① $-\dfrac{Q}{2\pi a^2}$ ② $\dfrac{Q}{2\pi \epsilon_0 a^2}$

③ $\dfrac{Q}{4\pi a^2}$ ④ $\dfrac{Q}{4\pi \epsilon_0 a^2}$

 최대 전하밀도

$D_m = \sigma_m = \epsilon_0 E_m = -\dfrac{Q}{2\pi a^2}\,[\mathrm{C/m^2}]$

정답 ①

02 Chapter 11 인덕턴스

균일하게 원형 단면을 흐르는 전류 $I[\mathrm{A}]$ 에 의한 반지름 $a\,[\mathrm{m}]$, 길이 $\ell\,[\mathrm{m}]$, 비투자율 μ_s 인 원통 도체의 내부 인덕턴스는 몇 $[\mathrm{H}]$ 인가?

① $\dfrac{1}{2} \times 10^{-7} \mu_s \ell$ ② $10^{-7} \mu_s \ell$

③ $2 \times 10^{-7} \mu_s \ell$ ④ $\dfrac{1}{2a} \times 10^{-7} \mu_s \ell$

 내부 인덕턴스 (구리의 비투자율: $\mu_s \fallingdotseq 1$)

$L_i = \dfrac{\mu l}{8\pi} = \dfrac{\mu_0 \mu_s l}{8\pi} = \dfrac{4\pi \times 10^{-7} \times \mu_s \times \ell}{8\pi}$

$= \dfrac{1}{2} \times 10^{-7} \times \mu_s \ell\,[\mathrm{H}]$

정답 ①

03 Chapter 01 벡터

$A = 2i - 5j + 3k$ 일 때, $k \times A$ 를 구하면?

① $-5i + 2j$ ② $5iz - 2j$

③ $-5i - 2j$ ④ $5i + 2j$

 k 와 A 의 두 벡터의 외적은 다음과 같다.

$k \times A = k \times (2i - 5j + 3k) = 2j + 5i$

여기서, $k \times i = j,\ k \times j = -i,\ k \times k = 0$

정답 ④

04 Chapter 04 유전체

정전용량이 20[μF]인 평행판 축전기에 0.01[C]의 전하량을 충전했을 때 두 평행판 사이에 비유전율 10인 유전체를 채우면 유전체 표면에 발생하는 분극 전하량은 몇 [C]인가?

① -0.009   ② -0.01

③ -0.09   ④ -0.1

 ㉠ 분극전하밀도 $\sigma' = P = \dfrac{Q'}{S}\,[\mathrm{C/m^2}]$ 이고,

전하밀도 $\sigma = D = \dfrac{Q}{S}\,[\mathrm{C/m^2}]$

㉡ 분극전하밀도 $P = D\left(1 - \dfrac{1}{\epsilon_s}\right)$ 에서 양변에 면적을 곱해서 분극전하량을 구할 수 있다.

∴ 분극 전하량

$Q' = -Q\left(1 - \dfrac{1}{\epsilon_s}\right) = -0.01\left(1 - \dfrac{1}{10}\right)$

$= -0.009\,[\mathrm{C}]$

정답 ①

Chapter 06 전류

05 평행판 콘덴서에 유전율 9×10^{-8} [F/m], 고유저항 $\rho = 10^6$ [Ω·m] 인 액체를 채웠을 때, 정전용량이 3 [μF] 이었다. 이 양극판 사이의 저항은 몇 [kΩ] 인가?

① 37.6 ② 30
③ 18   ④ 15.4

 정답분석

저항: $R = \dfrac{\rho \epsilon}{C}$

$= \dfrac{9 \times 10^{-8} \times 10^6}{3 \times 10^{-6}}$

$= 3 \times 10^4 [\Omega] = 30 [k\Omega]$

정답 ②

Chapter 03 정전용량

06 모든 전기장치를 접지시키는 근본적인 이유는?

① 편의상 대지는 전위가 영상 전위이기 때문이다.
② 대지는 습기가 있기 때문에 전류가 잘 흐르기 때문이다.
③ 영상전하로 생각하여 땅속은 음(-)전하이기 때문이다.
④ 지구의 정전용량이 커서 전위가 거의 일정하기 때문이다.

 정답분석

모든 전기장치를 접지시키는 이유는 지구의 정전용량이 커서 전위가 거의 일정하기 때문이다.

정답 ④

Chapter 04 유전체

07 유전체의 초전효과(Pyroelectric effect)에 대한 설명이 아닌 것은?

① 온도변화에 관계없이 일어난다.
② 자발 분극을 가진 유전체에서 생긴다.
③ 초전효과가 있는 유전체를 공기 중에 놓으면 중화된다.
④ 열에너지를 전기에너지로 변환시키는데 이용된다.

 정답분석

초전효과는 온도변화에 의해 발생된다.

정답 ①

Chapter 12 전자계

08 도전율 σ, 유전율 ϵ 인 매질에 교류전압을 가할 때 전도전류와 변위전류의 크기가 같아지는 주파수는?

① $f = \dfrac{\sigma}{2\pi\epsilon}$ ② $f = \dfrac{\epsilon}{2\pi\sigma}$

③ $f = \dfrac{2\pi\epsilon}{\sigma}$ ④ $f = \dfrac{2\pi\sigma}{\epsilon}$

 정답분석

㉠ 전도전류: $I_c = \sigma ES$ [A]
㉡ 변위전류: $I_d = \omega \epsilon ES = 2\pi f \epsilon ES$ [A]
㉢ 임계조건: $I_c = I_d \rightarrow \sigma ES = 2\pi f \epsilon ES$

∴ 임계주파수 $f_c = \dfrac{\sigma}{2\pi\epsilon} = \dfrac{k}{2\pi\epsilon}$ [Hz]

정답 ①

Chapter 10 전자유도법칙

09 그림과 같이 환상철심에 2개의 코일을 감고, 1차 코일을 전지에, 2차 코일을 검류계 ⓖ에 연결한다. 다음의 각 경우 중 검류계에 흐르는 전류의 방향이 옳게 언급된 것은?

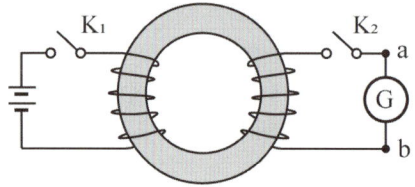

① 스위치 K_2를 닫은 다음 스위치 K_1을 닫으면 전류는 b에서 a로 흐른다.
② 스위치 K_1을 닫은 후 잠깐 있다가 스위치 K_2를 닫으면 전류는 a에서 b로 흐른다.
③ 스위치 K_1과 K_2를 닫아 놓고, 스위치 K_1을 급히 열면 전류는 b에서 a로 흐른다.
④ 스위치 K_1과 K_2를 닫아 놓고, 스위치 K_2를 급히 열면 전류는 b에서 a로 흐른다.

정답분석
스위치 K_1과 K_2를 닫은 상태에서 K_1을 급히 열면 철내에 자속이 감소하게 된다. 그림 전자유도법칙 $e = -N\dfrac{d\phi}{dt}$ 에 의해서 자속과 같은 방향으로 기전력이 유도되므로 2차측 코일에 흐르는 전류는 b에서 a측으로 흐르게 된다.

정답 ③

Chapter 07 진공 중의 정자계

10 판자석의 표면밀도를 $\pm\sigma$[Wb/m2]이라 하고, 두께를 δ[m]라고 할 때, 이 판자석의 세기는 몇 [Wb/m]인가?

① $\sigma\delta$ ② $\dfrac{1}{2}\sigma\delta^2$

③ $\dfrac{1}{2}\sigma\delta$ ④ $\sigma\delta^2$

정답분석
㉠ 자기 이중층 모멘트(판자석의 세기)
$M = P = \sigma\delta = \mu_0 I$ [Wb/m]
㉡ 자기 이중층(판자석) 자위
$U = \dfrac{P\omega}{4\pi\mu_0} = \dfrac{I\omega}{4\pi} = \dfrac{I}{2}(1-\cos\theta)$ [J/Wb]

정답 ①

Chapter 09 자성체와 자기회로

11 다음 설명의 (㉠), (㉡)에 들어갈 내용으로 옳은 것은?

> 히스테리시스 곡선은 가로축(횡축)(㉠), 세로축(종축)(㉡)와의 관계를 나타낸다.

① ㉠ 자속밀도   ㉡ 투자율
② ㉠ 자기장의 세기 ㉡ 자속밀도
③ ㉠ 자화의 세기   ㉡ 자기장의 세기
④ ㉠ 자기장의 세기 ㉡ 투자율

정답분석 히스테리시스 곡선: 자성체가 자화되는 특성을 나타낸 곡선으로 외부에서 인가한 자기력에 대한 자성체 내의 자속밀도를 나타낸 곡선

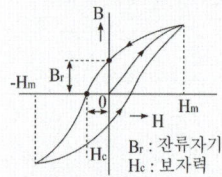

B_r : 잔류자기
H_c : 보자력

㉠ 가로축(횡축): 자기장의 세기
㉡ 세로축(종축): 자속밀도

정답 ②

12 Chapter 03 정전용량

정전용량 C_1, C_2, C_x 의 3개 캐패시터를 그림과 같이 연결하고 단자 a, b간에 100 [V]의 전압을 가하였다. 지금 $C_1 = 0.02$ [μF], $C_2 = 0.1$[μF]이며 C_1 에 90[V]의 전압이 걸렸을 때 C_x 는 몇 [μF]인가?

① 0.1   ② 0.04
③ 0.06   ④ 0.08

정답분석

㉠ 등가변환

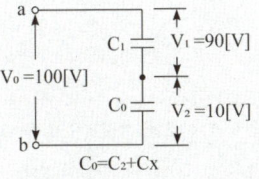

㉡ 전압 분배법칙 $V_2 = \dfrac{C_1}{C_1 + C_2 + C_x} \times V_0$

에서 $10 = \dfrac{0.02}{0.12 + C_x} \times 100$ 이므로

$0.12 + C_x = 0.2$ 이 된다.

∴ $C_x = 0.2 - 0.12 = 0.08 \, [\mu\text{F}]$

정답 ④

13 Chapter 06 전류

온도 $t\,[℃]$ 에서 저항 $R_t\,[\Omega]$ 의 도선은 $30\,[℃]$ 일 때 저항은 어떻게 되는가?

① $\dfrac{30 - t}{234.5} R_t$ ② $\dfrac{234.5 + t}{264.5} R_t$

③ $\dfrac{30 - t}{234.5 + t} R_t$ ④ $\dfrac{264.5}{234.5 + t} R_t$

정답분석

㉠ 20[℃]에서 전기저항
$R_0 = \rho \dfrac{l}{S} = 1.69 \times 10^{-8} \times \dfrac{200}{2 \times 10^{-6}}$
$= 1.69\,[\Omega]$

㉡ 온도 상승 후 전기저항
$R_T = 1.69 \times [1 + 0.0039(50 - 20)]$
$= 1.887\,[\Omega]$

정답 ④

14 Chapter 11 인덕턴스

자기 인덕턴스와 상호 인덕턴스와의 관계에서 결합계수 k 의 값은?

① $0 \leq k \leq \dfrac{1}{2}$ ② $0 \leq k \leq 1$

③ $1 \leq k \leq 2$ ④ $0 \leq k \leq 10$

정답분석

㉠ $k = 0$: 자기적인 비결합
㉡ $k = 1$: 자기적인 완전결합
㉢ 결합계수 범위: $0 < k \leq 1$

정답 ②

Chapter 02 진공 중의 정전계

15 진공 중에 놓여있는 $2 \times 10^3 [C]$의 정전하로부터 1[m] 떨어진 점 A와 2[m] 떨어진 점 B에서의 전속밀도 D_A, D_B는 각각 몇 [C/m²]인가?

① $D_A = 159$, $D_B = 40$
② $D_A = 0.4$, $D_B = 16$
③ $D_A = 40$, $D_B = 159$
④ $D_A = 16$, $D_B = 0.4$

정답분석

전속밀도 $D = \dfrac{Q}{4\pi r^2}$ 에서

 $D_A = \dfrac{2 \times 10^3}{4\pi \times 1} = 159 [C/m^2]$

㉡ $D_B = \dfrac{2 \times 10^3}{4\pi \times 2^2} = 40 [C/m^2]$

정답 ①

Chapter 02 진공 중의 정전계

17 진공 중에 전하량 $Q[C]$ 인 점전하가 있다. 그림과 같이 Q를 둘러싸는 경로 C_1 가 둘러싸지 않은 폐곡선 C_2 가 있다. 지금 $+1[C]$의 전하를 화살표 방향으로 경로 C_1 을 따라 일주시킬 때 요하는 일을 W_1, 경로 C_2 를 일주시키는데 요하는 일을 W_2 라고 할 때 옳은 것은?

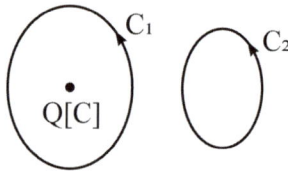

① $W_1 < W_2$
② $W_2 < W_1$
③ $W_1 \neq 0$, $W_2 = 0$
④ $W_1 = W_2 = 0$

정답분석

 $E \, d\ell = 0$ 이므로, 폐회로를 따라 일주하면 위치가 원 위치이므로 에너지 증감이 없다.

정답 ④

Chapter 09 자성체와 자기회로

16 그림과 같은 유한길이의 솔레노이드에서 비투자율이 μ_s 인 철심의 단면적이 $S[m^2]$ 이고 길이가 $\ell [m]$ 인 것에 코일을 N 회 감고 $I[A]$ 를 흘릴 때 자기저항 $R_m [AT/Wb]$ 은 어떻게 표현되는가?

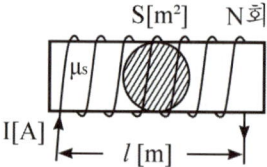

① $R_m = \dfrac{\ell}{\mu_0 \mu_s}$
② $R_m = \ell \mu_0 \mu_s$
③ $R_m = \dfrac{\ell}{\mu_0 \mu_s S}$
④ $R_m = \ell S \mu_0 \mu_s$

정답확인

정답 ③

Chapter 08 전류의 자기현상

18 한 변의 길이가 10[m]되는 정방형 회로에 100[A]의 전류가 흐를 때 회로 중심부의 자계의 세기는 몇 [A/m]인가?

① 5
② 9
③ 16
④ 21

정답분석

정사각형 도체 중심의 자계의 세기

$H = \dfrac{2\sqrt{2} \, I}{\pi \ell} = \dfrac{2\sqrt{2} \times 100}{\pi \times 10} = 9 [A/m]$

정답 ②

19 Chapter 12 전자계

콘크리트($\epsilon_r = 4$, $\mu_r = 1$) 중에서 전자파의 고유 임피던스는 약 몇 [Ω]인가?

① 35.4[Ω]   ② 70.8[Ω]
③ 124.3[Ω] ④ 188.5[Ω]

자유공간에서의 고유 임피던스(특성 임피던스)

$$Z = \sqrt{\frac{\mu}{\epsilon}} = \sqrt{\frac{\mu_0 \mu_r}{\epsilon_0 \epsilon_r}} = 120\pi \sqrt{\frac{\mu_r}{\epsilon_r}}$$

$$= 120\pi \sqrt{\frac{1}{4}} = 377 \times \frac{1}{2} = 188.5 \, [\Omega]$$

정답 ④

20 Chapter 08 전류의 자기현상

자계 내에서 도선에 전류를 흘러 보낼 때, 도선을 자계에 대해 60°의 각으로 놓았을 때 작용하는 힘은 30°각으로 놓았을 때 작용하는 힘의 몇 배인가?

① 1.2   ② 1.7
③ 2.4   ④ 3.6

플레밍의 왼손법칙

$$\frac{F_{60}}{F_{30}} = \frac{IB\ell \sin 60}{IB\ell \sin 30} = \frac{\sin 60}{\sin 30}$$

$$= \frac{\sqrt{3}/2}{1/2} = 1.732$$

정답 ②

2024년 제3회 전기산업기사

※ CBT문제는 수험생의 기억에 따라 복원된 것이며, 실제 기출문제와 동일하지 않을 수 있습니다.

01 Chapter 04 유전체

진공 중에서 어떤 대전체의 전속이 Q 있다. 이 대전체를 비유전율 10인 유전체 속에 넣었을 경우의 전속은 어떻게 되는가?

① Q
② $10Q$
③ $\dfrac{Q}{10}$
④ $\dfrac{Q}{\epsilon}$

 전속수는 유전체와 관계없이 항상 일정하다.

정답 ①

02 Chapter 12 전자계

전자계에 대한 맥스웰의 기본이론이 아닌 것은?

① 자계의 시간적 변화에 따라 전계의 회전이 생긴다.
② 전도전류는 자계를 발생시키나, 변위전류는 자계를 발생시키지 않는다.
③ 자극은 N-S극이 항상 공존한다.
④ 전하에서는 전속선이 발산된다.

 전도전류와 변위전류는 모두 주위에 자계를 만든다.
($rot\, H = \nabla \times H = i = i_c + \dfrac{\partial D}{\partial t}$)

정답 ②

03 Chapter 02 진공 중의 정전계

대전도체 표면전하밀도는 도체표면의 모양에 따라 어떻게 분포하는가?

① 표면전하밀도는 표면의 모양과 무관하다.
② 표면전하밀도는 평면일 때 가장 크다.
③ 표면전하밀도는 뾰족할수록 커진다.
④ 표면전하밀도는 곡률이 크면 작아진다.

 전하는 도체표면에만 분포하고, 전하밀도는 곡률이 큰 곳(곡률반경이 작은 곳)이 높다.

정답 ④

04 Chapter 04 유전체

유전체의 초전효과(Pyroelectric effect)에 대한 설명이 아닌 것은?

① 온도변화에 관계없이 일어난다.
② 자발 분극을 가진 유전체에서 생긴다.
③ 초전효과가 있는 유전체를 공기 중에 놓으면 중화된다.
④ 열에너지를 전기에너지로 변화시키는데 이용된다.

 초전효과는 온도변화에 의해 발생된다.

정답 ①

05 Chapter 02 진공 중의 정전계

표면 전하밀도 σ [C/m²]로 대전된 도체 내부의 전속밀도는 몇 [C/m²]인가?

① σ
② $\epsilon_0 E$
③ $\dfrac{\sigma}{\epsilon_0}$
④ 0

정답분석
전하는 도체표면에만 분포하므로 도체 내부에는 전하가 존재하지 않는다. 따라서 도체 내부의 전속밀도도 0이 된다.

정답 ④

06 Chapter 01 벡터

위치함수로 주어지는 벡터량이 $E(xyz) = iE_x + jE_y + kE_z$ 이다. 나블라(∇)와의 내적 $\nabla \cdot E$ 와 같은 의미를 갖는 것은?

① $\dfrac{\partial E_x}{\partial x} + \dfrac{\partial E_y}{\partial y} + \dfrac{\partial E_z}{\partial z}$
② $i\dfrac{\partial}{\partial x} + j\dfrac{\partial}{\partial y} + k\dfrac{\partial}{\partial z}$
③ $i\dfrac{\partial E_x}{\partial x} + j\dfrac{\partial E_y}{\partial y} + k\dfrac{\partial E_z}{\partial z}$
④ $\dfrac{\partial E}{\partial x} + \dfrac{\partial E}{\partial y} + \dfrac{\partial E}{\partial z}$

벡터의 내적은 같은 방향의 크기 성분의 곱으로 계산할 수 있다.
$\nabla \cdot E = (i\dfrac{\partial}{\partial x} + j\dfrac{\partial}{\partial y} + k\dfrac{\partial}{\partial z}) \cdot (iE_x + jE_y + kE_z)$
$= \dfrac{\partial E_x}{\partial x} + \dfrac{\partial E_y}{\partial y} + \dfrac{\partial E_z}{\partial z}$
(참고: 내적은 같은 방향의 스칼라 곱)

정답 ①

07 Chapter 11 인덕턴스

환상철심에 A, B코일이 감겨있다. 전류가 150[A/sec]로 변화할 때 코일 A에 45[V], B에 30[V]의 기전력이 유기될 때의 B코일의 자기인덕턴스는 몇 [mH]인가? (단, 결합계수 k=1이다.)

① 133
② 200
③ 275
④ 300

㉠ 자기 유도기전력 $e_A = -L_A\dfrac{di_A}{dt}$ 에서
$L_A = \dfrac{|e_A|}{\dfrac{di_A}{dt}} = \dfrac{45}{150} = 0.3[H]$

㉡ 상호 유도기전력 $e_B = -M\dfrac{di_A}{dt}$ 에서
$M = \dfrac{|e_B|}{\dfrac{di_A}{dt}} = \dfrac{30}{150} = 0.2[H]$

㉢ 결합계수 $k = \dfrac{M}{\sqrt{L_A L_B}}$ 에서 $k=1$ 이므로
$M = \sqrt{L_A L_B}$ 이 된다. ($M^2 = L_A L_B$)
$\therefore L_B = \dfrac{M^2}{L_A} = \dfrac{0.2^2}{0.3} = 0.133[H]$
$= 133[mH]$

정답 ①

08 Chapter 09 자성체와 자기회로

강자성체의 세가지 특성이 아닌 것은?

① 와전류 특성
② 히스테리시스 특성
③ 고투자율 특성
④ 포화 특성

와전류는 전자유도법칙에 의해 발생되는 현상이다.

정답 ①

Chapter 05 전기 영상법

 점전하 $+Q[\text{C}]$에 의한 무한 평면도체의 영상전하는?

① $-Q[\text{C}]$보다 작다.
② $Q[\text{C}]$보다 크다.
③ $-Q[\text{C}]$와 같다.
④ $Q[\text{C}]$와 같다.

정답분석
영상전하는 무한 평면도체의 대칭점에 있으면 크기는 $-Q[\text{C}]$이 된다.

정답 ③

Chapter 11 인덕턴스

11 내도체의 반지름이 $a[\text{m}]$이고, 외도체의 내반지름이 $b[\text{m}]$, 외반지름이 $c[\text{m}]$인 동축케이블의 단위 길이 당 자기 인덕턴스는 몇 $[\text{H/m}]$인가?

① $\dfrac{\mu_0}{2\pi}\ln\dfrac{b}{a}$ ② $\dfrac{\mu_0}{\pi}\ln\dfrac{b}{a}$
③ $\dfrac{2\pi}{\mu_0}\ln\dfrac{b}{a}$ ④ $\dfrac{\pi}{\mu_0}\ln\dfrac{b}{a}$

정답분석
동축케이블(원통 도체) 전체 인덕턴스
$L = L_i + L_e = \dfrac{\mu}{8\pi} + \dfrac{\mu_0}{2\pi}\ln\dfrac{b}{a}\,[\text{H/m}]$
여기서, L_i: 내부 인덕턴스
L_e: 외부 인덕턴스

정답 ①

Chapter 03 정전용량

 대전된 구도체를 반경이 2배가 되는 대전이 안된 구도체에 가는 도선으로 연결할 때 원래의 에너지에 대해 손실된 에너지는 얼마인가? (단, 구도체는 충분히 떨어져 있다)

① $\dfrac{1}{2}$ ② $\dfrac{1}{3}$
③ $\dfrac{2}{3}$ ④ $\dfrac{2}{5}$

정답분석
㉠ 대전된 구도체의 정전에너지: $W_1 = \dfrac{Q^2}{2C_1}$
㉡ 반경이 2배가 되는 대전이 안된 구도체 $(C_2 = 2C_1)$를 가는 도선으로 연결하면 두 도체는 병렬연결$(C = C_1 + C_2 = 3C_1)$이 되고 두 도체가 가지는 전하량은 변화가 없다.
㉢ 두 도체를 연결한 후의 정전에너지
 : $W_2 = \dfrac{Q^2}{2C} = \dfrac{Q^2}{2(C_1+C_2)} = \dfrac{Q^2}{6C_1}$
㉣ 손실된 에너지
 : $W_l = W_1 - W_2 = \dfrac{Q^2}{2C_1} - \dfrac{Q^2}{6C_1} = \dfrac{Q^2}{3C_1}$
∴ 손실비: $\alpha = \dfrac{W_l}{W_1} = \dfrac{\frac{Q^2}{3C_1}}{\frac{Q^2}{2C_1}} = \dfrac{2}{3}$

정답 ③

Chapter 02 진공 중의 정전계

12 두 동심구에서 내부도체의 반지름이 a, 외부도체의 안 반지름이 b, 외부도체의 외반지름이 c일 때, 내부 도체에만 전하 $Q[\text{C}]$을 주었을 때 내부도체의 전위는?

① $\dfrac{Q}{2\pi\epsilon_0 a}\left(\dfrac{1}{a}+\dfrac{1}{b}\right)$
② $\dfrac{Q}{4\pi\epsilon_0}\left(\dfrac{1}{a}-\dfrac{1}{b}\right)$
③ $\dfrac{Q}{4\pi\epsilon_0 c}\left(\dfrac{1}{a}-\dfrac{1}{b}-\dfrac{1}{c}\right)$
④ $\dfrac{Q}{4\pi\epsilon_0}\left(\dfrac{1}{a}-\dfrac{1}{b}+\dfrac{1}{c}\right)$

정답분석
전위는 스칼라이므로 $V = V_{ab} + V_c$으로 계산할 수 있다.
$V = -\int_{\infty}^{c}\dfrac{Q}{4\pi\epsilon_0 r^2}dr - \int_{b}^{a}\dfrac{Q}{4\pi\epsilon_0 r^2}dr$
$= \dfrac{Q}{4\pi\epsilon_0 c} + \dfrac{Q}{4\pi\epsilon_0}\left(\dfrac{1}{a}-\dfrac{1}{b}\right)$
$= \dfrac{Q}{4\pi\epsilon_0}\left(\dfrac{1}{a}-\dfrac{1}{b}+\dfrac{1}{c}\right)[\text{V}]$

정답 ④

13 Chapter 05 전기영상법

접지된 구도체와 점전하 간에 작용하는 힘은?

① 항상 흡인력이다.
② 항상 반발력이다.
③ 조건적 흡인력이다.
④ 조건적 반발력이다.

정답분석
무한 평면도체와 접지된 구도체에 내부에 유도되는 영상전하의 부호는 $-$ 이므로 점전하 간에 작용하는 힘은 항상 흡인력이 발생한다.

정답 ①

14 Chapter 03 정전용량

용량계수와 유도계수에 대한 표현 중에서 옳지 않은 것은?

① 용량계수는 정(+)이다.
② 유도계수는 정(+)이다.
③ $q_{rs} = q_{sr}$
④ 전위계수를 알고 있는 도체계에서는 q_{rr}, q_{rs} 를 계산으로 구할 수 있다.

정답분석
용량계수와 유도계수의 성질
㉠ 용량계수: q_{11}, q_{22}, ... $q_{rr} > 0$
㉡ 유도계수: q_{12}, q_{13}, ... $q_{rs} \leq 0$
㉢ $q_{11} \geq -(q_{21} + q_{31} + ... + q_{n1})$
∴ 유도계수는 항상 0보다 같거나 작다.

정답 ②

15 Chapter 03 정전용량

무한이 넓은 두 장의 도체판을 $d[\text{m}]$ 의 간격으로 평행하게 놓은 후, 두 판 사이에 $V[\text{V}]$ 의 전압을 가한 경우 도체판의 단위 면적당 작용하는 힘은 몇 $[\text{N/m}^2]$ 인가?

① $f = \epsilon_0 \dfrac{V^2}{d} \, [\text{N/m}^2]$

② $f = \dfrac{1}{2} \epsilon_0 d V^2 \, [\text{N/m}^2]$

③ $f = \dfrac{1}{2} \epsilon_0 \left(\dfrac{V}{d}\right)^2 \, [\text{N/m}^2]$

④ $f = \dfrac{1}{2} \dfrac{1}{\epsilon_0} \left(\dfrac{V}{d}\right)^2 \, [\text{N/m}^2]$

정답분석
정전응력 (여기서, 전위차: $V = dE$)
$$f = \dfrac{1}{2} \epsilon_0 E^2 = \dfrac{1}{2} \epsilon_0 \left(\dfrac{V}{d}\right)^2 \, [\text{N/m}^2]$$

정답 ③

16 Chapter 02 진공 중의 정전계

그림과 같이 AC=BC=1[m]일 때 A와 B에 동일한 +1[μC]이 있는 경우 C점의 전위는 몇 [V]인가?

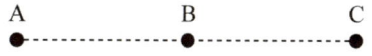

① 6.25×10^3
② 8.75×10^3
③ 12.5×10^3
④ 13.5×10^3

정답분석
㉠ A점에 위치한 전하에 의한 C점의 전위
$$V_A = \dfrac{Q}{4\pi\epsilon_0 r_1} = 9 \times 10^9 \times \dfrac{10^{-6}}{2}$$
$$= 4.5 \times 10^3 [\text{V}]$$
㉡ B점에 위치한 전하에 의한 C점의 전위
$$V_B = \dfrac{Q}{4\pi\epsilon_0 r_2} = 9 \times 10^9 \times \dfrac{10^{-6}}{1}$$
$$= 9 \times 10^3 [\text{V}]$$
∴ C점의 전위
$$V_C = V_A + V_B = 13.5 \times 10^3 [\text{V}]$$

정답 ④

Chapter 09 자성체와 자기회로

17 진공 중의 평등자계 H_0 중에 반지름이 a [m]이고, 투자율이 μ 인 구 자성체가 있다. 이 구자성체의 감자율은? (단, 구 자성체 내부의 자계는 $H = \dfrac{3\mu_0}{2\mu_0 + \mu} H_0$ 이다.)

① 0 ② $\dfrac{1}{2}$
③ $\dfrac{1}{3}$ ④ $\dfrac{1}{4}$

 자성체의 감자율
㉠ 환상 철심: $N = 0$
㉡ 구 자성체: $N = \dfrac{1}{3}$

정답 ③

Chapter 04 유전체

18 반지름이 각각 a [m], b [m], c [m]인 독립 도체구가 있다. 이들 도체를 가는 선으로 연결하면 합성 정전용량은 몇 [F]인가?

① $4\pi\epsilon_0(a+b+c)$
② $4\pi\epsilon_0\sqrt{a^2+b^2+c^2}$
③ $12\pi\epsilon_0\sqrt{a^3+b^3+c^3}$
④ $\dfrac{4}{3}\pi\epsilon_0\sqrt{a^2+b^2+c^2}$

㉠ 도체구의 정전용량: $C = 4\pi\epsilon_0 r$ [F]
㉡ 도체를 가는 선으로 연결하면 아래와 같이 병렬 접속이 된다.

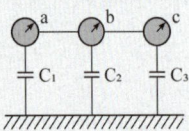

∴ $C = C_1 + C_2 + C_3 = 4\pi\epsilon_0(a+b+c)$ [F]

정답 ①

Chapter 03 정전용량

19 무한히 넓은 평행판 콘덴서에서 두 평행판 사이의 간격이 d [m]일 때 단위 면적당 두 평행판 사이의 정전용량은 몇 [F/m²]인가?

① $\dfrac{1}{4\pi\epsilon_0 d}$ ② $\dfrac{4\pi\epsilon_0}{d}$
③ $\dfrac{\epsilon_0}{d}$ ④ $\dfrac{\epsilon_0}{d^2}$

 평행판 콘덴서의 정전용량 $C = \dfrac{\epsilon_0 S}{d}$ [F] 에서 단위 면적당 정전용량은 다음과 같다.

∴ $C' = \dfrac{C}{S} = \dfrac{\epsilon_0}{d}$ [F/m²]

정답 ③

Chapter 12 전자계

20 유전율이 $\epsilon_0 = 8.855 \times 10^{-12}$ [F/m]인 진공내를 전자파가 전파할 때 진공에 대한 투자율은 몇 [H/m]인가?

① 3.48×10^{-7} ② 6.33×10^{-7}
③ 9.25×10^{-7} ④ 12.56×10^{-7}

 진공의 투자율
$\mu_0 = 4\pi \times 10^{-7} = 12.56 \times 10^{-7}$ [H/m]

정답 ④

2024년 제2회 전기산업기사

※ CBT문제는 수험생의 기억에 따라 복원된 것이며, 실제 기출문제와 동일하지 않을 수 있습니다.

01 Chapter 06 전류

전원에서 기계적 에너지를 변환하는 발전기, 화학변화에 의하여 전기에너지를 발생시키는 전지, 빛의 에너지를 전기에너지로 변환하는 태양전지 등이 있다. 다음 중 열에너지를 전기에너지로 변환하는 것은?

① 기전력　　② 에너지원
③ 열전대　　④ 역기전력

 정답 ③

02 Chapter 04 유전체

그림과 같이 평행판 콘덴서 내에 비유전율 12와 18인 두 종류의 유전체를 같은 두께로 두었을 때 A에는 몇 [V]의 전압이 가해지는가?

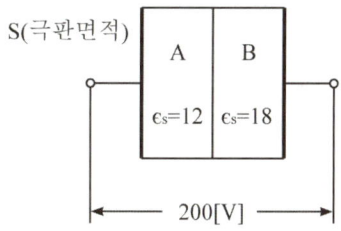

① 40　　② 80
③ 120　　④ 160

 전압 분배 법칙

$$V_A = \frac{C_B}{C_A + C_B} \times V = \frac{\epsilon_B}{\epsilon_A + \epsilon_B} \times V$$

$$= \frac{18}{12+18} \times 200 = 120\,[\text{V}]$$

여기서, 평행판 콘덴서의 정전용량

$$C = \frac{\epsilon S}{d} = \frac{\epsilon_0 \epsilon_s S}{d}\,[\text{F}]$$

정답 ③

03 Chapter 05 전기 영상법

점전하와 접지된 유한한 도체구가 존재할 때 점전하에 의한 접지구 도체의 영상전하에 관한 설명 중 틀린 것은?

① 영상전하는 구 도체 내부에 존재한다.
② 영상전하는 점전하와 크기는 같고 부호는 반대이다.
③ 영상전하는 점전하와 도체 중심축을 이은 직선상에 존재한다.
④ 영상전하가 놓인 위치는 도체 중심과 점전하와의 거리에 도체 반지름에 의해 결정된다.

 접지구 도체 내부에 영상전하가 유도된다.

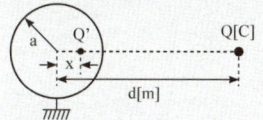

㉠ 영상전하: $Q' = -\frac{a}{d}Q\,[\text{C}]$

㉡ 구도체 내의 영상점: $x = \frac{a^2}{d}\,[\text{m}]$

정답 ②

Chapter 11 인덕턴스

04 정전용량 5[μF]인 콘덴서를 200[V]로 충전하여 자기 인덕턴스 20[mH], 저항 0[Ω]인 코일을 통해 방전할 때 생기는 전기진동 주파수 f는 약 몇 [Hz]이며, 코일에 축적되는 에너지 W는 몇 [J]인가?

① $f = 500[\text{Hz}]$, $W = 0.1[\text{J}]$
② $f = 50[\text{Hz}]$, $W = 1[\text{J}]$
③ $f = 500[\text{Hz}]$, $W = 1[\text{J}]$
④ $f = 50[\text{Hz}]$, $W = 0.1[\text{J}]$

정답분석

㉠ 공진 주파수

: $f = \dfrac{1}{2\pi\sqrt{LC}}$

$= \dfrac{1}{2\pi\sqrt{20 \times 10^{-3} \times 5 \times 10^{-6}}}$

$= 503 \fallingdotseq 500\,[\text{Hz}]$

㉡ 콘덴서에 축적되는 전기적 에너지

: $W_C = \dfrac{1}{2}CV^2$

$= \dfrac{1}{2} \times 5 \times 10^{-6} \times 200^2 = 0.1\,[\text{J}]$

정답 ①

Chapter 09 자성체와 자기회로

05 자성체 경계면에 전류가 없을 때의 경계조건으로 틀린 것은?

① 자계 H의 접선 성분 $H_{1T} = H_{2T}$
② 자속밀도 B의 법선 성분 $B_{1n} = B_{2n}$
③ 전속밀도 D의 법선 성분

$D_{1n} = D_{2n} = \dfrac{\mu_2}{\mu_1}$

④ 경계면에서의 자력선의 굴절

$\dfrac{\tan\theta_1}{\tan\theta_2} = \dfrac{\mu_1}{\mu_2}$

정답분석

자성체 경계조건

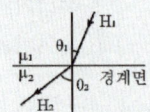

㉠ 자계의 접선성분은 서로 같다. (연속적)
$H_{1t} = H_{2t}\ (H_1\sin\theta_1 = H_2\sin\theta_2)$

㉡ 자속밀도의 법선성분은 서로 같다.
$B_{1n} = B_{2n}\ (B_1\cos\theta_1 = B_2\cos\theta_2)$

㉢ 경계조건: $\dfrac{\mu_1}{\mu_2} = \dfrac{\tan\theta_1}{\tan\theta_2}$

정답 ③

Chapter 02 진공 중의 정전계

06 반지름 r_1 인 가상구 표면에 $+Q$ 의 전하가 균일하게 분포되어 있는 경우, 가상구 내의 전위 분포에 대한 설명으로 옳은 것은?

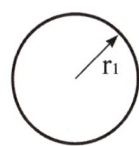

① $V = \dfrac{Q}{4\pi\epsilon_0 r_1}$ 로 반지름에 반비례하여 감소한다.

② $V = \dfrac{Q}{4\pi\epsilon_0 r_1}$ 로 일정하다. 즉, 도체는 등전위이다.

③ $V = \dfrac{Q}{4\pi\epsilon_0 r_1^2}$ 로 반지름에 반비례하여 감소한다.

④ $V = \dfrac{Q}{4\pi\epsilon_0 r_1^2}$ 로 일정하다.

정답분석 도체표면은 등전위면이고 도체 내부전위는 표면전위와 같다.

정답 ②

Chapter 07 진공 중의 정자계

07 500[AT/m]의 자계 중에 어떤 자극을 놓았을 때 3×10^3[N]의 힘이 작용했을 때의 자극의 세기는 몇 [Wb]이겠는가?

① 2   ② 3
③ 5   ④ 6

정답분석 자기력과 자계의 세기와의 관계 $F = mH$ 에서
∴ 자극의 세기(자하=자극)
$m = \dfrac{F}{H} = \dfrac{3 \times 10^3}{500} = 6 [\text{Wb}]$

정답 ④

Chapter 02 진공 중의 정전계

08 $div\, E = \dfrac{\rho}{\epsilon_0}$ 와 의미가 같은 식은?

① $\oint_s E\, ds = \dfrac{Q}{\epsilon_0}$

② $E = -\, grad\, V$

③ $div \cdot grad\, V = -\, \dfrac{\rho}{\epsilon_0}$

④ $div \cdot grad\, V = 0$

정답분석
㉠ 가우스 정리의 미분형: $div\, D = \rho$
(여기서, 전속밀도 $D = \epsilon_0 E$)
㉡ 가우스 정리의 적분형: $\oint_s E\, ds = \dfrac{Q}{\epsilon_0}$

정답 ①

Chapter 12 전자계

09 다음 맥스웰(Maxwell) 전자방정식 중 성립하지 않는 식은?

① $div\, D = \rho$ ② $div\, B = 0$
③ $rot\, E = \dfrac{\partial B}{\partial t}$ ④ $rot\, H = i + \dfrac{\partial D}{\partial t}$

정답분석 패러데이법칙의 미분형
$rot\, E = \nabla \times E = -\, \dfrac{\partial B}{\partial t}$

정답 ③

Chapter 11 인덕턴스

10 자체 인덕턴스가 100[mH]인 코일에 전류가 흘러 20[J]의 에너지가 축적되었다. 이 때 흐르는 전류는 몇 [A]인가?

① 2   ② 10
③ 20   ④ 100

정답분석 코일에 저장되는 자기에너지 $W = \dfrac{1}{2}LI^2$ 에서
$I^2 = \dfrac{2W}{L}$ 이 되므로 전류는 다음과 같다.
∴ $I = \sqrt{\dfrac{2W}{L}} = \sqrt{\dfrac{2 \times 20}{100 \times 10^{-3}}} = 20\,[\text{A}]$

정답 ③

11 Chapter 02 진공 중의 정전계

전기 쌍극자로부터 r [m]만큼 떨어진 점의 전위 크기 V는 r과 어떤 관계가 있는가?

① $V \propto r$
② $V \propto \dfrac{1}{r^3}$
③ $V \propto \dfrac{1}{r^2}$
④ $V \propto \dfrac{1}{r}$

 전기쌍극자로 부터 r [m] 떨어진 점의 전위
$V = \dfrac{M\cos\theta}{4\pi\epsilon_0 r^2}$ [V] 이므로 $V \propto \dfrac{1}{r^2}$ 이 된다.

정답 ③

12 Chapter 08 전류의 자기현상

전하 q [C]가 진공 중의 자계 H [AT/m]에 수직 방향으로 v [m/s]의 속도로 움직일 때 받는 힘은 몇 [N]인가? (단, μ_0는 진공의 투자율이다)

① $\dfrac{qH}{\mu_0 v}$
② qvH
③ $\dfrac{qvH}{\mu_0}$
④ $\mu_0 qvH$

 ㉠ 자계 내 전류가 흐르면(전하 또는 전자가 이동) 플레밍 왼손법칙에 의해서 전자력이 발생된다.
㉡ 전자력 (단, $I \perp B$)
$F = IBl\sin\theta = \dfrac{dq}{dt}Bl\sin 90°$
$= \dfrac{dl}{dt}Bq = vBq = v\mu_0 Hq$ [N]

정답 ④

13 Chapter 12 전자계

지구는 태양으로부터 평균 1[kW/m²]의 방사열을 받고 있다. 지구표면에서의 전계는 몇 [V/m]인가?

① 423
② 526
③ 715
④ 614

 ㉠ 포인팅 벡터: $P = EH$ [W/m²]
㉡ 전계와 자계관계 $\dfrac{E}{H} = \sqrt{\dfrac{\mu_0}{\epsilon_0}}$ 에서
자계의 세기 $H = \dfrac{E}{120\pi} = \dfrac{E}{377}$ 이므로
㉢ 위 공식 ㉠, ㉡ 관계식에서 포인팅 벡터
$P = EH = \dfrac{E^2}{377}$ 이 된다.
∴ $E = \sqrt{120\pi P} = \sqrt{377P} = 614$ [V/m]

정답 ④

14 Chapter 08 전류의 자기현상

한 변의 길이가 10[m]되는 정방형 회로에 100[A]의 전류가 흐를 때 회로 중심부의 자계의 세기는 몇 [A/m]인가?

① 5
② 9
③ 16
④ 21

 정사각형 도체 중심의 자계의 세기
$H = \dfrac{2\sqrt{2}\,I}{\pi\ell} = \dfrac{2\sqrt{2}\times 100}{\pi\times 10} = 9$ [A/m]

정답 ②

15 Chapter 07 진공 중의 정자계

자위의 단위[J/Wb]와 같은 것은?

① [AT]
② [AT/m]
③ [A·m]
④ [Wb]

 ② 자계의 세기 단위
④ 자하의 단위

정답 ①

16
Chapter 03 정전용량

그림에서 2[μF]에 100[μC]의 전하가 충전되어 있었다면 3[μF]의 양단의 전위차는 몇 [V]인가?

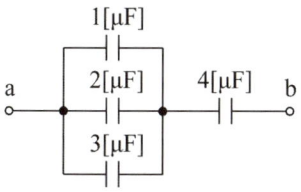

① 50　　② 100
③ 200　　④ 260

정답분석

㉠ 2[μF]의 전위차(단자전압)
: $V = \dfrac{Q}{C} = \dfrac{100 \times 10^{-6}}{2 \times 10^{-6}} = 50 \,[\text{V}]$

㉡ 병렬회로 양단에 걸리는 전위차(단자전압)는 일정하기 때문에 1, 2, 3[μF]에 전위차는 모두 50[V]로 일정하다.

정답 ①

17
Chapter 12 전자계

전자파의 전파속도 [m/s]에 대한 설명 중 옳은 것은?

① 유전율에 비례한다.
② 유전율에 반비례한다.
③ 유전율과 투자율의 곱에 제곱근에 비례한다.
④ 유전율과 투자율의 곱의 제곱근에 반비례한다.

정답분석

전자파의 전파 속도 $v = \dfrac{1}{\sqrt{\epsilon \mu}} = \dfrac{3 \times 10^8}{\sqrt{\epsilon_s \mu_s}}$
이므로 전파속도는 유전율과 투자율의 곱의 제곱근(루트)에 반비례한다.

정답 ④

18
Chapter 10 전자유도법칙

표피효과의 영향에 대한 설명이다. 부적합한 것은?

① 전기저항을 증가시킨다.
② 상호 유도계수를 증가시킨다.
③ 주파수가 높을수록 크다.
④ 도선의 온도가 높을수록 크다.

정답분석

도선의 온도가 높아지면, 도전율이 감소되어 표피효과는 작아진다.

정답 ④

19
Chapter 09 자성체와 자기회로

자기회로에서 단면적, 길이, 투자율을 모두 1/2배로 하면 자기저항은 몇 배가 되는가?

① 0.5　　② 2
③ 1　　④ 8

정답분석

철심의 자기저항 $R_m = \dfrac{l}{\mu S} \,[\text{AT/Wb}]$ 에서
단면적, 길이, 투자율을 모두 1/2배 하면
$\therefore R_x = \dfrac{\frac{1}{2}l}{\frac{1}{2}\mu \times \frac{1}{2}S} = 2 \times \dfrac{l}{\mu S} = 2R_m$

정답 ②

20
Chapter 04 유전체

비유전율 ϵ_s 에 대한 설명으로 옳은 것은?

① 진공의 비유전율은 0이다.
② 공기의 비유전율은 약 1정도 된다.
③ ϵ_s 는 항상 1보다 큰 값이다.
④ ϵ_s 는 절연물의 종류에 따라 다르다.

정답분석

① 진공의 비유전율은 1이다.
② 공기의 비유전율은 1.000587으로 약 1이다.
③ 비유전율은 1보다 크고, 유전체 종류에 따라 크기가 다르다.

정답 ④

2024년 제1회 전기산업기사

※ CBT문제는 수험생의 기억에 따라 복원된 것이며, 실제 기출문제와 동일하지 않을 수 있습니다.

Chapter 02 진공 중의 정전계

01 표면 전하밀도 σ [C/m²]로 대전된 도체 내부의 전속밀도는 몇 C/m²인가?

① σ
② $\epsilon_0 E$
③ $\dfrac{\sigma}{\epsilon_0}$
④ 0

정답분석 전하는 도체표면에만 분포하므로 도체 내부에는 전하가 존재하지 않는다. 따라서 도체 내부의 전속밀도도 0이 된다.

정답 ④

Chapter 04 유전체

02 평행판 공기 콘덴서의 두 전극판 사이에 전위차계를 접속하고 전지에 의하여 충전하였다. 충전한 상태에서 비유전율 ϵ_s 인 유전체를 콘덴서에 채우면 전위차계의 지시는 어떻게 되는가?

① 불변이다.
② 0이 된다.
③ 감소한다.
④ 증가한다.

정답분석 콘덴서에 유전체를 채우면 충전된 전하량에는 변화가 없고, 정전용량이 증가하여 콘덴서 단자전압이 감소하게 된다. ($V = \dfrac{Q}{C}$ [V])

정답 ③

Chapter 08 전류의 자기현상

03 반지름 a [m], 중심간 거리 d [m]인 두 개의 무한장 왕복선로에 서로 반대방향으로 전류 I [A]가 흐를 때, 한 도체에서 x [m]거리인 P점의 자계의 세기는 몇 [AT/m]인가? (단, $d \gg a$, $x \gg a$ 라고 한다)

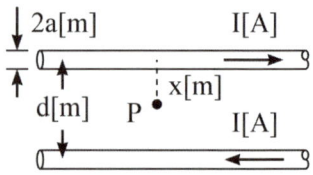

① $\dfrac{I}{2\pi}\left(\dfrac{1}{x} + \dfrac{1}{d-x}\right)$
② $\dfrac{I}{2\pi}\left(\dfrac{1}{x} - \dfrac{1}{d-x}\right)$
③ $\dfrac{I}{4\pi}\left(\dfrac{1}{x} + \dfrac{1}{d-x}\right)$
④ $\dfrac{I}{4\pi}\left(\dfrac{1}{x} - \dfrac{1}{d-x}\right)$

정답분석 무한장 직선 도체의 자계의 세기 $\left(H = \dfrac{I}{2\pi r}\right)$ 에서 P점의 자계의 세기는 H_1과 H_2의 합력이 된다.

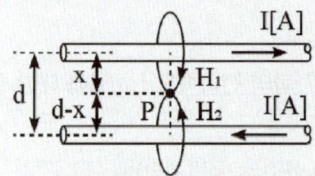

$\therefore H_P = H_1 + H_2 = \dfrac{I}{2\pi x} + \dfrac{I}{2\pi(d-x)}$
$= \dfrac{I}{2\pi}\left(\dfrac{1}{x} + \dfrac{1}{d-x}\right)$ [AT/m]

정답 ①

Chapter 07 진공 중의 정자계

04 그림과 같이 진공에서 6×10^{-3} [Wb] 자극을 가진 길이 10[cm]되는 막대자석의 정자극으로부터 5[cm] 떨어진 P점의 자계의 세기는?

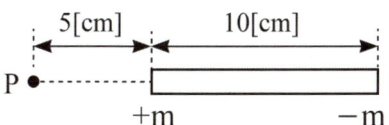

① 13.5×10^4 ② 17.3×10^4
③ 23.3×10^3 ④ 20.4×10^5

정답분석

P점에서의 자계의 세기는 아래 그림과 같이 $+m$에 의한 자계 H_1과 $-m$에 의한 자계 H_2의 합이 된다. (H_1과 H_2는 방향이 반대이므로 $H = H_1 - H_2$이 된다)

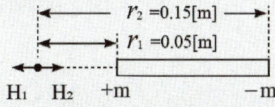

$$\therefore H = H_1 - H_2 = \frac{m}{4\pi\mu_0}\left(\frac{1}{r_1^2} - \frac{1}{r_2^2}\right)$$
$$= 6.33 \times 10^4 \times 6 \times 10^{-3}\left(\frac{1}{0.05^2} - \frac{1}{0.15^2}\right)$$
$$= 13.5 \times 10^4 [\text{A T/m}]$$

정답 ①

Chapter 01 벡터

05 $\vec{A} = i + 4j + 3k$ 와 $\vec{B} = 4i + 2j - 4k$의 두 벡터는 서로 어떤 관계에 있는가?

① 평행   ② 면적
③ 접근   ④ 수직

정답분석

㉠ 두 벡터의 내적
$\vec{A} \cdot \vec{B} = (i + 4j + 3k) \cdot (4i + 2j - 4k)$
$= (1 \times 4) + (4 \times 2) + (3 \times -4)$
$= 4 + 8 - 12 = 0$
㉡ 두 벡터의 내적이 0이 되기 위해서는 두 벡터가 수직 상태여야만 된다. ($\vec{A} \perp \vec{B}$)

정답 ④

Chapter 05 전기 영상법

06 접지되어 있는 반지름 0.2[m]인 도체구의 중심으로부터 거리가 0.4[m] 떨어진 점 P에 점전하 6×10⁻³[C]이 있다. 영상전하는 몇 [C]인가?

① -2×10^{-3} ② -3×10^{-3}
③ -4×10^{-3} ④ -6×10^{-3}

정답분석

$$Q' = -\frac{a}{d}Q = -\frac{0.2}{0.4} \times 6 \times 10^{-3}$$
$$= -3 \times 10^{-3}[\text{C}]$$

정답 ②

Chapter 03 정전용량

07 전위계수의 단위는?

① [1/F]   ② [C]
③ [C/V]   ④ 없다.

정답분석

전위계수는 정전용량의 역수이다.
$\therefore$ 전위계수: $P = \frac{1}{C}[1/\text{F}]$

정답 ①

Chapter 03 정전용량

08 그림에서 a, b 간의 합성용량은?

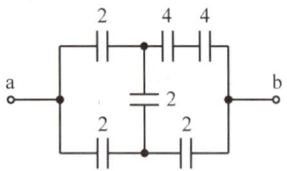

① 2[μF]   ② 4[μF]
③ 6[μF]   ④ 8[μF]

㉠ 직렬로 접속된 2개의 4[μF]의 합성

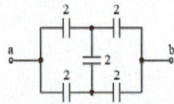

㉡ 휘트스톤 브릿지 평형조건에 의해 위 회로는 아래와 같이 등가 변환할 수 있다.

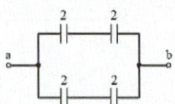

㉢ 직렬로 접속된 2개의 2[μF]의 합성

: $C = \dfrac{2 \times 2}{2 + 2} = 1\,[\mu\mathrm{F}]$

∴ a, b 간의 합성 정전용량

: $C_{ab} = 1 + 1 = 2\,[\mu\mathrm{F}]$

정답 ①

Chapter 08 전류의 자기현상

09 앙페르의 주회적분의 법칙을 설명한 것으로 올바른 것은?

① 폐회로 주위를 따라 전계를 선적분한 값은 폐회로내의 총 저항과 같다.
② 폐회로 주위를 따라 전계를 선적분한 값은 폐회로내의 총 전압과 같다.
③ 폐회로 주위를 따라 자계를 선적분한 값은 폐회로내의 총 전류와 같다.
④ 폐회로 주위를 따라 전계와 자계를 선적분한 값은 폐회로내의 총 저항, 총 전압, 총 전류의 합과 같다.

정답 ③

Chapter 08 전류의 자기현상

10 평등자계 내에 수직으로 돌입한 전자의 궤적은?

① 원운동을 하는 반지름은 자계의 세기에 비례한다.
② 구면 위에서 회전하고 반지름은 자계의 세기에 비례한다.
③ 원운동을 하고 반지름은 전자의 처음 속도에 반비례한다.
④ 원운동을 하고 반지름은 자계의 세기에 반비례한다.

운동 전하가 평등자계에 대하여 수직입사하면 등속원운동하며, 원운동 조건은 원심력 또는 구심력 ($\dfrac{mv^2}{r}$)과 전자력(vBq)이 같아야 한다.

㉠ 원운동 조건: $\dfrac{mv^2}{r} = vBq$

여기서, m : 질량 [kg], q 전하[C]
B : 자속밀도 [Wb/m²]

㉡ 전자의 궤도(원운동을 하는 반지름)

: $r = \dfrac{mv}{Bq} = \dfrac{mv}{\mu_0 H q}$ [m]

∴ 평등자계 내에 전자가 수직입사하면 원운동하고 반지름은 자계의 세기에 반비례한다.

정답 ④

Chapter 10 전자유도법칙

11 저항 24[Ω]의 코일을 지나는 자속이 $0.3\cos 800t$ [Wb]일 때 코일에 흐르는 전류의 최댓값은 몇 [A]인가?

① 10   ② 20
③ 30   ④ 40

전류의 최댓값

$I_m = \dfrac{e_m}{R} = \dfrac{\omega N \phi_m}{R} = \dfrac{800 \times 1 \times 0.3}{24}$
$= 10\,[\mathrm{A}]$

정답 ①

Chapter 02 진공 중의 정전계

12 무한장 선전하와 무한평면 전하에서 r [m]떨어진 점의 전위는 각각 얼마인가? (단, ρ_L 은 선전하밀도, ρ_s 는 평면 전하밀도이다)

① 무한직선: $\dfrac{\rho_L}{2\pi\epsilon_0}$, 무한평면도체: $\dfrac{\rho_s}{\epsilon}$

② 무한직선: $\dfrac{\rho_L}{4\pi\epsilon_0 r}$, 무한평면도체: $\dfrac{\rho_s}{2\pi\epsilon_0}$

③ 무한직선: $\dfrac{\rho_L}{\epsilon}$, 무한평면도체: ∞

④ 무한직선: ∞, 무한평면도체: ∞

정답분석
무한장 선전하, 무한평면 전하의 전하량은 무한대이므로 이들의 전위도 ∞가 된다.

정답 ④

Chapter 04 유전체

13 유전율이 각각 ϵ_1, ϵ_2 인 두 유전체가 접한 경계면에서 전하가 존재하지 않는다고 할 때 유전율이 ϵ_1 인 유전체에서 유전율이 ϵ_2 인 유전체로 전계 E_1 이 입사각 $\theta_1 = 0°$ 로 입사할 경우 성립되는 식은?

① $E_1 = E_2$ ② $E_1 = \epsilon_1\epsilon_2 E_2$

③ $\dfrac{E_1}{E_2} = \dfrac{\epsilon_1}{\epsilon_2}$ ④ $\dfrac{E_2}{E_1} = \dfrac{\epsilon_1}{\epsilon_2}$

정답분석
㉠ 경계면에 대하여 전계가 수직입사 ($\theta_1 = 0$)시 두 경계면에서의 전속밀도는 같다.
㉡ $D_1 = D_2$ 에서 $\epsilon_1 E_1 = \epsilon_2 E_2$ 가 되므로

∴ $\dfrac{E_2}{E_1} = \dfrac{\epsilon_1}{\epsilon_2}$

정답 ④

Chapter 07 진공 중의 정자계

14 자위의 단위[J/Wb]와 같은 것은?

① [AT] ② [AT/m]
③ [A·m] ④ [Wb]

정답분석
② 자계의 세기 단위
④ 자하의 단위

정답 ①

Chapter 06 전류

15 내부저항 20[Ω] 및 25[Ω], 최대 지시눈금이 다 같이 1[A]인 전류계 A_1 및 A_2를 그림과 같이 접속했을 때 측정할 수 있는 최대 전류의 값은 몇 [A]인가?

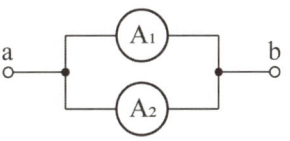

① 1 ② 1.5
③ 1.8 ④ 2

정답분석
㉠ 전류계를 병렬로 설치하면 내부저항이 작은 쪽으로 더 많은 전류가 흐른다.

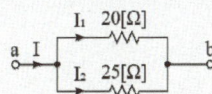

㉡ 내부저항이 작은 전류계 A1에 $I_1 = 1$ [A] 가 흘렀을 때가 두 병렬 전류계가 측정할 수 있는 최대 전류 I 가 된다.
㉢ A1에 흐르는 전류 I_1 (전류 분배 법칙)

: $I_1 = \dfrac{R_2}{R_1 + R_2} \times I$

여기서, R_1: A1 내부저항
R_2: A2 내부저항

∴ 최대 전류

: $I = \dfrac{R_1 + R_2}{R_2} \times I_1 = \dfrac{20 + 25}{25} \times 1$

$= 1.8$ [A]

정답 ③

Chapter 03 정전용량

16 면적 A[m²], 간격 t[m]인 평행판 콘덴서에 전하 Q[C]을 충전하였을 때 정전용량 C[F]와 정전에너지 W[J]는?

① $C = \dfrac{\epsilon_0}{t^2}$, $W = \dfrac{tQ^2}{2\epsilon_0 A}$

② $C = \dfrac{2\epsilon_0 A}{t}$, $W = \dfrac{Q^2}{4\epsilon_0 A}$

③ $C = \dfrac{\epsilon_0 A}{t}$, $W = \dfrac{tQ^2}{2\epsilon_0 A}$

④ $C = \dfrac{2\epsilon_0}{t^2}$, $W = \dfrac{Q^2}{\epsilon_0 A}$

 정답분석
㉠ 평행판 콘덴서의 정전용량: $C = \dfrac{\epsilon_0 A}{t}$
㉡ 콘덴서에 축적되는 에너지 (정전에너지)
  : $W = \dfrac{Q^2}{2C} = \dfrac{tQ^2}{2\epsilon_0 A}$

정답 ③

Chapter 09 자성체와 자기회로

17 변압기 철심으로 규소강판이 사용되는 주된 이유는?

① 와전류손을 적게 하기 위함이다.
② 큐리온도를 높이기 위함이다.
③ 히스테리시스손을 적게 하기 위함이다.
④ 부하손(동손)을 적게 하기 위함이다.

 정답분석
㉠ 히스테리시스손 감소: 규소강판 사용
㉡ 와전류손 감소: 성층철심을 사용

정답 ③

Chapter 10 전자유도법칙

18 자계 중에 이것과 직각으로 놓인 도체에 I[A]의 전류를 흘릴 때 f[N]의 힘이 작용하였다. 이 도체를 v[m/s]의 속도로 자계와 직각으로 운동시킬 때의 기전력 e[V]는?

① $\dfrac{fv}{I^2}$ ② $\dfrac{fv}{I}$

③ $\dfrac{fv^2}{I}$ ④ $\dfrac{fv}{2I}$

 정답분석
㉠ 자계 내에 있는 도체에 전류가 흐르면 도체에는 전자력이 발생한다. (플레밍의 왼손 법칙) 전자력 $f = IBl\sin\theta$[N] 에서 $Bl\sin\theta = \dfrac{f}{I}$ 가 된다.
㉡ 자계 내에 있는 도체가 운동하면 도체에는 기전력이 발생한다. (플레밍의 오른손법칙)
∴ 유도기전력 $e = vBl\sin\theta = \dfrac{fv}{I}$[V]

정답 ②

Chapter 06 전류

19 15[℃]의 물 4[L]를 용기에 넣어 1[kW]의 전열기로 가열하여 물의 온도를 90[℃]로 올리는데 30분이 필요하였다. 이 전열기의 효율은 약 몇 [%]인가?

① 50   ② 60
③ 70   ④ 80

 정답분석
전열기 효율
$\eta = \dfrac{mc\theta}{860pt} = \dfrac{4 \times 1(90-15)}{860 \times 1 \times \dfrac{30}{60}} \times 100 = 70\,[\%]$

정답 ③

Chapter 12 전자계

20 변위전류에 대해 설명이 옳지 않은 것은?

① 전도전류이든 변위전류이든 모두 전자 이동이다.
② 유전율이 무한히 크면 전하의 변위를 일으킨다.
③ 변위전류는 유전체 내에 유전속 밀도의 시간적 변화에 비례한다.
④ 유전율이 무한대이면 내부 전계는 항상 0이다.

정답분석 전도전류는 도체 내 자유전자의 이동에 의한 전류를 말하며 변위전류는 유전체 또는 전해액 내의 구속전자의 변위에 의한 전류를 말한다.

정답 ①

2023년 제3회 전기산업기사

※ CBT문제는 수험생의 기억에 따라 복원된 것이며, 실제 기출문제와 동일하지 않을 수 있습니다.

Chapter 03 정전용량

01 엘라스턴스(elastance)는?

① $\dfrac{1}{전위차 \times 전기량}$

② $전위차 \times 전기량$

③ $\dfrac{전위차}{전기량}$

④ $\dfrac{전기량}{전위차}$

 정답분석

정전용량의 역수를 엘라스턴스라 한다.

∴ $C = \dfrac{Q}{V} = \dfrac{전기량}{전위차}$, $\dfrac{1}{C} = \dfrac{V}{Q}$

정답 ③

Chapter 04 유전체

03 유전체의 초전효과(pyroelectric effect)에 대한 설명이 아닌 것은?

① 온도변화에 관계없이 일어난다.
② 자발 분극을 가진 유전체에서 생긴다.
③ 초전효과가 있는 유전체를 공기 중에 놓으면 중화된다.
④ 열에너지를 전기에너지로 변화시키는데 이용된다.

 정답분석

전기석이나 티탄산바륨의 결정을 가열 또는 냉각하면 결정의 한쪽 면에 정전하가, 다른 쪽 면에는 부전하가 발생한다. 이 전하의 극성은 가열할 때와 냉각할 때는 서로 정반대이다. 이런 현상을 초전효과(pyroelectric effect)라 하며 이때 발생한 전하를 초전기(pyroelectricity)라 한다.

정답 ①

Chapter 05 전기 영상법

02 접지 구도체와 점전하간에는 어떤 힘이 작용하는가?

① 항상 0이다.
② 조건적 반발 또는 흡인력이다.
③ 항상 반발력이다.
④ 항상 흡인력이다.

 정답분석

접지된 도체구와 점전하

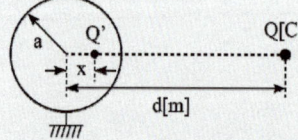

㉠ 영상전하: $Q' = -\dfrac{a}{d}Q\,[\text{C}]$

㉡ 구도체 내의 영상점: $x = \dfrac{a^2}{d}\,[\text{m}]$

∴ 접지구도체에 유도되는 전하는 점전하와 반대부호이므로 흡인력이 작용한다.

정답 ④

04 Chapter 08 전류의 자기현상

그림과 같이 반지름 r[m]인 원의 임의의 2점 a, b(각 θ) 사이에 전류 I[A]가 흐른다. 원의 중심 0의 자계의 세기는 몇 [A/m]인가?

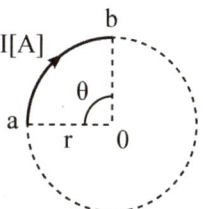

① $\dfrac{I\theta}{4\pi r^2}$ ② $\dfrac{I\theta}{4\pi r}$

③ $\dfrac{I\theta}{2\pi r^2}$ ④ $\dfrac{I\theta}{2\pi r}$

정답분석

원형코일 중심의 자계 $\dfrac{I}{2r}$ [A/m] 에서

θ 만큼 이동한 비율 값이 $\dfrac{\theta}{2\pi}$ 이므로

$\therefore H = \dfrac{I}{2r} \times \dfrac{\theta}{2\pi} = \dfrac{I\theta}{4\pi r}$ [A/m]

정답 ②

05 Chapter 04 유전체

면적 S[m²]의 평행판 평판전극 사이에 유전율이 ϵ_1 [F/m], ϵ_2 [F/m]되는 두 종류의 유전체를 $\dfrac{d}{2}$ [m]두께가 되도록 각각 넣으면 정전용량은 몇 [F]가 되는가?

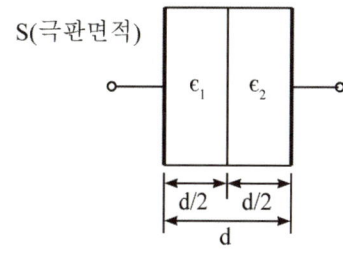

① $\dfrac{S}{\dfrac{d}{2}(\epsilon_1 + \epsilon_2)}$ ② $\dfrac{1}{\dfrac{ds}{2}\left(\dfrac{1}{\epsilon_1} + \dfrac{1}{\epsilon_2}\right)}$

③ $\dfrac{2S}{d\left(\dfrac{1}{\epsilon_1} + \dfrac{1}{\epsilon_2}\right)}$ ④ $\dfrac{S}{2d\left(\dfrac{1}{\epsilon_1} + \dfrac{1}{\epsilon_2}\right)}$

정답분석

정전용량

$C = \dfrac{1}{\dfrac{1}{C_1} + \dfrac{1}{C_2}} = \dfrac{1}{\dfrac{d}{2\epsilon_1 S} + \dfrac{d}{2\epsilon_2 S}}$

$= \dfrac{1}{\dfrac{d}{2s}\left(\dfrac{1}{\epsilon_1} + \dfrac{1}{\epsilon_2}\right)} = \dfrac{2S}{d\left(\dfrac{1}{\epsilon_1} + \dfrac{1}{\epsilon_2}\right)}$ [F]

정답 ③

06 Chapter 03 정전용량

C=5[μF]인 평행판 콘덴서에 5[V]인 전압을 걸어줄 때 콘덴서에 축적되는 에너지는 몇 [J]인가?

① 6.25×10^{-5} ② 6.25×10^{-3}

③ 1.25×10^{-5} ④ 1.25×10^{-3}

정답분석

콘덴서에 축적되는 전기적 에너지

$W = \dfrac{1}{2}CV^2 = \dfrac{1}{2} \times 5 \times 10^{-6} \times 5^2$

$= 6.25 \times 10^5$ [J]

정답 ①

Chapter 09 자성체와 자기회로

07 자계의 세기 $H=1,000[AT/m]$일 때 자속밀도 $B=1[Wb/m^2]$인 재질의 투자율은 몇 [H/m]인가?

① 10^{-3}
② 10^{-4}
③ 10^3
④ 10^4

 자속밀도 $B = \mu H$에서 투자율은 다음과 같다.
$$\therefore \mu = \frac{B}{H} = \frac{0.1}{1000} = 10^{-4}[H/m]$$

정답 ②

Chapter 07 진공 중의 정자계

08 자기쌍극자의 자위에 관한 설명 중 맞는 것은?

① 쌍극자의 자기 모멘트에 반비례한다.
② 거리 제곱에 반비례한다.
③ 자기쌍극자의 축과 이루는 각도 θ의 $\sin\theta$에 비례한다.
④ 자위의 단위는 [Wb/J]이다.

 자기쌍극자 관련 공식
㉠ 쌍극자 모멘트: $M = P = ml[Wb \cdot m]$
→ 거리에 비례한다.
㉡ 자위: $U = \frac{M\cos\theta}{4\pi\mu_0 r^2}[AT]$
→ 거리 제곱에 반비례한다.
㉢ 자계의 세기: $H = \frac{M\sqrt{1+3\cos^2\theta}}{4\pi\mu_0 r^3}$
→ 거리 세제곱에 반비례한다.

정답 ②

Chapter 02 진공 중의 정전계

09 정전계내 있는 도체 표면에서 전계의 방향은 어떻게 되는가?

① 임의 방향
② 표면과 접선방향
③ 표면과 45°방향
④ 표면과 수직방향

 전기력선은 도체 표면에서 수직으로 발생한다.

정답 ④

Chapter 03 정전용량

10 평행판 전극의 단위면적당 정전용량이 $C=200[pF/m^2]$일 때 두 극판 사이에 전위차 2,000[V]를 가하면 이 전극판 사이의 전계의 세기는 약 몇 [V/m]인가?

① 22.6×10^3
② 45.2×10^3
③ 22.6×10^6
④ 45.2×10^5

㉠ 평행판 콘덴서의 정전용량: $C = \frac{\epsilon_0 S}{d}[F]$
㉡ 단위 면적당 정전용량: $C = \frac{\epsilon_0}{d}[F/m^2]$
㉢ 평행판 도체간의 간격
: $d = \frac{\epsilon_0}{C} = \frac{8.855 \times 10^{-12}}{200 \times 10^{-12}} = 0.0442[m]$
∴ 전계의 세기
$$E = \frac{V}{d} = \frac{2000}{0.0442} = 45.2 \times 10^3[V/m]$$

정답 ②

Chapter 12 전자계

11 Maxwell의 전자파 방정식이 아닌 것은?

① $rot H = i + \frac{\partial D}{\partial t}$
② $rot E = -\frac{\partial B}{\partial t}$
③ $div B = i$
④ $div D = \rho$

 맥스웰 방정식
㉠ $rot H = \nabla \times H = i = i_c + \frac{\partial D}{\partial t}$
전계의 시간적 변화에는 회전하는 자계를 발생시킨다.
㉡ $rot E = \nabla \times E = -\frac{\partial B}{\partial t}$
자계가 시간에 따라 변화하면 회전하는 전계가 발생한다.
㉢ $div D = \nabla \cdot D = \rho$
전하가 존재하면 전속선이 발생한다.
㉣ $div B = \nabla \cdot B = 0$
고립된 자극은 없고, N극 S극은 함께 공존한다.

정답 ③

Chapter 08 전류의 자기현상

12 그림과 같이 한변의 길이가 l[m]인 정 6각형 회로에 전류 I[A]가 흐르고 있을 때 중심 자계의 세기는 몇 [A/m]인가?

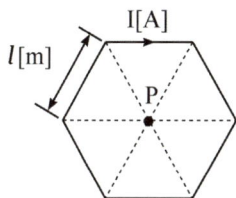

① $\dfrac{1}{2\sqrt{3}\,\pi l} \times I$

② $\dfrac{2\sqrt{2}}{\pi l} \times I$

③ $\dfrac{\sqrt{3}}{\pi l} \times I$

④ $\dfrac{\sqrt{3}}{2\pi l} \times I$

정답분석

한 변의 길이가 l[m]인 도체(코일)에 전류를 흘렸을 때 도체 중심에서 자계의 세기

㉠ 정 사각형 도체: $H = \dfrac{2\sqrt{2}\,I}{\pi l}$ [A/m]

㉡ 정 삼각형 도체: $H = \dfrac{9I}{2\pi l}$ [A/m]

㉢ 정 육각형 도체: $H = \dfrac{\sqrt{3}\,I}{\pi l}$ [A/m]

㉣ 정 n 각형 도체: $H = \dfrac{nI}{2\pi R} \tan\dfrac{\pi}{n}$ [A/m]

정답 ③

Chapter 04 유전체

13 전속밀도 $D=1$[C/m2] 중에 $\epsilon_s=5$인 유전체가 놓여있어서 균일하게 분극이 생겼다면 분극도 P[C/m²]는?

① 0.3   ② 0.5
③ 1   ④ 0.8

정답분석

분극의 세기 [C/m²]

$P = \epsilon_0(\epsilon_s - 1)E = D - \epsilon_0 E = D\left(1 - \dfrac{1}{\epsilon_s}\right)$

$\therefore P = D\left(1 - \dfrac{1}{\epsilon_s}\right)$

$= 1 \times \left(1 - \dfrac{1}{5}\right) = \dfrac{4}{5} = 0.8$ [C/m²]

정답 ①

Chapter 09 자성체와 자기회로

14 코로나 방전이 3×10^6[V/m]에서 일어난다고 하면 반지름 10[cm]인 도체구에 저축할 수 있는 최대 전하량은 몇 [C]인가?

① 0.33×10^{-5} ② 0.72×10^{-6}
③ 0.33×10^{-7} ④ 0.98×10^{-8}

정답분석

㉠ 코로나 방전
절연체의 절연내력보다 전계의 세기가 더 강하여 도체 절연이 파괴되어 공기 중으로 전계가 방전되는 현상

㉡ 코로나 방전이 발생되는 전계의 세기

$E = \dfrac{Q}{4\pi\epsilon_0 r^2} = 9 \times 10^9 \times \dfrac{Q}{r^2}$ [V/m]

∴ 도체 구에 저축할 수 있는 최대 전하량
(이 이상의 전하량에서 코로나 방전 발생)

$Q = 4\pi\epsilon_0 r^2 E = \dfrac{r^2 E}{9 \times 10^9}$

$= \dfrac{0.1^2 \times 3 \times 10^6}{9 \times 10^9} = 0.33 \times 10^{-5}$ [C]

정답 ①

15

Chapter 10 전자유도법칙

그림과 같은 균일한 자계 B [Wb/m²]내에서 길이 l [m]인 도선 AB 가 속도 v [m/s]로 움직일 때 $ABCD$ 내에 유도되는 기전력 e [V]는?

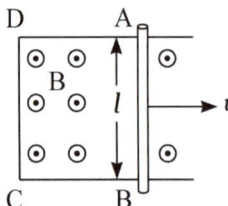

① 시계 방향으로 Blv 이다.
② 반시계 방향으로 Blv 이다.
③ 시계 방향으로 Blv^2 이다.
④ 반시계 방향으로 Blv^2 이다.

㉠ 자계 내에 도체가 v [m/s] 로 운동하면 도체에는 기전력이 유도된다. 도체의 운동방향과 자속밀도는 수직으로 쇄교하므로 기전력은 $e = Blv$ 가 발생된다.
㉡ 방향은 아래 그림과 같이 플레밍 오른손 법칙에 의해 시계방향으로 발생된다.

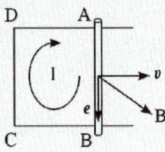

정답 ①

16

Chapter 06 전류

직류 500[V] 절연저항계로 절연저항을 측정하니 2[MΩ]이 되었다면 누설전류는?

① 25[μA] ② 250[μA]
③ 1000[μA] ④ 1250[μA]

누설전류
$I = \dfrac{V}{R} = \dfrac{500}{2 \times 10^6} = 250 \times 10^{-6}$[A]
$= 250$[μA]

정답 ②

17

Chapter 11 인덕턴스

그림과 같은 회로에서 스위치를 최초 A 에 연결하여 일정 전류 I[A]를 흘린 다음 스위치를 급히 B 로 전환할 때 저항 R[Ω]에서 발생하는 열량은 몇 [cal]인가?

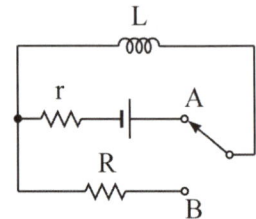

① $\dfrac{1}{8.4}LI^2$ ② $\dfrac{1}{4.2}LI^2$
③ $\dfrac{1}{2}LI^2$ ④ LI^2

㉠ 스위치를 A로 이동하면 코일에는 에너지가 저장$\left(W_L = \dfrac{1}{2}LI^2 [J]\right)$된다.
㉡ 그 후 스위치를 B측으로 이동시키면 코일에 저장된 에너지만큼 저항 R 에서 소비된다.
㉢ 1 [J] $= \dfrac{1}{4.2}$ [cal] ≒ 0.24 [cal]

∴ 발열량: $H = \dfrac{1}{4.2} W_L = \dfrac{1}{8.4} LI^2$ [cal]

정답 ①

18
Chapter 11 인덕턴스

서로 결합하고 있는 두 코일의 자기유도계수가 각각 3[mH], 5[mH]이다. 이들을 자속이 서로 합해지도록 직렬접속하면 합성유도계수가 L[mH]이고, 반대되도록 직렬접속하면 합성 유도계수 L'는 L의 60[%]이었다. 두 코일 간의 결합계수는 얼마인가?

① 0.258 ② 0.362
③ 0.451 ④ 0.551

 정답분석

㉠ 가동결합: $L_+ = L_1 + L_2 + 2M = L$
  (여기서, $L_1 = 3\,[\mathrm{mH}]$, $L_2 = 5\,[\mathrm{mH}]$)
㉡ 차동결합: $L_- = L_1 + L_2 - 2M = 0.6L$
㉢ 상호 인덕턴스
$$M = \frac{L_+ - L_-}{4} = \frac{L - 0.6L}{4} = 0.1L$$
$\rightarrow L = 10M$
㉣ 가동결합 공식에서 $L = 10M$을 대입하면
$$M = \frac{L_+ + L_-}{8} = \frac{3+5}{8} = 1\,[\mathrm{mH}]$$
∴ 결합계수
$$k = \frac{M}{\sqrt{L_1 L_2}} = \frac{1}{\sqrt{3 \times 5}} = 0.25\,[\mathrm{mH}]$$

정답 ①

20
Chapter 08 전류의 자기현상

반지름 25[cm]의 원주형 도선에 π[A]의 전류가 흐를 때 도선의 중심축에서 50[cm]되는 점의 자계의 세기는 몇 [AT/m]인가? (단, 도선의 길이는 매우 길다)

① 1 ② $\frac{1}{2}\pi$
③ $\frac{1}{3}\pi$ ④ $\frac{1}{4}\pi$

 정답분석

무한장 직선 도체의 자계의 세기
$$H = \frac{I}{2\pi r} = \frac{\pi}{2\pi \times 0.5} = 1\,[\mathrm{AT/m}]$$

정답 ①

19
Chapter 12 전자계

전속밀도의 시간적 변화율을 무엇이라 하는가?

① 전계의 세기 ② 변위전류밀도
③ 에너지 밀도 ④ 유전율

 정답분석

변위전류밀도는 전속밀도의 시간적 변화에 의하여 발생한다.
∴ 변위 전류밀도: $i_d = \dfrac{\partial D}{\partial t} = \epsilon \dfrac{\partial E}{\partial t}\,[\mathrm{A/m^2}]$

정답 ②

2023년 제2회 전기산업기사

※ CBT문제는 수험생의 기억에 따라 복원된 것이며, 실제 기출문제와 동일하지 않을 수 있습니다.

Chapter 09 자성체와 자기회로

01 자극 가까이에 물체를 두었을 때 자화되는 물체와 자석이 그림과 같은 방향으로 자화되는 자성체는?

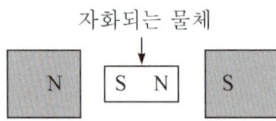

① 상자성체 ② 반자성체
③ 강자성체 ④ 비자성체

자성체의 종류
㉠ 비자성체: 자석으로 변하지 않는 물질
㉡ 상자성체: 외부 N극 쪽에 S극이, 외부 S극쪽에 N극이 형성되는 물질
㉢ 강자성체: 상자성체와 극의 방향이 같고 자성이 상자성체보다 매우 강한 물질
㉣ 반자성체(역자성체): 상자성체와 극의 방향이 반대인 물질 (외부 N극 쪽에 N극이, 외부 S극 쪽에 S극이 형성됨)

정답 ②

Chapter 04 유전체

03 평행판 콘덴서에 비유전율 ϵ_s 인 유전체를 채웠을 때 엘라스턴스가 아닌 것은? (단, 극간간격 t[m], 극판면적 A[m^2], 가한 전압 V[V], 정전용량 C[F], 전기량 Q[C]이다)

① $\dfrac{t}{\epsilon_0 \epsilon_s A}$

② $\dfrac{1}{C}$

③ $\dfrac{V}{Q}$

④ $\dfrac{8.855 \times 10^{-12} \times t}{\epsilon_s A}$

㉠ 평행판 콘덴서의 정전용량
$$C = \frac{Q}{V} = \frac{\epsilon_0 \epsilon_s A}{t} \text{ [F]}$$
㉡ 엘라스턴스 (정전용량의 역수)
$$P = \frac{1}{C} = \frac{V}{Q} = \frac{t}{\epsilon_0 \epsilon_s A}$$
$$= \frac{t}{8.855 \times 10^{-12} \times \epsilon_s A} \text{ [1/F]}$$

정답 ④

Chapter 05 전기 영상법

02 접지된 무한 평면도체 전방의 한점 p에 있는 점전하 $+Q$[C]의 평면도체에 대한 영상은?

① 점 P의 대칭점에 있으며 전하는 $-Q$[C] 이다.
② 점 P의 대칭점에 있으며 전하는 $-2Q$[C] 이다.
③ 평면 도체상에 있으며 전하는 $-Q$[C] 이다.
④ 평면 도체상에 있으며 전하는 $-2Q$[C] 이다.

정답 ①

Chapter 10 전자유도법칙

04 코일을 지나는 자속이 $\cos \omega t$ 에 따라 변화할 때 코일에 유도되는 유도 기전력의 최대치는 주파수와 어떤 관계가 있는가?

① 주파수에 반비례
② 주파수에 비례
③ 주파수 제곱에 반비례
④ 주파수 제곱에 비례

 정답분석

㉠ $\phi = \phi_m \cos \omega t$ 에서 유도기전력
$$e = -N\frac{d\phi}{dt} = -N\frac{d}{dt}(\phi_m \cos \omega t)$$
$$= \omega N \phi_m \sin \omega t \,[\text{V}]$$
㉡ 유도기전력의 최댓값
$$e_m = \omega N \phi_m = 2\pi f N B_m S \,[\text{V}]$$
∴ 유도기전력은 주파수(f), 자속밀도(B)에 비례한다.

정답 ②

Chapter 12 전자계

06 물의 유전율을 ϵ, 투자율을 μ 라 할 때 물속에서의 전파속도는 몇 [m/s]인가?

① $\dfrac{1}{\sqrt{\epsilon\mu}}$ ② $\sqrt{\epsilon\mu}$
③ $\sqrt{\dfrac{\mu}{\epsilon}}$ ④ $\sqrt{\dfrac{\epsilon}{\mu}}$

 정답분석

전자파의 전파속도
$$v = \frac{1}{\sqrt{\epsilon\mu}} = \frac{1}{\sqrt{\epsilon_0 \epsilon_s \mu_0 \mu_s}} = \frac{3\times 10^8}{\sqrt{\epsilon_s \mu_s}}\,[\text{m/s}]$$

정답 ①

Chapter 08 전류의 자기현상

05 2[cm]의 간격을 가진 선간전압 6,600[V]인 두개의 평형 도선에 2,000[A]와 전류가 흐를 때 도선 1[m]마다 작용하는 힘은 몇 [N/m]인가?

① 20 ② 30
③ 40 ④ 50

 정답분석

평행도선 사이에 작용하는 힘
$$f = \frac{2I_1 I_2}{r}\times 10^{-7} = \frac{2\times(2000)^2\times 10^{-7}}{2\times 10^{-2}}$$
$$= 40\,[\text{N/m}]$$

정답 ③

Chapter 02 진공 중의 정전계

07 무한히 넓은 평행한 평판 전극 사이의 전위차는 몇 [V]인가? (단, 평행판 전하밀도 σ [C/m²], 판간거리 d [m]라 한다)

① $\dfrac{\sigma}{\epsilon_0}$ ② $\dfrac{\sigma}{\epsilon_0}d$
③ σd ④ $\dfrac{\epsilon_0 \sigma}{d}$

 정답분석

㉠ 평행판 도체 사이의 전계: $E = \dfrac{\sigma}{\epsilon_0}$
㉡ 전위차: $V = Ed = \dfrac{\sigma}{\epsilon_0}d\,[\text{V}]$

정답 ②

Chapter 11 인덕턴스

08 환상 철심에 권수 20의 A코일과 권수 80의 B코일이 있을 때 A코일의 자기 인덕턴스가 5[mH]라면 두 코일의 상호 인덕턴스는 몇 [mH]인가?

① 20　　② 40
③ 60　　④ 80

 자기 인덕턴스와 상호 인덕턴스
㉠ 1차측 자기 인덕턴스: $L_1 = \dfrac{\mu S N_1^2}{l}$
㉡ 2차측 자기 인덕턴스: $L_2 = \dfrac{\mu S N_2^2}{l}$
㉢ 상호 인덕턴스: $M = \dfrac{\mu S N_1 N_2}{l}$
㉣ ㉢식에 ㉠의 $\dfrac{\mu S}{l} = \dfrac{L_1}{N_1^2}$ 을 대입하면

∴ $M = \dfrac{N_2}{N_1} \times L_1 = \dfrac{80}{20} \times 5 = 20\,[\text{mH}]$

정답 ①

Chapter 09 자성체와 자기회로

09 권수 600회, 평균 직경 20[cm], 단면적 10[cm²]의 환상솔레노이드 내부에 비투자율 800의 철심이 들어있다. 여기에 1[A]의 전류를 흘린다면 철심중의 자속은 몇 [Wb]인가?

① 9.6×10⁻²　　② 9.6×10⁻³
③ 9.6×10⁻⁴　　④ 9.6×10⁻⁵

 ㉠ 기자력: $F = IN\,[\text{AT}]$
㉡ 자기저항: $R_m = \dfrac{l}{\mu S} = \dfrac{l}{\mu_0 \mu_r S}\,[\text{AT/Wb}]$
∴ 자속:
$\phi = \dfrac{F}{R_m} = \dfrac{\mu_0 \mu_r S N I}{l}$
$= \dfrac{4\pi \times 10^{-7} \times 800 \times 10 \times 10^{-4} \times 600 \times 1}{3.14 \times 20 \times 10^{-2}}$
$= 9.6 \times 10^{-4}\,[\text{Wb}]$

정답 ③

Chapter 04 유전체

10 패러데이관은 단위 전위차마다 몇 [J]의 에너지를 저장하고 있는가?

① $\dfrac{1}{2}$　　② $\dfrac{1}{2}ED$
③ 1　　④ ED

 패러데이관의 성질
㉠ 패러데이관 내의 전속수는 일정하다.
㉡ 패러데이관 내의 양단에는 정·부의 단위전하가 있다.
㉢ 패러데이관의 밀도는 전속밀도와 같다.
㉣ 패러데이관은 단위 전위차마다 $\dfrac{1}{2}$[J] 의 에너지를 저장한다.

정답 ①

Chapter 02 진공 중의 정전계

11 정전 흡인력에 대한 설명 중 옳은 것은?

① 정전 흡인력은 전압의 제곱에 비례한다.
② 정전 흡인력은 극판 간격에 비례한다.
③ 정전 흡인력은 극판 면적에 제곱에 비례한다.
④ 정전 흡인력은 쿨롱의 법칙으로 직접 계산 된다.

 전계 에너지
$W = \dfrac{1}{2}CV^2 = \dfrac{1}{2}QV = \dfrac{1}{2}\dfrac{Q^2}{C}\,[\text{W}]$

정답 ①

Chapter 08 전류의 자기현상

12 평균 반지름 10[cm]의 환상 솔레노이드에 5[A]의 전류가 흐를 때 내부자계가 1600 [AT/m]이었다. 권수는 약 얼마인가?

① 180회 ② 190회
③ 200회 ④ 210회

환상 솔레노이드 자계의 세기 $H = \dfrac{NI}{2\pi r}$ 에서

∴ 권수: $N = \dfrac{2\pi r H}{I} = \dfrac{2\pi \times 0.1 \times 1600}{5}$
$= 201 \fallingdotseq 200$ 회

정답 ③

Chapter 01 벡터

14 $A = -i\,7 - j$, $B = -i\,3 - j\,4$ 의 두 벡터가 이루는 각은 몇 도인가?

① 30° ② 45°
③ 60° ④ 90°

두 벡터가 이루는 사이각은 내적 공식을 이용하여 풀이할 수 있다.

㉠ 내적: $\vec{A}\cdot\vec{B} = |A||B|\cos\theta$
㉡ $\vec{A}\cdot\vec{B} = (-i\,7 - j)\cdot(-i\,3 - j\,4)$
$= 21 + 4 = 25$
㉢ $|A| = \sqrt{7^2 + 1^2} = \sqrt{50} = 5\sqrt{2}$
㉣ $|B| = \sqrt{3^2 + 4^2} = 5$
∴ $\theta = \cos^{-1}\dfrac{\vec{A}\cdot\vec{B}}{|A||B|}$
$= \cos^{-1}\dfrac{25}{25\sqrt{2}} = 45°$

정답 ②

Chapter 03 정전용량

13 정전용량이 4[μF], 5[μF], 6[μF]이고 각각의 내압이 순서대로 500[V], 450[V], 350[V]인 콘덴서 3개를 직렬로 연결하고 전압을 서서히 증가시키면 콘덴서의 상태는 어떻게 되겠는가? (단, 유전체의 재질 및 두께는 같다)

① 동시에 모두 파괴된다.
② 4[μF]의 콘덴서가 제일 먼저 파괴된다.
③ 5[μF]의 콘덴서가 제일 먼저 파괴된다.
④ 6[μF]의 콘덴서가 제일 먼저 파괴된다.

'최대전하 = 내압 × 정전용량'의 결과 최대 전하량 값이 작은 것이 먼저 파괴된다.
㉠ $Q_1 = C_1 V_1 = 4 \times 500 = 2000\,[\mu C]$
㉡ $Q_2 = C_2 V_2 = 5 \times 450 = 2250\,[\mu C]$
㉢ $Q_3 = C_3 V_3 = 6 \times 350 = 2100\,[\mu C]$
∴ $4\,[\mu F]$ 이 먼저 파괴된다.

정답 ②

Chapter 10 전자유도법칙

15 서울에서 부산 방향으로 향하는 제트기가 있다. 제트기가 대지면과 나란하게 1235 [km/h]로 비행할 때, 제트기 날개 사이에 나타나는 전위차[V]는? (단, 지구의 자기장은 대지면에서 수직으로 향하고, 그 크기는 30[A/m]이고, 제트기의 몸체 표면은 도체로 구성되며, 날개 사이의 길이는 65[m]이다)

① 0.42 ② 0.84
③ 1.68 ④ 3.03

제트기(도체)가 대지 표면에서 발생되는 자기장을 끊어나가면 제트기 표면에는 기전력이 유도된다. (플레밍의 오른손 법칙)
∴ 유도기전력
$e = vBl\sin\theta = v\mu_0 H l\sin\theta$
$= \dfrac{1235}{3600} \times 4\pi \times 10^{-7} \times 30 \times 65 \times \sin 90$
$= 0.84\,[V]$

정답 ②

Chapter 02 진공 중의 정전계

16 진공 중에 놓여있는 2×10^3[C]의 정전하로부터 1[m] 떨어진 점 A와 2[m] 떨어진 점 B에서의 전속밀도 D_A, D_B는 각각 몇 [C/m²]인가?

① $D_A = 159$ $D_B = 40$
② $D_A = 0.4$ $D_B = 16$
③ $D_A = 40$ $D_B = 159$
④ $D_A = 16$ $D_B = 0.4$

정답분석

전속밀도 $D = \dfrac{Q}{4\pi r^2}$ 에서

㉠ $D_A = \dfrac{2\times 10^3}{4\pi \times 1} = 159 \,[\text{C}/\text{m}^2]$

㉡ $D_B = \dfrac{2\times 10^3}{4\pi \times 2^2} = 40 \,[\text{C}/\text{m}^2]$

정답 ①

Chapter 02 진공 중의 정전계

17 무한길이의 직선 도체에 전하가 균일하게 분포되어 있다. 이 직선 도체로 부터 ℓ 인 거리에 있는 점의 전계의 세기는?

① ℓ 에 비례한다. ② ℓ 에 반비례한다.
③ ℓ^2 에 비례한다. ④ ℓ^2 에 반비례한다.

정답분석

선전하의 전계 $E = \dfrac{\lambda}{2\pi\epsilon_0 r}$ 에서 $r = \ell$ 이므로, 전계 E 는 거리 ℓ 에 반비례한다.

정답 ②

Chapter 12 전자계

18 평면파 전자파의 전계와 자계 사이의 관계식은?

① $E = \sqrt{\dfrac{\epsilon}{\mu}}\,H$ ② $E = \sqrt{\mu\epsilon}\,H$
③ $E = \sqrt{\dfrac{\mu}{\epsilon}}\,H$ ④ $E = \sqrt{\dfrac{1}{\mu\epsilon}}\,H$

정답분석

㉠ 평면 전자파의 전계와 자계 사이의 관계
  : $\sqrt{\epsilon}\,E = \sqrt{\mu}\,H$

㉡ 전계의 세기: $E = \sqrt{\dfrac{\mu}{\epsilon}}\,H$

정답 ③

Chapter 05 전기 영상법

19 공기 중에서 무한평면 도체표면 아래의 1[m] 떨어진 곳에 1[C]의 점전하가 있다. 이 전하가 받는 힘의 크기는 몇 [N]인가?

① 9×10^9 ② $\dfrac{9}{2}\times 10^9$
③ $-\dfrac{9}{4}\times 10^9$ ④ $\dfrac{9}{10}\times 10^9$

정답분석

무한평면과 점전하에 의한 작용력

$\therefore F = \dfrac{Q^2}{4\pi\epsilon_0 r^2} = \dfrac{-Q^2}{4\pi\epsilon_0 (2a)^2}$
$= \dfrac{9\times 10^9}{4} \times \dfrac{-Q^2}{a^2} = -\dfrac{9}{4}\times 10^9 \,[\text{N}]$

정답 ③

Chapter 06 전류

20 금속 도체의 전기저항은 일반적으로 온도와 어떤 관계인가?

① 전기저항은 온도의 변화에 무관하다.
② 전기저항은 온도의 변화에 대해 정특성을 가진다.
③ 전기저항은 온도의 변화에 대해 부특성을 가진다.
④ 금속도체의 종류에 따라 전기저항의 온도특성은 일관성이 없다.

정답분석

일반적으로 금속은 정특성 온도계수, 전해액이나 반도체에서는 부특성 온도계수를 나타낸다.

정답 ②

2023년 제1회 전기산업기사

※ CBT문제는 수험생의 기억에 따라 복원된 것이며, 실제 기출문제와 동일하지 않을 수 있습니다.

Chapter 05 전기 영상법

01 점전하 $+Q$의 무한평면도체에 대한 영상전하는?

① $-Q[C]$ 보다 작다.
② $+Q[C]$ 보다 크다.
③ $-Q[C]$ 와 같다.
④ $+Q[C]$ 와 같다.

정답 ③

Chapter 06 전류

02 대지 중의 두 전극 사이에 있는 어떤 점의 전계의 세기가 $E=6[V/cm]$, 지면의 도전율이 $k=10^{-4}[\mho/cm]$일 때 이 점의 전류밀도는 몇 $[A/cm^2]$인가?

① 6×10^{-4}
② 6×10^{-6}
③ 6×10^{-5}
④ 6×10^{-3}

전류밀도
$i = kE = 10^{-4} \times 6 = 6 \times 10^{-4} [A/cm^2]$

정답 ①

Chapter 08 전류의 자기현상

03 반지름이 2[m], 권수가 100회인 원형코일의 중심에 30[AT/m]의 자계를 발생시키려면 몇 [A]의 전류를 흘려야 하는가?

① 1.2[A]
② 1.5[A]
③ 120[A]
④ 150[A]

원형코일 중심의 자계 $H = \dfrac{NI}{2a} [AT/m]$ 에서

∴ 전류 $I = \dfrac{2aH}{N} = \dfrac{2 \times 2 \times 30}{100} = 1.2 [A]$

정답 ①

Chapter 12 전자계

04 공기 중에서 1[V/m]의 전계를 1[A/m²]의 변위전류로 흐르게 하려면 주파수는 몇 [MHz]가 되어야 하는가?

① 1,500[MHz]
② 1,800[MHz]
③ 15,000[MHz]
④ 18,000[MHz]

변위전류밀도 $i_d = \omega \epsilon_0 E = 2\pi f \epsilon_0 E [A/m^2]$
에서 주파수는 다음과 같다.

$\therefore f = \dfrac{i_d}{2\pi \epsilon_0 E} = \dfrac{1}{2\pi \epsilon_0 \times 1}$

$= \dfrac{1}{2\pi \times \dfrac{1}{36\pi \times 10^9}} = 18 \times 10^9 [Hz]$

$= 18000 [MHz]$

정답 ④

Chapter 11 인덕턴스

05 그림과 같은 회로를 고주파 브리지로 인덕턴스를 측정하였더니 그림 (a)는 40[mH], 그림 (b)는 24[mH]이었다. 이 회로의 상호 인덕턴스 M은?

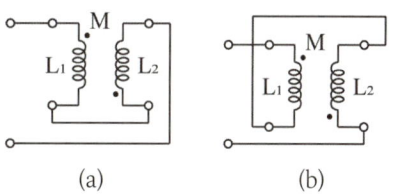

(a) (b)

① 2[mH]
② 4[mH]
③ 6[mH]
④ 8[mH]

㉠ 코일에 표시된 점(dot)을 기준으로 전류가 동일방향으로 흐르면 가동결합(그림 a), 반대로 흐르면 차동결합(그림 b)이 된다.
㉡ 그림 (a): $L_a = L_1 + L_2 + 2M = 40 [mH]$
㉢ 그림 (b): $L_a = L_1 + L_2 - 2M = 24 [mH]$

$\therefore M = \dfrac{L_a - L_b}{4} = \dfrac{40 - 24}{4} = 4 [mH]$

정답 ②

Chapter 08 전류의 자기현상

06 그림과 같은 자극 사이에 있는 도체에 전류(I)가 흐를 때 힘은 어느 방향으로 작용하는가?

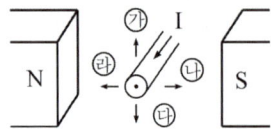

① 가　　② 나
③ 다　　④ 라

플레밍의 왼손법칙(전동기의 원리)
㉠ 엄지 손가락: 전자력의 방향(F)
㉡ 검지 손가락: 자장의 방향(B)
㉢ 중지 손가락: 전류의 방향(I)

정답 ①

Chapter 04 유전체

07 면적이 $A[m^2]$이고 극간의 거리가 $t[m]$, 유전체의 비유전율이 ϵ_r인 평판 콘덴서의 정전용량은 몇 [F]인가?

① $\dfrac{\epsilon_0 A}{t}$　　② $\dfrac{\epsilon_0 \epsilon_r A}{t}$

③ $\dfrac{\epsilon_0 t}{A}$　　④ $\dfrac{\epsilon_0 \epsilon_r t}{A}$

평행판 콘덴서의 정전용량
$C = \dfrac{\epsilon A}{t} = \dfrac{\epsilon_0 \epsilon_r A}{t}$ [A]

정답 ②

Chapter 06 전류

08 106[cal]의 열량은 몇 [kWh]정도의 전력량에 상당하는가?

① 0.06　　② 1.16
③ 2.27　　④ 4.17

$1[kWh] = 860[kcal]$ 이므로
∴ $P = \dfrac{H[kcal]}{860} = \dfrac{10^3 [kcal]}{860}$
$= 1.162[kWh]$

정답 ②

Chapter 10 전자유도법칙

09 다음 중 폐회로에 유도되는 유도기전력에 관한 설명 중 가장 알맞은 것은?

① 렌츠의 법칙은 유도기전력의 크기를 결정하는 법칙이다.
② 자계가 일정한 공간 내에서 폐회로가 운동하여도 유도기전력이 유도된다.
③ 유도기전력은 권선 수의 제곱에 비례한다.
④ 전계가 일정한 공간 내에서 폐회로가 운동하여도 유도기전력이 유도된다.

플레밍의 오른손법칙
㉠ 자계 내에 도체가 $v[m/s]$로 운동하면 도체에는 기전력이 유도된다.
㉡ 유도기전력: $e = vB\ell \sin\theta [V]$
　여기서, $v[m/s]$: 도체의 운동 속도
　　　　$B[Wb/m^2]$: 자속밀도
　　　　$\ell[m]$: 도체의 길이
　　　　θ: B와 v의 상차각

정답 ③

Chapter 04 유전체

10 두 유전체의 경계면에 대한 설명 중 옳지 않은 것은?

① 전계가 경계면에 수직으로 입사하면 두 유전체 내의 전계의 세기가 같다.
② 경계면에 작용하는 맥스웰 변형력은 유전율이 큰 쪽에서 적은 쪽으로 끌려가는 힘을 받는다.
③ 유전율이 적은 쪽에서 전계가 입사할 때 입사각은 굴절각보다 작다.
④ 전계나 전속밀도가 경계면에 수직 입사하면 굴절하지 않는다.

경계면 상에 수직으로 입사하면 전계의 세기가 아니라 전속성분이 같다.

정답 ①

11. Chapter 02 진공 중의 정전계

표면전하밀도 $\rho_s > 0$ 인 도체 표면상의 한 점의 전속밀도 $D = 4a_x - 5a_y + 2a_z$ [C/m²]일 때 ρ_s 는 몇 [C/m²]인가?

① $2\sqrt{3}$ ② $2\sqrt{5}$
③ $3\sqrt{3}$ ④ $3\sqrt{5}$

정답분석

전속과 전하의 관계
㉠ 전속은 벡터, 전하는 스칼라이다.
㉡ 전속밀도와 전하밀도의 크기는 같다.
∴ 전하밀도
$$\rho_s = |D| = \sqrt{4^2 + (-5)^2 + 2^2} = 3\sqrt{5} \text{ [C/m²]}$$

정답 ④

12. Chapter 01 벡터

벡터 $\vec{A} = 2i - 6j - 3k$ 와 $\vec{B} = 4i + 3j - k$ 에 수직한 단위 벡터는?

① $\pm\left(\dfrac{3}{7}i - \dfrac{2}{7}j + \dfrac{6}{7}k\right)$

② $\pm\left(\dfrac{3}{7}i + \dfrac{2}{7}j - \dfrac{6}{7}k\right)$

③ $\pm\left(\dfrac{3}{7}i - \dfrac{2}{7}j - \dfrac{6}{7}k\right)$

④ $\pm\left(\dfrac{3}{7}i + \dfrac{2}{7}j + \dfrac{6}{7}k\right)$

정답분석

㉠ 두 벡터에 수직 방향은 외적의 방향을 나타낸다.

㉡ $\vec{A} \times \vec{B} = \begin{vmatrix} i & j & k \\ 2 & -6 & -3 \\ 4 & 3 & -1 \end{vmatrix}$

$= i\begin{vmatrix} -6 & -3 \\ 3 & -1 \end{vmatrix} - j\begin{vmatrix} 2 & -3 \\ 4 & -1 \end{vmatrix} + k\begin{vmatrix} 2 & -6 \\ 4 & 3 \end{vmatrix}$

$= 15i - 10j + 30k$
$= 5(3i - 2j + 6k)$

㉢ $|\vec{A} \times \vec{B}| = 5\sqrt{3^2 + 2^2 + 6^2} = 5 \times 7$

∴ 수직한 단위벡터
$\vec{r_0} = \dfrac{\vec{r}}{r} = \dfrac{5(3i - 2j + 6k)}{5 \times 7}$
$= \dfrac{3}{7}i - \dfrac{2}{7}j + \dfrac{6}{7}k$

정답 ①

13. Chapter 11 인덕턴스

권수가 N인 철심 L이 들어 있는 환상 솔레노이드가 있다. 철심의 투자율이 일정하다고 하면, 이 솔레노이드의 자기 인덕턴스는? (단, R_m은 철심의 자기저항이다)

① $L = \dfrac{R_m}{N^2}$ ② $L = \dfrac{N^2}{R_m}$

③ $L = R_m N^2$ ④ $L = \dfrac{N}{R_m}$

정답분석

㉠ 옴의 법칙
$$\phi = \dfrac{F}{R_m} = \dfrac{IN}{R_m} = \dfrac{IN}{\dfrac{l}{\mu S}} = \dfrac{\mu S N I}{l} \text{ [Wb]}$$

㉡ 쇄교자속: $\lambda = N\phi = LI$
∴ 쇄교자속에서 인덕턴스를 정리하면
$$L = \dfrac{N}{I}\phi = \dfrac{N}{I} \times \dfrac{F}{R_m} = \dfrac{N}{I} \times \dfrac{IN}{R_m} = \dfrac{N^2}{R_m}$$

정답 ②

14. Chapter 02 진공 중의 정전계

그림과 같이 AC=BC=1[m]일 때 A와 B에 동일한 +1[μC]이 있는 경우 C점의 전위는 몇 [V]인가?

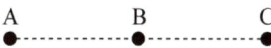

① 6.25×10^3 ② 8.75×10^3
③ 12.5×10^3 ④ 13.5×10^3

정답분석

㉠ A점에 위치한 전하에 의한 전위
$$V_A = \dfrac{Q}{4\pi\epsilon_0 r_1}$$
$$= 9 \times 10^9 \times \dfrac{10^{-6}}{2} = 4.5 \times 10^3 \text{[V]}$$

㉡ B점에 위치한 전하에 의한 전위
$$V_B = \dfrac{Q}{4\pi\epsilon_0 r_2}$$
$$= 9 \times 10^9 \times \dfrac{10^{-6}}{1} = 9 \times 10^3 \text{[V]}$$

∴ C점의 전위
$$V_C = V_A + V_B = 13.5 \times 10^3 \text{[V]}$$

정답 ④

Chapter 08 전류의 자기현상

15 무한장 솔레노이드(Solenoid)에 전류가 흐를 때 발생되는 자장에 관한 설명 중 옳은 것은?

① 내부자장은 평등 자장이다.
② 외부와 내부의 자장의 세기는 같다.
③ 외부자장은 평등 자장이다.
④ 내부자장의 세기는 0이다.

정답분석
솔레노이드의 특징
㉠ 솔레노이드 내부 자계는 없다.
㉡ 솔레노이드 외부 자계는 평등자계이다.
㉢ 평등자계를 얻는 방법: 단면적에 비하여 길이를 충분히 길게 한다.

정답 ①

Chapter 08 전류의 자기현상

16 그림과 같이 I[A]의 전류가 흐르고 있는 도체의 미소 부분 $\triangle l$ 의 전류에 의해 이 부분이 r[m] 떨어진 지점 P의 자기장 $\triangle H$[A/m]는?

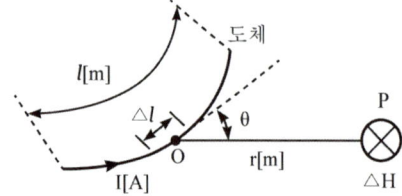

① $\dfrac{I^2 \triangle l^2 \sin\theta}{4\pi r}$ ② $\dfrac{I \triangle l^2 \sin\theta}{4\pi r}$

③ $\dfrac{I^2 \triangle l \sin\theta}{4\pi r}$ ④ $\dfrac{I \triangle l \sin\theta}{4\pi r^2}$

정답분석
비오-사바르의 법칙
임의 형상의 도선에 흐르는 전류에 의한 자기장을 계산하는 법칙

정답 ④

Chapter 04 유전체

17 정전용량이 $1\,[\mu F]$ 인 공기콘덴서가 있다. 이 콘덴서 판간의 $\dfrac{1}{2}$ 인 두께를 갖고 비유전율 $\epsilon_r = 2$ 인 유전체를 그 콘덴서의 한 전극면에 접촉하여 넣을 때 전체의 정전용량은 몇 $[\mu F]$ 가 되는가?

① $2\,[\mu F]$ ② $\dfrac{1}{2}\,[\mu F]$

③ $\dfrac{4}{3}\,[\mu F]$ ④ $\dfrac{5}{3}\,[\mu F]$

정답분석
㉠ 초기 공기콘덴서 용량
: $C_0 = \dfrac{\epsilon_0 S}{d} = 1\,[\mu F]$

㉡ 극판과 평행하게 유전체를 넣으면 아래 그림과 같이 공기층과 유전체층 콘덴서가 직렬로 접속된 것으로 해석된다.

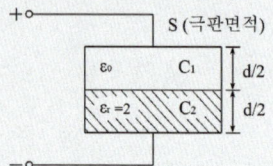

㉢ 공기 부분의 정전용량
$C_1 = \dfrac{\epsilon_0 S}{\dfrac{d}{2}} = 2\dfrac{\epsilon_0 S}{d} = 2C_0$

㉣ 유전체 부분의 정전용량
$C_2 = \dfrac{\epsilon_r \epsilon_0 S}{\dfrac{d}{2}} = 2\epsilon_r \dfrac{\epsilon_0 S}{d} = 2\epsilon_r C_0$

∴ C_1 과 C_2 는 직렬로 접속되어 있으므로
$C = \dfrac{C_1 \times C_2}{C_1 + C_2} = \dfrac{4\epsilon_r C_0^2}{(1+\epsilon_r)2C_0}$
$= \dfrac{2\epsilon_r}{1+\epsilon_r} C_0 = \dfrac{2 \times 2}{1+2} \times 1 = \dfrac{4}{3}\,[\mu F]$

정답 ③

Chapter 04 유전체

18 그림과 같은 유전속의 분포에서 그림과 같을 때 ϵ_1과 ϵ_2의 관계는?

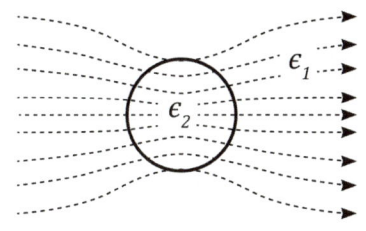

① $\epsilon_1 = \epsilon_2$
② $\epsilon_1 > \epsilon_2$
③ $\epsilon_1 < \epsilon_2$
④ $\epsilon_1 = \epsilon_2 = 0$

정답분석 유전속(전속선)은 유전율이 큰 곳으로 모이므로 $\epsilon_1 < \epsilon_2$이 된다.

정답 ③

Chapter 06 전류

19 다음 설명 중 틀린 것은?

① 저항률의 역수는 전도율이다.
② 도체의 저항률은 온도가 올라가면 그 값이 증가한다.
③ 저항의 역수는 컨덕턴스이고, 그 단위는 지멘스 [S]를 사용한다.
④ 도체의 저항은 단면적에 비례한다.

정답분석 전기저항: $R = \dfrac{l}{kS} = \rho \dfrac{l}{S} [\Omega]$

여기서, l: 도체의 길이 [m]
S: 도체의 단면적 [m²]
$k = \sigma$: 도전율
ρ: 고유저항

정답 ④

Chapter 03 정전용량

20 평행판 콘덴서의 극간거리를 $\dfrac{1}{2}$로 줄이면 콘덴서 용량은 처음 값에 비해 어떻게 되는가?

① $\dfrac{1}{2}$이 된다.
② $\dfrac{1}{4}$이 된다.
③ 2배가 된다.
④ 4배가 된다.

정답분석 평행판 콘덴서의 정전용량 $C_0 = \dfrac{\epsilon_0 S}{d} [\text{F}]$에서 $C_0 \propto \dfrac{1}{d}$ 이므로 극간거리 d를 $\dfrac{1}{2}$로 줄이면

$\therefore C = \dfrac{\epsilon_0 S}{\dfrac{d}{2}} = 2 \dfrac{\epsilon_0 S}{d} = 2 C_0 [\text{F}]$ 이므로

정전용량은 2배로 증가한다.

정답 ③

MEMO

2026 대비 최신판

해커스 전기기사·산업기사 필기 전기자기학 한권완성

이론+최신기출+핵심노트

초판 2쇄 발행 2025년 12월 16일
초판 1쇄 발행 2025년 9월 17일

지은이	오우진
펴낸곳	㈜챔프스터디
펴낸이	챔프스터디 출판팀
주소	서울특별시 서초구 강남대로61길 23 ㈜챔프스터디
고객센터	02-537-5000
교재 관련 문의	publishing@hackers.com
동영상강의	pass.Hackers.com
ISBN	978-89-6965-663-6 (13560)
Serial Number	01-02-01

저작권자 ⓒ 2025, 오우진
이 책의 모든 내용, 이미지, 디자인, 편집 형태는 저작권법에 의해 보호받고 있습니다.
서면에 의한 저자와 출판사의 허락 없이 내용의 일부 혹은 전부를 인용, 발췌하거나 복제, 배포할 수 없습니다.

**자격증 교육 1위
해커스자격증
pass.Hackers.com**

· 국가기술자격 평가방법 개발위원 출신 선생님의 **본 교재 인강**(교재 내 할인쿠폰 수록)
· 전기기사·산업기사 **무료 특강&이벤트, 최신 기출문제** 등 다양한 콘텐츠

주간동아 선정 2022 올해의 교육브랜드 파워 온·오프라인 자격증 부문 1위

해커스 자격증

이번 전기(산업)기사, 합격일까? 불합격일까?
1분 만에 알아보는
해커스 자가진단 테스트

응시 분야와
시험 종류 선택

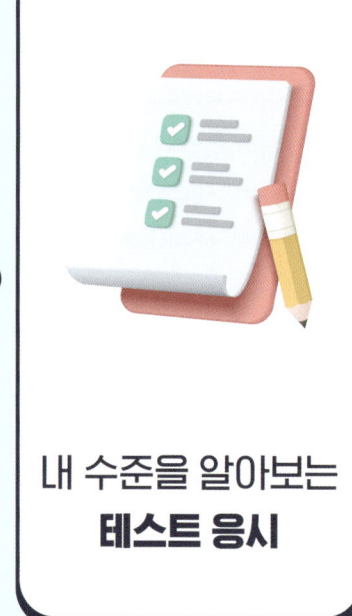

내 수준을 알아보는
테스트 응시

시민?
중수!
고수?
기사의 신!

나만의
공부 내공 확인

자격증 교육 1위 해커스
주간동아 선정 2022 올해의 교육브랜드 파워 온·오프라인 자격증 부문 1위 해커스

자가진단 테스트 바로가기 ▶
pass.Hackers.com

자격증 교육 1위*
해커스자격증이 알려주는 전기(산업)기사의 모든 것

* [자격증 교육 1위 해커스] 주간동아 선정 2022 올해의 교육브랜드 파워 온·오프라인 자격증 부문 1위 해커스

Q1. 전기(산업)기사는 어떤 일을 할까?

전기(산업)기사는 전기기계·기구의 설계, 제작, 관리 업무를 수행합니다. 또한, 전기설비 설계, 도면 및 시방서 작성, 점검 및 유지, 시험작동, 운용관리 등 전문적인 역할과 전기안전관리를 담당합니다. 공사현장에서 공사를 시공·감독하거나 제조공정의 관리, 발전, 소전 및 변전시설의 유지관리, 기타 전기시설에 관한 보안관리 업무를 수행하기도 합니다.

Q2. 전기(산업)기사, 어떻게 준비해야 할까?

전기기사의 필기 과목은 전기자기학, 전력공학, 전기기기, 회로이론 및 제어공학, 전기설비기술기준이며 전기산업기사는 제어공학 내용이 제외됩니다.
실기 과목은 전기기사와 전기산업기사 모두 전기설비설계 및 관리 1과목이며, 필답형으로 진행됩니다. 많은 과목을 효율적으로 학습하기 위해, 해커스 스타강사진의 기출 분석 데이터를 참고하여 연계 내용을 학습하시면 더욱 좋습니다.

Q3. 전기(산업)기사의 진로와 전망?

한국전력공사를 비롯한 전기기기제조업체, 전기공사업체, 전기설계전문업체 등 전기와 관련된 다양한 업체에 종사할 수 있습니다.
또한, 전기설비의 대형화, 신소재 발달, 내선설비의 고급화, 초고속 송전 등 신기술이 급격히 개발되고 있습니다.
이에 따라 안전하게 전기를 관리할 수 있는 전문인의 수요는 꾸준할 것으로 예상됩니다.

자격증 합격의 모든 것, 해커스자격증

자세한 자격증 정보 확인 ▶
pass.Hackers.com

해커스
전기기사·산업기사
필기 전기자기학
한권완성 이론+최신기출+핵심노트

해커스 전기기사·산업기사 교재

해커스 전기기사 필기 한권완성 기본이론+기출문제	해커스 전기기사·산업기사 필기 전기자기학 한권완성 이론+최신기출+핵심노트	해커스 전기기사·산업기사 필기 회로이론 한권완성 이론+최신기출+핵심노트	해커스 전기기사·산업기사 필기 전기기기 한권완성 이론+최신기출+핵심노트	해커스 전기기사·산업기사 필기 전력공학 한권완성 이론+최신기출+핵심노트	해커스 전기기사·산업기사 필기 전기설비기술기준 한권완성 이론+최신기출+핵심노트	해커스 전기기사 필기 제어공학 한권완성 이론+최신기출+핵심노트

정가 23,000원

ISBN 978-89-6965-663-6